科学出版社“十四五”普通高等教育本科规划教材

工程测量学

李宗春　主编

张冠宇　冯其强　何　华　李　丛　编著

科学出版社

北　京

内 容 简 介

本书主要介绍工程测量学的基本理论、技术与方法，共 10 章。第 1 章概括介绍工程测量学的研究对象、任务、基本内容与历史发展；第 2 章简要介绍常用的测量技术与方法；第 3 章以施工测量控制网为背景，介绍控制网的质量指标、设计方法及数据处理；第 4 章详细介绍施工放样方法及其精度分析；第 5 章介绍贯通测量方案设计与竖井联系测量的方法；第 6 章介绍陀螺经纬仪定向原理、观测方法及数据处理；第 7 章介绍特种测量技术；第 8 章介绍工业测量系统及其数据处理软件；第 9 章介绍变形测量的理论与方法；第 10 章介绍激光雷达点云数据处理的基本方法。

本书可作为高等学校测绘工程专业本科生和研究生的教材和参考书，也可供相关专业工程技术人员参考。

图书在版编目（CIP）数据

工程测量学 / 李宗春主编 ; 张冠宇等编著. -- 北京 : 科学出版社, 2024.6. -- （科学出版社“十四五”普通高等教育本科规划教材）. -- ISBN 978-7-03-079027-9

Ⅰ. TB22

中国国家版本馆 CIP 数据核字第 20248Z5W60 号

责任编辑：杨 红 郑欣虹 / 责任校对：杨 赛
责任印制：张 伟 / 封面设计：迷底书装

科学出版社 出版
北京东黄城根北街 16 号
邮政编码：100717
http://www.sciencep.com

北京富资园科技发展有限公司印刷

科学出版社发行 各地新华书店经销

*

2024 年 6 月第 一 版 开本：787×1092 1/16
2024 年 6 月第一次印刷 印张：22 3/4
字数：563 000

定价：89.00 元

（如有印装质量问题，我社负责调换）

前　言

工程测量学历史悠久、与时俱进。工程测量学是一门应用性很强的学科。人类认识自然、利用自然、改造自然，都离不开工程测量技术的支持。工程测量学内容丰富，涉及测绘科学与技术学科的诸多分支，服务于土木建筑、国防工程、科学研究等众多领域。鉴于本学科有应用面广的鲜明特点，为识得“庐山真面目”，本书重在介绍工程测量学的基本理论、技术与方法，所撰写内容顾及本学科的历史和现实，具有一定的广度和深度，助力读者对本学科产生较全面和详尽的认知。

筚路蓝缕，以启山林。战略支援部队信息工程大学地理空间信息学院(以下简称“军测”)的工程测量学教材历经4代，服务军测教育40余年。第一代教材为军测工程测量学教学组集体编写的《军事工程测量学》(校内教材，1981年)；第二代教材为于来法、杨志藻编写的《军事工程测量学》(八一出版社，1994年)；第三代教材为孙现申编写的《应用测量学》(解放军出版社，2004年)；第四代教材为孙现申编写的《军事工程测量学》(校内教材，2011年)。本书在第四代教材的基础上，删除了与军事工程测量直接相关的内容，经增补修改而成。李宗春负责前7章的增补修改工作，冯其强负责第8章的增补修改工作，张冠宇负责第9章的增补修改工作，何华负责第10章的初稿撰写工作。最后由李宗春负责全书的定稿工作。

参天之木，必有其根。首先感谢孙现申先生甘为人梯、奖掖后学的精神！本书的前身——军测工程测量学第四代教材，结构完整严密、内容简繁得当，凝聚了孙先生30余年的从教治学思想和心血；在本次教材修编之际，孙先生将自己的大作悉数托付，并坚持不署名，其提携之恩、栽培之情，让人铭感五内！谨向孙现申先生致以诚挚的谢意！编者在20余年的工程测量学教学科研过程中，得到了国内多位同行专家的无私指导与帮助，言犹在耳；本书的成稿参考借鉴了国内大量的相关教材，对这些作者表示衷心的感谢！在此特别感谢李青岳、陈龙飞、卓健成、洪立波、冯文灏、陈永奇、张正禄、吴翼麟、潘正风、于来法、杨志藻、李清泉、王丹、李广云、丁晓利、王晏民、潘国荣、于胜文、黄声亨、杨志强、徐亚明等专家！他们的学术思想和谆谆教导已经内化于编者心中，见之于字里行间！

工程测量学内容繁多、范围宽广、发展迅速，值得编者和有缘读者毕生研读。受编者知识与能力所限，书中不妥之处在所难免，恳请广大读者不吝赐教！

编　者

2023年10月

前言

目　录

第1章　概　　述

简单地说，工程测量学是一门系统研究工程测量的学科。

1.1　工 程 测 量

工程测量(engineering survey)是各应用对象中所有测量工作的总称，应用对象涉及土木建筑、国防工程、交通运输、水利水电、冶金矿山、土地管理、环境保护、航空航天、工业制造、科学研究、文物保护、体育运动、医疗卫生等众多领域。

在许多领域，测量工作需要应用在多个方面，甚至全过程。以土木工程(civil engineering)为例，土木工程建设的各个阶段都离不开测量工作。从大的方面，土木工程建设可划分为三个阶段，即勘测设计阶段、施工建造阶段和运营管理阶段，与此相对应，其中的测量工作可划分为勘测设计阶段测量(survey in reconnaissance and design stage)、施工测量(construction survey)和变形测量(deformation survey)等。土木工程建设是工程测量最主要的服务对象，土木工程测量是工程测量的经典内容。

勘测设计阶段测量是指为工程设计提供资料所进行的测量工作。主要包括测图控制网(mapping control network)的建立、地形图(topographic map)及地形断面图(topographic profile map)的测绘、国家测量控制点(control point)和地形测量成果的利用，以及为地质、勘探、水文测验和线路定线所进行的测量工作。对于重要工程(如某些大型或特种工程)或在地质条件不良的地区(如膨胀土地区)进行工程建设时，还要对地层的稳定性进行观测。

施工测量指在工程施工建造阶段所进行的测量工作。主要包括施工控制网(construction control network)的建立、将图上设计好的建筑物的空间形状与位置标定在实地的放样(setting out)工作、设备的安装测量、工程竣工后测绘各种建筑物实际情况的竣工测量(finish construction survey)，以及施工期间的变形测量。

在运营管理阶段，多数工程很少需要或不再需要测量工作，但对一些重要工程(如大坝、桥梁、高耸建筑物等)和大型工程(如矿山、工厂等)，需要进行变形测量和几何信息管理工作。变形测量又称为变形监测(deformation monitoring)或变形观测(deformation observation)，指测定建筑物及其地基在建筑物荷重和外力作用下随时间而变形的工作。主要内容包括变形监测网(deformation monitoring network)的建立、沉降(陷)测量 (settlement observation 或 vertical displacement measurement)、水平位移测量(horizontal displacement measurement)、倾斜测量(declivity measurement 或 tilt survey)、裂缝测量(gap survey)和挠度测量(deflection survey)。运营管理阶段的变形测量应与施工建造阶段的变形测量结合起来。对于大型工业设备，要经常进行检测和调校，以保证其按设计安全运行。工程几何信息管理是竣工测量的延续，是建立工程管理信息系统(工程 GIS)的基础。

下面简要介绍测量在多个领域的应用。

建筑测量(building survey)是指为建筑物或构筑物设计、施工和机械安装所进行的测量工作。主要内容包括为总平面图设计服务的各种测量工作、施工控制网的建立、建筑物放样、机械设备安装测量、施工检核测量、竣工总平面图的实测与编绘，以及建筑物的变形测量。

公路测量(highway survey)即公路建设中所进行的测量工作，分为勘测和施工两个阶段。勘测阶段的测量工作包括中线测量(location of route)、线路水准测量和横断面测量等，并根据测量成果，绘制成线路纵、横断面图，为公路设计提供资料；施工阶段的测量工作包括恢复中线、放样边坡、放样出桥梁、涵洞及其他构筑物的平面位置及高程。

铁路测量(railroad survey)即铁路建设中所进行的测量工作，内容类同公路测量。

桥梁测量(bridge survey)即桥梁建设中所进行的测量工作，分为勘测和施工两个阶段。勘测阶段的测量工作包括：①施测桥渡位置图。比例尺较小，范围较大，供选择桥址、桥头引线、布置防护、导流构筑物及选择水文断面用。②施测桥址地形图。比例尺较大，范围较小，包括河床地形，供主体工程和附属工程设计用。施工阶段的测量工作包括：①建立施工控制网。②跨河水准测量(river-crossing leveling)。③放样桥台、桥墩及桥梁中线。施工测量的目的是保证桥梁中线和高程与线路平面、纵断面按设计要求衔接，保证预制梁安全架设。有的桥梁还要进行竣工测量和变形测量。

隧道测量(tunnel survey)即隧道工程设计、施工和运营阶段的测量工作。设计阶段主要是测绘大比例尺地形图；施工阶段的主要内容包括地面平面和高程控制测量、地下平面和高程控制测量、竖井联系测量、洞口建筑物的施工放样、隧道掘进中的方向和坡度放样、隧道断面测量、隧道内建筑物的施工放样、竣工测量以及施工阶段的变形测量。施工阶段测量工作的主要任务在于保证隧道按设计轴线开挖并以预定的精度贯通；运营阶段的主要测量工作是变形测量。

水利枢纽工程测量(engineering survey of hydraulic complex)即水利枢纽工程勘测设计、施工安装和运营管理阶段的测量工作。勘测设计阶段的主要测量工作是测绘坝址、引水道、发电厂房及施工区的地形图；施工安装阶段的主要测量工作是坝轴线定位、细部放样和机电设备安装测量；运营管理阶段的主要测量工作则是为监视水工建筑物的状态变化和工作情况而进行的变形测量。

矿山测量(mine survey)即矿山建设时期和生产时期的测量工作。主要包括：①建立矿区地面控制网和测绘 1：500～1：5000 的地形图。②进行矿区地面与井下各种工程的施工测量和验收测量。③测绘和编制各种采掘工程图、矿山专用图以及矿体几何图。④进行岩层与地表移动的观测及研究。⑤参加采矿计划的编制，并对资源利用及生产情况进行检查和监督。

市政工程测量(public works survey)即为市政建设服务的测量工作。分为：①规划设计中的测量工作，包括规划道路定线、用地界址的拨定(拨地)，以及为上下水道、桥梁和驳岸等市政工程设计提供地形资料。②施工测量，包括市政工程的施工放样，例如，道路中线和规划红线的放样、曲线放样和建筑物各主点的定位等。

机场测量(airport survey)即修建场道和机库的测量工作。分为：①机场勘测定点测量，测绘跑道地带的净空带状图(strip map of clearance limit)和场道(跑道、滑行道、停机坪等)纵、横断面图。②机场场道技术设计测量。测绘 1：10000、1：50000 和 1：2000 的场道地形图，供平面总体布置和技术设计时使用。③场道施工测量。包括按方格法进行面水准测量及土建施工时的放样工作。④机库测量。包括进行地面或洞内机库的施工测量。

海道测量(hydrographic survey)又称水道测量或航道测量，是海洋、江河、湖泊等水体的水下地貌测量的总称。其任务是测量有关水域的制图要素，进行海区资料调查，为编制海图、编写航路指南和海洋科学研究提供资料。按区域分为沿岸测量、近海测量和远海测量以及江河、湖泊、港湾测量等。基本内容有控制测量、地形岸线测量、水深测量、扫海测量、底质探测、水文观测、测定助航标志和海区资料调查等。

工业测量(industrial measurement)即为大型工业产品设计、加工、装配及质量检验所进行的测量工作。

大科学工程测量(big science project survey)即在大科学装置建设中所进行的测量工作。大科学装置如高能粒子加速器、射电天文望远镜、全超导托克马克装置、空间站等，对测量工作有极高的精度要求。

军事工程测量(military engineering survey)即军事工程建设中的测量工作，包括在军事设施建设中所进行的与地形有关的信息采集与处理、施工放样、设备安装以及变形分析与预报等。如军用坑道测量、军用道路测量、军港测量、靶场测量、武器装备外形测绘等。

为了科学研究和规范生产，还把精度要求较高的工程或特殊工程中的测量工作划为一类，称为精密工程测量(precise engineering survey)或特种测量(special survey)。精密工程测量的界定是，采用高精度的测量仪器和专用设备，利用相应的测量方法和数据处理手段，使测量的绝对精度达到毫米级及以上或相对精度达到 10^{-5} 以上。

可以看出，工程测量涉及范围非常宽广，内容非常丰富。同时，与人类的生产、生活密不可分。

1.2　工程测量学的概念

工程测量学(engineering surveying)也称为应用测量学(applied surveying 或 applied geodesy)，是研究将测量的科学理论和技术应用于土木建筑、国防工程、交通运输、水利水电、冶金矿山、土地管理、工业制造、科学研究等众多领域的一门应用性学科。

工程测量学的研究对象是工程测量，研究目的是为各应用部门提供测量服务。目前，工程测量学的研究内容体现在以下三个方面。

(1) 工程测量的共性问题。包括：①方法，如数据的采集与管理、放样方法、变形测量方法等。②仪器，如经纬仪、水准仪、测距仪、全站仪、全球导航卫星系统(global navigation satellite system，GNSS)接收机、陀螺经纬仪、断面仪、测深仪、准直仪、液体静力水准仪等。③理论，如测量控制网的设计与数据处理、测量可靠性理论、变形分析与预报理论等。

(2) 工程测量的一般工作方法。

(3) 各种工程测量的过程、内容与特点。

其中，(2)为努力的重点，(1)为(2)的基础，(3)与(2)对立统一，研究(3)的目的是完善(2)，研究(2)不能越过(3)。

1.3　工程测量的历史发展

工程学的发展与“需求”“可能”紧密联系。“需求”中产生了工程学，不断的、越来越多的、越来越高的“需求”是推动工程学发展的动力；“可能”是工程实施的条件，这依赖于科学技术的发展水平。工程测量学属于工程学范畴，其发展轨迹同其他工程类学科并无不同。

根据测量工作与人类的关系，可以认为，测量活动应该产生于人类最初的生产实践，并且，最初的测量活动应该归属于工程测量范畴。但在 20 世纪以前，工程学的内容只是能工巧匠的经验，工程知识的传授是靠师傅带徒弟的方式。因此，工程技术及其应用成果很少在史书中记载，失传的很多。但是，人类的生产活动离不开测量，尤其是大型工程建设，必然体现着彼时测量技术的发展水平。

1.3.1　古代工程测量的案例

公元前 2600 年左右建成的埃及大金字塔，其形状和方位都很精确，说明当时已经有了建筑放样的工具和方法。

司马迁在《史记·夏本纪》中记载了大约 4000 年前大禹治水的情形，“陆行乘车，水行乘船，泥行乘橇，山行乘檋。左规矩，右准绳，载四时，以开九州，通九道，陂九泽，度九山”。这形象地描述了当时的水利测量工作和采用的测量技术。战国时期秦国李冰父子带领修建的都江堰水利枢纽工程，也是水利测量的早期例证。

公元前 1037 年中国建造的周公测景台，是古代科学工程测量的例子。

意大利都灵保存有公元前 15 世纪的金矿巷道图；在中国周朝已开始使用矿产地质图。这是古代矿山测量的例子。

公元前 14 世纪在幼发拉底河和尼罗河流域，进行过地籍测量。中国明朝进行全国土地清查和勘丈，编制的鱼鳞图册是世界最早的地籍图册。

古罗马构筑了兵道；公元前 218 年，汉尼拔修建了从西班牙通向意大利的“汉尼拔通道”；中国战国时期修筑了午道；公元前 210 年，秦始皇修建了“堑山堙谷，千八百里”的直道；公元前 168 年，中国出现了《地形图》《驻军图》《城邑图》等军事用图；中国唐代时期的李筌对军事地形有“以水佐攻者强……先设水平测其高下，可以漂城、灌军、浸营、败将也”的描述；中国在秦汉时期修建了万里长城，并经后续朝代不断修缮；等等。这些工程都用到了工程测量技术。

在长期的工程测量实践中，人们不断地发展着工程测量技术，出现了如准、绳、规、矩等测量工具。公元前 1 世纪，中国的《周髀算经》阐述了用直角三角形的性质测算高度、距离的方法；西汉时期，中国人发明了记里鼓车，用于测量距离；公元 263 年，中国人刘徽撰写了《海岛算经》，叙述了求海岛高度和距离的各种测量方法；公元 600 年左右，中国人刘焯编制了《皇极历》，创立了等间距的二次插值公式；1070 年左右，我国北宋时期的沈括首创分层筑堰法，测得开封地面高出泗州 19 丈 4 尺 8 寸 6 分(约合 59.822m)；1667 年，法国人首次在全圆分度器上安装望远镜进行测角；1783 年，英国人制造了度盘直径为 90cm、重 91kg 的经纬仪；1794 年，德国人高斯首次提出最小二乘法。

1.3.2　现代工程测量的案例

进入 20 世纪，人类文明和科学技术得到了空前发展，人类发明的技术和创造的财富远远超过了之前历史的总和。相应地，工程测量本身也得到了极大发展。

随着科学研究的不断深入，需要大科学装置的支持，典型如用于高能物理研究的粒子加速器。例如，德国汉堡的粒子加速器研究中心建有直径 743m 的环形正负电子储存环、直径 2000m 的环形电子质子储存环；欧洲核子研究中心建有直径 8600m 的大型强子对撞机；中国建有北京正负电子对撞机(包括长 202m 的直线加速器和周长 240m 的环形加速器等)、上海光源线站工程、兰州重离子加速器、中国散裂中子源等。这些高能物理实验室一般建在地下，有的埋深达百米，精度要求一般在亚毫米级，甚至微米级。以粒子加速器工程为代表的精密工程建设促使了精密工程测量概念的提出。

无线电应用系统的发展提出了大型天线的需求。美国康奈尔大学国家天文和电离层研究中心研制的单口径(ϕ305m)射电望远镜 Arecibo 由 38788 块铝板拼接而成；美国国家射电天文台建成的绿岸射电天文望远镜(Green Bank Telescope，GBT)口径面积为 100m×110m，由 2004 块铝板拼接而成；美国与墨西哥合建的大型毫米波望远镜(Large Millimeter Telescope，LMT)采用了ϕ50m 卡塞哥伦反射面天线；意大利的撒丁岛射电望远镜(Sardinia Radio Telescope，SRT)天线采用了ϕ64m 赋形格里高利反射面；中国建成了 500m 口径球面射电望远镜(Five-hundred-meter Aperture Spherical Radio Telescope，FAST)工程(俗称“中国天眼”)。这些天线的拼接安装，其面形和姿态的精度要求很高，面形精度一般都在毫米级以上。以大型天线为代表的精密机械制造与安装，催生了工业测量，并使它很快得到了长足发展。工业测量属于精密工程测量的范畴。

交通与水利水电工程的发展需要建造许多大型的隧道工程。例如，长 57km 的穿过阿尔卑斯山的瑞士戈特哈德铁路隧道；长约 32.6km 的中国新关角铁路隧道；长约 85.3km 的中国辽宁省大伙房引水隧洞等。这些工程的建造促进了贯通测量技术的发展。

矿山开采、交通与水工隧道、军用坑道等大型地下工程的兴建，催生了陀螺经纬仪，并使它不断发展。

大型工程建设还包括高速公路、高速铁路、长跨桥梁、超高层和结构复杂楼房的建造和深基坑的开挖。例如，港珠澳大桥、深中通道、上海中心大厦、国家体育场、大兴国际机场、国家速滑馆等。这些大型工程在建造中，测量需求的特点有二：①精度要求，这些工程大都属于精密工程测量的范围；②自动化要求，这是为配合自动化施工而提出的。

为满足大型工程和精密工程的后期维护、地震预报及精密控制网的维护等方面的需求，变形测量应运而生，并逐渐得到广泛重视。

计算机辅助设计(computer aided design，CAD)广泛应用于土木工程建设中，提出了大比例尺数字地形图的需求。

在两次世界大战中，修建了大量的军事工程，如坑道、机场、港口、工厂、基地、防线等，进行了大量的军事工程测量工作。

综上所述，20 世纪及 21 世纪初对工程测量的要求可概括为精密、快速、便捷、智能。围绕精密工程测量、工业测量、变形测量、数字测图和测量智能化，工程测量技术得到了很大的发展。

1.4 工程测量的发展趋势

目前，工程测量的服务对象已经从经典的土木工程，扩展到土地管理、环境保护、航天航空、工业制造、文物保护、体育运动、医疗卫生等领域，并开始走入百姓的日常生活，如房产测绘、自动驾驶等。

工程测量的应用将重点集中在高层及超高层建筑、大型桥隧工程、大型工业产品的安装调试、城市地下工程、大型机场、体育场馆、高速铁路和高等级公路、各类施工监理工作、特别困难条件(如滑坡、火山、海上、水下等)的观测、若干减灾防灾工程、对工程建设安全性的研究和探讨等领域。

工程测量不断面对新的要求和新的挑战。土木工程、工业产品的发展呈现大型、复杂、精密的趋势，其设计和施工建造逐步实现自动化，这些都对工程测量提出了越来越高的要求。例如，高耸建筑的上部施工测量、施工控制测量和施工放样须在动态环境中进行；航天器部件的变形研究需在-90～+90℃的环境中进行等。

工程测量技术在 20 世纪得到了极大的发展，在 20 世纪末形成了显著的发展趋势，这个趋势仍将在 21 世纪持续一定的时期。张正禄(2014)将工程测量的发展特点概括为“六化”。

(1) 测量内外业作业一体化。以往的大部分内业工作变成了外业工作，如测图时的图形编辑、控制测量时的平差计算，以及施工放样数据计算等，传统作业时需在室内完成，一体化则使其成为外业工作的组成部分。一体化在很大程度上减轻了作业人员的劳动，更大的意义是保持了测量作业本该应有的完整性，提高了测量产品的生产质量。

(2) 数据获取及处理自动化。全站仪、测量机器人、电子水准仪、GNSS 接收机、陀螺经纬仪等测量仪器已经具备了数据自动获取和处理的功能，随着软、硬件性能的改进，测量数据获取与处理的自动化程度将逐步提高。

(3) 测量过程控制和系统行为智能化。指测量仪器(或系统)能对作业过程进行控制与管理，对作业中出现的问题进行分析、判断，并进行相应的处理。或者说，测量仪器(或系统)将越来越多地替代人的工作，并且质量要好得多。

测量机器人将得到进一步发展，与摄影测量、GNSS 定位、陀螺仪定向等有机结合，将引领测量自动化与智能化的进程。

(4) 测量成果和产品数字化。数字化是自动化的前提，包括测量产品的生产和应用。

(5) 测量信息管理可视化。包括图形可视化、三维可视化和虚拟现实等。

(6) 信息共享和传播的网络化。网络已成为人类生产生活不可或缺的一部分，因此工程测量服务的网络化势在必行。

1.5 工程测量的一般过程

工程测量的主要内容是针对某一具体的测量任务，分析、研究、制定出切合实际的测量方案，并付诸实施。

一个测量方案从形成到实施的过程大致如图 1.1 所示。

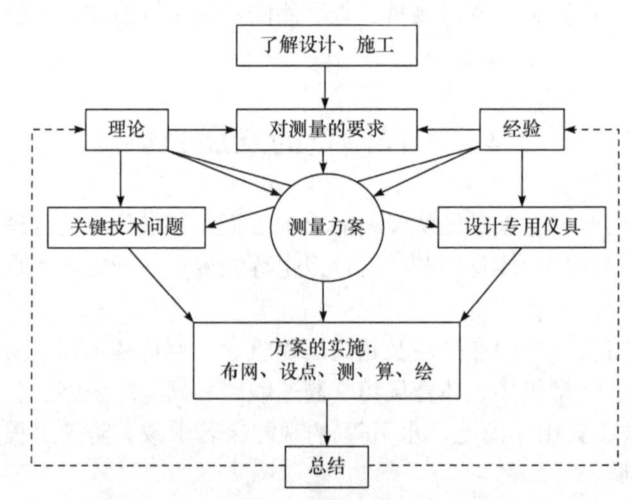

图 1.1 测量方案从形成到实施的过程(陈龙飞和金其坤，1990)

制定方案前，首先要对设计与施工进行充分了解。了解设计与施工的方法首先是阅读设计图纸与文件，其次是与设计人员、施工人员讨论，从而获取与测量有关的重要信息和数据，为制定测量方案收集资料。在了解工程设计与施工方法的过程中，测量方案的构思就在进行。对于一位既有理论基础又有实践经验的测量工程师，当他对工程了解清楚时，测量方案大体上也就确定了。理论基础主要指误差分析知识，既包括对测量控制网和测量方法的误差分析，也包括对测量仪器和外界条件的误差分析。构思方案时并不需要精确的计算，往往只要做粗略的精度估算，因此一些简化的公式和概略计算技巧是十分有用的。实践经验对制定方案也十分重要，在其他工程中取得的经验虽不能照搬，但常可借鉴。经验越丰富，思路越广泛，越能提出解决问题的办法。

工程条件各不相同，往往单靠常规的测量仪器和方法不能奏效，因此方案中常要包括解决某些关键性技术问题的措施。有时还需要设计并加工一些专用的仪器和工装，制定一些新的测量方法。由于某个技术问题无法解决而被迫大幅度修改方案，甚至被迫放弃原方案的情况是常有的。解决关键性技术问题和设计专用仪具也和理论基础及实践经验分不开。此外，测量科技人员还应善于应用相邻学科成熟的技术来解决测量问题，如激光、传感器和电子技术等。

一个方案很少能百分之百地付诸实施。只要方案的基本思想没有大的改动，即使实施中有些具体的修改补充，仍算是个好方案。事实上方案实施的过程也是方案逐步完善的过程。

具体工程中的具体方案总带有一定的特殊性，只有通过总结才能从特殊经验中提炼出具有普遍意义的规律。总结要在理论指导下进行，是一个提高的过程。若不重视总结，或者因为缺乏理论修养而做不好总结，那么即使经历了许多实践，处理问题的水平仍可能不高。

这样环绕着方案的制定到实施诸环节组成一个循环，每接一个新任务就进入一个新的循环，一个循环完成就提高一步。测量科技人员的能力就在这样的循环中得到锻炼，逐步提高。

1.6　工程测量的几个基本观点与常用方法

在工程测量中有一些基本观点和一些常用方法，主要列举如下。

(1) 为用户服务的观点。测量服务的用户是工程建设及其他应用部门。因此，保证质量、满足用户要求是工程测量的目的。

(2) 不追求过剩质量。保证测量质量，包括不追求过剩质量(overmuch in quality)，这是全面质量管理(total quality control，TQC)的理念。例如，测量的精度在满足用户需要的前提下，一般情况下不需要越高越好(许多情况下，超出用户精度要求的做法往往是错误的，因为这很可能导致工期延后)，除非还有科学研究的目的。

(3) 可靠性具有特殊的意义。工程测量质量中的可靠性(reliability)指标较之其他测量工作中的可靠性具有特殊的意义，因为工程中的许多情况是边测量边施工，测量中的错误很少有时间进行检核和改正，而测量结果中的错误往往给工程带来不可估量的损失。

(4) 相邻相对位置精度。应用对象要求的精度往往是相邻物体(或物体的相邻部分)间的相对位置精度，这可用测量中的一些相对量(如角度、边长、高差等)精度来表示，但不够全面，使用也不方便，通常所使用的点位误差、方位误差、点位误差曲线、点位相对误差曲线只是目前的替代精度指标。与基准无关的、方便可用的相对精度指标仍需继续探索。

(5) 独立的平面直角坐标系。工程测量中经常使用独立平面直角坐标系和独立网。前者仅仅是为了工作方便，因此必要时可将控制网挂到国家控制网上。后者则为工程所必需，工程测量中一般不做强制平差。

(6) 控制网的层级性质。即使在同一工程测量项目中，不同层级的控制网之间，往往只做起算数据的传递而不进行精度的控制；或者说上下层只传递坐标系(包括建立坐标系间的关系)，而不传递基准，仅仅把下一层级的控制网挂到上一层级的控制网上。

然而，当同一项目、同一层级的控制网因面积大等原因而需要分级布设时，上下级之间的精度要满足一定的控制关系，例如 2 倍关系或 $\sqrt{3}$ 倍关系。

(7) 精度的正解与反解。在一般测量问题中，常常是由一组观测值 l 及其精度 $\sum_{ll}$ 来计算一组参数值 x 及其精度 $\sum_{xx}$。这一问题称为精度的正解，它在最小二乘准则下具有唯一解。

而在工程测量中，问题往往是要根据 x 及 $\sum_{xx}$ 来确定测量方案(设计图形 A、观测值 l 及其精度 $\sum_{ll}$)。这一问题称为精度的反解。此问题无唯一解，若要求解，必须附加一些条件(如各种因素的影响相等或成比例等)。

(8) 独立等影响原则(又称为独立等影响假定)。当某一个量受若干因素的误差影响时，为了方案设计时误差分配的需要(精度反解)，可假定这些因素的影响是相互独立并且其影响程度是相等的，该原则称为独立等影响原则，或独立等影响假定。

显然，该原则本身是粗糙的，因此应用时必须注意场合。

(9) 可忽略不计原则(又称为可忽略不计标准)。如果某误差 m 由两项误差 m_1 与 m_2 组合而成，$m^2 = m_1^2 + m_2^2$，其中 m_2 较小。现在讨论，当 m_2 小到什么程度时可以认为 $m \approx m_1$，即可以把 m_2 对 m 的影响忽略不计。

设 $m_2 = \dfrac{m_1}{k}$，则

$$m = m_1\sqrt{1+\frac{1}{k^2}} \approx m_1\left(1+\frac{1}{2k^2}\right) \tag{1.1}$$

若令 $\dfrac{m-m_1}{m} \leqslant 10\%$ 时可认为 $m \approx m_1$，则有

$$\frac{1}{2k^2} \leqslant 0.1 \text{ 或 } k \geqslant \sqrt{5} \tag{1.2}$$

若令 $\dfrac{m-m_1}{m} \leqslant 5\%$ 时才可认为 $m \approx m_1$，则有

$$\frac{1}{2k^2} \leqslant 0.05 \text{ 或 } k \geqslant \sqrt{10} \tag{1.3}$$

所以实际工作中通常把

$$m_2 = \left(\frac{1}{\sqrt{10}} \sim \frac{1}{\sqrt{5}}\right)m_1 \approx (0.3\sim0.4)m_1 \text{ 或 } m_2 = \frac{1}{3}m_1 \tag{1.4}$$

作为可把 m_2 忽略不计的标准，也称 $\dfrac{1}{3}$ 原则(one third rule)。

(10) 特定的投影面。在工程测量中，投影面的选择应满足“按控制点坐标反算的两点间长度和实地两点间长度之差应尽可能小”，相对于测量误差应可忽略不计。为此，控制网中的实测长度通常不是投影到平均海水面而是投影到特定的平面上。

(11) 从整体到局部(from whole to local)的原则。从整体到局部的原则应用于许多领域，测量工作亦然。

(12) 误差分析的分解合成法。当某一量 z 受 n 个独立误差的联合影响且影响关系比较复杂时，可以将 n 个误差因素划分为 k 组($k \leqslant n$)，然后分析每组误差对 z 的影响 $\overset{i}{m}_z$ $(i=1,2,\cdots,k)$。分析 $\overset{i}{m}_z(i=1,2,\cdots,k)$ 时假定其他各组误差均为零。这样，根据测量误差理论可得

$$m_z = \pm\sqrt{\sum_{i=1}^{k}\left(\overset{i}{m}_z\right)^2} \tag{1.5}$$

这种误差分析的方法称为分解合成法。

在分析 $\overset{i}{m}_z$ 时，可假定该组的真误差，计算该组真误差对 z 的影响 $\overset{i}{\Delta}_z$，进而可求出 $\overset{i}{m}_z$。求 $\overset{i}{\Delta}_z$ 时，几何作图法有时很有效。

例如，前方交会法的定点误差分析。待定点 P 受两个水平角 β_1、β_2 的误差影响，现在假定 β_1 存在真误差 Δ_1，β_2 无误差，如图 1.2 所示，存在关系：

$$\overset{1}{\Delta}_P = \frac{s_1}{\sin\gamma}\cdot\frac{\Delta_1}{\rho} \tag{1.6}$$

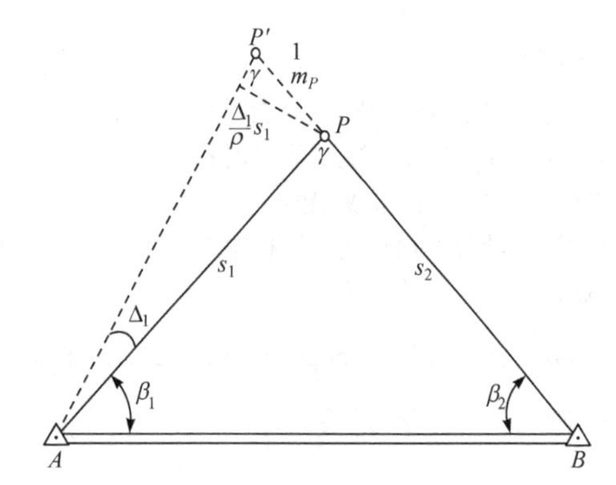

图 1.2 前方交会法定点误差分析：β_1 误差的单独影响

从而

$$\overset{1}{m}_P = \frac{s_1}{\sin\gamma}\cdot\frac{m_{\beta_1}}{\rho} \xlongequal{\text{令}m_{\beta_1}=m_{\beta_2}=m_\beta} \frac{s_1}{\sin\gamma}\cdot\frac{m_\beta}{\rho} \tag{1.7}$$

同理可得

$$\overset{2}{m}_P = \frac{s_2}{\sin\gamma}\cdot\frac{m_\beta}{\rho} \tag{1.8}$$

故

$$m_P = \pm\sqrt{\left(\overset{1}{m}_P\right)^2+\left(\overset{2}{m}_P\right)^2} = \frac{\sqrt{s_1^2+s_2^2}}{\sin\gamma}\cdot\frac{m_\beta}{\rho} \tag{1.9}$$

(13) “精度+可靠性”设计方法。随着测量仪器精度的提高，对于一般的测量项目，做测量方案设计时，可按最简单的网形(如支导线的形式)进行精度反解，然后考虑构成适当的若干闭合图形以满足可靠性的要求。当然，最后的数据处理仍应按实测的网形做严密平差。

在这里，增加多余观测仅仅是为了满足可靠性的要求，人们并不在意它对精度的增益。

(14) 正确对待技术标准。技术标准是理论与实践的总结，其目的是指导与规范生产。工程测量类的技术标准很多，除国家标准外，各行各业还有自己的测量技术标准。尽管对工程

测量来说，技术标准多是原则性的，但其对生产的指导和限制必须重视。因此，在进行一个工程测量项目之前，首要任务是明确相应最新技术标准的技术规定和要求。

(15) 有为才有位。传统的观点认为：制造为主、测量为辅。在很长一段时间，工程测量与技术含量低紧密相关，其原因在于彼时的测量精度可以满足工程建设的要求，未能成为“卡脖子”问题。随着现代工业制造的发展，对超精密测量技术的需求日渐凸显。谭久彬院士认为，没有超精密测量，就不会有高质量的高端装备制造。这对工程测量从业者而言是一个难得的机遇，应乘势而上，在为社会服务的过程中实现自我价值。

思考与练习

一、名词解释

1. 工程测量；2. 工程测量学；3. 独立等影响原则；4. 可忽略不计标准。

二、叙述题

1. 试叙述工程建设三个阶段的主要测量工作。
2. 试叙述工程测量学的主要研究内容。
3. 试阐述工程测量的发展趋势。
4. 试叙述测量与工程建设、科技发展的关系。
5. 试叙述误差分析的分解合成法。
6. 试用误差分析的分解合成法推导支导线端点横向中误差 m_x 的公式。设测角精度为 m_β，测距精度为 $\frac{m_s}{s}$。
7. 试叙述对工程测量的印象。

第 2 章　测量技术与方法

本章介绍测量的原理、技术与方法，是一般测量所共有的，也是工程测量技术的主体。

我们知道，测量的任务可以归结为确定物体与地表之间，或物体之间，或物体构成之间的相对位置关系。实践中很少能直接实现这个目标，通常采用间接的方式，即设置一些点，求点的坐标及其精度。当然，确定点的坐标，需指定坐标系；求坐标的精度，需指定基准。求出点的坐标后，根据点的坐标再推算物体间的相对位置、姿态关系及其精度。

点的坐标推算需要依据点之间的相对量，如水平角、垂直角、距离、高差、方位角等，对这些相对量的观测是外业测量的主要工作。

2.1　角 度 测 量

角度是确定地面点相对位置关系的基本元素，包括水平角(horizontal angle)和垂直角(vertical angle)。水平角是一点到两目标点的方向线垂直投影在水平面上所构成的角度。垂直角是一点到目标点的方向线与水平面的夹角，若方向线在水平面之上，垂直角为正，为仰角；否则垂直角为负，为俯角。垂直角也称竖直角或高度角。由天顶沿地平经度圈量度到观测目标的角度称为天顶距(zenith distance)，也就是方向线与测站铅垂线反方向的夹角。天顶距与垂直角具有相同的用途。

角度测量的仪器主要是经纬仪(theodolite)，包括光学经纬仪(optical theodolite)和电子经纬仪(electronic theodolite)。

2.1.1　光学经纬仪的基本组成

光学经纬仪的基本组成如图 2.1 所示，主要包括照准部(alidade)、基座(tribrach)和三脚架(tripod)三部分，核心是照准部。照准部又可分为照准、读数、轴系和安平等部分。照准部分主要是带十字丝的望远镜，十字丝与物镜组中心的连线称为视准轴(collimation axis)，也称照准轴。读数部分包括水平度盘(horizontal circle)、垂直度盘(vertical circle)，以及为精确读数服务的光路系统和测微装置。轴系部分包括垂直轴(又称竖轴)、水平轴(又称横轴)和视准轴，竖轴是照准部水平旋转的中心轴，横轴是望远镜在竖直方向旋转的中心轴。经纬仪观测要求竖轴竖直、横轴正交于竖轴、视准轴正交于横轴，其误差称为三轴误差。安平部分主要指水准管，其主要用途是将竖轴竖直，另外还要使垂直度盘指标线位置正确。

经纬仪的测角精度主要取决于轴系误差和读数误差。我国光学经纬仪系列分为 J_{07}、J_1、J_2、J_6 等型号，J 为经纬仪汉语拼音的第一个字母，下标 07、1、2、6 等表示仪器的精度指标，其意义为一测回的测角中误差分别为±0.7″、±1.0″、±2.0″、±6.0″等。

如图 2.2 所示，Wild T_2、Wild T_4 的测角精度分别为±2.0″、±0.5″。

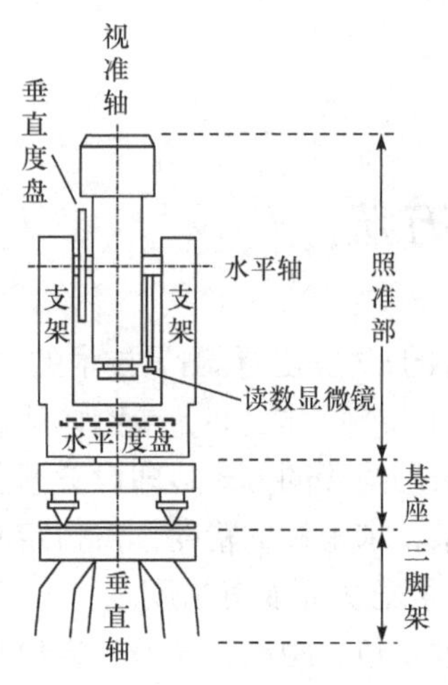

图 2.1 光学经纬仪基本组成

(a) Wild T_2 经纬仪

(b) Wild T_4 经纬仪

图 2.2 典型光学经纬仪

2.1.2 经纬仪水平角观测

在测量点上首先将经纬仪对准标石中心，称为“对中”(centering)；然后用基座脚螺旋使仪器水平，即竖轴竖直，称为“整平”(leveling)。接下来即可开始观测，如图 2.3 所示，测站点 O 周围有待测的方向点 A、B、C、D、E、N，选择其中一个边长适中、成像清晰的方向(如 OA)作为起始方向(又称为零方向)，并依此调好望远镜焦距，在一测回中不再变动。一测回的观测程序如下。

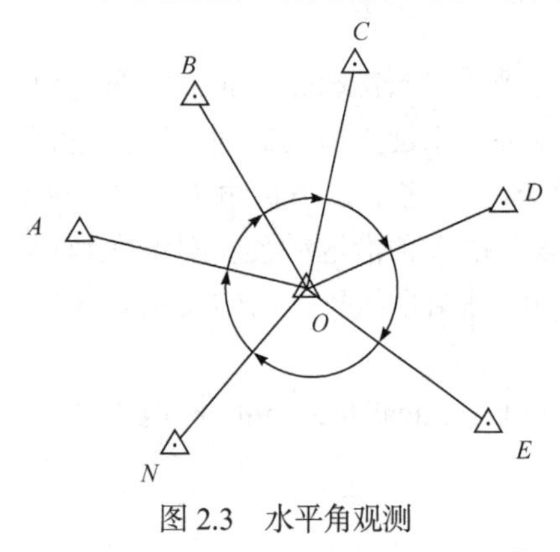

图 2.3 水平角观测

(1) 在盘左位置(垂直度盘在望远镜左侧)照准零方向 OA，并按式(2.1)整置水平度盘和测微器的位置

$$M_j = \frac{180°}{m}(j-1) + \omega(j-1) + \frac{u}{m}\left(j - \frac{1}{2}\right) \tag{2.1}$$

式中，M_j 为第 j 测回(j = 1, 2,⋯, m)的零方向度盘位置；m 为测回数；ω 为度盘最小分格值，对于 J_1 型(如 Wild T_3)仪器为 4″，对于 J_2 型(如 Wild T_2、Theo 010)仪器为 10″；u 为测微器分格值，对于 J_1 型仪器为 60 格，对于 J_2 型仪器为 600″。

(2) 顺时针方向旋转 1～2 周，精确照准零方向 OA，并读取水平度盘和测微器读数。

(3) 顺时针方向旋转照准部，依次照准 B、C、D、E、N 并读数，最后回到零方向 OA 再照准并读数(称为归零)。

以上操作称为上半测回观测。

(4) 纵转望远镜，逆转照准部 1～2 周，从零方向 OA 开始，依次逆转照准 N、E、D、C、B，再回到 OA 并读数，称为下半测回观测。

以上操作合为一测回。其余各测回观测时均按规定变换度盘和测微器位置，操作同上。这就是方向观测法(method of direction observation)。由于半测回中要归零，故也称为全圆测回法(method of direction observation in rounds)。当方向不超过 3 个时，半测回中不归零。上述操作是针对光学经纬仪而言的，如果是用电子经纬仪观测，则无须变换度盘和测微器位置，读数也更加简便。

在工程测量中，相邻边长有时相差悬殊，很难达到“一测回中不调焦”的规定。这时，可按下列程序进行测角：①盘左，粗略瞄准一个目标；②仔细对光，消除视差；③精确瞄准该目标，取水平度盘读数；④不动调焦镜，盘右，精确瞄准该目标，取水平度盘读数；⑤对于下一个目标，重复上述操作。

2.1.3 经纬仪垂直角观测

垂直度盘与望远镜固连在一起转动，横轴通过其中心并与之正交。为获取垂直角，需水平位置作比较，如图 2.4 中的垂直度盘指标线(index of vertical circle)，当视准轴水平时，垂直度盘读数(即指标线指向)90°(盘左)或 270°(盘右)；当视准轴仰起时，则垂直角为(垂直度盘盘左读数–90°)或(270°–垂直度盘盘右读数)。实际应用中，当指标水准器气泡居中时，指标线并非水平，这一差值 i 称为垂直度盘指标差(index error of vertical circle)，可以通过盘左、盘右观测求出并消除影响。对图 2.4 所示结构，设盘左读数为 L，盘右读数为 R，则垂直角 α、垂直度盘指标差 i 为

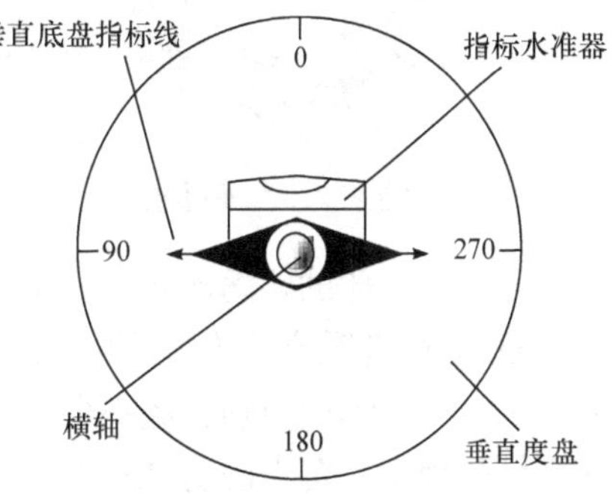

图 2.4　光学经纬仪垂直度盘结构示意

$$\begin{cases} \alpha = \dfrac{1}{2}(R - L - 180°) \\ i = \dfrac{1}{2}(R + L - 360°) \end{cases} \tag{2.2}$$

垂直角观测的具体操作程序如下。

(1) 盘左，按上、中、下三根水平丝的顺序依次照准同一目标各一次，并分别读垂直度盘读数。

(2) 盘右，同(1)一样观测。

(3) 计算三根水平丝所测得的指标差和垂直角，并取垂直角的平均值作为目标的一测回之值。

该观测方法称为“三丝法”，若仅使用中间水平丝进行观测，则称为“中丝法”。

2.1.4 电子经纬仪

我们知道，在光学经纬仪照准部中，读数是一个非常复杂的光学系统，将这一部分用电子技术来实现，就是电子经纬仪。

在电子经纬仪中，度盘由角度传感器代替，因此可以实现度盘读数的自动输出。在角度观测的操作方法上，基本上沿用光学经纬仪的要求。

用于电子经纬仪的角度传感器主要有编码度盘、光栅度盘和动态测角系统。

如图 2.5 和图 2.6 所示，在玻璃度盘的一系列同心圆环上，按二进制方式设置透光和不透光的区域。设透光为 1，不透光为 0。在度盘一侧每个环安置一个半导体发光二极管，度盘的另一侧安置光电二极管。所有二极管排列在一条半径上，形成一条光电检测阵列。N 个环把全圆划分为 2^N 份，光电检测阵列处于某一位置后就可通过二极管的高低电位列，求得这时度盘上的读数。显然，编码度盘的测角方法为绝对式测角法。因工艺问题，N 不能太大，度盘的分辨率就不可能高，因此还需要电子测微装置。如图 2.7 所示，在八码道 Gray 码度盘中，内侧刻有 128 个周期的正弦刻缝，仪器对每个周期内插 1000 个脉冲，这样每个脉冲仅对应 10″。

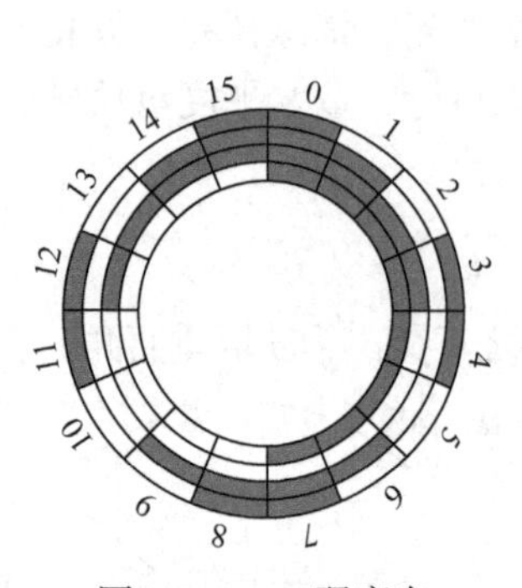

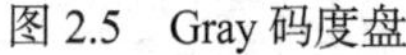

图 2.5　Gray 码度盘

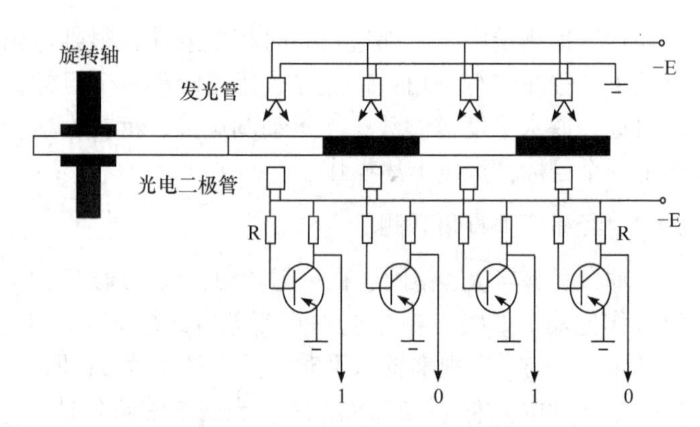

图 2.6　二进制码盘光电读数系统

如果将上述的编码探测改成条码识别，则称为条码度盘。如图 2.8 所示，由发光管发出的光线通过光路照亮度盘上的一组条形码，该条形码由一线性电荷耦合器件(charge coupled device，CCD)阵列识别，经一个 8 位 A/D 转换器读出，提供大约 0.27°的概略读数。在条形码的识别过程中，首先确定 CCD 阵列上独立编码线的中心位置，然后使用适当的计算方法求得平均值，完成精密测量。为了确定位置，必须捕获至少 10 条编码线，而在通常情况下，单次测量即可包含大约 60 条编码线，因此改进了角度内插精度，进一步提高了角度测量的可靠性。

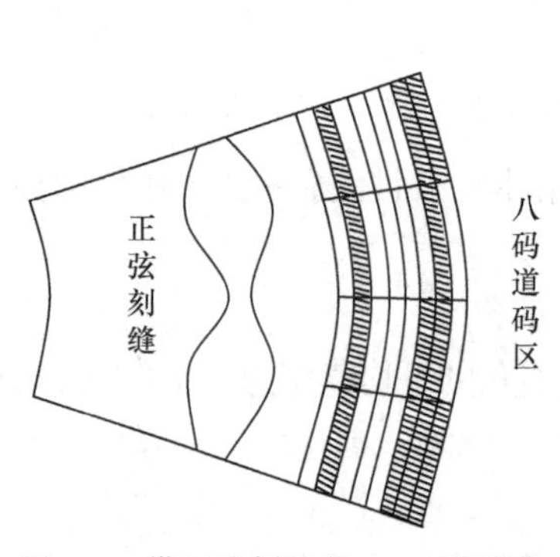

图 2.7　带正弦刻缝的 Gray 码度盘

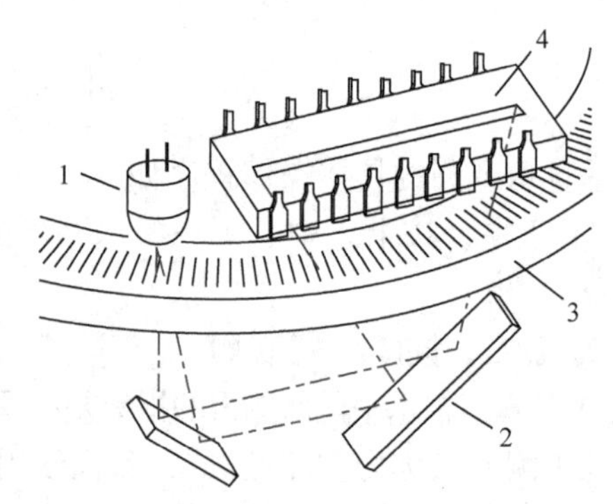

1: 发光管; 2: 光路系统; 3: 条码度盘; 4: 线性CCD阵列

图 2.8　条码度盘

光栅(optical grating)指均匀刻有间隔很小且相等的直线条纹的光学器件。若栅线刻在度盘上，则构成了光栅度盘。若两片参数相同的光栅重叠在一起，并使二者栅缝间有较小的夹角，则在光照射下会出现与光栅栅缝垂直的明暗相间的条纹，称为莫尔条纹，具有放大作用。如图 2.9(a)所示，光栅度盘的指示光栅、接收管、发光管的位置是固定的，当度盘随照准部转动时，莫尔条纹落在接收管上，度盘每移动一条光栅，莫尔条纹在接收管上就移动一周，通过接收管的电流就变化一周，如图 2.9(b)所示。当度盘随照准部从一个方向转到另一个方向时，通过接收管的电流的周期数就是两个方向之间的光栅数。由于栅线之间的夹角是已知的，故可从计数器上显示角度值。这种测角方式称为增量式测角。

为了判断转动的方向，可再设一个光电接收二极管，两个二极管分别记为 a、b，二者沿光栅排列，与莫尔条纹垂直，相距为莫尔条纹间距的四分之一。当光栅度盘的转动反向时，莫尔条纹的移动也反向，a、b 两个二极管中的电流形成固定的相位差(90°)，只是超前与落后的顺序相反，如图 2.10 所示。

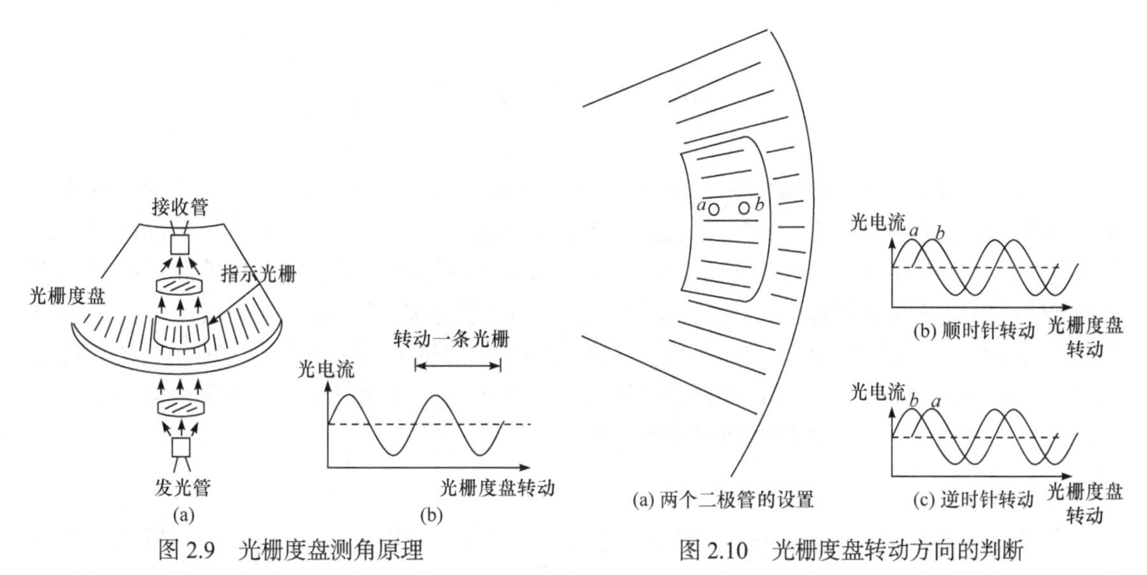

(a)　(b)

图 2.9　光栅度盘测角原理　　图 2.10　光栅度盘转动方向的判断

动态测角原理如图 2.11 所示。玻璃度盘沿径向刻有等间隔的明暗分划线(如 Wild TC2000 的度盘上刻有 512 条条纹刻划)，在测量时等速旋转；在度盘外缘设置一个与基座连接的固定光电探测器 L_S；而在度盘内缘设置与照准部连接在一起并随之旋转的活动光电探测器 L_R。L_R 与 L_S 之间的夹角为

$$\varphi = n\varphi_0 + \Delta\varphi \tag{2.3}$$

式中，φ_0 为度盘每个间隔的角值(如 Wild TC2000，其 φ_0=360°/512=2531.25″)；n 根据度盘上的参考标志来测定，如图 2.12 所示，L_R 与 L_S 经过标志 A、B、C、D 容易测定，设为 T_A、T_B、T_C、T_D，将通过间隔 φ_0 的时间设为 T_0，则 $n=(T_A+T_B+T_C+T_D)/4$；$\Delta\varphi$ 可以根据输出信号的相位差求得。

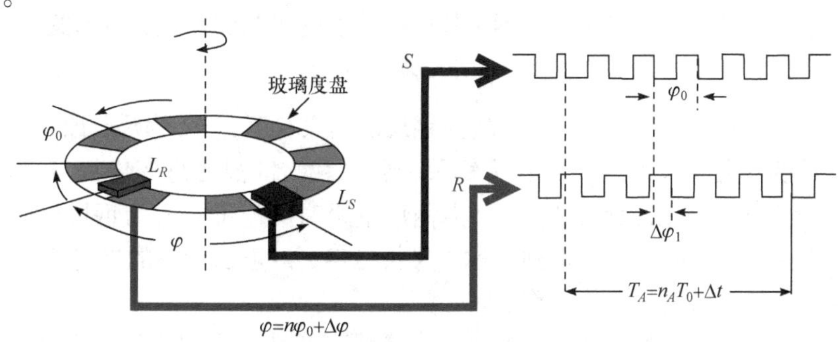

图 2.11　动态测角原理

图 2.13 是 Wild TC2000 电子经纬仪，其测角精度为±0.5″。

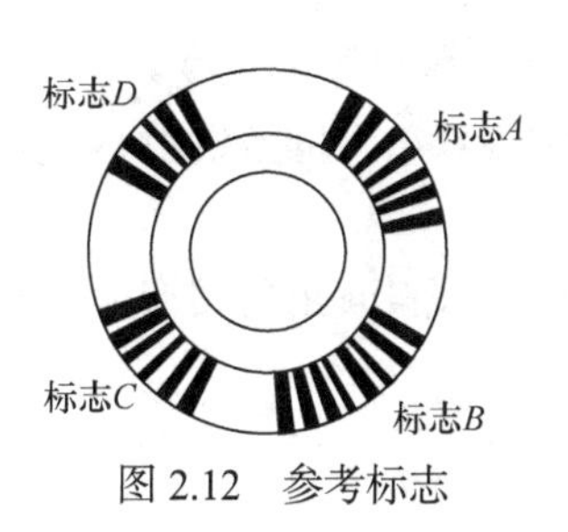

图 2.12　参考标志

图 2.13　Wild TC2000

2.2 距离测量

在测量实践中，距离测量(distance measurement)的方法主要有三种：直接丈量、视距测量和物理测距。直接丈量就是用量尺直接在地面上测定两点间的距离，精度要求高的用因瓦尺(精度优于 1/350000；短距丈量精度优于±20μm)，一般用钢卷尺，精度要求较低时也可用皮尺或测绳等。视距测量是利用装有视距丝装置的测量仪器配合标尺，利用相似三角形原理，间接测定两点间的距离，操作方便、应用范围广，但精度一般较低。物理测距是利用电磁波的波长与时间的关系来测定两点间的距离，操作方便、精度可靠，是测量中应用最多的测距方法。本节介绍直接丈量和物理测距方法。

2.2.1　直接丈量

钢卷尺(简称钢尺，steel tape)是用于直接丈量的工具，如图 2.14 所示，它实际是一卷钢带，一般带宽 10～15mm，厚 0.2～0.4mm，长度主要有 20m、30m、50m 三种。除钢卷尺外，钢尺量距还需要测钎(measuring rod)、花杆(标杆，measuring bar)、垂球(plumb bob)、温度计、拉力器等。

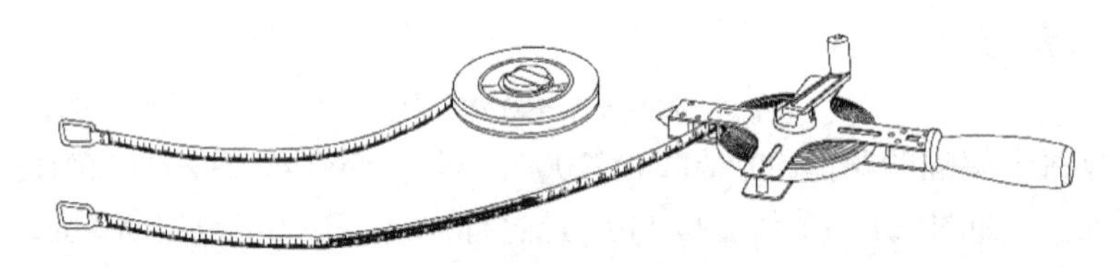

图 2.14　钢卷尺

钢尺的尺长方程式是在一定拉力下钢尺长度与温度的函数关系式，其形式为

$$L = L_0 + \Delta L + \alpha\left(t - t_0\right)L_0 \tag{2.4}$$

式中，L 为钢尺在温度 t 时的实际长度；L_0 为钢尺的名义长度；ΔL 为尺长改正数，即钢尺在温度 t_0 时实际长度与名义长度之差；α 为钢尺膨胀系数，即温度每变化1℃时单位长度的变化率，其值一般为(1.15～1.25)×10⁻⁵/℃；t 为钢尺量距时的温度；t_0 为钢尺检定时的标准温度。尺长方程式在已知长度上比对得到，称为尺长检定，一般由专业的检定部门实施。

钢尺量距一般包括以下几方面工作。

(1) 定线。当丈量距离大于尺段长度时，应在距离两端点之间用经纬仪定向，按尺段长度设置定向桩，并在桩顶刻画标志。

(2) 量距，即丈量两相邻定向桩顶标志之间的距离。丈量时钢尺施以检定时的拉力(一般30m 钢尺为 10kg，50m 钢尺为 15kg)。当钢尺达到规定拉力、尺身稳定时，司尺员按一定程序、统一口令，前后读尺员进行钢尺读数，两端读数之差即为该尺段的长度 l_i 。

(3) 测量定向桩之间的高差。为将丈量距离改化成水平距离，即距离的高差改正，需用水准测量方法测定相邻桩顶间的高差 h_i 。

(4) 成果整理。对各段观测值进行尺长改正、温度改正、倾斜改正后相加即得所需距离

$$D = \sum l_i + \frac{\Delta L}{L_0}\sum l_i + \alpha\left(t - t_0\right)\sum l_i - \sum \frac{h_i^2}{2l_i} \tag{2.5}$$

若仅做尺长改正和倾斜改正，钢尺量距的精度为 1/5000～1/10000；若加入更多的改正，如拉力改正、垂悬改正、定线改正、对中改正等，钢尺量距的精度可达 1/30000。

2.2.2　电磁波测距

电磁波测距是通过测定电磁波在待测距离上往返传播的时间 t_{2D}，利用式(2.6)来计算待测距离 D

$$D=\frac{1}{2}ct_{2D} \tag{2.6}$$

式中，c 为电磁波在大气中的传播速度，取决于观测时测线上的气象条件，电磁波在真空中的传播速度 c_0 为 299792458m/s(因“米”的定义来自于 c_0，故 c_0 无误差)；t_{2D} 为电磁波在测线上往返传播的时间，可以直接测定，也可以间接测定。直接测定是通过测定脉冲在测线上往返传播过程中的脉冲数来测定 t_{2D}，间接测定则是通过调制光在测线上往返传播所产生的相位移来测定 t_{2D}。

1. 脉冲式测距原理

图 2.15 是脉冲式测距的工作原理框图。首先，由光脉冲发射器发射一束光脉冲，经过发射光学系统后，射向被测目标。与此同时，由仪器内的取样棱镜取出一小部分光脉冲，送入接收光电系统，再由光电接收器转换为电脉冲(称为主波脉冲)，作为计时的起点。当从目标反射回来的光脉冲通过接收光电系统后，也被光电接收器转换为电脉冲(称为回波脉冲)，作为计时的终点。显然，主波脉冲和回波脉冲之间的时间间隔就是光脉冲在测线上往返传播的时间 t_{2D}，可用时标脉冲作为标准器来度量。

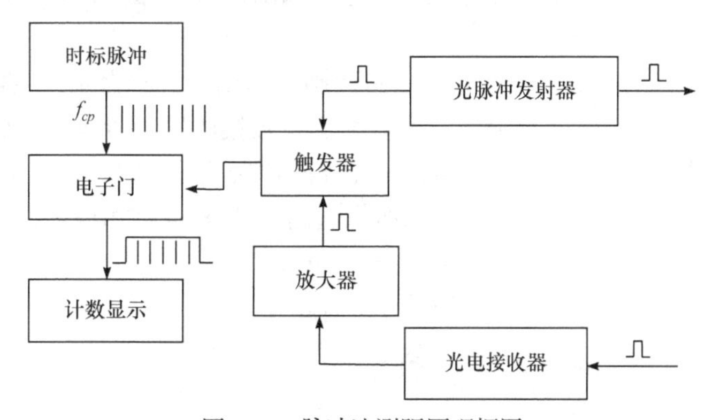

图 2.15　脉冲法测距原理框图

时标脉冲是由时标振荡器连续产生的、具有一定时间间隔(即振荡周期)T 的电脉冲，相当于一个电子时钟。在测距前，“电子门”是关闭的，时标脉冲不能通过“电子门”而进入计数系统。测距时，在光脉冲发射的同一瞬间，主波脉冲把“电子门”打开，时标脉冲将一个个地通过“电子门”而进入计数系统，并开始计量时标脉冲数，直至回波脉冲将“电子门”关闭，时标脉冲停止进入计数系统。如果在“开门”和“关门”之间有 N 个时标脉冲进入计数系统，则主波脉冲和回波脉冲间的时间间隔为

$$t_{2D}=NT \tag{2.7}$$

由于一个振荡周期 T 内电磁波的传播距离(即波长 λ)是个可以预知的量($\lambda=cT$)，故只要知道时标脉冲个数 N 之后，即可直接计算出待测距离 D，并且可将其进行存储或显示。脉冲

式测距仪可利用固体激光器(如红宝石激光器)作为光源，它能发出高功率的单脉冲光。因此，此类仪器可以不用合作目标(如反射棱镜)，而直接利用被测目标对脉冲激光产生的漫反射进行测距。但是，由于受到脉冲宽度和电子计数器时间分辨率的限制，直接测量的时间通常只能达到10^{-8}s，其相应的测距精度约为米级。

为了精确测定t_{2D}，如图 2.16 所示，将t_{2D}表示为

$$t_{2D}=NT+t_a-t_b \tag{2.8}$$

其中，不足一个周期的时间t_a和t_b由时间幅值转换电路(time amplitude circuit，TAC)完成，将时间的测定转换为对电容充电电压的测定。如 Wild DI3000 测距仪，以半导体激光器为光源，采用 TAC 技术，测距精度达±(5mm + 1 × 10^{-6} · D)。

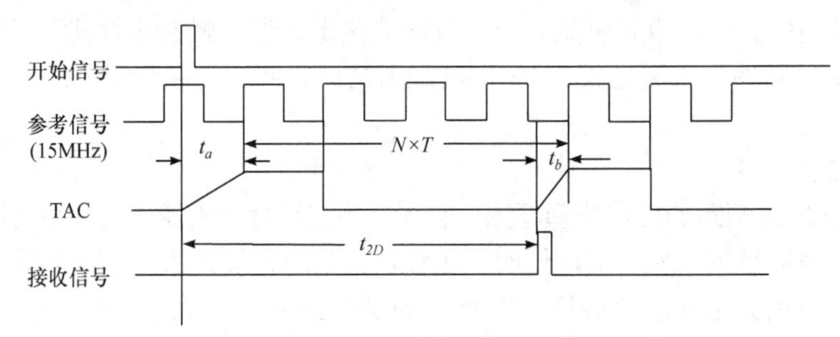

图 2.16 脉冲细分原理

2. 相位式测距原理

相位式测距是通过测量调制波在测线上往返传播所产生的相位移来间接地测定电磁波在测线上往返传播的时间t_{2D}。

如图 2.17(a)所示，由光源发出的光波通过调制器调制后，成为光强随高频信号变化的调制波。调制波射向测线另一端的反射镜，经反射后，被接收器所接收，然后由相位计将发射信号(又称参考信号)与接收信号(又称测距信号)进行相位比较。

若能获得调制波在被测距离上往返传播所引起的相位移(或称相位延迟)Φ，则t_{2D}为

$$t_{2D}=\frac{\Phi}{\omega}=\frac{\Phi}{2\pi f} \tag{2.9}$$

式中，ω和f分别为调制波的角频率和线频率。

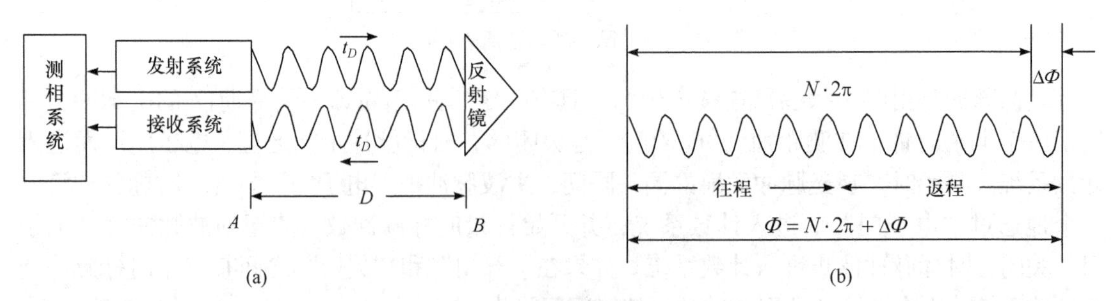

图 2.17 相位式测距原理

如果将调制波的往程和返程摊平，由图 2.17(b)可知，调制波往返于测线之后的相位移Φ包括N个整周期变化和不足一周期的尾数$\Delta\Phi$，若再令$\Delta\Phi=\Delta N\times 2\pi$，则

$$\Phi = 2\pi N + \Delta\Phi = 2\pi\left(N + \Delta N\right) \tag{2.10}$$

将式(2.10)代入式(2.9)，进而代入式(2.6)，并顾及波长 λ 与频率 f 和波速 c 的关系，可得

$$D = \frac{c}{2f}\left(N + \Delta N\right) \tag{2.11}$$

或

$$D = \frac{\lambda}{2}\left(N + \Delta N\right) \tag{2.12}$$

式(2.11)和式(2.12)为相位式测距的基本公式。

由式(2.12)可以看出，相位式测距法犹如用一根半波长的“测尺”(或称“光尺”)进行量距，N 为丈量的整尺段数，$\Delta N \cdot \frac{\lambda}{2}$ 就是不足一整尺段的尾数部分。

测距仪中的相位计只能测出相位差 $\Delta\Phi$，即能测定小于半波长的距离，而无法直接测出整读数 N，从而使式(2.12)出现了多值解。因此，确定 N 成为重要问题，主要有两种解决方式。

1) 直接测尺频率方式

由式(2.10)可知，如果被测距离小于半波长，则 $N = 0$，即可求出唯一确定的距离 D。因此，为了扩大单值测程就必须选用较长的测尺，即要用较低的调制频率(或称测尺频率)。但是，由于测相精度是一定的，这样将导致测距精度随测尺长度的增大而降低。这就意味着，为了保证测距精度，必须选用较短的测尺，即采用较高的测尺频率。为解决这个矛盾，可选用一组测尺配合测距，用短测尺(又称精测尺)保证精度，用长测尺(又称粗测尺)保证测程，以解决“多解值”问题。

由波长 λ 与频率 f 和波速 c 间的关系，可得出测尺长 L 和测尺频率的关系式，即

$$L = \frac{\lambda}{2} = \frac{c}{2f} \tag{2.13}$$

由于测相精度通常为千分之一，故测距精度也为测尺长度的千分之一。利用式(2.13)并顾及测距精度，即可根据需要而进行测尺频率、测尺长度的设计。在进行设计时可取 $c = 3\times10^{8}\,\mathrm{m/s}$。

由表 2.1 可以看出，如果设计测程为 1km，可选用精测尺和粗测尺的测尺频率为 15MHz 和 0.15MHz，相应的长测尺为 10m 和 1km。用精测尺可测出小于 10m 的米位、分米位、厘米位，并估出毫米位；用长测尺可测出小于 1km 的百米位、十米位和米位，并估读出分米位。将二者衔接起来，即可得到完整的距离读数。例如，欲测距离为 489.654m，用精测尺可得 9.654m，用长测尺可得 489.6m，测距仪自动地将其衔接起来而显示出完整的距离值。

表 2.1　测尺频率、测尺长度与测距精度

测尺频率/MHz	15	1.5	0.15	0.015	0.0015
测尺长度/m	10	100	1000	10000	100000
测距精度/m	0.01	0.1	1	10	100

2) 间接测尺频率方式

在直接测尺频率方式中，精、粗测尺频率彼此相差较大，并且随着测程的增大，相差会

更悬殊，这将使电路中放大器的增益和相对稳定性难以一致。因此，在一些远程测距仪中，改用一组数值比较接近的测尺频率，利用其差频作为粗测频率，间接确定 N 的值，从而得到与直接测尺频率方式相同的效果。

设用两个测尺频率 f_1 和 f_2 分别测量同一距离 D，则由式(2.11)可得

$$\frac{2f_1}{c}D = N_1 + \Delta N_1$$

$$\frac{2f_2}{c}D = N_2 + \Delta N_2$$

将两式联立求解可得

$$D = \frac{c}{2f_{12}}\left(N_{12} + \Delta N_{12}\right) \tag{2.14}$$

式中，$f_{12} = f_1 - f_2$ 为差频；$N_{12} = N_1 - N_2$；$\Delta N_{12} = \Delta N_1 - \Delta N_2$。

式(2.14)表明，用差频 f_{12} 测取尾数 ΔN_1 或 ΔN_2 的效果是相同的。因此，可以选择一组相近的测尺频率 f_1、f_2、…、f_n 进行测量，测得各尾数为 ΔN_1、ΔN_2、…、ΔN_n。将 f_1 作为精测频率，差频 f_{12}、f_{13}、…、f_{1n} 作为粗测频率，即可获得满足设计要求的测尺系统。

表 2.2 列举了一种测程为 100km 的测尺系统。如果用该测尺系统去测取距离 12345.678m，则可用 10m 的精测尺获得 10m 以内的距离值为 5.678m，其余各位可用差频测取，如表 2.2 中所列。这种方式中各测尺频率的最大差值仅有 1.5MHz，这样不仅能使放大器对各频率获得接近的增益，且调制器对各频率的相位移也比较稳定，而且各频率石英晶体的类型也可以统一。所以间接测尺频率方式被广泛应用于远程激光测距仪中。

表 2.2　间接测尺频率方式测距举例

测尺频率/MHz	差频频率/MHz	测尺长度/m	算例		
			ΔN_1	ΔN_2	相应距离
$f_1 = 15$	—	10	5678	—	5.678
$f_2 = 0.9f_1$	$f_{12} = 1.5$	100	1111	4567	45.67
$f_3 = 0.99f_1$	$f_{13} = 0.15$	1000	2222	3456	345.6
$f_4 = 0.999f_1$	$f_{14} = 0.015$	10000	3333	2345	2345
$f_5 = 0.9999f_1$	$f_{15} = 0.0015$	100000	4444	1234	12340

3. 电磁波测距仪概述

自 20 世纪中叶第一台产品问世以来，电磁波测距技术得到了高速发展。电磁波测距仪种类繁多、型式多样，按载波可分为光波测距仪、微波测距仪和多载波测距仪，其中光波测距仪包括利用白炽灯、高压水银灯作为光源的光速测距仪、以激光作为载波的激光测距仪，以及以红外发光管或红外激光管为光源的红外测距仪；按测程可分为短程测距仪(测程在 2 km 以内)、中程测距仪(测程为 2～7km)、远程测距仪(测程为 7～15km)和超远程测距仪；按精度可分为超高精度测距仪、高精度测距仪和一般精度测距仪，例如，我国城市测量规范按每千米测距中误差将测距仪分为Ⅰ级($m_D \leqslant \pm 5$mm)和Ⅱ级(± 5mm $\leqslant m_D \leqslant \pm 10$mm)；按测距方式可将测距仪分为脉冲式测距仪、相位式测距仪和混合式测距仪。脉冲式测距仪的测程较远而精度较低，相位式测距仪的测程较近而精度较高。精密测距仪均采用相位式或脉冲、相位混合

的测距方式。微波测距仪、激光测距仪、红外测距仪和多载波测距仪均属于相位式测距仪，激光人卫测距仪、激光测高仪和激光测月设备等则属于脉冲式测距仪。

世界上第一台测距仪于 1947 年由瑞典 AGA 公司制成，该厂生产的 AGA-8 激光测距仪被认为是第一代电磁波测距仪的代表。这类仪器的测程一般为 20～60km，测程远，但体积大、笨重且价格昂贵。第二代测距仪小型、轻便、耗电少、操作简便，测程一般为 0.5～5km，测距中误差为$\pm\{(2\sim10)\text{mm} + (0.5\sim5) \times 10^{-6} \cdot D\}$。相干激光的应用产生了第三代测距仪，这类仪器不仅轻便、耗电少、读数方便，而且测程可达 60km，精度可达$\pm(5\text{mm} + 1 \times 10^{-6} \cdot D)$。最新的测距仪精度高达$\pm(0.6\text{mm}+1\times10^{-6} \cdot D)$，测程大于 10km。目前研究的重点是将电磁波测距仪野外测距相对精度由10^{-6}量级提升至10^{-7}量级。

4. 电磁波测距的成果整理

测距观测值D'，必须经多项改正后，才能得到两点间正确的水平距离。

(1) 仪器常数改正。加常数改正：

$$\Delta D_C = C \tag{2.15}$$

必要时，还要做乘常数改正：

$$\Delta D_R = R \cdot D' \tag{2.16}$$

式中，测距仪的加常数C和乘常数R由仪器检定部门在已知基线上比测得到。

(2) 气象改正。影响光速的大气折射率是光的波长、气温、气压的函数。对于某一型号的测距仪，其光波波长为定值，因此，根据观测时测定的气温及气压可以计算出距离的气象改正。距离的气象改正与距离成正比，改正参数A的计算公式由仪器说明书给出，算出A后，即可做气象改正。

$$\Delta D_A = A \cdot D' \tag{2.17}$$

(3) 倾斜改正。

$$\Delta D_H = D' \cos\alpha \tag{2.18}$$

式中，α为垂直角。

2.3　高 程 测 量

2.3.1　几何水准测量

高程测量，即高差测量，经典测量方法是几何水准测量，使用的仪器是水准仪，其原理是借助水平视线照准竖立在两点上的标尺读数，来测定两立尺点间的高差(图 2.18)。水平视线靠水准管来获得。光学水准仪(图 2.19)曾经是水准测量的“主角”，它有可靠的精度保证，但作业强度大，也不满足数字化和自动化的要求。电子水准仪(或称数字水准仪)以自动安平光学水准仪为基础，在望远镜光路中增加了分光镜和 CCD 探测器，并采用编码标尺和图像处理系统，另外还包括微处理器、数据记录存储器、通信接口、显示与操作面板、蓄电池等，实现了数据记录、存储、传输及各种处理的自动化。

由于专利权的原因，不同厂家的产品采用了不同的标尺编码结构和电子读数求值过程。图 2.20 是 Leica 电子水准仪的光路图，标尺编码的像经过分光镜后，红外光部分经过反射成像在 CCD 探测器上(可见光部分经过分划板供目视观测)，形成测量信号，将该信号与仪器预存的参考信号匹配，从而获得标尺读数。其他如 Topcon 电子水准仪 DL-101C/102C 采用

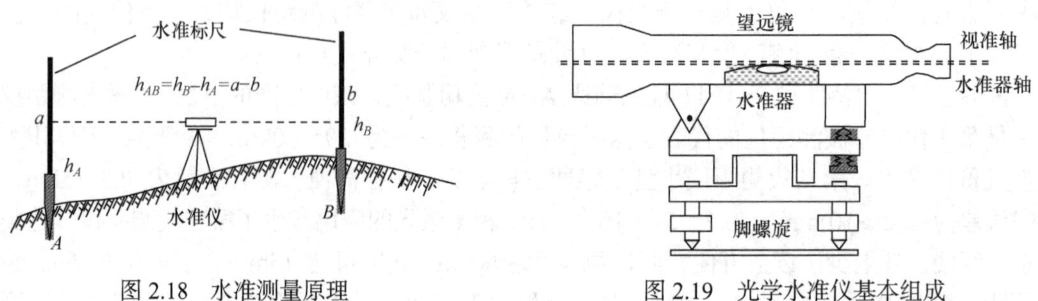

图 2.18　水准测量原理　　　　图 2.19　光学水准仪基本组成

相位法读数、Zeiss DiNi 10/20 系列则是采用几何法读数等。所以，各厂家的标尺不能互换使用。

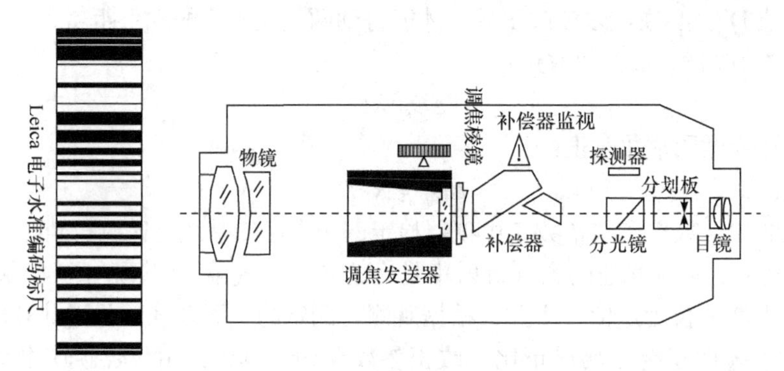

图 2.20　Leica 电子水准仪的光路图和编码标尺

电子水准仪是水准测量内外业一体化的关键，自 1990 年 Leica 推出第一款电子水准仪 NA2000 后，各主要测量仪器公司相继推出了自己的产品。电子水准仪除具有编码标尺不能互换的缺点外，它还对视场范围、标尺亮度等外界条件有一定的要求。也就是说，目前的电子水准仪不能完全代替光学水准仪。

2.3.2　液体静力水准测量

直接利用静止液体表面求两点高差的方法称为液体静力水准测量，可参见 7.2 节。

2.3.3　三角高程测量

三角高程测量根据两点间的水平距离和经纬仪观测的垂直角，应用三角公式计算两地面点间的高差。如图 2.21 所示，设地面上两点 A、B，为确定高差 h_{AB}，在点 A 处安置经纬仪，在点 B 处设置觇标，则可测得垂直角 α_{AB}，若量得仪器高 k_{AB} 和觇标高 l_{AB}，并已知 A、B 两点间的水平距离 D_{AB}，则

$$h_{AB}=D_{AB}\cdot\tan\alpha_{AB}+k_{AB}-l_{AB} \tag{2.19}$$

当 A、B 两点距离较远时，三角高程需要做球气差改正

$$h_{AB}=D_{AB}\cdot\tan\alpha_{AB}+k_{AB}-l_{AB}+\frac{D_{AB}^2}{2R}(1-K) \tag{2.20}$$

式中，R 为地球半径；K 为大气折光系数，可由对向观测得到，也可在两已知点之间进行三角高程观测得到。

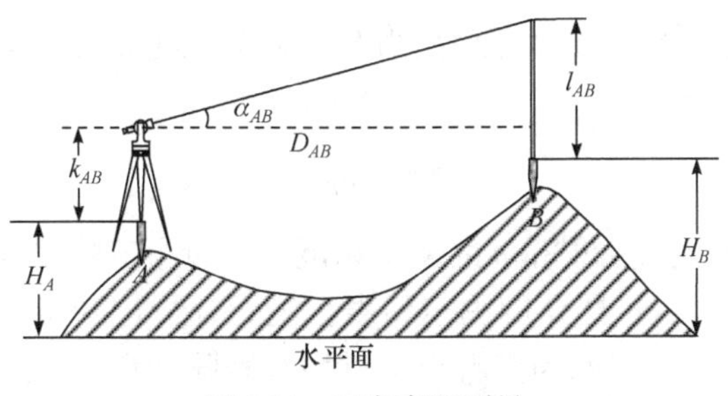

图 2.21　三角高程测量

2.4　全　站　仪

全站仪(total station)，也称电子速测仪(electronic tachymeter)，是由电子测角、电子测距、微型计算机及其软件组成的，测量结果能自动显示、计算和存储，并能与外围设备自动交换信息的多功能测量仪器。本节从功能上概括介绍全站仪的特征。

电子测角、电子测距功能：全站仪实现了电磁波发射光轴、接收光轴与望远镜视准轴重合；双轴补偿技术免去了精密整平仪器的要求；自动频率校正技术极大提高了距离测量的精度。

计算机技术的广泛和深入应用，使全站仪已能够完成几乎所有的数据、图形、图像处理任务：大量专业测量程序内置于全站仪；用户可以对全站仪进行二次开发；测量中的手工作业任务日趋简化；测量内业任务逐渐减少，形成了内外业一体化的概念。

全站仪实现了无棱镜测距；已实现遥控操作，出现了单人作业模式；已能够快速自动照准目标，并进行多个棱镜的自动辨识。全站仪朝智能化方向演进，测量机器人(georobot)的概念日渐普及。

全站仪与 GNSS 接收机、陀螺仪、摄影仪、视频仪等的集成，代表着当前最先进的地面测量技术。

2.5　激光扫描仪

激光扫描测量技术是一种从复杂实景或实体中重建出目标全景三维数据及模型的技术，又称为实景复制技术。激光扫描测量技术突破了传统的单点测量方式，是一种高效率、高密度、高精度的三维空间信息获取方式，是数字化时代刻画复杂现实世界最为直接和重要的三维地理空间数据获取手段，广泛应用于地形测绘、文物保护、城市建模、工业测量、变形监测、逆向工程及虚拟现实等领域。

本节分别从测距、测角、扫描和测量值获取四个方面介绍激光扫描测量的原理，最后介绍激光扫描仪的分类情况。

2.5.1　测距原理

地面激光扫描仪采用的测距原理主要有三种：脉冲法测距、相位法测距和三角法测距。

1. 脉冲法测距

脉冲法测距利用激光器对目标发射很窄的脉冲信号，通过脉冲到达目标并由目标返回到

接收机的时间计算出目标距离。设目标距离为S，激光往返时间为Δt，激光在大气中的传播速度为c，则

$$S = c\Delta t/2 \tag{2.21}$$

光速测定精度依赖于大气折射率n的测定精度，n的测定精度能达到10^{-6}，对测距影响较小，因此测距精度主要取决于Δt的测定精度。测距部分记录激光发射时刻t_1和返回时刻t_2，则$\Delta t = t_2 - t_1$。影响Δt测定的因素有很多，如激光脉冲宽度、时点判别电路的设计、电路延迟等。

脉冲法的测量精度很大程度上取决于时点判别电路的设计，由于激光脉冲在空间传输过程中的衰减和畸变，接收到的脉冲与发射的脉冲在幅度和形状上都发生了很大的变化，很难正确确定光脉冲回波信号的到达时刻，由此引起的测量误差称为漂移误差。另外，由输入噪声引起的时间波动也给测量带来误差。

2. 相位法测距

相位法测距可细分为调幅(amplitude modulation)型和调频(frequency modulation)型两类。

(1) 调幅型测距。调幅型测距采用连续光波，利用正弦调幅的激光来实现距离测量。通过测定调制光信号在被测距离上往返所产生的相位差，间接测定激光的往返时间，进一步计算出距离。其线性误差能达到 3mm，分辨率能达到 0.3mm；调幅法测量整个调制信号，对载波的带宽要求较小。但是，该方法只能测量小于一个波长的部分，用单一频率测距。为了提高测距精度就必须增大调制频率f，而当增大f值时，测尺变小，测量远距离目标时会产生整周模糊度的问题，可采用多频组合的测距方式解决。

(2) 调频法测距。设测距的基本频率为v，调频频率为f_m，则在调频周期$T = 1/f_m$内，使频率在$v \pm \Delta v/2$内连续变化一次，从而使信号产生Δv的变化。将信号分为两路，一路通过仪器内部的参考光路，另一路通过测距光路到达目标并被反射，如图 2.22 所示。将反射的信号和参考信号进行相关分析，得到一个跳跃频率f_b，则距离为

$$S = cf_b / 4 f_m \Delta v \tag{2.22}$$

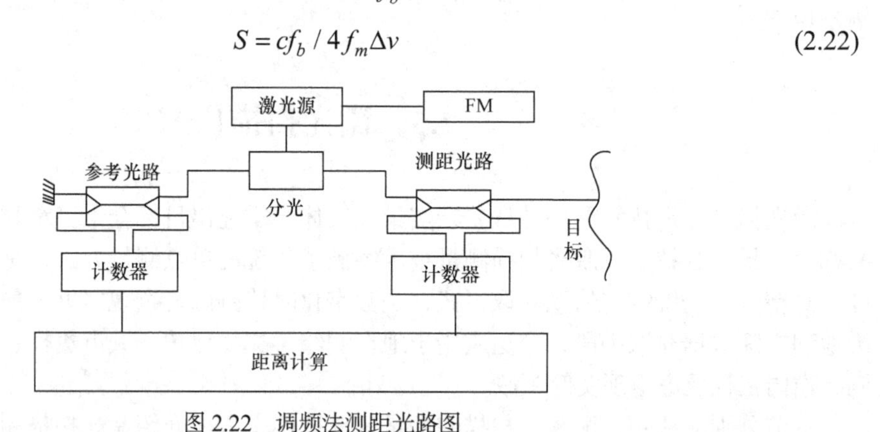

图 2.22　调频法测距光路图

3. 三角法测距

如图 2.23 所示，激光发射器发射一束激光，经过扫描镜到达目标。激光在目标处发生反射，一部分激光经过棱镜并在光探测设备(如 CCD)上成像。测量时各部分间的几何关系如图 2.24 所示，激光发射点、目标点和光接收点构成一个三角形。

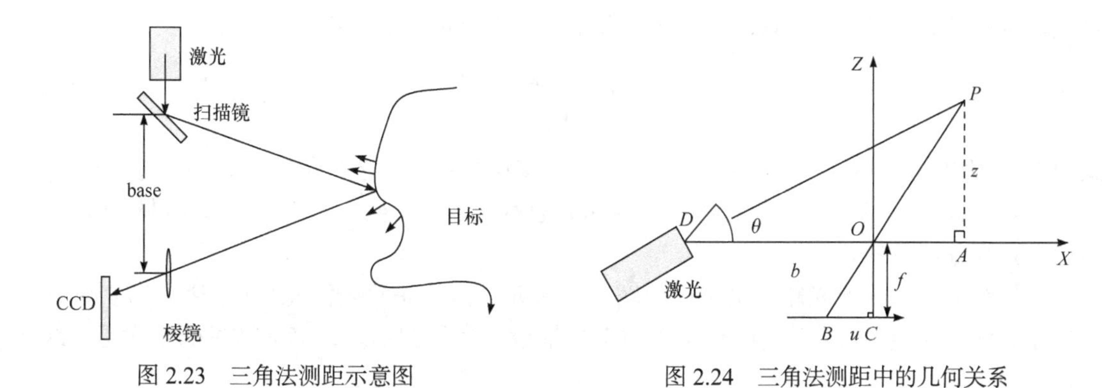

图 2.23　三角法测距示意图　　图 2.24　三角法测距中的几何关系

由$\triangle PAO \sim \triangle OCB$可得

$$\frac{PA}{OC}=\frac{AO}{CB} \tag{2.23}$$

式中，OC为焦距f，CB为图像横坐标u，PA为纵坐标z，而

$$AO = AD - OD = z \cdot \cot\theta - b \tag{2.24}$$

$$\frac{z}{f}=\frac{z \cdot \cot\theta - b}{u} \tag{2.25}$$

b为基线长，从而有

$$z=\frac{b}{f \cdot \cot\theta - u}f \tag{2.26}$$

按照比例关系：

$$\frac{x}{u}=\frac{y}{v}=\frac{z}{f} \tag{2.27}$$

$$(x,y,z)=\frac{b}{f\cot\theta - u}(u,v,f) \tag{2.28}$$

对式(2.26)中的z求导数，得到

$$\frac{\mathrm{d}z}{\mathrm{d}u}=\frac{z^2}{\mathrm{d}f} \tag{2.29}$$

由式(2.29)可知，三角测量法的测量精度和距离的平方成反比，精度随距离的增加下降很快，因此该类扫描仪的有效测程一般较短。

2.5.2　测角原理

步进电机是一种将电脉冲信号转换成角位移或直线位移的控制微电机，其位移量严格正比于输入脉冲数，平均转速严格正比于输入的脉冲频率；同时，在其工作频段内，可以从一种运动状态稳定地转换到另一种运动状态。步进电机的控制装置由变频信号源、环形脉冲分配器及功率放大器三部分组成。脉冲产生单元提供频率可变的脉冲信号；脉冲分配器根据指令按一定的逻辑关系把脉冲信号加到功率放大器，使电机的各相绕组按一定的顺序导通和切断，实现电机的正转、反转、停止等；功率放大电路将环形脉冲分配器的输出信号进行功率放大，微电机提供额定电流。

为了获得较高的分辨率，需要扫描镜每次转动较小的角度。步进电机的旋转是通过轮流

给电机各相绕组通电流来实现的，一般情况下，步进电机的步距角 θ_b 可表示为

$$\theta_b = \frac{2\pi}{N_r mb} \tag{2.30}$$

式中，N_r 为电机的转子齿数；m 为电机的相数(受电机制造工艺的影响，难以通过增加 N_r 和 m 来减小步距角)；b 为各种连接绕组的线路状态数及运行拍数，增大 b 可以获得较小的步距角，达到细分的目的。

通过细分，电机使光路每次步进角度 θ_b，测角装置记录每条激光步进的次数 n，从而获得每条光线的角度 $n\theta_b$。垂直电机负责驱动扫描镜，在线扫描时，镜面转过的角度是光线转过角度的 2 倍。

2.5.3 扫描原理

激光扫描仪多采用光学机械部件来实现自动扫描。激光发射器产生激光，光学机械扫描装置控制激光束出射方向，光探测设备接收反射回来的激光束，记录单元予以记录。激光扫描系统采用的扫描装置主要有四种：摆动扫描镜、旋转正多面体扫描镜、旋转棱镜扫描镜和光纤扫描镜，如图 2.25 所示。其中，地面三维激光扫描仪一般采用前两种扫描镜，机载激光扫描仪多采用后两种扫描镜。

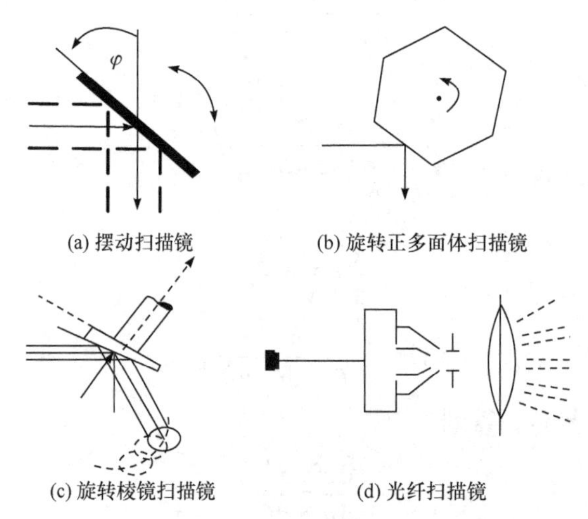

(a) 摆动扫描镜　(b) 旋转正多面体扫描镜

(c) 旋转棱镜扫描镜　(d) 光纤扫描镜

图 2.25　扫描装置

摆动扫描镜为平面反射镜，由电机驱动往返振荡，该扫描方式需要在两端停止，扫描速度较慢，适合高精度测量。旋转正多面体扫描镜在电机驱动下绕自身旋转轴匀速旋转，扫描速度快，通过控制旋转正多面体扫描镜仅在其中一个面内振荡时可以实现摆动扫描，从而用于高精度的测量。三维激光扫描仪一般采用这两种扫描镜，水平方向的电机单向匀速旋转，垂直方向的电机有三种运行方案：单向旋转方式，采用旋转正多面体扫描镜，电机带动扫描镜旋转；等速振荡，往返过程均进行采集；变速振荡方式，多采用摆动扫描镜，首先由垂直电机完成线扫描，返回过程不采集数据，前进至下一帧位置时开始扫描。

旋转棱镜激光扫描仪的工作原理如图 2.26(a)所示。发射激光被棱镜反射后指向目标，n_s 为棱镜的法线方向，与旋转轴的轴向有一个夹角，即镜面与旋转轴不垂直，与旋转轴垂面的夹角(与镜面法线方向和旋转轴轴线的夹角相等) SN 为 7°。旋转轴线与水平度盘的夹角 AN 为

45°，当镜面旋转时，激光照射点在目标上画出一个椭圆，如图 2.26(c)所示，图中的单位为 SN (即以 7°为单位)。图 2.26(b)表示与激光指向有关的角度，如γ表示图 2.26(c)中的S_y，δ则表示图 2.26(c)中的S_x。反射棱镜旋转一周就在目标上画出了一个椭圆，随着测量头的偏转，激光照射点在目标上形成一系列椭圆。

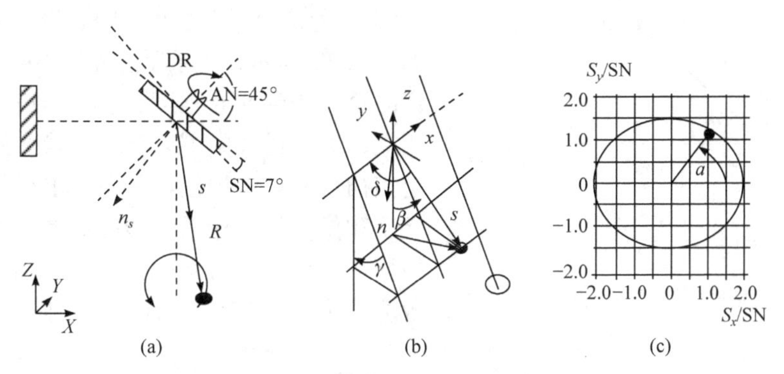

图 2.26　旋转棱镜激光扫描仪

在光纤激光扫描仪中，发射光路与接收光路一一对应，两组光纤排列成一行，分别安置在发射透镜和接收透镜的焦平面上。如图 2.27 所示，上半部分为接收装置，下半部分为发射装置。

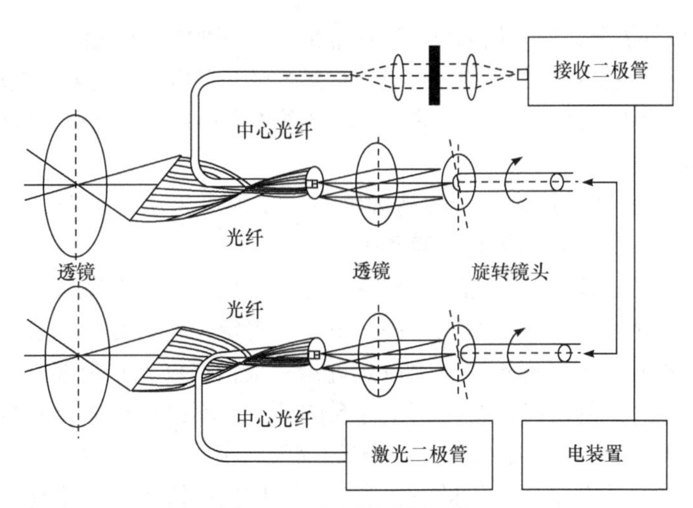

图 2.27　光纤激光扫描仪

另外，还有两个中心光纤分别与激光二极管和接收器前的滤波器相连接。两组光纤分别围绕中心光纤按顺序摆放成圆形光纤组，与两个旋转镜头一一对应。两个旋转镜同时旋转，激光从下方中心光纤中发射，经过透镜，被旋转镜头反射，再通过透镜射到圆形光纤组中的某一光纤，然后射向目标。与此同时，被目标反射回来的激光经过上方光纤线组中某一根光纤，从右侧圆形光纤组上该光纤的位置上射出，通过透镜，被旋转镜头反射，再通过透镜，进入中心光纤，到达滤波器，形成接收信号。这样，在发射通路和接收通路上的每一根光纤都按顺序同步工作，并且发射通路的光纤与相应的接收通路上的某一根光纤形成对应关系。光纤孔径很小，与其相联系的机械部分也很小，因此这种方式的扫描速度非常快，其激光照射点在目标上形成的是平行线。

2.5.4 测量值获取原理

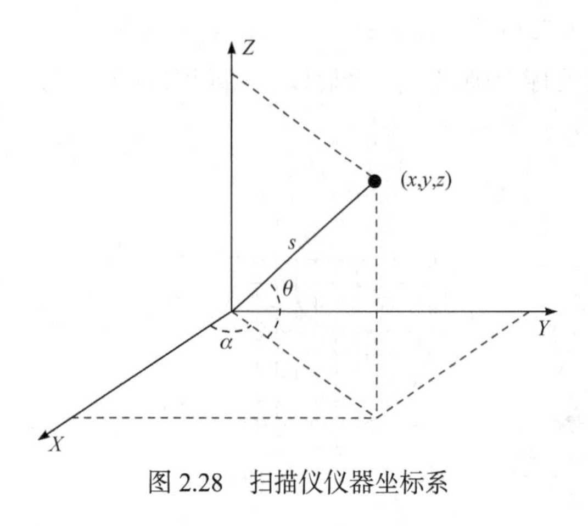

图 2.28 扫描仪仪器坐标系

激光扫描仪通过测角测距，获得扫描仪中心到目标点的距离s、出射光线在仪器坐标系下的水平角α和垂直角θ，由球坐标计算公式(2.31)可得到目标点在仪器坐标系下的三维坐标(x,y,z)，如图 2.28 所示；记录反射光的强度信息，根据一定的算法得到回光强度I；激光扫描仪如果配备相机，测量过程中可以获取场景的照片，通过标定扫描仪和相机的位置关系来求得扫描仪仪器坐标系和像空间坐标系的转换关系，从而获得每个扫描点的颜色，用R,G,B表示。因此，地面三维激光扫描系统获取的测量值有：$x,y,z,s,\alpha,\theta,I,R,G,B$。

$$\begin{cases} x = s\cos\theta\cos\alpha \\ y = s\cos\theta\sin\alpha \\ z = s\sin\theta \end{cases} \tag{2.31}$$

2.5.5 激光扫描仪分类

为满足不同领域的需要，激光扫描仪厂商通常生产一系列覆盖不同测程、不同精度的仪器，按照其扫描测量场景和目标物体的大小，可分为近景式激光扫描仪、地面式激光扫描仪和移动式激光扫描仪。它们在原理、性能和点云数据获取方式等方面存在较大差别，本节将分别介绍。

1. 近景式激光扫描仪

对于小场景中小型目标物体表面的精细测量，一般可采用近景三维扫描仪(close-range 3D scanner)，主要包括手持式和平台式等类型。

手持式近景三维扫描仪按照其测量原理主要分为结构光式和多镜头摄影实时立体匹配式两种，具有便携、高精度、小测量范围、高分辨率及自定位的特点。平台式近景三维扫描仪与手持式具有较大不同：①原理不同。手持式近景三维扫描仪无测角部件，是通过不同时刻测量结果之间的相似关系的实时拼接进行坐标系的统一，不采用定向点时得到的是初始扫描视角对应坐标系下的点云坐标，而平台式三维扫描仪利用关节臂式测量原理对激光发射点进行定位，从而得到的是平台坐标系下的三维点云。②应用范围不同。手持式得益于其便携特性，可应用于精密加工、精密装配以及文物保护等较为广泛的小场景扫描测量领域，而平台式一般仅适用于小型模型和人物的数字化，进而应用于工业设计、动画制作、医学等领域。近景三维扫描仪获取的点云数据由于测量范围较近，一般在 1m 以内，测量结果精度很高，一般为 0.01～0.1mm。

近景式三维扫描仪获取的点云数据，其特点总结如下。

(1) 空间分布范围小。受制于近景式三维扫描仪的测程，其测量对象一般为小场景小目标，因此获取的数据空间分布较为集中，个别类似于自由曲面拟合等的算法可以得到较好的应用。

(2) 对于手持式近景三维扫描仪，目标物体表面面型越复杂，越易达到较更好的测量结果。因为采用不同时刻测量结果之间的相似关系进行实时拼接实现仪器的自定位，而点云之间的拼接需要依赖丰富的特征实现，所以手持式近景三维扫描仪在对类似平面或标准曲面等不含复杂特征的目标进行测量时难以直接达到理想的测量结果，一般需要借助一些标志点实现。

(3) 精度高、含噪少。近景扫描式获取的点云数据除去仪器测量不可避免的随机误差外，基本不包含其他噪声点，具有较高的精度可靠性，因此可以应用于面型检测等精度要求较高的领域。

2. 地面式激光扫描仪

对于场景中较大型目标物体的扫描测量，包括较大型工业器件的扫描测量及建筑工程的数字化测量等，近景式三维扫描仪已不能满足测量效率的需求，针对此种类型目标物体的扫描测量一般采用较大测量范围的地面激光扫描仪(terrestrial laser scanner，TLS)。

TLS 一般采用球坐标测量方式。TLS 通过照准部的水平缓慢转动与扫描镜的快速竖直转动对激光束进行三维偏转从而实现对目标场景的快速覆盖式测量，进而得到目标场景的三维点云。由于 TLS 稳定安置于地面，并且得益于较高的激光测距精度及度盘测角分辨率，其测量精度一般可以达到亚毫米(相位式)～毫米(脉冲式)量级。

地面三维激光扫描式获取的点云数据，其特点总结为以下几点。

(1) 数据量较大且数据分布的空间范围较大。地面扫描式相比近景扫描式具有更远的测程，应用场景相对也较大，因此对其进行数据管理及处理的难度也相对较大。

(2) 数据远近分布不均匀。TLS 采用球坐标测量方式，从单点发射激光，从而使得其在各次设站测量时距离激光发射中心近的位置覆盖率高，距离远的位置覆盖率低，从而使得点云的分布密度较为不均衡，增大了其数据处理难度。

(3) 设站测量时坐标系的任意性。TLS 单次设站获取的是被测场景单个视角的点云，为了实现对目标的全角度覆盖，需要进行多次多视角设站测量，而各次设站测量分别获取被测场景在其仪器坐标系下的点云坐标，不具备坐标系的统一性，需要在后期进行多站拼接处理。

(4) 数据存储的散乱性。由于扫描目标的不规则性、部分 TLS 设备的多次回波探测能力、多站拼接合并处理及数据另存与更改等因素，不能保证点云数据都是按照类似扫描线等具有邻接拓扑关系的数据类型进行存储。

(5) 含噪较为多样。TLS 采用的主动无接触式激光测距易受环境干扰而产生非测量目标物体表面的无用数据和离群噪声；同一束激光在目标前后景交叠的边缘部位可能有多个回波，大部分 TLS 产品倾向于将多个回波的均值作为边缘点的测量结果，从而在边缘处易出现“彗尾”现象。

3. 移动式激光扫描仪

对于类似海岸环境、道路环境或区域地形环境等大场景的扫描测量，无论手持式近景三维扫描仪还是地面式三维激光扫描仪都远远不能达到扫描测量效率的需求，一般需要采用移动式快速扫描测量方案——移动测图系统(mobile mapping system，MMS)，又称移动测量系统。

MMS 目前特指移动激光扫描系统(mobile laser scanning system，MLS)，其根据搭载平台和应用类型又可主要分为车载式和机载式等类型。MMS 集成了 GNSS、INS、二维/三维激光扫描仪、光学相机、里程计(distance measurement indicator，DMI)等多种传感器，在多传感器同步控制的基础上，实现可见目标的高密度、高精度三维点云数据获取。随着建筑信息模型重建及隧道测量等室内测量需求的不断增加及全源导航技术的不断发展，由视觉导航等技术辅助的定位定姿系统(positioning and orientation system，POS)在 GNSS 失锁情况下进行导航定位的室内移动测量系统(indoor mobile mapping system，IMMS)也逐步得到完善并推广应用。

由于 MMS 复杂的系统组成、平台稳定性及 POS 组合定位的精度等因素的影响，MMS 测量结果的绝对精度一般在厘米(车、船载)到米(机载)量级，个别车载 MMS 产品的相对精度可以达到毫米量级。

相比地面式激光扫描仪，利用移动式激光扫描仪获取点云数据的主要特点可总结为以下几点。

(1) 数据获取速度更快，数据量更大且数据分布范围更广。由于 MMS 一般采用多个扫描头，集成定姿定位系统实现坐标系的实时统一，其测量效率极高，从而获取的数据量轻易即可达到 GB～TB 存储量级，处理难度相对较高，一般需要采用分区域处理的策略。

(2) 测量视角受到轨迹线的约束。例如，车载 MMS 获取的点云数据受行车轨迹的约束，一般主要包含道路路面、路旁附属物及建筑立面，对路旁附属物的测量也主要是面向道路的侧面，难以获取较为完整的表面数据；机载 MMS 受航迹线的约束，其获取的点云数据主要为顶面视角，立面视角点云难以获取。

(3) 数据分布疏密由距轨迹线的远近决定。例如，车载 MMS 获取的点云数据中距轨迹线近的路面覆盖度最高，在后期点云分割与目标提取等处理中一般将路面与其他点云分离处理。

(4) 数据容易因遮挡等问题产生缺失。不像 TLS 测量具有更强的目标性，MMS 测量因受到轨迹线的约束，测量视角容易被植被遮挡等，从而导致部分目标物体表面数据的缺失。

4. 不同类型激光扫描仪特点对比

三维激光扫描点云数据的获取平台不同、测量原理不同、应用方向不同，其数据的特点也不同。不同测量方式获取的点云数据其相同点主要包括以下几点。

(1) 获取的都是被测场景中目标物体表面的三维点坐标。

(2) 数据一般包含回光强度或反射率信息。

(3) 主动式测量方式容易因测量死角问题产生数据缺失。

(4) 大入射角测量结果精度较低。

不同测量方式获取的点云数据其不同点主要包括以下几点。

(1) 坐标参考系不同。近景扫描式的坐标系为初始扫描角对应坐标系或平台坐标系，地面扫描式的坐标系为仪器坐标系，移动扫描式由于通过 POS 系统进行系统坐标系到实时地理参考的转换，输出的点云数据一般为 GNSS 系统采用的 WGS-84 坐标系。

(2) 数据获取效率不同，数据量不同。按照近景式、地面式和移动式的顺序，点云数据的获取效率和数据量都呈递增的趋势。

(3) 点密度不同。受测量距离、精细程度、扫描测量的频率等因素的影响，不同平台获取的点云数据密度不同，其中机载式 MMS 获取的数据一般较难达到很高的分辨率，每平方米可能平均只有几个点，对相关数据处理算法挑战较大。

(4) 应用方向不同，精度不同。各种平台的应用目的和方向不同，其数据需求同样也不同，不同平台获取的点云数据其精度的大致范围已分别进行了分析，按照近景式、地面式和移动式顺序呈递减趋势。

(5) 数据完整性不同。受测量视角的影响，不同平台对被测目标的整体覆盖度不同，近景式由于采用精细扫描模式，其目标即为实现被测物体表面的完整覆盖，因此其整体覆盖度可以达到接近完美的程度；地面式由于可以人为规划设站位置，同样也可以实现对被测场景较高的覆盖测量程度；移动式受测量轨迹的约束，难以实现对目标物的精细覆盖，数据完整度一般较差。

2.6　测量计算

测量计算主要指用数学方法对坐标、面积、体积等几何量的计算。通过坐标进行几何形状拟合及空间关系分析的计算请参阅 8.5 节的内容。

2.6.1　平面坐标与方位角的关系

指定一平面直角坐标系 Oxy，如图 2.29 所示，纵轴 x 方向为北方向，横轴 y 方向为东方向，点 A、B 的坐标分别为 (x_A, y_A)、(x_B, y_B)，从 x 轴顺时针转到射线 AB 的角度，称为射线 AB 的方位角，工程测量中一般用 α 表示，α_{AB} 表示射线 AB 的方位角。

由图 2.33 可看出：

$$0° \leqslant \alpha < 360°；\ \alpha_{AB} = \alpha_{BA} \pm 180° \tag{2.32}$$

式中，"±180°"的意义为二者相差 180°，同时要求方位角位于 0°～360°。

在测量实践中，方位角一般由水平角推算，如图 2.29 所示。

$$\alpha_{BC} = \alpha_{AB} + \beta_{左} \pm 180° \text{ 或 } \alpha_{BC} = \alpha_{AB} - \beta_{右} \pm 180° \tag{2.33}$$

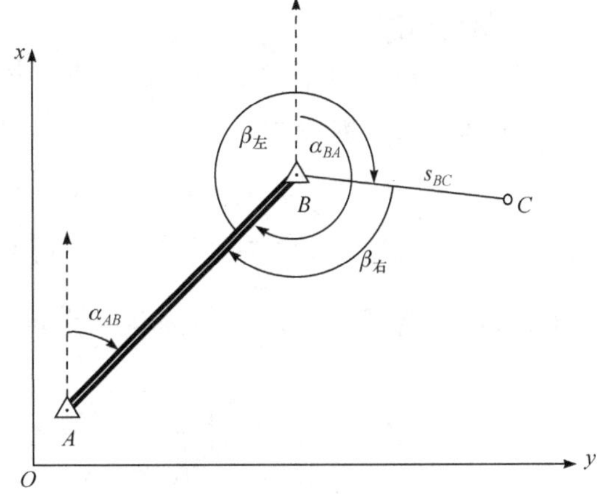

图 2.29　平面坐标与方位角

根据方位角和点间水平距离可以推算点的坐标，如图 2.29 中的点 C：

$$\begin{cases} x_C = x_B + \Delta x_{BC} = x_B + s_{BC}\cos\alpha_{BC} \\ y_C = y_B + \Delta y_{BC} = y_B + s_{BC}\sin\alpha_{BC} \end{cases} \tag{2.34}$$

同样，方位角也可以由两点坐标差算出

$$\alpha_{AB} = \tan_{\alpha}^{-1}\frac{\Delta y_{AB}}{\Delta x_{AB}} = \begin{cases} \arctan\dfrac{\Delta y_{AB}}{\Delta x_{AB}} & \text{当 } \Delta x_{AB} > 0, \Delta y_{AB} \geqslant 0 \text{ 时} \\ \arctan\dfrac{\Delta y_{AB}}{\Delta x_{AB}} + 180° & \text{当 } \Delta x_{AB} < 0 \text{ 时} \\ \arctan\dfrac{\Delta y_{AB}}{\Delta x_{AB}} + 360° & \text{当 } \Delta x_{AB} > 0, \Delta y_{AB} < 0 \text{ 时} \\ 90° & \text{当 } \Delta x_{AB} = 0, \Delta y_{AB} > 0 \text{ 时} \\ 270° & \text{当 } \Delta x_{AB} = 0, \Delta y_{AB} < 0 \text{ 时} \\ \text{无意义} & \text{当 } \Delta x_{AB} = 0, \Delta y_{AB} = 0 \text{ 时} \end{cases} \tag{2.35}$$

式中，arctan 为数学运算符号，计算结果为反正切的主值，在 −90° 与 +90° 之间；$\tan_{\alpha}^{-1}$ 为测量运算符号，计算结果为方位角。

下面是式(2.35)的一个等效计算公式

$$\alpha_{AB} = \tan_{\alpha}^{-1}\frac{\Delta y_{AB}}{\Delta x_{AB}} = 180° - 90°\operatorname{sgn}(\Delta y_{AB}) - \arctan\frac{\Delta x_{AB}}{\Delta y_{AB}} \tag{2.36}$$

另外，在测量计算中，还经常用到的一个运算符号是 ρ，$\dfrac{\alpha}{\rho}$ 表示将以度或分或秒为单位

的 α 转换为以弧度为单位。实际应用中，ρ 有三种单位，$\rho=\dfrac{180^\circ}{\pi}\approx 57^\circ.29578\approx 3437'.747\approx 206264''.8$，也可分别记为 ρ°、ρ' 和 ρ''，实际计算时与分子单位一致。

当然，由点的坐标也可计算两点之间的水平距离

$$s_{AB}=\sqrt{\left(x_B-x_A\right)^2+\left(y_B-y_A\right)^2} \tag{2.37}$$

2.6.2 根据观测值求坐标的方法

根据观测值求坐标的方法有多种，最简单且常用的方法是极坐标法，其他还有距离交会法、角度交会法等，分述如下。

1. 极坐标法

如图 2.30(a)所示，A、B 为已知点，其坐标分别为 $\left(x_A,y_A\right)$、$\left(x_B,y_B\right)$。水平角 β、水平距离 s 是观测值，根据 β、s 可求出点 P 的平面坐标：

$$\begin{cases}x_P=x_A+\Delta x_{AP}=x_A+s\cos\alpha_{AP}=x_A+s\cos\left(\alpha_{AB}+\beta\right)\\ y_P=y_A+\Delta y_{AP}=y_A+s\sin\alpha_{AP}=y_A+s\sin\left(\alpha_{AB}+\beta\right)\end{cases} \tag{2.38}$$

设角度测量误差为 m_β，距离测量为 $m_s=\left(\dfrac{m_s}{s}\right)s$，则点 P 的点位误差为

$$m_P=\pm\sqrt{\left(\frac{m_\beta}{\rho}s\right)^2+m_s^2}=\pm\sqrt{\left(\frac{m_\beta}{\rho}\right)^2 s^2+\left(\frac{m_s}{s}\right)^2 s^2} \tag{2.39}$$

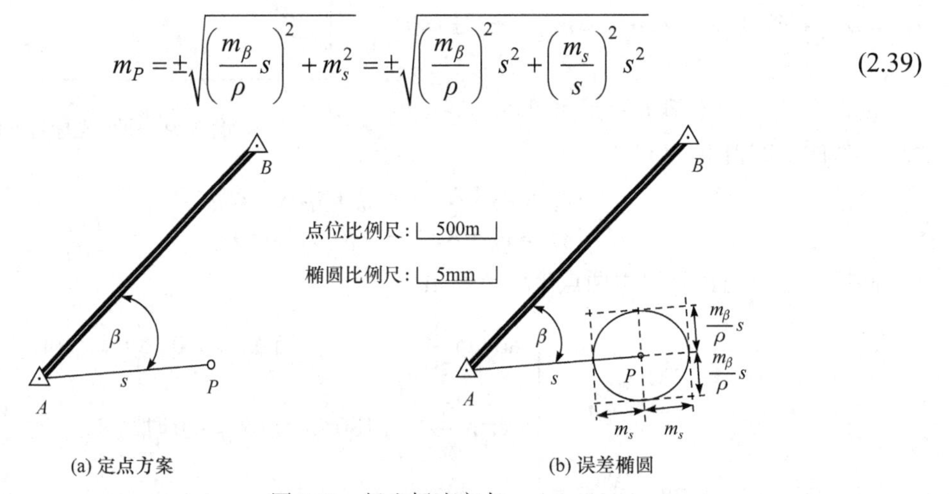

(a) 定点方案 (b) 误差椭圆

图 2.30 极坐标法定点

在 AP 及其延长线上距 P 点 m_s 处作 AP 的两条垂线，在距 AP 线 $\dfrac{m_\beta}{\rho}s$ 处作 AP 的两条平行线，四条线所形成矩形的内切椭圆即为点 P 的误差椭圆，如图 2.30(b)所示。

2. 距离交会法

如图 2.31(a)所示，A、B 为已知点，其坐标分别为 $\left(x_A,y_A\right)$、$\left(x_B,y_B\right)$。水平距离 a、b 是观测值，根据 a、b 可求出点 P 的平面坐标。这里给出计算方法之一。

根据 a、b 和已知点 A、B 之距 s_{AB} 可由余弦公式计算出：

$$\angle PAB=\arccos\frac{b^2+s_{AB}^2-a^2}{2bs_{AB}} \tag{2.40}$$

因此得

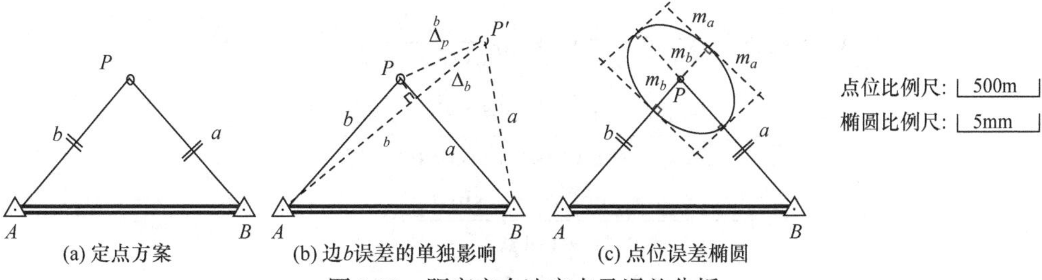

(a) 定点方案　(b) 边b误差的单独影响　(c) 点位误差椭圆

图 2.31　距离交会法定点及误差分析

$$\alpha_{AP} = \alpha_{AB} - \angle PAB \tag{2.41}$$

故有

$$\begin{cases} x_P = x_A + b\cos\alpha_{AP} \\ y_P = y_A + b\sin\alpha_{AP} \end{cases} \tag{2.42}$$

假定b存在真误差Δ_b，而a无误差，如图 2.31(b)所示，有

$$\overset{b}{\Delta}_P = \frac{\Delta_b}{\sin\gamma}$$

式中，$\gamma \xlongequal{\text{记为}} \angle BPA \xlongequal{\text{两边分别垂直}} \angle P'PB$，称为交会角，从而有

$$\overset{b}{m}_P = \frac{m_b}{\sin\gamma}$$

同理

$$\overset{a}{m}_P = \frac{m_a}{\sin\gamma}$$

故

$$m_P = \pm\sqrt{\left(\overset{a}{m}_P\right)^2 + \left(\overset{b}{m}_P\right)^2} = \pm\frac{\sqrt{m_a^2 + m_b^2}}{\sin\gamma} = \pm\frac{\sqrt{a^2 + b^2}}{\sin\gamma}\cdot\frac{m_s}{s} \tag{2.43}$$

此即距离交会法定点的点位误差。

在PA及其延长线上距P点m_b处作PA的两条垂线，在PB及其延长线上距P点m_a处作PB的两条垂线，四条垂线形成的平行四边形的内切椭圆即为点P的误差椭圆，如图 2.31(c)所示。

3. 角度交会法

如图 2.32 所示，A、B为已知点，其坐标分别为(x_A, y_A)、(x_B, y_B)。两个水平角α、β是观测值。

点P平面坐标的计算方法同上述思路，即

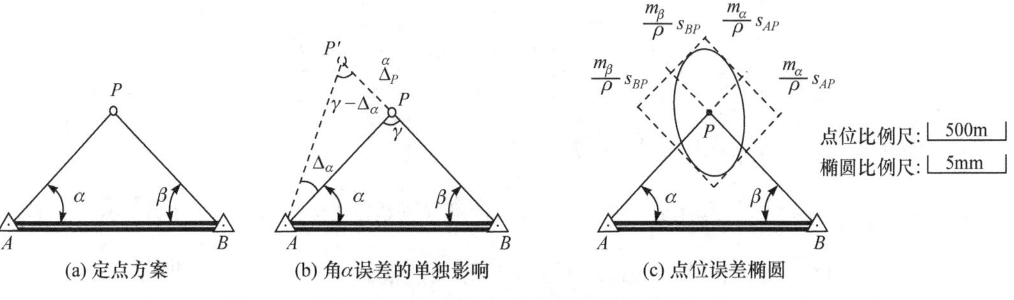

(a) 定点方案　(b) 角α误差的单独影响　(c) 点位误差椭圆

图 2.32　角度交会法定点及误差分析

$$
\begin{aligned}
x_P &= x_A + s_{AP}\cos\alpha_{AP} = x_A + s_{AB}\frac{\sin\beta}{\sin(\alpha+\beta)}\cos(\alpha_{AB}-\alpha) \\
&= x_A + s_{AB}\frac{\sin\beta(\cos\alpha_{AB}\cos\alpha+\sin\alpha_{AB}\sin\alpha)}{\sin\alpha\cos\beta+\cos\alpha\sin\beta} \\
&= x_A + \frac{s_{AB}\cos\alpha_{AB}\cot\alpha + s_{AB}\sin\alpha_{AB}}{\cot\alpha+\cot\beta} \\
&= x_A + \frac{(x_B-x_A)\cot\alpha+(y_B-y_A)}{\cot\alpha+\cot\beta}
\end{aligned}
$$

经整理得

$$
x_P = \frac{x_A\cot\beta + x_B\cot\alpha + (y_B-y_A)}{\cot\alpha+\cot\beta} \tag{2.44}
$$

同理也可推得

$$
y_P = \frac{y_A\cot\beta + y_B\cot\alpha - (x_B-x_A)}{\cot\alpha+\cot\beta} \tag{2.45}
$$

此即角度交会定点计算的余切公式，也称为戎格公式。

点 P 受两个水平角 α、β 的误差影响，现在假定 α 存在真误差 Δ_α，β 无误差，如图 2.32(b)所示，存在关系

$$
\frac{\overset{\alpha}{\Delta}_P}{\sin\Delta_\alpha} = \frac{s_{AP}}{\sin(\gamma-\Delta_\alpha)}
$$

或

$$
\overset{\alpha}{\Delta}_P = \frac{s_{AP}}{\sin\gamma}\cdot\frac{\Delta_\alpha}{\rho}
$$

从而

$$
\overset{\alpha}{m}_P = \frac{s_{AP}}{\sin\gamma}\cdot\frac{m_\alpha}{\rho} \overset{\text{令} m_\alpha = m_\beta}{=\!=\!=} \frac{s_{AP}}{\sin\gamma}\cdot\frac{m_\beta}{\rho}
$$

同理可得

$$
\overset{\beta}{m}_P = \frac{s_{BP}}{\sin\gamma}\cdot\frac{m_\beta}{\rho}
$$

故

$$
m_P = \pm\sqrt{\left(\overset{\alpha}{m}_P\right)^2 + \left(\overset{\beta}{m}_P\right)^2} = \frac{\sqrt{s_{AP}^2+s_{BP}^2}}{\sin\gamma}\cdot\frac{m_\beta}{\rho} \tag{2.46}
$$

此即角度前方交会法定点的点位误差。

在距 PB 线 $\frac{m_\beta}{\rho}s_{BP}$ 处作 PB 的两条平行线，在距 PA 线 $\frac{m_\beta}{\rho}s_{AP}$ 处作 PA 的两条平行线，两组平行线形成的平行四边形的内切椭圆即为点 P 的误差椭圆，如图 2.32(c)所示。

在测量范围较小时，角度交会对获得点位绝对精度有优势，读者可参阅 8.1 节相关内容。

4. 角度、距离交会法

如图 2.33 所示，A、B 为已知点，其坐标分别为(x_A,y_A)、(x_B,y_B)。水平角α、水平距离a是观测值。

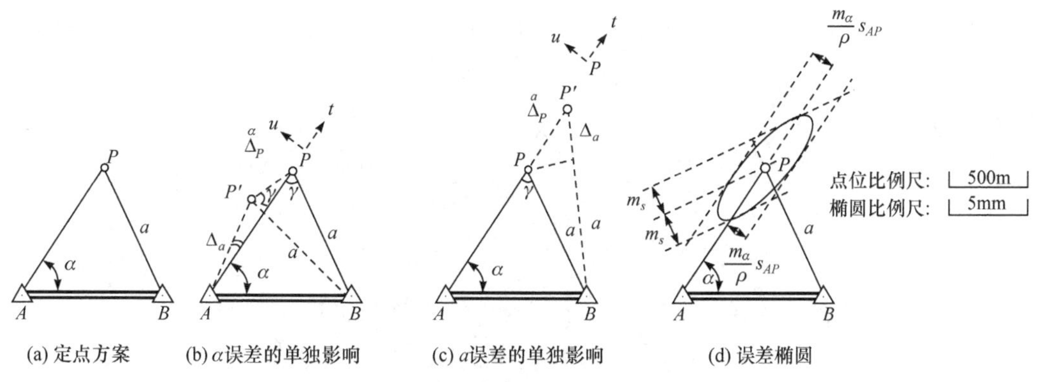

图 2.33　距离、角度交会定点及误差分析

点P的平面坐标可按下述方法进行计算，由正弦定理

$$\frac{\sin\angle BPA}{s_{AB}}=\frac{\sin\alpha}{a}$$

得

$$\angle BPA=\arcsin\left(\frac{s_{AB}}{a}\sin\alpha\right)$$

所以

$$\begin{cases}x_P=x_B+a\cos(\alpha_{BA}+\angle BPA+\alpha-180°)\\y_P=y_B+a\sin(\alpha_{BA}+\angle BPA+\alpha-180°)\end{cases}\tag{2.47}$$

待定点P受水平角观测值α、水平距离观测值a的误差影响，现在假定α存在真误差Δ_α，a无误差，如图 2.33(b)所示，存在关系

$$\overset{\alpha}{\Delta}_P=\frac{\Delta_\alpha}{\rho}\cdot s_{AP}\cdot\frac{1}{\cos\gamma}$$

从而

$$\overset{\alpha}{m}_P=\frac{s_{AP}}{\cos\gamma}\cdot\frac{m_\alpha}{\rho}$$

同样，假定α无误差，a存在误差Δ_a，如图 2.33(c)所示，存在关系

$$\overset{a}{\Delta}_P=\frac{\Delta_a}{\cos\gamma}$$

从而

$$\overset{a}{m}_P=\frac{m_a}{\cos\gamma}$$

故

$$m_P = \pm\sqrt{\left(\overset{\alpha}{m}_P\right)^2 + \left(\overset{a}{m}_P\right)^2} = \frac{1}{\cos\gamma}\sqrt{\left(\frac{m_\alpha}{\rho}\cdot s_{AP}\right)^2 + m_a^2} \tag{2.48}$$

u、t 轴选取如图 2.33 所示，依图 2.33(b)有

$$\overset{\alpha}{\Delta}_u = \frac{\Delta_\alpha}{\rho}b\ ,\quad \overset{\alpha}{\Delta}_t = \frac{\Delta_\alpha}{\rho}b\tan\gamma$$

依图 2.33(c)有

$$\overset{s}{\Delta}_u = 0\ ,\quad \overset{s}{\Delta}_t = \frac{\Delta_s}{\cos\gamma}$$

故

$$\Delta_u = \overset{\alpha}{\Delta}_u + \overset{s}{\Delta}_u = \frac{\Delta_\alpha}{\rho}b\ ,\quad \Delta_t = \overset{\alpha}{\Delta}_t + \overset{s}{\Delta}_t = \frac{\Delta_\alpha}{\rho}b\tan\gamma + \frac{\Delta_s}{\cos\gamma}$$

从而有

$$m_u = \frac{m_\alpha}{\rho}b\ ,\quad m_t = \pm\sqrt{\left(\frac{m_\alpha}{\rho}\right)^2 b^2\tan^2\gamma + \frac{m_s^2}{\cos^2\gamma}}\ ,\quad m_{ut} = b^2\tan\gamma\left(\frac{m_\alpha}{\rho}\right)^2 \tag{2.49}$$

在距 PA 线 $\frac{m_\alpha}{\rho}s_{AP}$ 处作 PA 的两条平行线，在 PB 及其延长线上距 P 点 m_s 处作 PB 的两条垂线，四条线所形成的平行四边形的内切椭圆即为点 P 的误差椭圆，如图 2.33(d)所示。

5. 侧方交会法

如图 2.34(a)所示，A、B 为已知点，其坐标分别为 (x_A, y_A)、(x_B, y_B)。水平角 α、γ 是观测值。如果把观测值看成 α 和 $\beta = \angle PBA = 180° - \alpha - \gamma$，则点 P 的平面坐标可按角度前方交会法进行计算。

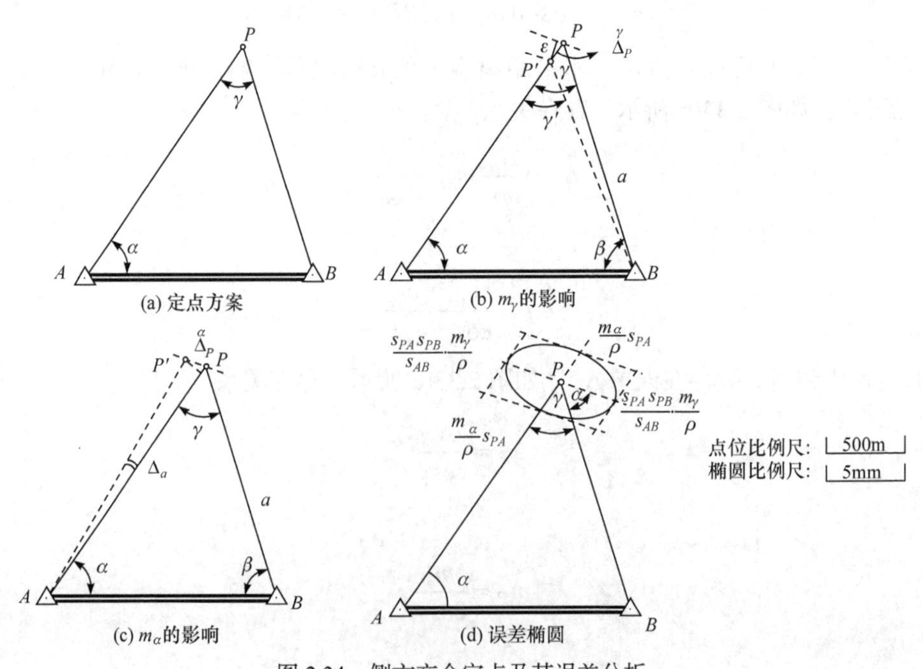

图 2.34　侧方交会定点及其误差分析

在进行该方法的定点误差分析之前，先进行角度后交微分几何关系分析。

如图 2.35 所示，在角度后交中，角度 γ 变大 Δ_γ，则外接圆半径 $R=\dfrac{s_{AB}}{2\sin\gamma}$ 减小 $\Delta_R=\dfrac{s_{AB}\cos\gamma}{2\sin^2\gamma}\cdot\dfrac{\Delta_\gamma}{\rho}$，圆心到 AB 距离 $h=\dfrac{1}{2}s_{AB}\cot\gamma$ 减小 $\Delta_h=\dfrac{s_{AB}}{2\sin^2\gamma}\cdot\dfrac{\Delta_\gamma}{\rho}$。

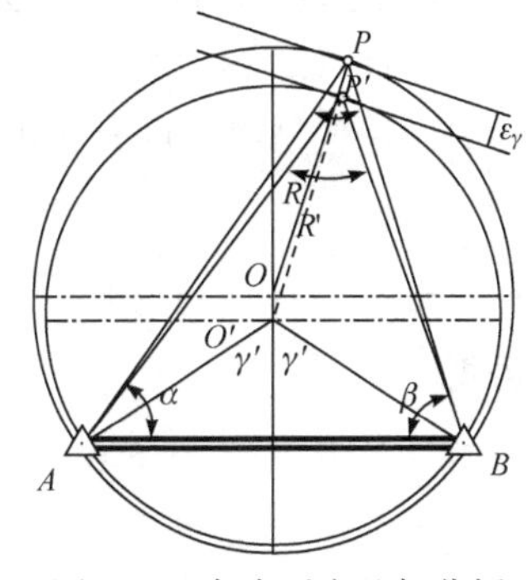

图 2.35　角度后交几何分析

在 P 点的切线内移

$$\varepsilon_\gamma=R+\Delta_h\cos\angle OO'P'-R'=\Delta_h\cos\angle OO'P'+\Delta_R$$

反映了 Δ_γ 对点 P 的影响。

因为

$$\angle OO'P'=180°-\gamma'-\angle P'O'B=180°-\gamma'-2\alpha$$

所以

$$\begin{aligned}
\varepsilon_\gamma&=-\Delta_h\cos(\gamma'+2\alpha)+\Delta_R\\
&=-\frac{s_{AB}}{2\sin^2\gamma}\cdot\frac{\Delta_\gamma}{\rho}\cos(\gamma'+2\alpha)+\frac{s_{AB}\cos\gamma}{2\sin^2\gamma}\cdot\frac{\Delta_\gamma}{\rho}\\
&=\{\cos\gamma-\cos(\gamma+2\alpha)\}\frac{s_{AB}}{2\sin^2\gamma}\cdot\frac{\Delta_\gamma}{\rho}\\
&=2\sin\alpha\sin(\alpha+\gamma)\frac{s_{AB}}{2\sin^2\gamma}\cdot\frac{\Delta_\gamma}{\rho}\\
&=\sin\alpha\sin\beta\frac{s_{AB}}{\sin^2\gamma}\cdot\frac{\Delta_\gamma}{\rho}\\
&=\frac{\sin\alpha}{\sin\gamma}\cdot\frac{\sin\beta}{\sin\gamma}s_{AB}\cdot\frac{\Delta_\gamma}{\rho}\\
&=\frac{s_{PB}}{s_{AB}}\cdot\frac{s_{PA}}{s_{AB}}s_{AB}\cdot\frac{\Delta_\gamma}{\rho}\\
&=\frac{s_{PA}s_{PB}}{s_{AB}}\cdot\frac{\Delta_\gamma}{\rho}
\end{aligned}$$

根据以上分析，结合图 2.34(b)，可知 m_γ 对点 P 点位的影响为 $\dfrac{s_{PA}s_{PB}}{s_{AB}\sin\beta}\cdot\dfrac{m_\gamma}{\rho}$；结合图 2.34(c)，可知 m_α 对点 P 点位的影响为 $\dfrac{s_{PA}}{\sin\beta}\cdot\dfrac{m_\alpha}{\rho}$。若等精度观测，即 $m_\gamma=m_\alpha=m_\beta$，则点 P 的点位误差为

$$m_P=\pm\sqrt{\left(\frac{s_{PA}s_{PB}}{s_{AB}\sin\beta}\cdot\frac{m_\gamma}{\rho}\right)^2+\left(\frac{s_{PA}}{\sin\beta}\cdot\frac{m_\alpha}{\rho}\right)^2}=\frac{s_{PA}}{\sin\beta}\cdot\frac{m_\beta}{\rho}\sqrt{\left(\frac{s_{PA}}{s_{AB}}\right)^2+1}\tag{2.50}$$

在距 PA 线 $\dfrac{m_\alpha}{\rho}s_{PA}$ 处作 PA 的两条平行线，依 PB 、α (或 PA 、β)在点 P 处作外接圆切线，在切线两侧距切线 $\dfrac{s_{PA}s_{PB}}{s_{AB}}\cdot\dfrac{m_\gamma}{\rho}$ 处作切线的两条平行线，四条线所形成的平行四边形的内

切椭圆即点 P 的误差椭圆，如图 2.34(d)所示。

6. 距离、角度侧方交会法

如图 2.36(a)所示，A、B 为已知点，其坐标分别为(x_A, y_A)、(x_B, y_B)。水平角γ、水平距离 a 是观测值。点 P 的平面坐标可按下述方法进行计算，由正弦定理

$$\frac{a}{\sin\angle A}=\frac{s_{AB}}{\sin\gamma}$$

可得

$$\angle A=\arcsin\left(\frac{a}{s_{AB}}\sin\gamma\right)$$

接下来，可按角度前方交会法或极坐标法算出点 P 的坐标，此处不再详述。

待定点 P 受水平角观测值γ、水平距离观测值 a 的误差影响，现在假定γ存在真误差 Δ_γ，a 无误差，如图 2.36(b)所示，存在关系

$$\overset{\gamma}{\Delta}_P=\frac{\varepsilon}{\sin(\gamma+\beta-90°)}=-\frac{s_{PA}s_{PB}}{s_{AB}\cos(\gamma+\beta)}\cdot\frac{\Delta_\gamma}{\rho}=\frac{s_{PA}s_{PB}}{s_{AB}\cos\alpha}\cdot\frac{\Delta_\gamma}{\rho}$$

从而

$$\overset{\gamma}{m}_P=\frac{s_{PA}s_{PB}}{s_{AB}\cos\alpha}\cdot\frac{m_\gamma}{\rho}$$

同样，假定γ无误差，a 存在误差 Δ_a，如图 2.36(c)所示，存在关系

$$\overset{a}{\Delta}_P=\frac{\Delta_a}{\cos\alpha}$$

从而

$$\overset{a}{m}_P=\frac{m_a}{\cos\alpha}$$

故

$$m_P=\pm\sqrt{\left(\overset{\gamma}{m}_P\right)^2+\left(\overset{a}{m}_P\right)^2}=\frac{1}{\cos\alpha}\sqrt{\left(\frac{s_{PA}s_{PB}}{s_{AB}}\cdot\frac{m_\gamma}{\rho}\right)^2+m_a^2} \tag{2.51}$$

依 PB、α(或 PA、β)在点 P 处作外接圆切线，在切线两侧距切线 $\frac{s_{PA}s_{PB}}{s_{AB}}\cdot\frac{m_\gamma}{\rho}$ 处作切线的两平行线，在 PB 及其延长线上与点 P 相距 m_a 处作 PB 的两条垂线，四条线所形成的平行四边形的内切椭圆即点 P 的误差椭圆，如图 2.36(d)所示。

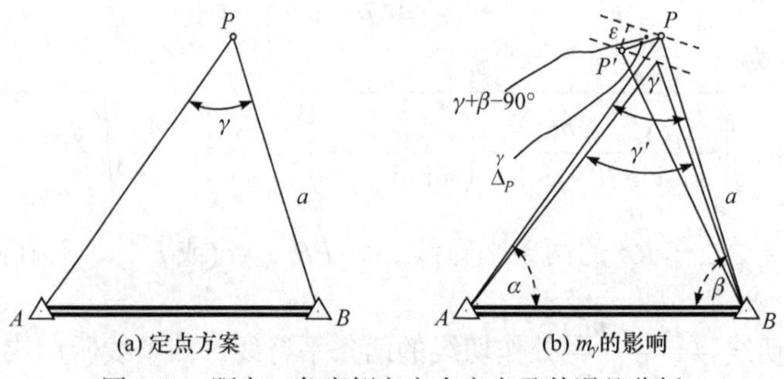

图 2.36　距离、角度侧方交会定点及其误差分析

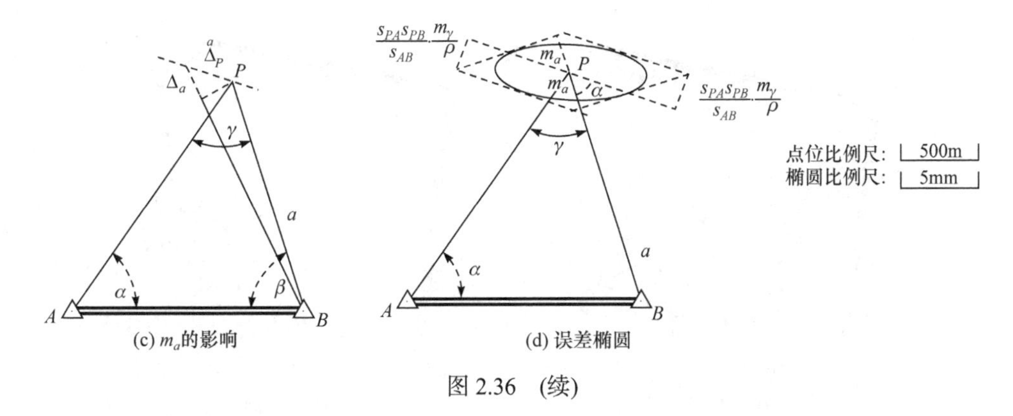

(c) m_a的影响　　(d) 误差椭圆

图 2.36　(续)

7. 角度后方交会法

如图 2.37(a)所示，A、B、C为已知点，其坐标分别为(x_A,y_A)、(x_B,y_B)、(x_C,y_C)。在待定点P上对已知点A、B、C分别观测了两个水平角α、β。由此计算点P平面坐标的公式有多种形式，且推导过程复杂，下面给出结论之一。

$$\begin{cases} a=(x_A-x_B)+(y_A-y_B)\cot\alpha \\ b=(y_A-y_B)+(x_A-x_B)\cot\alpha \\ c=-(x_C-x_B)+(y_C-y_B)\cot\beta \\ d=-(y_C-y_B)+(x_C-x_B)\cot\beta \\ k=\dfrac{a+c}{b+d} \\ x_{BP}=\dfrac{a-bk}{1+k^2} \\ x_P=x_B+x_{BP} \\ y_P=y_B+k\cdot x_{BP} \end{cases} \tag{2.52}$$

待定点P受两个水平角α、β的误差影响，现在假定α存在真误差Δ_α，β无误差，如图 2.37(b)所示，存在关系

$$\overset{\alpha}{\Delta}_P=\frac{\varepsilon_\alpha}{\cos(\beta_2+\alpha_1-90^\circ)}=\frac{1}{\sin(\beta_2+\alpha_1)}\cdot\frac{s_{PA}s_{PB}}{s_{AB}}\cdot\frac{\Delta_\alpha}{\rho}$$

从而

$$\overset{\alpha}{m}_P=\frac{1}{\sin(\beta_2+\alpha_1)}\cdot\frac{s_{PA}s_{PB}}{s_{AB}}\cdot\frac{m_\alpha}{\rho}$$

同理可得

$$\overset{\beta}{m}_P=\frac{1}{\sin(\beta_2+\alpha_1)}\cdot\frac{s_{PC}s_{PB}}{s_{BC}}\cdot\frac{m_\beta}{\rho}$$

再假定测角精度相同，即$m_\alpha=m_\beta$，则得角度后方交会定点的点位误差

$$m_P=\frac{s_{PB}}{\sin(\beta_2+\alpha_1)}\sqrt{\frac{s_{PA}^2}{s_{AB}^2}+\frac{s_{PC}^2}{s_{BC}^2}}\frac{m_\beta}{\rho}$$

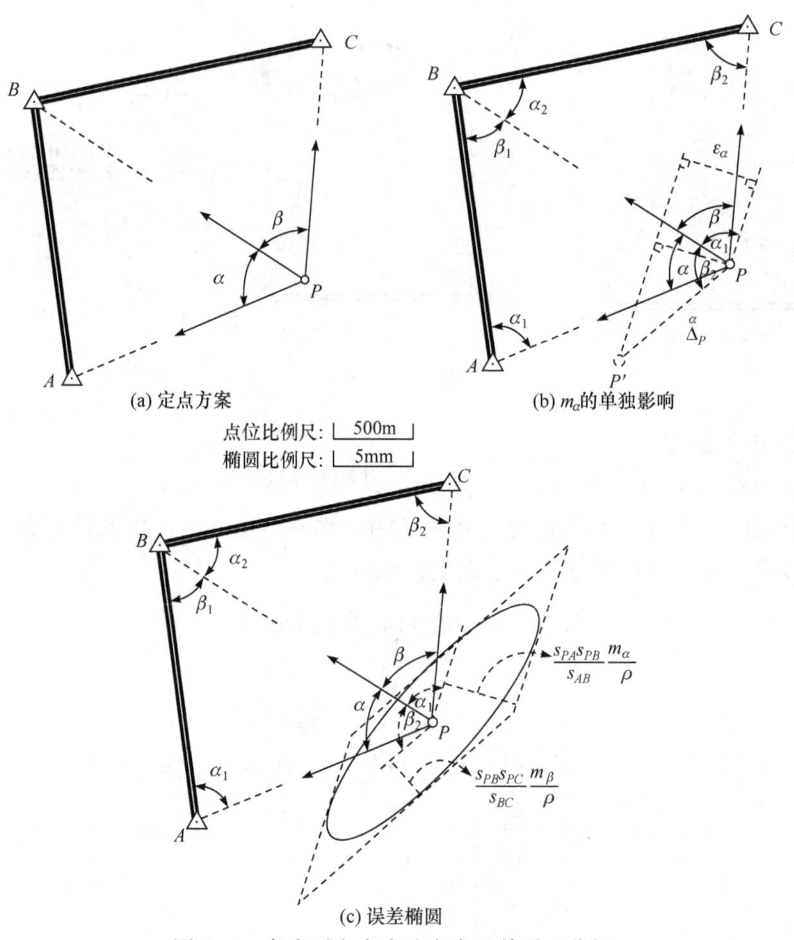

图 2.37　角度后方交会法定点及其误差分析

或写成

$$m_P = \frac{s_{PB}}{\sin(\beta+\alpha+\angle CBA)}\sqrt{\frac{s_{PA}^2}{s_{AB}^2}+\frac{s_{PC}^2}{s_{BC}^2}}\frac{m_\beta}{\rho} \tag{2.53}$$

称为后方交会的 Helmert 点位误差公式。从式(2.53)可以看出，当四点位于一圆周上时，$\beta+\alpha+\angle CBA=180°$，分母为 0，误差为无穷，即所谓的危险圆。

依 PB 、α_1 (或 PA 、β_1)在点 P 处作外接圆切线，在切线两侧距切线 $\frac{s_{PA}s_{PB}}{s_{AB}}\cdot\frac{m_\alpha}{\rho}$ 处作切线的两平行线，依 PA 、β_2 (或 PB 、α_2)在点 P 处作外接圆切线，在切线两侧距切线 $\frac{s_{PB}s_{PC}}{s_{BC}}\cdot\frac{m_\beta}{\rho}$ 处作切线的两平行线，四条线所形成的平行四边形的内切椭圆即为点 P 的误差椭圆，如图 2.37(c)所示。

测算坐标的其他方法不再列举。

在多点、多观测量构成的复杂问题中，坐标的计算应由平差系统解决，此处不再详述。

2.6.3　高程起算基准

根据高差进行高程传算是很简单的，已在 2.3 节中解决，当然高程观测网也需要平差系统进行计算。这里再强调一下高程起算基准。

在测量中，高程测量的基准是平均海水面，中国高程起算点是青岛水准原点，该原点高程在“1956 年黄海高程系”为 72.289m，在“1985 国家高程基准”为 72.260m。生产中应积极将高程成果与国家高程系统相联系，尽管很多情况下工程测量并无国家基准的客观要求。

2.6.4　面积计算方法

在工程测量中，平面区域面积的获取有求积仪法、透明方格纸法、梯形积分法等，随着面积精度要求的提高和测量数字化的进程，解析法成为面积计算的主要方法。所谓解析法实际上是使用多边形面积计算公式获取面积。

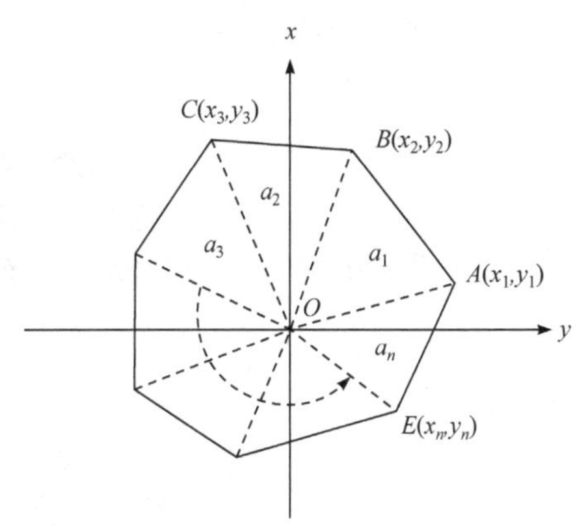

图 2.38　多边形面积计算公式推导

设一平面多边形的 n 个角点坐标为 (x_i, y_i) $(i=1, 2, \cdots, n)$，则该多边形的面积为

$$A=\frac{1}{2}\sum_{i=1}^{n}(x_{i+1}y_i-x_iy_{i+1}) \tag{2.54}$$

式中，$x_{n+1}=x_1$；$y_{n+1}=y_1$。式(2.54)的推导过程如图 2.38 所示，其中△OAB 的面积为

$$\begin{aligned}
a_1&=\frac{1}{2}OA\cdot OB\cdot\sin\angle BOA\\
&=\frac{1}{2}OA\cdot OB\cdot\sin(\alpha_{OA}-\alpha_{OB})\\
&=\frac{1}{2}OA\cdot OB\cdot\sin\alpha_{OA}\cos\alpha_{OB}-\frac{1}{2}OA\cdot OB\cdot\cos\alpha_{OA}\sin\alpha_{OB}\\
&=\frac{1}{2}y_1x_2-\frac{1}{2}x_1y_2
\end{aligned}$$

同理可得

$$a_2=\frac{1}{2}y_2x_3-\frac{1}{2}x_2y_3$$
$$a_3=\frac{1}{2}y_3x_4-\frac{1}{2}x_3y_4$$
$$\cdots\cdots$$
$$a_n=\frac{1}{2}y_nx_1-\frac{1}{2}x_ny_1$$

因此，多边形面积为 n 个三角形面积之和，即

$$A=\sum_{i=1}^{n}a_i=\frac{1}{2}\sum_{i=1}^{n}(x_{i+1}y_i-x_iy_{i+1})$$

式中，$x_{n+1}=x_1$；$y_{n+1}=y_1$。证讫。

式(2.54)是面积计算的严格公式。使用时，若多边形角点按顺时针编号，则求出的数值反号。当区域边界为曲线时，可用内插加密后再使用该式进行计算。

2.6.5　体积计算方法

工程建设中经常要进行土方量的计算，即体积的计算，体积的计算方法有多种，下面列举几个工程中常用的。实际应用中，最终获得的体积精度取决于代表性误差(如用平面代表一实际小区域)、测量误差和计算误差。现在，计算工作可以做到足够好，因此，下面的讨论将计算误差减小到可忽略不计程度。

1. 断面法

F_2
L
F_1

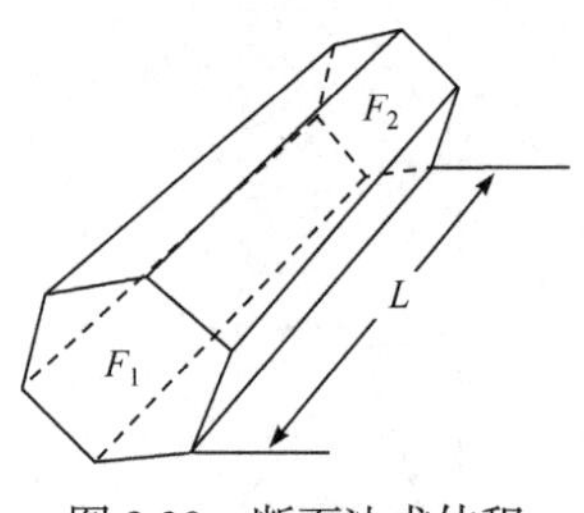

图 2.39　断面法求体积

如图 2.39 所示，工程中两相邻断面 F_1、F_2，面积分别为 A_1、A_2，其间距为 L，则该棱台体积计算公式为

$$v = \frac{1}{3}L\left(A_1 + A_2 + \sqrt{A_1 A_2}\right) \tag{2.55}$$

该法多用于线状工程，例如，在公路施工中，根据道路实测横断面和设计横断面的比较(图 2.40)，计算出填、挖方面积，乘以相邻两断面间的里程差，即得该两断面间的填、挖方量。

DK2+200
DK2+175
DK2+150
DK2+100

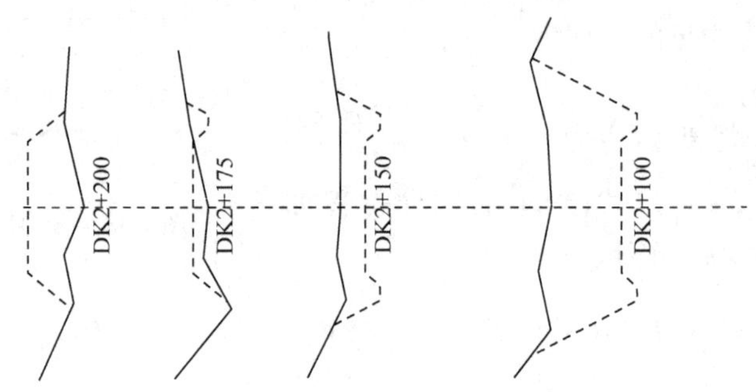

图 2.40　道路横断面(实线为实测断面；虚线为设计断面)

2. 方格网法

对于如图 2.41 所示的似多棱柱，其体积近似计算为

$$v = \frac{\sum_{i=1}^{n} h_i}{n} A \tag{2.56}$$

h_3
h_2
A
h_1
h_4

图 2.41　方格网法求体积

式中，A 为横截面积；$h_i(i=1,2,\cdots,n)$ 为各棱长。

该法常用于如图 2.42 所示的填、挖方量计算。该法计算式为近似式，计算精度随着格网(内插)密度的增加而提高。

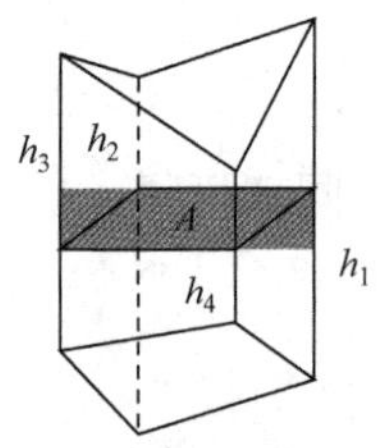

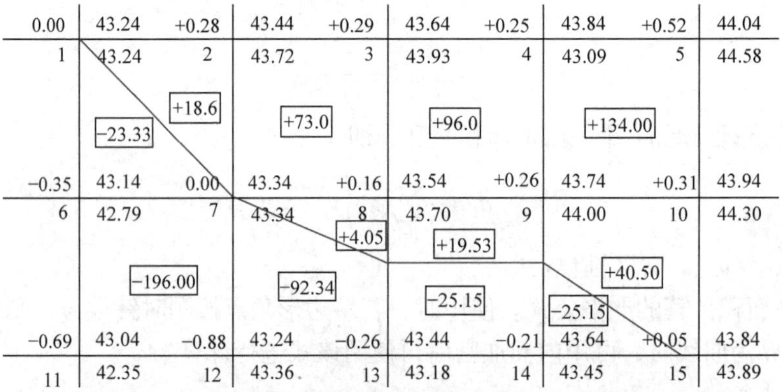

0.00　43.24　+0.28　43.44　+0.29　43.64　+0.25　43.84　+0.52　44.04
1　43.24　2　43.72　3　43.93　4　43.09　5　44.58
−23.33　+18.6　+73.0　+96.0　+134.00
−0.35　43.14　0.00　43.34　+0.16　43.54　+0.26　43.74　+0.31　43.94
6　42.79　7　43.34　8　43.70　9　44.00　10　44.30
+4.05　+19.53　+40.50
−196.00　−92.34　−25.15　−25.15
−0.69　43.04　−0.88　43.24　−0.26　43.44　−0.21　43.64　+0.05　43.84
11　42.35　12　43.36　13　43.18　14　43.45　15　43.89

注：①结点左下数字为其编号，右上数字为地面设计标高，右下数字为地面实际标高，左上数字为填、挖标高，填为正，挖为负；②折线为填、挖零线；③方格边长20m×20m；④该例总挖方385.81m³，总填方337.92m³。

图 2.42　方格网法求填、挖方量算例

3. 等高线法

我们知道，等高线可看作对地表面进行等厚度平剖后的边缘线(图 2.43)，因此，两相邻等高线间可视作似棱台，计算其体积可用近似公式

$$v=\frac{1}{3}z_0\left(A_i+A_{i+1}+\sqrt{A_iA_{i+1}}\right)$$

式中，z_0 为等高距；A_i、A_{i+1} 为相邻等高线围成的面积。

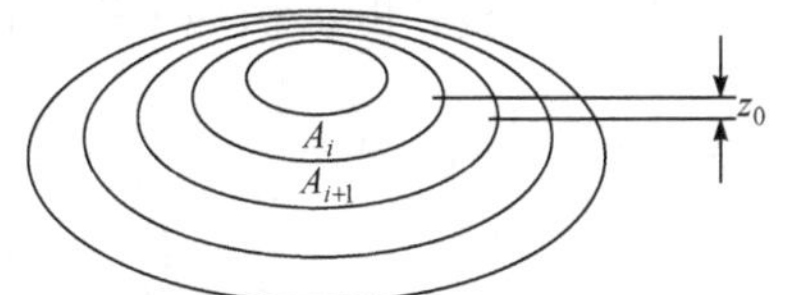

图 2.43　等高线法求体积

或将其看作似棱柱，使用公式

$$v=\frac{1}{2}z_0\left(A_i+A_{i+1}\right) \tag{2.57}$$

类似方格网法，此方法计算精度随着等高距的减小而提高。

4. 四面体法

与前述不同，四面体有严密的体积计算公式，如图 2.44 所示的四面体，其体积计算公式为

$$v_{四面体}=\sqrt{\frac{1}{288}\begin{vmatrix}0 & r^2 & q^2 & a^2 & 1\\ r^2 & 0 & p^2 & b^2 & 1\\ q^2 & p^2 & 0 & c^2 & 1\\ a^2 & b^2 & c^2 & 0 & 1\\ 1 & 1 & 1 & 1 & 0\end{vmatrix}} \tag{2.58}$$

实际工程应用时，可将似三棱柱剖分为三个四面体，如图 2.45 所示。

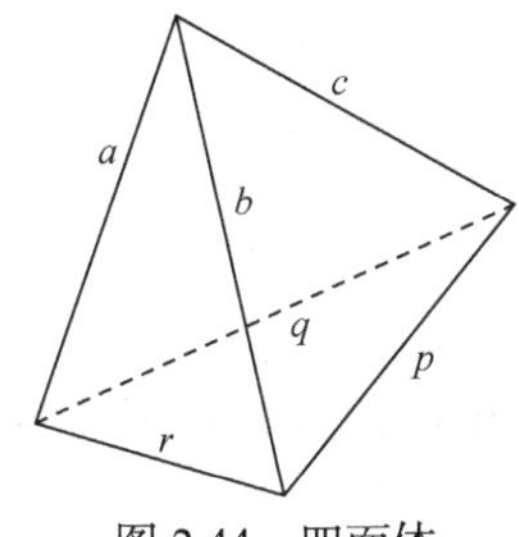

图 2.44　四面体

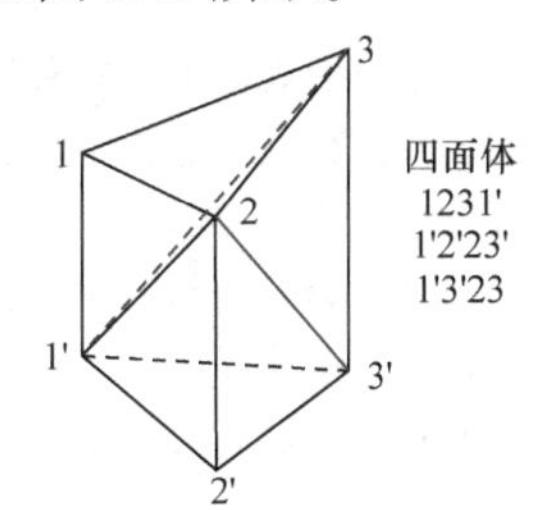

图 2.45　将似三棱柱剖分为三个四面体

另外，四面体的体积计算公式还可以写为

$$v_{四面体}=\frac{1}{3}\times 底面积\times 高 \tag{2.59}$$

用该式可推得似三棱柱体积计算的简便公式。不失一般性，以图 2.46(b)为例，底面 123 与棱垂直，过点 3′作与底面 123 平行的横截面 1″2″3′，有

$$v_{似三棱柱}=v_{三棱柱1231''2''3'}+v_{四面体1''2''3'2'}+v_{四面体1''2'3'1'}$$

式中，$v_{三棱柱1231''2''3'}=Ah_3$；$v_{四面体1''2''3'2'}=\frac{1}{3}A(h_2-h_3)$。

四面体 1″2′3′1′与四面体 1″2″3′1′同底(△1″3′1′)、同高(棱 22′与面 133′1′之距)，故体积相等，即

$$v_{四面体1''2'3'1'}=v_{四面体1''2''3'1'}=\frac{1}{3}A(h_1-h_3)$$

故

$$v_{似三棱柱} = Ah_3 + \frac{1}{3}A(h_2 - h_3) + \frac{1}{3}A(h_1 - h_3) = \frac{1}{3}A(h_1 + h_2 + h_3) = A\overline{h}$$

即似三棱柱的体积等于横截面积乘以平均棱长 $\overline{h}$ 。这是一个具有重要实用价值的结论。

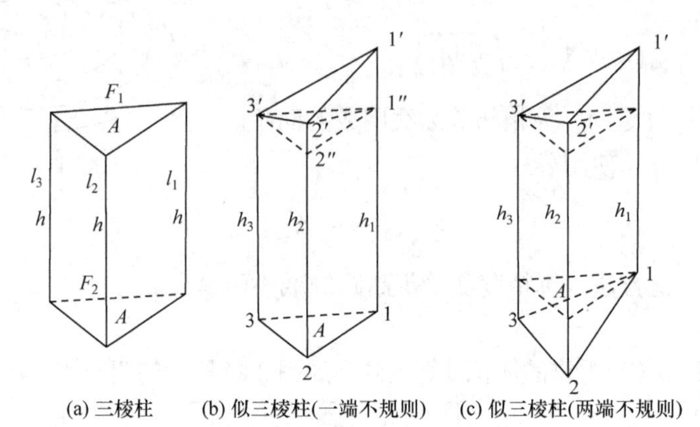

图 2.46　三棱柱及似三棱柱

思考与练习

一、名词解释

1. 全站仪；2. 视准轴；3. 三轴误差；4. 戎格公式；5. 方位角。

二、叙述题

1. 试简述水平角和垂直角观测的基本程序。
2. 试写出钢尺的尺长方程式，分析钢尺丈量距离的主要误差来源。
3. 试叙述全站仪发展的几个方面。
4. 试编写根据坐标差计算方位角的函数。
5. 试编写一个高程网平差程序。
6. 给定一些离散点的平面坐标、自然标高和设计标高，请设计一个程序，能绘出开挖零线和计算出填、挖方量。

第 3 章　施工测量控制网

工程测量控制网简称工程控制网(engineering control network)或工测网，是为工程建设布设的测量控制网。按工程建设的三个阶段分类，分别为测图控制网、施工测量控制网和变形监测网。按应用的工程类别分类，有建筑测量控制网(简称为建筑控制网)、道路测量控制网(简称为道路控制网)、桥梁测量控制网(简称为桥梁控制网)、隧道测量控制网(简称为隧道控制网)、水利枢纽工程测量控制网(简称为水利枢纽控制网)、矿山测量控制网(简称为矿山控制网)、机场测量控制网(简称为机场控制网)等。按控制网的维数分类，可分为平面控制网(horizontal control network)和高程控制网(vertical control network)，也可合并为三维控制网(three-dimensional control network)。高程控制网一般用水准测量(levelling)的方法来建立；平面控制网和三维控制网可采用导线测量(traverse survey)、三角测量(triangulation)、三边测量(trilateration)、边角测量(triangulateration)、GNSS 等单一方法或几种方法联合起来建立。

施工测量控制网简称为施工控制网或施工网，是为工程建筑物等的施工放样而布设的测量控制网。作为工程控制网的重要一类，施工测量控制网按应用的工程类别可分为建筑方格网、矩形控制网、道路控制网、隧道控制网、桥梁控制网、水利枢纽控制网、城市控制网、(飞机)场道控制网等。

本章以施工控制网为主进行讨论，其中的基本理论与方法也可用于工程控制网的其他类别。

3.1　施工控制网的作用、特点与要求

3.1.1　施工控制网的用途

施工控制网的用途主要包括以下几个方面(卓健成，1996)。

(1) 提供施工放样的依据。

(2) 提供恢复施工桩位反复使用的功能。在许多工程的施工中，经常需要随时恢复已被破坏、移动或掩盖的桩位。例如，桥墩施工经常是由基础分层筑高的，每筑高一层，原来放样的墩心即被掩盖，所以墩心需反复定位。在土石方工程机械化施工的时候，更需要经常恢复施工桩点的点位。如何依据控制点(包括必要的控制点稳定性检验)既经济、迅速又保证精度地恢复桩位，是工程施工测量中的一个重要问题。

(3) 为检查工程建筑物的竣工(包括施工过程中局部工程的竣工)测量提供控制。

(4) 提供竣工测绘控制。生产中，尽可能将施工控制网作为竣工测图控制网使用或部分使用，不仅节约建网费用，而且还有利于资料的校核。

(5) 提供施工过程中建筑物变形测量的控制。此时，变形测量的目的是及时掌握施工过程中建筑部件、结构的稳定性与安全性，有时要用建筑结构的变形过程曲线检查和验证工程结构的设计理论。

(6) 提供改建与扩建工程的测图和施工控制，必要时据此扩大现有的控制网。

(7) 提供工程运营期间现状测量和变形测量的控制。

3.1.2 施工控制网的特点

相对于测图控制网，施工控制网有以下特点(卓健成，1996)。

(1) 控制范围小、点位密度大、精度要求高。在勘测阶段，建筑物的位置还没有最后确定下来，通过勘测，要进行几个方案的比较，选出一个最佳方案。因此，勘测时测量的范围较大，往往是工程建筑物所在范围的几倍到十几倍。而在施工阶段，工程建筑物的位置已经确定，施工控制网的服务对象非常明确。所以，施工控制网的范围比测图控制网的范围小得多。

野外地形测图时，外界影响较小。而施工放样时，会受到许多施工因素的影响，如视线经常被施工机械遮挡。野外地形测图时，对于复杂地段的地形、地物的测绘，允许支站或其他变通方法，而施工放样只允许在控制点上设站。因此，施工控制点的密度要比测图控制点的密度大。

测图控制网的精度由测图比例尺决定，而施工控制网的精度由建筑限差决定。一般来说，后者的精度比前者高。

(2) 点位布置主要考虑放样的联测方便，并能达到放样的精度要求，布点不一定均匀。地形测绘要求全面描述测区的地形、地物，相应地，控制点要求精度、密度都是均匀的。而施工控制点的布置则依赖于待放样点的位置和放样方法。

(3) 相邻相对点位精度是其最主要的精度指标。工程建筑物的几何质量主要取决于相邻相对位置的精度，因此放样点的精度也应这样要求，相应地，也是对施工控制点的要求。在城市测量和精密工程测量中使用点位相对误差曲线，其主要缺点是仍与方位基准有关，两点的点位相对误差曲线主要受两点之间的直接观测量影响。

(4) 兼顾多种用途，如 3.1.1 节所述。

(5) 保护要求较高。其原因有二：①控制点使用频繁，且易受各种施工干扰；②控制点的使用期长(可能留作竣工测量、现状测量、变形测量的控制点)。因此，要想方设法做好控制点的保护工作，必要时可考虑建高稳定度观测墩，并采用强制归心的措施。

(6) 控制网与施工图关系密切。施工控制网布点前，应详细了解施工设计的总图布置、施工程序、临时性建筑的安排(平面位置和高度)、建筑材料的堆放场地、施工交通线的布置、土方工程的填挖范围、弃土场等，并参照具体的施工图来布置。这一点相当重要，否则已建好的控制点可能在施工过程中遭到破坏、被压埋，或观测时视线被遮挡；原来预想在竣工后留用的一些控制点可能保留不住；某些已经建立的控制点失去据以放样或联测的作用，只好将控制点移位或补点。

(7) 使用特殊的投影面。控制网在计算时，其投影面应设在精度要求最高、影响施工全局最大的施工面高程上，并计算在控制范围内的投影改正。

(8) 使用局部平面直角坐标系。使用局部坐标系的目的是方便测量工作，但应弄清楚工地上各坐标系之间的换算关系。

3.1.3 对施工控制网的要求

根据其特点，施工控制网应满足下列要求(卓健成，1996)。

(1) 精度要求。

(2) 位置要求。交通方便，建标、埋石、观测易到达点位；与周围其他控制点的联测条件好；据以放样的施工点多，联测容易；放样精度容易保证。

(3) 配合施工总图布点。

(4) 配合施工程序。

(5) 点位稳定。可供长期放样施工桩点、检查施工桩点和恢复桩点使用。还要考虑到万一因施工干扰、地表位移而破坏或移动了控制点时，应便于从附近的其他控制点加以检测或补设。

(6) 照顾到放样自动化和检测自动化所要求的措施。

(7) 建网费用少。

(8) 网的可靠性高。

(9) 照顾到将来测绘竣工图使用。

(10) 照顾到将来可供设备安装、运营管理、修测现势图使用。

(11) 照顾到改建、扩建工程的设计和施工时使用。保留原有的施工控制点，便于考虑新建筑与老建筑之间、新建筑与地下管道之间的相对位置；便于分析防火、防震、防电磁感应等的安全限界；易于确定地下电缆、地下管道的准确位置，以避免新建筑施工时发生危险。

3.1.4　施工控制网的建立过程

同一般测量控制网类似，施工控制网的建立过程可分为质量指标的制定、方案设计、造标埋石、观测、数据处理等几个步骤。

在施工控制网的质量指标中，除精度指标外，还应包括可靠性、费用、密度等指标，无疑精度指标仍是最常用、最先考虑的指标。精度指标分为总体精度指标和局部精度指标两大类，对施工控制网来说，一般使用局部精度指标。

在测量实践中，大地控制网与测图控制网精度的确定，需严格按照技术标准来执行。而施工控制网的精度则需要依据实际工程的要求并参考相应的技术标准来定，其原因在于工程测量的多样性，即便同一种工程，其精度要求也常常有较大的差异。

施工控制网的方案设计除需要考虑实际地形、地质条件外，最重要的是还要考虑工程施工的实际情况(待建建筑物的尺寸与分布、施工安排等)。控制网方案设计的传统方法是依据规范与设计经验进行试算，必要时应积极采用最优化方法。

一般施工控制网的造标埋石与普通测量控制网无异。特殊施工控制网的标石需要根据具体工程情况进行专门设计与造埋。

一般施工控制网的观测与普通测量控制网类同。特殊施工控制网的观测常需要设计专门的观测装置与观测方法。

控制网的数据处理一般包括观测数据的检核、平差计算以及成果分析等。施工控制网的数据处理还常常需要计算一些工程设计与施工放样所需的数据，如隧道地面控制网需要计算出两端洞口点之间的距离等。

施工控制网是工程施工放样中的一项重要工作，一般需要专门提交方案设计、数据处理、技术总结等技术文件。

3.1.5　确定施工控制网精度要求的一般方法

合理地确定施工控制网的精度具有重要的意义，精度要求定高了，将会使工作量增加，拖延工期；反之，则会降低放样的精度，无法满足工程施工的需要，酿成质量事故。

施工控制网是为施工放样服务的，它的精度要求应以能满足建筑物的放样精度要求为原则。所以要确定施工控制网的精度要求，首先要确定施工放样的精度要求。施工放样的精度要求一般需要结合具体工程来定，不同工程的施工放样精度要求相差很大，所以，这里仅给出施工控制网精度要求的一般确定方法。

施工放样的精度要求是根据建筑物竣工时的实际位置(由竣工测量得到)相对于设计尺寸的容许偏差(即建筑限差)来定的。这个容许偏差被视为极限误差，用$\Delta_{限}$来表示，相应的中误差取

$$m_{总} = \frac{\Delta_{限}}{2}\left(或\, m_{总} = \frac{\Delta_{限}}{3}\right) \tag{3.1}$$

建筑物竣工时的实际误差是由施工误差(包括构件制造误差、施工安装误差等)和测量放样误差所引起的，它们的中误差分别用$m_{施}$和$m_{测}$来表示，则有

$$m_{施}^2 + m_{测}^2 \leqslant m_{总}^2 = \left(\frac{\Delta_{限}}{2}\right)^2 \tag{3.2}$$

因为测量费用在工程总费用中的比例一般很小，所以常将测量放样的误差忽略不计，即

$$m_{测} \leqslant \frac{1}{3}\left(\frac{\Delta_{限}}{2}\right) = \frac{\Delta_{限}}{6} \tag{3.3}$$

式(3.3)中测量放样误差可以认为是控制测量和在控制点上放样点位两部分误差影响的结果。两部分影响分别记为$m_{控}$和$m_{放}$，其中误差关系为

$$m_{测}^2 = m_{控}^2 + m_{放}^2 \tag{3.4}$$

对不少工程(如桥梁和水利枢纽工程等)，放样点位一般离控制点较远，放样不甚方便，因而放样误差较大。同时考虑到放样工作要及时配合施工，经常在有施工干扰的情况下快速进行，不大可能用增加测量次数的方法来提高精度。而在建立施工控制网时，则有足够的时间和各种有利条件来提高控制网的精度。因此，在设计施工控制网时，应使控制点误差所引起的放样点位的误差相对于施工放样的误差来说小到可以忽略不计，以便为后续的放样工作创造有利条件。所以施工控制网的精度应为

$$m_{控} \leqslant \frac{1}{3} m_{测} \leqslant \frac{\Delta_{限}}{18} \tag{3.5}$$

这时

$$m_{放} \leqslant \frac{\Delta_{限}}{6} \tag{3.6}$$

最后还必须指出，以上所述均属一般性的原则，实践中需要灵活运用。例如，当施工控制点布设较密、放样距离较近、放样工作方便(如工业建筑场地)时，放样误差较小，在这种情况下，就需要根据实际情况合理地确定控制点误差与放样误差的比例。

建筑限差与建筑结构和用途有关，应遵循我国现行标准执行，如《混凝土结构工程施工质量验收规范》《钢筋混凝土高层建筑结构设计与施工规程》等。

有特殊要求的工程项目应根据设计对限差的要求来确定其放样精度。

3.2　投影面与坐标系的选择

依大地测量法式，国家大地测量控制网依高斯投影方法按 6°带或 3°带进行分带和计算。经分析确认，按 6°带测制 1∶25000 或更小比例尺的国家基本图、按 3°带测制 1∶1000 比例尺图，均能满足精度要求。

对于施工测量，如何根据施工放样的要求选择合适的投影面和投影带，亦即经济合理地确立工程平面控制网的坐标系，是一个开放问题。本节只就有关的一般性问题，如选择投影面和投影带的基本出发点以及几种可能采用的坐标系等作一些介绍。

3.2.1　投影带与投影面的选择

1. 投影变形分析

我们知道，平面控制测量中的投影带和投影面的选择主要解决长度变形问题，这种变形主要由以下两种因素引起。

(1) 实测边长归算到参考椭球面上的变形影响，其值 Δs_1 为

$$\Delta s_1 = -\frac{s \cdot H_m}{R} \tag{3.7}$$

式中，H_m 为归算边高出参考椭球面的平均值；s 为归算边的长度；R 为归算边方向参考椭球法截弧的曲率半径。

归算边长的相对变形为

$$\frac{\Delta s_1}{s} = -\frac{H_m}{R} \tag{3.8}$$

由式(3.7)和式(3.8)可计算每千米的长度投影变形值与相对投影变形值，如表 3.1 所示，其中 R 取 6370km。

表 3.1　每千米长度投影变形值 Δs_1 与相对投影变形值 $\Delta s_1/s$

H_m/m	10	20	30	40	50	80	100
Δs_1 /mm	−1.6	−3.1	−4.7	−6.3	−7.8	−12.6	−15.7
$\Delta s_1/s$	1/637000	1/318500	1/212000	1/159000	1/127400	1/79000	1/6370

从表 3.1 可以看出，Δs_1 值是负值，表明将地面实测长度归算到参考椭球面上，总是缩短的。

(2) 将参考椭球面上的边长归算到高斯投影面上的变形影响，其值 Δs_2 为

$$\Delta s_2 = \frac{1}{2}\left(\frac{y_m}{R_m}\right)^2 s_0 \tag{3.9}$$

式中，$s_0 = s + \Delta s_1$，即 s_0 为投影归算边长；y_m 为归算边两端点横坐标平均值；R_m 为参考椭球面平均曲率半径。

投影边的相对投影变形为

$$\frac{\Delta s_2}{s_0} = \frac{1}{2}\left(\frac{y_m}{R_m}\right)^2 \tag{3.10}$$

由式(3.9)和式(3.10)可计算出每千米的长度投影变形值以及相对投影变形值，如表 3.2 所示(取测区平均纬度 $B = 41°52'$，$R_m = 6375.9\text{km}$)。

表 3.2 每千米长度投影变形值 Δs_2 与相对投影变形值 $\Delta s_2/s_0$

y_m /km	10	20	30	40	50	80	100
Δs_2 /mm	1.2	4.9	11.1	19.7	30.7	78.7	133.0
$\Delta s_2/s_0$	1/810000	1/200000	1/90000	1/50000	1/32000	1/12700	1/8000

从表 3.2 可以看出，Δs_2 值总是正值，表明在椭球面上长度投影到高斯面上，总是增大的；Δs_2 值随着 y_m 平方正比而增大，离中央子午线越远，其变形越大。

2. 施工测量投影面和投影带选择的出发点

施工控制网主要是为工程施工阶段的放样提供依据，这就需要满足施工的精度要求。

一般情况下，为了满足测量结果的一测多用，在满足工程精度的前提下，工程中应采用国家统一的 3°带高斯平面直角坐标系。

当边长的两次归算投影改正不能满足工程所需时，为保证工程测量结果直接利用的计算方便，可以采用任意带的独立高斯投影平面直角坐标系，归算测量结果的参考面可以自己选定。可采用以下三种方法来实现。

(1) 通过改变 H_m，从而选择合适的高程参考面，将抵偿分带投影变形，这种方法通常称为抵偿投影面的高斯正形投影。

(2) 通过改变 y_m，从而对中央子午线作适当移动，来抵偿由高程面的边长归算到参考椭球面上的投影改正。

(3) 通过既改变 H_m，又改变 y_m，来共同抵偿两项归算改正变形。

3.2.2 工程平面坐标系统的选择

在工程控制测量时，根据施工所在的位置、施工范围及施工各阶段对投影误差的要求，可采用以下几种平面直角坐标系。

1. 国家 3°带高斯正形投影平面直角坐标系

由表 3.1 和表 3.2 可知，当测区平均高程在 50m 以下，且 y_m 不大于 20km 时，其投影变形值 Δs_1 和 Δs_2 均小于 1.0cm，这个精度可以满足大部分线形工程的测图和工程放样的精度要求。因此，在偏离中央子午线不远和地面高程不大的区域，无须考虑投影变形问题，直接采用国家统一的 3°带高斯正形投影平面直角坐标系作为工程测量的坐标系，使二者相一致。

2. 抵偿投影面的 3°带高斯正形投影平面直角坐标系

在这种坐标系中，仍采用国家统一的 3°带高斯投影，但投影的高程面不是参考椭球面，而是依据高斯投影长度变形而选择的高程参考面，在这个参考面上，长度变形为 0。当采用第一种坐标系时，$\Delta s_1 + \Delta s_2 = \Delta s$，当 Δs 超过允许的精度要求时，可令 $\Delta s = 0$，即

$$s\left(\frac{y_m^2}{2R_m^2} - \frac{H_m}{R}\right) = \Delta s_1 + \Delta s_2 = \Delta s = 0 \tag{3.11}$$

当 y_m 一定时，由式(3.11)可求得

$$H_m = \frac{y_m^2}{2R} \tag{3.12}$$

3. 任意带高斯正形投影平面直角坐标系

在这种坐标系中，仍把地面观测结果归算到参考椭球面上，但投影带的中央子午线不按国家统一的 3°带的划分方法，而是依据补偿高程面归算长度变形而选择的某一条子午线作为中央子午线。即保持 H_m 不变，可求得

$$y=\sqrt{2RH_m} \tag{3.13}$$

例如，某测区相对参考椭球面的高程 $H_m=500\mathrm{m}$，为抵偿地面观测值向参考椭球面上归算的改正值，可得 y=80km，即选择与测区相距 80km 的子午线为中央子午线。

4. 具有高程抵偿面的任意带高斯正形投影平面直角坐标系

在这种坐标中，往往是指投影的中央子午线选在测区的中央，地面观测值归算到测区平均高程面上，按高斯正形投影计算平面直角坐标。这种方法是综合第 2、第 3 两种坐标系长处的一种任意高斯正形投影计算平面直角坐标，因而能更有效地实现两种长度变形改正的补偿。

5. 假定平面直角坐标

当测区控制范围较小时，可不进行方向和距离改正，直接把局部地球表面看作平面，建立独立的平面直角坐标系。这时，起算点坐标及起算方位角最好能与国家网或城市网联系，如联测困难，可自行测定边长和方位角，而起始点坐标可假设。

3.3　平面直角坐标变换公式与应用

本节首先说明施工坐标系的概念，然后讨论坐标变换公式及其参数解算方法。

3.3.1　施工坐标系的概念

在工程的施工放样工作中，首先遇到的问题是坐标系的选择。

因为一般工程所涉及的范围较小，所以常将其作为平面问题处理。

为了放样的方便和保证施工放样的精度，投影面的选择应满足“按控制点坐标反算的两点间长度与实地两点间长度之差尽量小”的要求。为此，施工控制网中的实测长度通常不是投影到平均海水面，而是投影到特定的平面上，例如，工业建筑场地上的施工控制网投影到厂区的平均高程面上；桥梁施工控制网投影到桥墩顶的平面上；隧道施工控制网投影到隧道贯通处的平面上；也有的工程要求将长度投影到放样精度要求最高的平面上。

基于以上考虑，施工控制网的坐标系常采用平面直角坐标系，并且，为了工程设计与施工的方便，又将该坐标系设为独立坐标系(independent coordinate system)，其坐标轴平行或垂直于建筑物的主轴线。在工业建筑场地上，主轴线通常由工艺流程方向、运输干线(铁路或其他运输线)或主要厂房的轴线所决定，工地上诸建筑物的轴线常平行或垂直于这个主轴线。在其他工程中也有类似的情况，如水利枢纽工地上以大坝的轴线为主轴线，桥梁工地上桥轴线就是主轴线等。坐标原点一般选在工地以外的西南角上，这样场地范围内点的坐标都是正值。坐标轴平行或垂直于主轴线，所以同一矩形建筑物相邻两点间的长度可方便地由坐标差求出，用西南角和东北角这两个点的坐标就可确定矩形建筑物的位置和大小。同样，建筑物的间距也可以由坐标差求得。这种便于设计与施工的坐标系称为施工坐标系(construction coordinate system)或建筑坐标系(architecture coordinate system)。

至于工地上的高程系统，除统一的国家高程系统外，设计人员还常常为每一栋独立建筑物规定一个独立高程系统。该系统的零点位于建筑物主要入口处室内地坪上，设计名称为

“±0.000”，在这以上标高为正，在这以下标高为负。在总平面图上标明“±0.000”的高程(国家或城市高程系统)。

3.3.2　平面直角坐标变换公式

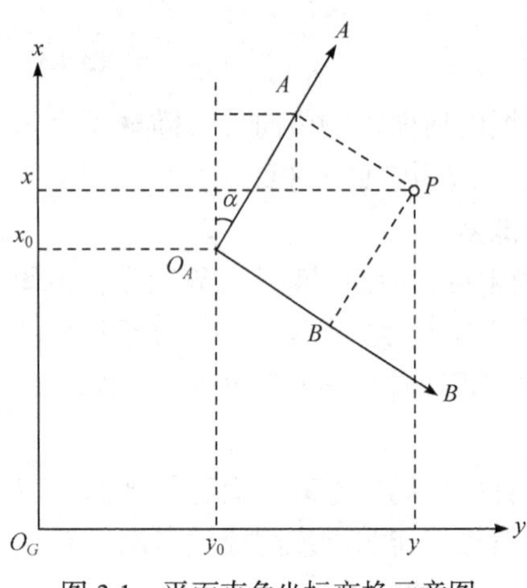

图 3.1　平面直角坐标变换示意图

施工控制网采用施工坐标系。而在施工工地上，还有可能存在一些大地控制点、城建控制点、测图控制点或其他控制点。在施工控制网的建立过程中，常有必要甚至必须利用这些控制点。为此，就需要将这些控制点坐标(在各自的坐标系中)变换到施工坐标系中；或者反之。下面以高斯平面直角坐标系和施工坐标系为例介绍坐标变换的数学公式。

设高斯平面直角坐标系为O_Gxy直角坐标系，施工坐标系为O_AAB直角坐标系。O_A在直角坐标系O_Gxy中的坐标为(x_0,y_0)，A轴与x轴的夹角为α，如图3.1所示。设点P在直角坐标系O_Gxy中的坐标为(x,y)，在直角坐标系O_AAB中的坐标为(A,B)，由图3.1可得

$$x = x_0 + A\cos\alpha - B\sin\alpha$$
$$y = y_0 + A\sin\alpha + B\cos\alpha$$

写成矩阵形式

$$\begin{pmatrix} x \\ y \end{pmatrix} = \begin{pmatrix} x_0 \\ y_0 \end{pmatrix} + \begin{pmatrix} \cos\alpha & -\sin\alpha \\ \sin\alpha & \cos\alpha \end{pmatrix} \begin{pmatrix} A \\ B \end{pmatrix}$$

在测量实践中，由于两坐标系投影面不同等因素影响，还常常将上式修正为

$$\begin{pmatrix} x \\ y \end{pmatrix} = \begin{pmatrix} x_0 \\ y_0 \end{pmatrix} + k\begin{pmatrix} \cos\alpha & -\sin\alpha \\ \sin\alpha & \cos\alpha \end{pmatrix} \begin{pmatrix} A \\ B \end{pmatrix} \tag{3.14}$$

式中，k为O_AAB坐标系中的单位长度在O_Gxy坐标系中的长度，简称“长度比”。

如果知道了(x_0,y_0)、α、k，则可以利用式(3.14)将任一点P的施工坐标(A,B)变换为高斯平面直角坐标(x,y)。反之，也可将任一点P的高斯平面直角坐标(x,y)变换为施工坐标(A,B)，这时可由式(3.14)解得

$$\begin{pmatrix} A \\ B \end{pmatrix} = \begin{pmatrix} A_0 \\ B_0 \end{pmatrix} + \frac{1}{k}\begin{pmatrix} \cos\alpha & \sin\alpha \\ -\sin\alpha & \cos\alpha \end{pmatrix} \begin{pmatrix} x \\ y \end{pmatrix} \tag{3.15}$$

式中，

$$\begin{pmatrix} A_0 \\ B_0 \end{pmatrix} = -\frac{1}{k}\begin{pmatrix} \cos\alpha & \sin\alpha \\ -\sin\alpha & \cos\alpha \end{pmatrix} \begin{pmatrix} x_0 \\ y_0 \end{pmatrix}$$

比较式(3.14)与式(3.15)，可以看到两者在形式上相差很小，应用时要注意区分。

3.3.3　根据两点坐标求坐标变换参数

两坐标系之间的关系有时并不知道，需根据点的坐标求出。

坐标变换的参数有四个，即x_0、y_0、α、k，所以根据两点的平面坐标即可唯一确定。

设已知两点 1、2，它们在两坐标系中的坐标分别为 (A_1,B_1)、(A_2,B_2) 和 (x_1,y_1)、(x_2,y_2)。将它们代入式(3.14)有

$$x_1 = x_0 + kA_1\cos\alpha - kB_1\sin\alpha$$
$$y_1 = y_0 + kA_1\sin\alpha + kB_1\cos\alpha$$
$$x_2 = x_0 + kA_2\cos\alpha - kB_2\sin\alpha$$
$$y_2 = y_0 + kA_2\sin\alpha + kB_2\cos\alpha$$

解此方程组得

$$\alpha = \tan_{\alpha}^{-1}\frac{y_2-y_1}{x_2-x_1} - \tan_{\alpha}^{-1}\frac{B_2-B_1}{A_2-A_1} \tag{3.16}$$

$$k = \frac{\sqrt{(x_2-x_1)^2+(y_2-y_1)^2}}{\sqrt{(A_2-A_1)^2+(B_2-B_1)^2}} \tag{3.17}$$

按理 k 应等于 1，但是根据两点高斯平面直角坐标反算的长度与实际长度不一致，而用施工坐标反算求得的长度与实际长度一致，所以 k 不等于 1。但是 k 应接近 1，这可作为计算的一种检核。如果 k 偏离 1 太多，就要仔细检查原因。

求出 α、k 后，可代入原方程求出 (x_0,y_0)。

$$\begin{pmatrix} x_0 \\ y_0 \end{pmatrix} = \begin{pmatrix} x_1 \\ y_1 \end{pmatrix} - k\begin{pmatrix} \cos\alpha & -\sin\alpha \\ \sin\alpha & \cos\alpha \end{pmatrix}\begin{pmatrix} A_1 \\ B_1 \end{pmatrix} \tag{3.18}$$

例 3.3.1：已知 C、D 两点在勘测坐标系和施工坐标系中的坐标分别为(1364.592, 3782.943)、(1259.876, 3901.465)和(250.000, 200.000)、(100.000, 250.000)。试据此计算勘测控制点 E(1134.553, 3685.161)在施工坐标系中的坐标。

解：首先根据 C、D 两点在两个坐标系中的两组坐标求坐标变换公式

$$\begin{pmatrix} A \\ B \end{pmatrix} = \begin{pmatrix} A_0 \\ B_0 \end{pmatrix} + k\begin{pmatrix} \cos\alpha & -\sin\alpha \\ \sin\alpha & \cos\alpha \end{pmatrix}\begin{pmatrix} x \\ y \end{pmatrix}$$

中的参数 A_0、B_0、α、k：

$$\text{长度比}k = \frac{\sqrt{(A_C-A_D)^2+(B_C-B_D)^2}}{\sqrt{(x_C-x_D)^2+(y_C-y_D)^2}}$$
$$= \frac{\sqrt{(250.000-100.000)^2+(200.000-250.000)^2}}{\sqrt{(1364.592-1259.876)^2+(3782.943-3901.465)^2}}$$
$$= \frac{158.114}{158.155} = 0.99974$$

$$\text{坐标轴夹角}\alpha = \tan_{\alpha}^{-1}\frac{B_C-B_D}{A_C-A_D} - \tan_{\alpha}^{-1}\frac{y_C-y_D}{x_C-x_D}$$
$$= \tan_{\alpha}^{-1}\frac{200.000-250.000}{250.000-100.000} - \tan_{\alpha}^{-1}\frac{3782.943-3901.465}{1364.592-1259.876}$$

$$=\tan_{\alpha}^{-1}\frac{-50.000}{150.000}-\tan_{\alpha}^{-1}\frac{-118.522}{104.716}$$
$$=161°33'54''-131°27'40''=30°06'14''$$

坐标系原点坐标

$$A_0=A_C-k\left(x_C\cos\alpha-y_C\sin\alpha\right)$$
$$=250.000-0.99974\times(1364.592\cos30°06'14''-3782.943\sin30°06'14'')$$
$$=967.189$$
$$B_0=B_C-k\left(x_C\sin\alpha+y_C\cos\alpha\right)$$
$$=200.000-0.99974\times(1364.592\sin30°06'14''+3782.943\cos30°06'14'')$$
$$=-3756.008$$

因此，勘测控制点 E(1134.553，3685.161)在施工坐标系中的坐标为

$$A_E=A_0+k\left(x_E\cos\alpha-y_E\sin\alpha\right)$$
$$=967.189+0.99974\times(1134.553\cos30°06'14''-3685.161\sin30°06'14'')$$
$$=100.098$$
$$B_E=B_0+k\left(x_E\sin\alpha+y_E\cos\alpha\right)$$
$$=-3756.008+0.99974\times(1134.553\sin30°06'14''+3685.161\cos30°06'14'')$$
$$=0.060$$

3.3.4 根据多点坐标求坐标变换参数

在根据点的坐标求坐标变换参数中，当已知点数多于两个时，需按最小二乘法求得比较精确的$\left(x_0,y_0\right)$、α、k。

先改变一下式(3.14)的形式，令

$$\begin{cases}a=k\cos\alpha\\b=k\sin\alpha\end{cases}\tag{3.19}$$

则式(3.14)可写成

$$\begin{pmatrix}x\\y\end{pmatrix}=\begin{pmatrix}x_0\\y_0\end{pmatrix}+\begin{pmatrix}a&-b\\b&a\end{pmatrix}\begin{pmatrix}A\\B\end{pmatrix}\tag{3.20}$$

设已知点数为 $n(n\geqslant2)$，各点在两个坐标系中的坐标为$\left(x_i,y_i\right)$、$\left(A_i,B_i\right)$，$i=1,2,\cdots,n$。将这些数据代入式(3.20)并施加改正数得误差方程式：

$$v_{x_1}=x_0+A_1a-B_1b-x_1$$
$$v_{y_1}=y_0+B_1a+A_1b-y_1$$
$$v_{x_2}=x_0+A_2a-B_2b-x_2$$
$$v_{y_2}=y_0+B_2a+A_2b-y_2$$
$$\vdots$$
$$v_{x_n}=x_0+A_na-B_nb-x_n$$
$$v_{y_n}=y_0+B_na+A_nb-y_n$$

若坐标值的权矩阵为 $\boldsymbol{P}$ ，则可按 $\boldsymbol{v}^{\mathrm{T}}\boldsymbol{P}\boldsymbol{v}=\min$ 组成法方程，从而求出四个参数。一般令 $\boldsymbol{P}$ 为单位矩阵，这时按 $\sum_{i=1}^{n}\left(v_{x_i}^2+v_{y_i}^2\right)=\min$ 得法方程

$$\begin{pmatrix} n & 0 & \sum_{i=1}^{n}A_i & -\sum_{i=1}^{n}B_i \\ 0 & n & \sum_{i=1}^{n}B_i & \sum_{i=1}^{n}A_i \\ \sum_{i=1}^{n}A_i & \sum_{i=1}^{n}B_i & \sum_{i=1}^{n}\left(A_i^2+B_i^2\right) & 0 \\ -\sum_{i=1}^{n}B_i & \sum_{i=1}^{n}A_i & 0 & \sum_{i=1}^{n}\left(A_i^2+B_i^2\right) \end{pmatrix}\begin{pmatrix} x_0 \\ y_0 \\ a \\ b \end{pmatrix}=\begin{pmatrix} \sum_{i=1}^{n}x_i \\ \sum_{i=1}^{n}y_i \\ \sum_{i=1}^{n}\left(A_ix_i+B_iy_i\right) \\ \sum_{i=1}^{n}\left(A_iy_i-B_ix_i\right) \end{pmatrix} \tag{3.21}$$

从而可求出 $\left(x_0,y_0\right)$ 、a 、b 及其精度。也可再将 a 、b 代入式(3.19)求出 k 、α ：

$$\begin{cases} k=\sqrt{a^2+b^2} \\ \alpha=\tan_{\alpha}^{-1}\dfrac{b}{a} \end{cases} \tag{3.22}$$

在上述过程中，若先对 $\left(A_i,B_i\right)$ 做中心化处理，即令

$$\begin{cases} A_i'=A_i-\dfrac{\sum_{j=1}^{n}A_j}{n} \\ B_i'=B_i-\dfrac{\sum_{j=1}^{n}B_j}{n} \end{cases} \tag{3.23}$$

则法方程式(3.21)的系数矩阵为对角矩阵，从而可得

$$\begin{cases} x_0'=\dfrac{\sum_{i=1}^{n}x_i}{n} \\ y_0'=\dfrac{\sum_{i=1}^{n}y_i}{n} \\ a=\dfrac{\sum_{i=1}^{n}\left(A_i'x_i+B_i'y_i\right)}{\sum_{i=1}^{n}\left(A_i'^2+B_i'^2\right)} \\ b=\dfrac{\sum_{i=1}^{n}\left(A_i'y_i-B_i'x_i\right)}{\sum_{i=1}^{n}\left(A_i'^2+B_i'^2\right)} \end{cases} \tag{3.24}$$

从而得坐标变换关系式

$$\begin{pmatrix} x \\ y \end{pmatrix} = \begin{pmatrix} \dfrac{\sum_{i=1}^{n} x_i}{n} \\ \dfrac{\sum_{i=1}^{n} y_i}{n} \end{pmatrix} + \begin{pmatrix} a & -b \\ b & a \end{pmatrix} \begin{pmatrix} A - \dfrac{\sum_{i=1}^{n} A_i}{n} \\ B - \dfrac{\sum_{i=1}^{n} B_i}{n} \end{pmatrix}$$

或

$$\begin{pmatrix} x \\ y \end{pmatrix} = \begin{pmatrix} \dfrac{\sum_{i=1}^{n} x_i}{n} - a\dfrac{\sum_{i=1}^{n} A_i}{n} + b\dfrac{\sum_{i=1}^{n} B_i}{n} \\ \dfrac{\sum_{i=1}^{n} y_i}{n} - b\dfrac{\sum_{i=1}^{n} A_i}{n} - a\dfrac{\sum_{i=1}^{n} B_i}{n} \end{pmatrix} + \begin{pmatrix} a & -b \\ b & a \end{pmatrix} \begin{pmatrix} A \\ B \end{pmatrix} \tag{3.25}$$

3.3.5　平面直角坐标变换公式的应用

平面直角坐标变换公式应用很广，下面列举几个例子。

1. 自由设站法

设有两个以上的已知控制点i $(i=1,2,\cdots,n)$，其坐标为(x_i, y_i)。将仪器(全站仪)架设在便于工作的任选地方，仪器的纵、横轴交点记为P。测量P到各已知点的水平距离s_i、水平方向r_i。

假定仪器纵、横轴交点P的坐标为$x'_P=0$、$y'_P=0$，水平度盘零方向为x'轴方向。在此坐标系下很容易根据观测值s_i、r_i求得各已知点的坐标(x'_i, y'_i)，将它们与(x_i, y_i)作比较，采用坐标变换的方法，可以求出仪器纵、横轴交点P的真实坐标(x_P, y_P)和水平度盘零方向的方位角α_0。

为了方便下一步的放样工作，还可以把水平度盘零方向读数修正为α_0，则此后水平度盘读数即为视准轴方向的方位角。接下来就可以很方便地用极坐标法进行点的放样工作。

2. 在道路曲线坐标计算中的应用

如图 3.2 所示，在道路曲线计算时，将涉及三个坐标系：Oxy、$O_1x_1y_1$和$O_2x_2y_2$。在现代施工中，一般不再使用偏角法、切线支距法等方法进行曲线放样，而是在控制点上架设仪器，用极坐标法直接放样各道路中心桩，因此需要将$O_1x_1y_1$（对应 ZH$\rightarrow$QZ 段）和$O_2x_2y_2$（对应 HZ$\rightarrow$QZ 段)中点的坐标换算到Oxy中，Oxy是道路控制测量的坐标系，在道路设计时，一般也给出部分中心桩在Oxy中的坐标，如在图 3.2 中表示成“•”的点。

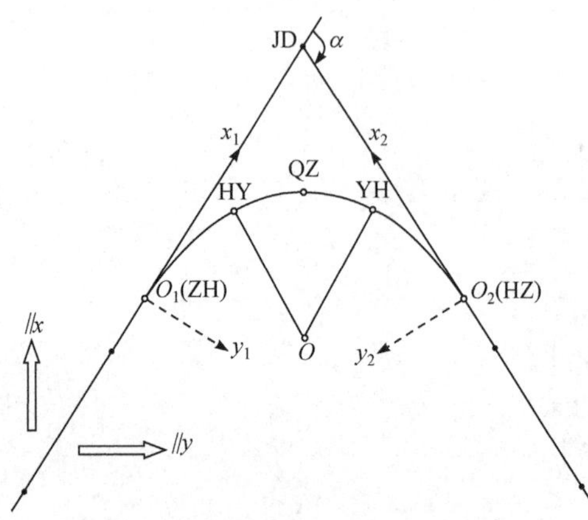

图 3.2　道路曲线中的三个坐标系

将$O_1x_1y_1$转换到Oxy，可直接使用式(3.14)。将$O_2x_2y_2$转换到Oxy，需先将y_2反号，然后再应用式(3.14)。

3. 在测量控制网平差计算中的应用

随着计算机技术的普及，测量控制网平差计算的困难已不再是法方程的解算，而是控制网近似坐标的计算。坐标变换公式可以有效地解决其中不少问题，典型例子是无定向导线、线形三角锁等网的近似坐标计算。

3.4　控制网的精度指标

设控制网平差的高斯(Gauss)-马尔可夫(Markov)模型(以后简称 GM 模型)为

$$\begin{cases} \boldsymbol{l} = \tilde{\boldsymbol{l}} + \Delta = \boldsymbol{A}\boldsymbol{x} + \Delta \\ \mathrm{E}(\Delta) = \boldsymbol{0}, \varSigma_{\Delta\Delta} = \varSigma_{ll} = \sigma_0^2 \boldsymbol{Q}_{ll} = \sigma_0^2 \boldsymbol{P}^{-1} \end{cases} \tag{3.26}$$

式中，$\boldsymbol{l}$ 为观测值；$\tilde{\boldsymbol{l}}$ 和 Δ 为其真值和真误差；$\boldsymbol{x}$ 为参数；$\boldsymbol{A}$ 为其系数矩阵。

分别以估值 $-\boldsymbol{v}$ 、$\hat{\boldsymbol{x}}$ 表示 Δ 和 $\boldsymbol{x}$，在 $\boldsymbol{v}^{\mathrm{T}}\boldsymbol{P}\boldsymbol{v} = \min$ 下，可得

$$\begin{cases} \hat{\boldsymbol{x}} = \boldsymbol{Q}_{\hat{x}\hat{x}}\boldsymbol{u} \\ \boldsymbol{Q}_{\hat{x}\hat{x}} = \boldsymbol{N}^{-1} \\ \boldsymbol{N} = \boldsymbol{A}^{\mathrm{T}}\boldsymbol{P}\boldsymbol{A} \\ \boldsymbol{u} = \boldsymbol{A}^{\mathrm{T}}\boldsymbol{P}\boldsymbol{l} \end{cases} \tag{3.27}$$

以及

$$\boldsymbol{Q}_{vv} = \boldsymbol{P}^{-1} - \boldsymbol{A}\boldsymbol{Q}_{\hat{x}\hat{x}}\boldsymbol{A}^{\mathrm{T}} = \boldsymbol{Q}_{ll} - \boldsymbol{Q}_{\hat{l}\hat{l}} \tag{3.28}$$

记

$$\boldsymbol{R} = \boldsymbol{Q}_{ll}\boldsymbol{P} = \mathbf{I} - \boldsymbol{A}\boldsymbol{Q}_{\hat{x}\hat{x}}\boldsymbol{A}^{\mathrm{T}}\boldsymbol{P} \tag{3.29}$$

则可推得

$$\boldsymbol{v} = \boldsymbol{A}\hat{\boldsymbol{x}} - \boldsymbol{l} = \boldsymbol{A}\boldsymbol{N}^{-1}\boldsymbol{A}^{\mathrm{T}}\boldsymbol{P}\boldsymbol{l} - \boldsymbol{l} = -\boldsymbol{R}\boldsymbol{l} \tag{3.30}$$

又写为

$$\boldsymbol{v} = -\boldsymbol{R}\boldsymbol{l} = -\boldsymbol{R}(\tilde{\boldsymbol{l}} + \Delta) = -\boldsymbol{R}\tilde{\boldsymbol{l}} - \boldsymbol{R}\Delta \tag{3.31}$$

因为

$$\boldsymbol{R}\tilde{\boldsymbol{l}} = (\mathbf{I} - \boldsymbol{A}\boldsymbol{Q}_{\hat{x}\hat{x}}\boldsymbol{A}^{\mathrm{T}}\boldsymbol{P})\tilde{\boldsymbol{l}} = \tilde{\boldsymbol{l}} - \boldsymbol{A}\boldsymbol{Q}_{\hat{x}\hat{x}}\boldsymbol{A}^{\mathrm{T}}\boldsymbol{P}\tilde{\boldsymbol{l}} = \tilde{\boldsymbol{l}} - \boldsymbol{A}\boldsymbol{Q}_{\hat{x}\hat{x}}\boldsymbol{A}^{\mathrm{T}}\boldsymbol{P}\boldsymbol{A}\boldsymbol{x} = \tilde{\boldsymbol{l}} - \boldsymbol{A}\boldsymbol{x} = \boldsymbol{0} \tag{3.32}$$

所以

$$\boldsymbol{v} = -\boldsymbol{R}\boldsymbol{l} = -\boldsymbol{R}\Delta \tag{3.33}$$

式(3.28)～式(3.33)在控制网可靠性分析中有用，其中，$\boldsymbol{R}$ 称为可靠性矩阵。$\boldsymbol{R}$ 不满秩，所以不可能根据观测值或其改正数由式(3.31)求出真误差。

在上述 GM 模型中，$\boldsymbol{A}$ 称为设计矩阵(或图形矩阵，用于控制网设计阶段)或系数矩阵(用于控制网数据处理阶段)；$\boldsymbol{Q}_{\hat{x}\hat{x}}$ 或 $\boldsymbol{\varSigma}_{\hat{x}\hat{x}} = \sigma_0^2\boldsymbol{Q}_{\hat{x}\hat{x}}$ (设计阶段)或 $\boldsymbol{\varSigma}_{\hat{x}\hat{x}} = \hat{\sigma}_0^2\boldsymbol{Q}_{\hat{x}\hat{x}}$ (数据处理阶段)称为控制网的精度矩阵。

应该说，精度矩阵是控制网最全面、最理想的精度指标，因此，针对控制网的设计，Grafarend 借用 Taylor 和 Karman 在流体力学中的研究成果，提出了准则矩阵(criterion matrix)

的概念和构造方法。但由于精度矩阵不直观、使用不方便(尽管数学中有矩阵大小的比较方法)，以及构造过程中的一些问题(如基准信息的考虑)，在实践中很少应用。

一般的做法是从精度矩阵中导出一些纯量指标，分为整体精度指标和局部精度指标，在工程测量中，后者尤为重要。下面的讨论以平面控制网为例，高程控制网或三维控制网可以此类推。

3.4.1 整体精度指标

对精度矩阵 $\boldsymbol{\Sigma}_{\hat{x}\hat{x}}$ 作谱分解

$$\boldsymbol{\Sigma}_{\hat{x}\hat{x}} = \boldsymbol{S\Lambda S}^{\mathrm{T}} \tag{3.34}$$

式中，谱矩阵 $\boldsymbol{\Lambda} = \mathrm{diag}\{\lambda_1, \lambda_2, \cdots, \lambda_t\}$，$\lambda_1, \lambda_2, \cdots, \lambda_t$ 为 $\boldsymbol{\Sigma}_{\hat{x}\hat{x}}$ 的特征值，从大到小排列；模矩阵 $\boldsymbol{S} = (\boldsymbol{s}_1, \boldsymbol{s}_2, \cdots, \boldsymbol{s}_t)$，由 $\boldsymbol{\Sigma}_{\hat{x}\hat{x}}$ 的与 $\lambda_1, \lambda_2, \cdots, \lambda_t$ 对应的单位正交特征向量组成。

定义控制网的整体精度指标如下。

(1) 控制网的算术平均方差(arithmetic mean variance，简记为 A)：

$$D_a = \frac{1}{t}\sum_{i=1}^{t}\lambda_i = \frac{1}{t}\mathrm{tr}(\boldsymbol{\Sigma}_{\hat{x}\hat{x}}) \tag{3.35}$$

式中，tr( )表示对矩阵求迹(trace)。

控制网的算术平均均方根差(root-mean-square deviation)为 $\sigma_a = \sqrt{D_a}$。

(2) 控制网的几何平均方差(geometric mean variance，简记为 D)：

$$D_g = \sqrt[t]{\prod_{i=1}^{t}\lambda_i} = \sqrt[t]{\det(\boldsymbol{\Sigma}_{\hat{x}\hat{x}})} \tag{3.36}$$

式中，det( )表示对矩阵求行列式值(determinant)。

控制网的几何平均均方根差为 $\sigma_g = \sqrt{D_g}$。

(3) 控制网的本征方差(eigenelement variance，简记为 E)：

$$D_\lambda = \lambda_1 = \lambda_{\max}(\boldsymbol{\Sigma}_{\hat{x}\hat{x}}) \tag{3.37}$$

控制网的本征均方根差为 $\sigma_\lambda = \sqrt{D_\lambda}$。

(4) 控制网的方差宽(variance split，简记为 S)：

$$D_\Delta = \lambda_1 - \lambda_t \tag{3.38}$$

(5) 控制网的方差比(简记为 C)：

$$D_c = \frac{\lambda_1}{\lambda_t} \tag{3.39}$$

D_c 实际上又是 $\boldsymbol{\Sigma}_{\hat{x}\hat{x}}$ 的条件数(condition number)。

(6) 控制网的范数方差(norm variance，简记为 N)：

$$D_f = \|\boldsymbol{\Sigma}_{\hat{x}\hat{x}}\|_f \tag{3.40}$$

其中 $f = 1$、2、∞对应矩阵的三种范数

$$D_1 = \|\boldsymbol{\Sigma}_{\hat{x}\hat{x}}\|_1 = \max_j \sum_{i=1}^{t}|d_{ij}| \tag{3.41}$$

$$D_2 = \|\boldsymbol{\Sigma}_{\hat{x}\hat{x}}\|_2 = \lambda_{\max}(\boldsymbol{\Sigma}_{\hat{x}\hat{x}}) = \lambda_1 = D_\lambda \tag{3.42}$$

$$D_\infty = \|\boldsymbol{\Sigma}_{\hat{x}\hat{x}}\|_\infty = \max_i \sum_{j=1}^{t} |d_{ij}| \tag{3.43}$$

式中，d_{ij} 为 $\boldsymbol{\Sigma}_{\hat{x}\hat{x}}$ 的元素，$i, j=1, 2,\cdots, t$。

3.4.2　局部精度指标

由 $\boldsymbol{Q}_{\hat{x}\hat{x}}$ 中抽取与某一点 i 的坐标 $(\hat{x}_i, \hat{y}_i)$ 相对应的子块

$$\boldsymbol{Q}_i = \begin{pmatrix} q_{\hat{x}_i\hat{x}_i} & q_{\hat{x}_i\hat{y}_i} \\ q_{\hat{y}_i\hat{x}_i} & q_{\hat{y}_i\hat{y}_i} \end{pmatrix}$$

则有如下局部精度指标。

(1) 坐标中误差：

$$\begin{cases} m_{x_i} = \pm\sigma_0\sqrt{q_{\hat{x}_i\hat{x}_i}} \\ m_{y_i} = \pm\sigma_0\sqrt{q_{\hat{y}_i\hat{y}_i}} \end{cases} \tag{3.44}$$

(2) Helmert 点位误差(σ_a 的应用)：

$$m_{P_i} = \pm\sqrt{m_{x_i}^2 + m_{y_i}^2} = \pm\sigma_0\sqrt{q_{\hat{x}_i\hat{x}_i} + q_{\hat{y}_i\hat{y}_i}} = \pm\sqrt{\lambda_1 + \lambda_2} \tag{3.45}$$

式中，$\lambda_1 = \frac{1}{2}\sigma_0^2\left(q_{\hat{x}_i\hat{x}_i} + q_{\hat{y}_i\hat{y}_i} + \sqrt{\left(q_{\hat{x}_i\hat{x}_i} - q_{\hat{y}_i\hat{y}_i}\right)^2 + 4q_{\hat{x}_i\hat{y}_i}^2}\right)$；$\lambda_2 = \frac{1}{2}\sigma_0^2\left(q_{\hat{x}_i\hat{x}_i} + q_{\hat{y}_i\hat{y}_i} - \sqrt{\left(q_{\hat{x}_i\hat{x}_i} - q_{\hat{y}_i\hat{y}_i}\right)^2 + 4q_{\hat{x}_i\hat{y}_i}^2}\right)$。

该定义具有逻辑性：点位中误差 m_P 正是点位真误差 Δ_P 的统计特性 $m_P^2 = \sigma_P^2 = \mathrm{E}(\Delta_P^2)$。因为 $\Delta_P^2 = \Delta_x^2 + \Delta_y^2$，所以 $\mathrm{E}(\Delta_P^2) = \mathrm{E}(\Delta_x^2) + \mathrm{E}(\Delta_y^2)$，即 $m_P^2 = m_x^2 + m_y^2$。

(3) Werkmeister 点位误差(σ_g 的应用)：

$$m'_{P_i} = \pm\sigma_0\sqrt{\det(\boldsymbol{Q}_i)} = \pm\sigma_0\sqrt{q_{\hat{x}_i\hat{x}_i}q_{\hat{y}_i\hat{y}_i} - q_{\hat{x}_i\hat{y}_i}^2} = \pm\sqrt{\lambda_1\lambda_2} \tag{3.46}$$

(4) 点位平均方差为 $\frac{\lambda_1 + \lambda_2}{2}$ 或 $\sqrt{\lambda_1\lambda_2}$。

(5) 点位特征方差为 λ_1。

(6) 点位在任意方向上的中误差。设点 i 的真误差为 Δ_{P_i}，Δ_{P_i} 在坐标轴方向上的分量为 Δ_{x_i}、Δ_{y_i}，则 Δ_{P_i} 在方位 φ 方向上的分量为

$$\Delta_{\varphi_i} = \Delta_{x_i}\cos\varphi + \Delta_{y_i}\sin\varphi \tag{3.47}$$

写成中误差形式为

$$m_{\varphi_i} = \pm\sqrt{m_{x_i}^2\cos^2\varphi + m_{y_i}^2\sin^2\varphi + m_{x_iy_i}\sin 2\varphi} \tag{3.48}$$

或写成

$$m_{\varphi_i} = \pm\sigma_0\sqrt{q_{\varphi_i\varphi_i}} \tag{3.49}$$

$$q_{\varphi_i\varphi_i} = q_{\hat{x}_i\hat{x}_i}\cos^2\varphi + q_{\hat{y}_i\hat{y}_i}\sin^2\varphi + q_{\hat{x}_i\hat{y}_i}\sin 2\varphi \tag{3.50}$$

m_{φ_i} 的极值为 $e=\sqrt{\lambda_1}$ 、 $f=\sqrt{\lambda_2}$ ，极值方向由

$$\varphi_0=\frac{1}{2}\tan_{\alpha}^{-1}\frac{2q_{\hat{x}_i\hat{y}_i}}{q_{\hat{x}_i\hat{x}_i}-q_{\hat{y}_i\hat{y}_i}} \tag{3.51}$$

确定：若 $q_{\hat{x}_i\hat{y}_i}\tan\varphi_0>0$ ，则 φ_0 为 e 的方向 φ_e ；否则， φ_0 为 f 的方向 φ_f 。

m_{φ_i} 的图像称为点 i 的点位误差曲线，如图 3.3 所示。m_{φ_i} 有以下两个特例。

其一，当 $q_{\hat{x}_i\hat{x}_i}=q_{\hat{y}_i\hat{y}_i}$ 且 $q_{\hat{x}_i\hat{y}_i}=0$ 时：

$$m_{\varphi_i}=m_{\hat{x}_i}=m_{\hat{y}_i}=\pm\sigma_0\sqrt{q_{\hat{x}_i\hat{x}_i}}=\pm\sigma_0\sqrt{q_{\hat{y}_i\hat{y}_i}}=\pm\sqrt{\lambda_1}=\pm\sqrt{\lambda_2}=\frac{m_{P_i}}{\sqrt{2}} \tag{3.52}$$

误差曲线为圆，见图 3.3(c)。

其二，当 $q_{\hat{x}_i\hat{y}_i}=\pm\sqrt{q_{\hat{x}_i\hat{x}_i}q_{\hat{y}_i\hat{y}_i}}$ 时：

$$m_{\varphi_i}=m_{P_i}\cos\left(\varphi\mp\varphi_e\right),\quad \varphi_e=\pm\tan_{\alpha}^{-1}\sqrt{\frac{q_{\hat{y}_i\hat{y}_i}}{q_{\hat{x}_i\hat{x}_i}}}\ ;\quad \lambda_1=\sigma_0^2\left(q_{\hat{x}_i\hat{x}_i}+q_{\hat{y}_i\hat{y}_i}\right),\quad \lambda_2=0 \tag{3.53}$$

误差曲线为相切的两个圆，见图 3.3(d)。

点位误差曲线的内切椭圆称为该点的点位误差椭圆，点位误差椭圆是点位误差曲线的近似表示。在数学上，点位误差曲线是点位误差椭圆的垂足曲线(或投影曲线)。

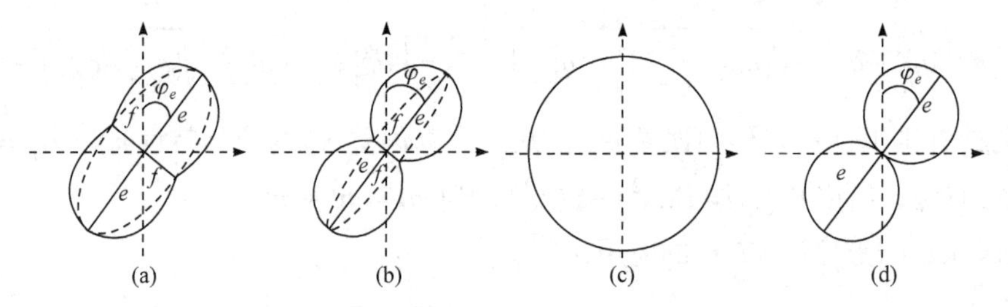

图 3.3　点位误差曲线(虚线为点位误差椭圆)

(7) 坐标差中误差。由

$$\begin{pmatrix}\Delta\hat{x}_{ij}\\ \Delta\hat{y}_{ij}\end{pmatrix}=\begin{pmatrix}-1 & 0 & 1 & 0\\ 0 & -1 & 0 & 1\end{pmatrix}\begin{pmatrix}\hat{x}_i\\ \hat{y}_i\\ \hat{x}_j\\ \hat{y}_j\end{pmatrix} \tag{3.54}$$

得

$$\begin{aligned}\begin{pmatrix}m_{\Delta\hat{x}_{ij}}^2 & m_{\Delta\hat{x}_{ij}\Delta\hat{y}_{ij}}\\ m_{\Delta\hat{y}_{ij}\Delta\hat{x}_{ij}} & m_{\Delta\hat{y}_{ij}}^2\end{pmatrix}&=\sigma_0^2\begin{pmatrix}q_{\Delta\hat{x}_{ij}\Delta\hat{x}_{ij}} & q_{\Delta\hat{x}_{ij}\Delta\hat{y}_{ij}}\\ q_{\Delta\hat{y}_{ij}\Delta\hat{x}_{ij}} & q_{\Delta\hat{y}_{ij}\Delta\hat{y}_{ij}}\end{pmatrix}\\ &=\sigma_0^2\begin{pmatrix}q_{\hat{x}_i\hat{x}_i}+q_{\hat{x}_j\hat{x}_j}-2q_{\hat{x}_j\hat{x}_j} & q_{\hat{x}_i\hat{y}_i}+q_{\hat{x}_j\hat{y}_j}-q_{\hat{x}_i\hat{y}_j}-q_{\hat{x}_j\hat{y}_i}\\ q_{\hat{y}_i\hat{x}_i}+q_{\hat{y}_j\hat{x}_j}-q_{\hat{y}_j\hat{x}_i}-q_{\hat{y}_i\hat{x}_j} & q_{\hat{y}_i\hat{y}_i}+q_{\hat{y}_j\hat{y}_j}-2q_{\hat{y}_j\hat{y}_j}\end{pmatrix}\end{aligned} \tag{3.55}$$

当 i 、 j 两点的误差曲线均为圆且相互独立时

$$\begin{pmatrix} m_{\Delta x_{ij}}^2 & m_{\Delta x_{ij}\Delta y_{ij}} \\ m_{\Delta y_{ij}\Delta x_{ij}} & m_{\Delta y_{ij}}^2 \end{pmatrix} = \frac{m_{P_i}^2 + m_{P_j}^2}{2} \begin{pmatrix} 1 & 0 \\ 0 & 1 \end{pmatrix} \tag{3.56}$$

与点位误差曲线和点位误差椭圆类似，将 $q_{\Delta\hat{x}_{ij}\Delta\hat{x}_{ij}}$、$q_{\Delta\hat{y}_{ij}\Delta\hat{y}_{ij}}$、$q_{\Delta\hat{x}_{ij}\Delta\hat{y}_{ij}}$ 与 $q_{\hat{x}_i\hat{x}_i}$、$q_{\hat{y}_i\hat{y}_i}$、$q_{\hat{x}_i\hat{y}_i}$ 作比较，可以得到 i、j 两点相对误差曲线与相对误差椭圆的概念及其算法。仿前述，相应公式为

$$m_{\varphi_{ij}} = \pm\sigma_0\sqrt{q_{\varphi_{ij}\varphi_{ij}}} \tag{3.57}$$

$$q_{\varphi_{ij}\varphi_{ij}} = q_{\Delta\hat{x}_{ij}\Delta\hat{x}_{ij}}\cos^2\varphi + q_{\Delta\hat{y}_{ij}\Delta\hat{y}_{ij}}\sin^2\varphi + q_{\Delta\hat{x}_{ij}\Delta\hat{y}_{ij}}\sin 2\varphi \tag{3.58}$$

$$e_{ij} = \sigma_0\sqrt{\frac{q_{\Delta\hat{x}_{ij}\Delta\hat{x}_{ij}} + q_{\Delta\hat{y}_{ij}\Delta\hat{y}_{ij}} + \sqrt{(q_{\Delta\hat{x}_{ij}\Delta\hat{x}_{ij}} - q_{\Delta\hat{y}_{ij}\Delta\hat{y}_{ij}})^2 + 4q_{\Delta\hat{x}_{ij}\Delta\hat{y}_{ij}}^2}}{2}} \tag{3.59}$$

$$f_{ij} = \sigma_0\sqrt{\frac{q_{\Delta\hat{x}_{ij}\Delta\hat{x}_{ij}} + q_{\Delta\hat{y}_{ij}\Delta\hat{y}_{ij}} - \sqrt{(q_{\Delta\hat{x}_{ij}\Delta\hat{x}_{ij}} - q_{\Delta\hat{y}_{ij}\Delta\hat{y}_{ij}})^2 + 4q_{\Delta\hat{x}_{ij}\Delta\hat{y}_{ij}}^2}}{2}} \tag{3.60}$$

$$m_{ij} = \pm\sqrt{e_{ij}^2 + f_{ij}^2} \xlongequal{\text{当}i\text{、}j\text{误差曲线为圆且相互独立时}} \pm\sqrt{m_{P_i}^2 + m_{P_j}^2} \xlongequal{\text{当}m_{P_i}=m_{P_j}=m_P\text{时}} \sqrt{2}m_P \tag{3.61}$$

$$\varphi_0 = \frac{1}{2}\tan_\alpha^{-1}\frac{2q_{\Delta\hat{x}_{ij}\Delta\hat{y}_{ij}}}{q_{\Delta\hat{x}_{ij}\Delta\hat{x}_{ij}} - q_{\Delta\hat{y}_{ij}\Delta\hat{y}_{ij}}} \tag{3.62}$$

若 $q_{\Delta\hat{x}_{ij}\Delta\hat{y}_{ij}}\tan\varphi_0 > 0$，则 φ_0 为 e 的方向 φ_e；否则，φ_0 为 f 的方向 φ_f。

(8) 边长中误差。由 $\hat{s}_{ij} = \sqrt{\Delta\hat{x}_{ij}^2 + \Delta\hat{y}_{ij}^2}$ 线性化：

$$\delta_{\hat{s}_{ij}} = \cos\alpha_{ij}^{[0]}\delta_{\Delta\hat{x}_{ij}} + \sin\alpha_{ij}^{[0]}\delta_{\Delta\hat{y}_{ij}}$$

得

$$m_{\hat{s}_{ij}} = \pm\sigma_0\sqrt{q_{\Delta\hat{x}_{ij}\Delta\hat{x}_{ij}}\cos^2\alpha_{ij}^{[0]} + q_{\Delta\hat{y}_{ij}\Delta\hat{y}_{ij}}\sin^2\alpha_{ij}^{[0]} + q_{\Delta\hat{x}_{ij}\Delta\hat{y}_{ij}}\sin 2\alpha_{ij}^{[0]}} \tag{3.63}$$

当 i、j 两点的误差曲线均为圆且相互独立时：

$$m_{\hat{s}_{ij}} = \pm\sqrt{\frac{m_{P_i}^2 + m_{P_j}^2}{2}} \xlongequal{\text{令}m_{P_i}=m_{P_j}=m_P} m_P \tag{3.64}$$

(9) 方位角中误差。由 $\hat{\alpha}_{ij} = \tan_\alpha^{-1}\dfrac{\Delta\hat{y}_{ij}}{\Delta\hat{x}_{ij}}$ 线性化：

$$\delta_{\hat{\alpha}_{ij}} = \frac{\rho}{s_{ij}^{[0]}}\left(-\sin\alpha_{ij}^{[0]}\delta_{\Delta\hat{x}_{ij}} + \cos\alpha_{ij}^{[0]}\delta_{\Delta\hat{y}_{ij}}\right)$$

得

$$m_{\hat{\alpha}_{ij}} = \pm\frac{\sigma_0}{s_{ij}^{[0]}}\rho\sqrt{q_{\Delta\hat{x}_{ij}\Delta\hat{x}_{ij}}\sin^2\alpha_{ij}^{[0]} + q_{\Delta\hat{y}_{ij}\Delta\hat{y}_{ij}}\cos^2\alpha_{ij}^{[0]} - q_{\Delta\hat{x}_{ij}\Delta\hat{y}_{ij}}\sin 2\alpha_{ij}^{[0]}} \tag{3.65}$$

当 i、j 两点的误差曲线均为圆且相互独立时：

$$m_{\hat{\alpha}_{ij}} = \frac{\pm\sqrt{m_{P_i}^2 + m_{P_j}^2}}{\sqrt{2}s_{ij}}\rho \xlongequal{\text{令}m_{P_i}=m_{P_j}=m_P} \frac{m_P}{s_{ij}}\rho \tag{3.66}$$

式(3.57)还可以写为

$$m_{ij}=\pm\sqrt{m_{\Delta\hat{x}_{ij}}^2+m_{\Delta\hat{y}_{ij}}^2}=\pm\sqrt{m_{s_{ij}}^2+\left(\frac{m_{\beta_{ij}}}{\rho}\right)^2 s_{ij}^2} \tag{3.67}$$

若将 $\delta_{\hat{\alpha}_{ij}}$ 表示为

$$\delta_{\hat{\alpha}_{ij}}=\frac{\rho}{s_{ij}^{[0]}}\left(\sin\alpha_{ij}^{[0]}\delta_{\hat{x}_i}-\sin\alpha_{ij}^{[0]}\delta_{\hat{x}_j}-\cos\alpha_{ij}^{[0]}\delta_{\hat{y}_i}+\cos\alpha_{ij}^{[0]}\delta_{\hat{y}_j}\right) \tag{3.68}$$

则可以得到

$$m_{\hat{\alpha}_{ij}\hat{x}_i}=\frac{\sigma_0^2}{s_{ij}^{[0]}}\rho\left(q_{\hat{x}_i\hat{x}_i}\sin\alpha_{ij}^{[0]}-q_{\hat{y}_i\hat{x}_i}\cos\alpha_{ij}^{[0]}-q_{\hat{x}_j\hat{x}_i}\sin\alpha_{ij}^{[0]}+q_{\hat{y}_j\hat{x}_i}\cos\alpha_{ij}^{[0]}\right) \tag{3.69}$$

当 i、j 两点的误差曲线均为圆且相互独立时：

$$m_{\hat{\alpha}_{ij}\hat{x}_i}=\frac{\sin\alpha_{ij}^{[0]}\rho}{2s_{ij}^{[0]}}m_{P_i}^2 \tag{3.70}$$

(10) 水平角中误差。由 $\hat{\beta}_{jik}=\hat{\alpha}_{ik}-\hat{\alpha}_{ij}=\tan_\alpha^{-1}\dfrac{\Delta\hat{y}_{ik}}{\Delta\hat{x}_{ik}}-\tan_\alpha^{-1}\dfrac{\Delta\hat{y}_{ij}}{\Delta\hat{x}_{ij}}$ 线性化：

$$\delta_{\hat{\beta}_{jik}}=\rho\begin{pmatrix}\dfrac{\sin\alpha_{ik}^{[0]}}{s_{ik}^{[0]}}-\dfrac{\sin\alpha_{ij}^{[0]}}{s_{ij}^{[0]}} & -\dfrac{\cos\alpha_{ik}^{[0]}}{s_{ik}^{[0]}}+\dfrac{\cos\alpha_{ij}^{[0]}}{s_{ij}^{[0]}} & \dfrac{\sin\alpha_{ij}^{[0]}}{s_{ij}^{[0]}} & -\dfrac{\cos\alpha_{ij}^{[0]}}{s_{ij}^{[0]}} & -\dfrac{\sin\alpha_{ik}^{[0]}}{s_{ik}^{[0]}} & \dfrac{\cos\alpha_{ik}^{[0]}}{s_{ik}^{[0]}}\end{pmatrix}$$
$$\times\begin{pmatrix}\delta_{\hat{x}_i} & \delta_{\hat{y}_i} & \delta_{\hat{x}_j} & \delta_{\hat{y}_j} & \delta_{\hat{x}_k} & \delta_{\hat{y}_k}\end{pmatrix}^{\mathrm{T}}$$

得

$$m_{\hat{\beta}_{jik}}^2=\sigma_0^2\rho^2\begin{pmatrix}\dfrac{\sin\alpha_{ik}^{[0]}}{s_{ik}^{[0]}}-\dfrac{\sin\alpha_{ij}^{[0]}}{s_{ij}^{[0]}}\\ -\dfrac{\cos\alpha_{ik}^{[0]}}{s_{ik}^{[0]}}+\dfrac{\cos\alpha_{ij}^{[0]}}{s_{ij}^{[0]}}\\ \dfrac{\sin\alpha_{ij}^{[0]}}{s_{ij}^{[0]}}\\ -\dfrac{\cos\alpha_{ij}^{[0]}}{s_{ij}^{[0]}}\\ -\dfrac{\sin\alpha_{ik}^{[0]}}{s_{ik}^{[0]}}\\ \dfrac{\cos\alpha_{ik}^{[0]}}{s_{ik}^{[0]}}\end{pmatrix}^{\mathrm{T}}\begin{pmatrix}q_{\hat{x}_i\hat{x}_i} & q_{\hat{x}_i\hat{y}_i} & q_{\hat{x}_i\hat{x}_j} & q_{\hat{x}_i\hat{y}_j} & q_{\hat{x}_i\hat{x}_k} & q_{\hat{x}_i\hat{y}_k}\\ q_{\hat{y}_i\hat{x}_i} & q_{\hat{y}_i\hat{y}_i} & q_{\hat{y}_i\hat{x}_j} & q_{\hat{y}_i\hat{y}_j} & q_{\hat{y}_i\hat{x}_k} & q_{\hat{y}_i\hat{y}_k}\\ q_{\hat{x}_j\hat{x}_i} & q_{\hat{x}_j\hat{y}_i} & q_{\hat{x}_j\hat{x}_j} & q_{\hat{x}_j\hat{y}_j} & q_{\hat{x}_j\hat{x}_k} & q_{\hat{x}_j\hat{y}_k}\\ q_{\hat{y}_j\hat{x}_i} & q_{\hat{y}_j\hat{y}_i} & q_{\hat{y}_j\hat{x}_j} & q_{\hat{y}_j\hat{y}_j} & q_{\hat{y}_j\hat{x}_k} & q_{\hat{y}_j\hat{y}_k}\\ q_{\hat{x}_k\hat{x}_i} & q_{\hat{x}_k\hat{y}_i} & q_{\hat{x}_k\hat{x}_j} & q_{\hat{x}_k\hat{y}_j} & q_{\hat{x}_k\hat{x}_k} & q_{\hat{x}_k\hat{y}_k}\\ q_{\hat{y}_k\hat{x}_i} & q_{\hat{y}_k\hat{y}_i} & q_{\hat{y}_k\hat{x}_j} & q_{\hat{y}_k\hat{y}_j} & q_{\hat{y}_k\hat{x}_k} & q_{\hat{y}_k\hat{y}_k}\end{pmatrix}\begin{pmatrix}\dfrac{\sin\alpha_{ik}^{[0]}}{s_{ik}^{[0]}}-\dfrac{\sin\alpha_{ij}^{[0]}}{s_{ij}^{[0]}}\\ -\dfrac{\cos\alpha_{ik}^{[0]}}{s_{ik}^{[0]}}+\dfrac{\cos\alpha_{ij}^{[0]}}{s_{ij}^{[0]}}\\ \dfrac{\sin\alpha_{ij}^{[0]}}{s_{ij}^{[0]}}\\ -\dfrac{\cos\alpha_{ij}^{[0]}}{s_{ij}^{[0]}}\\ -\dfrac{\sin\alpha_{ik}^{[0]}}{s_{ik}^{[0]}}\\ \dfrac{\cos\alpha_{ik}^{[0]}}{s_{ik}^{[0]}}\end{pmatrix}$$

当 i、j、k 三点的误差曲线均为圆且相互独立时，可推得

$$m_{\hat{\beta}_{jik}}^2=\frac{\rho^2}{2}\left\{\frac{\left(s_{jk}^{[0]}\right)^2 m_{P_i}^2+\left(s_{ik}^{[0]}\right)^2 m_{P_j}^2+\left(s_{ij}^{[0]}\right)^2 m_{P_k}^2}{\left(s_{ij}^{[0]}s_{ik}^{[0]}\right)^2}\right\} \tag{3.71}$$

上述大部分局部精度指标可统一表示为

$$\boldsymbol{\Sigma}_f = \boldsymbol{f}^{\mathrm{T}} \boldsymbol{\Sigma}_{\hat{x}\hat{x}} \boldsymbol{f}$$

式中，$f = \boldsymbol{f}^{\mathrm{T}} \hat{\boldsymbol{x}}$。

下面举例说明式(3.71)的应用。在测量水平角 $\angle jik$ 时，设测站 i 、照准点 j、k 的目标偏心差均为 m_P，则它们对水平角 $\angle jik$ 的误差影响为

$$m_{\angle jik} = \frac{\sqrt{\left(s_{ij}^{[0]}\right)^2 + \left(s_{ik}^{[0]}\right)^2 + \left(s_{jk}^{[0]}\right)^2}}{\sqrt{2} s_{ij}^{[0]} s_{ik}^{[0]}} \rho m_P \tag{3.72}$$

当 i、j、k 共线，且 $s_{ij}^{[0]} = s_{ik}^{[0]}$ 时：

$$m_{\angle jik} = \frac{\sqrt{3} m_P}{s^{[0]}} \rho \tag{3.73}$$

当仅存在照准点偏心差时：

$$\overset{2}{m}_{\angle jik} = \sqrt{\frac{1}{\left(s_{ij}^{[0]}\right)^2} + \frac{1}{\left(s_{ik}^{[0]}\right)^2}} \frac{m_P \rho}{\sqrt{2}} \tag{3.74}$$

当仅存在测站对中误差时：

$$\overset{1}{m}_{\angle jik} = \frac{s_{jk}^{[0]}}{s_{ij}^{[0]} s_{ik}^{[0]}} \cdot \frac{m_P \rho}{\sqrt{2}} \tag{3.75}$$

另一个例子是，当从大比例尺地形图上图解若干点并将其放样于实地时，放样误差可忽略，点的图解误差曲线可视为圆且相互独立。因此，三点所成角度的误差也可作类似计算，其结果可用于工作的正确性检查。例如，取 $m_{图}$=±0.6mm，对于 1∶1000 地形图，折合成实地 $m_P = \pm 0.6\text{mm}$，设三点同线且等距 $s \approx 200\text{m}$，代入式(3.73)可算得 $m_\beta = \frac{\sqrt{3} \times (\pm 0.6)}{200} \rho = \pm 18'$。因此，放样检查时，放样角度的实测值与设计值之差不应大于 $36'$。

3.5　控制网的可靠性指标

可靠性(reliability)理论研究测量数据中的粗差问题。

在误差理论中，我们知道，误差的存在是由多余观测来揭示的。同样，多余观测也是研究粗差的基础，如图 3.4 所示。

(a) 粗差不可发现　(b) 粗差可发现但不可定位　(c) 粗差可定位

图 3.4　可靠性问题示意

多余观测导致平差，从而可求出观测值改正数 v_i。v_i 既可用来做精度统计，也可用来做粗差检验。传统做法是

$$|v_i| \geqslant 2\sigma_{l_i} \tag{3.76}$$

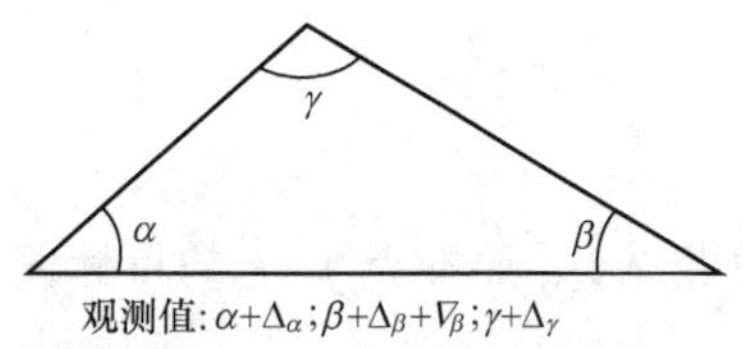

图 3.5　最小二乘法善于掩盖粗差

但是，最小二乘法具有掩盖粗差的特点(图 3.5)，而且粗差在各观测值改正数上反映的情况也不一样。这说明仅仅靠 v_i 进行粗差检验还不够准确。粗差检验的重要性及其复杂性，促进了可靠性理论的建立。

在测量界，最早提出可靠性理论的是荷兰测量学家Baarda。之后，许多测量学家对此进行了广泛而深入的研究。

对于一个测量系统(如一个控制网、一项放样工作)来说，可靠性研究的任务是：①测量系统发现粗差的能力；②测量系统抵抗不可发现粗差对平差结果影响的能力。

上述两项任务分别称为测量系统的内、外可靠性。

3.5.1　可靠性矩阵与多余观测分量

在 3.4 节中，已给出可靠性矩阵的表达式

$$\boldsymbol{R} = \boldsymbol{Q}_{vv}\boldsymbol{P} = \mathbf{I} - \boldsymbol{A}\boldsymbol{Q}_{\hat{x}\hat{x}}\boldsymbol{A}^{\mathrm{T}}\boldsymbol{P} \tag{3.77}$$

和关系式

$$\boldsymbol{v} = -\boldsymbol{R}\boldsymbol{l} = -\boldsymbol{R}\boldsymbol{\Delta} \tag{3.78}$$

设 $\boldsymbol{l}$ 含粗差 $\boldsymbol{\nabla}_l$，对应 $\boldsymbol{v}$ 改变了 $\boldsymbol{\nabla}_v$

$$\boldsymbol{v} + \boldsymbol{\nabla}_v = -\boldsymbol{R}(\boldsymbol{l} + \boldsymbol{\nabla}_l) \tag{3.79}$$

或

$$\boldsymbol{\nabla}_v = -\boldsymbol{R}\boldsymbol{\nabla}_l \tag{3.80}$$

记 $\boldsymbol{R} = (r_{ij})_{n\times n}$ 且 $r_i = r_{ii}$，i、$j = 1,2,\cdots,n$。则

$$\nabla_{v_i} = -r_i\nabla_{l_i} - \sum_{\substack{j=1\\ j\neq i}}^{n} r_{ij}\nabla_{l_j} \tag{3.81}$$

式中，r_i 为第 i 个观测值的多余观测分量(redundancy number)。

可靠性矩阵 $\boldsymbol{R}$ 具有以下性质。

(1) $\boldsymbol{R}$ 为幂等矩阵，即 $\boldsymbol{R}^n = \boldsymbol{R}$。[证明略]

幂等矩阵具有以下性质：①特征值为 0 或 1；② $\operatorname{rank}\boldsymbol{R} = \operatorname{tr}\boldsymbol{R}$；③ $(\mathbf{I} - \boldsymbol{R})$ 也是幂等矩阵；④ $\boldsymbol{x}^{\mathrm{T}}\boldsymbol{R}\boldsymbol{x} \geqslant 0, \forall \boldsymbol{x}$；⑤若 $\boldsymbol{R}$ 对称且 $r_i = 0$ 或 1，则 $r_{ij} = 0, i、j = 1,2,\cdots,n, i \neq j$。

(2) $\operatorname{tr}\boldsymbol{R} = r$。

证：$\operatorname{tr}\boldsymbol{R} = \operatorname{tr}(\mathbf{I} - \boldsymbol{A}\boldsymbol{Q}_{\hat{x}\hat{x}}\boldsymbol{A}^{\mathrm{T}}\boldsymbol{P}) \xlongequal{\operatorname{tr}(\boldsymbol{A}+\boldsymbol{B})=\operatorname{tr}\boldsymbol{A}+\operatorname{tr}\boldsymbol{B}} \operatorname{tr}\mathbf{I} - \operatorname{tr}(\boldsymbol{A}\boldsymbol{Q}_{\hat{x}\hat{x}}\boldsymbol{A}^{\mathrm{T}}\boldsymbol{P})$

$\xlongequal{\operatorname{tr}(\boldsymbol{A}\boldsymbol{B})=\operatorname{tr}(\boldsymbol{B}\boldsymbol{A})} n - \operatorname{tr}(\boldsymbol{Q}_{\hat{x}\hat{x}}\boldsymbol{A}^{\mathrm{T}}\boldsymbol{P}\boldsymbol{A}) = n - \operatorname{tr}(\boldsymbol{Q}_{\hat{x}\hat{x}}\boldsymbol{N}) = n - t = r$

(3) $\boldsymbol{R}$ 为降秩方阵。

(4) 若 $\boldsymbol{P} = \operatorname{diag}(p_1, p_2, \cdots, p_n)$，则 a) $0 \leqslant r_i \leqslant 1$；b) $\sigma_{v_i} = \sqrt{r_i}\sigma_{l_i}$。

证：a) $\because\ 0 \leqslant q_{v_iv_i} = q_{l_il_i} - q_{\hat{l}_i\hat{l}_i} \leqslant q_{l_il_i}$，$\therefore\ 0 \leqslant r_i = q_{v_iv_i}p_i \leqslant q_{l_il_i}p_i = 1$

b) $\boldsymbol{Q}_{vv} = \boldsymbol{R}\boldsymbol{Q}_{ll} \Rightarrow q_{v_iv_i} = r_i \cdot \dfrac{1}{p_i} \Rightarrow \sigma_{v_i} = \sqrt{r_i}\sigma_{l_i}$

由上可知，某一观测值如果存在粗差，则这一粗差在该观测值平差改正数中的反映总是小于(最多等于)原始的粗差量，通常远远小于原粗差量。此外，这一粗差不仅作用于该项观测值改正数，还影响其他有几何关系的观测值改正数，甚至会出现这样的情况：最大的影响不在相应的观测值改正数上，而在其他某一观测值改正数上。

两个特殊情况是：$r_i=0$ 表示观测值为完全必要观测，粗差不能探测；$r_i=1$ 表示观测值为完全多余，即未参加平差。

另外，王金岭和陈永奇(1994)的研究表明，当 $\boldsymbol{P}$ 为非对角矩阵时 $0\leqslant r_i\leqslant 1$ 不一定成立。

3.5.2　数据探测法

测量观测数据中的粗差判别基于数学中的统计假设检验。在这里，一般假设观测值中没有粗差，该假设称为零假设 H_0。同时，还可以与之对立地提出一个或多个对立假设，用来表征对模型误差的猜测，称为备选假设 H_{a_p} (p=1,2,⋯)。借助合适的统计检验量，可在零假设和备选假设之间做出选择。

在零假设下，函数模型为 $\mathrm{E}(\boldsymbol{l})=\boldsymbol{Ax}$，为叙述方便，将 $\boldsymbol{A}$ 写成 $\boldsymbol{A}=\left(\boldsymbol{a}_1^{\mathrm{T}},\boldsymbol{a}_2^{\mathrm{T}},\cdots,\boldsymbol{a}_n^{\mathrm{T}}\right)^{\mathrm{T}}$。

现在，假设观测值中最多存在一个粗差，并且单位权方差 σ_0^2 已知，观测权矩阵 $\boldsymbol{P}$ 为对角矩阵 $\boldsymbol{P}=\mathrm{diag}(p_1,p_2,\cdots,p_n)$，则零假设可表示成

$$\mathrm{E}(l_i\mid \mathrm{H}_0)=\boldsymbol{a}_i^{\mathrm{T}}\boldsymbol{x}\quad (i=1,2,\cdots)\tag{3.82}$$

备选假设为

$$\begin{aligned}\mathrm{E}(l_i\mid \mathrm{H}_{a_i})&=\boldsymbol{a}_i^{\mathrm{T}}\boldsymbol{x}-\nabla_{l_i}\\ \mathrm{E}(l_j\mid \mathrm{H}_{a_i})&=\boldsymbol{a}_j^{\mathrm{T}}\boldsymbol{x}\quad j\neq i\end{aligned}\tag{3.83}$$

在零假设成立时，用标准化残差作为统计量：

$$\omega_i=\frac{v_i}{\sigma_{v_i}}=\frac{v_i}{\sqrt{r_i}\sigma_{l_i}}=\frac{v_i}{\sigma_0\sqrt{q_{v_iv_i}}}\tag{3.84}$$

式中，$q_{v_iv_i}$ 为 $\boldsymbol{Q}_{vv}=\boldsymbol{RQ}_{ll}$ 的第 i 个对角线元素。

若 l_i 观测值不含粗差，则 ω_i 服从标准正态分布，即

$$\omega_i\big|\mathrm{H}_0\sim \mathrm{N}(0,1)\tag{3.85}$$

所以，当

$$|\omega_i|>u_{\alpha/2}\tag{3.86}$$

时，认为观测值 l_i 可能含有粗差，否则认为 l_i 为正常观测值。这便是 Baarda 提出的数据探测(data snooping)法。

例 3.5.1：设 v_i=1cm，r_i=0.3，σ_{l_i}=1.0cm

则

$$|\omega_i|=\frac{|v_i|}{\sqrt{r_i}\sigma_{l_i}}=\frac{1}{\sqrt{3}\times 1.0}=1.83<3=u_{\alpha/2}$$

或

$$v_i < 3\sigma_{v_i} = 3\sqrt{r_i}\sigma_{l_i} = 3\sqrt{0.3}\times 1.0 = 1.64(\text{cm})$$

于是观测值 l_i 将被采用，来参加平差。

例 3.5.2：设 v_i=5μm，r_i=0.09，σ_{l_i}=5μm

则

$$|\omega_i| = \frac{|v_i|}{\sqrt{r_i}\sigma_{l_i}} = \frac{5}{\sqrt{0.09}\times 5} = 3.33 > 3 = u_{\alpha/2}$$

或

$$v_i > 3\sigma_{v_i} = 3\sqrt{r_i}\sigma_{l_i} = 3\sqrt{0.09}\times 5 = 4.5(\mu\text{m})$$

于是观测值 l_i 将被弃去。

值得注意的是，v_i 的临界值比 σ_{l_i} 还要小。

但是，在进行假设检验时，还应该考虑判断失误的可能性，即弃真和纳伪概率。

如图 3.6 所示，对于 u 检验(统计检验量在零假设成立时，服从标准正态分布)，若弃真概率为 α，即置信水平为 $1-\alpha$，采用双尾检验，临界域为 $u_{\alpha/2}$，接受域为 $\left(-u_{\alpha/2}, u_{\alpha/2}\right)$，拒绝域为 $\left(-\infty, -u_{\alpha/2}\right)$ 和 $\left(u_{\alpha/2}, \infty\right)$。临界域 $u_{\alpha/2}$ 的计算方法为

$$50\% - \alpha/2 = \frac{1}{\sqrt{2\pi}}\int_0^{u_{\alpha/2}} e^{-\frac{t^2}{2}} dt = \frac{1}{\sqrt{2\pi}}\sum_{i=0}^{n}\frac{\left(u_{\alpha/2}\right)^{2i+1}}{i!(-2)^i(2i+1)} \tag{3.87}$$

或迭代式

$$u_{\alpha/2} = (50\% - \alpha/2)\sqrt{2\pi} - \sum_{i=1}^{n}\frac{\left(u_{\alpha/2}\right)^{2i+1}}{i!(-2)^i(2i+1)} \tag{3.88}$$

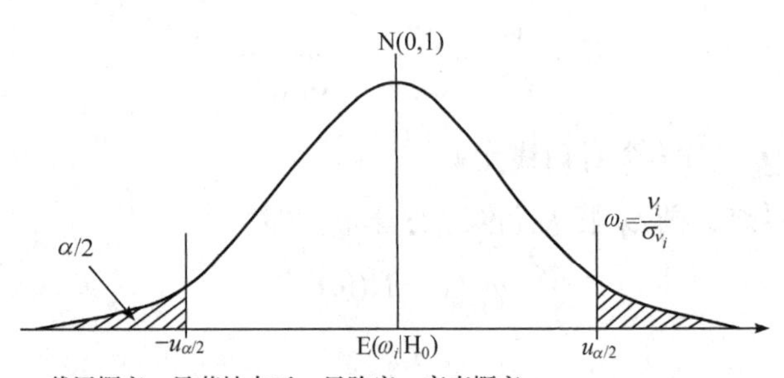

图 3.6　正态分布下的假设检验

现在考虑纳伪概率，如图 3.7 所示，当备选假设成立时，ω_i 的概率密度函数的形状没变，但平移了 δ_i，这时使用原检验方法时，存在纳伪概率 β_i，$\gamma_i = 1-\beta_i$ 称为检验功效。γ_i 计算方法为

$$\gamma_i = 50\% + \frac{1}{\sqrt{2\pi}}\int_{u_{\alpha/2}}^{\delta_i} e^{-\frac{(t-\delta_i)^2}{2}} dt = 50\% - \frac{1}{\sqrt{2\pi}}\sum_{i=0}^{n}\frac{\left(u_{\alpha/2}-\delta_i\right)^{2i+1}}{i!(-2)^i(2i+1)} \tag{3.89}$$

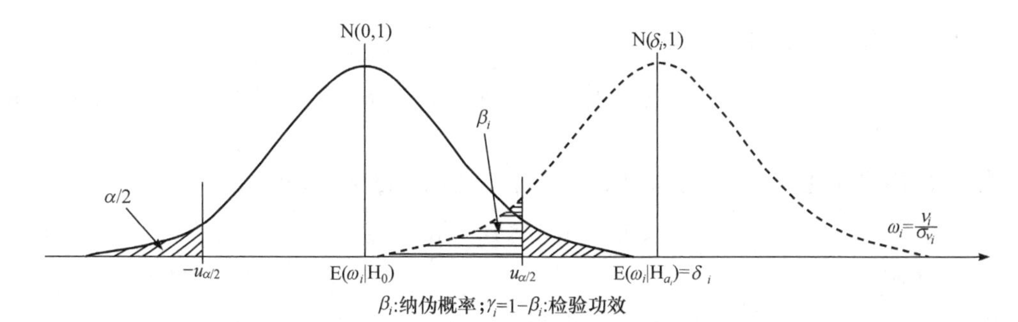

图 3.7　正态分布下的置信水平与检验功效

显然，γ_i 是 α 和 δ_i 的函数

$$\gamma_i = \gamma(\alpha, \delta_i) \tag{3.90}$$

指定 α 后，γ_i 随 δ_i 的增大而增大。为保障 γ_i 不小于 γ_0，需要使 δ_i 不小于 δ_0。反过来，δ_i 也是 α 和 γ_i 的函数

$$\delta_i = \delta(\alpha, \gamma_i) \tag{3.91}$$

下面讨论非中心化参数 δ_i 的表达式。在备选假设成立时：

$$l_i' = l_i - \nabla_{l_i} \tag{3.92}$$

$$v_i' = v_i + \nabla_{v_i} = v_i + r_i \nabla_{l_i} \tag{3.93}$$

$$\delta_i = \mathrm{E}\left(\omega_i \mid \mathrm{H}_{a_i}\right) = \mathrm{E}\left(\omega_i'\right) = \frac{\mathrm{E}\left(v_i'\right)}{\sigma_{l_i}\sqrt{r_i}} = \frac{\nabla_{l_i}}{\sigma_{l_i}}\sqrt{r_i} \tag{3.94}$$

亦即，备选假设成立时，统计量的分布为

$$\omega_i' \sim \mathrm{N}(\delta_i, 1) \tag{3.95}$$

3.5.3　内可靠性指标

内可靠性要回答的问题是，一个观测值至少出现多大的粗差 ∇_{0l_i} 才能以所规定的检验功效 γ_0 在显著性水平为 α_0 的检验中被发现?

由上述讨论可知，若规定了 γ_0 和 α_0，则由式(3.89)可求出相应的 δ_0。Baarda 建议取 $\alpha_0 = 0.1\%$，$\gamma_0 = 80\%$，这时 $\delta_0 = 4.13$，或取 $\delta_0 = 4$，从而由式(3.94)可以得出

$$\nabla_{0l_i} = \frac{\delta_0}{\sqrt{r_i}}\sigma_{l_i} \tag{3.96}$$

为在置信水平 $(1-\alpha_0)$ 和检验功效 γ_0 下可发现粗差的最小值，这是内可靠性的重要数据(图 3.8)。求出每个观测量的 ∇_{0l_i} 后，形成观测向量的 $\boldsymbol{\nabla}_{0l}$，即可发现粗差的最小值向量。

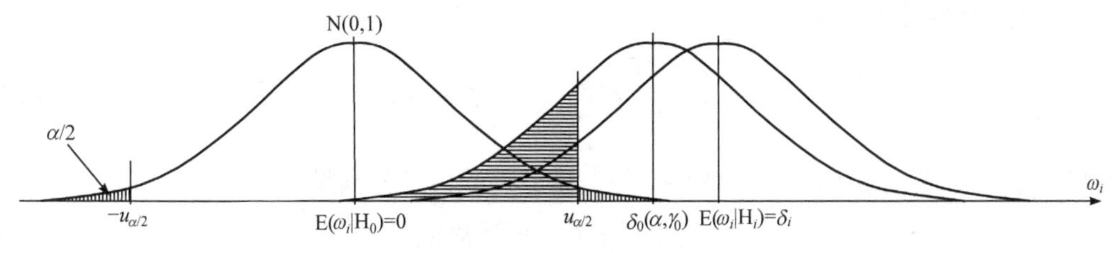

图 3.8　正态分布下的假设检验

在测绘生产实践中，常常定义

$$R_i = \frac{\delta_0}{\sqrt{r_i}} \quad (i = 1,2,\cdots,n) \tag{3.97}$$

为观测值 l_i 的内可靠性指标。一般认为，好、中、差的标准分别是

$$R_i < 5,\quad 5 \leqslant R_i \leqslant 10,\quad R_i > 10 \tag{3.98}$$

3.5.4 外可靠性指标

外可靠性指标是描述控制网抵抗不可发现粗差对平差结果影响的能力指标。

设 $\boldsymbol{l}$ 含粗差 $\boldsymbol{\nabla}_{\boldsymbol{l}}$，对 $\hat{\boldsymbol{x}}$ 的影响为 $\boldsymbol{\nabla}_{\hat{\boldsymbol{x}}}$。由

$$(\hat{\boldsymbol{x}} + \boldsymbol{\nabla}_{\hat{\boldsymbol{x}}}) = \boldsymbol{Q}_{\hat{x}\hat{x}}\boldsymbol{A}^{\mathrm{T}}\boldsymbol{P}(\boldsymbol{l} + \boldsymbol{\nabla}_{\boldsymbol{l}}) \tag{3.99}$$

得

$$\boldsymbol{\nabla}_{\hat{\boldsymbol{x}}} = \boldsymbol{Q}_{\hat{x}\hat{x}}\boldsymbol{A}^{\mathrm{T}}\boldsymbol{P}\boldsymbol{\nabla}_{\boldsymbol{l}} \tag{3.100}$$

从而，得不可发现粗差对参数平差值的最大影响为

$$\boldsymbol{\nabla}_{0\hat{\boldsymbol{x}}} = \boldsymbol{Q}_{\hat{x}\hat{x}}\boldsymbol{A}^{\mathrm{T}}\boldsymbol{P}\boldsymbol{\nabla}_{0\boldsymbol{l}} \tag{3.101}$$

对于平差参数的函数 $f = \boldsymbol{f}^{\mathrm{T}}\hat{\boldsymbol{x}}$，显然最大影响量为

$$\nabla_{0f} = \boldsymbol{f}^{\mathrm{T}}\boldsymbol{\nabla}_{0\hat{\boldsymbol{x}}} = \boldsymbol{f}^{\mathrm{T}}\boldsymbol{Q}_{\hat{x}\hat{x}}\boldsymbol{A}^{\mathrm{T}}\boldsymbol{P}\boldsymbol{\nabla}_{0\boldsymbol{l}} \tag{3.102}$$

如果仅仅考虑控制网的“总体情况”，常常定义 $\boldsymbol{\nabla}_{\boldsymbol{l}}$ 对 $\hat{\boldsymbol{x}}$ 的“影响值”为

$$\|\boldsymbol{\nabla}_{\hat{\boldsymbol{x}}}\| = \sqrt{\boldsymbol{\nabla}_{\hat{\boldsymbol{x}}}^{\mathrm{T}}\boldsymbol{P}_{\hat{x}\hat{x}}\boldsymbol{\nabla}_{\hat{\boldsymbol{x}}}} = \sqrt{\boldsymbol{\nabla}_{\boldsymbol{l}}^{\mathrm{T}}\boldsymbol{P}\boldsymbol{A}\boldsymbol{Q}_{\hat{x}\hat{x}}\boldsymbol{A}^{\mathrm{T}}\boldsymbol{P}\boldsymbol{\nabla}_{\boldsymbol{l}}} = \sqrt{\boldsymbol{\nabla}_{\boldsymbol{l}}^{\mathrm{T}}\boldsymbol{P}(\mathbf{I} - \boldsymbol{R})\boldsymbol{\nabla}_{\boldsymbol{l}}} \tag{3.103}$$

令

$$\boldsymbol{\nabla}_{\boldsymbol{l}} = \nabla_{l_i}\begin{pmatrix}0 & \cdots & 0 & 1 & 0 & \cdots & 0\end{pmatrix}^{\mathrm{T}} \tag{3.104}$$

$\uparrow$ 第 i 个元素

$$\boldsymbol{P} = \operatorname{diag}\{p_1 \quad p_2 \quad \cdots \quad p_n\} \tag{3.105}$$

则

$$\|\boldsymbol{\nabla}_{\hat{\boldsymbol{x}}}\|_i = \nabla_{l_i}\sqrt{p_i(1-r_i)} \tag{3.106}$$

以 ∇_{0l_i} 代替 ∇_{l_i}，得观测值 l_i 中不可发现粗差对 $\hat{\boldsymbol{x}}$ 的最大“影响值”为

$$\|\boldsymbol{\nabla}_{\hat{\boldsymbol{x}}}\|_i^0 = \nabla_{0l_i}\sqrt{p_i(1-r_i)} = \frac{\delta_0}{\sqrt{r_i}}\sigma_{l_i}\sqrt{p_i(1-r_i)} = \frac{\delta_0}{\sqrt{r_i}}\frac{\sigma_0}{\sqrt{p_i}}\sqrt{p_i(1-r_i)} = \sigma_0\delta_0\sqrt{\frac{1-r_i}{r_i}} \tag{3.107}$$

在测绘生产实践中，常定义

$$R_i' = \delta_0\sqrt{\frac{1-r_i}{r_i}} \quad (i = 1,2,\cdots,n) \tag{3.108}$$

为观测值 l_i 的外可靠性指标。一般认为，好、中、差的标准分别是

$$R_i' < 3,\quad 3 \leqslant R_i' \leqslant 8,\quad R_i' > 8 \tag{3.109}$$

例 3.5.3：前方交会确定新点坐标。如图 3.9 所示，由 P_1、P_2 和 P_3 出发，通过量测角度 β_1、β_2 和 β_3 来交会新点 N。假设所有角度为等精度且不相关，则

$$\boldsymbol{A}=\begin{pmatrix}0 & -1\\ 0.5 & 0.5\\ 1 & 0\end{pmatrix},\quad \boldsymbol{P}=\mathbf{I},\quad \boldsymbol{Q}_{\hat{x}\hat{x}}=\frac{1}{6}\begin{pmatrix}5 & -1\\ -1 & 5\end{pmatrix}$$

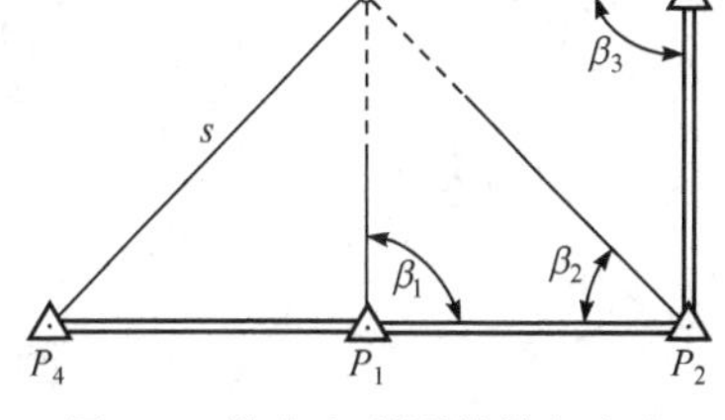

图 3.9　带多余观测的前方交会

$$\boldsymbol{Q}_{vv}=\mathbf{I}-\boldsymbol{A}\boldsymbol{Q}_{\hat{x}\hat{x}}\boldsymbol{A}^{\mathrm{T}}=\frac{1}{6}\begin{pmatrix}1 & 2 & -1\\ 2 & 4 & -2\\ -1 & -2 & 1\end{pmatrix}$$

所以 $r_1=r_3=1/6$，$r_2=2/3$。

若设 $\delta_0=4$，则角度观测值上可发现粗差的最小值为

$$\nabla_{0\beta_1}=\nabla_{0\beta_3}=\sigma_0\delta_0\sqrt{6}=9.8\sigma_0$$

$$\nabla_{0\beta_2}=\sigma_0\delta_0\sqrt{\frac{3}{2}}=4.9\sigma_0$$

则外部可靠性数值分别为

$$R_1'=R_3'=\delta_0\sqrt{5}=8.9$$

$$R_2'=\delta_0\sqrt{0.5}=2.8$$

显然，β_2 的可靠性比 β_1 和 β_3 好。

粗差 $\nabla_{0\beta_2}$ 对新点 N 的 $\hat{x}_N$ 坐标的影响为

$$\nabla_{0\beta_2}\hat{x}_N\leqslant\sigma_0\sqrt{\frac{5}{6}}\cdot\delta_0\sqrt{0.5}=\sigma_0\delta_0\sqrt{\frac{5}{12}}$$

下面考虑粗差 $\nabla_{0\beta_2}$ 对距离 $\hat{s}=\hat{s}_{P_4N}$ 的影响。距离的线性化函数为

$$f=\delta_s=\frac{1}{\sqrt{2}}(\delta_{\hat{x}}+\delta_{\hat{y}}),\quad \boldsymbol{f}=\begin{pmatrix}\frac{1}{\sqrt{2}} & \frac{1}{\sqrt{2}}\end{pmatrix}^{\mathrm{T}}$$

$$\sigma_f=\sigma_0\sqrt{\begin{pmatrix}\frac{1}{\sqrt{2}} & \frac{1}{\sqrt{2}}\end{pmatrix}\times\frac{1}{6}\times\begin{pmatrix}5 & -1\\ -1 & 5\end{pmatrix}\times\begin{pmatrix}\frac{1}{\sqrt{2}}\\ \frac{1}{\sqrt{2}}\end{pmatrix}}=\sigma_0\sqrt{\frac{2}{3}}$$

所以

$$\nabla_{0\beta_2}s\leqslant\sigma_f\delta_0\sqrt{0.5}=\sigma_0\delta_0\sqrt{\frac{1}{3}}$$

3.6　基准与基准变换

3.6.1　测量控制网基准的概念

控制网基准的概念常与平差计算相联系，所以又称为平差基准。

建立控制网的常规观测是高差、角度、距离等一些相对量，由此只可以得到控制网的内部相对形状，而得不到 $\boldsymbol{x}$ 和 $\boldsymbol{\Sigma}_{xx}$ 等绝对量的值。也就是说，在这里 $\boldsymbol{x}$ 和 $\boldsymbol{\Sigma}_{xx}$ 不是可估量，或者说只是条件可估量，为估计必须附加合适的条件。

如图 3.10 所示，为了求得各点的高程值，我们必须指定坐标系 $H_A=100.000\text{m}$ 或其他值(当然其他值对应其他坐标系)。同样，为了求得各点高程的方差值，我们必须指定基准 $\sigma_{H_A}=0\text{mm}$ (一般不使用非零值)。

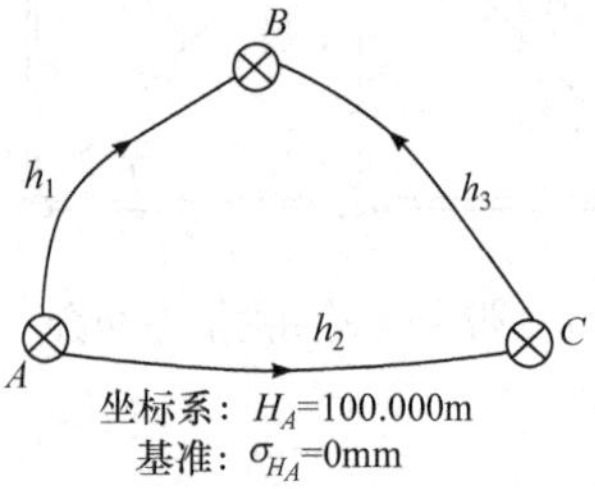

B h1 h3 A h2 C
坐标系：H_A=100.000m
基准：σ_{H_A}=0mm

图 3.10 坐标系与基准

坐标系是求坐标的参照物，基准是求坐标误差的参照物。当两个参照物重合时，就是我们通常所说的起算点、已知点等；当两个参照物不重合时，坐标系是有误差的，在平差过程中可能被修改，或者坐标系被强制拉到了基准处。

与坐标系和坐标变换类似，这里我们讨论基准和基准变换。

一般来说，对于纯粹的 n 维空间的几何控制网，当以点位和尺度比作为待定参数，被观测量是边长(或高差)和方向(或角度)时，基准的类型和个数如下。

尺度基准(伸缩自由度)：$d_1=\mathrm{C}_n^0=1$

位置基准(平移自由度)：$d_2=\mathrm{C}_n^1=n$

方位基准(旋转自由度)：$d_3=\mathrm{C}_n^2=\dfrac{1}{2}n(n-1) \quad (n\geqslant 2)$

本节讨论中仅以高程网和平面边角网(含导线网、测边网、不完全边角网以及完全边角网)为例，前者的基准数为 1，后者不考虑尺度比参数时基准数为 3。

3.6.2 高程网的基准与基准方程

在高程网的误差方程

$$\underset{n\times1}{\boldsymbol{v}}=\underset{n\times t}{\boldsymbol{A}}\underset{t\times1}{\boldsymbol{\delta}_{\hat{\boldsymbol{H}}}}-\underset{n\times1}{\boldsymbol{l}} \quad \text{权：} \underset{n\times n}{\boldsymbol{P}} \tag{3.110}$$

中，若未包括基准信息，则在

$$\boldsymbol{v}^{\mathrm{T}}\boldsymbol{P}\boldsymbol{v}=\min \tag{3.111}$$

下，法方程

$$\boldsymbol{N}\boldsymbol{\delta}_{\hat{\boldsymbol{H}}}=\boldsymbol{u}\,(\text{其中 } \boldsymbol{N}=\boldsymbol{A}^{\mathrm{T}}\boldsymbol{P}\boldsymbol{A},\quad \boldsymbol{u}=\boldsymbol{A}^{\mathrm{T}}\boldsymbol{P}\boldsymbol{l}) \tag{3.112}$$

不存在唯一解：

$$\boldsymbol{\delta}_{\hat{\boldsymbol{H}}}=\boldsymbol{N}^{-}\boldsymbol{u}+(\mathbf{I}-\boldsymbol{N}^{-}\boldsymbol{N})\boldsymbol{m} \tag{3.113}$$

式中，$\boldsymbol{m}$ 为任意向量；$\boldsymbol{N}^{-}$ 为 $\boldsymbol{N}$ 的广义逆，要求满足 $\boldsymbol{N}\boldsymbol{N}^{-}\boldsymbol{N}=\boldsymbol{N}$。

1. 经典基准

高程网的经典平差基准是指定某一点高程的均方根差为零，如指定 $\sigma_{H_i}=0$，或者说该点高程在平差前后不变：

$$\delta_{\hat{H}_i}=0 \tag{3.114}$$

或写成矩阵形式：

$$\boldsymbol{G}_i^{\mathrm{T}}\boldsymbol{\delta}_{\hat{\boldsymbol{H}}}=0 \tag{3.115}$$

式中，

$$\boldsymbol{\delta}_{\hat{\boldsymbol{H}}} = \left(\delta_{\hat{H}_1} \quad \delta_{\hat{H}_2} \quad \cdots \quad \delta_{\hat{H}_t}\right)^{\mathrm{T}} \tag{3.116}$$

$$\underset{t\times 1}{\boldsymbol{G}_i} = \left(0 \quad \cdots \quad 0 \quad 1 \quad 0 \quad \cdots \quad 0\right)^{\mathrm{T}} \tag{3.117}$$

↑

第 i 个元素

式(3.115)称为高程网的经典基准方程。

2. 重心基准

设各点高程近似值为 $H_i^{[0]}(i=1,2,\cdots,t)$，则重心基准是指各点高程的平均值的均方根差为 0，即 $\sigma_{\bar{H}}=0$，或者说高程平均值在平差前后不变

$$\sigma_{\bar{H}} = 0 \tag{3.118}$$

式中，

$$\bar{H} = \frac{1}{t}\sum_{i=1}^{t}\hat{H}_i = \frac{1}{t}\sum_{i=1}^{t}\left(H_i^{[0]} + \delta_{\hat{H}_i}\right) = \bar{H}^{[0]} + \frac{1}{t}\sum_{i=1}^{t}\delta_{\hat{H}_i} = \bar{H}^{[0]} \tag{3.119}$$

从而高程改正数需要满足条件：

$$\sum_{i=1}^{t}\delta_{\hat{H}_i} = 0 \tag{3.120}$$

或写成矩阵形式：

$$\boldsymbol{G}^{\mathrm{T}}\boldsymbol{\delta}_{\hat{\boldsymbol{H}}} = 0 \tag{3.121}$$

式(3.121)称为高程网的重心基准方程。其中：

$$\underset{t\times 1}{\boldsymbol{G}} = \left(1 \quad 1 \quad \cdots \quad 1\right)^{\mathrm{T}} \tag{3.122}$$

$\boldsymbol{G}$ 满足：

$$\boldsymbol{AG} = 0, \quad \boldsymbol{NG} = 0 \tag{3.123}$$

由高程网误差方程的结构(每行都包含 2 个元素 1 和−1)和 $\boldsymbol{G}$ 的元素组成，容易验证出 $\boldsymbol{AG}=0$。在 $\boldsymbol{AG}=0$ 的两边左乘 $\boldsymbol{A}^{\mathrm{T}}\boldsymbol{P}$，即得 $\boldsymbol{A}^{\mathrm{T}}\boldsymbol{PAG}=\boldsymbol{NG}=0$。将 $\boldsymbol{NG}=0$ 写成 $\boldsymbol{NG}=0\boldsymbol{G}$，可以看出，$\boldsymbol{G}$ 是 $\boldsymbol{N}$ 的 0 特征值对应的特征向量。

由于该基准条件的解算等价于

$$\boldsymbol{\delta}_{\hat{\boldsymbol{H}}} = \boldsymbol{N}^{+}\boldsymbol{u} \tag{3.124}$$

其中 $\boldsymbol{N}^{+}$ 为 $\boldsymbol{N}$ 的伪逆(pseudo inverse 或 moore-penrose inverse)，故又称为伪逆平差。伪逆要求满足的条件是：$\boldsymbol{NN}^{+}\boldsymbol{N}=\boldsymbol{N}$，$\boldsymbol{N}^{+}\boldsymbol{NN}^{+}=\boldsymbol{N}^{+}$，$\left(\boldsymbol{N}^{+}\boldsymbol{N}\right)^{\mathrm{T}}=\boldsymbol{N}^{+}\boldsymbol{N}$，$\left(\boldsymbol{NN}^{+}\right)^{\mathrm{T}}=\boldsymbol{NN}^{+}$，伪逆唯一且可逆 $\left(\boldsymbol{N}^{+}\right)^{+}=\boldsymbol{N}$。

条件式 $\boldsymbol{G}^{\mathrm{T}}\boldsymbol{\delta}_{\hat{\boldsymbol{H}}}=0$ 还等价于

$$\left\|\boldsymbol{\delta}_{\hat{\boldsymbol{H}}}\right\| = \boldsymbol{\delta}_{\hat{\boldsymbol{H}}}{}^{\mathrm{T}}\boldsymbol{\delta}_{\hat{\boldsymbol{H}}} = \min \tag{3.125}$$

或

$$\mathrm{tr}\boldsymbol{D}_{\delta_{\hat{H}}\delta_{\hat{H}}}=\sigma_0^2\mathrm{tr}\boldsymbol{Q}_{\delta_{\hat{H}}\delta_{\hat{H}}}=\min \tag{3.126}$$

所以又称为最小范数解、全迹最小自由网平差。前者对应 $\boldsymbol{N}$ 的最小范数逆 $\boldsymbol{N}_m^-=\boldsymbol{N}(\boldsymbol{N}\boldsymbol{N})^-$，$\boldsymbol{N}$ 的最小范数逆 $\boldsymbol{N}_m^-$ 要求满足 $\boldsymbol{N}\boldsymbol{N}_m^-\boldsymbol{N}=\boldsymbol{N}$ 、$(\boldsymbol{N}_m^-\boldsymbol{N})^{\mathrm{T}}=\boldsymbol{N}_m^-\boldsymbol{N}$ ，$\boldsymbol{N}_m^-$ 不唯一，但 $\boldsymbol{\delta}_{\hat{H}}=\boldsymbol{N}_m^-\boldsymbol{u}$ 唯一，$\boldsymbol{N}^+=\boldsymbol{N}_m^-\boldsymbol{N}_m^-\boldsymbol{N}$ 。后者的证明见下文。

该平差最初由 Meissel 提出，称为秩亏自由网平差，Mittermayer 的两篇文章使这一问题受到了广泛的重视。系统的讨论可参考陶本藻(1984，2001)。

3. 拟稳(Quasi-)基准

拟稳基准的实质是指定 $\sigma_{\bar{H}_P}=0$ ，或

$$\delta_{\bar{H}_P}=0 \tag{3.127}$$

式中，

$$\bar{H}_P=\frac{\sum_{i=1}^{t}w_i\left(\hat{H}_i+\delta_{\hat{H}_i}\right)}{\sum_{i=1}^{t}w_i}=\frac{\sum_{i=1}^{t}w_iH_i^{[0]}}{\sum_{i=1}^{t}w_i}+\frac{\sum_{i=1}^{t}w_i\delta_{\hat{H}_i}}{\sum_{i=1}^{t}w_i}=\bar{H}_P^{[0]}+\delta_{\bar{H}_P}=\bar{H}_P^{[0]} \tag{3.128}$$

从而高程改正数需要满足条件：

$$\sum_{i=1}^{t}w_i\delta_{\hat{H}_i}=\boldsymbol{G}^{\mathrm{T}}\boldsymbol{W}\boldsymbol{\delta}_{\hat{H}}=0 \tag{3.129}$$

式中，

$$\boldsymbol{W}=\mathrm{diag}\left(w_1\quad w_2\quad\cdots\quad w_t\right),w_i\geqslant 0\quad(i=1,2,\cdots,t) \tag{3.130}$$

拟稳基准可以看作重心基准的推广，相应的性质也可作类似的推广。拟稳平差的名称由周江文于 1980 年提出，详细的资料可参见周江文等(1987)。

4. 带基准条件的参数平差解

由

$$\boldsymbol{v}=\boldsymbol{A}\boldsymbol{\delta}_{\hat{H}}-\boldsymbol{l}\ \text{权：}\ \boldsymbol{P} \tag{3.131}$$

$$\boldsymbol{G}_i^{\mathrm{T}}\boldsymbol{\delta}_{\hat{H}}=0 \tag{3.132}$$

在 $\boldsymbol{v}^{\mathrm{T}}\boldsymbol{P}\boldsymbol{v}=\min$ 下，组成

$$\varphi=\boldsymbol{v}^{\mathrm{T}}\boldsymbol{P}\boldsymbol{v}+\boldsymbol{k}^{\mathrm{T}}(\boldsymbol{G}_i^{\mathrm{T}}\boldsymbol{\delta}_{\hat{H}}-0)=(\boldsymbol{A}\boldsymbol{\delta}_{\hat{H}}-\boldsymbol{l})^{\mathrm{T}}\boldsymbol{P}(\boldsymbol{A}\boldsymbol{\delta}_{\hat{H}}-\boldsymbol{l})+\boldsymbol{k}^{\mathrm{T}}(\boldsymbol{G}_i^{\mathrm{T}}\boldsymbol{\delta}_{\hat{H}})$$

令 $\dfrac{\partial\varphi}{\partial\boldsymbol{\delta}_{\hat{H}}}=\boldsymbol{0}$ 得

$$\begin{cases}\boldsymbol{N}\boldsymbol{\delta}_{\hat{H}}+\boldsymbol{G}_i\boldsymbol{k}=\boldsymbol{u}\\ \boldsymbol{G}_i^{\mathrm{T}}\boldsymbol{\delta}_{\hat{H}}=0\end{cases}\quad\text{其中：}\ \boldsymbol{N}=\boldsymbol{A}^{\mathrm{T}}\boldsymbol{P}\boldsymbol{A},\quad\boldsymbol{u}=\boldsymbol{A}^{\mathrm{T}}\boldsymbol{P}\boldsymbol{l} \tag{3.133}$$

在第一式两边均乘以 $\boldsymbol{G}^{\mathrm{T}}$ 并利用 $\boldsymbol{A}\boldsymbol{G}=\boldsymbol{0},\quad\boldsymbol{N}\boldsymbol{G}=\boldsymbol{0}$ 可得

$$\boldsymbol{k}=\boldsymbol{0} \tag{3.134}$$

从而可求得方程组的解

$$\boldsymbol{\delta}_{\hat{H}}=\boldsymbol{Q}_r\boldsymbol{u} \tag{3.135}$$

$$\boldsymbol{Q}_{\delta_{\hat{H}}\delta_{\hat{H}}}=\boldsymbol{Q}_r\boldsymbol{N}\boldsymbol{Q}_r \tag{3.136}$$

$$\boldsymbol{Q}_r = (\boldsymbol{N} + \boldsymbol{G}_i \boldsymbol{G}_i^{\mathrm{T}})^{-1} \tag{3.137}$$

或者对式(3.133)直接矩阵求逆解算，这样也可推广到附合网平差的计算。

3.6.3　平面边角网的基准方程

1. 经典基准

设为

$$\begin{cases} \sigma_{\hat{x}_k} = 0 \\ \sigma_{\hat{y}_k} = 0 \\ \sigma_{\hat{\alpha}_{ij}} = 0 \end{cases} \tag{3.138}$$

或

$$\begin{cases} \delta_{\hat{x}_k} = 0 \\ \delta_{\hat{y}_k} = 0 \\ \delta_{\hat{\alpha}_{ij}} = \dfrac{\rho}{s_{ij}}(\sin\alpha_{ij}^{[0]}\delta_{\hat{x}_i} - \cos\alpha_{ij}^{[0]}\delta_{y_i} - \sin\alpha_{ij}^{[0]}\delta_{\hat{x}_j} + \cos\alpha_{ij}^{[0]}\delta_{\hat{y}_j}) = 0 \end{cases} \tag{3.139}$$

写成 $\boldsymbol{G}_i^{\mathrm{T}}\boldsymbol{\delta}_{\hat{x}} = \boldsymbol{0}$ 的形式，则有

$$\boldsymbol{G}_i^{\mathrm{T}} = \begin{pmatrix} 0 & \cdots & 0 & 0 & 0 & 0 & \cdots & 0 & 0 & 0 & 0 & \cdots & 0 & 1 & 0 & 0 & \cdots & 0 \\ 0 & \cdots & 0 & 0 & 0 & 0 & \cdots & 0 & 0 & 0 & 0 & \cdots & 0 & 0 & 1 & 0 & \cdots & 0 \\ 0 & \cdots & 0 & \sin\alpha_{ij}^{[0]} & -\cos\alpha_{ij}^{[0]} & 0 & \cdots & 0 & -\sin\alpha_{ij}^{[0]} & \cos\alpha_{ij}^{[0]} & 0 & \cdots & 0 & 0 & 0 & 0 & \cdots & 0 \end{pmatrix}$$

$$\begin{matrix} \uparrow & \uparrow & \uparrow & \uparrow & \uparrow\ \uparrow \\ 2i-1 & 2i & 2j-1 & 2j & 2k-1\,2k \end{matrix} \tag{3.140}$$

2. 重心基准

对平面网来说，重心基准是指

$$\begin{cases} \sigma_{\overline{x}} = 0 \\ \sigma_{\overline{y}} = 0 \\ \sigma_{\overline{\alpha}} = 0 \end{cases} \tag{3.141}$$

式中，

$$\overline{x} = \frac{1}{m}\sum_{i=1}^{m}\hat{x}_i = \frac{1}{m}\sum_{i=1}^{m}(x_i^{[0]} + \delta_{\hat{x}_i}) = \overline{x}^{[0]} = \frac{1}{m}\sum_{i=1}^{m}x_i^{[0]} \tag{3.142}$$

$$\overline{y} = \frac{1}{m}\sum_{i=1}^{m}\hat{y}_i = \frac{1}{m}\sum_{i=1}^{m}(y_i^{[0]} + \delta_{\hat{y}_i}) = \overline{y}^{[0]} = \frac{1}{m}\sum_{i=1}^{m}y_i^{[0]} \tag{3.143}$$

$$\overline{\alpha} = \frac{\sum_{i=1}^{m}\left(s_i^{[0]}\right)^2\hat{\alpha}_i}{\sum_{i=1}^{m}\left(s_i^{[0]}\right)^2} = \overline{\alpha}^{[0]} = \frac{\sum_{i=1}^{m}\left(s_i^{[0]}\right)^2\alpha_i^{[0]}}{\sum_{i=1}^{m}\left(s_i^{[0]}\right)^2} \tag{3.144}$$

$$s_i^{[0]} = \sqrt{\left(x_i^{[0]} - \overline{x}\right)^2 + \left(y_i^{[0]} - \overline{y}\right)^2} \tag{3.145}$$

$$\alpha_i^{[0]} = \tan_\alpha^{-1} \frac{y_i^{[0]} - \overline{y}}{x_i^{[0]} - \overline{x}}, \quad \hat{\alpha}_i = \tan_\alpha^{-1} \frac{\hat{y}_i - \overline{y}}{\hat{x}_i - \overline{x}} = \tan_\alpha^{-1} \frac{y_i^{[0]} + \delta_{\hat{x}_i} - \overline{y}}{x_i^{[0]} + \delta_{\hat{y}_i} - \overline{x}} \tag{3.146}$$

从而

$$\begin{cases} \delta_{\overline{x}} = 0 \\ \delta_{\overline{y}} = 0 \\ \delta_{\overline{\alpha}} = 0 \end{cases} \tag{3.147}$$

将式(3.147)展开，写成$\boldsymbol{G}^{\mathrm{T}}\boldsymbol{\delta}_{\hat{x}} = \boldsymbol{0}$的形式，则有

$$\boldsymbol{G}^{\mathrm{T}} = \begin{pmatrix} 1 & 0 & 1 & 0 & \cdots & 1 & 0 \\ 0 & 1 & 0 & 1 & \cdots & 0 & 1 \\ -y_1^{[0]} & x_1^{[0]} & -y_2^{[0]} & x_2^{[0]} & \cdots & -y_m^{[0]} & x_m^{[0]} \end{pmatrix} \tag{3.148}$$

可先将$\hat{\alpha}_i = \tan_\alpha^{-1} \dfrac{y_i^{[0]} + \delta_{\hat{x}_i} - \overline{y}}{x_i^{[0]} + \delta_{\hat{y}_i} - \overline{x}}$线性化：

$$\delta_{\hat{\alpha}_i} = \frac{1}{(s_i^{[0]})^2}\left[-(y_i^{[0]} - \overline{y})\delta_{\hat{x}_i} + (x_i^{[0]} - \overline{x})\delta_{\hat{y}_i}\right] \tag{3.149}$$

所以

$$\begin{aligned} \sum_{i=1}^{m}(s_i^{[0]})^2\delta_{\hat{\alpha}_i} &= \sum_{i=1}^{m}\left[-(y_i^{[0]} - \overline{y})\delta_{\hat{x}_i} + (x_i^{[0]} - \overline{x})\delta_{\hat{y}_i}\right] \\ &= \sum_{i=1}^{m}(-y_i^{[0]}\delta_{\hat{x}_i} + x_i^{[0]}\delta_{\hat{y}_i}) + \overline{y}\sum_{i=1}^{m}\delta_{\hat{x}_i} + \overline{x}\sum_{i=1}^{m}\delta_{\hat{y}_i} \\ &= \sum_{i=1}^{m}(-y_i^{[0]}\delta_{\hat{x}_i} + x_i^{[0]}\delta_{\hat{y}_i}) = 0 \end{aligned}$$

将尺度比也作为待定参数时

$$\boldsymbol{G}^{\mathrm{T}} = \begin{pmatrix} 1 & 0 & 1 & 0 & \cdots & 1 & 0 \\ 0 & 1 & 0 & 1 & \cdots & 0 & 1 \\ -y_1^{[0]} & x_1^{[0]} & -y_2^{[0]} & x_2^{[0]} & \cdots & -y_m^{[0]} & x_m^{[0]} \\ x_1^{[0]} & y_1^{[0]} & x_2^{[0]} & y_2^{[0]} & \cdots & x_m^{[0]} & y_m^{[0]} \end{pmatrix} \tag{3.150}$$

最后一个条件对应

$$\delta_{\overline{s}} = 0 \tag{3.151}$$

$$\overline{s} = \frac{\sum_{i=1}^{m} s_i^{[0]}\hat{s}_i}{\sum_{i=1}^{m} s_i^{[0]}} = \overline{s}^{[0]} = \frac{\sum_{i=1}^{m} s_i^{[0]}s_i^{[0]}}{\sum_{i=1}^{m} s_i^{[0]}} \tag{3.152}$$

$$s_i^{[0]} = \sqrt{\left(x_i^{[0]} - \overline{x}\right)^2 + \left(y_i^{[0]} - \overline{y}\right)^2} \tag{3.153}$$

$$\hat{s}_i = \sqrt{(\hat{x}_i - \overline{x})^2 + (\hat{y}_i - \overline{y})^2} = \sqrt{\left(x_i^{[0]} + \delta_{\hat{x}_i} - \overline{x}\right)^2 + \left(y_i^{[0]} + \delta_{\hat{y}_i} - \overline{y}\right)^2} \tag{3.154}$$

对$\hat{s}_i = \sqrt{\left(x_i^{[0]} + \delta_{\hat{x}_i} - \overline{x}\right)^2 + \left(y_i^{[0]} + \delta_{\hat{y}_i} - \overline{y}\right)^2}$线性化：

$$s_i^{[0]}\delta_{\hat{s}_i}=(x_i^{[0]}-\overline{x})\delta_{\hat{x}_i}+(y_i^{[0]}-\overline{y})\delta_{\hat{y}_i} \tag{3.155}$$

进而

$$\begin{aligned}\sum_{i=1}^{m}s_i^{[0]}\delta_{\hat{s}_i}&=\sum_{i=1}^{m}(x_i^{[0]}-\overline{x})\delta_{\hat{x}_i}+\sum_{i=1}^{m}(y_i^{[0]}-\overline{y})\delta_{\hat{y}_i}\\&=\sum_{i=1}^{m}x_i^{[0]}\delta_{\hat{x}_i}+\sum_{i=1}^{m}y_i^{[0]}\delta_{\hat{y}_i}-\sum_{i=1}^{m}\overline{x}\delta_{\hat{x}_i}-\sum_{i=1}^{m}\overline{y}\delta_{\hat{y}_i}\\&=\sum_{i=1}^{m}x_i^{[0]}\delta_{\hat{x}_i}+\sum_{i=1}^{m}y_i^{[0]}\delta_{\hat{y}_i}\\&=0\end{aligned}$$

3. 拟稳基准

$$\boldsymbol{G}_i=\boldsymbol{W}\boldsymbol{G} \tag{3.156}$$

式中，

$$\boldsymbol{W}=\operatorname{diag}\left\{w_{x_1}\quad w_{y_1}\quad w_{x_2}\quad w_{y_2}\quad\cdots\quad w_{x_m}\quad w_{y_m}\right\} \tag{3.157}$$

4. 带基准条件的参数平差解

解式类同高程网。

3.6.4 基准变换

1. 基准变换公式

设控制网的平差模型为

$$\boldsymbol{v}=\boldsymbol{A}\hat{\boldsymbol{x}}-\boldsymbol{l}\ \text{权：}\ \boldsymbol{P} \tag{3.158}$$

在 $\boldsymbol{v}^{\mathrm{T}}\boldsymbol{P}\boldsymbol{v}=\min$ 及基准 $\boldsymbol{G}_i$ 下可求得

$$\hat{\boldsymbol{x}}_i=(\boldsymbol{N}+\boldsymbol{G}_i\boldsymbol{G}_i^{\mathrm{T}})\boldsymbol{u} \tag{3.159}$$

同样，在 $\boldsymbol{v}^{\mathrm{T}}\boldsymbol{P}\boldsymbol{v}=\min$ 及基准 $\boldsymbol{G}_j$ 下可求得

$$\hat{\boldsymbol{x}}_j=(\boldsymbol{N}+\boldsymbol{G}_j\boldsymbol{G}_j^{\mathrm{T}})^{-1}\boldsymbol{u} \tag{3.160}$$

现在，我们研究 $\hat{\boldsymbol{x}}_i$ 与 $\hat{\boldsymbol{x}}_j$ 的关系：

$$\begin{aligned}\hat{\boldsymbol{x}}_j&=(\boldsymbol{N}+\boldsymbol{G}_j\boldsymbol{G}_j^{\mathrm{T}})^{-1}\boldsymbol{u}\overset{\boldsymbol{u}=\boldsymbol{N}\hat{\boldsymbol{x}}_i}{=\!=\!=}(\boldsymbol{N}+\boldsymbol{G}_j\boldsymbol{G}_j^{\mathrm{T}})^{-1}\boldsymbol{N}\hat{\boldsymbol{x}}_i\\&=(\boldsymbol{N}+\boldsymbol{G}_j\boldsymbol{G}_j^{\mathrm{T}})^{-1}\left(\boldsymbol{N}+\boldsymbol{G}_j\boldsymbol{G}_j^{\mathrm{T}}-\boldsymbol{G}_j\boldsymbol{G}_j^{\mathrm{T}}\right)\hat{\boldsymbol{x}}_i\\&=\left[\mathbf{I}-(\boldsymbol{N}+\boldsymbol{G}_j\boldsymbol{G}_j^{\mathrm{T}})^{-1}\boldsymbol{G}_j\boldsymbol{G}_j^{\mathrm{T}}\right]\hat{\boldsymbol{x}}_i\end{aligned}$$

又

$$(\boldsymbol{N}+\boldsymbol{G}_j\boldsymbol{G}_j^{\mathrm{T}})^{-1}\boldsymbol{G}_j\boldsymbol{G}_j^{\mathrm{T}}\overset{\boldsymbol{NG}=\boldsymbol{0}}{=\!=\!=}(\boldsymbol{N}+\boldsymbol{G}_j\boldsymbol{G}_j^{\mathrm{T}})^{-1}(\boldsymbol{N}+\boldsymbol{G}_j\boldsymbol{G}_j^{\mathrm{T}})\boldsymbol{G}(\boldsymbol{G}_j^{\mathrm{T}}\boldsymbol{G})^{-1}\boldsymbol{G}_j^{\mathrm{T}}=\boldsymbol{G}(\boldsymbol{G}_j^{\mathrm{T}}\boldsymbol{G})^{-1}\boldsymbol{G}_j^{\mathrm{T}}$$

所以

$$\hat{\boldsymbol{x}}_j=\left[\mathbf{I}-\boldsymbol{G}(\boldsymbol{G}_j^{\mathrm{T}}\boldsymbol{G})^{-1}\boldsymbol{G}_j^{\mathrm{T}}\right]\hat{\boldsymbol{x}}_i \tag{3.161}$$

或记为

$$\hat{\boldsymbol{x}}_j = \boldsymbol{S}_j \hat{\boldsymbol{x}}_i \tag{3.162}$$

式中，

$$\boldsymbol{S}_j = \mathbf{I} - \boldsymbol{G}(\boldsymbol{G}_j^{\mathrm{T}}\boldsymbol{G})^{-1}\boldsymbol{G}_j^{\mathrm{T}} \tag{3.163}$$

称为 $\boldsymbol{S}$ 变换矩阵。并且，还可得到

$$\boldsymbol{Q}_{\hat{x}_j\hat{x}_j} = \boldsymbol{S}_j \boldsymbol{Q}_{\hat{x}_i\hat{x}_i} \boldsymbol{S}_j^{\mathrm{T}} \tag{3.164}$$

值得注意的是 $\boldsymbol{S}_j$ 与 $\boldsymbol{G}_i$ 无关。

2. $\boldsymbol{S}_j$ 的性质

(1) $\boldsymbol{S}_j\boldsymbol{G} = \boldsymbol{0}$。

(2) $\boldsymbol{G}_j^{\mathrm{T}}\boldsymbol{S}_j = \boldsymbol{0}$。

(3) $\left(\boldsymbol{S}_j\right)^n = \boldsymbol{S}_j$。

(4) $\boldsymbol{S}_n\boldsymbol{S}_{n-1}\cdots\boldsymbol{S}_2\boldsymbol{S}_1 = \boldsymbol{S}_n$。

例 3.6.1：设某一水准网在某一个基准下的平差结果为 $\boldsymbol{\delta}_{\hat{H}}^{[0]} = \begin{pmatrix}2 & 0 & -2\end{pmatrix}^{\mathrm{T}}$ (mm)，试分别计算下列基准下的平差结果：

(1) 以点 2 和点 3 为拟稳点。

(2) 以点 3 为固定点。

解：(1) 此时的基准方程系数矩阵为

$$\boldsymbol{G}_1 = \boldsymbol{W}\boldsymbol{G} = \begin{pmatrix}0 & 0 & 0\\ 0 & 1 & 0\\ 0 & 0 & 1\end{pmatrix}\begin{pmatrix}1\\1\\1\end{pmatrix} = \begin{pmatrix}0\\1\\1\end{pmatrix}$$

所以 $\boldsymbol{S}$ 变换矩阵为

$$\boldsymbol{S}_1 = \mathbf{I} - \boldsymbol{G}(\boldsymbol{G}_1^{\mathrm{T}}\boldsymbol{G})^{-1}\boldsymbol{G}_1^{\mathrm{T}} = \begin{pmatrix}1 & 0 & 0\\ 0 & 1 & 0\\ 0 & 0 & 1\end{pmatrix} - \begin{pmatrix}1\\1\\1\end{pmatrix}\left\{\begin{pmatrix}0\\1\\1\end{pmatrix}^{\mathrm{T}}\begin{pmatrix}1\\1\\1\end{pmatrix}\right\}^{-1}\begin{pmatrix}0\\1\\1\end{pmatrix}^{\mathrm{T}} = \frac{1}{2}\begin{pmatrix}2 & -1 & -1\\ 0 & 1 & -1\\ 0 & -1 & 1\end{pmatrix}$$

故该拟稳基准下的平差结果为

$$\boldsymbol{\delta}_{\hat{H}}^{[1]} = \boldsymbol{S}_1\boldsymbol{\delta}_{\hat{H}}^{[0]} = \frac{1}{2}\begin{pmatrix}2 & -1 & -1\\ 0 & 1 & -1\\ 0 & -1 & 1\end{pmatrix}\begin{pmatrix}2\\0\\-2\end{pmatrix} = \begin{pmatrix}3\\1\\-1\end{pmatrix}(\mathrm{mm})$$

(2) 此时的基准方程系数矩阵为

$$\boldsymbol{G}_2^{\mathrm{T}} = \begin{pmatrix}0 & 0 & 1\end{pmatrix}$$

所以 $\boldsymbol{S}$ 变换矩阵为

$$\boldsymbol{S}_2 = \mathbf{I} - \boldsymbol{G}(\boldsymbol{G}_2^{\mathrm{T}}\boldsymbol{G})^{-1}\boldsymbol{G}_2^{\mathrm{T}} = \begin{pmatrix}1 & 0 & 0\\ 0 & 1 & 0\\ 0 & 0 & 1\end{pmatrix} - \begin{pmatrix}1\\1\\1\end{pmatrix}\left\{\begin{pmatrix}0\\0\\1\end{pmatrix}^{\mathrm{T}}\begin{pmatrix}1\\1\\1\end{pmatrix}\right\}^{-1}\begin{pmatrix}0\\0\\1\end{pmatrix}^{\mathrm{T}} = \begin{pmatrix}1 & 0 & -1\\ 0 & 1 & -1\\ 0 & 0 & 0\end{pmatrix}$$

故该经典基准下的平差结果为

$$\boldsymbol{\delta}_{\hat{\boldsymbol{H}}}^{[2]}=\boldsymbol{S}_2\boldsymbol{\delta}_{\hat{\boldsymbol{H}}}^{[0]}=\begin{pmatrix}1&0&-1\\0&1&-1\\0&0&0\end{pmatrix}\begin{pmatrix}2\\0\\-2\end{pmatrix}=\begin{pmatrix}4\\2\\0\end{pmatrix}(\text{mm})$$

或

$$\boldsymbol{\delta}_{\hat{\boldsymbol{H}}}^{[2]}=\boldsymbol{S}_2\boldsymbol{\delta}_{\hat{\boldsymbol{H}}}^{[1]}=\begin{pmatrix}1&0&-1\\0&1&-1\\0&0&0\end{pmatrix}\begin{pmatrix}3\\1\\-1\end{pmatrix}=\begin{pmatrix}4\\2\\0\end{pmatrix}(\text{mm})$$

或

$$\boldsymbol{\delta}_{\hat{\boldsymbol{H}}}^{[2]}=\boldsymbol{S}_2\boldsymbol{\delta}_{\hat{\boldsymbol{H}}}^{[2]}=\begin{pmatrix}1&0&-1\\0&1&-1\\0&0&0\end{pmatrix}\begin{pmatrix}4\\2\\0\end{pmatrix}=\begin{pmatrix}4\\2\\0\end{pmatrix}(\text{mm})$$

3.6.5　基准变换公式的应用

1. "重心基准下 $\mathrm{tr}\boldsymbol{Q}_{\hat{x}\hat{x}}=\min$" 的证明

设控制网在某基准下的协因数矩阵为 $\boldsymbol{Q}_{\hat{x}\hat{x}}$，现在将其变换到重心基准：

$$\boldsymbol{S}_r=\mathbf{I}-\boldsymbol{G}(\boldsymbol{G}_j^{\mathrm{T}}\boldsymbol{G})^{-1}\boldsymbol{G}^{\mathrm{T}}$$

$$\begin{aligned}\boldsymbol{Q}_{\hat{x}_r\hat{x}_r}&=\boldsymbol{S}_r\boldsymbol{Q}_{\hat{x}\hat{x}}\boldsymbol{S}_r^{\mathrm{T}}=[\mathbf{I}-\boldsymbol{G}(\boldsymbol{G}_j^{\mathrm{T}}\boldsymbol{G})^{-1}\boldsymbol{G}^{\mathrm{T}}]\boldsymbol{Q}_{\hat{x}\hat{x}}[\mathbf{I}-\boldsymbol{G}(\boldsymbol{G}_j^{\mathrm{T}}\boldsymbol{G})^{-1}\boldsymbol{G}^{\mathrm{T}}]\\&=\boldsymbol{Q}_{\hat{x}\hat{x}}-\boldsymbol{G}(\boldsymbol{G}_j^{\mathrm{T}}\boldsymbol{G})^{-1}\boldsymbol{G}^{\mathrm{T}}\boldsymbol{Q}_{\hat{x}\hat{x}}-\boldsymbol{Q}_{\hat{x}\hat{x}}\boldsymbol{G}(\boldsymbol{G}_j^{\mathrm{T}}\boldsymbol{G})^{-1}\boldsymbol{G}^{\mathrm{T}}+\boldsymbol{G}(\boldsymbol{G}_j^{\mathrm{T}}\boldsymbol{G})^{-1}\boldsymbol{G}^{\mathrm{T}}\boldsymbol{Q}_{\hat{x}\hat{x}}\boldsymbol{G}(\boldsymbol{G}_j^{\mathrm{T}}\boldsymbol{G})^{-1}\boldsymbol{G}^{\mathrm{T}}\end{aligned}$$

$$\begin{aligned}\mathrm{tr}\boldsymbol{Q}_{\hat{x}_r\hat{x}_r}&=\mathrm{tr}\boldsymbol{Q}_{\hat{x}\hat{x}}-\mathrm{tr}[\boldsymbol{G}(\boldsymbol{G}^{\mathrm{T}}\boldsymbol{G})^{-1}\boldsymbol{G}^{\mathrm{T}}\boldsymbol{Q}_{\hat{x}\hat{x}}]\\&=\mathrm{tr}\boldsymbol{Q}_{\hat{x}\hat{x}}-\mathrm{tr}[\boldsymbol{G}(\boldsymbol{G}^{\mathrm{T}}\boldsymbol{G})^{-1}\boldsymbol{G}^{\mathrm{T}}\boldsymbol{Q}_{\hat{x}\hat{x}}\boldsymbol{G}(\boldsymbol{G}^{\mathrm{T}}\boldsymbol{G})^{-1}\boldsymbol{G}^{\mathrm{T}}]\end{aligned}$$

令

$$\boldsymbol{H}=\boldsymbol{G}(\boldsymbol{G}_j^{\mathrm{T}}\boldsymbol{G})^{-1}\boldsymbol{G}^{\mathrm{T}}$$

则

$$\mathrm{tr}\boldsymbol{Q}_{\hat{x}_r\hat{x}_r}=\mathrm{tr}\boldsymbol{Q}_{\hat{x}\hat{x}}-\mathrm{tr}(\boldsymbol{H}\boldsymbol{Q}_{\hat{x}\hat{x}}\boldsymbol{H}^{\mathrm{T}})$$

因 $\boldsymbol{Q}_{\hat{x}\hat{x}}$ 为半正定矩阵，故

$$\mathrm{tr}(\boldsymbol{H}\boldsymbol{Q}_{\hat{x}\hat{x}}\boldsymbol{H}^{\mathrm{T}})\geqslant 0$$

从而

$$\mathrm{tr}\boldsymbol{Q}_{\hat{x}_r\hat{x}_r}\leqslant\mathrm{tr}\boldsymbol{Q}_{\hat{x}\hat{x}}$$

2. "$\boldsymbol{v}$ 为不变量" 的证明

证：在某一基准下，有

$$\boldsymbol{v}=\boldsymbol{A}\hat{\boldsymbol{x}}-\boldsymbol{l}$$

现在将其变换到另一基准 $\boldsymbol{G}_j$，则有

$$\boldsymbol{S}_j=\mathbf{I}-\boldsymbol{G}(\boldsymbol{G}_j^{\mathrm{T}}\boldsymbol{G})^{-1}\boldsymbol{G}_j^{\mathrm{T}},\quad \hat{\boldsymbol{x}}_j=\boldsymbol{S}_j\hat{\boldsymbol{x}}$$

$$\boldsymbol{v}_j=\boldsymbol{A}\hat{\boldsymbol{x}}_j-\boldsymbol{l}=\boldsymbol{A}\boldsymbol{S}_j\hat{\boldsymbol{x}}-\boldsymbol{l}=\boldsymbol{A}[\mathbf{I}-\boldsymbol{G}(\boldsymbol{G}_j^{\mathrm{T}}\boldsymbol{G})^{-1}\boldsymbol{G}_j^{\mathrm{T}}]\hat{\boldsymbol{x}}-\boldsymbol{l}\overset{\boldsymbol{AG}=0}{=\!=}\boldsymbol{A}\hat{\boldsymbol{x}}-\boldsymbol{l}=\boldsymbol{v}$$

证讫。

3. “$\hat{\boldsymbol{d}}^{\mathrm{T}}\boldsymbol{P}_{\hat{d}\hat{d}}\hat{\boldsymbol{d}}$ 是不变量”的证明

证：对控制网进行两期观测，在保持近似坐标不变的情况下，分别进行重心平差，得

$$\hat{\boldsymbol{d}}=\hat{x}^{[2]}-\hat{x}^{[1]}，\ \boldsymbol{P}_{\hat{d}\hat{d}}=\boldsymbol{Q}_{\hat{d}\hat{d}}^{+}\quad (实际上\ \boldsymbol{Q}_{\hat{d}\hat{d}}^{+}=(\boldsymbol{Q}_{\hat{x}^{[1]}}+\boldsymbol{Q}_{\hat{x}^{[2]}})^{+}=(\boldsymbol{N}^{+}+\boldsymbol{N}^{+})^{+}=\frac{1}{2}\boldsymbol{N})$$

现在将其变换到另一基准 $\boldsymbol{G}_j$，则有

$$\boldsymbol{S}_j=\mathbf{I}-\boldsymbol{G}(\boldsymbol{G}_j^{\mathrm{T}}\boldsymbol{G})^{-1}\boldsymbol{G}_j^{\mathrm{T}}，\ \hat{\boldsymbol{d}}_j=\boldsymbol{S}_j\hat{\boldsymbol{d}}$$

$$\boldsymbol{Q}_{\hat{d}_j\hat{d}_j}=\boldsymbol{S}_j\boldsymbol{Q}_{\hat{d}\hat{d}}\boldsymbol{S}_j^{\mathrm{T}}，\ \boldsymbol{P}_{\hat{d}_j\hat{d}_j}=(\boldsymbol{S}_j^{\mathrm{T}})^{-1}\boldsymbol{Q}_{\hat{d}\hat{d}}^{+}\boldsymbol{S}_j^{-1}=(\boldsymbol{S}_j^{\mathrm{T}})^{-1}\boldsymbol{P}_{\hat{d}\hat{d}}\boldsymbol{S}_j^{-1}$$

$$\hat{\boldsymbol{d}}_j^{\mathrm{T}}\boldsymbol{P}_{\hat{d}_j\hat{d}_j}\hat{\boldsymbol{d}}_j=(\boldsymbol{S}_j\hat{\boldsymbol{d}})^{\mathrm{T}}(\boldsymbol{S}_j^{\mathrm{T}})^{-1}\boldsymbol{P}_{\hat{d}\hat{d}}\boldsymbol{S}_j^{-1}(\boldsymbol{S}_j\hat{\boldsymbol{d}})=\hat{\boldsymbol{d}}^{\mathrm{T}}\boldsymbol{S}_j^{\mathrm{T}}(\boldsymbol{S}_j^{\mathrm{T}})^{-1}\boldsymbol{P}_{\hat{d}\hat{d}}\boldsymbol{S}_j^{-1}\boldsymbol{S}_j\hat{\boldsymbol{d}}=\hat{\boldsymbol{d}}^{\mathrm{T}}\boldsymbol{P}_{\hat{d}\hat{d}}\hat{\boldsymbol{d}}$$

证讫。

4. “贯通工程地面控制网对横向贯通的误差影响值与控制网基准无关”的证明

如图 3.11 所示，A、B、C、D 是地面控制网主要点；φ_A、s_A、φ_B、s_B 是虚拟观测值(代表地下测量)，在分析地面网的误差影响时，认为它们不含误差；P'、P'' 两点具有相同的近似坐标。在图 3.11 所示坐标系下，求 $\sigma_{\Delta x_P}$。

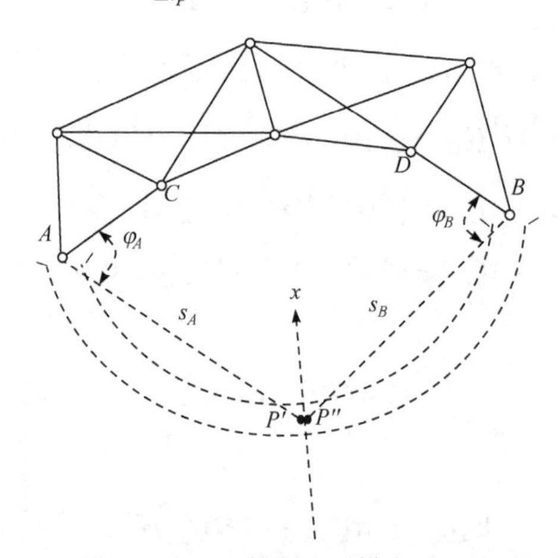

图 3.11　贯通工程地面控制网对横向贯通的误差影响

$$\begin{aligned}\Delta\hat{x}_P&=\hat{x}_{P''}-\hat{x}_{P'}=\hat{x}_B+s_B\cos(\hat{\alpha}_{BD}-\varphi_B)-[\hat{x}_A+s_A\cos(\hat{\alpha}_{AC}+\varphi_A)]\\&=x_B^{[0]}+\delta_{\hat{x}_B}+s_B\cos(\alpha_{BD}^{[0]}+\delta_{\hat{\alpha}_{BD}}-\varphi_B)-\left[x_A^{[0]}+\delta_{\hat{x}_A}+s_A\cos(\alpha_{AC}^{[0]}+\delta_{\hat{\alpha}_{AC}}+\varphi_A)\right]\\&=\left[x_B^{[0]}+s_B\cos(\alpha_{BD}^{[0]}-\varphi_B)-x_A^{[0]}-s_A\cos(\alpha_{AC}^{[0]}+\varphi_A)\right]+\delta_{\hat{x}_B}-s_B\sin\alpha_{BP}^{[0]}\frac{\delta_{\hat{\alpha}_{BD}}}{\rho}-\delta_{\hat{x}_A}+s_A\sin\alpha_{AP}^{[0]}\frac{\delta_{\hat{\alpha}_{AC}}}{\rho}\\&=\Delta x_P^{[0]}-\delta_{\hat{x}_A}+\Delta y_{AP}^{[0]}\frac{\delta_{\hat{\alpha}_{AC}}}{\rho}+\delta_{\hat{x}_B}-\Delta y_{BP}^{[0]}\frac{\delta_{\hat{\alpha}_{BD}}}{\rho}\end{aligned}$$

以

$$\frac{\delta_{\hat{\alpha}_{AC}}}{\rho}=\frac{\sin\alpha_{AC}^{[0]}}{s_{AC}^{[0]}}\delta_{\hat{x}_A}-\frac{\cos\alpha_{AC}^{[0]}}{s_{AC}^{[0]}}\delta_{\hat{y}_A}-\frac{\sin\alpha_{AC}^{[0]}}{s_{AC}^{[0]}}\delta_{\hat{x}_C}+\frac{\cos\alpha_{AC}^{[0]}}{s_{AC}^{[0]}}\delta_{\hat{y}_C}$$

$$\frac{\delta_{\hat{\alpha}_{BD}}}{\rho}=\frac{\sin\alpha_{BD}^{[0]}}{s_{BD}^{[0]}}\delta_{\hat{x}_B}-\frac{\cos\alpha_{BD}^{[0]}}{s_{BD}^{[0]}}\delta_{\hat{y}_B}-\frac{\sin\alpha_{BD}^{[0]}}{s_{BD}^{[0]}}\delta_{\hat{x}_D}+\frac{\cos\alpha_{BD}^{[0]}}{s_{BD}^{[0]}}\delta_{\hat{y}_D}$$

代入上式，并令

$$\boldsymbol{f}=\begin{pmatrix}0 & \cdots & 0 & a-1 & -c & -a & c & 1-b & d & b & -d & 0 & \cdots & 0\end{pmatrix}^{\mathrm{T}}$$

式中，$a=\dfrac{\left(\Delta y_{AP}^{[0]}\right)^2}{\left(s_{AC}^{[0]}\right)^2}\sin\alpha_{AC}^{[0]}$，$c=\dfrac{\left(\Delta y_{AP}^{[0]}\right)^2}{\left(s_{AC}^{[0]}\right)^2}\cos\alpha_{AC}^{[0]}$，$b=\dfrac{\left(\Delta y_{BP}^{[0]}\right)^2}{\left(s_{BD}^{[0]}\right)^2}\sin\alpha_{BD}^{[0]}$，$d=\dfrac{\left(\Delta y_{BP}^{[0]}\right)^2}{\left(s_{BD}^{[0]}\right)^2}\cos\alpha_{BD}^{[0]}$。

记控制网平差模型中的坐标改正数向量为

$$\boldsymbol{\delta}_{\hat{\boldsymbol{x}}}=\begin{pmatrix}\cdots & \delta_{\hat{x}_A} & \delta_{\hat{y}_A} & \delta_{\hat{x}_C} & \delta_{\hat{y}_C} & \delta_{\hat{x}_B} & \delta_{\hat{y}_B} & \delta_{\hat{x}_D} & \delta_{\hat{y}_D} & \cdots\end{pmatrix}^{\mathrm{T}}$$

则

$$\Delta\hat{x}_P=\Delta x_P^{[0]}+\boldsymbol{f}^{\mathrm{T}}\boldsymbol{\delta}_{\hat{\boldsymbol{x}}}$$

所以

$$\sigma_{\Delta\hat{x}_P}=\sigma_0\sqrt{\boldsymbol{f}^{\mathrm{T}}\boldsymbol{Q}_{\hat{\boldsymbol{x}}\hat{\boldsymbol{x}}}\boldsymbol{f}}$$

现在使控制网的基准变为 $\boldsymbol{G}_i$，则

$$\boldsymbol{Q}_{\hat{\boldsymbol{x}}_i\hat{\boldsymbol{x}}_i}=\boldsymbol{S}_i\boldsymbol{Q}_{\hat{\boldsymbol{x}}\hat{\boldsymbol{x}}}\boldsymbol{S}_i^{\mathrm{T}}$$

式中，

$$\boldsymbol{S}_i=\mathbf{I}-\boldsymbol{G}\left(\boldsymbol{G}_i^{\mathrm{T}}\boldsymbol{G}\right)^{-1}\boldsymbol{G}_i^{\mathrm{T}}$$

$$\boldsymbol{G}^{\mathrm{T}}=\begin{pmatrix}1 & 0 & 1 & 0 & \cdots & 1 & 0\\ 0 & 1 & 0 & 1 & \cdots & 0 & 1\\ -y_1^{[0]} & x_1^{[0]} & -y_2^{[0]} & x_2^{[0]} & \cdots & -y_m^{[0]} & x_m^{[0]}\end{pmatrix}$$

这时，

$$\left(\sigma_{\Delta\hat{x}_P}\right)_i=\sigma_0\sqrt{\boldsymbol{f}^{\mathrm{T}}\boldsymbol{Q}_{\hat{\boldsymbol{x}}_i\hat{\boldsymbol{x}}_i}\boldsymbol{f}}=\sigma_0\sqrt{\boldsymbol{f}^{\mathrm{T}}\boldsymbol{S}_i\boldsymbol{Q}_{\hat{\boldsymbol{x}}\hat{\boldsymbol{x}}}\boldsymbol{S}_i^{\mathrm{T}}\boldsymbol{f}}=\sigma_0\sqrt{\left(\boldsymbol{S}_i^{\mathrm{T}}\boldsymbol{f}\right)^{\mathrm{T}}\boldsymbol{Q}_{\hat{\boldsymbol{x}}\hat{\boldsymbol{x}}}\left(\boldsymbol{S}_i^{\mathrm{T}}\boldsymbol{f}\right)}$$

比较 $\boldsymbol{G}$ 和 $\boldsymbol{f}$ 的组成，知

$$\boldsymbol{G}^{\mathrm{T}}\boldsymbol{f}=\begin{pmatrix}0\\0\\0\end{pmatrix}$$

所以

$$\boldsymbol{S}_i^{\mathrm{T}}\boldsymbol{f}=\left\{\mathbf{I}-\boldsymbol{G}\left(\boldsymbol{G}_i^{\mathrm{T}}\boldsymbol{G}\right)^{-1}\boldsymbol{G}_i^{\mathrm{T}}\right\}^{\mathrm{T}}\boldsymbol{f}=\boldsymbol{f}$$

即

$$\left(\sigma_{\Delta\hat{x}_P}\right)_i=\sigma_0\sqrt{\left(\boldsymbol{S}_i^{\mathrm{T}}\boldsymbol{f}\right)^{\mathrm{T}}\boldsymbol{Q}_{\hat{\boldsymbol{x}}\hat{\boldsymbol{x}}}\left(\boldsymbol{S}_i^{\mathrm{T}}\boldsymbol{f}\right)}=\sigma_0\sqrt{\boldsymbol{f}^{\mathrm{T}}\boldsymbol{Q}_{\hat{\boldsymbol{x}}\hat{\boldsymbol{x}}}\boldsymbol{f}}=\sigma_{\Delta\hat{x}_P}$$

说明 $\sigma_{\Delta\hat{x}_P}$ 与控制网的平差基准无关。证讫。

实际上，贯通误差(贯通误差及其三个分量)是相对量，而不是绝对量。因此，与基准无关是自然的事。

3.7　CAD 和最优化方法在控制网设计中的应用

施工控制网的建立常常是施工测量中最关键的一个环节，同时也是技术难度很大的一项工作。高质量控制网设计不仅是一个实践性很强的具体问题，同时也是一个理论难题。本节简要介绍三个方面的内容，包括控制网的传统设计过程、机助设计思路和最优化方法的应用。其中第二个方面既是传统设计的机上实现，即控制网 CAD，又是通向最优化设计的桥梁，是最现实而又积极的努力方向；第三个方面是最优化方法在控制网设计中应用的部分成果。

在讨论这三个方面内容之前，首先介绍一下施工控制网的设计目标。

3.7.1　施工控制网的设计目标

施工控制网设计的目标，应该是全面满足 3.1 节所提出的对施工控制网的要求，其中最主要的是精度、位置适合控制放样、配合施工、点位稳定、网的分级和建网费用。控制网设计的质量高低，应以全面满足或重点满足 3.1 节所提出的要求为准则。

3.7.2　传统设计方法

施工控制网的传统设计过程一般包括以下内容。

(1) 了解工程背景，明确工程对控制网的要求，包括点位布置、精度要求、时间要求等。

(2) 在理论、经验、标准的基础上，根据已有的技术水平与仪器条件，结合实际工程的地形条件开展初步设计。理论包括误差理论、工测网理论等；相同或类似工程控制网的经验也非常重要，包括自己做过的或从资料上查阅到的；标准如大地测量的相关规范、工程测量规范、各个行业的规范等，实际上是理论与实践的总结，并且具有强制规定性，所以在准备进行一项工程测量工作时，一定要设法取得最新颁布的相应规范；技术水平与仪器条件实际上标志着一个测量单位的生产能力，当然也体现着整个测绘学科的发展现状；地形条件实际上指工地对控制网点的限制，需要通过阅读图纸和实地踏勘了解。

(3) 提出具体方案，包括点位布置、分级方案、基准选择、定位(联测)方案、观测量及其精度等。

(4) 精度计算，包括 $\sigma_0^2\boldsymbol{Q}_{\hat{x}\hat{x}}$、$m_P$、$m_\varphi$、$m_s$、$m_\alpha$、$m_\beta$ 等。精度计算(一般称为精度估算)可采用一些行之有效的近似方法(注意：就低不就高)，如对范围不大的边角网方案，可采用支导线或支导线的加权平均；对三角网、三边网可利用按规则网形所导出的简化精度计算公式；对水准网，可采用“线路集结，其权相加”的等权代替法。

(5) 若精度计算结果符合要求，则做可靠性考虑，即组成若干必要的闭合条件；编写技术设计书。内容包括：①作业目的与作业范围；②测区自然地理条件；③测区内已有测量成果及其精度分析；④方案论证；⑤特殊技术说明；⑥附件，如数据计算分析过程、标石埋设等。

(6) 若精度不够或精度过高，则修改方案，包括：提高/降低观测精度，增/删观测量，增/删点，改变分级措施等。转向(4)。

在工测网的传统设计中，以往研究的重点是精度估算的方法，即最好的近似方法，简便而近似程度高。随着计算机技术的发展，工测网精度的严密计算越来越容易，精度近似估算公式的意义逐渐减小。

3.7.3　控制网 CAD

控制网的传统设计过程实际上就是工测网 CAD 系统的总体流程，如图 3.12 所示。

1) 初始方案的输入

(1) 初始方案的内容包括：网的维数、点的数目和位置；点与点的连接，包括观测量数目、类型、精度等；网的基准。

(2) 输入方法：要求以方便的形式提供多种输入方式。

(3) 数据检查与修改。

(4) 数据格式转换，主要指输入方便的数据格式到数据处理方便的数据格式的转换。

2) 质量指标的计算

包括 D_a、D_g、D_λ、D_Δ、D_c、m_P、误差曲线，以及 r_i、$\sum p_i$ 等。

3) 显示与修改

要求系统既能根据用户需要显示网的质量数据和进一步修改的提示信息，又能接收用户的修改信息。可能的修改内容包括：增/删观测量、改变观测权、增/删点、移动点位以及改变基准等。

4) 结果输出

设计结果的输出是容易的，对输出结果提供编辑功能，至少应能够输出易于编辑的图形、表格以及文字和数据等。

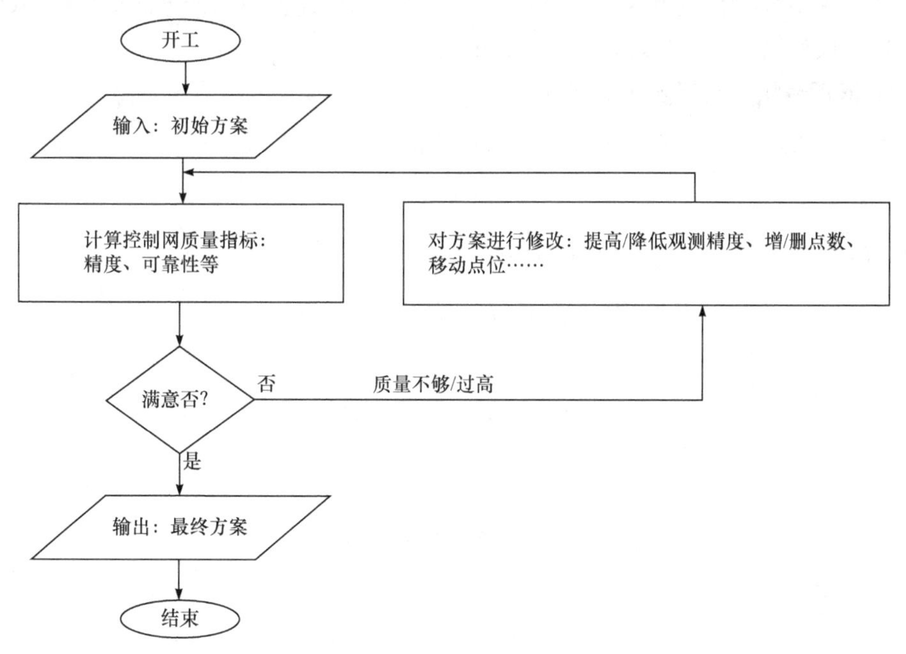

图 3.12　工测网 CAD 流程

3.7.4　最优化方法在控制网设计中的应用

最优化方法在控制网设计中的应用也称为控制网最优化设计。

设计，即使对于任何领域的任何设计，均包含着优化(因此，也有人将工测网 CAD 称为控制网优化设计，并称为机助法或模拟法)；最优化设计很难实现，往往只是人们的一种追求。最优化设计研究的现实意义是鼓励设计者在一定范围内、一定程度地尽量将最优化方法应用于设计实践。

测量控制网的最优化设计是试图使用数学最优化方法(求极值方法)，寻找出给定条件下控制网的最优设计方案。

最优化问题的解算方法(最优化方法)总体上可分为间接法和直接法两类。如果目标函数有明显的表达式，一般可用微分法等解析法来求解(间接求优)；如果目标函数的表达式过于复杂甚至根本没有明显的表达式，则可用数值方法或“试验最优化”(以函数值的大小比较为基础，如著名的 0.618 法)等直接法求解(直接求优)。

测量控制网的整体最优化设计是一个影响因素繁多、过程复杂(图形与数值计算)的系统工程，为了简化问题、便于展开研究，Grafarend 将这一过程划分为四个阶段，每一阶段解决其中的一部分。下面是这四个阶段的划分以及各阶段的主要任务：

(1) 零阶段设计(zero order design，ZOD)：求 $\boldsymbol{G}_i$，即基准设计。

(2) 一阶段设计(first order design，FOD)：求 $x_i^{[0]},y_i^{[0]}$，即网形设计。但点之间是否有观测量，是怎样的观测量？则归入 SOD。

(3) 二阶段设计(second order design，SOD)：求 p_i，即观测量的权。

(4) 三阶段设计(third order design，TOD)：旧网改造，实际上是包含 FOD、SOD 的混合设计。

以上划分当然是人为的，是人们在能力不足情况下的权宜之计。

基准在工程中具有客观规定性，控制网点可选择的余地也很小，下面仅介绍 SOD 的一些研究成果，权阵仍然设为对角矩阵 $\boldsymbol{P}=\mathrm{diag}\{p_1 \quad p_2 \quad \cdots \quad p_n\}$。

1. 控制网质量指标与观测权 p_i 的关系式

(1) σ_F^2 与 p_i 的关系。设有坐标参数的线性函数：

$$F=\boldsymbol{f}^{\mathrm{T}}\hat{\boldsymbol{x}}$$

式中，$\boldsymbol{f}=(f_1 \quad f_2 \quad \cdots \quad f_t)^{\mathrm{T}}$。则由平差结果

$$\hat{\boldsymbol{x}}=\boldsymbol{Q}_{\hat{x}\hat{x}}\boldsymbol{A}^{\mathrm{T}}\boldsymbol{Pl}=(\boldsymbol{A}^{\mathrm{T}}\boldsymbol{PA})^{-1}\boldsymbol{A}^{\mathrm{T}}\boldsymbol{Pl}$$

得

$$F=\boldsymbol{f}^{\mathrm{T}}\hat{\boldsymbol{x}}=\boldsymbol{f}^{\mathrm{T}}(\boldsymbol{A}^{\mathrm{T}}\boldsymbol{PA})^{-1}\boldsymbol{A}^{\mathrm{T}}\boldsymbol{Pl}$$

记

$$\boldsymbol{f}^{\mathrm{T}}(\boldsymbol{A}^{\mathrm{T}}\boldsymbol{PA})^{-1}\boldsymbol{A}^{\mathrm{T}}\boldsymbol{P}=\boldsymbol{\alpha}^{\mathrm{T}}\overset{\text{记为}}{=}(\alpha_1 \quad \alpha_2 \quad \cdots \quad \alpha_n)$$

则

$$\sigma_F^2=\sigma_0^2(\boldsymbol{\alpha}^{\mathrm{T}}\boldsymbol{P}^{-1}\boldsymbol{\alpha})=\sigma_0^2\sum_{i=1}^{n}\frac{\alpha_i^2}{p_i} \tag{3.165}$$

该式并不理想，因为 α_i 与 $p_1,p_2,\cdots,p_n$ 有关。

(2) D_a 与 p_i 的关系。直接由定义式

$$D_a=\frac{\sigma_0^2}{t}\mathrm{tr}\boldsymbol{Q}_{\hat{x}\hat{x}}$$

不易导出 D_a 与 p_i 的关系，但注意到

$$D_a = \frac{1}{t}\sum_{i=1}^{t}\sigma_{\hat{x}_i}^2$$

若令

$$\boldsymbol{f} = \boldsymbol{e}_i = \begin{pmatrix}0 & \cdots & 0 & 1 & 0 & \cdots & 0\end{pmatrix}^{\mathrm{T}}$$

$$\uparrow$$

第i个元素

则有

$$\hat{x}_i = \boldsymbol{f}^{\mathrm{T}}(\boldsymbol{A}^{\mathrm{T}}\boldsymbol{PA})^{-1}\boldsymbol{A}^{\mathrm{T}}\boldsymbol{Pl} \overset{\text{记为}}{=} \begin{pmatrix}\alpha_{i1} & \alpha_{i2} & \cdots & \alpha_{in}\end{pmatrix}\boldsymbol{l}$$

从而

$$\sigma_{\hat{x}_i}^2 = \sigma_0^2\sum_{j=1}^{n}\frac{\alpha_{ij}^2}{p_j} \quad (i=1,2,\cdots,t)$$

进一步

$$tD_a = \sum_{i=1}^{t}\sigma_{\hat{x}_i}^2 = \sigma_0^2\sum_{i=1}^{t}\sum_{j=1}^{n}\frac{\alpha_{ij}^2}{p_j} = \sigma_0^2\sum_{j=1}^{n}\sum_{i=1}^{t}\frac{\alpha_{ij}^2}{p_j} = \sigma_0^2\sum_{j=1}^{n}\frac{\sum_{i=1}^{t}\alpha_{ij}^2}{p_j} \overset{\text{记为}}{=\!=} \sigma_0^2\sum_{j=1}^{n}\frac{\beta_j^2}{p_j}$$

式中，

$$\beta_j^2 = \sum_{i=1}^{t}\alpha_{ij}^2 \quad (j=1,2,\cdots,n)$$

当然也与 $p_1,p_2,\cdots,p_n$ 有关。

(3) r_i 与 p_i 的关系。由多余观测分量的定义：

$$r_i = 1-\left(\boldsymbol{AQ}_{\hat{x}\hat{x}}\boldsymbol{A}^{\mathrm{T}}\boldsymbol{P}\right)_{ii} = 1-\left(\boldsymbol{AQ}_{\hat{x}\hat{x}}\boldsymbol{A}^{\mathrm{T}}\right)_{ii}p_i \overset{\text{记为}}{=} 1-a_i p_i \quad (i=1,2,\cdots,n)$$

式中，

$$a_i = (\boldsymbol{A}^{\mathrm{T}}\boldsymbol{PA})_{ii} \quad (i=1,2,\cdots,n)$$

因此可以得出，当 n 个多余观测分量给定之后，n 个观测权可唯一确定：

$$p_i = \frac{1-r_i}{a_i} = \frac{1-r_i}{\left\{\boldsymbol{A}\left(\boldsymbol{A}^{\mathrm{T}}\mathrm{diag}\{p_1 \quad p_2 \quad \cdots \quad p_n\}\boldsymbol{A}\right)^{-1}\boldsymbol{A}^{\mathrm{T}}\right\}_{ii}} \quad (i=1,2,\cdots,n) \tag{3.166}$$

例 3.7.1：如图 3.13 所示水准网，试求理想状态下各观测高差的权。

解：本题 $n=5$ 、$t=2$ 、$r=3$ 。理想状态下多余观测分量等于平均多余观测分量 $r_i=\bar{r}=\frac{3}{5}=0.6$ 。列误差方程式系数矩阵

$$\boldsymbol{A} = \begin{pmatrix}1 & 0\\ 0 & 1\\ -1 & 1\\ -1 & 0\\ 0 & -1\end{pmatrix}$$

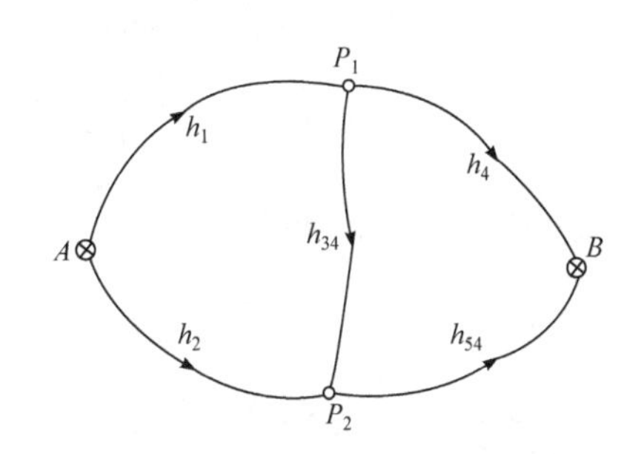

图 3.13　例 3.7.1 图

代入上式，并进行迭代，得

$$\begin{pmatrix} p_1 & p_2 & p_3 & p_4 & p_5 \end{pmatrix} = \begin{pmatrix} 1.1 & 1.1 & 0.7 & 1.1 & 1.1 \end{pmatrix}$$

(4) 费用与 p_i 的关系。研究中经常使用 $\sum_{i=1}^{n} p_i$ 或 $\sum_{i=1}^{n} p_i^2$ 。

2. 顾及精度和费用的权优化

(1) F 优化。

$$\text{策略 A} \begin{cases} \min \sigma_0^2 \sum_{i=1}^{n} \dfrac{\alpha_i^2}{p_i} \\ \text{s.t.} \sum_{i=1}^{n} p_i = c \end{cases}$$

式中，s.t.是约束条件(subject to)的缩写，下文同。

将 α_i 视为常数，可求得

$$p_i = \frac{|\alpha_i|}{\sum_{j=1}^{n} |\alpha_j|} c \quad (i = 1, 2, \cdots, n) \tag{3.167}$$

因为 α_i 与设计变量 $p_1, p_2, \cdots, p_n$ 有关，所以式(3.167)需要迭代完成。

这里的近似处理带来了计算上的简化，下面的讨论与此类似，不再重复说明。

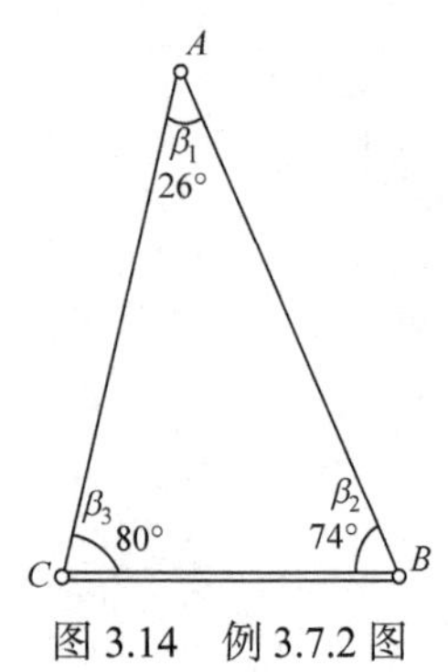

图 3.14　例 3.7.2 图

例 3.7.2：如图 3.14 所示的单三角形，现要求确定三个内角在给定观测权总和 $\sum_{i=1}^{3} p_i = 3$ 时的最优观测权 p_1、p_2 和 p_3，使得边长 s_{AB} 获得最高精度。

解：以 β_1, β_3 为平差参数，则误差方程式系数矩阵(图形矩阵)为

$$\boldsymbol{A} = \begin{pmatrix} 1 & 0 \\ -1 & -1 \\ 0 & 1 \end{pmatrix}$$

由

$$\begin{aligned} \hat{s}_{AB} &= \frac{\sin \hat{\beta}_3}{\sin \hat{\beta}_1} s_{BC} = \frac{\sin(\beta_3^{[0]} + \delta_{\hat{\beta}_3})}{\sin(\beta_1^{[0]} + \delta_{\hat{\beta}_1})} s_{BC} \\ &= \frac{\sin 80^\circ}{\sin 26^\circ} s_{BC} - \frac{\sin 80^\circ \cos 26^\circ}{\sin^2 26^\circ} s_{BC} \delta_{\hat{\beta}_1} + \frac{\cos 80^\circ}{\sin 26^\circ} s_{BC} \delta_{\hat{\beta}_3} \\ &= \frac{\sin 80^\circ}{\sin 26^\circ} s_{BC} - \frac{4.6 s_{BC}}{\rho} \delta_{\hat{\beta}_1} + \frac{0.4 s_{BC}}{\rho} \delta_{\hat{\beta}_3} \end{aligned}$$

亦即

$$\boldsymbol{f} = \frac{s_{BC}}{\rho} \begin{pmatrix} -4.6 \\ 0.4 \end{pmatrix}$$

所以

$$\boldsymbol{\alpha}^{\mathrm{T}}=\boldsymbol{f}^{\mathrm{T}}(\boldsymbol{A}^{\mathrm{T}}\boldsymbol{PA})^{-1}\boldsymbol{A}^{\mathrm{T}}\boldsymbol{P}$$

$$=\frac{s_{BC}}{\rho}\begin{pmatrix}-4.6\\0.4\end{pmatrix}^{\mathrm{T}}\left\{\begin{pmatrix}1&0\\-1&-1\\0&1\end{pmatrix}^{\mathrm{T}}\begin{pmatrix}p_1&0&0\\0&p_2&0\\0&0&p_3\end{pmatrix}\begin{pmatrix}1&0\\-1&-1\\0&1\end{pmatrix}\right\}^{-1}\times\begin{pmatrix}1&0\\-1&-1\\0&1\end{pmatrix}^{\mathrm{T}}\begin{pmatrix}p_1&0&0\\0&p_2&0\\0&0&p_3\end{pmatrix}$$

进一步演算得

$$\boldsymbol{\alpha}^{\mathrm{T}}=\boldsymbol{f}^{\mathrm{T}}(\boldsymbol{A}^{\mathrm{T}}\boldsymbol{PA})^{-1}\boldsymbol{A}^{\mathrm{T}}\boldsymbol{P}=\frac{s_{BC}}{\rho}\begin{pmatrix}-4.6\\0.4\end{pmatrix}^{\mathrm{T}}\begin{pmatrix}p_1+p_2&p_2\\p_2&p_2+p_3\end{pmatrix}^{-1}\begin{pmatrix}p_1&p_2&0\\0&p_2&p_3\end{pmatrix}$$

$$=\frac{s_{BC}}{\rho(p_1p_2+p_1p_3-p_2p_3)}\begin{pmatrix}-4.6\\0.4\end{pmatrix}^{\mathrm{T}}\begin{pmatrix}p_2+p_3&-p_2\\-p_2&p_1+p_2\end{pmatrix}\begin{pmatrix}p_1&p_2&0\\0&p_2&p_3\end{pmatrix}$$

$$=\frac{s_{BC}(-4.2p_1p_2-4.6p_1p_3\quad 0.4p_1p_2-4.6p_2p_3\quad 0.4p_1p_3+5.0p_2p_3)}{\rho(p_1p_2+p_1p_3-p_2p_3)}$$

将此结果代入

$$p_i=\frac{|\alpha_i|}{\sum_{j=1}^{n}|\alpha_j|}c\quad(i=1,2,\cdots,n)$$

得迭代式

$$(p_1\quad p_2\quad p_3)=\frac{(|4.2p_1p_2+4.6p_1p_3|\quad|0.4p_1p_2-4.6p_2p_3|\quad|0.4p_1p_3+5.0p_2p_3|)}{|4.2p_1p_2+4.6p_1p_3|+|0.4p_1p_2-4.6p_2p_3|+|0.4p_1p_3+5.0p_2p_3|}\times 3$$

首先令 $(p_1\quad p_2\quad p_3)=(1\quad 1\quad 1)$，可算得

$$(p_1\quad p_2\quad p_3)=(1.4\quad 0.7\quad 0.9)^{[1]}=(1.9\quad 0.5\quad 0.6)^{[2]}=(2.3\quad 0.3\quad 0.5)^{[3]}$$
$$=(2.6\quad 0.1\quad 0.4)^{[4]}=(2.7\quad 0.0\quad 0.3)^{[5]}=\cdots=(2.8\quad 0.0\quad 0.2)^{[6]\sim[10]}$$

策略 B $\begin{cases}\min\sum_{i=1}^{n}p_i\\ \text{s.t.}\ \sigma_0^2\sum_{i=1}^{n}\dfrac{\alpha_i^2}{p_i}=m^2\end{cases}$

其近似迭代解公式为

$$p_i=\frac{\sigma_0^2}{m^2}|\alpha_i|\sum_{j=1}^{n}|\alpha_j|\quad(i=1,2,\cdots,n)\tag{3.168}$$

例 3.7.3：如图 3.14 所示的单三角形，现要求确定三个内角在 $\dfrac{m_{s_{AB}}}{s_{AB}}=\dfrac{1}{30000}$ 下的最优观测权 p_1、p_2 和 p_3，使权和 $\sum_{i=1}^{3}p_i$ 最小(假设单位权中误差 $\sigma_0=10''$)。

解：利用例 3.7.2 的计算结果

$$\boldsymbol{\alpha}^{\mathrm{T}}=\frac{s_{BC}(-4.2p_1p_2-4.6p_1p_3\quad 0.4p_1p_2-4.6p_2p_3\quad 0.4p_1p_3+5.0p_2p_3)}{\rho(p_1p_2+p_1p_3-p_2p_3)}$$

又

$$m = m_{s_{AB}} = \frac{s_{AB}}{30000} = \frac{\frac{\sin 80°}{\sin 26°} s_{BC}}{30000} = \frac{s_{BC}}{13354}$$

计算系数

$$\begin{aligned} k &= \frac{\sigma_0^2}{m^2} \times \frac{s_{BC}}{\rho(p_1p_2 + p_1p_3 - p_2p_3)} \sum_{j=1}^{n} |\alpha_j| \\ &= \frac{10^2}{\left(\frac{s_{AB}}{13354}\right)^2} \times \frac{s_{BC}}{\rho(p_1p_2 + p_1p_3 - p_2p_3)} \times \frac{s_{BC}(4.2p_1p_2 + 4.6p_1p_3 - 0.4p_1p_2 + 4.6p_2p_3 + 0.4p_1p_3 + 5.0p_2p_3)}{\rho(p_1p_2 + p_1p_3 - p_2p_3)} \\ &= \frac{(10 \times 13354)^2(3.8p_1p_2 + 5.0p_1p_3 + 9.6p_2p_3)}{\rho^2(p_1p_2 + p_1p_3 - p_2p_3)^2} \end{aligned}$$

所以得迭代式

$$(p_1 \quad p_2 \quad p_3) = \frac{\left(|4.2p_1p_2 + 4.6p_1p_3| \quad |0.4p_1p_2 - 4.6p_2p_3| \quad |0.4p_1p_3 + 5.0p_2p_3|\right)}{\frac{\rho^2(p_1p_2 + p_1p_3 - p_2p_3)^2}{(10 \times 13354)^2(3.8p_1p_2 + 5.0p_1p_3 + 9.6p_2p_3)}}$$

首先令$(p_1 \quad p_2 \quad p_3) = (1 \quad 1 \quad 1)$，可算得

$$\begin{aligned} (p_1 \quad p_2 \quad p_3) &= (67.8 \quad 32.4 \quad 41.6)^{[1]} = (24.4 \quad 5.9 \quad 8.7)^{[2]} = (14.9 \quad 1.7 \quad 3.2)^{[3]} \\ &= (11.5 \quad 0.5 \quad 1.6)^{[4]} = (10.2 \quad 0.1 \quad 1.1)^{[5]} = \cdots = (9.6 \quad 0.0 \quad 0.8)^{[7]\sim[10]} \end{aligned}$$

例 3.7.4：如图 3.15 所示测边网，A、B、C 为已知点，P 为待定点，各点近似坐标为 $A(0,0)$、$B(0,1000)$、$C(0,2000)$、$P(1000,1000)$。取待定点 P 在方位角为 60°方向上的中误差 $m = \pm 10\text{mm}$，单位权中误差为 $\sigma_0 = 10\text{mm}$，试设计边长观测方案，使观测值的权和最小。

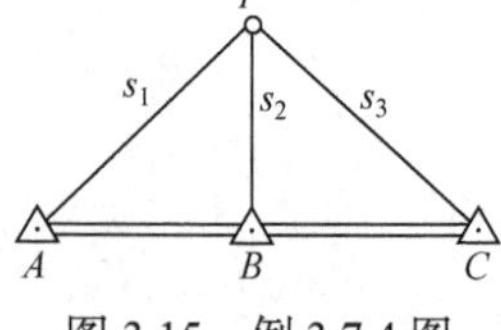

图 3.15 例 3.7.4 图

解：首先列出设计矩阵和权函数式的系数

$$A = \frac{1}{2}\begin{pmatrix} \sqrt{2} & \sqrt{2} \\ 2 & 0 \\ \sqrt{2} & -\sqrt{2} \end{pmatrix}$$

$$f = \begin{pmatrix} \cos 60° \\ \sin 60° \end{pmatrix} = \frac{1}{2}\begin{pmatrix} 1 \\ \sqrt{3} \end{pmatrix}$$

所以

$$\boldsymbol{\alpha}^{\mathrm{T}} = \boldsymbol{f}^{\mathrm{T}}(\boldsymbol{A}^{\mathrm{T}}\boldsymbol{P}\boldsymbol{A})^{-1}\boldsymbol{A}^{\mathrm{T}}\boldsymbol{P}$$

$$= \frac{1}{2}\begin{pmatrix} 1 \\ \sqrt{3} \end{pmatrix}^{\mathrm{T}} \left\{ \frac{1}{2}\begin{pmatrix} \sqrt{2} & \sqrt{2} \\ 2 & 0 \\ \sqrt{2} & -\sqrt{2} \end{pmatrix}^{\mathrm{T}} \begin{pmatrix} p_1 & 0 & 0 \\ 0 & p_2 & 0 \\ 0 & 0 & p_3 \end{pmatrix} \frac{1}{2}\begin{pmatrix} \sqrt{2} & \sqrt{2} \\ 2 & 0 \\ \sqrt{2} & -\sqrt{2} \end{pmatrix} \right\}^{-1} \times \frac{1}{2}\begin{pmatrix} \sqrt{2} & \sqrt{2} \\ 2 & 0 \\ \sqrt{2} & -\sqrt{2} \end{pmatrix}^{\mathrm{T}} \begin{pmatrix} p_1 & 0 & 0 \\ 0 & p_2 & 0 \\ 0 & 0 & p_3 \end{pmatrix}$$

进一步演算得

$$
\begin{aligned}
\boldsymbol{\alpha}^{\mathrm{T}} &= \boldsymbol{f}^{\mathrm{T}}(\boldsymbol{A}^{\mathrm{T}}\boldsymbol{P}\boldsymbol{A})^{-1}\boldsymbol{A}^{\mathrm{T}}\boldsymbol{P} \\
&= \begin{pmatrix} 1 & \sqrt{3} \end{pmatrix}\begin{pmatrix} 2p_1+4p_2+2p_3 & 2p_1-2p_3 \\ 2p_1-2p_3 & 2p_1+2p_3 \end{pmatrix}^{-1}\begin{pmatrix} \sqrt{2}p_1 & 2p_2 & \sqrt{2}p_3 \\ \sqrt{2}p_1 & 0 & -\sqrt{2}p_3 \end{pmatrix} \\
&= \frac{\begin{pmatrix} 1 & \sqrt{3} \end{pmatrix}\begin{pmatrix} p_1+p_3 & -p_1+p_3 \\ -p_1+p_3 & p_1+2p_2+p_3 \end{pmatrix}\begin{pmatrix} \sqrt{2}p_1 & 2p_2 & \sqrt{2}p_3 \\ \sqrt{2}p_1 & 0 & -\sqrt{2}p_3 \end{pmatrix}}{4(p_1p_2+2p_1p_3+p_2p_3)} \\
&= \frac{\begin{pmatrix} 1 & \sqrt{3} \end{pmatrix}\begin{pmatrix} \sqrt{2}p_1p_3 & p_2(p_1+p_3) & \sqrt{2}p_1p_3 \\ \sqrt{2}p_1(p_2+p_3) & -p_2(p_1-p_3) & -\sqrt{2}p_3(p_1+p_2) \end{pmatrix}}{2(p_1p_2+2p_1p_3+p_2p_3)} \\
&= \frac{\begin{pmatrix} \sqrt{6}p_1p_2+(\sqrt{2}+\sqrt{6})p_1p_3 & (1-\sqrt{3})p_1p_2+(1+\sqrt{3})p_2p_3 & (\sqrt{2}-\sqrt{6})p_1p_3-\sqrt{6}p_2p_3 \end{pmatrix}}{2(p_1p_2+2p_1p_3+p_2p_3)}
\end{aligned}
$$

将此结果代入 $p_i=\dfrac{\sigma_0^2}{m^2}|\alpha_i|\sum\limits_{j=1}^{n}|\alpha_j|(i=1,2,\cdots,n)$ ，并令

$$
\begin{pmatrix} p_1 & p_2 & p_3 \end{pmatrix}=\begin{pmatrix} 1 & 1 & 1 \end{pmatrix}
$$

可得

$$
\begin{pmatrix} p_1 & p_2 & p_3 \end{pmatrix}=\begin{pmatrix} 1.2 & 0.4 & 0.6 \end{pmatrix}^{[1]}=\begin{pmatrix} 1.2 & 0.1 & 0.4 \end{pmatrix}^{[2]}=\cdots=\begin{pmatrix} 1.2 & 0.0 & 0.3 \end{pmatrix}^{[3]\sim[10]}
$$

(2) A 优化。

$$
\text{策略 A}\begin{cases} \min \sigma_0^2 \sum\limits_{i=1}^{n} \dfrac{\beta_i^2}{p_i} \\ \text{s.t.} \sum\limits_{i=1}^{n} p_i = c \end{cases}
$$

其近似迭代解公式为

$$
p_i=\frac{|\beta_i|}{\sum\limits_{j=1}^{n}|\beta_j|}c \quad (i=1,2,\cdots,n) \tag{3.169}
$$

$$
\text{策略 B}\begin{cases} \min \sum\limits_{i=1}^{n} p_i \\ \text{s.t.}\ \sigma_0^2 \sum\limits_{i=1}^{n} \dfrac{\beta_i^2}{p_i} = d^2 \end{cases}
$$

其近似迭代解公式为

$$
p_i=\frac{\sigma_0^2}{d^2}|\beta_i|\sum_{j=1}^{n}|\beta_j| \quad (i=1,2,\cdots,n) \tag{3.170}
$$

3. 顾及精度和可靠性的权优化

将

$$
r_i=1-a_ip_i \quad (i=1,2,\cdots,n)
$$

写成

$$a_i p_i = 1 - r_i \overset{\text{记为}}{=\!=} t_i \quad (i = 1, 2, \cdots, n)$$

t_i 称为必要观测分量，其平均值记为

$$\overline{t} = \frac{t}{n}$$

t 为待定参数个数。采用如下优化策略：

$$\begin{cases} \min \sum_{i=1}^{n} \left(\dfrac{\overline{t}}{p_i} - a_i \right)^2 \\ \text{s.t.}\ \sigma_0^2 \sum_{i=1}^{n} \dfrac{\alpha_i^2}{p_i} = m^2 \end{cases}$$

得近似迭代解公式为

$$\frac{1}{p_i} = \frac{\dfrac{m^2}{\sigma_0^2} - \dfrac{1}{\overline{t}} \sum_{j=1}^{n} a_j \alpha_j^2}{\sum_{j=1}^{n} \alpha_j^4} \alpha_i^2 + \frac{a_i}{\overline{t}} \quad (i = 1, 2, \cdots, n) \tag{3.171}$$

3.8 建筑方格网

在建筑工地上，场地控制网是一种控制整个施工场地的施工控制网，它的主要作用是为建筑场地内房屋、道路、管线、铁路等建筑物的轴线放样提供控制基础。工厂建设中的场地控制网又称为厂区控制网，除施工控制作用之外，还应考虑作为工厂竣工测量和现状测量的控制基础。厂区控制网的布设要求一般为：平均边长 100～200m，边长精度为 $\dfrac{1}{20000}$，角度精度为±8″。

建筑方格网(building square grids)是厂区控制网的一种特殊形式，其特点是每相邻两点的连线平行或垂直于建筑场地的主轴线。这样，控制网的边也就组成了矩形的格网，控制点位于格网的结点上。显然，建筑方格网一经设计好，它的网点坐标便是已知的。这样，在建筑方格网建立之前，就可以做放样准备工作(设计放样方案、计算放样元素等)。另外，它的网点分布规则，所以计算简单、不易出错。

建筑方格网来源于矩形控制网(厂房基础施工控制网)概念的扩展，20 世纪中叶由苏联人提出，此后在我国的工厂建设中得到了广泛的应用。

实际上，建筑方格网既不是场地控制网的唯一形式，更不是场地控制网的最好形式。它的明显缺点是效率很低，表现为建立费用高、网形呆板、难以维护。这一节，我们讨论建筑方格网的目的，一方面，它仍有一定的应用市场；另一方面，我们把它作为归化法放样一批点的一个例子。

根据建筑工地范围的大小以及具体的施工顺序，建筑方格网的建立可分为“一级布设”

和“二级布设”两种情况。当工地范围较小时，可采用“一级布设”，即首先建立场地的主轴线，然后在主轴线的基础上布设边长为 100～200m 的方格网。在“一级布设”中，方格网精度为 $\frac{1}{20000}$ 和 $\pm8''$，主轴线精度为 $\pm4''$(若测距，其精度为 $\frac{1}{40000}$)，则布设方格网时，可将主轴线视为已知数据。当工地范围较大时，施工一般分区分期进行，相应地建筑方格网可采用“二级布设”，即首先建立场地主轴线；在主轴线的基础上，建立边长为 300～500m 的主方格网(主方格网也称为Ⅰ级方格网，简称主网或Ⅰ级网)；根据施工的进展情况，分区分期是指在主方格网的基础上布设边长为 100～200m 的加密方格网(加密方格网也称为Ⅱ级方格网，简称加密网或Ⅱ级网)。在“二级布设”中，加密方格网精度为 $\frac{1}{20000}$ 和 $\pm8''$，主方格网精度为 $\frac{1}{40000}$ 和 $\pm4''$，主轴线精度为 $\pm2''.5$ (若测距，其精度为 $\frac{1}{80000}$)。这样，布设主方格网时，可将主轴线看作已知数据，而在布设加密方格网时，可将主方格网点看作已知点。以上技术要求的依据为《冶金建筑安装工程施工测量规范》(YBJ 212—1988，在本节中以下简称《规范》)。

上述“一级布设”和“二级布设”实际上为二级布设和三级布设，但习惯与规范未将主轴线作为一级。为尊重习惯与规范，这里使用引号标明。

3.8.1　主轴线的设计与放样

主轴线的主要作用是用于建筑方格网的定位定向，也就是整个建筑区(如某个待建工厂)的定位定向，同时一般也指定为整个建筑方格网的平差基准。因此，主轴线设置的基本要求是有足够的长度和易于保存。具体的位置需由测量人员会同设计人员、施工人员在建筑总平面图和厂区地形图上研究决定。主轴线的传统布置形式有：由三点组成的“━”字形或“┗”字形、由五点组成的“╋”字形、由八点组成的“╋╋”字形、由九点组成的“田”字形、由 11 点组成的“╋╋╋”字形等。一般认为简便而有效的选择是由三点或四点组成的“━”字形。

主轴线设置的另一个要求是其放样精度，实则是整网或整个建筑区的定位定向精度要求。《规范》规定“主轴线的点应以一级小三角以上工程勘测控制网为依据放样，点位中误差(相对于邻近的勘测控制点而言)不得大于±5cm”。

将“━”字形轴线的三点放样于实地上后，需在中间点设站测角检查放样的正确性。设放样点的点位中误差均为 m_P，则可根据式(3.72)计算出放样点组成角的中误差。设中间点设站实测角为 β，则应有

$$|\beta-180^\circ|\leqslant 2\frac{\sqrt{s_1^2+s_2^2+s_1s_2}\,m_P}{s_1s_2}\rho$$

否则说明点位放样可能有误。

放样正确性检查通过后，需要将三个放样点按一定精度调整到一条直线上。如图 3.16 所示，A'、B'、C' 为初步放样的主轴点，对 $\angle A'B'C'$ 按一定精度实测得 β，例如，在“二级布设”中精度要求为 $\pm2''.5$。当 $|\beta-180^\circ|>5''$ 时，需对三点进行调整，最简单的调整方法是将 B' 向 $A'C'$ 方向移动 δ，即

$$\delta=\frac{s_{A'B'}s_{B'C'}}{s_{A'B'}+s_{B'C'}}\cdot\frac{\beta-180^\circ}{\rho}$$

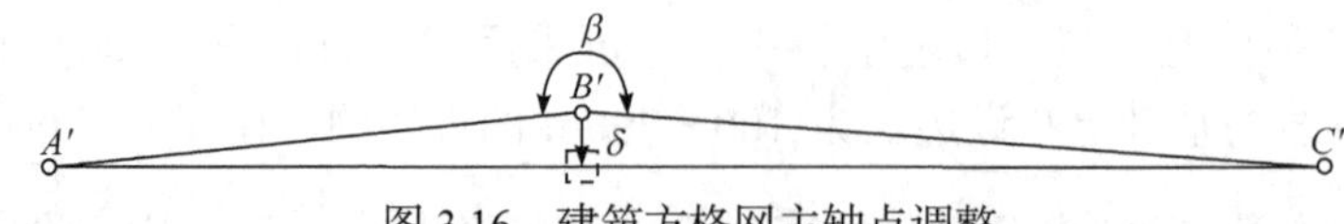

图 3.16　建筑方格网主轴点调整

更合理精确的方法是将三点拟合成一条直线，然后使 A' 、B' 、C' 向该直线改动，而且这种方法可用于多点的情况。

主轴点调整后，还应进行距离测量，如图 3.16 中的 $s_{A'B'}$ 和 $s_{B'C'}$ ，在“二级布设”中精度要求为 $\dfrac{1}{80000}$ 。

3.8.2　主方格网的设计与放样

主方格网设计的主要要求是保证点位易于保存、边长为 300～500m、精度为 $\dfrac{1}{40000}$ 和 ±4″。下面介绍主方格网点归化法放样的主要过程。

(1) 初步放样过渡点。在归化法放样中，对初步放样过渡点的精度要求很低。所以，放样工作可依据主轴点、图根控制点或明显地物等，放样方法可选用最简便的。

(2) 对过渡点进行观测。将初步放样的过渡点与主轴点联测可采用任意的测量方法，无论何种方法，测量精度应保证为 $\dfrac{1}{40000}$ 和±4″。

(3) 过渡点网的平差计算。对过渡点和主轴点组成的网进行观测后，即可对其做平差计算。平差中，将主轴点作为已知点。

(4) 归化。将计算得到的过渡点坐标与相应的主方格点的设计坐标作比较，求出差值 δ_{A_i} 、δ_{B_i} ，即可在实地归化出主方格点的设计位置。

(5) 检测。各主方格点的位置确定后，还需对点之间的相对位置进行检测，检测精度同主方格点的放样要求。

(6) 埋设永久性标石。各主方格点的位置检查无误后，在确定的位置埋设永久性标石。标石埋设可采用骑马桩方法。

3.8.3　方格网的加密

主方格网放样后，网点的密度一般不能满足施工测量的要求，还需在主方格网的基础上进行加密，即布设Ⅱ级方格网。Ⅱ级方格网的建立可根据施工的需要分期分区实施，对于施工急需的部分优先布设，工期在后的部分可暂缓布设。

Ⅱ级方格网的建立也可采用归化法放样的方法。其过程同主方格网，精度为 $\dfrac{1}{20000}$ 和 ±8″，平差计算时以主方格网点和主轴点为已知点。

3.8.4　关于建筑方格网建立方法的进一步说明

由前述可以看出，当工地范围较小时，应采用“一级布设”的方法，这样可节省很多测量工作。其实，还有一些方面可以简化。例如，对主轴点初步放样后，可只做检测，不做调整与测距，后面的平差计算不将所有的主轴点看作已知点，而只采用其中一点(如图 3.16 中的点 A')和一个方向(如图 3.16 中的方向 $\alpha_{A'C'}$)作为平差基准。

3.8.5 建筑场地的高程控制

在大型工业建设场地上，高程控制网通常分两级布设。首级为Ⅲ等水准网，控制整个建筑场地。一般 400～800m 埋设一点，点位应离厂房或高大建筑物 25m 以外、离震动影响范围 5m 以外、离回填土边线 15m 以外。次级高程控制是在Ⅲ等水准网基础上加密Ⅳ等水准网，Ⅳ等水准点一般不单独埋设，而与方格网点合并。

3.9 平面直伸网平差

当测量控制网网点近似位于同一条直线上时，这种控制网称为直伸网或直线网。直伸网主要用于直线形建筑物的施工放样和变形监测。例如，直线形加速器的安装测量，火箭橇试验滑轨的安装测量，桥梁、大坝的横向变形监测等。

如图 3.17 所示，设某控制网由 $m+1$ 个点组成，$\left(x_i^{[0]}, y_i^{[0]}\right)(i = 0,1,2,\cdots,m)$ 位于一条直线上，其平差基准为 $\delta_{\hat{x}_0} = 0$，$\delta_{\hat{y}_0} = 0$，$\delta_{\hat{x}_m} = 0$。对该网进行了方向观测和距离观测，误差方程式为

$$v_{r_{ij}} = -\delta_{\hat{\omega}_i} + \frac{\sin\alpha_{ij}^{[0]}}{s_{ij}^{[0]}}\rho\delta_{\hat{x}_i} - \frac{\cos\alpha_{ij}^{[0]}}{s_{ij}^{[0]}}\rho\delta_{\hat{y}_i} - \frac{\sin\alpha_{ij}^{[0]}}{s_{ij}^{[0]}}\rho\delta_{\hat{x}_j} + \frac{\cos\alpha_{ij}^{[0]}}{s_{ij}^{[0]}}\rho\delta_{\hat{y}_j} - l_{r_{ij}}$$

$$v_{s_{ij}} = -\cos\alpha_{ij}^{[0]}\delta_{\hat{x}_i} - \sin\alpha_{ij}^{[0]}\delta_{\hat{y}_i} + \cos\alpha_{ij}^{[0]}\delta_{\hat{x}_j} + \sin\alpha_{ij}^{[0]}\delta_{\hat{y}_j} - l_{s_{ij}}$$

式中，$l_{r_{ij}} = r_{ij} + \omega_i^{[0]} - \alpha_{ij}^{[0]}$；$l_{s_{ij}} = s_{ij} - s_{ij}^{[0]}$。

图 3.17　直伸网网形示意图

以 $\cos\alpha_{ij}^{[0]} = 0$、$\dfrac{\sin\alpha_{ij}^{[0]}}{s_{ij}^{[0]}} = \dfrac{1}{y_j^{[0]} - y_i^{[0]}}$ 代之得

$$v_{r_{ij}} = -\delta_{\hat{\omega}_i} + \frac{\rho}{y_j^{[0]} - y_i^{[0]}}\delta_{\hat{x}_i} - \frac{\rho}{y_j^{[0]} - y_i^{[0]}}\delta_{\hat{x}_j} - l_{r_{ij}} \tag{3.172}$$

$$v_{s_{ij}} = \operatorname{sgn}(i-j)\delta_{\hat{y}_i} + \operatorname{sgn}(j-i)\delta_{\hat{y}_j} - l_{s_{ij}} \tag{3.173}$$

显然，总的误差方程式(假设参数 $\delta_{\hat{\omega}_i}$ 已通过 Schreiber 法则约去，实际上这一点不影响以后的结论)可以写成

$$\begin{pmatrix} \boldsymbol{v}_r \\ \boldsymbol{v}_s \end{pmatrix} = \begin{pmatrix} \boldsymbol{A}_r & \boldsymbol{0} \\ \boldsymbol{0} & \boldsymbol{A}_s \end{pmatrix} \begin{pmatrix} \boldsymbol{\delta}_{\hat{x}} \\ \boldsymbol{\delta}_{\hat{y}} \end{pmatrix} - \begin{pmatrix} \boldsymbol{l}_r \\ \boldsymbol{l}_s \end{pmatrix} \text{权} \begin{pmatrix} \boldsymbol{P}_r & \boldsymbol{0} \\ \boldsymbol{0} & \boldsymbol{P}_s \end{pmatrix}$$

式中，$\boldsymbol{\delta}_{\hat{x}} = \begin{pmatrix} \delta_{\hat{x}_1} & \delta_{\hat{x}_2} & \cdots & \delta_{\hat{x}_{m-1}} \end{pmatrix}^{\mathrm{T}}$；$\boldsymbol{\delta}_{\hat{y}} = \begin{pmatrix} \delta_{\hat{y}_1} & \delta_{\hat{y}_2} & \cdots & \delta_{\hat{y}_m} \end{pmatrix}^{\mathrm{T}}$。

在最小二乘法原则下组成法方程

$$\begin{pmatrix} \boldsymbol{A}_r^{\mathrm{T}}\boldsymbol{P}_r\boldsymbol{A}_r & \boldsymbol{0} \\ \boldsymbol{0} & \boldsymbol{A}_s^{\mathrm{T}}\boldsymbol{P}_s\boldsymbol{A}_s \end{pmatrix} \begin{pmatrix} \boldsymbol{\delta}_{\hat{x}} \\ \boldsymbol{\delta}_{\hat{y}} \end{pmatrix} = \begin{pmatrix} \boldsymbol{A}_r^{\mathrm{T}}\boldsymbol{P}_r\boldsymbol{l}_r \\ \boldsymbol{A}_s^{\mathrm{T}}\boldsymbol{P}_s\boldsymbol{l}_s \end{pmatrix}$$

或写成

$$\begin{pmatrix} \boldsymbol{N}_r & \boldsymbol{0} \\ \boldsymbol{0} & \boldsymbol{N}_s \end{pmatrix} \begin{pmatrix} \boldsymbol{\delta}_{\hat{x}} \\ \boldsymbol{\delta}_{\hat{y}} \end{pmatrix} = \begin{pmatrix} \boldsymbol{u}_r \\ \boldsymbol{u}_s \end{pmatrix}$$

或

$$\boldsymbol{N}_r \boldsymbol{\delta}_{\hat{x}} = \boldsymbol{u}_r$$

$$\boldsymbol{N}_s \boldsymbol{\delta}_{\hat{y}} = \boldsymbol{u}_s$$

可以解得

$$\boldsymbol{\delta}_{\hat{x}} = \boldsymbol{N}_r^{-1} \boldsymbol{u}_r$$

$$\boldsymbol{\delta}_{\hat{y}} = \boldsymbol{N}_s^{-1} \boldsymbol{u}_s$$

$$\boldsymbol{v}^{\mathrm{T}} \boldsymbol{P} \boldsymbol{v} = \begin{pmatrix} \boldsymbol{v}_r^{\mathrm{T}} & \boldsymbol{v}_s^{\mathrm{T}} \end{pmatrix} \begin{pmatrix} \boldsymbol{P}_r & \boldsymbol{0} \\ \boldsymbol{0} & \boldsymbol{P}_s \end{pmatrix} \begin{pmatrix} \boldsymbol{v}_r \\ \boldsymbol{v}_s \end{pmatrix} = \boldsymbol{v}_r^{\mathrm{T}} \boldsymbol{P}_r \boldsymbol{v}_r + \boldsymbol{v}_s^{\mathrm{T}} \boldsymbol{P}_s \boldsymbol{v}_s$$

$$\hat{\sigma}_{0r} = \sqrt{\frac{\boldsymbol{v}_r^{\mathrm{T}} \boldsymbol{P}_r \boldsymbol{v}_r}{n_r - (m-1) - k}} \ (k\text{为方向测站数})$$

$$\hat{\sigma}_{0s} = \sqrt{\frac{\boldsymbol{v}_s^{\mathrm{T}} \boldsymbol{P}_s \boldsymbol{v}_s}{n_s - m}}$$

$$\boldsymbol{Q}_{\hat{x}\hat{x}} = \boldsymbol{N}_r^{-1}$$

$$\boldsymbol{Q}_{\hat{y}\hat{y}} = \boldsymbol{N}_s^{-1}$$

以上推导结果表明，在直伸网观测中，方向观测值仅对横向起作用，距离观测值仅对纵向起作用，二者可分开进行处理，从而使二维网问题简化为两个一维网问题。这使网的平差和设计都得到了简化。

3.10 环形控制网平差

在环形粒子加速器工程施工中，需要布设平面环形控制网来精确放样环形加速器或储存环上的磁铁等设备。

如图 3.18 所示的环形控制网，除了测量相邻点间距外，还测量隔一点的距离。当环的半径较大，点数也较多时，在隧道里隔一点后仍可能通视。增加了这么多观测值以后会增加很多校核条件，但后面的分析将证明这么多长度观测值并不能弥补导线的主要缺点——方位角传递误差积累快。如果不仅增加隔点的边长观测，还增加隔点的方向观测，则可望显著改善方位角传递的精度，只是要注意隔点间的连线很可能离隧道壁很近，如果靠近视线有热源，则旁折光会明显降低测角的精度。

如果在相邻三点组成的狭长三角形 ABC，如图 3.19 中在 A、C 点间引张一根弦线，显然这弦线不会因附近有热源而横向弯曲，再用专门工具丈量 B 至此弦线的距离，即 $\triangle ABC$ 的高 h。我们可以把这看作间接测角方法：已知 s_1、s_2 以及高 h，推算 $\triangle ABC$ 的三个角值。

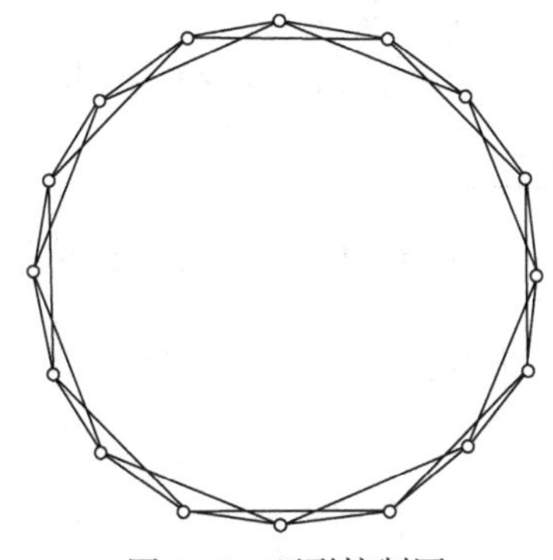

图 3.18　环形控制网

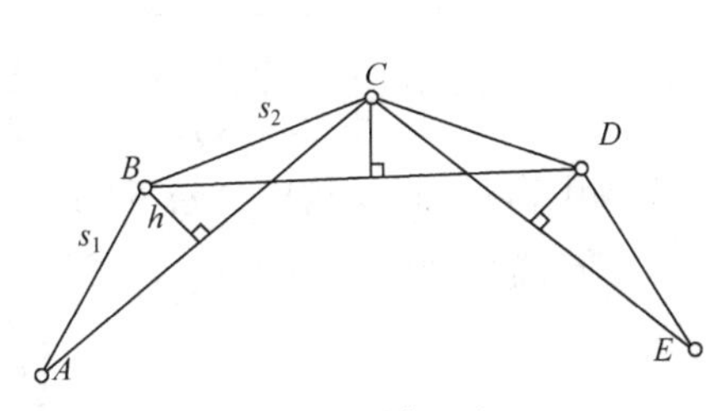

图 3.19　测高三角网

三个角值计算方法为

$$\begin{cases} \sin\angle A = \dfrac{h}{s_1} \\ \sin\angle C = \dfrac{h}{s_2} \\ \angle B = 180° - \angle A - \angle C \end{cases} \tag{3.174}$$

微分式(3.174)中第一、二式可得

$$\begin{cases} \cot\angle A \cdot \mathrm{d}\angle A = \dfrac{\mathrm{d}h}{h} - \dfrac{\mathrm{d}s_1}{s_1} \\ \cot\angle C \cdot \mathrm{d}\angle C = \dfrac{\mathrm{d}h}{h} - \dfrac{\mathrm{d}s_2}{s_2} \end{cases} \tag{3.175}$$

顾及 $\tan\angle A \approx \dfrac{h}{s_1}$ 、 $\tan\angle C \approx \dfrac{h}{s_2}$ ，代入式(3.175)可得

$$\mathrm{d}\angle A = \frac{\mathrm{d}h}{s_1} - \frac{\mathrm{d}s_1}{s_1} \cdot \frac{h}{s_1}$$

$$\mathrm{d}\angle C = \frac{\mathrm{d}h}{s_2} - \frac{\mathrm{d}s_2}{s_2} \cdot \frac{h}{s_2}$$

$$\mathrm{d}\angle B = -\mathrm{d}\angle A - \mathrm{d}\angle C = -\left(\frac{1}{s_1} + \frac{1}{s_2}\right)\mathrm{d}h + \frac{\mathrm{d}s_1}{s_1} \cdot \frac{h}{s_1} + \frac{\mathrm{d}s_2}{s_2} \cdot \frac{h}{s_2}$$

由此可得中误差关系式

$$\begin{cases} m_{\angle A} = \rho\sqrt{\left(\dfrac{m_h}{s_1}\right)^2 + \left(\dfrac{h}{s_1}\right)^2 \cdot \left(\dfrac{m_{s_1}}{s_1}\right)^2} \\ m_{\angle C} = \rho\sqrt{\left(\dfrac{m_h}{s_2}\right)^2 + \left(\dfrac{h}{s_2}\right)^2 \cdot \left(\dfrac{m_{s_2}}{s_2}\right)^2} \\ m_{\angle B} = \rho\sqrt{\left(\dfrac{1}{s_1} + \dfrac{1}{s_2}\right)^2 m_h^2 + \left(\dfrac{h}{s_1}\right)^2 \cdot \left(\dfrac{m_{s_1}}{s_1}\right)^2 + \left(\dfrac{h}{s_2}\right)^2 \cdot \left(\dfrac{m_{s_2}}{s_2}\right)^2} \end{cases} \tag{3.176}$$

现在可以清楚地看到，在其他条件相同时，h越小，$m_{\angle A}$也随之越小。

例 3.10.1：某工程圆环的半径 $R = 233.45\text{m}$，$n = 60$。由此可算得，$s_1 = s_2 = 24.4\text{m}$，$h = 1.28\text{m}$，设 $m_s = \pm 0.04\text{mm}$，$m_h = \pm 0.03\text{mm}$，代入式(3.176)后则可得

$$m_{\angle A} = m_{\angle C} = \rho \cdot \sqrt{\left(\frac{0.03}{24.4\times 10^3}\right)^2 + \left(\frac{1.28}{24.4}\right)^2 \cdot \left(\frac{0.04}{24.4\times 10^3}\right)^2} = \pm 0.25'' \text{，} \quad m_{\angle B} = \pm 0.51''$$

从实例中可见与m_h相比，m_s对$m_{\angle A}$的影响非常小，假设$s = s_1 = s_2$，因此实用上完全可以把式(3.176)简化为

$$\begin{cases} m_{\angle A} = \dfrac{m_h}{s}\rho \\ m_{\angle C} = \dfrac{m_h}{s}\rho \\ m_{\angle B} = 2\dfrac{m_h}{s}\rho \end{cases} \tag{3.177}$$

由上面的分析可得出以下结论：对狭长的三角形，当边长有一定长度，测高的误差很小时，用测高来间接求角值是有利的。

下面再分析一下测量狭长三角形底边的作用。设$d = \overline{AC}$，测量了三边s_1、s_2和d以后可以推算角值

$$\cos\angle B = \frac{s_1^2 + s_2^2 - d^2}{2 s_1 s_2} \tag{3.178}$$

微分式(3.178)可得

$$\begin{aligned} -\sin\angle B \mathrm{d}\angle B &= \frac{s_1 \mathrm{d}s_1 + s_2 \mathrm{d}s_2 - d\mathrm{d}d}{s_1 s_2} - \frac{(s_1^2 + s_2^2 - d^2)(s_1 \mathrm{d}s_2 + s_2 \mathrm{d}s_1)}{2 s_1^2 s_2^2} \\ &= \frac{s_1 \mathrm{d}s_1 + s_2 \mathrm{d}s_2 - d\mathrm{d}d}{s_1 s_2} - \frac{2 s_1 s_2 \cos\angle B (s_1 \mathrm{d}s_2 + s_2 \mathrm{d}s_1)}{2 s_1^2 s_2^2} \\ &= \frac{(s_1 - s_2\cos\angle B)\mathrm{d}s_1 + (s_2 - s_1 \cos\angle B)\mathrm{d}s_2 - d\mathrm{d}d}{s_1 s_2} \end{aligned} \tag{3.179}$$

因为

$$\begin{cases} s_1 - s_2 \cos\angle B = d\cos\angle A \\ s_2 - s_1 \cos\angle B = d\cos\angle C \end{cases} \tag{3.180}$$

又

$$s_1 s_2 \sin\angle B = d \cdot h \tag{3.181}$$

将式(3.180)、式(3.181)代入式(3.179)并整理后得

$$\mathrm{d}\angle B = (\mathrm{d}d - \cos\angle A \mathrm{d}s_1 - \cos\angle C \mathrm{d}s_2)/h$$

对于狭长三角形，有$\cos\angle A \approx 1$、$\cos\angle C \approx 1$，则

$$\mathrm{d}\angle B = (\mathrm{d}d - \mathrm{d}s_1 - \mathrm{d}s_2)/h \tag{3.182}$$

由此可得中误差关系式

$$m_{\angle B} = \frac{\sqrt{m_d^2 + m_{s_1}^2 + m_{s_2}^2}}{h}\rho \tag{3.183}$$

设 $h=1.28\text{m}$，$m_d=m_{s_1}=m_{s_2}=\pm0.04\text{mm}$，则可得 $m_{\angle B}=\pm 11''.2$。

由此可见，用狭长三角形三条边长推求角度的精度不高。丈量狭长三角形底边或者丈量隔点的距离可提供校核，也有助于减少相邻点的相对点位误差，但不能提高传递方位角的精度。

下面来讨论三角形高的误差方程式。

设有相邻三点 I、J、K 组成一个狭长三角形，如图 3.20 所示。量测自 J 点到 IK 的垂距 h。

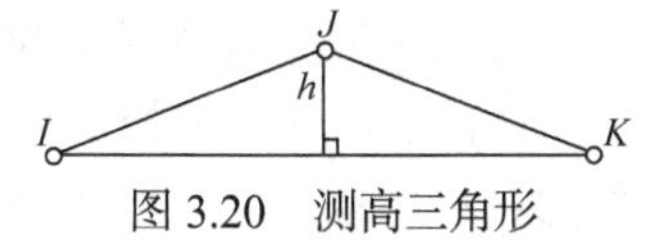

图 3.20　测高三角形

按解析几何有 IK 的直线方程式为

$$(\hat{x}_K-\hat{x}_I)y-(\hat{y}_K-\hat{y}_I)x+(\hat{y}_K-\hat{y}_I)\hat{x}_I-(\hat{x}_K-\hat{x}_I)\hat{y}_I=0$$

J 点到该直线的距离为

$$h+v_h=\hat{h}=\frac{(\hat{x}_K-\hat{x}_I)(\hat{y}_J-\hat{y}_I)-(\hat{y}_K-\hat{y}_I)(\hat{x}_J-\hat{x}_I)}{\sqrt{(\hat{x}_K-\hat{x}_I)^2+(\hat{y}_K-\hat{y}_I)^2}} \tag{3.184}$$

由此可推得误差方程式为

$$v_h=a_1\delta_{\hat{x}_I}+b_1\delta_{\hat{y}_I}+a_2\delta_{\hat{x}_J}+b_2\delta_{\hat{y}_J}+a_3\delta_{\hat{x}_K}+b_3\delta_{\hat{y}_K}+l_h \tag{3.185}$$

式中，$a_1=k\sin\alpha_{IK}^{[0]}$；$b_1=-k\cos\alpha_{IK}^{[0]}$；$a_2=-\sin\alpha_{IK}^{[0]}$；$b_2=\cos\alpha_{IK}^{[0]}$；$a_3=a_1+a_2$；$b_3=-(b_1+b_2)$；$k=\dfrac{s_{JK}^{[0]}}{s_{IK}^{[0]}}$；$\alpha_{IK}^{[0]}=\tan_\alpha^{-1}\dfrac{y_K^{[0]}-y_I^{[0]}}{x_K^{[0]}-x_I^{[0]}}$。

$$l_h=h^{[0]}-h=\frac{(x_K^{[0]}-x_I^{[0]})(y_J^{[0]}-y_I^{[0]})-(y_K^{[0]}-y_I^{[0]})(x_J^{[0]}-x_I^{[0]})}{\sqrt{(x_K^{[0]}-x_I^{[0]})^2+(y_K^{[0]}-y_I^{[0]})^2}}-h \tag{3.186}$$

对 a_1 推导如下：

由

$$h=\frac{(x_K-x_I)(y_J-y_I)-(y_K-y_I)(x_J-x_I)}{s_{IK}}=\frac{(x_K-x_I)(y_J-y_I)-(y_K-y_I)(x_J-x_I)}{\sqrt{(x_K-x_I)^2+(y_K-y_I)^2}}$$

得

$$\begin{aligned}
\frac{\partial h}{\partial x_I}&=\frac{-(y_J-y_I)+(y_K-y_I)}{s_{IJ}}-\frac{1}{s_{IK}^2}[(x_K-x_I)(y_J-y_I)-(y_K-y_I)(x_J-x_I)]\frac{\partial s_{IK}}{\partial x_I}\\
&=\frac{-(y_J-y_I)+(y_K-y_I)}{s_{IJ}}-\frac{1}{s_{IK}^2}\{(x_K-x_I)(y_J-y_I)-(y_K-y_I)(x_J-x_I)\}\frac{x_I-x_K}{s_{IK}}\\
&=\frac{1}{s_{IK}^2}\{(y_K-y_I)s_{IK}^2+(x_K-x_I)^2(y_J-y_I)-(y_K-y_I)(x_J-x_I)(x_K-x_I)\}\\
&=\frac{1}{s_{IK}^2}\{(x_K-x_I)^2[(y_K-y_I)+(y_J-y_I)]+(y_K-y_I)(y_K-y_I)^2-(y_K-y_I)(x_J-x_I)(x_K-x_I)\}\\
&=\frac{s_{JK}}{s_{IK}^2}(y_K-y_I)\left\{\frac{(x_K-x_I)(x_K-x_J)+(y_K-y_I)(y_K-y_J)}{s_{IK}s_{JK}}\right\}\\
&=\frac{s_{JK}}{s_{IK}}\sin\alpha_{IK}(\cos\alpha_{JK}\cos\alpha_{IK}+\sin\alpha_{JK}\sin\alpha_{IK})\\
&=\frac{s_{JK}}{s_{IK}}\sin\alpha_{IK}\cos(\alpha_{JK}-\alpha_{IK})\overset{\alpha_{JK}-\alpha_{IK}\text{是小角}}{=\!=\!=}\frac{s_{JK}}{s_{IK}}\sin\alpha_{IK}
\end{aligned}$$

即得 $a_1 = \left.\dfrac{\partial h}{\partial x_I}\right|_0 = \dfrac{s_{JK}^{[0]}}{s_{JK}^{[0]}}\sin\alpha_{JK}^{[0]}$。

仿此可以推导得 a_2、a_3、b_1、b_2、b_3 各表达式。

综上，对于环形控制网可归纳出下列结论。

(1) 在环形隧道控制网中，如能高精度测量狭长三角形的高，则可望显著改善方位角的传递精度。这实质上是间接高精度测角(h 仍应按长度观测值参与平差)。

(2) 增加多余观测值，如加测隔点的距离及观测隔点的方向，有利于提高相邻点的相对精度。

3.11 局部三维网平差

局部三维网平差处理的意义在于：①采用的是原始观测数据，而不像平面、高程分开处理时要做观测值的改化；②可以求垂线偏差等参数；③有望以此为基础建立工测网平差处理软件的统一模型。

3.11.1 不计垂线偏差的情形

如图 3.21 所示，坐标参数与观测值的关系式为

$$\tan(\hat{r}_{ij} + \hat{\omega}_i) = \frac{\hat{y}_j - \hat{y}_i}{\hat{x}_j - \hat{x}_i}$$

$$\hat{s}_{ij} = \sqrt{\left(\hat{x}_j - \hat{x}_i\right)^2 + \left(\hat{y}_j - \hat{y}_i\right)^2 + \left(\hat{z}_j + l_{ij} - \hat{z}_i - k_{ij}\right)^2}$$

$$\tan\hat{\alpha}_{ij} = \frac{\hat{z}_j + l_{ij} - \hat{z}_i - k_{ij}}{\sqrt{\left(\hat{x}_j - \hat{x}_i\right)^2 + \left(\hat{y}_j - \hat{y}_i\right)^2}}$$

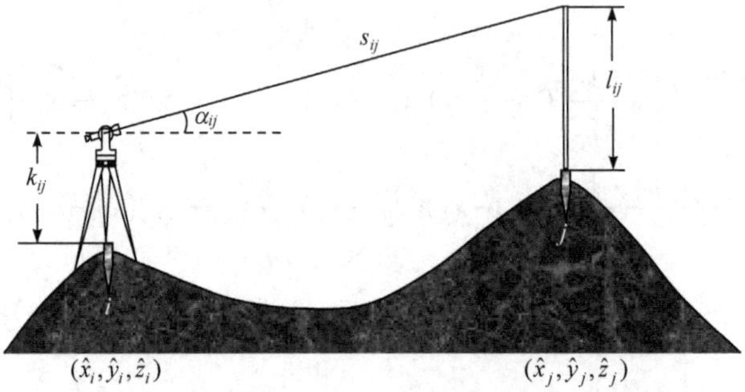

图 3.21 三维网观测

以 $\hat{x}_i = x_i^{[0]} + \delta_{\hat{x}_i}$、$\hat{y}_i = y_i^{[0]} + \delta_{\hat{y}_i}$、$\hat{z}_i = z_i^{[0]} + \delta_{\hat{z}_i}$、$\hat{x}_j = x_j^{[0]} + \delta_{\hat{x}_j}$、$\hat{y}_j = y_j^{[0]} + \delta_{\hat{y}_j}$、$\hat{z}_j = z_j^{[0]} + \delta_{\hat{z}_j}$、$\hat{\omega}_j = \omega_j^{[0]} + \delta_{\hat{\omega}_j}$、$\hat{r}_{ij} = r_{ij} + v_{r_{ij}}$、$\hat{s}_{ij} = s_{ij} + v_{s_{ij}}$、$\hat{\alpha}_{ij} = \alpha_{ij} + v_{\alpha_{ij}}$ 代入上式并按泰勒级数展开取一次项，得

$$v_{r_{ij}} = -\delta_{\hat{\omega}_i} + \frac{\sin T_{ij}^{[0]}}{D_{ij}^{[0]}}\rho\delta_{\hat{x}_i} - \frac{\cos T_{ij}^{[0]}}{D_{ij}^{[0]}}\rho\delta_{\hat{y}_i} - \frac{\sin T_{ij}^{[0]}}{D_{ij}^{[0]}}\rho\delta_{\hat{x}_j} + \frac{\cos T_{ij}^{[0]}}{D_{ij}^{[0]}}\rho\delta_{\hat{y}_j} - (r_{ij} + \omega_i^{[0]} - T_{ij}^{[0]}) \quad (3.187)$$

式中，$D_{ij}^{[0]}=\sqrt{\left(x_j^{[0]}-x_i^{[0]}\right)^2+\left(y_j^{[0]}-y_i^{[0]}\right)^2}$ ；$T_{ij}^{[0]}=\tan_{\alpha}^{-1}\dfrac{y_j^{[0]}-y_i^{[0]}}{x_j^{[0]}-x_i^{[0]}}$ 。

$$v_{s_{ij}}=\frac{\Delta x_{ij}^{[0]}}{s_{ij}^{[0]}}\left(\delta_{\hat{x}_j}-\delta_{\hat{x}_i}\right)+\frac{\Delta y_{ij}^{[0]}}{s_{ij}^{[0]}}\left(\delta_{\hat{y}_j}-\delta_{\hat{y}_i}\right)+\frac{\Delta z_{ij}^{[0]}+l_{ij}-k_{ij}}{s_{ij}^{[0]}}\left(\delta_{\hat{z}_j}-\delta_{\hat{z}_i}\right)-(s_{ij}-s_{ij}^{[0]}) \tag{3.188}$$

式中，$\Delta x_{ij}^{[0]}=x_j^{[0]}-x_i^{[0]}$；$\Delta y_{ij}^{[0]}=y_j^{[0]}-y_i^{[0]}$；$\Delta z_{ij}^{[0]}=z_j^{[0]}-z_i^{[0]}$；

$s_{ij}^{[0]}=\sqrt{\left(\Delta x_{ij}^{[0]}\right)^2+\left(\Delta y_{ij}^{[0]}\right)^2+\left(\Delta z_{ij}^{[0]}+l_{ij}-k_{ij}\right)^2}$ 。

$$\begin{aligned}v_{\alpha_{ij}}=&-\frac{\left(\Delta z_{ij}^{[0]}+l_{ij}-k_{ij}\right)\Delta x_{ij}^{[0]}}{\left(s_{ij}^{[0]}\right)^2D_{ij}^{[0]}}\rho\left(\delta_{\hat{x}_j}-\delta_{\hat{x}_i}\right)-\frac{\left(\Delta z_{ij}^{[0]}+l_{ij}-k_{ij}\right)\Delta y_{ij}^{[0]}}{\left(s_{ij}^{[0]}\right)^2D_{ij}^{[0]}}\rho\left(\delta_{\hat{y}_j}-\delta_{\hat{y}_i}\right)\\&+\frac{D_{ij}^{[0]}}{\left(s_{ij}^{[0]}\right)^2}\rho\left(\delta_{\hat{z}_j}-\delta_{\hat{z}_i}\right)-(\alpha_{ij}-\alpha_{ij}^{[0]})\end{aligned} \tag{3.189}$$

式中，$\alpha_{ij}^{[0]}=\arctan\dfrac{\Delta z_{ij}^{[0]}+l_{ij}-k_{ij}}{D_{ij}^{[0]}}$ 。

3.11.2　考虑垂线偏差的情形

设测站 i 存在垂线偏差 ε_{x_i}、ε_{y_i}，亦即测站 i 处垂线与 z 轴的夹角，则数学式(3.187)～式(3.189)不成立。除非将坐标系(即所有坐标点)绕 y 轴旋转 ε_{x_i}，再将坐标系绕 x 轴旋转 ε_{y_i} 。写成数学关系式，即

$$\begin{aligned}\begin{pmatrix}x'\\y'\\z'\end{pmatrix}&=\begin{pmatrix}\cos\varepsilon_{x_i}&0&\sin\varepsilon_{x_i}\\0&1&0\\-\sin\varepsilon_{x_i}&0&\cos\varepsilon_{x_i}\end{pmatrix}\begin{pmatrix}1&0&0\\0&\cos\varepsilon_{y_i}&\sin\varepsilon_{y_i}\\0&-\sin\varepsilon_{y_i}&\cos\varepsilon_{y_i}\end{pmatrix}\begin{pmatrix}x\\y\\z\end{pmatrix}\\&=\begin{pmatrix}\cos\varepsilon_{x_i}&-\sin\varepsilon_{x_i}\sin\varepsilon_{y_i}&\sin\varepsilon_{x_i}\cos\varepsilon_{y_i}\\-\sin\varepsilon_{x_i}\sin\varepsilon_{y_i}&\cos\varepsilon_{y_i}&\sin\varepsilon_{y_i}\\-\sin\varepsilon_{x_i}&-\cos\varepsilon_{x_i}\sin\varepsilon_{y_i}&\cos\varepsilon_{x_i}\cos\varepsilon_{y_i}\end{pmatrix}\begin{pmatrix}x\\y\\z\end{pmatrix}\\&\approx\begin{pmatrix}1&0&\dfrac{\varepsilon_{x_i}}{\rho}\\0&1&\dfrac{\varepsilon_{y_i}}{\rho}\\-\dfrac{\varepsilon_{x_i}}{\rho}&-\dfrac{\varepsilon_{y_i}}{\rho}&1\end{pmatrix}\begin{pmatrix}x\\y\\z\end{pmatrix}=\begin{pmatrix}x+z\dfrac{\varepsilon_{x_i}}{\rho}\\y+z\dfrac{\varepsilon_{y_i}}{\rho}\\z-x\dfrac{\varepsilon_{x_i}}{\rho}-y\dfrac{\varepsilon_{y_i}}{\rho}\end{pmatrix}\end{aligned}$$

从而有

$$\tan(\hat{r}_{ij}+\hat{\omega}_i)=\frac{\hat{y}'_j-\hat{y}'_i}{\hat{x}'_j-\hat{x}'_i}=\frac{\hat{y}_j+\hat{z}_j\dfrac{\varepsilon_{y_i}}{\rho}-\hat{y}_i-\hat{z}_i\dfrac{\varepsilon_{y_i}}{\rho}}{\hat{x}_j+\hat{z}_j\dfrac{\varepsilon_{x_i}}{\rho}-\hat{x}_i-\hat{z}_i\dfrac{\varepsilon_{x_i}}{\rho}}=\frac{\hat{y}_j-\hat{y}_i+\Delta z_{ij}^{[0]}\dfrac{\varepsilon_{y_i}}{\rho}}{\hat{x}_j-\hat{x}_i+\Delta z_{ij}^{[0]}\dfrac{\varepsilon_{x_i}}{\rho}}$$

所以只需在原有的基础上，增加两项

$$v_{r_{ij}}=-\delta_{\hat{\omega}_i}+\frac{\sin T_{ij}^{[0]}}{D_{ij}^{[0]}}\rho\delta_{\hat{x}_i}-\frac{\cos T_{ij}^{[0]}}{D_{ij}^{[0]}}\rho\delta_{\hat{y}_i}-\frac{\sin T_{ij}^{[0]}}{D_{ij}^{[0]}}\rho\delta_{\hat{x}_j}+\frac{\cos T_{ij}^{[0]}}{D_{ij}^{[0]}}\rho\delta_{\hat{y}_j}-\frac{\Delta z_{ij}^{[0]}\sin T_{ij}^{[0]}}{D_{ij}^{[0]}}\varepsilon_{x_i}+\frac{\Delta z_{ij}^{[0]}\cos T_{ij}^{[0]}}{D_{ij}^{[0]}}\varepsilon_{y_i}-(r_{ij}+\omega_i^{[0]}-T_{ij}^{[0]}) \tag{3.190}$$

式中，$T_{ij}^{[0]}=\tan_{\alpha}^{-1}\dfrac{\Delta y_{ij}^{[0]}+\Delta z_{ij}^{[0]}\dfrac{\varepsilon_{y_i}^{[0]}}{\rho}}{\Delta x_{ij}^{[0]}+\Delta z_{ij}^{[0]}\dfrac{\varepsilon_{x_i}^{[0]}}{\rho}}$。

同理可得

$$v_{s_{ij}}=\frac{\Delta x_{ij}^{[0]}}{s_{ij}^{[0]}}\left(\delta_{\hat{x}_j}-\delta_{\hat{x}_i}\right)+\frac{\Delta y_{ij}^{[0]}}{s_{ij}^{[0]}}\left(\delta_{\hat{y}_j}-\delta_{\hat{y}_i}\right)+\frac{\Delta z_{ij}^{[0]}+l_{ij}-k_{ij}}{s_{ij}^{[0]}}\left(\delta_{\hat{z}_j}-\delta_{\hat{z}_i}\right)+\frac{\left(k_{ij}-l_{ij}\right)}{s_{ij}^{[0]}\rho}\left(\Delta x_{ij}^{[0]}\varepsilon_{x_i}+\Delta y_{ij}^{[0]}\varepsilon_{y_i}\right)-C-(s_{ij}-s_{ij}^{[0]}) \tag{3.191}$$

$$\begin{aligned}v_{\alpha_{ij}}=&-\frac{\left(\Delta z_{ij}^{[0]}+l_{ij}-k_{ij}\right)\Delta x_{ij}^{[0]}}{\left(s_{ij}^{[0]}\right)^2D_{ij}^{[0]}}\rho\left(\delta_{\hat{x}_j}-\delta_{\hat{x}_i}\right)-\frac{\left(\Delta z_{ij}^{[0]}+l_{ij}-k_{ij}\right)\Delta y_{ij}^{[0]}}{\left(s_{ij}^{[0]}\right)^2D_{ij}^{[0]}}\rho\left(\delta_{\hat{y}_j}-\delta_{\hat{y}_i}\right)\\&+\frac{D_{ij}^{[0]}}{\left(s_{ij}^{[0]}\right)^2}\rho\left(\delta_{\hat{z}_j}-\delta_{\hat{z}_i}\right)-\left\{\frac{\Delta x_{ij}^{[0]}}{D_{ij}^{[0]}}+\frac{\left(l_{ij}-k_{ij}\right)\Delta x_{ij}^{[0]}\Delta z_{ij}^{[0]}}{\left(s_{ij}^{[0]}\right)^2D_{ij}^{[0]}}\right\}\varepsilon_{x_i}\\&-\left\{\frac{\Delta y_{ij}^{[0]}}{D_{ij}^{[0]}}+\frac{\left(l_{ij}-k_{ij}\right)\Delta y_{ij}^{[0]}\Delta z_{ij}^{[0]}}{\left(s_{ij}^{[0]}\right)^2D_{ij}^{[0]}}\right\}\varepsilon_{y_i}+\rho\frac{D_{ij}^{[0]}\cos^2\alpha_{ij}^{[0]}}{2R_e}k-(\alpha_{ij}-\alpha_{ij}^{[0]})\end{aligned} \tag{3.192}$$

式中，$\alpha_{ij}^{[0]}=\arctan\dfrac{\Delta z_{ij}^{[0]}-\Delta x_{ij}^{[0]}\dfrac{\varepsilon_{x_i}^{[0]}}{\rho}-\Delta y_{ij}^{[0]}\dfrac{\varepsilon_{y_i}^{[0]}}{\rho}+l_{ij}-k_{ij}}{D_{ij}^{[0]}}$。

3.12 工测网的层与级

在测量控制网的理论与实践中，网之间的关系常用“级”或“等”来描述(如上、下级网，第几级网等)，这一方法在工测网的理论与实践中也毫无改变地得以广泛应用。然而，工测网有其自身的特点，将工测网之间的关系统一用级来表述，却是把问题过于简化了。这给工测网的理论研究与生产应用带来了一些困难。例如，对图 3.22 和图 3.23 所示的工测网的两类关系均用级来描述，就不得不附加另外的说明，诸如“有时下级网精度要高于上级网”，等等。为此，孙现申(1995a)提出了工测网的层与级两个概念。

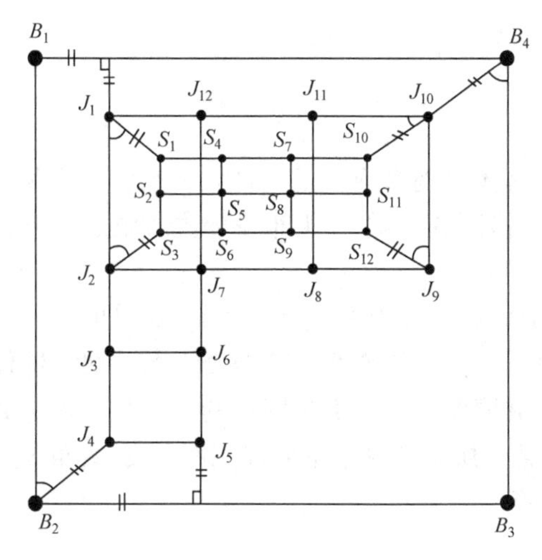

图 3.22　工业建筑施工控制网层次的几何关系示意

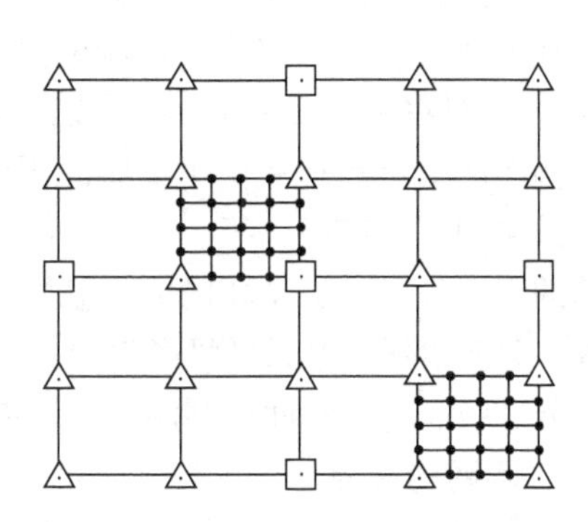

图 3.23　厂区控制网分级示意

3.12.1　工测网中的层

工测网的层，即层次，是工测网的一种固有属性。工测网的层次由具体工程本身的特点所决定，每一层都与区别于其他层的工作任务相对应。例如，在工业建筑施工控制网中，存在厂区控制网、厂房基础施工控制网和设备基础施工控制网三个层次，它们所对应的工程任务和相互关系如图 3.22 和图 3.24 所示。

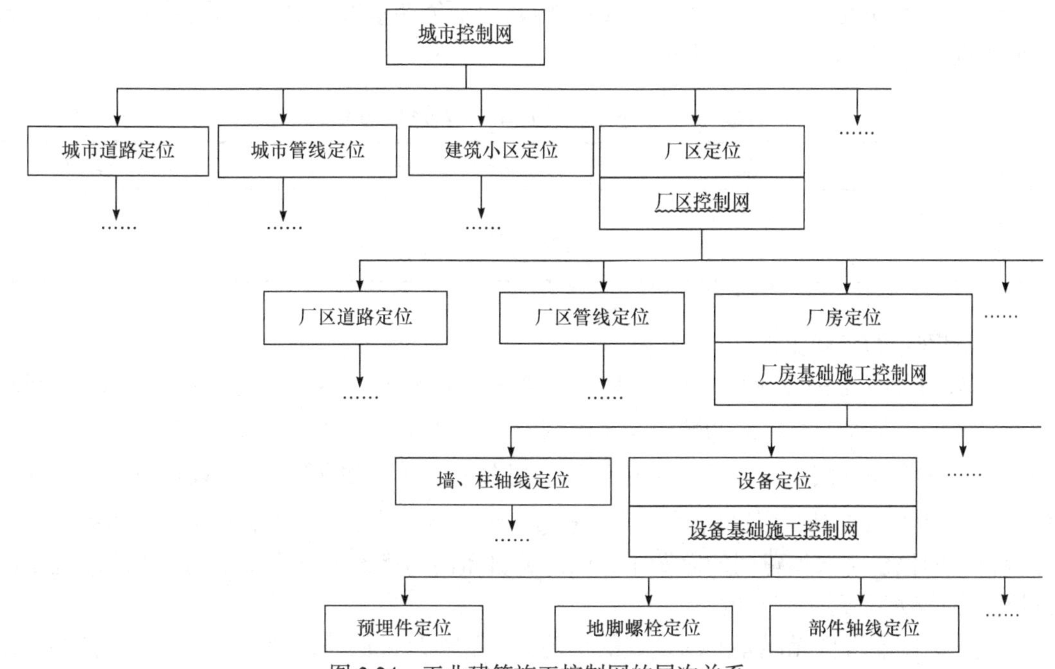

图 3.24　工业建筑施工控制网的层次关系

工测网的层次是客观存在的，对某一项工程任务来说，一般是固定的。“一个控制网”实际指一层。

3.12.2　工测网中的级

工测网中的级有两种含义：分级和等级。

1. 工测网的分级(与国家控制网一样)

工测网的分级，是建立某一层工测网时的一种具体布网措施，是一种人为手段和主观的决策。在上例中，常常将厂区控制网(如采用建筑方格网的形式)分级布设成主轴线、主方格网、加密方格网等三个级别，如图 3.23 所示。

工测网的分级往往是由于某些原因(如测量范围大或工作上的轻重缓急等)而采取的人为措施。某层网是否需要分级、分多少级，往往取决于工作上的方便，甚至个人的习惯，即使对相同的工程任务，甚至相同的控制网层次，其分级情况也常常不是固定的。但是，无论如何分级、分多少级，其最低级必然对应于工测网的某一层。如城市平面控制网分 5 级布设、高程网分 3 级、厂区平面控制网分 2 级或 3 级布设等。

2. 工测网的等级

工测网的等级是对某一层工测网精度规格的一种规定，目的是指导与规范生产。方案设计完成之后，应参照相应的规范规定执行。如工程测量平面控制网分 5 个等级、精密工程测量平面控制网分 4 个等级、建筑变形测量平面控制网分 5 个等级等。

3. 工测网中的层间关系

在工测网的层次中，从最高层到最低层，依控制范围，符合“从整体到局部”的一般原则，而从精度上，低层网可能比高层网高，如图 3.22、表 3.3 所列的工业建筑施工控制网的 3 个层次即属于这种情况。因此，高层网无法在精度上控制低层网。事实上，它们都分别有各自的工程任务，在精度上并没有直接的关系，也不存在高层网控制低层网的必要。相邻层次间的“控制”作用仅仅在于高层网对低层网的定位(传递必要的起算数据或起始位置 x_0, y_0, α_0)，或者说高层网向低层网只传递坐标系而不传递基准，这一关系俗称“挂网”，即只需要将低层网“挂”到高层网上即可。

表 3.3　工业建筑施工控制网的精度要求

控制网(层)	厂区控制网	厂房基础施工控制网	设备基础施工控制网
定位精度/mm	±50	±20	±2～±3
内部精度	1：2 万	1：1 万～1：3 万	常高于毫米级

4. 工测网中的级间关系

工测网的分级与一般测量控制网(如国家各等级控制网、城市各等级控制网等)情形相同。一般的做法是使上一级网的精度为本级网精度的 $\sqrt{3}$ 或 2 倍，做本级网平差时，将上一级网点看作无误差的固定点，这一情形俗称“附合网”或“插网”。精度设计时，需要从最低级(对应于工测网的某一层)的精度要求，按 $\sqrt{3}$ 或 2 倍关系依次上推各级网的精度要求。显然分级布设的代价是增加建网的总费用，因此分级布网的措施尽量不要采用，但在某些情况(如测量范围较大)下还是需要的。

将上一级网点看作无误差的固定点的平差方法显然是近似的，理论上应对各级控制网做整体平差，这样控制网设计时也可以放宽各级网之间的精度间隔要求，总的建网费用也有望减少。但整体平差的问题是每次插网都要变更已有点的坐标，这不能为生产上所接受。

5. 工测网中的(等)级、层间关系

等级间几乎无关系。相邻等级的精度差是技术标准制订者应该考虑的，某层控制网应归属于某一等级。

6. 层的定位

上层网对下层网的定位必须满足网的定位、定向精度要求。在工测网的建立过程中，每层网的定位都有一定的精度要求，工业建筑施工控制网的定位精度要求如表 3.3 所示。一般来说，控制网的定位精度要求要低于网的内部精度要求。

每层网的定位是在上一层网点的基础上进行的。现在讨论定位数据的处理问题。根据网的定位精度要求以及实际的观测方法，网的定位数据可能是一组必要观测数据(图 3.25)，也可能是一组含多余观测的数据(图 3.26)。对于前者(包括多余观测仅作为检核的情况)，定位观测数据无须多少处理，下面主要讨论后者。

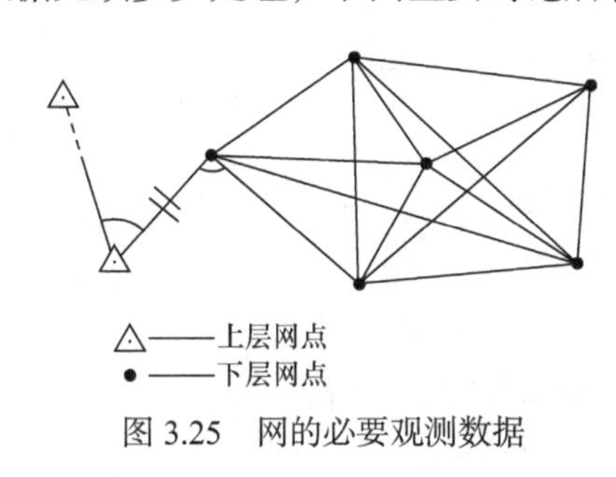

图 3.25　网的必要观测数据

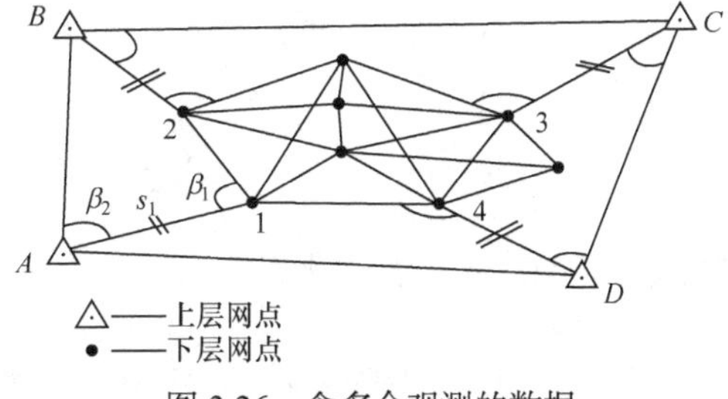

图 3.26　含多余观测的数据

相邻层次间的定位数据与该两层网，这三者的工程任务和性质不同，观测精度也不一样，所以工测网数据处理应将以上三方面观测数据区分开来，以避免不必要的，甚至有害的相互影响。因此，不破坏网本身的刚性应成为其定位数据处理的基本原则。一般来说，网的定位数据需要单独处理。

下面分两种情况做进一步讨论。

图 3.22 所表示的例子是特殊形式的施工控制网，它们的定位数据处理往往体现在网的建立过程中，如其中的厂房基础施工控制网(多采用矩形控制网的形式)可按下述过程来建立(图 3.27)：①由厂区施工控制网中的 4 点 A、B、C、D 用放样的方法(如极坐标法)将厂房基础施工控制网的 4 个角点 1、2、3、4 标定于实地；②对 1、2、3、4 点进行精确测角与量距，当角度与边长不满足设计的矩形要求时，做全迹最小自由网平差(选择的近似坐标应保证严格的设计矩形)，依所得的坐标改正数对各点进行归化调整，然后还要进行边角检测；③将 1、2、3、4 点作为厂房基础施工控制网的首级网点，然后加密其他网点，完成网的建立。在上述过程中，第①步意味着取得了定位数据，第②步中 1、2、3、4 点的归化调整包含着定位数据的处理(同时也是网的一个建立步骤)。

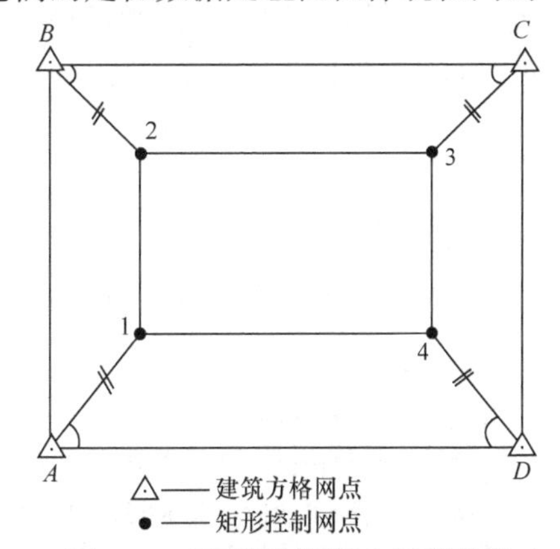

图 3.27　矩形控制网建立过程示意

对于工测网定位的一般情形，不失一般性，我们以图 3.26 所示图形为例，根据前述的基本原则，设计定位数据处理方案如下：①对网进行初步定位，即确定网的近似定位参数值

x_0'、y_0'、α_0'；②根据x_0'、y_0'、α_0'对网进行严密平差(平差方法可根据需要选择)。设平差结果中 1、2、3、4 点的坐标分别为(x_1',y_1')、(x_2',y_2')、(x_3',y_3')、(x_4',y_4')；③设定位参数改正数为δ_{x_0}、δ_{y_0}、δ_{α_0}，则低层网点在高层网坐标系中的坐标分别为

$$\begin{pmatrix} x_i \\ y_i \end{pmatrix} = \begin{pmatrix} \delta_{x_0} \\ \delta_{y_0} \end{pmatrix} + \begin{pmatrix} \cos\delta_{\alpha_0} & \sin\delta_{\alpha_0} \\ -\sin\delta_{\alpha_0} & \cos\delta_{\alpha_0} \end{pmatrix} \begin{pmatrix} x_i' \\ y_i' \end{pmatrix} = \begin{pmatrix} \delta_{x_0} \\ \delta_{y_0} \end{pmatrix} + \begin{pmatrix} 1 & \dfrac{\delta_{\alpha_0}}{\rho} \\ -\dfrac{\delta_{\alpha_0}}{\rho} & 1 \end{pmatrix} \begin{pmatrix} x_i' \\ y_i' \end{pmatrix} = \begin{pmatrix} x_i + \delta_{x_0} + y'\dfrac{\delta_{\alpha_0}}{\rho} \\ y_i + \delta_{y_0} - x_i'\dfrac{\delta_{\alpha_0}}{\rho} \end{pmatrix} \tag{3.193}$$

式中，$i = 1,2,3,4$；④列出定位观测数据的误差方程式，如图 3.26 中的s_1、β_1、β_2，有

$$s_1 + v_{s_1} = \sqrt{(x_1 - x_A)^2 + (y_1 - y_A)^2}$$

$$\beta_1 + v_{\beta_1} = \tan_\alpha^{-1}\frac{y_2 - y_1}{x_2 - x_1} - \tan_\alpha^{-1}\frac{y_A - y_1}{x_A - x_1} = \left(\alpha_{12}' - \delta_{\alpha_0}\right) - \tan_\alpha^{-1}\frac{y_A - y_1}{x_A - x_1}$$

$$\beta_2 + v_{\beta_2} = \tan_\alpha^{-1}\frac{y_1 - y_A}{x_1 - x_A} - \alpha_{AB}$$

并将式(3.193)代入，线性化得

$$v_{s_1} = -\cos\alpha_{1A}'\delta_{x_0} - \sin\alpha_{1A}'\delta_{y_0} + \frac{x_1'\sin\alpha_{1A}' - y_1'\cos\alpha_{1A}'}{\rho}\delta_{\alpha_0} - (s_1 - s_1')$$

$$v_{\beta_1} = \frac{\sin\alpha_{1A}'}{s_{1A}'}\rho\delta_{x_0} - \frac{\cos\alpha_{1A}'}{s_{1A}'}\rho\delta_{y_0} + \left(1 + \frac{x_1'\cos\alpha_{1A}' + y_1'\sin\alpha_{1A}'}{s_{1A}'}\right)\delta_{\alpha_0} - (\beta_1 + \alpha_{1A}' + \alpha_{12}')$$

$$v_{\beta_2} = \frac{\sin\alpha_{1A}'}{s_{1A}'}\rho\delta_{x_0} - \frac{\cos\alpha_{1A}'}{s_{1A}'}\rho\delta_{y_0} + \frac{x_1'\cos\alpha_{1A}' + y_1'\sin\alpha_{1A}'}{s_{1A}'}\delta_{\alpha_0} - (\beta_2 + \alpha_{AB}' + \alpha_{A1}')$$

仿此可列出其他定位观测值的误差方程式，赋权后可按最小二乘法原则解算出δ_{x_0}、δ_{y_0}、δ_{α_0}及其精度，从而得到网的定位参数$x_0 = x_0' + \delta_{x_0}$、$y_0 = y_0' + \delta_{y_0}$、$\alpha_0 = \alpha_0' + \delta_{\alpha_0}$；⑤按式(3.193)对网的平差坐标实施变换，其中 i=1,2,⋯,n，n 为网点数，从而完成网的定位。

思考与练习

一、名词解释

1. 施工坐标系；2. 建筑坐标系；3. 控制网的可靠性；4. 矩形控制网；5. 建筑方格网。

二、叙述题

1. 试叙述施工控制网的建网要求。
2. 与测图控制网相比，试叙述施工控制网的特点。
3. 试叙述施工控制网精度要求的一般确定方法。
4. 试叙述自由设站法的思路。
5. 试叙述点位误差曲线与点位误差椭圆。
6. 试编写程序，该程序能计算水平控制网的所有精度指标。
7. 试讨论高程网的精度指标。
8. 厂区控制网的主要作用是什么？其精度要求如何？为什么说建筑方格网不是厂区控制网的唯一形式，也不是最好的形式？

9. 试叙述工测网的可靠性指标，写出公式，并说明公式的含义。
10. 试画出工测网 CAD 的流程图。
11. 试证明控制网在重心基准下 $D_a = \dfrac{\sigma_0}{t}\mathrm{tr}\boldsymbol{Q}_{\hat{x}\hat{x}}$ 为最小。
12. 依 Grafarend 的观点，控制网优化设计划分为哪几个阶段？各阶段的主要任务是什么？
13. 试叙述直伸网的用途、误差方程式特点及其意义。
14. 试叙述局部三维网平差的意义。
15. 试分析仪器对中误差和目标偏心差对测角的影响。
16. 厂区控制网与厂房基础控制网有什么不同？它们之间有什么联系？
17. 什么是工程控制网？有哪几种分类方法？

三、计算题

1. 设有 4 点，它们在建筑坐标系及测量坐标系中的坐标值如表 3.4 所示。

表 3.4

点号	建筑坐标		测量坐标	
	A	B	X	Y
1	300.00	2050.00	1332.68	3628.08
2	250.00	2200.00	1364.59	3782.94
3	100.00	2250.00	1259.87	3901.46
4	100.00	2000.00	1134.55	3685.16

试求下列坐标换算公式中的参数：

$$\begin{pmatrix} X \\ Y \end{pmatrix} = \begin{pmatrix} X_0 \\ Y_0 \end{pmatrix} + k\begin{pmatrix} \cos\alpha & -\sin\alpha \\ \sin\alpha & \cos\alpha \end{pmatrix}\begin{pmatrix} A \\ B \end{pmatrix}$$

$$\begin{pmatrix} A \\ B \end{pmatrix} = \begin{pmatrix} A_0 \\ B_0 \end{pmatrix} + \lambda\begin{pmatrix} \cos\theta & -\sin\theta \\ \sin\theta & \cos\theta \end{pmatrix}\begin{pmatrix} X \\ Y \end{pmatrix}$$

2. 如图 3.28 所示，在 C、D、E 三点设站测角，观测值如表 3.5 所示。要求对观测值做平差，求 C、D、E 三点偏离 AB 直线之值，并评定其精度。

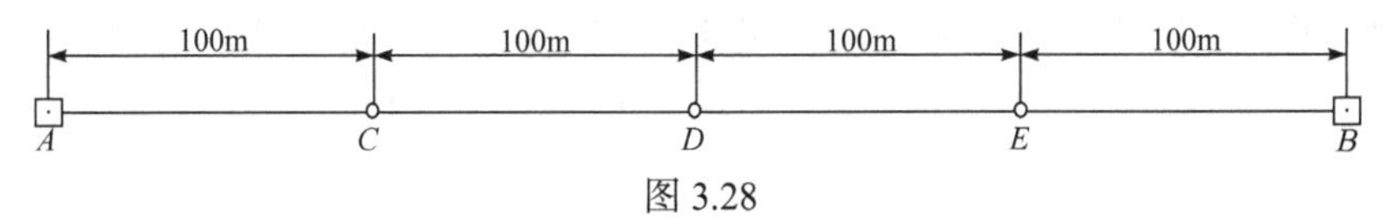

图 3.28

表 3.5

测站	方向点	方向值	测站	方向点	方向值	测站	方向点	方向值
C	A	0° 00′ 00″.0	D	A	0°00′00″.0	E	A	0°00′00″.0
	D	180°00′ 18″.3		C	0°00′09″.0		C	359°59′56″.1
	E	179°59′ 54″.0		E	179°59′21″.2		D	359°59′27″.3
	B	180°00 ′03″.0		B	180°00′04″.8		B	180°00′50″.2

3. 如图 3.29 所示的水准网，在某基准下求得高程改正数为

$$\boldsymbol{\delta}_{\hat{x}} = \begin{pmatrix} +4 \\ 0 \\ +2 \end{pmatrix}$$

协因数矩阵为

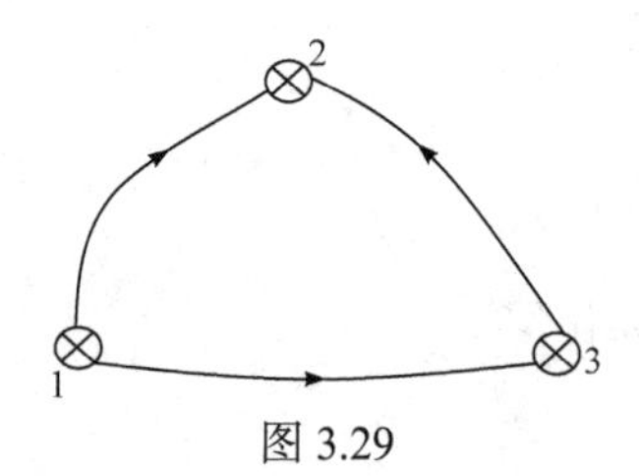

图 3.29

$$Q_{\hat{x}\hat{x}}=\begin{pmatrix}\frac{2}{3} & 0 & \frac{1}{3}\\ 0 & 0 & 0\\ \frac{1}{3} & 0 & \frac{2}{3}\end{pmatrix}$$

试用 S 变换求重心基准下的高程改正数及其协因数矩阵。

4. 在如图 3.30 所示的前方交会中，设 β_1、β_2 的中误差为 m_β，则得精度矩阵为

$$\boldsymbol{\Sigma}_{\hat{x}\hat{x}}=\Sigma\begin{pmatrix}\hat{x}_P\\ \hat{y}_P\end{pmatrix}=\frac{s^2}{2}\left(\frac{m_\beta}{\rho}\right)^2\begin{pmatrix}\frac{1}{4\sin^4\frac{\gamma}{2}} & 0\\ 0 & \frac{1}{\sin^2\gamma}\end{pmatrix}$$

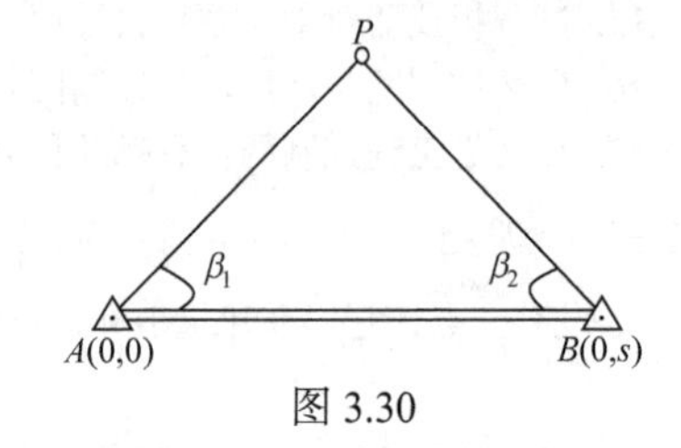

图 3.30

式中，$\gamma=180°-\beta_1-\beta_2$。

试按 A 标准和 D 标准确定 P 的最优点位(x_P^*， y_P^*)。

5. 由勘测控制网点将建筑方格网主轴点 $A(1000,1000)$、$B(4000,1000)$、$C(7000,1000)$ 放样于实地，得 A'、B'、C' 三点，然后以 $\pm2''.5$ 的精度对 $\angle A'B'C'$ 进行观测，得 $\angle A'B'C'=\beta=180°00'07''$。设 A'、B'、C' 三点的点位误差均为 $m_P=\pm5\text{cm}$、误差曲线为圆且互不相关，试解答下列问题：

(1) A'、B'、C' 三点的放样是否存在粗差?

(2) 若放样工作正确，试对 A'、B'、C' 三点进行调整。

6. 由勘测控制网点将建筑方格网主轴点 $A(6000,3000)$、$B(3000,3000)$、$C(3000,6000)$ 放样于实地，得 A'、B'、C' 三点，然后以 $\pm2''.5$ 的精度对△$A'B'C'$进行观测，得 $\angle C'A'B'=\alpha=45°00'18''$、$\angle A'B'C'=\beta=89°59'33''$、$\angle B'C'A'=\gamma=45°00'17''$。设 A'、B'、C' 三点的点位误差均为 $m_P=\pm3\text{cm}$、误差曲线为圆且互不相关，试解答下列问题：

(1) A'、B'、C' 三点的放样是否存在粗差?

(2) 若放样工作正确，试对 A'、B'、C' 三点进行调整。

7. A、B 两点是已知点，其方位角为 α_{AB}；C、D 两点是新点。为得到方位角 α_{CD}，在 P 点(地面无标志)架设仪器，以 $m_s=\pm2\text{mm}$ 测得 $s_{PA}=5.667\text{m}$、$s_{PB}=6.003\text{m}$、$s_{PC}=4.292\text{m}$、$s_{PD}=4.408\text{m}$；以 $m_r=\pm3''$ 测得 $r_{PA}=0°00'00''.0$、$r_{PB}=179°54'55''.0$、$r_{PC}=290°18'25''.4$、$r_{PD}=110°27'16''.3$。试求 α_{CD} 和 $m_{\alpha_{CD}}$。

第 4 章　施工放样方法

根据设计和施工的要求，将设计好的建筑物的空间位置与形状在实地上标定出来的工作，称为施工放样，简称放样、测设或定位(setting out 或 stake off 或 construction layout)。

就工作程序而论，放样与测量相反。测量是对地面上点间相对位置进行观测进而求出点的空间位置及精度；而放样则是根据点的已知坐标值(设计值)，按一定的精度要求将点在实地标定出来，亦即在实地上设置标桩，使其顶面高程或中心点坐标正好等于设计值。

在常规作业方法中，不论采用何种测量方法，都是通过测量水平角、距离和高差来求得点的空间位置的；同样，点的放样也是通过水平角、距离和高差的放样来实现。因此，把水平角、距离和高差称为放样的基本元素，把水平角、距离和高差的放样称为基本元素的放样。

任何一项放样工作均可认为由放样依据、放样方法和放样数据三部分组成。放样依据就是放样的起始位置(施工测量控制点或已有建筑物、道路中线、建筑红线等)，放样方法指放样的具体操作步骤，放样数据则是放样时必须具备的数据。

放样是一个数学问题，其实际操作是一个测量问题，放样在生产实践中的应用则大多是十分复杂的工程问题。放样是工程施工系统的一个子系统，放样的一切工作完全受到工程施工的制约，放样的精度要求、生产组织、仪器选用与操作、时间地点的安排，乃至测量标志的设置等，无一不依施工的要求而定。因此，放样又称施工放样。放样的工程性体现在工程施工的具体过程中，将在具体工程测量中进行讨论。本章将放样作为数学问题和测量问题，讨论其操作方法。

放样的操作过程因使用仪器的不同而有一定的差异。本章主要讨论使用常规测量仪器进行放样的方法，按精度的不同，分为直接法和归化法两类。

4.1　直接法放样

根据已知点和设计点之间的几何关系在实地直接标定出设计点的位置，称为直接法放样。

4.1.1　高程放样

放样高差的操作一般称为高程放样，或放样高程。

高程放样时，如图 4.1 所示，地面有水准点 A，其高程已知，设为 H_A。待定点 B 的设计高程也已知，设为 H_B。要求在实地定出与设计高程相应的水平线或待定点顶面。

在 A、B 之间安置水准仪，并在 A、B 点上设立水准标尺。若水准仪在 A 点处水准标尺上的读数为 a，则水准仪在 B 点处水准标尺上的读数 b 应为

$$b = H_A + a - H_B \tag{4.1}$$

这时仪器观测员指挥 B 点处立尺员上下移动标尺，当仪器在 B 点标尺上的读数正好为 b 时，在标尺底面划线作标记，此即高程为 H_B 的位置。

在施工场地上，当需要放样一批等高的点(俗称抄平，level up 或 level finding)时，可以

用长木杆代替水准标尺，在木杆上划线标出视线高。将该木杆立放在待放样高程的木桩或墙面旁，上下移动直到观测员看到望远镜横丝与木杆上的划线重合，这时，木杆底即为设计高程。将木杆分别立放于不同的放样地点，即得到一批同高的点。这个办法可使高程放样工作既方便又不易出错。

当待放样的高程 H_B 高于仪器视线时，可以把尺底向上，即用“倒尺”工作，如图 4.2 所示，这时

$$b = H_B - (H_A + a) \tag{4.2}$$

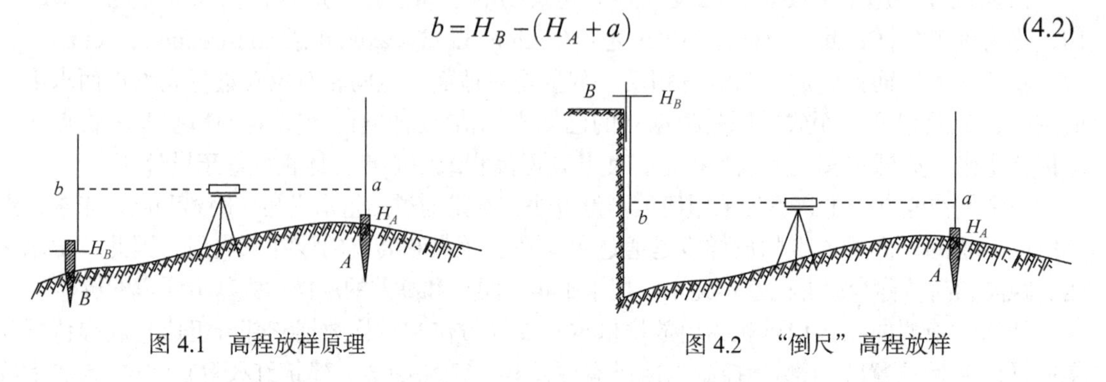

图 4.1　高程放样原理　　　　图 4.2　“倒尺”高程放样

当向深坑或高楼传递高程时，可以把钢尺当作长水准尺进行工作(图 4.3)。

在木桩侧面画线来表示放样高程的方法精度不高，也不方便。当要求精确地放样高程时，可在待放样高程处埋设如图 4.4 所示的高度可调的标志。放样时调节螺杆使顶端精确地升降，一直到顶面高程达到设计标高时为止，然后旋紧定位螺母以限制螺杆的升降，往往还要采用焊接、轻度腐蚀螺牙或破坏螺牙等办法使螺杆不能再升降。

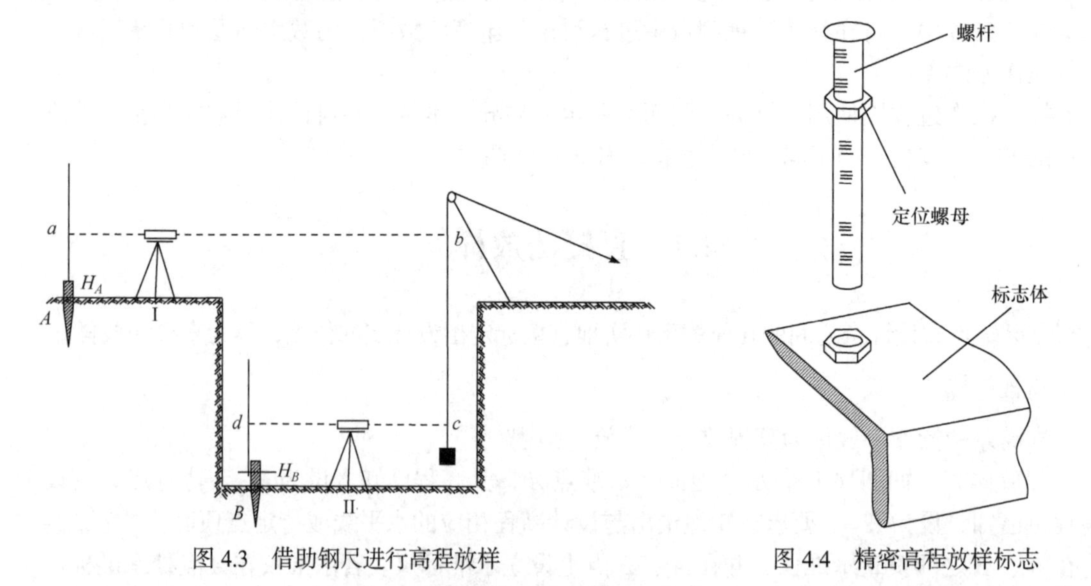

图 4.3　借助钢尺进行高程放样　　　　图 4.4　精密高程放样标志

除了水准仪，还可以用经纬仪进行高程放样，这实际上是三角高程测量的反解，用的场合不同，精度也较低。对一些高低起伏较大的工程放样，如大型体育馆的网架、桥梁构件、厂房及机场屋架等，用水准仪放样就比较困难，这时可用全站仪无仪器高作业法直接放样高程。

如图 4.5 所示，为了放样 B、C、D 等目标点的高程，在 O 处架设全站仪，后视已知点 A

(设目标高为 l)，测得 OA 的距离 s_1 和垂直角 α_1，从而计算 O 点全站仪中心的高程为

$$H_O = H_A + l - \Delta h_1 \tag{4.3}$$

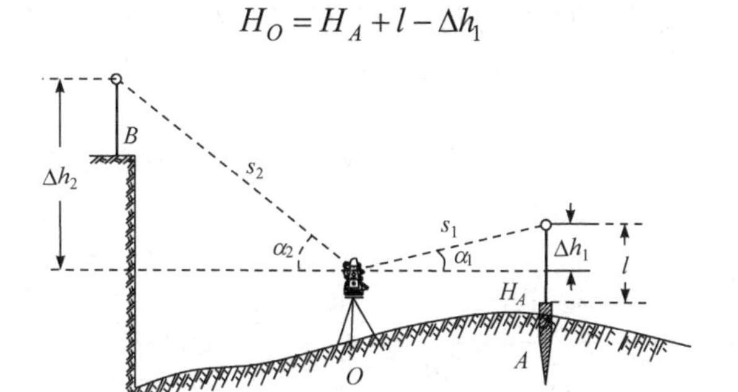

图 4.5　全站仪无仪器高作业法

然后测得 OB 的距离 s_2 和垂直角 α_2，并顾及式(4.3)，从而计算 B 点的高程为

$$H_B = H_O + \Delta h_2 - l = H_A - \Delta h_1 + \Delta h_2 \tag{4.4}$$

将测得的 H_B 与设计值比较，指挥并放样出高程 B 点。从式(4.4)可以看出，此方法不需要测定仪器高，因而用无仪器高作业法同样具有很高的放样精度。

必须指出，当测站与目标点之间的距离超过 150m 时，以上高差就应该考虑大气折光和地球曲率的影响，即

$$\Delta h = D \cdot \tan\alpha + (1-K)\frac{D^2}{2R}$$

式中，D 为水平距离；α 为垂直角；K 为大气垂直折光系数，通常取值 0.14；R 为地球曲率半径，取值 6370km。

4.1.2　水平角度放样

水平角的放样一般简称角度放样，俗称拨角，它是从一个已知方向出发放样出另一个方向，使它与已知方向的夹角等于预定角值的工作。

设地面上有 A 、B 两点为已知(施工测量控制点)，待放样的水平角为 β，现要求在地面上设置一点 P，使 $\angle BAP = \beta$。如图 4.6 所示，置经纬仪于 A 点，后视 B 点得水平度盘读数 α，旋转照准部使度盘读数为

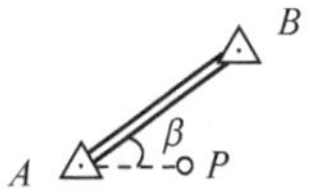

图 4.6　角度放样

$$b = \alpha \pm \beta \tag{4.5}$$

则此时视准轴方向即为所求。然后在该方向上的适当位置设置点 P (先打下木桩，然后用笔按视准轴指示在桩顶定出 P 点的准确位置)。

式(4.5)中的正负号视 P 点在 AB 线的左方还是右方而定，左方为负，右方为正，分别称为左拨角和右拨角。

为了消除经纬仪照准部和度盘偏心差对水平度盘读数的影响(J_6 级仪器)以及校核和提高精度(J_2 级仪器)，常需盘左、盘右分别进行，在桩顶上得两个点位，最后取其中点为正式放样结果。

直接法放样水平角，一般用盘左、盘右取平均。这时，若点 P 的标定误差对角度的影响可忽略不计，则放样的角度中误差基本上等于一测回测角中误差。如使用 J_2 、J_6 经纬仪，则角度放样中误差分别为±2.0″、±6.0″。

4.1.3　水平距离放样

如图 4.7 所示，A 为实地上的已知点，AM 为定线方向，欲放样的距离为 s。

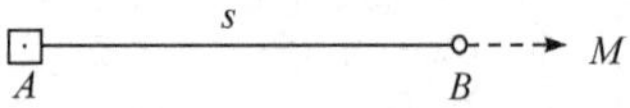

图 4.7　距离放样

设用钢尺放样，且 s 小于一尺段，则由距离测量计算公式

$$s = l + \frac{\Delta L}{L_0} l + \alpha (t - t_0) l - \frac{h^2}{2l} \tag{4.6}$$

可得钢尺的读数应为

$$l = \frac{s}{1 + \frac{\Delta L}{L_0} + \alpha (t - t_0) - \frac{h^2}{2s^2}} = s \left[1 - \frac{\Delta L}{L_0} - \alpha (t - t_0) + \frac{h^2}{2s^2} \right] \tag{4.7}$$

沿 AM 方向量 l 得 B，则 s_{AB} 即为欲放样的距离 s。

实际上，当 s 超出一尺段，或放样精度要求较高时，距离放样一般采用归化法，详见后文。

4.1.4　铅垂线放样

铅垂线放样的方法是用挂重物的弦线来表示，这种古老的方法由于简便、有效，至今仍广泛使用，但如果不采取挡风措施，则精度较低。

另一种常见的方法是用两架经纬仪投影，如图 4.8 所示。它不受风的影响。经纬仪应满足视准轴垂直于横轴、横轴垂直于竖轴、竖轴垂直于水准管轴这三个条件，并应仔细整平。这样望远镜绕横轴转动时，视准轴将扫出一个铅垂面，两个铅垂面的交线即为铅垂线。

用垂线仪可以方便地设置铅垂线，它通常由一个水平的望远镜加上一块五角棱镜组成，如图 4.9 所示。利用水准器使视准轴处于水平位置，视线经五角棱镜折射后铅垂向上，其反向延长线与机械对中轴的中心线重合，如果水准器格值为 30″/2mm，则设置铅垂线的精度为±6″左右，相当于投点误差是高度的 3×10^{-5}。若采用自动安平装置，精度可以提高 5 倍左右。

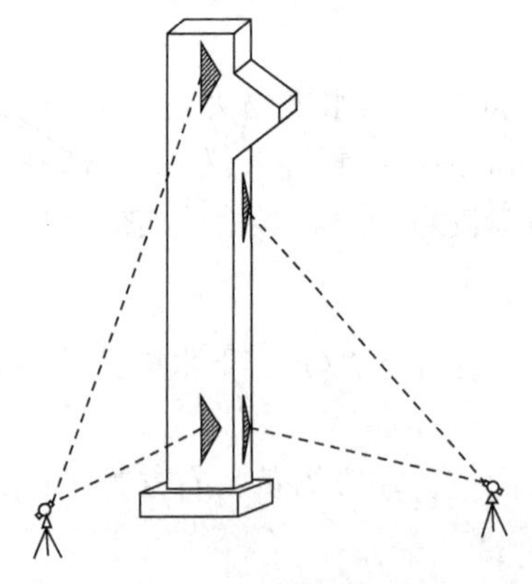

图 4.8　经纬仪铅垂线放样

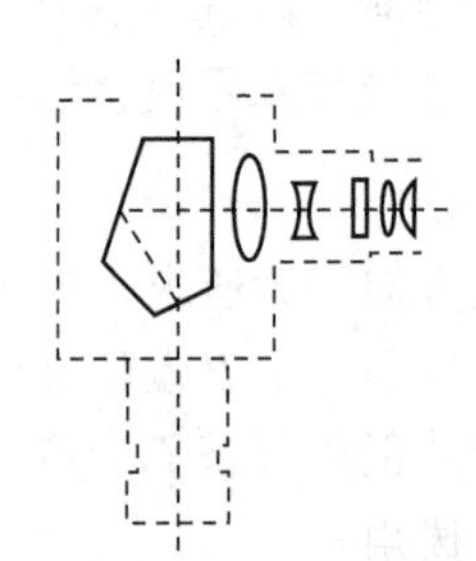

图 4.9　垂线仪光路

将经纬仪的目镜卸下，装上 90°的转角目镜后也可作为垂线仪使用。

图 4.10 是常用的铅垂仪器。将通常所用的经纬仪(全站仪或激光经纬仪)卸下目镜，装上弯管目镜，望远镜的视线就可以指向天顶，实际操作时，通常使照准部每旋转 90°向上投一点，这样就可得到四个对称点，取其中点为最终结果，就可提高投点精度。这种方法可利用现有仪器，只需配一个弯管目镜即可实现。光学铅垂仪是专门用于放样铅垂线的仪器，如

图 4.10(a)所示，它有两个相互垂直的水准管用于整平仪器，仪器可以向上或向下作垂直投影，因此有上下两个目镜和两个物镜，垂直精度为 1/40000。光学铅垂仪还有 WILD NZL、WILD ZL 等，垂直精度为 1/30000～1/200000。除了以上光学铅垂仪以外，目前还有高精度激光铅垂仪，如图 4.10(b)所示，仪器可以同时向上和向下发射垂直激光，用户可以很直观地找到它的垂直投影点，垂直精度为 1/30000。

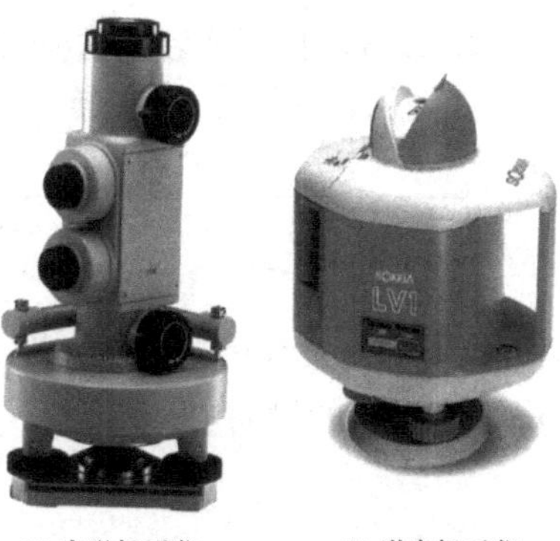

(a) 光学铅垂仪　　　　(b) 激光铅垂仪

图 4.10　常用的铅垂仪器

4.1.5　直线放样

设地面上已有 A、B 两点，直线放样就是在这两点之间或延长线上放样一些点，使它们位于直线 AB 上。这是一个一维定点问题。

直线放样采用的是光线沿直线传播的原理，简单的方法有串杆定线、觇板定线、挂锤定线等，如图 4.11 所示。下面介绍用经纬仪进行直线放样的方法。

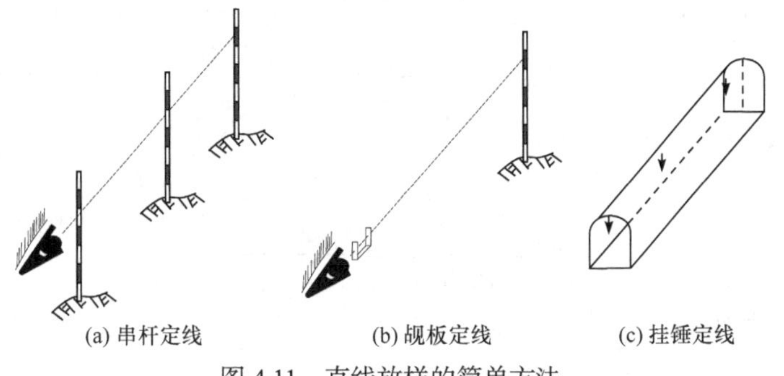

(a) 串杆定线　　　　(b) 觇板定线　　　　(c) 挂锤定线

图 4.11　直线放样的简单方法

1. 内插定线

在两点之间的连线上定点的工作称为内插定线。如图 4.12 所示，设地面上有 A、B 两点，其连线 AB 称为基准线。用经纬仪进行内插定线的方法为：在点 A 设站，瞄准点 B，固定照准部，在视准线方向上即可依次定出各待定点。

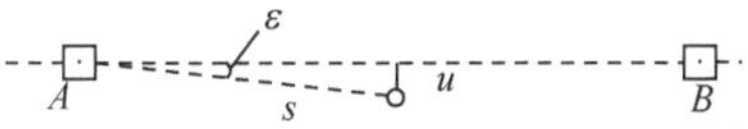

图 4.12　内插定线

用这种方法定线的精度主要取决于望远镜的瞄准精度，即望远镜视准线与基准线的重合精度，主要与望远镜的放大倍数、对中误差、旁折光等因素有关。设瞄准误差为 m_ε，所引起的相应待定点偏离直线的误差为 m_u，待定点至测站的距离为 s，显然有

$$m_u = \frac{m_\varepsilon}{\rho} s \tag{4.8}$$

若待定点 $1,2,\cdots,n-1$ 把 AB 距离 n 等分，相邻点间距为 s，则第 i 点的(横向)误差为

$$m_{u_i} = \frac{m_\varepsilon}{\rho} is \tag{4.9}$$

相邻两点 $i,i+1$ 连线相对于基准线 AB 的方向误差为

$$m_{\alpha_{i,i+1}} = m_\varepsilon \sqrt{i^2 + (i+1)^2} \tag{4.10}$$

显然，m_{u_i} 与 i 成正比，$m_{\alpha_{i,i+1}}$ 与 i 也近似成正比。

2. 改进的内插定线方法(逐点向前搬站法)

如图 4.13 所示，先在点 A 放样点 1，然后把仪器搬到点 1，再放样点 2，把仪器搬到点 2 后放样点 3……如此一直下去，直到放样出全部待定点为止。每次设站时都以点 B 为后视。

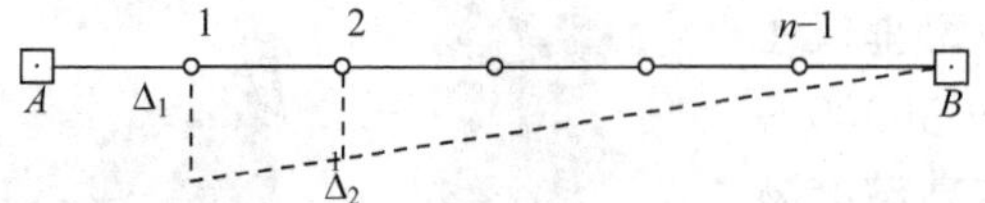

图 4.13　逐点向前搬站定线方案：点 1 误差对点 2 的影响

设点的间距仍均为 s ，瞄准误差为 m_ε ，则点 1 的横向中误差为

$$m_{u_1}=\frac{m_\varepsilon}{\rho}s$$

点 2 的误差影响有两个因素，一个是放样误差

$$m'_{u_2}=\frac{m_\varepsilon}{\rho}s$$

另一个是点 1 误差的影响。设点 1 的横向真误差为 Δ_1 ，则由图 4.13 可以看出它对点 2 的影响为

$$\overset{1}{\Delta}_2=\frac{n-2}{n-1}\Delta_1$$

从而有

$$\overset{1}{m}_2=\frac{n-2}{n-1}m_{u_1}=\frac{n-2}{n-1}s\frac{m_\varepsilon}{\rho} \tag{4.11}$$

所以点 2 的横向中误差为

$$m_{u_2}=\pm\sqrt{\left(m'_2\right)^2+\left(\overset{1}{m}_2\right)^2}=s\frac{m_\varepsilon}{\rho}(n-2)\sqrt{\frac{1}{(n-2)^2}+\frac{1}{(n-1)^2}} \tag{4.12}$$

以此类推，可得第 i 点的横向中误差为

$$m_{u_i}=s\frac{m_\varepsilon}{\rho}(n-i)\sqrt{\sum_{k=1}^{i}\frac{1}{(n-k)^2}} \tag{4.13}$$

对此式进行分析可知，使用改进的内插定线方法，所得内插点的误差较前者小且均匀，并与分段数 n 近似成正比。

另外，由该法的操作过程可以得出 $\alpha_{i,i+1}$ 受下列两个因素的误差影响，一是点 i 的横向误差，二是由点 i 放样点 $i+1$ 的瞄准误差。于是有

$$m_{\alpha_{i,i+1}}=\pm\sqrt{\left\{\frac{m_{u_i}}{(n-i)s}\rho\right\}^2+m_\varepsilon^2}=m_\varepsilon\sqrt{1+\sum_{k=1}^{i}\frac{1}{(n-k)^2}} \tag{4.14}$$

实际工作中，这种向前搬站定线的方法常与简单的内插定线方法结合使用。例如，要在长约 1000m 的 AB 线上每隔 20～50m 定一点。先把仪器置于点 A ，用简单定线方法定出部分点，待视线长度接近某个定值(如 100～300m)时向前搬站；再继续用简单定线方法定出一部分点，待视线长度接近预定值时再向前搬站……如此重复，直到全线工作完成为止。

内插定线时不必用正倒镜观测，因为经纬仪轴系误差的影响很小。

3. 外推定线方法——正倒镜定线法

如图 4.14 所示，已知地面 A、B 两点，要在线段 AB 的延长线上定出一系列待定点。将经纬仪安置于点 B，盘左，望远镜瞄准点 A 后，固定照准部，然后把望远镜绕横轴旋转 180° 定出待定点 1′；盘右，重复上述操作，定出待定点 1″，取 1′与 1″的中点为 1 的最终位置。同理定出点 2、点 3 等。外推定线时也可以采用向前搬站的方法以提高定线的精度。外推定线也往往把向前搬站的方法与简单的定线方法结合使用。

图 4.14　外推定线

外推定线时每一个点都必须用两个垂直度盘位置定点，取其中点为最终位置，这是为避免经纬仪轴系误差(主要是视准轴不垂直于横轴的误差)影响所必需做的工作。

在逐点向前搬站外推定线时，设 $AB=L$，待定点间距为 s，则第 i 点的横向中误差为

$$m_{u_i}=s\frac{m_\varepsilon}{\rho}\left(L+is\right)\sqrt{\sum_{k=1}^{i}\frac{1}{\left(L+ks\right)^2}} \tag{4.15}$$

4.1.6　点位放样

设计图纸所表示的建筑物轮廓或特征点往往以角点坐标的形式表达，测量放样就是要在待建的场地上确定设计坐标相对应的位置，并用标桩表示出来。

设地面上至少有两个施工测量控制点，如点 A、点 B 等。其坐标已知，实地上也有标志，待定点 P 的设计坐标也已知。点位放样的任务是在实地上把点 P 标定出来。

点位放样的常用方法有下述几种。

1. 极坐标法(polar coordinates method)

如图 4.15 所示，欲由已知点 A 和 B 放样设计点 P，用极坐标法放样的步骤如下。

(1) 计算放样元素 β 和 s。

$$\beta_{BAP}=\alpha_{AP}-\alpha_{AB}=\tan_\alpha^{-1}\frac{y_P-y_A}{x_P-x_A}-\tan_\alpha^{-1}\frac{y_B-y_A}{x_B-x_A}$$

$$s_{AP}=\sqrt{\left(x_P-x_A\right)^2+\left(y_P-y_A\right)^2}$$

(2) 将经纬仪安置在点 A，后视点 B，拨角 β 得方向 AP'。

(3) 沿方向 AP' 放样距离 s，在地面上标出设计点 P。

当放样精度较高时，需先在点 P 的概略位置打一木桩，然后，方向放样与距离放样均在桩顶面进行。另外，为了保证放样的绝对正确，放样元素除进行复算外，要尽可能由不同的人采用不同的计算工具进行对算或逆算，同时按比例画出如图 4.15 所示的略图(称为放样图)，有条件时还由点间的几何关系进行检核。

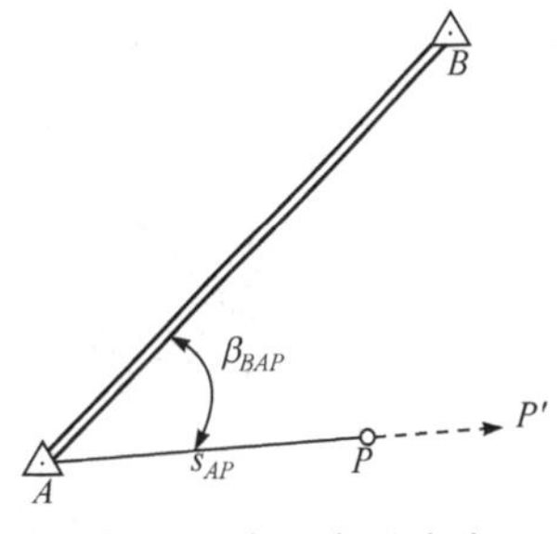

图 4.15　极坐标法定点

在极坐标法定点中，设角度放样误差为 m_β，距离放样误差为 $m_{s_{AP}}=\left(\dfrac{m_s}{s}\right)s_{AP}$，点位的标定误差为 $m_{标}$，则点的放样误差为

$$m_P = \pm\sqrt{\left(\frac{m_\beta}{\rho}s_{AP}\right)^2 + m_{s_{AP}}^2 + m_{标}^2} = \pm\sqrt{\left(\frac{m_\beta}{\rho}\right)^2 s_{AP}^2 + \left(\frac{m_s}{s}\right)^2 s_{AP}^2 + m_{标}^2} \tag{4.16}$$

例 4.1.1：已知地面上控制点 $A(400.000,1500.000)$、$B(585.854,1708.423)$，现欲将设计点 $P(598.500,1758.400)$用极坐标法放样于实地。试解答以下问题：

(1) 计算点 P 放样元素、绘点 P 放样图、叙述点 P 放样步骤。

(2) 设水平距离、水平角的放样精度分别为 $\frac{m_s}{s}=\frac{1}{20000}$、$m_\beta=\pm10''$，试计算点 P 的点位误差、绘点 P 的误差椭圆。

解：计算点 P 放样元素

$$\begin{aligned}\beta &= \alpha_{BP} - \alpha_{BA} \\ &= \tan_\alpha^{-1}\frac{y_P - y_B}{x_P - x_B} - \tan_\alpha^{-1}\frac{y_A - y_B}{x_A - x_B} \\ &= \tan_\alpha^{-1}\frac{1758.400 - 1708.423}{598.500 - 585.854} - \tan_\alpha^{-1}\frac{1500.000 - 1708.423}{400.000 - 585.854} \\ &= 75°48'00'' - 228°16'34'' \\ &= 207°31'26''\end{aligned}$$

$$\begin{aligned}s &= \sqrt{(x_P - x_B)^2 + (y_P - y_B)^2} \\ &= \sqrt{(598.500 - 585.854)^2 + (1758.400 - 1708.423)^2} = 51.552(\text{m})\end{aligned}$$

点 P 放样图如图 4.16 所示。

点 P 放样步骤如下：①置经纬仪于点 B；②右拨角 β=207°31′26″得方向线 BP'；③在 BP' 方向线上放样距离 s=51.552m，即得点 P。

不计点位标定误差，点 P 的点位误差为

$$\begin{aligned}m_P &= \pm\sqrt{\left(\frac{m_s}{s}\right)^2 s^2 + \left(\frac{m_\beta}{\rho}\right)^2 s^2} \\ &= \pm\sqrt{\left(\frac{1}{20000}\right)^2 (51.552\times10^3)^2 + \left(\frac{10}{206265}\right)^2 (51.552\times10^3)^2} \\ &= \pm\sqrt{2.6^2 + 2.5^2} \\ &= \pm3.6(\text{mm})\end{aligned}$$

点 P 的误差椭圆如图 4.17 所示。

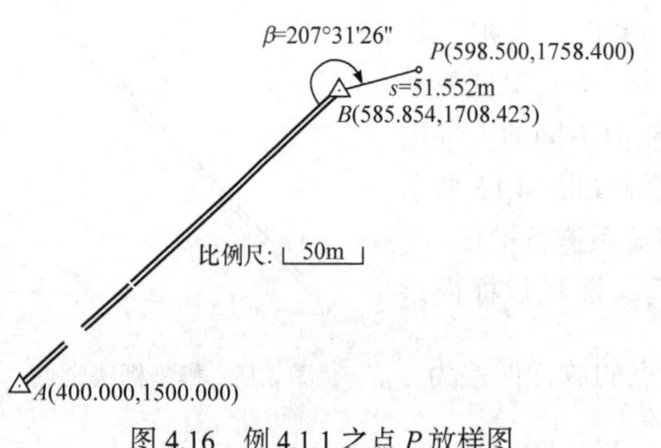

图 4.16　例 4.1.1 之点 P 放样图

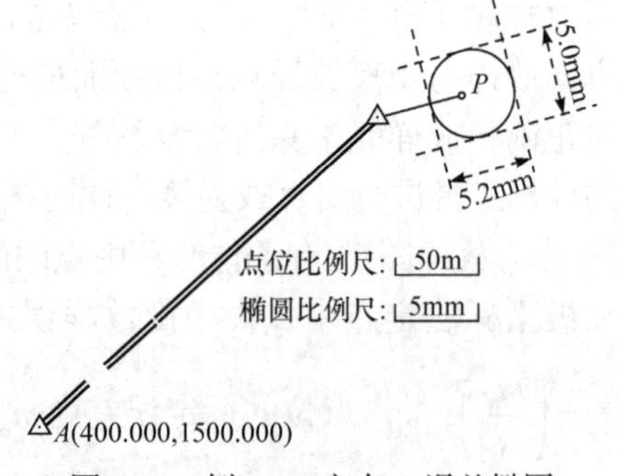

图 4.17　例 4.1.1 之点 P 误差椭圆

2. 直角坐标法(rectangular coordinate method)

若建立施工控制网时使相邻控制点的连线平行于坐标轴，则可用直角坐标法放样点位，如图 4.18 所示。这时待放样的点 P 与控制点之间的坐标差就是放样元素。

用直角坐标法定点的操作步骤如下。

(1) 在点 A 架设经纬仪，后视点 B 定线并放样距离 Δy，得垂足点 M。

(2) 在点 M 架设经纬仪，拨角 90°得方向 MP，并在此方向上放样距离 Δx，即得待定点 P。

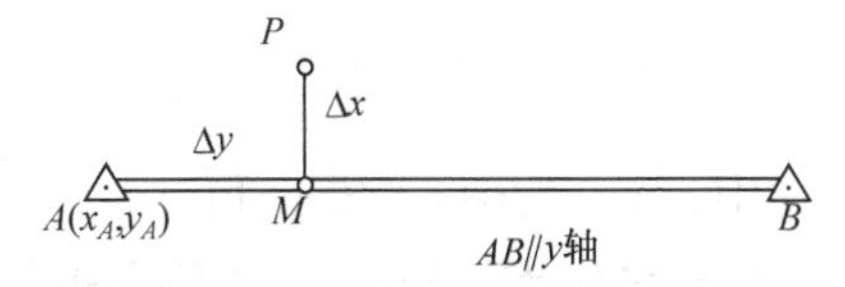

图 4.18　直角坐标法定点

在此法中，设角度放样误差为 m_β，瞄准误差为 $m_\varepsilon = \dfrac{m_\beta}{\sqrt{2}}$，距离放样误差为 $\dfrac{m_s}{s}$，则点的放样误差为

$$m_P = \pm\sqrt{\left(\frac{m_\beta}{\rho}\right)^2\left(\Delta x^2 + \frac{1}{2}\Delta y^2\right) + \left(\frac{m_s}{s}\right)^2 s_{AP}^2} \tag{4.17}$$

3. 角度前方交会法(angle intersection method)

如图 4.19 所示，利用控制点 A、B 放样设计点 P 的方法如下。

(1) 计算放样元素：

$$\alpha = \alpha_{AB} - \alpha_{AP} = \tan_\alpha^{-1}\frac{y_B - y_A}{x_B - x_A} - \tan_\alpha^{-1}\frac{y_P - y_A}{x_P - x_A}$$

$$\beta = \alpha_{BP} - \alpha_{BA} = \tan_\alpha^{-1}\frac{y_P - y_B}{x_P - x_B} - \tan_\alpha^{-1}\frac{y_A - y_B}{x_A - x_B}$$

(2) 在点 A 架设经纬仪，以点 B 定向，左拨角 α，得方向线 1-1′；同样，在点 B 架设经纬仪，以点 A 定向，右拨角 β，得方向线 2-2′。用拉线法定出两方向线交点即得待定点 P。

设角度放样误差为 m_β，则角度前方交会法的定点误差为

$$m_P = \frac{m_\beta}{\rho}\cdot\frac{\sqrt{s_{AP}^2 + s_{BP}^2}}{\sin(\alpha+\beta)} \tag{4.18}$$

4. 距离交会法(distance intersection method)

如图 4.20 所示，距离交会法的具体步骤如下。

(1) 计算放样元素：

$$s_{AP} = \sqrt{(x_P - x_A)^2 + (y_P - y_A)^2}$$

$$s_{BP} = \sqrt{(x_P - x_B)^2 + (y_P - y_B)^2}$$

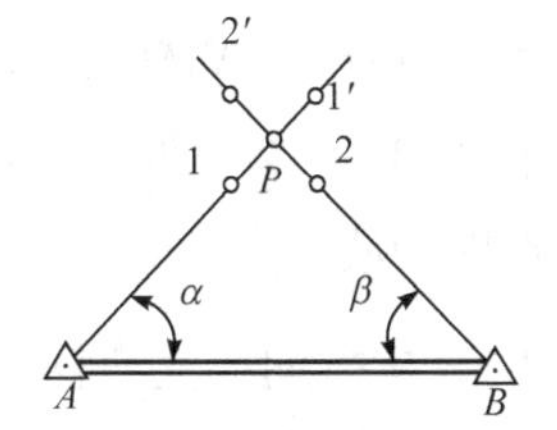

图 4.19　角度前方交会法定点

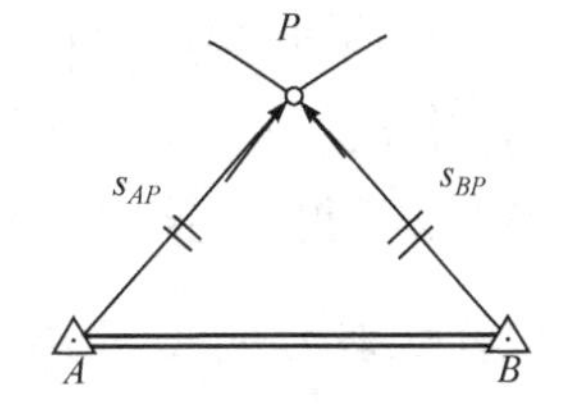

图 4.20　距离交会法定点

(2) 在实地用两把尺子分别以 A、B 为圆心，以 s_{AP}、s_{BP} 为半径画弧，交出的点即为所

求点 P。

设距离放样误差为 $\frac{m_s}{s}$，则距离交会法的定点误差为

$$m_P = \frac{m_s}{s} \cdot \frac{\sqrt{s_{AP}^2 + s_{BP}^2}}{\sin\gamma} \tag{4.19}$$

式中，$\gamma = \angle BPA$ 为交会角。

该法定点有双解，但实践中很容易判别。

5. 角度距离交会法(angle and distance intersection method)

如图 4.21 所示，根据控制点 A、B、C，用角度距离交会法放样设计点 P 的步骤如下。

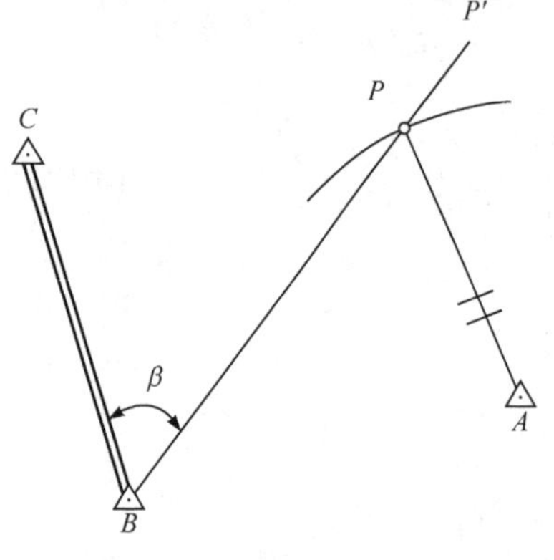

图 4.21　角度距离交会法定点

(1) 计算放样元素：

$$\beta = \alpha_{BP} - \alpha_{BC}$$

$$= \tan_{\alpha}^{-1} \frac{y_P - y_B}{x_P - x_B} - \tan_{\alpha}^{-1} \frac{y_C - y_B}{x_C - x_B}$$

$$s = \sqrt{(x_P - x_A)^2 + (y_P - y_A)^2}$$

(2) 在点 B 架设经纬仪，以点 C 定向，右拨角 β，得方向线 BP'；以点 A 为圆心，以 s 为半径画弧交方向线 BP' 于点 P，即为所求点 P。

与距离交会法定点一样，此法有二解，但实践中很容易判别。

设角度放样误差为 m_β，距离放样误差为 $\frac{m_s}{s}$，则角度距离交会法的定点误差为

$$m_P = \pm \frac{1}{\cos\gamma} \sqrt{\left(\frac{m_s}{s}\right)^2 s^2 + \left(\frac{m_\beta}{\rho}\right)^2 s_{BP}^2} \tag{4.20}$$

式中，$\gamma = \angle APB$ 为交会角。

该法可用于线路细部放样，并称为偏角法(Rankine's deflection method 或 tangential angle method)。

6. 方向线交会法(method of direction line intersection)

方向线交会法是利用两条互相垂直的方向线交会出放样点位，当施工控制为矩形网(矩形网的边与坐标轴平行或垂直)时，可以用方向线交会法进行点位放样。

图 4.22 为矩形控制网，N_1、N_2、M_1 和 M_2 是矩形控制网的角点，为了放样点 P，先用矩形控制网角点坐标和放样点设计坐标计算放样元素 Δx_{M_1P} 和 Δy_{M_2P}。自点 M_1 沿矩形边 M_1N_1 和 M_1M_2 分别量取 Δx_{M_1P} 和 Δy_{M_2P} 得点 1 和点 2；自点 N_2 沿矩形边 N_2M_2 和 N_2N_1 分别量取 $s_{N_2M_2} - \Delta x_{M_1P}$ 和 $s_{N_2N_1} - \Delta y_{M_1P}$ 得点 1′和点 2′。于是就可以在点 1 和点 2 处安置经纬仪，分别照准点 1′和点 2′，得方向线 1-1′和点 2-2′，两方向线的交点即为放样点 P。

设角度放样误差为 m_β，距离放样误差为 $\frac{m_s}{s}$，下面我们分析方向线交会法的定点误差 m_P。为叙述方便，记

$$a = s_{N_1M_1} = s_{N_2M_2} = \Delta x_{M_1N_1} = \Delta x_{M_2N_2}$$

$$b = s_{N_1N_2} = s_{M_1M_2} = \Delta y_{N_1N_2} = \Delta y_{M_1M_2}$$

$$\Delta x = \Delta x_{M_1P}$$

$$\Delta y = \Delta y_{M_1P}$$

由方向线交会法的操作过程可知，定点误差 m_P 由以下两部分组成。

(1) 定向点 1、1′、2、2′误差的影响。现在仅考虑点 1。设置点 1 时，横向误差由瞄准误差引起，对 m_P 无影响。纵向误差由距离放样误差引起，设其真误差为 $\varDelta_{s_1}$，则由图 4.23 可得

$$\overset{s_1}{\varDelta}_P = \overset{s_1}{\varDelta}_{x_P} = \frac{b - \Delta y}{b}\varDelta_{s_1}$$

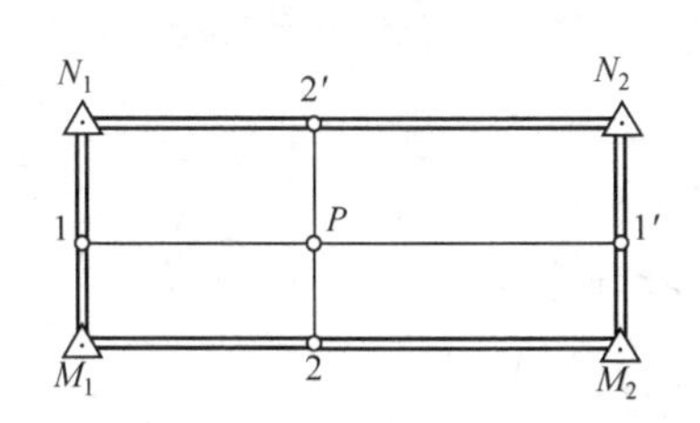

图 4.22　方向线交会法定点

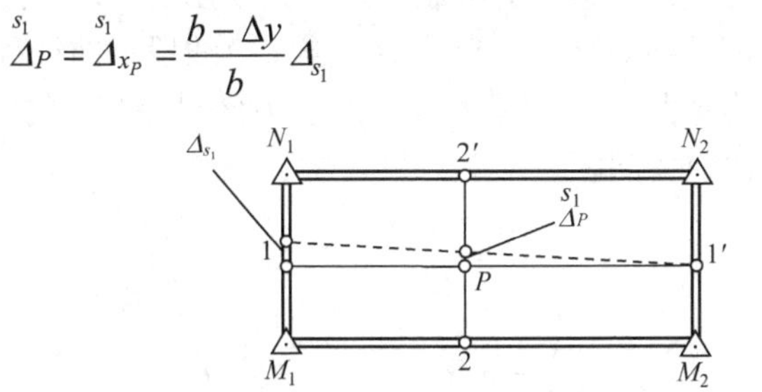

图 4.23　方向线交会法误差分析：设置点 1 时距离放样误差的影响

写成中误差形式，即

$$\overset{s_1}{m}_P = \overset{s_1}{m}_{x_P} = \frac{b - \Delta y}{b} m_{s_1}$$

以 $m_{s_1} = \left(\frac{m_s}{s}\right)\Delta x$ 代之得

$$\overset{s_1}{m}_P = \overset{s_1}{m}_{x_P} = \frac{(b - \Delta y)\Delta x}{b}\left(\frac{m_s}{s}\right)$$

同理有

$$\overset{s_{1'}}{m}_P = \overset{s_{1'}}{m}_{x_P} = \frac{\Delta y \Delta x}{b}\left(\frac{m_s}{s}\right)$$

$$\overset{s_2}{m}_P = \overset{s_2}{m}_{y_P} = \frac{(a - \Delta x)\Delta y}{a}\left(\frac{m_s}{s}\right)$$

$$\overset{s_{2'}}{m}_P = \overset{s_{2'}}{m}_{y_P} = \frac{\Delta x \Delta y}{a}\left(\frac{m_s}{s}\right)$$

(2) 设置方向线的误差影响。实际即前述的内插定线误差

$$\overset{1}{m}_P = \Delta y\left(\frac{m_\beta}{\rho}\right)$$

$$\overset{2}{m}_P = \Delta x\left(\frac{m_\beta}{\rho}\right)$$

综合以上六项可得

$$m_P = \pm\sqrt{s^2\left(\frac{m_\beta}{\rho}\right)^2 + 2\left\{\frac{s^2}{2} + \left(\frac{1}{a^2} + \frac{1}{b^2}\right)\Delta x^2 \Delta y^2 - \left(\frac{\Delta y}{a} + \frac{\Delta x}{b}\right)\Delta x \Delta y\right\}\left(\frac{m_s}{s}\right)^2} \tag{4.21}$$

式中，$s = \sqrt{\Delta x^2 + \Delta y^2}$。

4.2　道路曲线放样

曲线放样是上述点位放样方法应用之一。在曲线放样中，首先要解决的关键问题是曲线的数学方程及曲线的离散点数字表示，然后就是前述点位放样和高程放样的应用。

本节以道路曲线放样为例介绍相关应用。

由于实际地形、地物的限制以及道路使用的要求，道路中线往往设计成由直线段和曲线段组成的空间曲线。其中，在平面上连接直线段的曲线称为平曲线，在竖直方向上连接直线段的曲线称为竖曲线，如图 4.24 所示。下面讨论其中的圆曲线、带缓和曲线的圆曲线以及竖曲线放样中的有关问题。

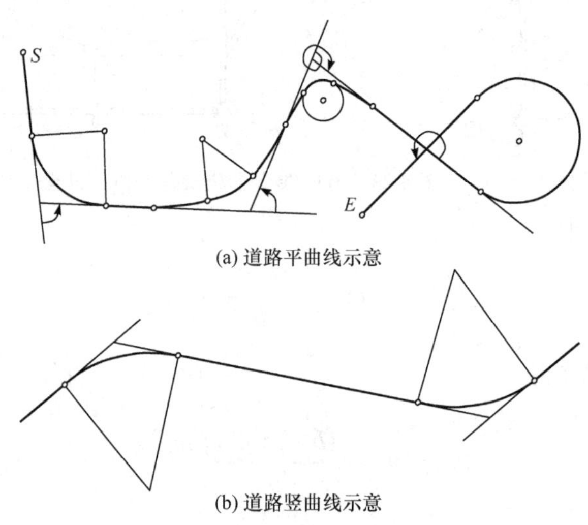

(a) 道路平曲线示意

(b) 道路竖曲线示意

图 4.24　道路曲线示意

4.2.1　圆曲线及其放样

纯粹的圆曲线(circular curve)是解决道路转弯问题的最简单措施，主要用于普通公路建设中，但它是认识道路曲线的基础。下面介绍其中的一些概念和方法。

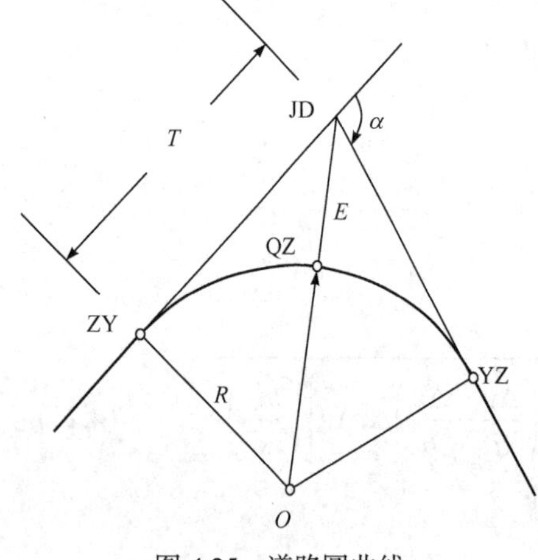

图 4.25　道路圆曲线

1. 圆曲线元素

如图 4.25 所示，圆曲线的元素如下。

(1) 转向角(intersection angle 或 deflection angle) α，设计值或由观测得到。

(2) 圆曲线半径 R，设计值。

(3) 切线长　$$T = R\tan\frac{\alpha}{2} \tag{4.22}$$

(4) 曲线长　$$L = \frac{\alpha}{\rho}R \tag{4.23}$$

(5) 外矢距(apex distance)　$$E = R\left(\sec\frac{\alpha}{2} - 1\right) \tag{4.24}$$

(6) 切曲差(又称校正数或超距)　$$q = 2T - L \tag{4.25}$$

(7) 顶角(apex angle) $\gamma = 180° - \alpha$ 。

2. 圆曲线主点及其里程

圆曲线的起、终、中点称为圆曲线的主点(principal points)，分别称为直圆点、圆直点和曲中点，以汉语拼音缩写表示为 ZY 、YZ 和 QZ 。

线路中线上点的位置是用里程(chainage)表示的，并作为桩(peg)号。线路上某点的里程表示该点沿线路中心到线路起点的水平长度，通常用“×××+×××.(×××)”形式表示，“+”号前为千米数，“+”号后为不足千米的米数，若不足整米数，要记到毫米位。交点 JD 不在道路中线上，交点里程仅用于曲线点里程的计算。各主点的里程按下列各式计算：

ZY 里程= JD 里程$-T$

YZ 里程= ZY 里程$+L$

QZ 里程= YZ 里程$-L/2$

校核：JD 里程= QZ 里程$+q/2$

3. 圆曲线的放样

道路中线最初可能是先将其折线位置放样于实地，即交点位置。交点的编号自道路起点至终点，即 $\mathrm{JD}_i\left(i=1,2,\cdots,n\right)$ 。

道路曲线可在交点的基础上进行放样。一般分为主点放样和详细放样两个步骤。圆曲线的主点可根据 α、T、E、JD 及其前后交点很容易地在实地标定出来。圆曲线的详细放样在主点的基础上进行。

圆曲线详细放样的关键是求出圆曲线上细部点的坐标。实际工作要求第一个细部点落在整里程桩上，以后按等里程间隔放样。所以，细部点坐标必须以弧长为参数。

以切线方向 ZY $\rightarrow$ JD 为 x 轴方向，以与之垂直的半径方向 ZY $\rightarrow O$ 为 y 轴方向，如图 4.26 所示设立坐标系，则细部点 i 的坐标为

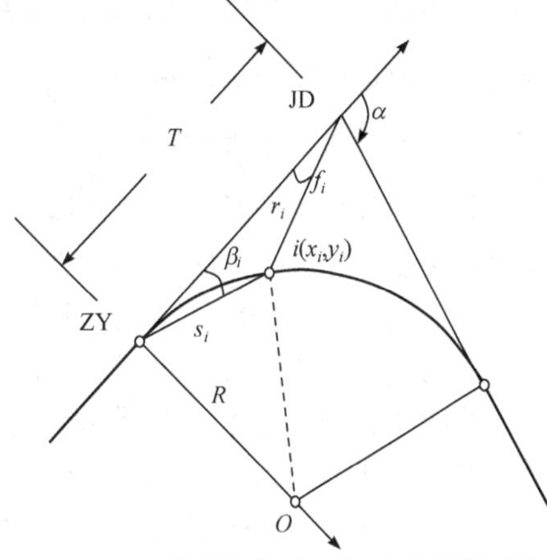

图 4.26　圆曲线细部点坐标及其放样元素

$$\begin{cases} x_i = R\sin\dfrac{l_i}{R} \\ y_i = R\left(1-\cos\dfrac{l_i}{R}\right) \end{cases} \tag{4.26}$$

式中，l_i 为 ZY 到 i 的弧长。

有了 $\left(x_i, y_i\right)$ 之后，便可根据使用仪器的不同和操作方便选择点位放样方法进行圆曲线放样。例如，在 ZY 设站使用极坐标法时放样元素为

$$\begin{cases} \beta_i = \dfrac{l_i}{2R} \\ s_i = 2R\sin\beta_i \end{cases} \tag{4.27}$$

当然也可以在 JD 设站用极坐标法进行放样。

实际工作中经常使用的方法有偏角法、切线支距法、弦线支距法等。

例 4.2.1：某道路中线的折线形式已测设于实地。设某交点的转向角 $\alpha = 33°30'26''$，圆曲线的设计半径为 $R = 600\text{m}$。试计算圆曲线元素，并叙述曲线主点的放样步骤。

解：(1) 圆曲线元素计算。

转向角：$\alpha = 33°30'26''$

设计半径：$R = 600\text{m}$

切线长：$T = R\tan\dfrac{\alpha}{2} = 600 \times \tan\dfrac{33°30'26''}{2} = 180.621(\text{m})$

曲线长：$L = \dfrac{\alpha}{\rho}R = \dfrac{33°30'26''}{\rho} \times 600 = 350.887(\text{m})$

外矢距：$E = R\left(\sec\dfrac{\alpha}{2} - 1\right) = 600 \times \left(\sec\dfrac{33°30'26''}{2} - 1\right) = 26.597(\text{m})$

切曲差：$q = 2T - L = 2 \times 180.621 - 350.887 = 10.355\text{m}$

(2) 主点放样步骤：因道路折线位置已测设于实地，所以可采用以下步骤放样主点：在交点(JD)上安置经纬仪，以上一个交点定向，自交点(JD)沿视线方向量取距离 $T = 180.621\text{m}$，得曲线起点(ZY)。转动经纬仪，以下一个交点定向，自交点(JD)沿视线方向量取距离 $T = 180.621\text{m}$，得曲线终点(YZ)。将经纬仪朝曲线方向转角 $\dfrac{180° - \alpha}{2} = 73°14'47''$，自交点(JD)沿视线方向量取距离 $E = 26.597\text{m}$，得曲线中点(QZ)。

4.2.2 圆曲线放样的误差分析

曲线的放样误差是指最后放样于实地的曲线相对于定线测量结果(即 JD 点及其前视交点和后视交点)的误差。也就是说，这时我们将交点看作无误差的点。

如前所述，圆曲线元素均是用转向角 α 来计算的，因此 α 的精度必须能满足道路中线几何关系的计算。在这种情况下 α 对曲线放样的误差影响应可以忽略。

圆曲线放样误差的分析受具体的放样方法影响很大，例如，当在主点放样圆曲线时，除需考虑直接的放样误差外，还要考虑主点放样误差对曲线细部点放样的影响。从这个角度看，在 JD 点设站直接用极坐标法放样曲线点还是有利的，如图 4.26 圆曲线细部点坐标及其放样元素所示，这时

$$m_i = \pm f_i\sqrt{\left(\frac{m_s}{s}\right)^2 + \left(\frac{m_\beta}{\rho}\right)^2} \tag{4.28}$$

式中，$f_i = \sqrt{(T - x_i)^2 + y_i^2}$。

另外，道路曲线放样中主要关心沿曲线切线方向的纵向误差 m_{t_i} 和沿半径方向的横向误差 m_{u_i}。结合图 4.26 圆曲线细部点坐标及其放样元素，有

$$\begin{cases} m_{t_i} = \pm f_i\sqrt{\left(\dfrac{m_s}{s}\right)^2\cos^2(\gamma_i + 2\beta_i) + \left(\dfrac{m_\beta}{\rho}\right)^2\sin^2(\gamma_i + 2\beta_i)} \\ m_{u_i} = \pm f_i\sqrt{\left(\dfrac{m_s}{s}\right)^2\sin^2(\gamma_i + 2\beta_i) + \left(\dfrac{m_\beta}{\rho}\right)^2\cos^2(\gamma_i + 2\beta_i)} \end{cases} \tag{4.29}$$

4.2.3　带缓和曲线的圆曲线

车辆在圆曲线上行驶时，为了抵抗由曲率半径 R 引起的离心力，公路外侧或铁路之外轨应有一定量的升高(称为超高，super-elevation)，以使车辆重力和路基支撑力形成指向圆心的向心力。另外，道路转弯时，道路内侧需要加宽。道路外侧的升高和内侧的加宽都不可以突然形成，所以在直线与圆曲线之间需设一段过渡曲线，以使道路的曲率半径由 ∞ 逐渐变为 R 。这段过渡曲线称为缓和曲线(transition curve 或 easement curve)。

最简单也是最常用的缓和曲线是使道路外侧升高与离开直线段的弧长呈线性递增，经历缓和曲线长 l_h 到达圆曲线段时，超高达到最大值。满足此要求的数学方程为

$$rl = Rl_h = c \tag{4.30}$$

该方程在数学上称为回旋线(clothoid curve 或 euler spiral)。其中 $c = Rl_h$ 为常数，称为曲线半径变化率。

圆曲线两端加设等长缓和曲线后，它们与直线段的关系如图 4.27 所示。此时曲线有五个主点，在道路工程中分别称为直缓点(ZH)、缓圆点(HY)、曲中点(QZ)、圆缓点(YH)和缓直点(HZ)。

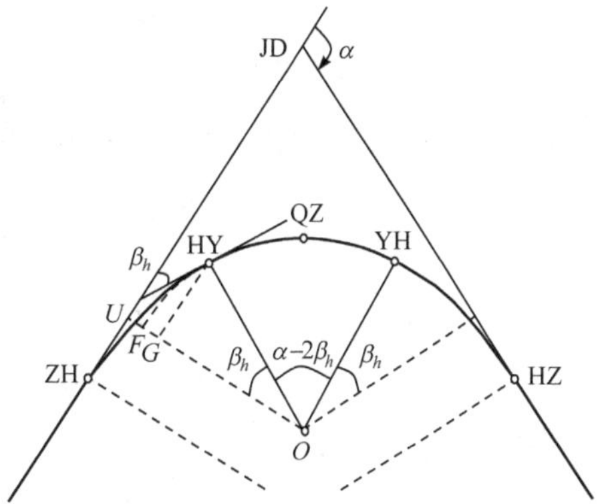

图 4.27　圆曲线与缓和曲线的几何关系

由圆心 O 向直线段做垂线，交圆曲线延线于 F ，交线段 ZH − JD 于 U 。记该垂线与 HY 和 O 连线的夹角为 β_h ，也就是说圆曲线所对应的圆心角只剩下 $\alpha - 2\beta_h$ 了。

UF 为加设缓和曲线后圆曲线的内移量，记为 p ； $\overline{\text{ZH},U}$ 为加设缓和曲线后曲线起点、终点沿夹直线的后退量，记为 m。这样，曲线元素的计算公式变为

$$T = m + (R + p)\tan\frac{\alpha}{2} \tag{4.31}$$

$$L = \frac{\alpha - 2\beta_h}{\rho}R + 2l_h \tag{4.32}$$

$$E = \left(R + p\right)\sec\frac{\alpha}{2} - R \tag{4.33}$$

$$q = 2T - L \tag{4.34}$$

下面推导缓和曲线的直角坐标方程，同时给出 m、p、β_h 的计算公式。坐标系如图 4.28 所示，设 i 点到 O 的弧长为 l ，曲线在 i 点的切线与 x 轴的夹角为 β 。在任意 s 处取微分段 $\mathrm{d}s$ ，由微分方程

$$\frac{\mathrm{d}s}{r_s} = \mathrm{d}\beta$$

并以 $r_s s = c$ 代之得

$$\mathrm{d}\beta = \frac{s\mathrm{d}s}{c}$$

所以有

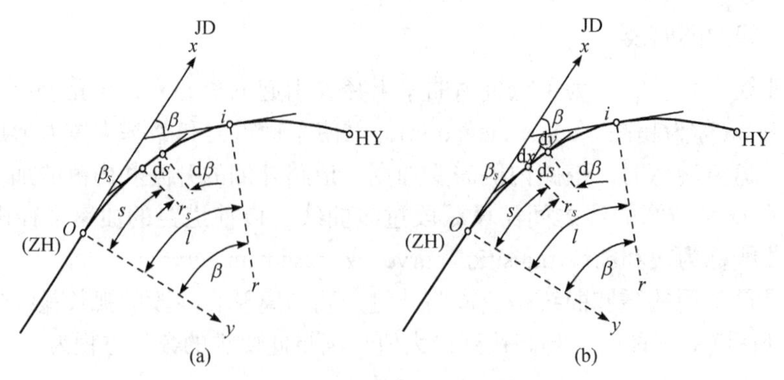

图 4.28　缓和曲线直角坐标方程推导

$$\beta=\int \mathrm{d}\beta=\int_0^l \frac{s\mathrm{d}s}{c}=\frac{l^2}{2c}=\frac{l^2}{2Rl_h}=\frac{c}{2r^2}$$

并得最大值

$$\beta_h=\frac{l_h}{2R} \tag{4.35}$$

设 i 点的坐标为 (x,y)，则由微分关系

$$\mathrm{d}x=\mathrm{d}s\cos\beta_s=\mathrm{d}s\cos\frac{s^2}{2c}$$

$$\mathrm{d}y=\mathrm{d}s\sin\beta_s=\mathrm{d}s\sin\frac{s^2}{2c}$$

可得缓和曲线的直角坐标方程

$$\begin{cases} x=\int_0^l \cos\frac{s^2}{2c}\mathrm{d}s=\sum\limits_{i=0}^{\infty}(-1)^i\frac{l^{4i+1}}{(2i)!(4i+1)(2c)^{2i}}=l-\frac{l^5}{40c^2}+\frac{l^9}{3450c^4}-\frac{l^{13}}{599040c^6}+\frac{l^{17}}{17542600c^8}-\cdots \\ y=\int_0^l \sin\frac{s^2}{2c}\mathrm{d}s=\sum\limits_{i=0}^{\infty}(-1)^i\frac{l^{4i+3}}{(2i+1)!(4i+3)(2c)^{2i+1}}=\frac{l^3}{6c}-\frac{l^7}{336c^3}+\frac{l^{11}}{42240c^5}-\frac{l^{15}}{9676800c^7}+\frac{l^{19}}{3530097000c^9}-\cdots \end{cases} \tag{4.36}$$

也可以写成

$$\begin{cases} x=\sum\limits_{i=0}^{n}a_i,\quad a_0=l,\quad a_i=(-1)^i\frac{4i-3}{8i(2i-1)(4i+1)}\cdot\frac{l^4}{c^2}a_{i-1} \\ y=\sum\limits_{i=0}^{n}b_i,\quad b_0=\frac{l^3}{6c},\quad b_i=(-1)^i\frac{4i-1}{8i(2i+1)(4i+3)}\cdot\frac{l^4}{c^2}b_{i-1} \end{cases} \tag{4.37}$$

其中项数 n 的选择条件可设置成 $\sqrt{a_{n+1}\sum\limits_{i=0}^{n}a_i}\leqslant 0.001\mathrm{m}$ 和 $\sqrt{b_{n+1}\sum\limits_{i=0}^{n}b_i}\leqslant 0.001\mathrm{m}$ 。

记HY的坐标为 (x_h,y_h)，在图 4.27 中由HY向 OU 作垂线，垂足为 G，则可以看出

$$m=x_h-R\sin\beta_h \tag{4.38}$$

$$p=y_h-R(1-\cos\beta_h) \tag{4.39}$$

另外，圆曲线部分在图 4.28 所示坐标系中的方程为

$$\begin{cases} x = m + R\sin\left(\beta_h + \dfrac{l}{R}\right) \\ y = p + R\left[1 - \cos\left(\beta_h + \dfrac{l}{R}\right)\right] \end{cases} \tag{4.40}$$

式中，弧长 l 从 HY 开始起算。

至此，就可以开始曲线的放样工作了。但需注意到，上述缓和曲线的计算是针对一端的，计算另一端缓和曲线时，需将坐标系设置在相应的一端。若将两端缓和曲线计算统一在一个坐标系中，需要进行坐标变换。

4.2.4 带不等长缓和曲线的圆曲线

在大多数情况下，道路圆曲线两端的缓和曲线是等长的，但有时为了适应地形以减少土石方工程量，也可设计两段缓和曲线不等长。

如图 4.29 所示，设圆曲线的半径为 R，线路转向角为 α，缓和曲线长为 l_1 和 l_2。

因为 m、p、β 只是 l 与 R 的函数，所以由 l_1、R 可求得 m_1、p_1、β_1，由 l_2、R 可求得 m_2、p_2、β_2。

过圆心做两切线的平行线，则有

$$T_1 = \overline{\text{ZH},U} + UB + \overline{B,\text{JD}}$$

$$\overline{\text{ZH},U} = m_1$$

$$UB = (R + p_1)\cot(\pi - \alpha)$$

$$\overline{B,\text{JD}} = (R + p_2)/\sin(\pi - \alpha)$$

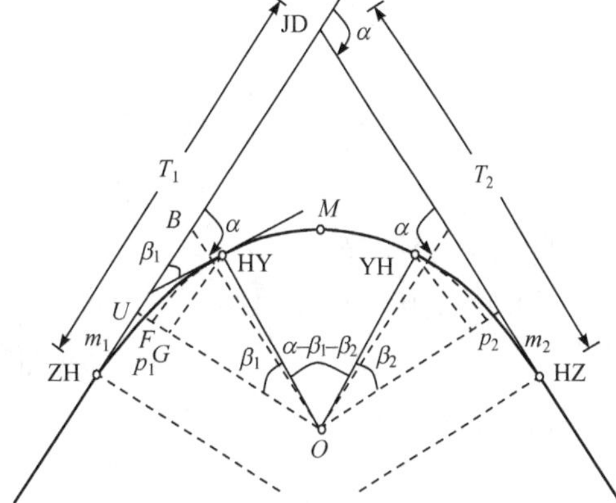

图 4.29　圆曲线与两不等长缓和曲线的关系

经整理可得切线长

$$T_1 = m_1 + (R + p_1)\tan\frac{\alpha}{2} + \frac{p_2 - p_1}{\sin\alpha} \tag{4.41}$$

同理可得另一条切线长

$$T_2 = m_2 + (R + p_2)\tan\frac{\alpha}{2} + \frac{p_1 - p_2}{\sin\alpha} \tag{4.42}$$

这时的曲线长为

$$L = l_1 + l_2 + \frac{\alpha - \beta_1 - \beta_2}{\rho}R \tag{4.43}$$

圆曲线两端的缓和曲线不等长时，曲中点可取圆曲线的中点或全曲线的中点。但为了放样方便，可取交点 JD 与圆心 O 的连线与圆曲线的交点 M 作为曲线的中点，这时，外矢距为

$$E = \frac{R + p_1}{\sin\angle OUM} - R \tag{4.44}$$

式中，$\angle OUM = \arctan\dfrac{T_1 - m_1}{R + p_1}$。

在圆曲线两端加设缓和曲线还有另外一些情况，如复合曲线中间缓和曲线以及另外类型的缓和曲线等，关于其计算方法可参考相关文献。

4.2.5 竖曲线

道路中线的纵断面是由许多不同坡度的线段连接而成的，纵断面上的坡度变化点称为变坡点(point of change slope)。当变坡点两侧坡度的代数差超过一定值时，应设置竖曲线(vertical curve)，以改善行车的稳定性。

道路竖曲线如图 4.30 所示。如平面曲线一样，竖曲线元素如下。

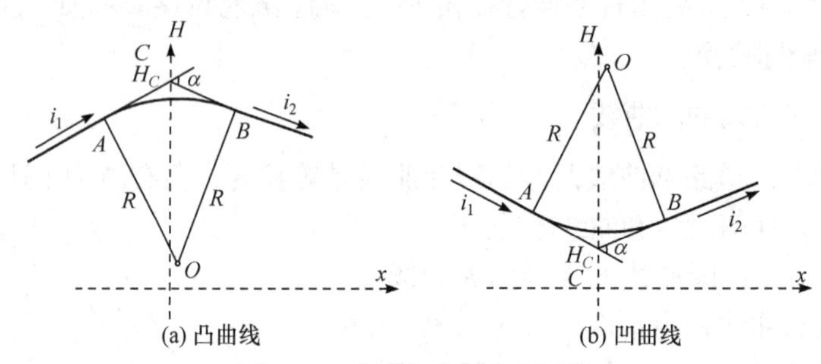

图 4.30　道路竖曲线高程计算

(1) 曲线半径 R。

(2) 转折角 α：

$$\alpha = \arctan i_2 - \arctan i_1 \tag{4.45}$$

(3) 切线长 T：

$$T = R\left|\tan\frac{\alpha}{2}\right| \tag{4.46}$$

(4) 曲线长 L：

$$L = \frac{\alpha}{\rho}R \tag{4.47}$$

(5) 外矢距 E：

$$E = R\left(\sec\frac{\alpha}{2} - 1\right) \tag{4.48}$$

实践中坡度 i_1、i_2 的值一般很小，故常采用一些近似的公式，如 $L \approx 2T$ 等。竖曲线细部点高程的计算也常采用近似的方法。为适用更普遍的情况，下面给出竖曲线高程计算的严密公式：

$$H_{(x)} = H_C + \operatorname{sgn}(i_2 - i_1)\frac{R + i_2 T}{\sqrt{1+i_2^2}} - \operatorname{sgn}(i_2 - i_1)\sqrt{R^2 - \left\{x - \operatorname{sgn}(i_2 - i_1)\frac{T - i_2 R}{\sqrt{1+i_2^2}}\right\}^2} \tag{4.49}$$

式中，$H_{(x)}$ 为竖曲线上点的高程值；x 表明曲线点的位置，如图 4.30 所示，在变坡点 C 处 $x=0$；H_C 为变坡点高程值；$\operatorname{sgn}(y)$ 为符号函数，当 y 分别小于 0、等于 0、大于 0 时，对应的函数值分别为−1、0、+1；坡度值 i_1、i_2 一般用百分数表示，此处化为小数。

竖曲线起点、终点的里程计算式为

$$\begin{cases} A\text{处里程} = C\text{处里程} - \operatorname{sgn}(i_2 - i_1)\dfrac{T}{\sqrt{1+i_1^2}} \\ B\text{处里程} = C\text{处里程} + \operatorname{sgn}(i_2 - i_1)\dfrac{T}{\sqrt{1+i_2^2}} \end{cases} \tag{4.50}$$

4.3　归化法放样

放样与测量所用的仪器以及计算公式是相同的，但测量的外业成果是记录下来的数据，内业计算在外业之后进行。放样的数据准备要在外业之前做好，放样的外业成果是实地的标桩。由于两者已知条件和待求对象不同，因而互相之间是有区别的：①测量时常可作多测回重复观测，控制图形中常有多余观测值，通过平差计算可提高待定参数的精度；放样时不便多测回操作，放样图形较简单，很少有多余观测值，一般不作平差计算。②测量时可在外业结束后仔细计算各项改正数；放样时要求在现场计算改正数，这样既容易出错，也不易做得仔细。③测量时标志是事先埋设的，可待它们稳定后再开始观测；放样时常要求在丈量之后立即埋设标桩，标桩埋设地点也不允许选择。④目前大多数测量仪器和工具主要是为测量工作设计制造的，所以用于测量比用于放样方便得多。

在直接放样方法中，如极坐标法，其放样误差与测站到放样点的距离成正比。因此，若要提高放样的精度，可采用减小距离的措施。若在待放样点附近设一个控制点作为测站，则有可能使放样误差足够小，甚至可以忽略不计。当放样误差可以忽略不计时，放样点与测站精度相同。这就是归化法放样的思路。

归化法放样的工作步骤为：先放样一个点作为过渡点(埋设临时桩)，接着测量该过渡点与已知点之间的关系(边长、夹角、高差等)；把测算得到的值与设计值比较得差数；最后从过渡点出发修正这一差数，把点归化到更精确的位置上去；在精确的点位处埋设永久性标石。

归化法提供了用测量的方法和精度解决放样问题的一种措施，或者说将放样问题转化为了测量问题。因此，讨论归化法放样问题实际上是测量方法的应用。

4.3.1　归化法放样水平角

设 A、B 为已知点，待放样的水平角度为 β。

如图 4.31 所示，先用直接放样方法放样 β 角后得过渡点 P'，然后按规定的精度 m_β 测量 $\angle BAP'$ 得 β'，并概量 $s_{AP'}$ 得 s；计算 β' 与设计值 β 的差值：

$$\Delta\beta = \beta - \beta'$$

按 $\Delta\beta$ 和 s 计算归化值 ε：

$$\varepsilon = \frac{\Delta\beta}{\rho}s \tag{4.51}$$

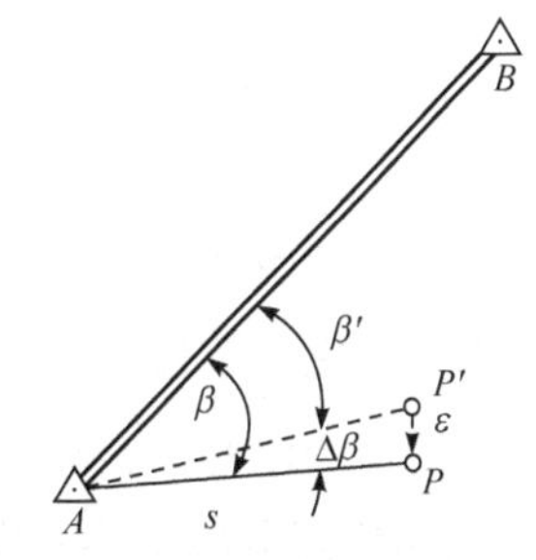

图 4.31　归化法放样水平角

从 P' 出发在 AP' 的垂直方向上改正 ε，即可得到待定点。

下面分析归化值 ε 对水平角的误差影响。首先作个讨论，在“$\angle BAP'$ 的角度值为 β'，误差为 m_β”中，$\angle BAP'$ 与 β' 不能同时认为有误差，而只能假定其中之一有误差 m_β。这里假定 $m_{\angle BAP'} = m_\beta$。由

$$\angle BAP = \angle BAP' + \angle P'AP$$

$$\angle P'AP = \frac{\varepsilon}{s}\rho$$

得

$$m_{\angle BAP}^2 = m_{\angle BAP'}^2 + m_{\angle P'AP}^2 = m_\beta^2 + m_{\angle P'AP}^2$$

$$m_{\angle P'AP} = \pm\sqrt{\left(\frac{\rho}{s}\right)^2 m_\varepsilon^2 + \left(\frac{\varepsilon\rho}{s}\right)^2\left(\frac{m_s}{s}\right)^2}$$

m_β 为测角误差。为使归化法放样角度的精度 $m_{\angle BAP'}$ 与测角精度 m_β 相当，即 $m_{\angle BAP'} = m_\beta$，应使 $m_{\angle P'AP} \leqslant \frac{1}{3}m_\beta$，或取

$$\frac{\rho}{s}m_\varepsilon \leqslant \frac{1}{5}m_\beta \text{ 且 } \frac{\rho\varepsilon}{s}\left(\frac{m_s}{s}\right) \leqslant \frac{1}{5}m_\beta$$

即

$$m_\varepsilon \leqslant \frac{m_\beta}{5\rho}s \tag{4.52}$$

$$\frac{m_s}{s} \leqslant \frac{m_\beta}{5\rho}\cdot\frac{s}{\varepsilon} = \frac{m_\beta}{5\Delta\beta} \tag{4.53}$$

显然，当 s 较大、$\Delta\beta$ 较小时，ε 和 s 的精度要求可降低。例如，设 $m_\beta = \pm 5''$，当 $s = 100\text{m}$ 时，要求 $m_\varepsilon \leqslant 0.5\text{mm}$；当 $s = 200\text{m}$ 时，要求 $m_\varepsilon \leqslant 1\text{mm}$。当 $\Delta\beta = 1^\circ$ 时，要求 $\frac{m_s}{s} \leqslant \frac{1}{3600}$；当 $\Delta\beta = 5'$ 时，要求 $\frac{m_s}{s} \leqslant \frac{1}{300}$。

上述分析也可按下面思路进行。确定过渡点 P' 后，以规定的精度 m_β 观测 $\angle BAP'$ 得 β'，$\Delta\beta = \beta - \beta'$ 与 β' 具有相同的真误差和中误差，$\angle BAP'$ 没有误差。因此，从 P' 归化到 P，存在两部分误差：$\Delta\beta$ 的数据误差和通过 ε、s 的实现误差，即

$$m_{\angle BAP} = \pm\sqrt{m_{\Delta\beta\text{数据}}^2 + m_{\Delta\beta\text{实现}}^2}$$

$$m_{\Delta\beta\text{数据}} = m_{\beta'} = m_\beta$$

$$m_{\Delta\beta\text{实现}} = \pm\sqrt{\left(\frac{\rho}{s}\right)^2 m_\varepsilon^2 + \left(\frac{\varepsilon\rho}{s}\right)^2\left(\frac{m_s}{s}\right)^2}$$

前一项由测量确定，后一项应尽量小。

4.3.2　归化法放样距离

设 A 为已知点，待放样的距离为 s。

如图 4.32 所示，先设置一个过渡点 B'，选用适当的丈量仪器及测回数精确丈量 AB' 的距离，经加上各项改正数后可以求得 AB' 的精确长度 s'，把 s' 与设计距离 s 作比较，得差值

$$\Delta s = s - s'$$

图 4.32　归化法放样距离

由点 B' 出发改正 Δs，即得所求之 B 点。AB 的放样精度为

$$m_s = \pm\sqrt{m_{s'}^2 + m_{\Delta s}^2}$$

当 $m_{\Delta s} \leqslant \frac{1}{3} m_s$ 时，有 $m_s = m_{s'}$ 。

有时在放样过渡点 B' 时有意留下较大的 Δs 值，以便在 B 处埋设永久性标石时不影响过渡点桩位，待该标石稳定后，再把点位从 B' 归化到永久性标石顶部。

4.3.3　归化法放样直线

由归化法的实施过程容易看出，归化法放样直线的关键是测算直线过渡点相对于基准线(已知点连线)的偏离值，这完全是一个测量问题。下面介绍几种测直线偏离值的方法，当然这些方法也可用于其他场合(如建筑物水平位移测量等)。

以图 4.33 所示的等间隔模型进行讨论。设点间距为 s ，测角误差为 m_β 。

1. 测小角法

如图 4.34 所示，测小角法就是在基准线端点 A (或 B)上架设经纬仪，测定准直点 i 与 AB 的微小夹角 α_i ，然后根据 α_i 及 i 到 A 的水平距离 s_i 计算出点相对于 AB 的偏离值 Δ_i

$$\Delta_i = \frac{\alpha_i}{\rho} s_i \tag{4.54}$$

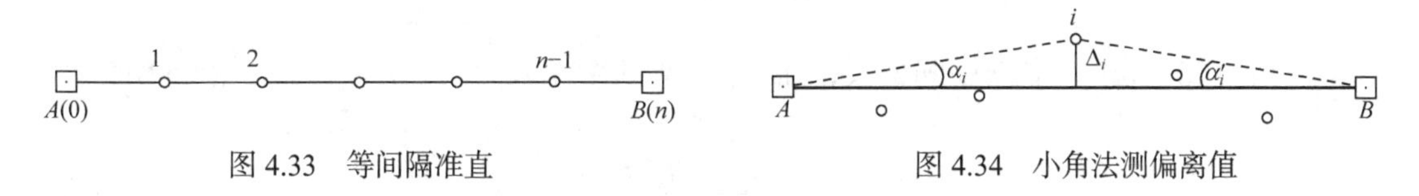

图 4.33　等间隔准直　　图 4.34　小角法测偏离值

一般来说，s 的误差影响可忽略不计，因此有

$$m_{\Delta_i} = \frac{m_\beta}{\rho} s_i \tag{4.55}$$

按等间隔情况，则

$$\Delta_i = \frac{\alpha_i}{\rho} is, \quad m_{\Delta_i} = \frac{m_\beta}{\rho} is$$

若又在点 B 架设经纬仪测量点 i 的偏离值，则

$$\Delta_i' = \frac{\alpha_i'}{\rho}(n-i)s, \quad m_{\Delta_i'} = \frac{m_\beta}{\rho}(n-i)s$$

取两次测量结果的加权平均值

$$\hat{\Delta}_i = \frac{m_{\Delta_i'}^2 \Delta_i + m_{\Delta_i}^2 \Delta_i'}{m_{\Delta_i'}^2 + m_{\Delta_i}^2} = \frac{i(n-i)}{(n-i)^2 + i^2}\left\{(n-i)\alpha_i + i\alpha_i'\right\}\frac{s}{\rho} \tag{4.56}$$

其中误差为

$$m_{\hat{\Delta}_i} = \frac{i(n-i)}{\sqrt{(n-i)^2 + i^2}} \cdot \frac{m_\beta}{\rho} s \tag{4.57}$$

由该式可以证明，在靠近端点 A 、 B 处 $m_{\hat{\Delta}_i}$ 最小，靠近中间处 $m_{\hat{\Delta}_i}$ 最大。

2. 无定向导线法

若在图 4.33 中的点 $1,2,\cdots,n-1$ 上均观测了左角 $\beta_1, \beta_2, \cdots, \beta_{n-1}$ ，则成为等边直伸无定向导

线。若记

$$\Delta\beta_i = \beta_i - 180° \quad (i = 1,2,\cdots,n-1)$$

则可求得各观测点相对于基准线 AB 的偏离值为

$$\Delta_i = \left\{\left(1-\frac{i}{n}\right)\sum_{j=1}^{i-1} j\Delta\beta_j + \frac{i}{n}\sum_{j=i}^{n-1}(n-j)\Delta\beta_j\right\}\frac{s}{\rho} \quad (i = 1,2,\cdots,n-1) \tag{4.58}$$

及

$$m_{\Delta_i} = \sqrt{\frac{2i^2(n-i)^2 + i(n-i)}{6n}} \cdot \frac{m_\beta}{\rho} s \quad (i = 1,2,\cdots,n-1) \tag{4.59}$$

又

$$\alpha_i = \frac{\Delta_{i+1} - \Delta_i}{s}\rho = \frac{1}{n}\left\{-\sum_{j=1}^{i} j\Delta\beta_j + \sum_{j=i+1}^{n-1}(n-j)\Delta\beta_j\right\} \quad (i = 0,1,\cdots,n-1) \tag{4.60}$$

和

$$m_{\alpha_i} = m_\beta\sqrt{\frac{i(i+1)(2i+1) + (n-i-1)(n-i)(2n-2i-1)}{6n^2}} \quad (i = 0,1,\cdots,n-1) \tag{4.61}$$

经分析可知，m_{Δ_i} 在导线中间最大，而 m_{α_i} 在导线两端最大。以 $i = \frac{n}{2}$ 代入式(4.59)得

$$m_{\Delta_{\frac{n}{2}}} = \sqrt{\frac{n^3 + 2n}{48}} \cdot \frac{m_\beta}{\rho} s \tag{4.62}$$

以 $i = 0$ 或 $i = n-1$ 代入式(4.61)得

$$m_{\alpha_0} = m_{\alpha_{n-1}} = m_\beta\sqrt{\frac{(n-1)(2n-1)}{6n}} \approx m_\beta\sqrt{\frac{n-1.5}{3}} \tag{4.63}$$

另外，二者的最小值分别为

$$m_{\Delta_1} = m_{\Delta_{n-1}} = \sqrt{\frac{(2n-1)(n-1)}{6n}}\frac{m_\beta}{\rho} s \approx \sqrt{\frac{n-1.5}{3}}\frac{m_\beta}{\rho} s \tag{4.64}$$

$$m_{\alpha_{\frac{n-1}{2}}} = m_\beta\sqrt{\frac{n^2-1}{24n}} \approx m_\beta\sqrt{\frac{n}{24}} \tag{4.65}$$

当 $n = 2$，即仅有一个中间点时，式(4.58)变为

$$\Delta_1 = \frac{s}{2}\frac{\Delta\beta_1}{\rho}$$

或者当两边长不相等时，可把此式扩展成

$$\Delta = \frac{s_1 s_2}{s_1 + s_2}\frac{\Delta\beta}{\rho} \tag{4.66}$$

该式有很多实际用处，还可由此式推导两个、三个中间点时的偏离值计算公式。

3. 对称观测法

对称观测方案也是在每点设站，但只当角的两边相等时才进行观测。具体来说，就是在

点 1 观测角 $\angle A12$；在点 2 观测角 $\angle A24$ 、$\angle 123$；在点 3 观测角 $\angle A36$、$\angle 135$、$\angle 234$；这种方案对消除调焦误差是有利的。

4. 全组合观测法

在所有点设站，观测所有的水平方向，可望得到高精度的偏离值。其数据处理方法见第 3 章第 3.9 节。

直线偏离值的测定方法还有目镜测微器法、引张线法、激光准直法等，此处不再赘述。

4.3.4 归化法放样点位

设待放样点为 $P(x,y)$，由直接放样法在地面上设立过渡点 P'，将 P' 与已知的控制点进行联测，经平差计算得 P' 的坐标 (x',y')。这时若在点 P' 设站，并由某个方向定向，或在点 P' 的桩面上已标出坐标轴方向，如图 4.35 所示，则很容易使用极坐标法或直角坐标法将点 P' 归化到点 P。点位误差关系为

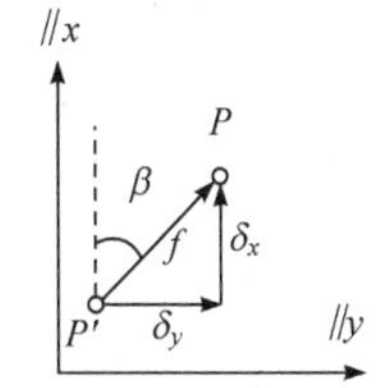

图 4.35 点的归化原理

$$m_P^2 = m_{P'}^2 + m_{归}^2$$

若能使 $m_{归} \leqslant \frac{1}{3} m_{P'}$，则有

$$m_P = m_{P'}$$

即归化法将放样的主要操作转化为测量，从而具有测量的精度。

在以上叙述中，若按极坐标法进行归化，则由

$$m_{归} = \pm\sqrt{f^2\left(\frac{m_\beta}{\rho}\right)^2 + m_f^2}$$

从而使

$$f\left(\frac{m_\beta}{\rho}\right) \leqslant \frac{1}{4} m_{P'} \text{ 和 } m_f \leqslant \frac{1}{4} m_{P'}$$

或

$$m_\beta \leqslant \frac{m_{P'}}{4f}\rho \text{ 和 } m_f \leqslant \frac{1}{4} m_{P'}$$

一般来说 f 较小，上式对 m_β 要求很低。

例 4.3.1：如图 4.36 所示，某建筑方格网的点位精度要求为±2cm，其中两相邻点 A、B 的设计坐标为 $A(100.000,100.000)$、$B(200.000,100.000)$。初步放样之后，对网进行了精确观测，计算得过渡点 A'、B' 的实测坐标为 $A'(100.183,99.933)$、$B'(199.897,100.079)$。试解答下列问题：

(1) 计算 A、B 两点的归化元素(极坐标法)。

(2) 依等影响原则求归化元素的必要精度。

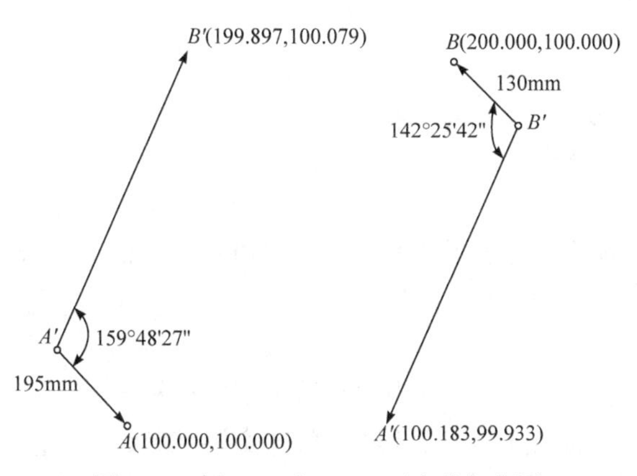

图 4.36 例 4.3.1 之 A、B 两点的归化图

解：

(1) 计算归化元素。

$$\angle B'A'A=\alpha_{A'A}-\alpha_{A'B'}=\tan_{\alpha}^{-1}\frac{y_A-y_{A'}}{x_A-x_{A'}}-\tan_{\alpha}^{-1}\frac{y_{B'}-y_{A'}}{x_{B'}-x_{A'}}$$

$$=\tan_{\alpha}^{-1}\frac{100.000-99.933}{100.000-100.183}-\tan_{\alpha}^{-1}\frac{100.079-99.933}{199.897-100.183}$$

$$=159°53'29''-0°05'02''=159°48'27''$$

$$f_{A'A}=\sqrt{\left(x_A-x_{A'}\right)^2+\left(y_A-y_{A'}\right)^2}$$

$$=\sqrt{(100.000-100.183)^2+(100.000-99.933)^2}=0.195(\mathrm{m})$$

$$\angle A'B'B=\alpha_{B'B}-\alpha_{B'A'}=\tan_{\alpha}^{-1}\frac{y_B-y_{B'}}{x_B-x_{B'}}-\tan_{\alpha}^{-1}\frac{y_{A'}-y_{B'}}{x_{A'}-x_{B'}}$$

$$=\tan_{\alpha}^{-1}\frac{100.000-100.079}{200.000-199.897}-\tan_{\alpha}^{-1}\frac{99.933-100.079}{100.183-199.897}$$

$$=322°30'44''-180°05'02''=142°25'42''$$

$$f_{B'B}=\sqrt{\left(x_B-x_{B'}\right)^2+\left(y_B-y_{B'}\right)^2}$$

$$=\sqrt{(200.000-199.897)^2+(100.000-100.079)^2}=0.130(\mathrm{m})$$

(2) 归化元素的必要精度。

归化误差影响应可忽略不计，即

$$\sqrt{m_f^2+\left(\frac{m_\beta}{\rho}f\right)^2}\leqslant\frac{1}{3}\times 2\mathrm{cm}=6.7\mathrm{mm}$$

依等影响原则，使

$$m_f=\frac{m_\beta}{\rho}f$$

则

$$m_f\leqslant\frac{1}{\sqrt{2}}\times 6.7=\pm 5(\mathrm{mm})$$

$$m_\beta\leqslant\frac{\rho}{f}\frac{1}{\sqrt{2}}\times 6.7=\frac{\frac{180°}{\pi}}{195\mathrm{mm}}\times\frac{1}{\sqrt{2}}\times 6.7\mathrm{mm}=\pm 1°.4$$

此即归化元素的必要精度。

上面所述是点位归化放样的一般过程。当测量仅为必要观测时，也可以在观测值的基础上直接实施归化。对此，下面列举一些例子。

1. 角度前方交会归化法放样点位

如图 4.37 所示，设已知控制点 A 和 B，待放样点为 P，并由其坐标算出了角 α 和 β。

先用直接法进行放样，并将得到的点作为过渡点 P'。以必要的精度实测 $\angle P'AB=\alpha'$、$\angle ABP=\beta'$，计算差值：

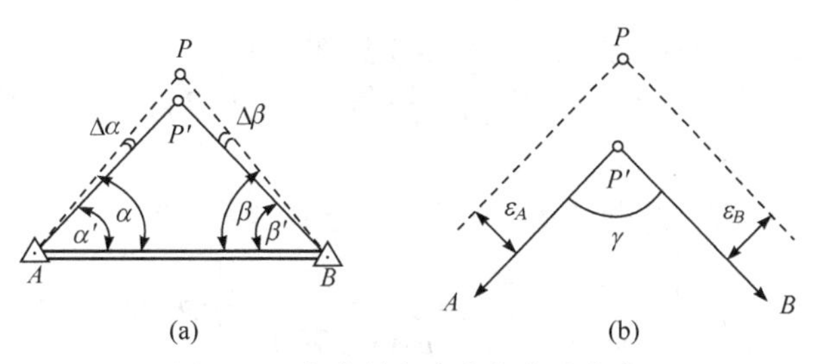

图 4.37　角度前方交会归化法定点

$$\Delta\alpha = \alpha - \alpha', \quad \Delta\beta = \beta - \beta'$$

然后实施以下步骤。

(1) 取一张白纸，在上面适当位置处确定一点作为 P'，如图 4.37(b)所示。

(2) 过点 P' 画两条相交直线，使其夹角为 $\gamma = 180° - \alpha - \beta$，并用箭头指明 A、B 的方向。

(3) 计算平移量

$$\varepsilon_A = \frac{s_{AP}}{\rho}\Delta\alpha, \quad \varepsilon_B = \frac{s_{BP}}{\rho}\Delta\beta$$

式中，$\frac{s_{AP}}{\rho}$、$\frac{s_{BP}}{\rho}$ 称为秒差值，可提前算出，以备交会时使用。

(4) 按 1∶1 的比例尺，以 ε_A 为间隔在外侧作直线平行于 $P'A$，以 ε_B 为间隔在外侧作直线平行于 $P'B$，两条直线的交点即为点 P。

(5) 使纸上的点 P' 与实地上的 P' 重合，纸上的方向 $P'A$ 对准实地上的点 A，再用方向 $P'B$ 检核。此时纸上的点 P 就是设计点 P 的位置。

这种方法最早用于桥梁施工测量中，也称为模片法或角差图解法。

2. 距离交会归化法放样点位

设已知控制点 A、B，待放样点为 P。用直接放样法得过渡点 P'，精测 $s_{AP'}$ 和 $s_{BP'}$，则模片法的归化图绘制如图 4.38 所示。其中

$$\Delta s_{AP} = s_{AP} - s_{AP'}, \quad \Delta s_{BP} = s_{BP} - s_{BP'}, \quad \gamma = \angle BP'A$$

3. 角度距离交会归化法放样点位

该法的实施过程同前两例，这里仅给出其归化图如图 4.39 所示。其中

$$\Delta s = s_{AP} - s_{AP'}, \quad \varepsilon_B = \frac{s_{BP}}{\rho}\Delta\beta, \quad \Delta\beta = \beta - \beta' = \angle CBP - \angle CBP', \quad \gamma = \angle AP'B$$

P' 为直接放样法得到的过渡点，$s_{AP'}$、$\angle CBP'$ 为精测的距离与角度(可对照图 4.39)。

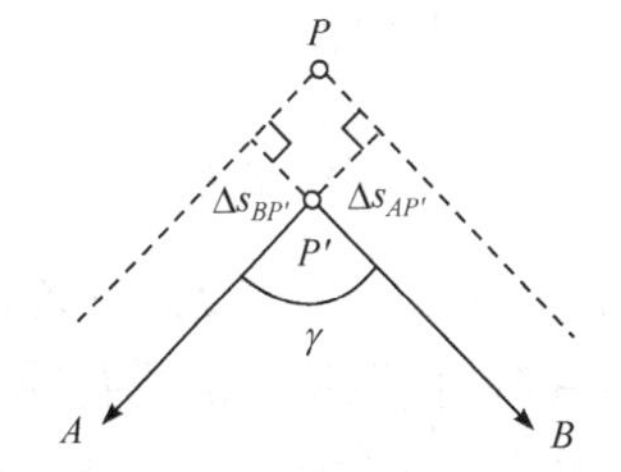

图 4.38　距离交会归化法放样点位之归化图

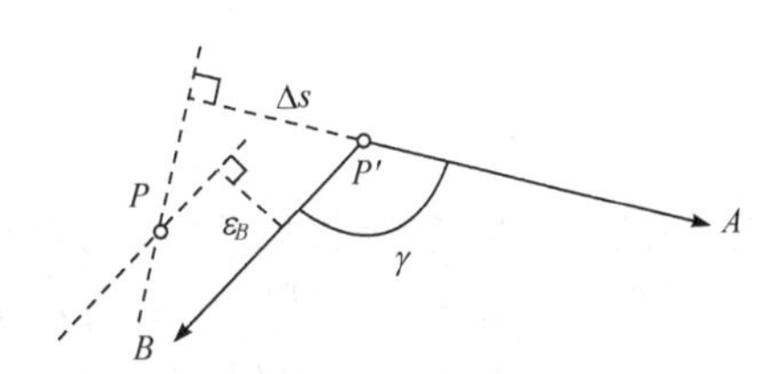

图 4.39　角度距离交会归化法放样点位之归化图

4. 侧方交会法放样点位

侧方交会法需在待定点上设站，因此只能按归化法进行放样。如图 4.40 所示，仍设 A、

B 为已知点，用侧方交会法放样待定点 P 的作业步骤如下。

(1) 将经纬仪安置在点 A，以点 B 定向，拨角 $\alpha = \angle PAB$ 得方向 AP，沿此方向以量距的方法标定点 P 的概略位置 P'。

(2) 将经纬仪迁至点 P'，实测 $\angle BP'A = \gamma'$，按下式计算 PP'

$$PP' = s_{BP} \frac{\sin\left(\angle BPA - \gamma'\right)}{\sin\gamma'} = \frac{s_{BP}}{\rho\sin\angle BPA}\left(\angle BPA - \gamma'\right) = k\Delta\gamma$$

式中，$k = \dfrac{s_{BP}}{\rho\sin\angle BPA}$；$\Delta\gamma = \angle BPA - \gamma'$。

(3) 由点 P' 向方向 PA 量 PP' 即得点 P。其中 k 可事先算好，以减轻外业工作。

这种方法可以用于不便量距的场合。

侧方交会法的应用之一是轴线交会法定点。如图 4.41 所示，已知点 A、B 为工地上某条轴线上的两点且与坐标轴平行。现需在 AB 连线上放样某点 P，可采用如下方案：用某种方法在直线 AB 上放样一个过渡点 P'；测量 $\gamma' = \angle MP'B$；计算 PP' 并进行归化。在图 4.41 情况下：

$$PP' = y_P - y_{P'} = y_P - \left[y_M - \left(x_M - x_A\right)\cot\gamma'\right]$$

5. 后方交会归化法放样点位

按归化法原理，后方交会法也可以用于点位放样，如图 4.42 所示，其实施步骤如下。

(1) 用某种方法求得过渡点 P' 后，在 P' 设站测后方交会角 α'、β'。

(2) 计算：

$$\varepsilon_1 = \frac{s_{PA}s_{PB}}{s_{AB}}\frac{\Delta\alpha}{\rho},\quad \varepsilon_2 = \frac{s_{PB}s_{PC}}{s_{BC}}\frac{\Delta\beta}{\rho}$$

式中，$\Delta\alpha = \angle APB - \alpha'$，$\Delta\beta = \angle BPC - \beta'$，$\angle APB$、$\angle BPC$ 为设计值。

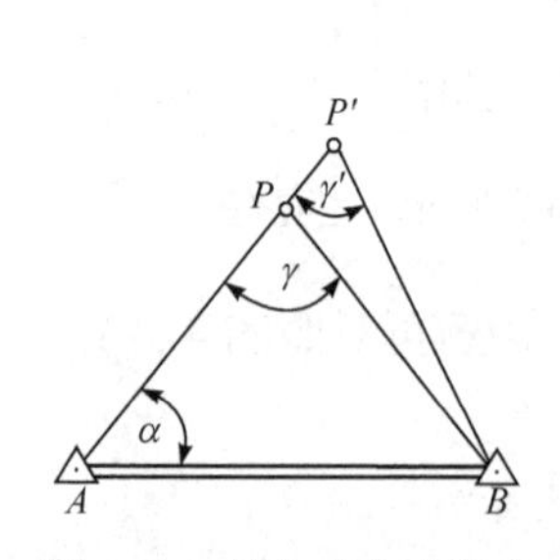

图 4.40　侧方交会法定点

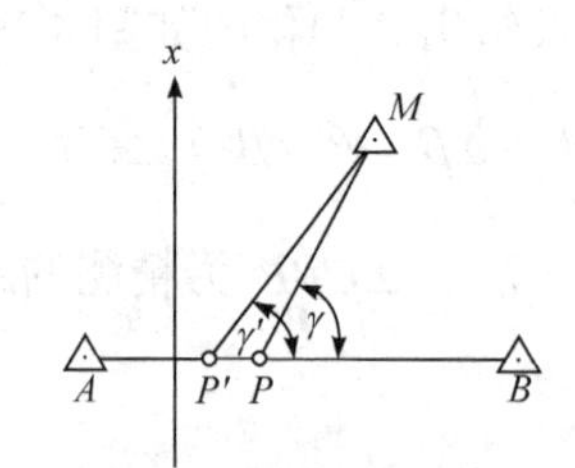

图 4.41　轴线交会法定点

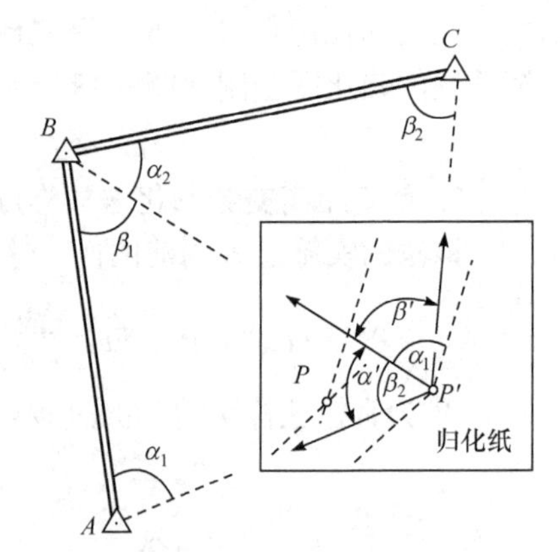

图 4.42　后方交会法放样点位

(3) 在图纸中央适当的地方刺一点为 P'，画三直线表示指向 A、B、C 的三条方向线。

(4) 根据 α_1(或 β_1)作过圆 $P'AB$ 在 P' 处的切线方向，并按 ε_1 作该切线的平行线；同理根据 α_2(或 β_2)作过圆 $P'BC$ 在 P' 处的切线方向，并按 ε_2 作该切线的平行线。这两条平行线的交点就是待定点 P 的位置。

需特别注意的是平行线的位置，当 $\Delta\alpha$、$\Delta\beta$ 为正值时，平行线位于靠近已知点的一侧。

(5) 将归化图拿到实地进行定向定点。

4.4　全站仪放样方法

在前面介绍的极坐标法放样中，需要事先根据坐标计算放样元素，而放样元素的计算是要根据仪器架设位置而定的，有时现场仪器的架设位置会有变化，又要重新计算放样元素。而用全站仪坐标放样法，就不需要事先计算放样元素，只要提供坐标即可，而且操作十分方便。

全站仪架设在已知点 A 上，只要输入测站点 A 、后视点 B 以及待放样点 P 的三点坐标，瞄准后视点定向，按下反算方位角的定向键，则仪器自动将测站与后视的方位角设置在该方向上。然后按下放样键，仪器自动在屏幕上用左右箭头提示，应该将仪器往左或右旋转，这样就可使仪器到达设计的方向线上。接着通过测距离，仪器自动提示棱镜前后移动，直到放样出设计的距离，这样就能方便地完成点位的放样。

若需要放样下一个点位，只要重新输入或调用待放样点的坐标即可，按下放样键后，仪器会自动提示旋转的角度和移动的距离。

用全站仪放样点位，可事先输入气象元素，即现场的温度和气压，仪器会自动进行气象改正。因此用全站仪放样点位既能保证精度，同时操作十分方便，无需任何手工计算。

下面以南方 NTS-591GT 全站仪(图 4.43)为例，介绍其具体操作。

全站仪放样点位的功能是：根据输入的已知点数据和照准目标时的观测数据，自动计算并显示出照准点和待放样点的方位角差和距离差，如图 4.44 所示，同时也可显示其高差。据此移动目标棱镜，使三项差值为零或在容许范围之内。

图 4.43　南方 NTS-591GT 全站仪

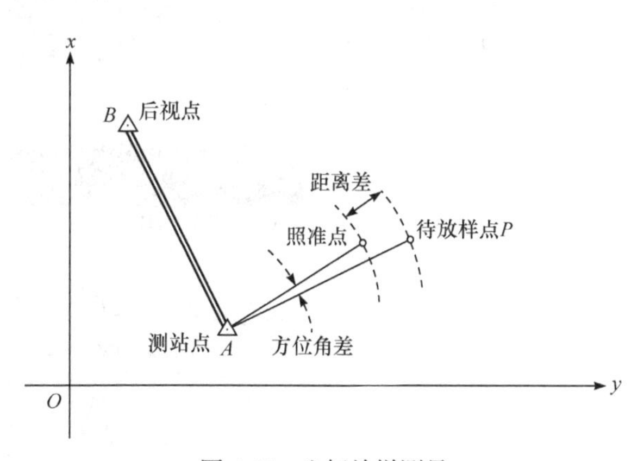

图 4.44　坐标放样测量

打开测绘之星，点击放样，如图 4.45(a)所示，选择点放样，如图 4.45(b)所示。

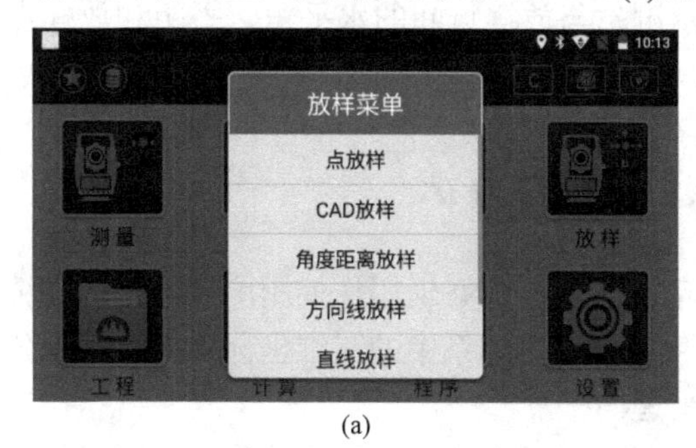

(a)

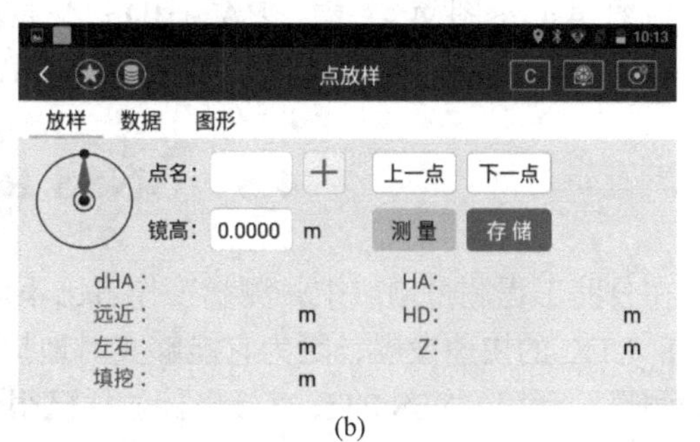

(b)

图 4.45　NTS-591GT 坐标放样屏幕

按[+]选择调用、新建、输入或测量一个点，如图 4.46(a)所示；输入镜高，如图 4.46(b)所示。

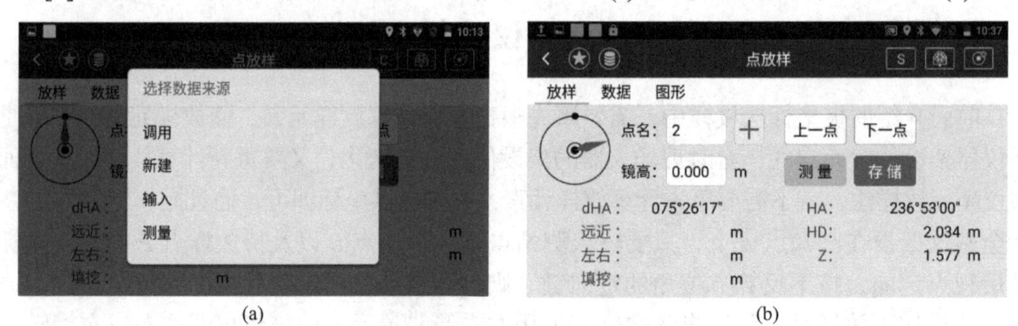

(a)　　　　(b)

图 4.46　放样数据设置及观测屏幕

按照放样箭头转动仪器，根据罗盘指示转动仪器，使 dHA 归零，此时放样点就在该视准线方位上，如图 4.47(a)所示；点击“测量”，此时远近显示实际测量平距与放样点平距的差值，如图 4.47(b)所示；根据这个差值，指挥跑镜员往放样点位置靠近，如此进行反复移动，直至 dHA、左右、远近都归零，即可找到放样点，如图 4.47(c)所示。

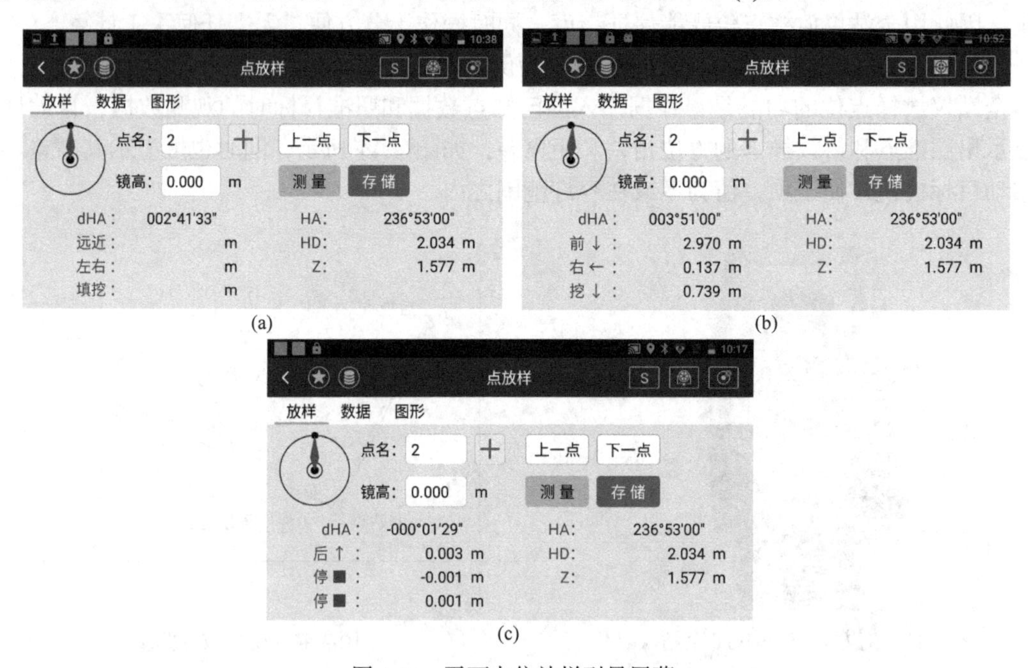

(a)　　　　(b)

(c)

图 4.47　平面点位放样引导屏幕

在图 4.45～图 4.47 中，HA、HD、Z 显示测站与放样点间的水平角、平距和放样点高程，dHA 显示实际水平角与放样水平角的差值。

4.5　GNSS RTK 放样方法

在公路工程测量领域中，测量工作者已不满足于只将 GNSS 用作控制测量。随着高精度 GNSS RTK 的快速发展，因为它能够实时地提供在任意坐标系中的三维坐标数据，对于公路中线测量，利用 GNSS RTK 直接坐标放样已很普遍。

GNSS RTK 是一种全天候、全方位的测量系统，是目前实时、准确地确定待测点位置的最佳方式。它需要一台基准站接收机和一台或多台流动站接收机，以及用于数据传输的电台。RTK 定位技术，是将基准站的相位观测数据及坐标信息通过数据链方式及时传送给动态用户，动态用户将收到的数据链连同自采集的相位观测数据进行实时差分处理，从而获得动态用户的实时三维位置。动态用户再将实时位置与设计值相比较，进而指导放样。

GNSS RTK 的作业方法和作业流程如下。

(1) 收集测区的控制点资料。任何测量工程进入测区，首先要收集测区的控制点坐标资料，包括控制点的坐标、等级、中央子午线、坐标系等。

(2) 求定测区转换参数。GNSS RTK 测量可在 CGCS2000 坐标系中进行，而各种工程测量和定位是在当地坐标系或其他坐标系进行的，这之间存在坐标转换的问题。GNSS 静态测量中，坐标转换是在事后处理时进行的，而 GNSS RTK 是用于实时测量的，要求立即给出当地的坐标，因此，坐标转换工作更显重要。

坐标转换的必要条件是：至少三个以上的大地点分别有 CGCS2000 地心坐标及当地坐标。利用布尔莎(Bursa)模型求解七个转换参数。Bursa 模型为

$$\begin{bmatrix} x_i \\ y_i \\ z_i \end{bmatrix}_{\text{地方}} = \begin{bmatrix} x_0 \\ y_0 \\ z_0 \end{bmatrix} + (1+\delta_\mu)\begin{bmatrix} x_i \\ y_i \\ z_i \end{bmatrix}_{\text{CGCS2000}} + \begin{pmatrix} 0 & \varepsilon_z & -\varepsilon_y \\ -\varepsilon_z & 0 & \varepsilon_x \\ \varepsilon_y & -\varepsilon_x & 0 \end{pmatrix}\begin{bmatrix} x_i \\ y_i \\ z_i \end{bmatrix}_{\text{CGCS2000}} \tag{4.67}$$

式中，x_0、y_0、z_0 为两个坐标系的平面参数；ε_x、ε_y、ε_z 为两个坐标系的旋转参数；δ_μ 为两个坐标系的尺度参数。

在计算转换参数时，要注意下面两点：①已知点最好选在测区四周及中心，均匀分布，能有效地控制测区。如果选在测区的一端，应计算出满足给定的精度和控制的范围，切忌从一端无限制地向另一端外推。②为了提高精度，可利用最小二乘法选 3 个以上的点求解转换参数。为了检验转换参数的精度和正确性，还可以选用几个点不参加计算，而代入公式起检验作用，经过检验满足要求的转换参数认为是可靠的。

(3) 工程项目参数设置。根据 GNSS 实时动态差分软件的要求，应输入下列参数：①当地坐标系的椭球参数，如长轴和偏心率；②中央子午线；③测区西南角和东北角的大致经纬度；④测区坐标系间的转换参数；⑤根据测量工程的要求，可输入放样点的设计坐标，以便野外实时放样。

(4) 野外作业。将基准站 GNSS 接收机安置在参考点上，打开接收机，将设置的参数读入 GNSS 接收机，输入参考点的当地施工坐标和天线高，基准站 GNSS 接收机通过转换参数将参考点的当地施工坐标化为 CGCS2000 坐标，同时连续接收所有可视 GNSS 卫星信号，并通过数据发射电台将其测站坐标、观测值、卫星跟踪状态及接收机工作状态发送出去。流动站接收机在跟踪 GNSS 卫星信号的同时，接收来自基准站的数据，进行处理后获得流动站的三维 CGCS2000 坐标，再通过与基准站相同的坐标转换参数将 CGCS2000 转换为当地施工坐标，并在流动站的手控器上实时显示。接收机可将实时位置与设计值相比较，指导放样。

(5) 野外实施。据试验，用一台流动站进行放线作业，一天可放公路中线超过 3km(包括主点及细部点测设)；增至两台流动站交叉前进放线作业，则一天放线达 6～7km。

GNSS RTK 定位技术具有与使用其他测量仪器所不同的优点。采用一般仪器，如全站仪测量等，既要求通视，又费工费时，而且精度不均匀。RTK 测量拥有彼此不通视条件下远距离传递三维坐标的优势，并且不会产生误差累积，应用 RTK 直接坐标法能快速、高效率地

完成测量放样任务。

思考与练习

一、名词解释

1. 施工测量；2. 施工放样；3. 直接法放样；4. 归化法放样；5. 缓和曲线。

二、叙述题

1. 试叙述高程放样原理。
2. 试叙述水平角放样方法。
3. 试叙述归化法放样的思路。
4. 试推导极坐标法、方向交会法、距离交会法、方向距离交会法、直角坐标法、方向线交会法的点位误差公式。
5. 在小角法中，试分析距离测量的误差影响为何常可忽略不计。
6. 观测一个水平角即可确定 P 点相对于 A、B 两点连线的偏离值(点之间距离已知)，试问：在哪一点设站测算的偏离值精度最高？为什么？
7. 试叙述道路加设缓和曲线的意义与形式。
8. 在单圆曲线两端加设不等长缓和曲线 l_1、l_2 时，试推导曲线元素的计算公式。

三、计算题

1. 如图 4.48 所示，拟在 AB 直线上等间隔定两点 1、2。首先设站 A，后视 B，定点 1；然后设站 1，后视 B，定点 2。设点间距为 s，瞄准误差为 m_β。求点 2 的横向误差。

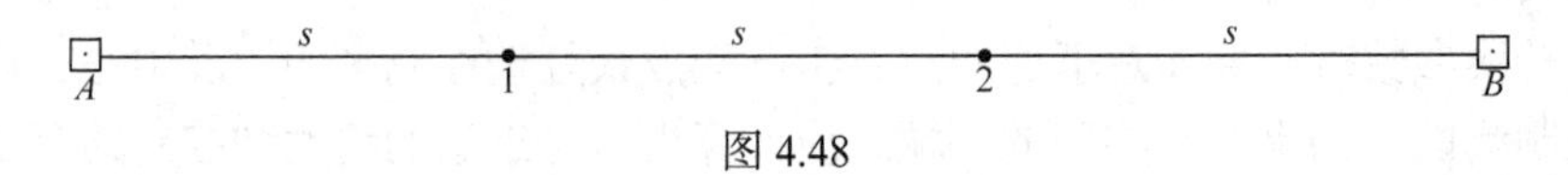

图 4.48

2. 设 AB 间距为 1200m，欲在 AB 直线上每隔 50m 定一点，设瞄准误差为 $m_\beta = 6''$。若每逢 300m 向前搬动仪器，在 300m 以内用简单方法内插定点，问最弱点是哪一点？预期误差多大？若每逢 200m 向前搬站，结论又如何？
3. 如图 4.49 所示，设 A、1、2、B 近似在一条直线上，现测得 $\angle A12 = \beta_1$，$\angle 12B = \beta_2$，且测角误差均为 m_β，$s_{A1} \approx s_{12} \approx s_{2B} \approx s$，求点 1、2 相对于 AB 的偏角移量及其精度。

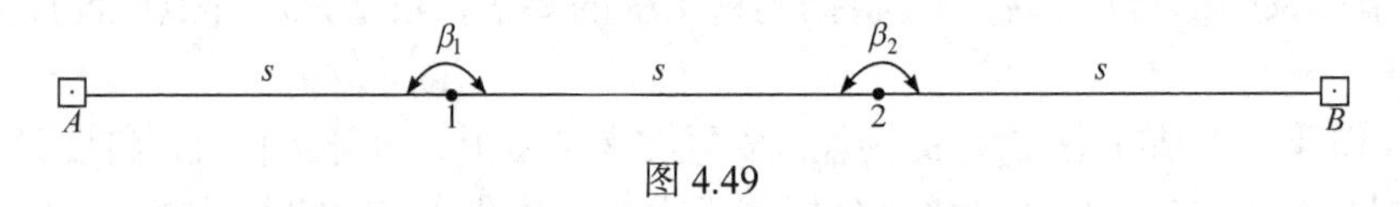

图 4.49

4. 如图 4.50 所示，欲将 P_1、P_2 标定在直线 AB 上，其中 $s_1 = 116\text{m}$，$s_2 = 80\text{m}$，$s_3 = 70\text{m}$。设置粗放点 P_1'，P_2' 后，测得 $\gamma_1 = 180°28'18''$，$\gamma_2 = 178°43'22''$。求 P_1'、P_2' 处的归化值和归化方向。若要求 $m_\varepsilon \leqslant \pm 1\text{mm}$，求 m_γ 的值、m_s 的值。

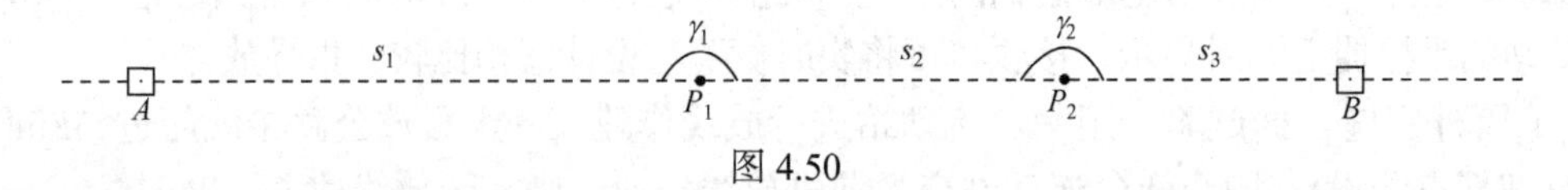

图 4.50

5. 已知控制点 A(36.700，148.500)、B(212.685，163.234)。现拟用极坐标法放样设计点 P(80.000，120.000)，请计算放样元素，按大致比例绘制放样图，并简述放样步骤。
6. 已知控制点 A、B，AB 的方位角 $\alpha_{AB} = 200°15'30''$，$A$ 点坐标为(30.000，40.000)。现拟用极坐标法放样设

计点 $P(-20.000, 20.000)$，请计算放样元素，按大致比例绘制放样图，并简述放样步骤。

7. 如图 4.51 所示，A、B 为相距较远的两基准点。为测定 A、B 中间处 $1,2,3,\cdots,n$ 点相对于 A、B 连线的偏离值，在 A、B 中间处 P 点设站，测角 $\angle APB=\gamma$，并分别以 A、B 为后视，观测待测点小角，如图 4.51 中所示的 $\angle BPi=\alpha_i$。设 $PA \approx PB \approx s$，$Pi \approx 0.1s$，求点 i 相对于 AB 之偏离值及其精度(设测角精度为 m_β)。

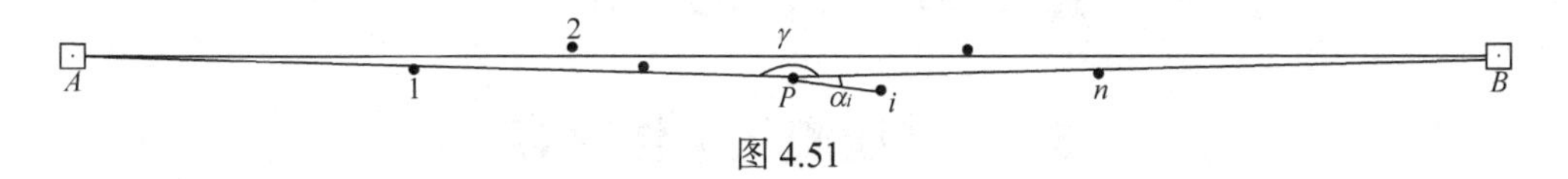

图 4.51

8. A、B 两点是已知点，C、D 两点是新点。现要求测定 α_{CD}，在 P 点架设了仪器(地面无标志)，测量了 4 个距离 s_a、s_b、s_c、s_d 和 4 个方向 r_a、r_b、r_c、r_d，如表 4.1 所示。距离中误差 $m_s=\pm 2\text{mm}$，方向中误差 $m_\gamma=\pm 2''$。试计算 α_{CD} 及其中误差。

表 4.1

测站	方向点	方向值	距离/m
P	A	0°00′00″.0	5.677
	B	179°54′55″.0	6.003
	C	290°18′25″.4	4.292
	D	110°27′16″.3	4.408

9. 设有控制点 A、B、C、D……如图 4.52 所示，可照准但不易到达。现拟以 (x_0, y_0) 为中心，以 α_0 为长轴方位，在地面上放样一长、短半轴分别为 a、b 的椭圆。试拟定放样测量方案。

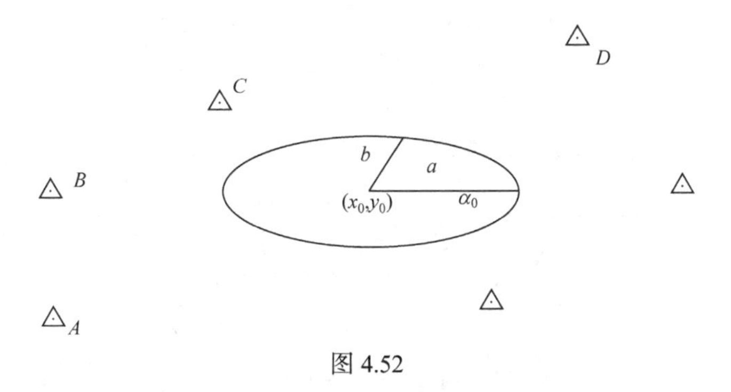

图 4.52

10. 已知线路的转向角 $\alpha_y=98°40'33''$，JD 里程为 DK11+461.33，圆曲线半径 R=500m，用偏角法放样该曲线，试准备放样数据。

11. 交点里程为 DK9+345.678，缓和曲线长 $l_h=60\text{m}$，圆曲线半径 R=800m，实测偏角 $\alpha=17°30'30''$。(1)计算放样主点所需的值；(2)计算放样细部点(偏角法和支距法)所需的值，并扼要说明放样的方法。

12. 在某待建线路中，已知 JD_{10}(3533816.257，545114.504)、JD_{11}(3535385.239，551683.949)、左转向角 $\alpha_{11}=13°24'20''$，以及圆曲线设计半径 R_{11}=5000m。又知 JD_{11} 的桩号为 K28+564.482。每 20m 放样一点，试完成 11 号曲线点坐标的计算。

13. 已知某山岭重丘区三级公路，交点桩号为 DK0+518.667，左转向角 $\alpha=18°18'36''$，圆曲线半径 R=300m，缓和曲线长 $l_h=35\text{m}$，试计算平曲线放样元素和主点桩号。

又知 ZH(2588.666，3356.285)、$\alpha_{ZY\to JD}=13°24'20''$，求 DK0+480、DK0+520、DK0+560 的坐标。

14. 已知某左偏圆曲线半径 R = 6500，起点(YZ)桩号 DK39+207.680，起点坐标(27128.592，37513.621)，起点的切线方位角 255°49′57″。试求 DK38+711.832 的坐标。

第5章　贯 通 测 量

5.1　贯通测量工作内容

贯通测量(breakthrough survey)是地下线形工程建设中带关键性的也是最重要的一项测量工作。它是为加快施工速度、改善工作条件，在不同地点以两个或两个以上的工作面分段掘进按设计彼此相通的同一井筒、巷道或隧道时所进行的各种测量工作。其主要任务是确定并给出井筒在空间的位置和方向，并经常检查其正确性，以保证所掘井筒或巷道符合设计要求。

地下工程一般通过平峒、竖井或斜井与地面相通，如图 5.1 和图 5.2 所示。

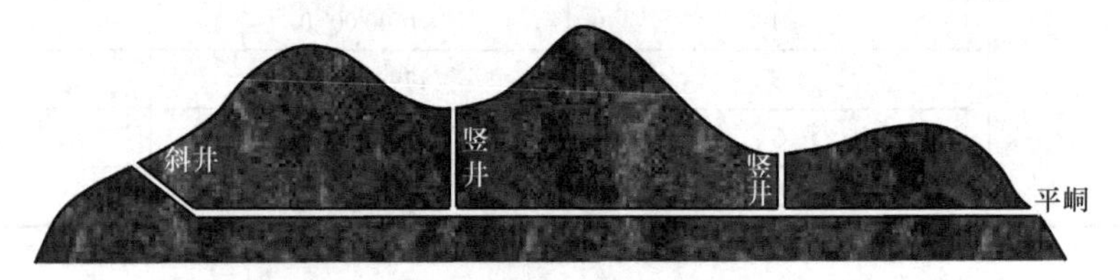

图 5.1　地下工程剖面图

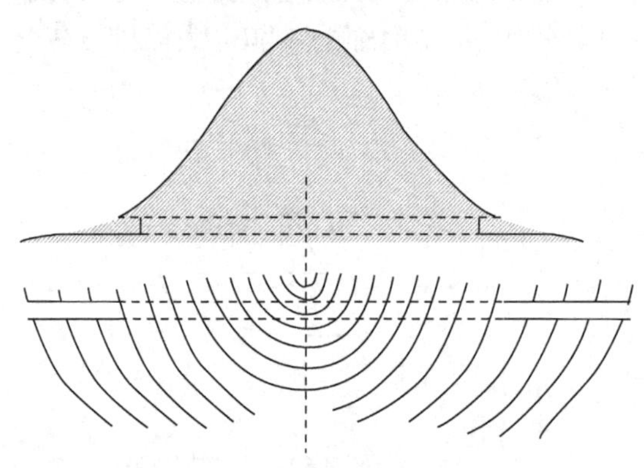

图 5.2　通过平峒开挖的交通隧道

贯通测量一般包括地面控制测量、地下控制测量和施工放样。当通过竖井进行开挖时，还需要进行竖井联系测量。

地面控制测量在贯通测量中的作用是提供待开挖洞口点的三维坐标和进洞开挖的三维方向。或者说是要把各个开挖洞口点的坐标和方向依一定精度统一在一个坐标系内。实践中，地面控制测量实际上常常首先用于地下隧道空间轴线的设计。地面控制测量包括平面控制测量和高程控制测量。平面控制测量可采用导线网、边角网或三角网的布网形式，高程控制测量一般可采用水准测量的方法。三维测量技术(尤其是 GNSS 技术)的应用，使地面控制测量工作变得便捷而高效(图 5.3)。

地下控制测量的目的是指导隧道的掘进开挖，它是随着隧道的掘进逐步展开的。地下控制也包括平面和高程两个方面，分别指导开挖方向的标定(如垂球定线或激光指向等)和开挖坡度的标定(如在洞壁设置腰线等)。

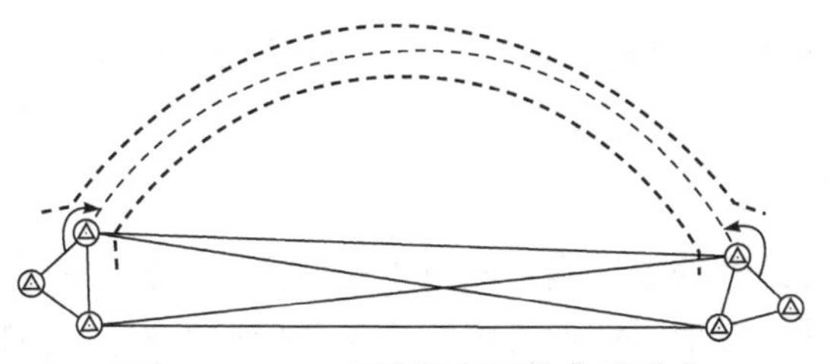

图 5.3　GNSS 地面控制网的典型形式

由于条件的限制，地下控制测量被迫采取支导线形式或类似性质的网形。以支导线而论，它的端点误差随着节点数的增多而快速增加，而导线点又是用于直接放样的，这又限制了导线边的长度，从而使支导线节点数不能减少。所以生产中常将地下导线分两级布设，用于直接放样开挖方向的导线称为施工导线(construction traverse)，边长为 25～50m；当掘进一定长度(300～500m)后，用尽可能长(50～800m)的边再布设一条导线(导线点应尽可能选用施工导线点)，以提高施工导线的可靠性和端点精度；长边导线称为基本导线(principal traverse)，如图 5.4 所示。

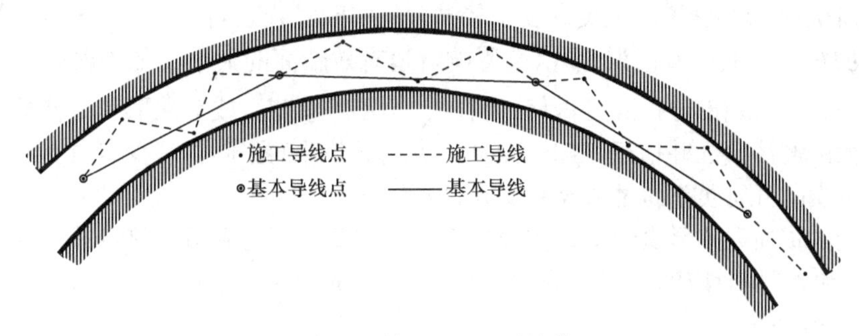

图 5.4　贯通工程地下导线

地下施工条件的限制又使导线点一般不能布设在隧道底面的中心，而是布设在洞顶且靠近侧壁。因此，需要改造经纬仪，以使其能向上对中。靠近侧壁设站导致的水平折光影响很严重，解决这一问题的方法之一是将控制点布设在隧道两侧，采用对称观测的方案，如图 5.5 所示，这样可以在数据处理中减弱旁折光的影响。

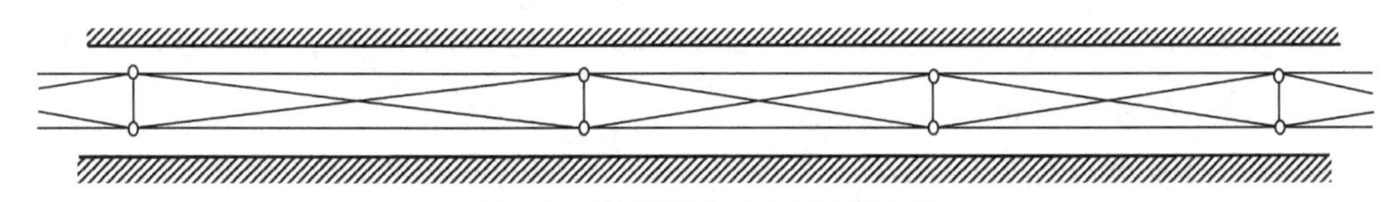

图 5.5　地下控制的对称观测方案

提高地下控制测量精度的最有效方法是加测陀螺方位边，也就是说在地下控制网中增加若干方位观测值。陀螺经纬仪的定向方法在第 6 章讨论。

地下高程控制测量通常采用水准测量的方法，个别情况下也采用三角高程。高程控制点也常常设置在洞顶。

5.2　贯通测量方案设计

如上所述，贯通测量的任务在于保证地下工程相向开挖掘进的施工中线符合设计要求，并在预定贯通面(贯通处的施工横断面)以一定的精度衔接。本节讨论贯通测量方案的设计方法及相关问题。

5.2.1　贯通误差的概念

如上所述，地下工程的开挖掘进是在测量工作的指导下进行的，因此，测量误差直接影响着地下工程的施工质量。在地下线形工程的相向开挖掘进中，由测量误差的积累导致两施工中线在预计衔接处产生的错开称为贯通误差(through error)，用Δ_P表示。如图5.6所示，贯通误差Δ_P在中线方向上的水平投影长度称为纵向贯通误差，用Δ_t表示；在铅垂线方向上的投影长度称为竖向贯通误差，用Δ_h表示；在垂直于中线方向上的水平投影长度称为横向贯通误差，用Δ_Q表示。一般来说，纵向贯通误差Δ_t只影响隧道的长度，与工程质量关系不太大，因此影响不太严重；竖向贯通误差Δ_h会影响接轨点的光顺(如果边掘进边铺轨)或影响隧道的坡度，要求较高，但实践经验表明，应用水准测量的方法容易达到所要求的精度；横向贯通误差Δ_Q会影响隧道有效断面的大小，如果误差太大致使有效断面尺寸过小，就必须部分拆除已做好的衬砌，拓宽后重砌，或者采取其他补救措施，这些都会造成很大的经济损失并拖延工期。而且，受地下条件的限制，减少横向贯通误差又比较困难，因此对横向贯通误差的讨论成为本节的主要任务。

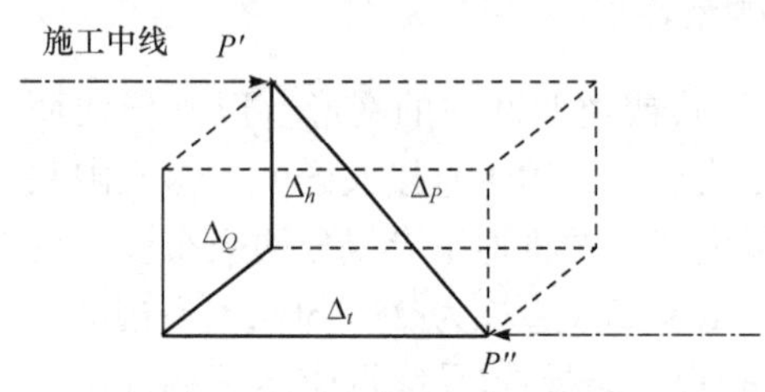

图5.6　贯通误差及其分量示意图

以上讨论的贯通误差是真误差，主要用于贯通误差的测定和贯通测量成果的评定。与真误差Δ_h、Δ_t和Δ_Q相对应的中误差分别用符号m_h、m_t和m_Q表示，主要用于贯通测量方案的设计(贯通误差的估算)。

贯通误差是地下线形工程建设的一个重要质量指标，因此，对最后的测定值都有一个限定，这个规定的限值用$\Delta_{h限}$、$\Delta_{t限}$和$\Delta_{Q限}$表示。例如，我国铁路隧道施工规定，当两相向开挖的洞口间距小于4km时，$\Delta_{Q限}=100\text{mm}$；当间距在4～8km时，$\Delta_{Q限}=150\text{mm}$；大于8km时另定；$\Delta_{h限}$一律取50mm，$\Delta_{t限}$取间距的$\dfrac{1}{2500}$。我国城市地铁隧道开挖要求$\Delta_{Q限}=100\text{mm}$。欧美地区的工程标准取$\Delta_{Q限}=10～20\text{mm/km}$，甚至有的更严，如奥地利长为14km的Arlberg隧道，$\Delta_{Q限}$取50mm。

由上，贯通误差的概念包括中误差、真误差、真误差限值三个方面，它们之间的关系应为

$$\Delta_Q \leqslant 2m_Q \leqslant \Delta_{Q限}\text{；}\quad \Delta_h \leqslant 2m_h \leqslant \Delta_{h限}\text{；}\quad \Delta_t \leqslant 2m_t \leqslant \Delta_{t限} \tag{5.1}$$

在文字叙述中，常常并不把贯通中误差、贯通真误差、贯通真误差的限值这三个概念特别指明，在不产生混淆的情况下，均以贯通误差称之，阅读时需注意分辨。

5.2.2　横向贯通误差影响因素的划分

在经典工程测量工作中，贯通测量是一项责任重大且比较复杂的测量工作。因此，方案的设计常常划分为若干个小部分，以减轻整体设计的任务量。

以两端均由平峒相向开挖的山岭隧道为例，横向贯通的误差影响因素可划分为三个：①地面控制测量误差对横向贯通的影响$\overset{上}{m_Q}$；②一端地下(基本)导线测量误差对横向贯通的

影响 $\overset{下_1}{m_Q}$；③另一端地下(基本)导线测量误差对横向贯通的影响 $\overset{下_2}{m_Q}$。

所以总的横向贯通误差为

$$m_Q = \pm\sqrt{(\overset{上}{m_Q})^2 + (\overset{下_1}{m_Q})^2 + (\overset{下_2}{m_Q})^2} \tag{5.2}$$

根据方案设计总的目标应有

$$m_Q \leqslant \frac{1}{2}\Delta_{Q限} \tag{5.3}$$

5.2.3　贯通误差的分配方法

现在我们考虑上例中，由

$$m_Q = \pm\sqrt{(\overset{上}{m_Q})^2 + (\overset{下_1}{m_Q})^2 + (\overset{下_2}{m_Q})^2} \leqslant \frac{1}{2}\Delta_{Q限} \tag{5.4}$$

而进行的各项分配，进一步完成方案设计任务的分解。

最简单的同时也是最粗略的分配方法是使用等影响原则，使

$$\overset{上}{m_Q} = \overset{下_1}{m_Q} = \overset{下_2}{m_Q} \leqslant \frac{1}{\sqrt{3}}\left(\frac{1}{2}\Delta_{Q限}\right) \tag{5.5}$$

这种方法也是最经常使用的，它同时写进了相应的测量规范。

如果将这个分配问题处理得更仔细周密些，考虑到由于地下条件的限制，地下控制测量被迫采用最不利的支导线形式(或类似性质的网形)，而地面控制测量则尽可以采用各种测量方法来提高精度，所以应将误差多分配给地下控制测量，而使地面控制网误差的影响减小到可忽略不计的程度。据此，按可忽略不计标准，使

$$\overset{上}{m_Q} \leqslant \frac{1}{3}\left(\frac{1}{2}\Delta_{Q限}\right) = \frac{1}{6}\Delta_{Q限} \tag{5.6}$$

这样便有

$$\sqrt{(\overset{下_1}{m_Q})^2 + (\overset{下_2}{m_Q})^2} \leqslant \sqrt{\left(\frac{1}{2}\Delta_{Q限}\right)^2 - \left(\frac{1}{6}\Delta_{Q限}\right)^2} = \frac{\sqrt{2}}{3}\Delta_{Q限}$$

附加条件

$$\frac{\overset{下_1}{m_Q}}{L_1} = \frac{\overset{下_2}{m_Q}}{L_2}$$

式中，L_1、L_2分别为两洞口到贯通面的距离，则可得到

$$\overset{下_1}{m_Q} \leqslant \frac{1}{\sqrt{1+\left(\dfrac{L_2}{L_1}\right)^2}}\frac{\sqrt{2}}{3}\Delta_{Q限} \tag{5.7}$$

$$\overset{下_2}{m_Q} \leqslant \frac{1}{\sqrt{1+\left(\dfrac{L_1}{L_2}\right)^2}}\frac{\sqrt{2}}{3}\Delta_{Q限} \tag{5.8}$$

从生产中的可能情况来考虑，通常地面控制和地下控制不是由同一个施工者来建立，并且有时地面控制往往在贯通面的最后设计准备好之前已经建立，即 $\overset{上}{m_Q}$ 已不可变动，这时的误差分配方案理应是

$$\overset{下_1}{m_Q} \leqslant \frac{1}{\sqrt{1+\left(\frac{L_2}{L_1}\right)^2}}\sqrt{\left(\frac{1}{2}\Delta_{Q限}\right)^2-(\overset{上}{m_Q})^2} \tag{5.9}$$

$$\overset{下_2}{m_Q} \leqslant \frac{1}{\sqrt{1+\left(\frac{L_1}{L_2}\right)^2}}\sqrt{\left(\frac{1}{2}\Delta_{Q限}\right)^2-(\overset{上}{m_Q})^2} \tag{5.10}$$

总之，贯通误差的分配是比较灵活的，实践中，应根据具体的实际情况，做到尽可能合理。

5.2.4　地面控制网对横向贯通误差影响的计算

我们知道，在测量控制网的计算与平差中，坐标系与基准的设置目的是求定一些绝对量(如 x_i、y_i、z_i、α_{ij} 等)及其方差(如 $\sigma_{x_i}^2$、$\sigma_{y_i}^2$、$\sigma_{z_i}^2$、$\sigma_{\alpha_{ij}}^2$ 等)，而相对量(如 s_{ij}、β_{jik} 等)及其方差(如 $\sigma_{s_{ij}}^2$、$\sigma_{\beta_{jik}}^2$ 等)是与坐标系和基准无关的。

在贯通测量系统中，贯通点 P 实际上被分为两个点 P' 和 P''(尽管它们具有相同的坐标)，贯通误差 Δ_P 就是 P' 与 P'' 的距离 $s_{P'P''}$，$\mathrm{E}(s_{P'P''})=0$。所以 Δ_P 与坐标系无关，σ_{Δ_P} 与基准无关。作为推论，显然也有，$\overset{上}{m_Q}$ 与基准无关。因此，可以根据需要任意指定基准，而不影响 $\overset{上}{m_Q}$ 的计算结果。例如，为了方便计算，可以把某一端洞口点和进洞方位作为平差的坐标基准和方位基准，如图 5.7 中指定 $\sigma_{x_A}=0$、$\sigma_{y_A}=0$ 和 $\sigma_{\alpha_{AC}}=0$。

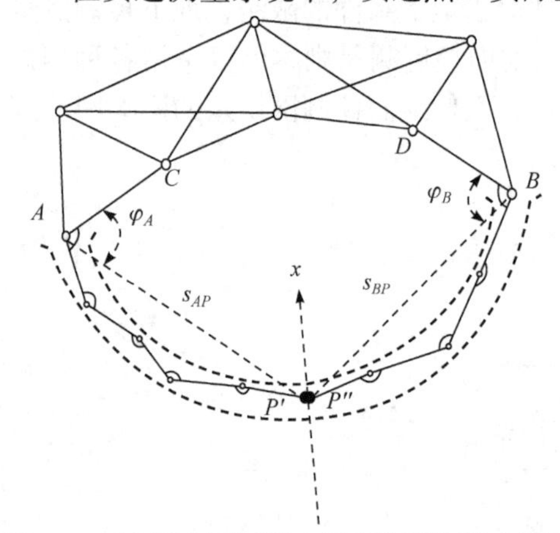

图 5.7　地面控制网对横向贯通的误差影响分析

在图 5.7 所示的贯通工程中，选坐标系的 x 轴与贯通面平行，则横向贯通误差可以表示为

$$\Delta_Q = x_{P'} - x_{P''}$$

另外，根据误差分析的分解组合原理，分析 $\overset{上}{m_Q}$ 时假定地下控制测量无误差，故可以用虚拟观测值 φ_A、s_{AP}、φ_B、s_{BP} 代之，这些虚拟观测值当然也认为没有误差。由此

$$x_{P'} = x_A + s_{AP}\cos(\alpha_{AC}+\varphi_A)$$

$$x_{P''} = x_B + s_{BP}\cos(\alpha_{BD}-\varphi_B)$$

其中 $x_{P'}$ 没有误差，所以

$$\overset{上}{m_Q} = m_{x_{P''}}$$

对 $x_{P''}$ 作线性化，得

$$x_{P''} = x_B^{[0]} + \delta_{x_B} - s_{BP}^{[0]} \sin\alpha_{BP}^{[0]} \frac{\delta_{\alpha_{BD}}}{\rho} = x_{P''}^{[0]} + \delta_{x_B} - \Delta y_{BP}^{[0]} \frac{\delta_{\alpha_{BD}}}{\rho} \tag{5.11}$$

式中，$x_{P''}^{[0]} = x_B^{[0]} + s_{BP}^{[0]} \cos\left(\alpha_{BD}^{[0]} - \varphi_B\right)$。

即可得到

$$\overset{上}{m}_Q = m_{x_{P''}} = \pm\sqrt{m_{x_B}^2 + \left(\Delta y_{BP}^{[0]}\right)^2 \left(\frac{m_{\alpha_{BD}}}{\rho}\right)^2 - 2\Delta y_{BP}^{[0]} \frac{m_{x_B \alpha_{BD}}}{\rho}} \tag{5.12}$$

5.2.5　地下控制网对横向贯通误差影响的计算

在计算地下控制测量(基本导线)对横向贯通误差的影响时，将地面控制网、另一端地下导线都看作无误差，因此，$\overset{下}{m}_Q$ 实际上就是支导线的端点横向误差。由坐标计算公式

$$x_{P'} = x_A + \sum_{i=1}^{n} s_i \cos\left(\alpha_{AC} + \sum_{j=1}^{i} \beta_j + k \cdot 180°\right) \tag{5.13}$$

可得

$$\overset{下_1}{m}_Q = m_{x_{P'}} = \pm\sqrt{\sum_{i=1}^{n} \Delta y_{iP}^2 \left(\frac{m_\beta}{\rho}\right)^2 + \sum_{i=0}^{n-1} \Delta x_{i,i+1}^2 \left(\frac{m_s}{s}\right)^2} \tag{5.14}$$

式中，m_β、$\dfrac{m_s}{s}$ 分别为地下导线的测角、测距精度。

或者写成更一般的式子

$$\overset{下}{m}_Q = \pm\sqrt{\sum D_i^2 \left(\frac{m_\beta}{\rho}\right)^2 + \sum d_i^2 \left(\frac{m_s}{s}\right)^2} \tag{5.15}$$

式中，D_i 为测角点 i 到贯通面的距离；d_i 为测距边在贯通面上的投影。

若将地面控制网简化为支导线进行贯通误差估算，则式(5.15)也可用于计算 $\overset{上}{m}_Q$。

当支导线为等边直伸的特殊形状时，式(5.15)可简化为

$$\overset{下}{m}_Q = \frac{m_\beta}{\rho} s \sqrt{\frac{n(n+1)(2n+1)}{6}} = \frac{m_\beta}{\rho}(ns)\sqrt{\frac{(n+1)(2n+1)}{6n}} \approx \frac{m_\beta}{\rho} L \sqrt{\frac{n+1.5}{3}} \tag{5.16}$$

式中，$L = ns$ 为洞口点到贯通面的距离。

5.2.6　地面控制布网形式的讨论

由式(5.12)或式(5.15)容易验证图 5.8 两个特例是地面控制网的最理想形式。

如图 5.8(a)所示，若两洞口点 A、B 连线与贯通面大致垂直，且 A、B 两点相互通视，则可以将 A、B 连线作为地面控制网(这时也可以称为施工基线)。显然这样的控制网对横向贯通没有任何误差影响，即 $\overset{上}{m}_Q = 0$。

如图 5.8(b)所示，若两洞口点 A、B 连线与贯通面大致垂直，但 A、B 两点不通视，如果这时能在靠近贯通面处且位于 A、B 连线上选一点 C 与 A、B 通视，从而组成支导线 ACB 作为地面控制网，这时也可以推得 $\overset{上}{m}_Q = 0$。

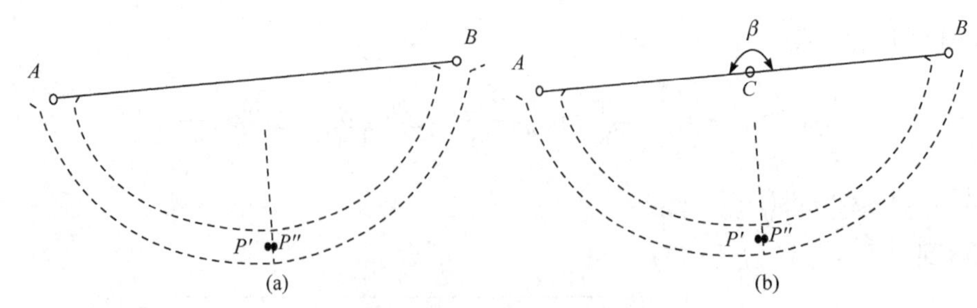

图 5.8　贯通工程地面控制网的特例

这两个特例提示我们，即使采用最简单的支导线布网形式也有可能满足横向贯通的精度要求。实际上，我们也应该尽量这样做。因为支导线布网最为简单，误差分析和方案设计也很容易进行。当然，作为贯通工程地面控制网，支导线的边长应尽量地长、节点应尽量地少，两洞口点之间的联系点应尽量靠近贯通面，平行于贯通面的边和远离贯通面的角度应尽量高精度观测等。

以上考虑的支导线我们视作地面控制网的精度导线，在此基础上还应该考虑构成适当的网形，如图 5.9 所示，以满足可靠性的要求。另外洞口附近还要有足够的点位，以保证洞口点及进洞方位的方便、可靠和易于保护。

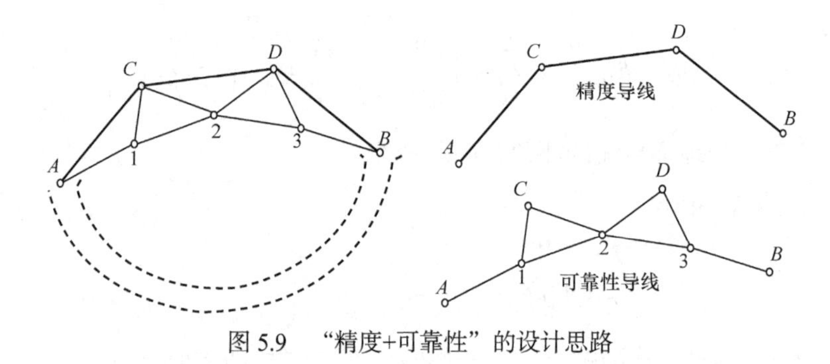

图 5.9　“精度+可靠性”的设计思路

5.2.7　竖井联系测量误差影响的考虑

当地下线形工程需通过竖井开挖掘进时，贯通测量方案的设计还必须考虑竖井联系测量的误差影响。设有如图 5.10 所示的贯通模型，则洞口点坐标(x,y,H)及进洞方位角α需经过竖井传递到井下才能指导隧道的开挖掘进，这些数据的传递误差必然影响到隧道的贯通质量，其中x、y、α的传递误差影响着横向贯通。仿前述讨论，显然有

$$m_Q=\pm\sqrt{\left(\overset{\text{上}}{m_Q}\right)^2+\left(\overset{\text{井}_1}{m_Q}\right)^2+\left(\overset{\text{井}_2}{m_Q}\right)^2+\left(\overset{\text{下}_1}{m_Q}\right)^2+\left(\overset{\text{下}_2}{m_Q}\right)^2}\leqslant\frac{1}{2}\Delta_{Q\text{限}}\tag{5.17}$$

式中，$\overset{\text{井}_1}{m_Q}$、$\overset{\text{井}_2}{m_Q}$为竖井联系测量误差对横向贯通的误差影响，对其进行分析时，当然也假定地面控制和地下控制均无误差。

显然，$\overset{\text{井}}{m_Q}$与$\overset{\text{上}}{m_Q}$有类似的表达式。

在生产实践中，尤其是当竖井较深时(如矿山巷道)，α的传递误差很难减少，所以常常以能达到的最高精度实施。再如地面网已经建立，即$\overset{\text{上}}{m_Q}$为已知，则地下控制测量的误差影

响应在$\sqrt{\left(\frac{1}{2}\Delta_{Q限}\right)^2-\left(m_Q^{上}\right)^2-\left(m_Q^{井_1}\right)^2-\left(m_Q^{井_2}\right)^2}$的基础上进行分配。

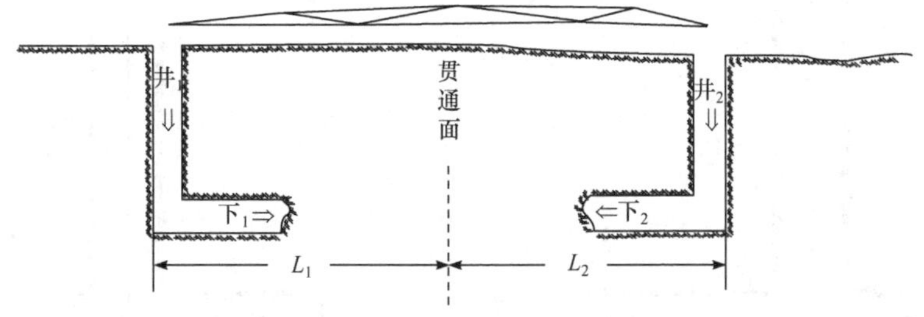

图 5.10　通过竖井开挖地下隧道

5.2.8　贯通测量方案设计的进一步说明

以上针对横向贯通误差，我们讨论了贯通测量方案设计的原理和方法。这对于以竖向贯通误差为目标的高程控制测量方案设计显然同样适用，而且具体过程还可以简化。

另外，理论和实践均能证明，满足横向贯通误差要求的测量方案一般情况下也能满足纵向贯通误差的要求。所以纵向贯通误差在方案设计中并不单独考虑，只需必要的验证。

最后还需说明的是，以上仅仅给出了贯通测量方案的设计方法。当方案初步形成后，还必须对整体方案进行严密的精度计算，只有当m_h、m_t和m_Q同时满足设计要求时，方案才可付诸实施。

5.3　竖井联系测量

通过竖井将地面控制网中的坐标、方位角和高程传递到地下的测量工作称为竖井联系测量(shaft connection survey)。其中高程的传递工作称为竖井高程传递(shaft elevation transmission)，方位的传递工作称为竖井定向测量(shaft orientation survey)。

5.3.1　竖井高程传递

如图 5.11 所示，欲根据地面点A的高程求得地下点B的高程，可在地面和地下各安置一台水准仪，同时分别在A、B两点水准尺上读数a和b，再用某种方法量得水平视线的间距l，则可求出点B的高程

$$H_B = H_A + a - l - b = H_A - h_{BA} \tag{5.18}$$

式中，$h_{BA} = H_A - H_B = l + b - a$。

由此可见，通过竖井传递高程的主要任务是求取水平视线间距l。l的量取方法可分为钢尺法(steel tape method)、钢丝法(long wire method)和电磁波测距法等。

1. 钢尺法竖井高程传递

如图 5.12 所示，将钢尺通过井架的导向滑轮下放至井底，挂上重锤等于钢尺检定时的重量，呈自由悬垂状态。分别在地面、地下安置水准仪，同时在A、B两点水准尺上读数a、b，同时在钢尺上读数m、n，并测得井上、井下温度分别为$t_{上}$、$t_{下}$，可得

$$l = (m - n) + \sum \Delta l \tag{5.19}$$

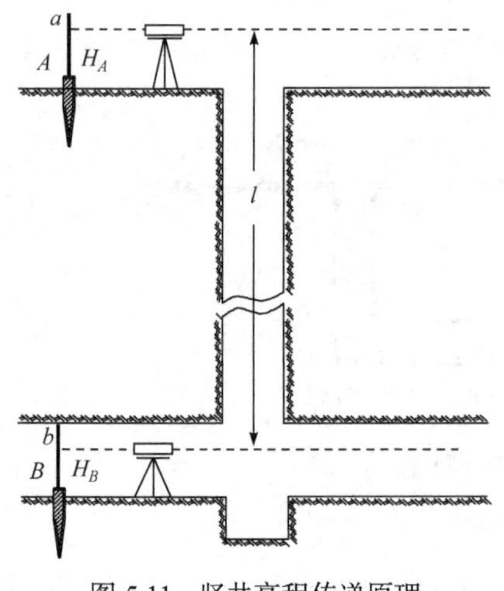

图 5.11 竖井高程传递原理

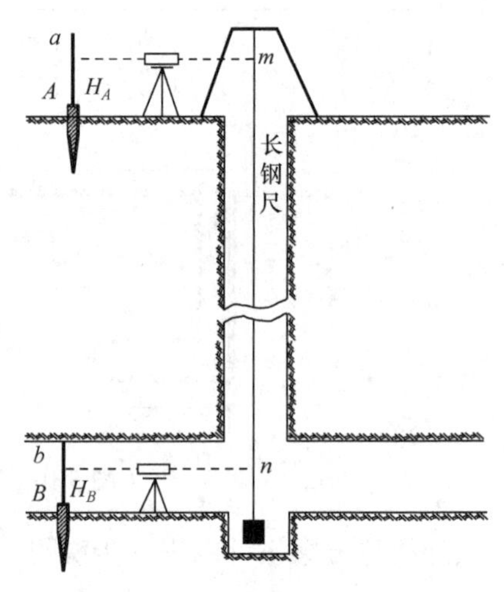

图 5.12 钢尺法高程传递

故式(5.18)可写成

$$H_B = H_A - h_{BA} = H_A - \left[(m-n)+(b-a)+\sum \Delta l\right] \tag{5.20}$$

式中，$\sum \Delta l$ 为钢尺改正数总和，包括尺长改正、温度改正、自重伸长改正。前两项与钢尺量距改正相同，仅钢尺实测温度应取井上、井下平均值，即 $t=\dfrac{t_{上}+t_{下}}{2}$；钢尺自重伸长改正数计算公式为

$$\Delta l_{自} = \frac{\gamma l^2}{2E} \tag{5.21}$$

式中，l 取 $m-n$，单位为 m；γ 为钢尺比重，可取 $\gamma=$ 7.8g/cm^3；E 为钢尺的弹性系数，可取 $E=2\times10^6$kg/cm^2。

当钢尺悬挂重量与检定拉力不同时，还应作拉力改正。

2. 钢丝法竖井高程传递

竖井较深时常用长钢丝代替长钢尺做高程传递。如图 5.13 所示，这时需在井口适当的地方建一个量尺台，量尺台的精确长度已知，设为 l_0。待钢丝放置稳定后，在井下水准视线高度的钢丝上夹上带刻划线的标线夹 k_1，在量尺台的“0”刻划线处夹标线夹 k_3。随着绞车逐渐收钢丝，k_1 上移，k_3 右移；当 k_3 与 l_0 重合时，将 k_3 重新夹在量尺台的“0”刻划线处……直到 k_1 到达地面水准视线高度 k_2 处，k_3 停在量尺台的 l_1 处。设 k_3 在量尺台上走了 n 整段，则井上、井下两水准视线间距为

$$l = nl_0 + l_1 + \Delta l_t \tag{5.22}$$

式中，Δl_t 为井下、地面温度改正。

3. 用电磁波测距仪进行竖井高程传递

井上、井下水准视线间距 l 也可以用电磁波测距仪测量。为此，测距仪的反射镜与一个小水准尺连在一起，当它分别安置在 k_1、k_2 位置时，如图 5.14 所示，水准仪在小水准尺上读数，同时测距仪经角锥棱镜反射后测量至 k_1、k_2 的距离 s_1、s_2，则

$$l = s_1 - s_2 + b_1 - a_2 \tag{5.23}$$

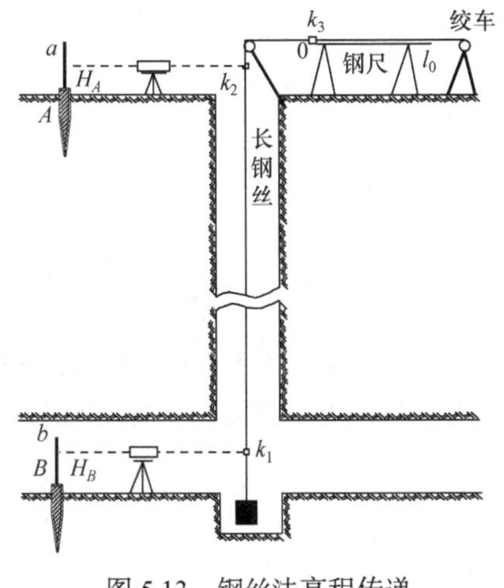

图 5.13　钢丝法高程传递

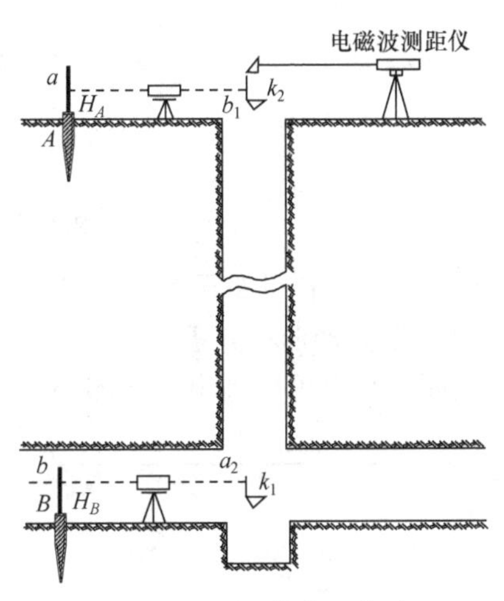

图 5.14　测距仪高程传递

5.3.2　一井定向

通过一个竖井进行定向，就是在井筒内挂两条吊锤线，在地面上根据控制点测定两吊锤线的坐标以及连线的方位角。在井下，根据投影点的坐标及其连线方位角，确定地下导线的起算坐标与方位角。

一井定向(one shaft orientation)测量工作可分为投点和连接测量两部分。

通过竖井用吊锤线投点，通常采用单荷重稳定投点法。吊锤的重量与钢丝的直径随井深而不同(例如，当井深为 100m 时，锤重 60kg，钢丝直径 0.7mm)。为了使吊锤较快地稳定下来，可将其放入盛有阻尼液的平静器中。

连接测量的任务是由地面上距离竖井最近的控制点布设导线直至竖井附近，设立近井点(near-shaft control point)，由它用适当的几何图形与吊锤线连接起来，这样便可确定两吊锤线的坐标及其连线的方位角。在井下的隧道中，将地下导线点连接到吊锤线上，以便求得地下导线起始点的坐标以及起始边的方位角。

在连接测量中，经常采用的是联系三角形法(connection triangle method)，在图 5.15 中，C 为地面近井点，AA'、BB' 为两吊锤线，C' 为地下近井点，也是导线起点。待两吊锤线稳定之后，即可开始联系三角形的测量工作。即在地面上观测两吊锤线夹角 γ、连接角 φ、两吊锤线间距 c 和到测站的距离 a、b；在井下亦作相应的观测 γ'、φ'、a'、b'、c'。假定 A 与 A'、B 与 B' 具有相同的平面坐标，则可根据上述观测值和 (x_C, y_C)、α_{CD} 计算出 $(x_{C'}, y_{C'})$、$\alpha_{C'D'}$。

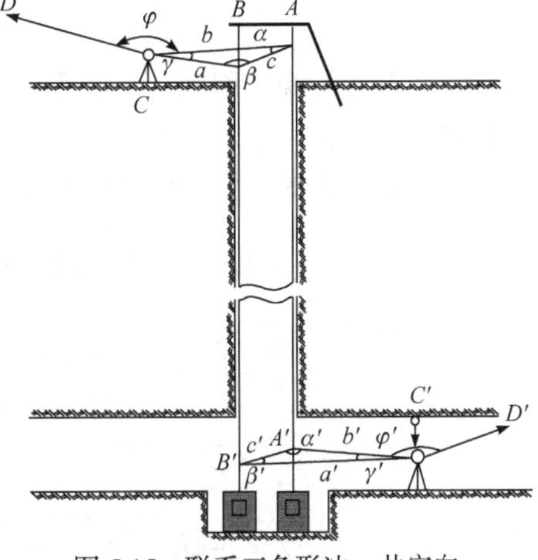

图 5.15　联系三角形法一井定向

在连接测量中，角度观测的中误差在地面为 ±4″，在地下为±6″，用 J_2 经纬仪以全圆测回法观测 4 测回。联系三角形的边长丈量应使用具有毫米分划的钢卷尺，每边需丈量 4 次，读数应估读到 0.1mm，边长丈量中误差为±0.8mm。

观测成果检核条件为

$$
\begin{cases}
|c-c'| \leqslant 2\text{mm} \\
\left|c-\sqrt{a^2+b^2-2ab\cos\gamma}\right| \leqslant 2\text{mm} \\
\left|c'-\sqrt{a'^2+b'^2-2a'b'\cos\gamma'}\right| \leqslant 2\text{mm}
\end{cases}
\tag{5.24}
$$

c 和 c' 分别在各自的三角形中使用，不做平均处理。

1. 联系三角形形状分析

将地面三角形单独画出，如图 5.16 所示，该三角形中有一个多余观测，先不计平差(平差可使精度提高，但分析过程复杂)，则方位传算角计算式为

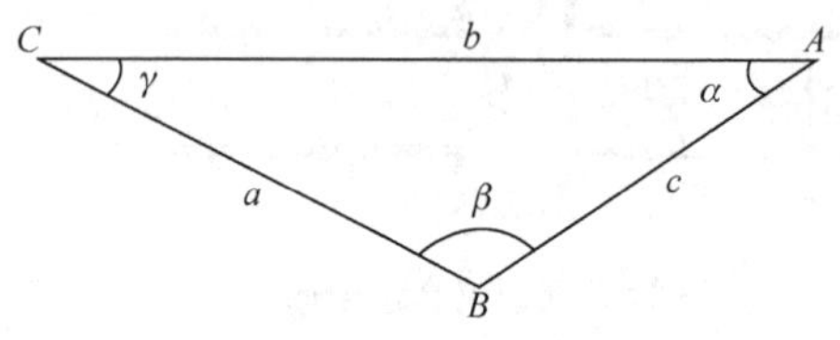

图 5.16　联系三角形

$$\alpha = \arcsin\left(\frac{a}{c}\sin\gamma\right)$$

$$\beta = \arcsin\left(\frac{b}{c}\sin\gamma\right)$$

对上两式做误差分析，可得

$$m_\alpha = \pm\sqrt{\rho^2\tan^2\alpha\left(\frac{m_a^2}{a^2}+\frac{m_c^2}{c^2}-\frac{m_\gamma^2}{\rho^2}\right)+\frac{a^2}{c^2\cos^2\alpha}m_\gamma^2} \tag{5.25}$$

$$m_\beta = \pm\sqrt{\rho^2\tan^2\beta\left(\frac{m_b^2}{b^2}+\frac{m_c^2}{c^2}-\frac{m_\gamma^2}{\rho^2}\right)+\frac{b^2}{c^2\cos^2\beta}m_\gamma^2} \tag{5.26}$$

注意到 $\frac{m_a^2}{a^2}+\frac{m_c^2}{c^2}-\frac{m_\gamma^2}{\rho^2}>0$ 、$\frac{m_b^2}{b^2}+\frac{m_c^2}{c^2}-\frac{m_\gamma^2}{\rho^2}>0$ ，容易看出，当 α 、β 接近 0°或 180°，即联系三角形成直伸时，m_α 、m_β 最小，或者说，直伸三角形(straight triangle)是联系三角形的最有利形状，此时

$$m_\alpha = \frac{a}{c}m_\gamma \tag{5.27}$$

$$m_\beta = \frac{b}{c}m_\gamma \tag{5.28}$$

并且小角精度较高。因此，未经平差而进行角度计算和方位传算时，走小角是推算方位的最有利路线。

对联系三角形，平差计算也可简化。写出图 5.16 所示三角形的条件式：

$$c+v_c = \sqrt{(a+v_a)^2+(b+v_b)^2-2(a+v_a)(b+v_b)\cos(\gamma+v_\gamma)}$$

线性化得

$$v_c - \frac{(a-b\cos\gamma)v_a+(b-a\cos\gamma)v_b-ab\sin\gamma\times\dfrac{v_\gamma}{\rho}}{\sqrt{a^2+b^2-2ab\cos\gamma}}+w=0$$

式中，$w=c_{测}-c_{算}=c-\sqrt{a^2+b^2-2ab\cos\gamma}$ 。

当三角形直伸时，$\sin\gamma \approx 0$，$\cos\gamma \approx 1$，则上述条件式为

$$v_c + v_a - v_b - 0 \cdot v_\gamma + w = 0 \tag{5.29}$$

因此，依最小二乘法原则，可得

$$v_a = v_c = -v_b = -\frac{w}{3} \tag{5.30}$$

从而，直伸三角形的平差结果可表示成

$$\hat{a} = a - \frac{w}{3}，\ \hat{b} = b + \frac{w}{3}，\ \hat{c} = c - \frac{w}{3} \tag{5.31}$$

$$\hat{\alpha} = \frac{\hat{a}}{\hat{c}}\gamma，\ \hat{\beta} = 180° - \frac{\hat{b}}{\hat{c}}\gamma \tag{5.32}$$

在上述平差中，直伸联系三角形的条件方程的系数矩阵和权矩阵分别为

$$\boldsymbol{B} = \begin{pmatrix} 1 & -1 & 1 & 0 \end{pmatrix}、\ \boldsymbol{P} = \mathrm{diag}\left\{ 1 \quad 1 \quad 1 \quad \frac{m_s^2}{m_\gamma^2} \right\}$$

从而，可得可靠性矩阵

$$\boldsymbol{R} = \boldsymbol{Q}_{vv}\boldsymbol{P} = \boldsymbol{P}^{-1}\boldsymbol{B}^{\mathrm{T}}(\boldsymbol{B}\boldsymbol{P}^{-1}\boldsymbol{B}^{\mathrm{T}})^{-1}\boldsymbol{B} = \frac{1}{3}\begin{pmatrix} 1 & -1 & 1 & 0 \\ -1 & 1 & -1 & 0 \\ 1 & -1 & 1 & 0 \\ 0 & 0 & 0 & 0 \end{pmatrix}$$

即多余观测分量为 $r_a = r_b = r_c = \dfrac{1}{3}$、$r_\gamma = 0$，$\gamma$ 为完全必要观测。

另外，由式(5.29)可以看出，当联系三角形为直伸三角形时

$$\frac{\partial w}{\partial a} = -\frac{\partial w}{\partial b} = \frac{\partial w}{\partial c} = 1、\ \frac{\partial w}{\partial \gamma} = 0$$

因此，式(5.24)后两式只能检核测边正确性，而不能检核测角正确性。若闭合差检核式采用

$$w' = \alpha + \beta + \gamma - 180° = \frac{a}{c}\gamma - \frac{b}{c}\gamma + \gamma$$

则

$$\frac{\partial w'}{\partial a} = \frac{\partial w'}{\partial b} = \frac{\partial w'}{\partial c} = 0、\ \frac{\partial w'}{\partial \gamma} = 0$$

说明直伸三角形角度闭合差不能检核观测的正确性，只能检核计算的正确性。

2. 一井定向误差分析

一井定向误差对横向贯通的影响规律同式(5.12)，但在竖井定向中，点位误差的影响可忽略，因此，竖井定向对横向贯通的误差影响为

$$\overset{井}{m_Q} = \frac{m_{\alpha_{C'D'}}}{\rho} L \tag{5.33}$$

式中，L 为竖井到贯通面的距离。

$m_{\alpha_{C'D'}}$ 受投点和连接测量两方面的影响，下面先分析吊锤线投点误差引起的投向误差。

在一井定向测量过程中，吊锤线受井筒各种因素的影响(如风流、滴水)而产生偏斜，这

种偏斜中误差称为投点误差，由投点误差所引起的两根吊锤线连线方向的误差称为投向误差。设两吊锤线的投点误差均为e且不相关，则由此引起的投向误差为

$$\theta=\overset{投}{m}_{\alpha_{C'D'}}=\frac{e}{c}\rho \tag{5.34}$$

设$e=\pm1\text{mm}$、$c=4\text{m}$，则$\theta=\pm52''$。

不计投点误差和α_{CD}的误差，则由

$$\begin{aligned}\alpha_{C'D'}&=\alpha_{CD}+\varphi-\alpha+\beta'+\gamma'+\varphi'\pm k\cdot180^\circ\\&=\alpha_{CD}+\varphi-\frac{a}{c}\gamma+\left(\frac{b'}{c'}+1\right)\gamma'+\varphi'\pm k\cdot180^\circ\end{aligned}$$

可得

$$\overset{测}{m}_{\alpha_{C'D'}}=\sqrt{m_\varphi^2+\left(\frac{a}{c}m_\gamma\right)^2+\left(\frac{b'}{c'}+1\right)^2m_{\gamma'}^2+m_{\varphi'}^2}\approx\pm\sqrt{4^2+2^2\times4^2+3^2\times6^2+6^2}=\pm21'' \tag{5.35}$$

因此，一井定向的总误差为

$$m_{\alpha_{C'D'}}=\pm\sqrt{\left(\overset{投}{m}_{\alpha_{C'D'}}\right)^2+\left(\overset{测}{m}_{\alpha_{C'D'}}\right)^2} \tag{5.36}$$

其中第二项一般小于第一项，在矿山测量中常可忽略。

在一井定向中，地下方位角的主要误差影响因素是投点误差引起的投向误差，而且该项误差的减弱非常困难。改善地下导线方位精度的有效方法之一是二井定向。

5.3.3　二井定向

在地下隧道开挖过程中，为了加速施工速度，有时需要在隧道中部，开挖一些竖井增加工作面，或者为改善施工条件，开挖一些通风钻孔或运输斜井。如图 5.17 所示，在相距较远的两个井筒中各挂一根吊锤线，根据地面控制点测定它们的平面坐标。在地下隧道中用导线联测这两根吊锤线，经过计算可以求得地下导线点的坐标和导线边的方位角。这种将坐标和方位角传递到地下去的方法称为二井定向(two-shaft orientation)。二井定向可以有效地提高地下导线的精度。

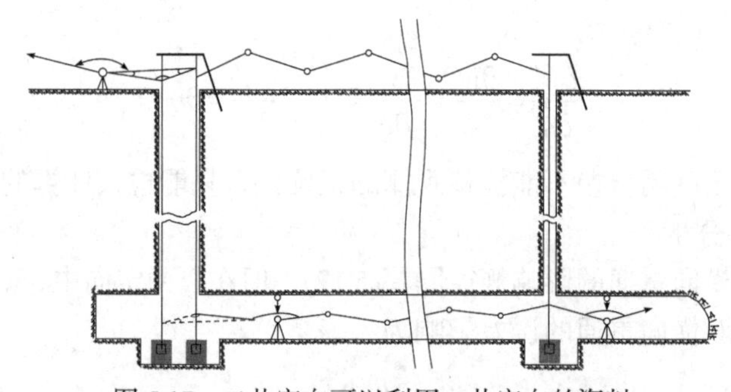

图 5.17　二井定向可以利用一井定向的资料

二井定向的测量工作也包括投点、连接测量和平差计算。因两吊锤线间距很大，故投点精度要求降低，投向误差可忽略。两吊锤线的连接一般用导线测量的方法，形成无定向导线，该导线也应该充分利用原有的测量成果。二井定向的计算工作即无定向导线的平差计算，平差方

法与过程可参见一般的测量书籍，等边直伸无定向导线的精度公式可参见4.3.3节。

二井定向的概念还应进一步扩展，也就是说，每当有竖井(或斜井)与地面相通时，都应该进行地面、地下连接测量，以加强地下测量工作与地面控制网的联系精度。或者说，还可以有三井定向、四井定向……

5.4　贯通施工测量

本节以交通隧道为例讨论地下隧道开挖掘进中的测量方法。

5.4.1　进洞关系计算

该问题的本质是路隧关系，或者说是道路控制网与贯通控制网的关系。这两个测量控制网的关系是同一工程建设中的相邻层次关系，道路控制网是上层网，贯通控制网是下层网，上层网对下层网只传递坐标系，不传递基准，或者说相当于将贯通控制网“挂”在道路控制网中。一般来说，下层网比上层网精度高。测量控制网的层次关系普遍存在于各种工程建设中，这里是一个具体例子。

以由两洞口相向开挖的交通隧道为例，建立贯通地面控制网的过程可概括为：由道路控制网放样出隧道的两洞口，用测量控制网将两洞口点联系起来，以两洞口点为拟稳点对控制网进行平差计算，根据洞口点的计算坐标决定是否对原设计的隧道轴线作必要的调整，然后就可根据地面控制网的平差结果和隧道设计轴线的关系计算出进洞方向和坡度，即进洞关系，用于指导洞口开挖。两洞口点在地面控制网中的坐标与由道路控制点进行放样时的坐标必定有差异，当差异较大时需查明原因并进行相应的处理，当差异较小时可设置坐标断链，甚至方位角断链，如同里程断链一样。

生产实际中，除洞口点外，还经常在每端放样一个轴线点，如图5.18所示。这时的处理方法与上述相同，只是做拟稳平差时，拟稳点还应包括两个轴线点。值得注意的是，道路轴线没有隧道轴线的精度高，因此，放样的道路轴线点不能作为隧道轴线点使用。在图5.18中，洞口点A、C可作为直线隧道的轴线点，而B、D则不能。若要在每端给出一个隧道轴线方向，可对B、D进行调整。例如，考虑均向上调整，则调整量为$\delta_B=\dfrac{(\alpha_{AC}-\alpha_{AB})-180°}{\rho}s_{AB}$和$\delta_D=\dfrac{(\alpha_{CD}-\alpha_{CA})-180°}{\rho}s_{CD}$，调整后的方向即为隧道轴线方向。

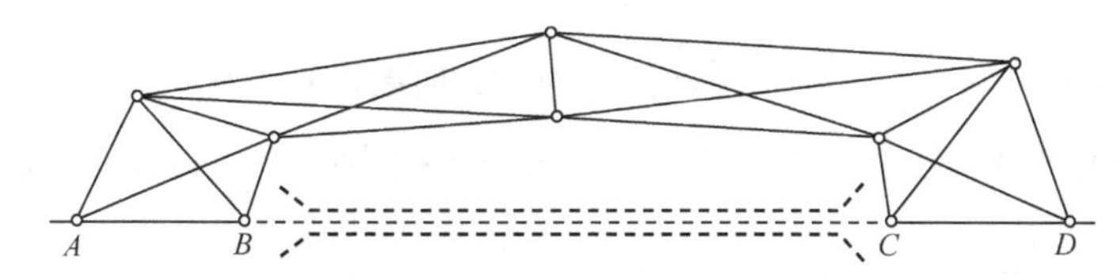

图5.18　直线形交通隧道的进洞关系

当隧道轴线为曲线(如圆曲线或带缓和曲线的圆曲线)时，两个控制网间的关系及进洞元素计算原理与上述相同，但计算过程复杂一些。

5.4.2　洞内中线放样

当隧道的进洞关系数据确定后，即可依据洞口控制点，按计算好的进洞数据，指导洞口开挖。在隧道开挖初期，应以洞口控制点为依据，放样临时隧道中线，其目的在于指导隧道的开挖方向。当隧道掘进一定距离后，洞内控制逐步建立，这时再按洞内控制点建立正式中线点，并据以指导隧道的衬砌工程。如图 5.19 所示，a、b、c 为正式中线点，1、2、3 为临时中线点，A、B、C 为导线点。当掘进的长度不足一个正式中线点的间距时，先放样临时中线点 1、2、3、…当延伸长度大于一个或两个正式中线点的间距时，就设立一个正式中线点。当掘进的延伸长度距最后一个导线点 B 大于一个或两个导线点间距时，就可以延伸一个施工导线点，如点 C。以上过程反复进行，直至贯通点。上述临时中线点一般在直线上每 10m 一个，在曲线上每 5m 一个，而正式中线点在直线上一般约每 200m 一个，曲线地段每 70m 一个。

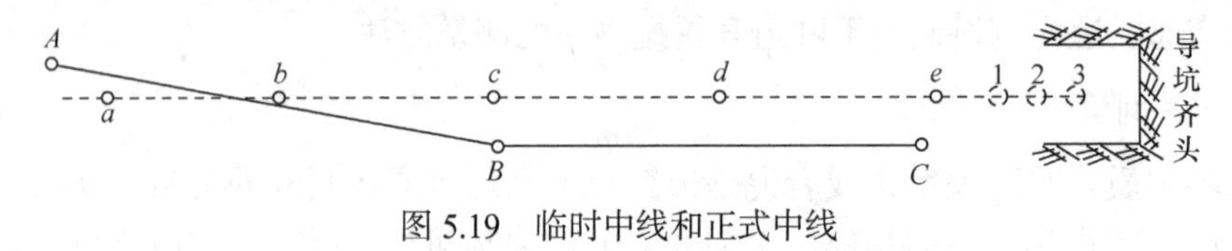

图 5.19　临时中线和正式中线

5.5　贯通误差的测定与调整

贯通误差的存在，势必会影响线路中线的平顺和隧道断面尺寸与衬砌，以及行车安全等。因此，当隧道贯通后，应立即进行贯通误差的测定。这样做一方面可以正确评价测量精度，另一方面也为线路中线与纵坡调整、隧道断面扩大、衬砌与铺设提供必要资料。

5.5.1　实际贯通误差的测定

地下隧道掘进贯通后，应立即测定实际的贯通误差，并将测得的数据妥善保存。贯通误差可根据其定义直接测定(参见图 5.6)，贯通误差即两贯通点 P'、P'' 之间的长度，该长度在隧道轴线方向上的投影即实际纵向贯通误差，在垂直于隧道轴线方向上的投影即实际横向贯通误差，用水准仪测定 P'、P'' 之间的高差就是实际竖向贯通误差。

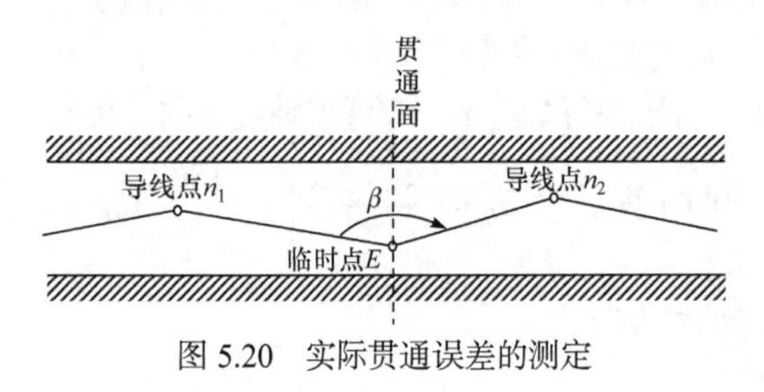

图 5.20　实际贯通误差的测定

精确测定实际贯通误差的方法是一种间接的方法。如图 5.20 所示，在贯通面附近任选一临时点 E，分别由相向的两条导线附近的控制点测定该点的坐标，得到两组坐标值 $\left(x_{E_1}, y_{E_1}\right)$、$\left(x_{E_2}, y_{E_2}\right)$，由两边水准路线测定点 E 的高程为 H_{E_1}、H_{E_2}，由此可算得实际平面贯通误差 $\Delta_s=\sqrt{\left(x_{E_1}-x_{E_2}\right)^2+\left(y_{E_1}-y_{E_2}\right)^2}$ 和实际竖向贯通误差 $\Delta_h=H_{E_2}-H_{E_1}$。设贯通面的方位角为 α_F，则实际横向贯通误差和实际纵向贯通误差分别为 $\left|\Delta_s\cos\Delta\alpha\right|$ 和 $\left|\Delta_s\sin\Delta\alpha\right|$，其中 $\Delta\alpha=\alpha_F-\tan_\alpha^{-1}\dfrac{y_{E_2}-y_{E_1}}{x_{E_2}-x_{E_1}}$。

再在临时点 E 上设置经纬仪，测定连接两侧导线点的水平角 β 和边长等，这样就把两侧导线连接成一条地下导线。选择其中一边，如 En_1，从两侧导线推算该边的方位角，其差值就是该导线的角度闭合差，或称为方位角贯通误差。

5.5.2　贯通误差的调整

不失一般性，下面以铁路隧道为例进行讨论。

当实际贯通误差达到一定的数值时，在贯通面附近如按原来测设的中线点连接起来，线路的平面形状和坡度都改变了设计位置而达不到规定的线路标准，在这种情况下，必须将洞内线路中线全部或局部加以调整，使其符合设计要求。

隧道贯通后，最彻底的调整中线和中线点高程的方法是在整体道床施工前将洞内中线看成附合导线、将洞内水准路线看成附合水准路线。因此，在隧道贯通之后、整体道床铺设之前，两者合并为一次调整即可。

若首先由导坑贯通，导坑贯通时，整个断面开挖好的地段还落后很远。这时，贯通误差的调整可在导坑内进行。在导坑内，将中线和水准看成是附合导线和附合路线进行平差，根据平差后的数据调整中线及坡度。

如果不做这样彻底的中线调整，或实际贯通误差很小，不必要做这样彻底的中线调整，则可进行贯通面左右局部地段的中线调整，这一地段称为调线地段，一般调线地段都是尚未衬砌的地段。

如果调线地段是在直线上，则由于横向贯通误差的存在，在调整时可选择两个中线点加以连接，形成折线，如图 5.21 所示。如果调线产生的折角 β_1 和 β_2 在 5′以内，可将其作为直线，不进行调整；如果折角大于 5′，则需加设半径为 4000m 的圆曲线，其中当折角在 5′～25′时，可仅放样曲中点，即仅将 A、B 两点内移，内移量为圆曲线的外矢距 $E=R\left(\sec\dfrac{\beta}{2}-1\right)$。

当调线地段全部位于曲线上时，简单的调线方法是由曲线的两端向贯通面按比例调整，如图 5.22 所示。另外的方法是将曲线两端的直线段用导线测量的方法进行连接，求出实际的交点坐标和转向角，据此重新放样曲线，当然重新放样后，曲线的主点位置都可能改变。生产实践中，调整曲线长度法(调整转向角)和调整曲线始终点法(调整主点位置)与此同理。

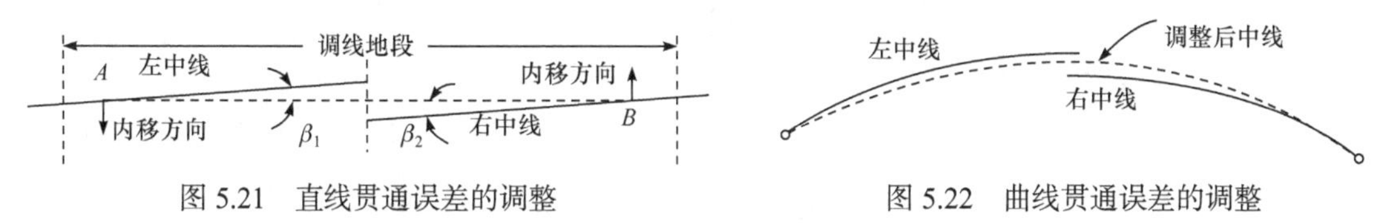

图 5.21　直线贯通误差的调整　　图 5.22　曲线贯通误差的调整

思考与练习

一、名词解释

1. 贯通测量；2. 贯通误差；3. 竖井联系测量；4. 竖井高程传递；5. 竖井定向测量 6. 一井定向；7. 两井定向；8. 投点误差；9. 投向误差；10. 联系三角形法；11. 贯通面；12. 基本导线；13. 施工导线。

二、叙述题

1. 试叙述贯通测量的主要任务。
2. 试比较贯通误差、贯通真误差、贯通误差限值之间的区别，以及它们各自的用途。
3. 试叙述竖井联系测量的主要任务。
4. 在地下隧道相向开挖中，横向贯通误差的影响因素有哪些？
5. 试简述一井定向与两井定向的原理，并指出两者的主要误差影响因素。
6. 在地下隧道开挖中，试分别叙述施工导线和基本导线的作用。
7. 如何计算地面控制网对横向贯通的误差影响？请写出相应的计算公式。
8. 何谓投向误差？试写出相应的计算公式。

三、计算题

1. 设一井定向时吊丝投点误差为±0.2mm，两吊丝间距为 5m，井筒距贯通面 $L = 1000\text{m}$，基本导线点数 $n = 10$，测角精度 $m_\beta = \pm 4''$。地下导线按等边直伸考虑，试解答下列问题：

   (1) 试计算投点误差和测角误差对横向贯通的影响。

   (2) 如果在 $k = 6$ 即距贯通面约 400m 处有一通风井，利用此井做了两井定向工作，若不计地面测量误差，预计横向贯通误差有多大?

2. 如图 5.8(b)所示某待开挖地下隧道的地面控制网拟以与贯通面垂直的直伸支导线为主要形式，试分别用公式

$$\overset{\text{上}}{m}_Q = \pm\sqrt{m_{x_B}^2 + \left(\Delta y_{BP}\frac{m_{\alpha_{BD}}}{\rho}\right)^2 - 2\Delta y_{BP}\frac{m_{x_B\alpha_{BD}}}{\rho}}$$

   和

$$\overset{\text{上}}{m}_Q = \pm\sqrt{\left(\frac{m_\beta}{\rho}\right)^2\sum D_i^2 + \left(\frac{m_s}{s}\right)^2\sum d_i^2}$$

   验证 $\overset{\text{上}}{m}_Q = 0$ 。

3. 设一井定向时吊丝投点误差为 0.2mm，两吊丝间距为 4.5m，井筒距贯通面 $L = 1000\text{m}$，试计算投点误差对横向贯通的影响。

第 6 章　陀螺经纬仪定向测量

将陀螺的特性与地球自转有机结合构成的陀螺仪能够寻找真北(true north)方向，将这样的陀螺仪安装在经纬仪上，组成的陀螺经纬仪便可以测定真北方向在经纬仪水平度盘上的读数 N，从而可求出任一方向的真方位角。这一工作称为陀螺经纬仪定向观测，或陀螺经纬仪定向测量，或简称陀螺经纬仪定向。

设 C、D 为地面上两点，在 C 点上安置陀螺经纬仪，测得真北方向在经纬仪水平度盘上的读数 N，D 方向在水平度盘上的读数为 r_{CD}，则可求得地理方位角

$$\alpha_{CD} = r_{CD} - N$$

陀螺特性的发现与应用始于我国西汉末年，将陀螺技术应用于测北定向则是由于近代航海与采矿业发展的需要。1852 年，法国人 Foucault 创造了第一台实验陀螺罗经；德国人 Anschutz 制成第一台实用陀螺罗经样机；1908 年，德国人 Schuler 首次制成单转子液浮陀螺罗经，用于军事和航海；在船用陀螺罗经的基础上，1949 年，德国 Clausthal 矿业学院 Rellensmann 研制出 MW1 型子午线指示仪，并于 1958 年研制出金属带悬挂陀螺灵敏部的 KT-1 陀螺经纬仪。此后的几十年间，世界各国先后开展了陀螺经纬仪的研制工作，相继生产出多种型号的产品。

回顾陀螺经纬仪的发展历程，主要经历了四个阶段。第一阶段，20 世纪 50 年代，在船舶陀螺罗经的基础上，研制出矿用液浮式陀螺罗盘。液体漂浮式陀螺经纬仪的结构特点是将陀螺转子装在封闭的球形浮子中，采用液体漂浮电磁定中心，陀螺转子由空气压缩涡轮机带动三相交流电机供电，全套仪器重达几百千克，一次定向需几小时，陀螺方位角一次测定中误差为±1′～±2′。这是陀螺经纬仪的早期型式。第二阶段，从 20 世纪 60 年代开始研制下架悬挂式陀螺经纬仪，利用金属悬挂带把陀螺房悬挂在经纬仪空心轴下，悬挂带上端与经纬仪的壳体相固连；采用导流丝直接供电方式，附有便携式蓄电池组和晶体变流器。相对于液浮式，下架式陀螺经纬仪在定向精度、定向时间以及仪器的重量和体积上都产生了飞跃式改进。第三阶段，20 世纪 70 年代以来，由于陀螺技术的不断发展，精密小型元器件的出现，发展出上架式陀螺经纬仪，其结构特征是，用金属丝悬挂带把陀螺转子(装在陀螺房中)悬挂在灵敏部的顶端，灵敏部可稳定地连接在经纬仪横轴顶端的金属桥形支架上(该支架需预先制作、安装)，不用时可取下，也就是说，灵敏部实际上相当于经纬仪的一个附件，这是仪器朝更方便使用方向的一种改进。第四个阶段，20 世纪 70 年代以来，随着电子技术、计算机技术、自动控制技术、光学传动器技术的迅猛发展，为进一步提高陀螺罗盘的定向精度和可靠性，减轻观测者劳动强度提供了技术基础，陀螺罗盘和研究正在向操作过程自动化方面发展。德国威斯特发伦采矿联合公司(WBK)矿山测量研究所(DMT)于 1978 年开始在 MW77 型产品的基础上，研制出电子计算机程序控制操作过程，采用积分测量法，并以数字显示方位角的自动测量陀螺仪 Gyromat。该仪器只需观测 10 分钟，就可获得±3.6″的定向精度。此外，美国、苏联、匈牙利、瑞士、德国、中国等均研制出一批精度较高的同类产品。如中国研制的 Y/JTG-1 陀螺经纬仪，精度达±7″。

本章以上架式陀螺经纬仪为主进行讨论。

6.1　摆式陀螺仪的寻北原理

绕自身轴高速旋转的匀质刚体，称为陀螺仪(gyroscope)。下面先给出陀螺仪的有关物理性质。

6.1.1　陀螺仪的基本特性

设陀螺仪的自转角速度为$\boldsymbol{\omega}$，如图6.1所示，定义动量矩

$$\boldsymbol{H}=J\boldsymbol{\omega} \tag{6.1}$$

式中，J为陀螺转子对自转轴的转动惯量，其定义式为

$$J=\int r^2\mathrm{d}m \tag{6.2}$$

式中，r为微分元$\mathrm{d}m$到自转轴的距离。

若对陀螺施加一外加力矩$\boldsymbol{M}$，则$\boldsymbol{M}$与$\boldsymbol{H}$的关系可由动量矩定理给出

$$\frac{\mathrm{d}\boldsymbol{H}}{\mathrm{d}t}=\boldsymbol{M} \tag{6.3}$$

对式(6.3)做如下讨论：

(1) 当$\boldsymbol{M}//\boldsymbol{H}$时，二者的数量关系类同式(6.3)，为

$$\frac{\mathrm{d}H}{\mathrm{d}t}=\pm M \tag{6.4}$$

式中，正负号分别对应二者同向与反向两种情况。或者写成

$$J\frac{\mathrm{d}\omega}{\mathrm{d}t}=\pm M \tag{6.5}$$

式(6.5)称为刚体的转动规律。

(2) 当$\boldsymbol{M}\perp\boldsymbol{H}$时，$\boldsymbol{M}$将不影响$\boldsymbol{H}$的数量大小，而仅改变其方向。设方向改变的角速度为$\boldsymbol{\omega}_P$，则由图6.2可得关系式

$$(\boldsymbol{\omega}_P\cdot\mathrm{d}t)\times\boldsymbol{H}=\mathrm{d}\boldsymbol{H} \tag{6.6}$$

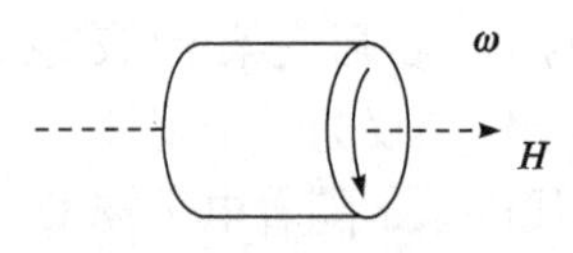

图6.1　$\boldsymbol{\omega}$与$\boldsymbol{H}$的方向

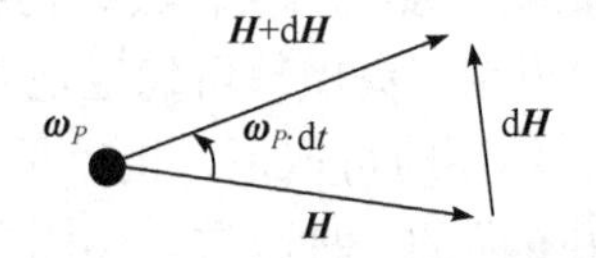

图6.2　进动角速度$\boldsymbol{\omega}_P$的定义

或写成

$$\boldsymbol{\omega}_P\times\boldsymbol{H}=\frac{\mathrm{d}\boldsymbol{H}}{\mathrm{d}t} \tag{6.7}$$

结合式(6.3)，则有

$$\boldsymbol{\omega}_P\times\boldsymbol{H}=\boldsymbol{M} \tag{6.8}$$

因式(6.8)中三者方向相互垂直，故数值关系也为

$$M = H\omega_P = J\omega \cdot \omega_P \tag{6.9}$$

或

$$\omega_P = \frac{M}{H} = \frac{M}{J\omega} \tag{6.10}$$

$\boldsymbol{H}$ 的方向变化也就是陀螺仪自转轴的变化，实际上是一种转动，这种转动称为陀螺的进动(precession)，$\boldsymbol{\omega}_P$ 称为进动角速度。陀螺仪在外力矩作用下产生进动的性质，称为陀螺的进动性。式(6.8)完整地表达了陀螺轴进动角速度与外力矩的关系，其中的方向关系见图 6.3 所示。

在式(6.9)中，若 $M = 0$，则显然有 $\omega_P = 0$，即无横向外力矩作用时，陀螺仪的自转轴方向保持不变。这一性质称为陀螺的定轴性(inertia or rigidity)。

(3) 对于一般的情况，显然可将外力矩 $\boldsymbol{M}$ 分解为两个分量，其中一个分量与 $\boldsymbol{H}$ 平行，另一个分量与 $\boldsymbol{H}$ 垂直，也就是说，这时 $\boldsymbol{M}$ 将对陀螺仪产生式(6.5)和式(6.8)两种影响。

$$\boldsymbol{M} = \frac{\mathrm{d}\boldsymbol{H}}{\mathrm{d}t} + \boldsymbol{\omega}_P \times \boldsymbol{H}$$

6.1.2　陀螺仪转动的微分方程

将陀螺仪放置于如图 6.4 所示的惯性坐标系(如以地球为惯性参考系)中。

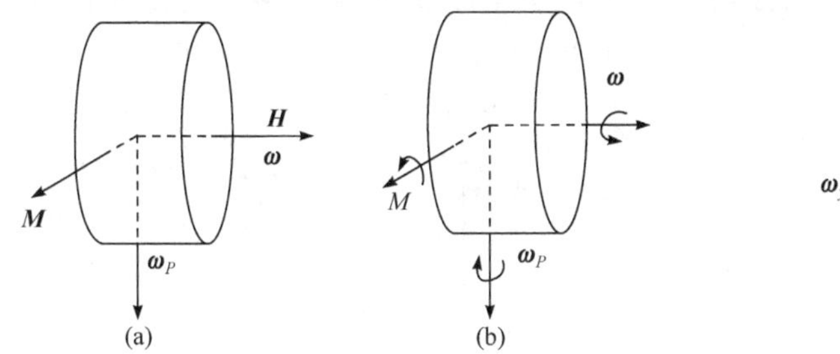

图 6.3　陀螺进动中各量之间的方向关系

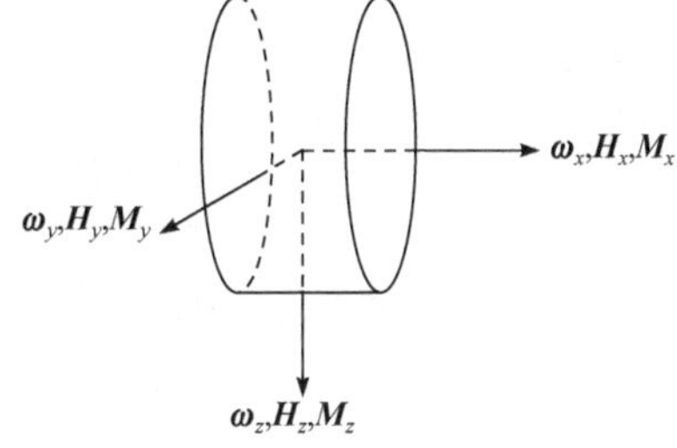

图 6.4　陀螺仪转动的微分方程

将陀螺仪所受的外加力矩分解为 $\boldsymbol{M}_x$、$\boldsymbol{M}_y$、$\boldsymbol{M}_z$ 三个分量。现在考察 x 方向，存在外力矩 $\boldsymbol{M}_x$，惯性力矩 $-J_x\dfrac{\mathrm{d}\omega_x}{\mathrm{d}t}$、$-\omega_y H_z$ 和 $\omega_z H_y$。因此根据达朗贝尔原理，按动静法列平衡方程

$$M_x - J_x\frac{\mathrm{d}\omega_x}{\mathrm{d}t} - \omega_y H_z + \omega_z H_y = 0$$

或写成

$$M_x = J_x\frac{\mathrm{d}\omega_x}{\mathrm{d}t} + \omega_y H_z - \omega_z H_y \tag{6.11}$$

同理可得

$$M_y = J_y\frac{\mathrm{d}\omega_y}{\mathrm{d}t} + \omega_z H_x - \omega_x H_z \tag{6.12}$$

$$M_z = J_z\frac{\mathrm{d}\omega_z}{\mathrm{d}t} + \omega_x H_y - \omega_y H_x \tag{6.13}$$

6.1.3　自由陀螺仪自转轴在地表面上的关系

在研究地球自转及其与陀螺仪转动的关系时(陀螺经纬仪正是巧妙地利用这个关系发明

的)，我们必须以太阳或其他恒星作为惯性参考系，而不能以地球作为惯性参考系。

首先，我们研究自由陀螺仪之自转轴在地表面上的摆动情况。自由陀螺仪是指陀螺轴在空间三维方向均可自由转动的陀螺仪，或称为三自由度陀螺仪，具体结构如图 6.5 所示。

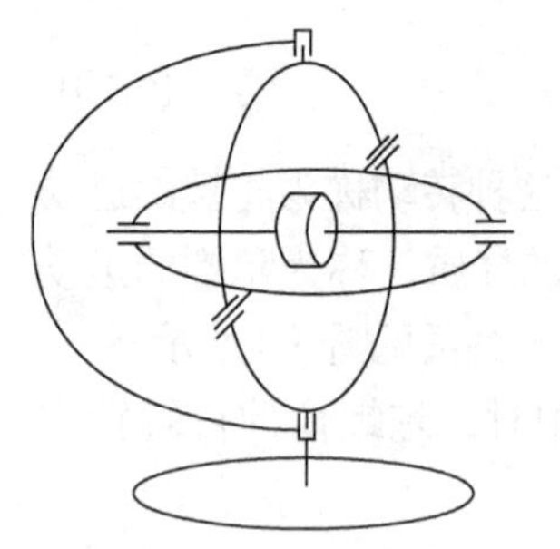

图 6.5　三自由度陀螺装置

我们知道，在以太阳或其他恒星作为参考的惯性空间中，地球的自转角速度为

$$\omega_{\mathrm{E}} = 1转/日 \approx 7\times10^{-4}转/分 \approx 7\times10^{-5}\mathrm{rad/s}$$

现在，在地表面上纬度为 φ 的某点水平放置一个三自由度陀螺仪，陀螺仪自转轴与子午面的夹角为 α_0，如图 6.6 所示。将地球自转角速度 ω_{E} 沿铅垂线、陀螺自转轴以及与铅垂线、陀螺自转轴均垂直的三个方向进行分解，得分量角速度

$$\omega_1 = \omega_{\mathrm{E}} \sin\varphi \tag{6.14}$$

$$\omega_2 = \omega_{\mathrm{E}} \cos\varphi \sin\alpha_0 \tag{6.15}$$

$$\omega_3 = \omega_{\mathrm{E}} \cos\varphi \cos\alpha_0 \tag{6.16}$$

式中，ω_3 使陀螺仪的自转角速度增加到 $(\omega+\omega_3)$，因 $\omega_3 \ll \omega$，故 ω_3 可忽略，即陀螺自转角速度仍为 ω。

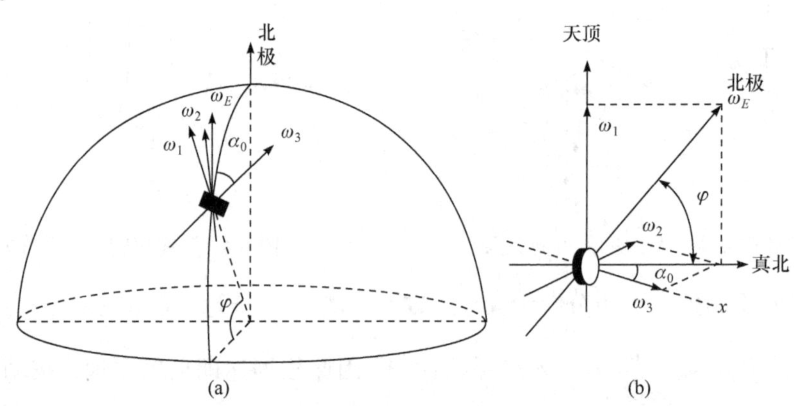

图 6.6　地球自转角速度的分解

在无外力矩作用时，陀螺轴在惯性空间中的指向不变。因此，地球的自转将改变陀螺轴与地表面的关系。其中 ω_1 使陀螺轴逐渐偏离真北方向(实际上是在以太阳为参考的惯性系中，子午线远离陀螺轴)，ω_2 使陀螺自转轴与地平面的夹角逐渐加大(该角用 ε 表示)。自由陀螺仪不能用来寻北。

6.1.4　地球自转对摆式陀螺仪的影响

如果在 3 个自由度陀螺仪的自转轴上杆连一质量为 m 的刚体，则其自由度成为 2.5 个，称为摆式陀螺仪，如图 6.7 所示。将摆式陀螺仪水平放置于纬度为 φ 的地面点时，如图 6.6 所示，则由 ω_2 引起的 ε 将对陀螺仪产生一外力矩

$$\boldsymbol{M}_P = \boldsymbol{l} \times \boldsymbol{G} \tag{6.17}$$

式中，$\boldsymbol{l}$ 由陀螺仪重心指向重物重心；$\boldsymbol{G}$ 为重物的重力。

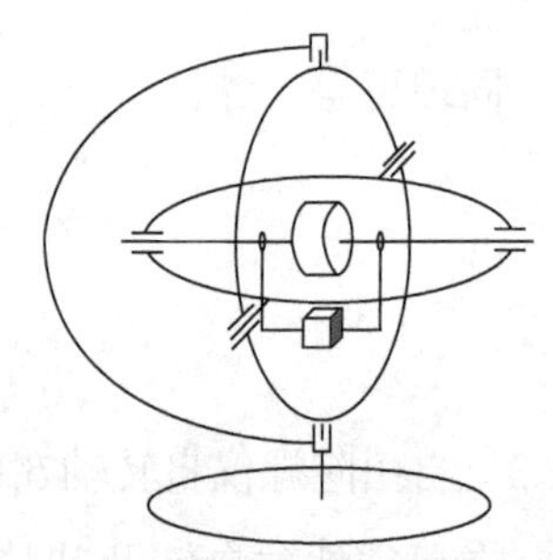

图 6.7　摆式陀螺仪(2.5 个自由度)

$$\boldsymbol{G}=m\boldsymbol{g}$$

式中，$\boldsymbol{g}$ 为重力加速度；$\boldsymbol{G}$ 和 $\boldsymbol{g}$ 的方向指向地球中心(重心)；$\boldsymbol{l}$ 与 $\boldsymbol{G}$ 的夹角为 ε。当 ε 很小时，$\sin\varepsilon=\varepsilon$。

令

$$M_G=mgl \tag{6.18}$$

则外力矩的大小为

$$M_P=M_G\varepsilon \tag{6.19}$$

$\boldsymbol{M}_P$ 的方向在图 6.8 中垂直纸面向里(陀螺轴在纸面内，故也有 $\boldsymbol{M}_P\perp\boldsymbol{H}$)，它将使陀螺轴产生进动角速度 $\boldsymbol{\omega}_P$，其关系为

$$\boldsymbol{\omega}_P\times\boldsymbol{H}=\boldsymbol{M}_P \tag{6.20}$$

式中，$\boldsymbol{H}=J\boldsymbol{\omega}$ 为陀螺自转动量矩。$\boldsymbol{\omega}_P$ 在 $\boldsymbol{H}$ 与 $\boldsymbol{M}_P$ 形成的平面内，方向向上，将使陀螺轴转向真北方向，其大小为

$$\omega_P=\frac{M_P}{H}=\frac{M_G}{H}\varepsilon \tag{6.21}$$

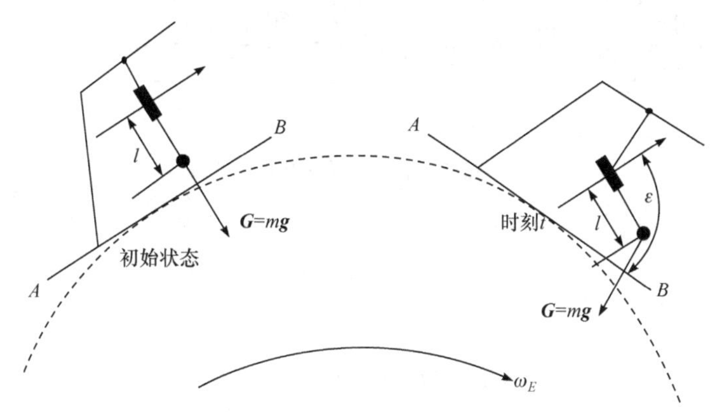

图 6.8　摆式陀螺仪因地球自转产生外力矩

现在分析 ε 的变化情况。ε 由 ω_2 引起，$\omega_2=\omega_{\mathrm{E}}\cos\varphi\sin\alpha_0$，随着陀螺轴接近真北，$\omega_2$ 逐渐接近 0，ε 逐渐接近最大值，ω_P 也逐渐接近最大值，也就是说，陀螺轴将以最快速越过真北方向；越过真北方向后，ω_2 为负值，ε 逐渐变小，在 ε 为 0 前，陀螺轴继续向左(西)转动；当 ε 为 0 时，ω_P 为 0，(陀螺轴暂时停止转动)，但 ω_2 的绝对值最大，符号为负，因此将导致 ε 向负值发展，这将导致陀螺轴向右(东)转动靠近真北方向，如图 6.9(b)所示。陀螺轴围绕真北做往复摆动。

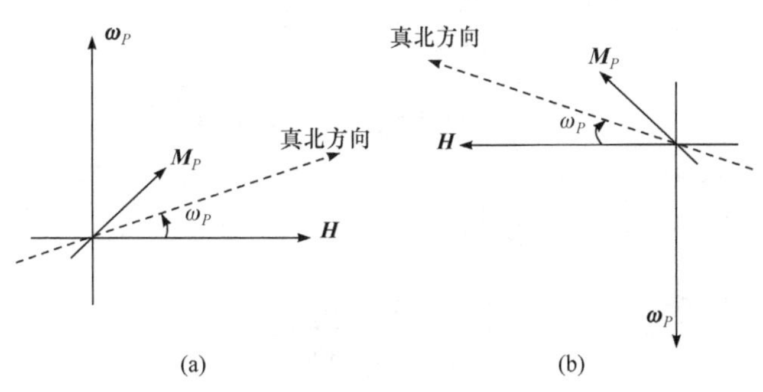

图 6.9　摆式陀螺进动方向

6.1.5　摆式陀螺仪的运动方程

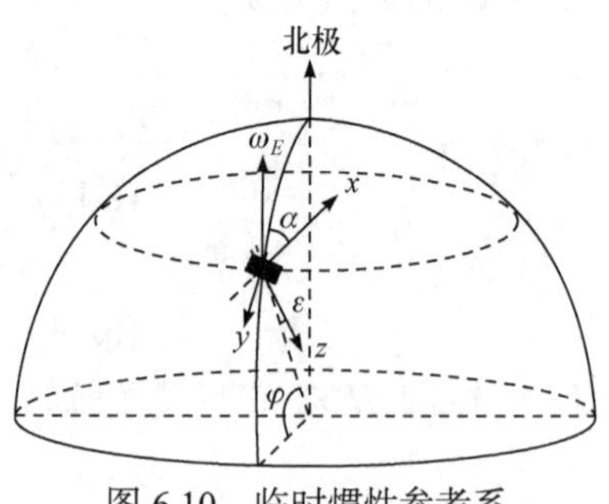

图 6.10　临时惯性参考系

在上面，我们定性叙述了摆式陀螺仪自转轴在地球自转影响下将围绕真北方向作往复左右摆动。现在，我们建立陀螺轴的摆动方程。

设某时刻摆式陀螺仪与真北方向的夹角为α，与地平面的倾角为ε，在此刻建立(以太阳为参考的)惯性空间中的xyz坐标系，如图 6.10 所示，其中x轴与陀螺自转轴一致，z轴与x轴垂直，与铅垂线的夹角为ε，y轴与x轴、z轴构成右手坐标系。设此刻存在$\dfrac{\mathrm{d}\alpha}{\mathrm{d}t}$、$\dfrac{\mathrm{d}\varepsilon}{\mathrm{d}t}$，则陀螺仪在惯性空间中的转动角速度为

$$\begin{cases}\omega_x=\omega+\omega_1=\omega\\ \omega_y=\dfrac{\mathrm{d}\varepsilon}{\mathrm{d}t}+\omega_2=\dfrac{\mathrm{d}\varepsilon}{\mathrm{d}t}-\omega_{\mathrm{E}}\cos(\varphi-\varepsilon)\sin\alpha\xlongequal{\text{因}\varepsilon\text{仅几角秒}}\dfrac{\mathrm{d}\varepsilon}{\mathrm{d}t}-\omega_{\mathrm{E}}\cos\varphi\sin\alpha\\ \omega_z=\dfrac{\mathrm{d}\alpha}{\mathrm{d}t}+\omega_3=\dfrac{\mathrm{d}\alpha}{\mathrm{d}t}-\omega_{\mathrm{E}}\sin(\varphi-\varepsilon)\xlongequal{\text{因}\varepsilon\text{仅几角秒}}\dfrac{\mathrm{d}\alpha}{\mathrm{d}t}-\omega_{\mathrm{E}}\sin\varphi\end{cases}\tag{6.22}$$

动量矩为

$$H_x=J_x\omega_x=J\omega=H$$

相对于H_x取

$$H_y=H_z=0$$

外力矩为

$$M_x=0\text{；}\ M_y=-M_G\varepsilon\text{；}\ M_z=0$$

又

$$\begin{cases}\dfrac{\mathrm{d}\omega_y}{\mathrm{d}t}=\dfrac{\mathrm{d}^2\varepsilon}{\mathrm{d}t^2}-\omega_{\mathrm{E}}\cos\varphi\cos\alpha\dfrac{\mathrm{d}\alpha}{\mathrm{d}t}=\dfrac{\mathrm{d}^2\varepsilon}{\mathrm{d}t^2}\\ \dfrac{\mathrm{d}\omega_z}{\mathrm{d}t}=\dfrac{\mathrm{d}^2\alpha}{\mathrm{d}t^2}\end{cases}\tag{6.23}$$

将以上结果代入式(6.12)、式(6.13)得

$$-M_G\varepsilon=J_y\frac{\mathrm{d}^2\varepsilon}{\mathrm{d}t^2}+\left(\frac{\mathrm{d}\alpha}{\mathrm{d}t}-\omega_{\mathrm{E}}\sin\varphi\right)H\tag{6.24}$$

$$M_z=J_z\frac{\mathrm{d}^2\alpha}{\mathrm{d}t^2}-\left(\frac{\mathrm{d}\varepsilon}{\mathrm{d}t}-\omega_{\mathrm{E}}\cos\varphi\sin\alpha\right)H\tag{6.25}$$

式(6.24)两边对t求导，并略去$\dfrac{\mathrm{d}^3\varepsilon}{\mathrm{d}t^3}$得

$$\frac{\mathrm{d}\varepsilon}{\mathrm{d}t}=-\frac{H}{M_G}\cdot\frac{\mathrm{d}^2\alpha}{\mathrm{d}t^2}\tag{6.26}$$

代入式(6.25)，则有

$$M_z = \left(J_z + \frac{H^2}{M_G}\right)\frac{\mathrm{d}^2\alpha}{\mathrm{d}t^2} + H\omega_\mathrm{E}\cos\varphi\sin\alpha \tag{6.27}$$

为使上式容易求解，需控制 α 的数值，使 $\sin\alpha = \alpha$ 成立。另外，人们又将

$$D_K = H\omega_\mathrm{E}\cos\varphi \tag{6.28}$$

称为陀螺力矩(torque due to precession)，将

$$M_K = D_K \sin\alpha \tag{6.29}$$

称为指向力矩，它使陀螺轴向子午线进动，陀螺力矩也称为指向力矩系数。这样，可将式(6.27)写成

$$\left(J_z + \frac{H^2}{M_G}\right)\frac{\mathrm{d}^2\alpha}{\mathrm{d}t^2} + D_K\alpha = M_z \tag{6.30}$$

在 $M_z = 0$ 时，式(6.30)的一般解式为

$$\alpha = A\sin\frac{2\pi}{T_A}(t - t_0) \tag{6.31}$$

式中，A、t_0 为积分常数，实际意义为陀螺摆幅和初相时间，由具体过程的初始状态所决定。

摆动周期 T_A 的表达式为

$$T_A = 2\pi\sqrt{\frac{J_z + \dfrac{H^2}{M_G}}{D_K}} = 2\pi\sqrt{\frac{H}{M_G\omega_E\cos\varphi}} \tag{6.32}$$

令

$$T_A^0 = 2\pi\sqrt{\frac{H}{M_G\omega_E}} \tag{6.33}$$

则

$$T_A = \frac{T_A^0}{\sqrt{\cos\varphi}} \tag{6.34}$$

将式(6.31)代入(6.24)并忽略 $\dfrac{\mathrm{d}^2\varepsilon}{\mathrm{d}t^2}$，整理得陀螺轴的倾角方程

$$\varepsilon = \frac{H\omega_\mathrm{E}\sin\varphi}{M_G} - A\sqrt{\frac{H\omega_\mathrm{E}\cos\varphi}{M_G}}\cos\frac{2\pi}{T_A}(t - t_0) \tag{6.35}$$

令

$$\varepsilon_0 = \frac{H\omega_\mathrm{E}\sin\varphi}{M_G} \tag{6.36}$$

$$\varepsilon_{\max} = \varepsilon_0 + A\sqrt{\frac{H\omega_\mathrm{E}\cos\varphi}{M_G}} \tag{6.37}$$

则式(6.35)变为

$$\varepsilon = \varepsilon_0 - (\varepsilon_{\max} - \varepsilon_0)\cos\frac{2\pi}{T_A}(t - t_0) \tag{6.38}$$

将式(6.31)与式(6.38)合并消去 t，得

$$\left(\frac{\alpha}{A}\right)^2 + \left(\frac{\varepsilon - \varepsilon_0}{\varepsilon_{\max} - \varepsilon_0}\right)^2 = 1 \tag{6.39}$$

该椭圆反映了陀螺轴在空间的运动轨迹，如图 6.11 所示。其中

$$(\varepsilon_{\max} - \varepsilon_0) \ll A \tag{6.40}$$

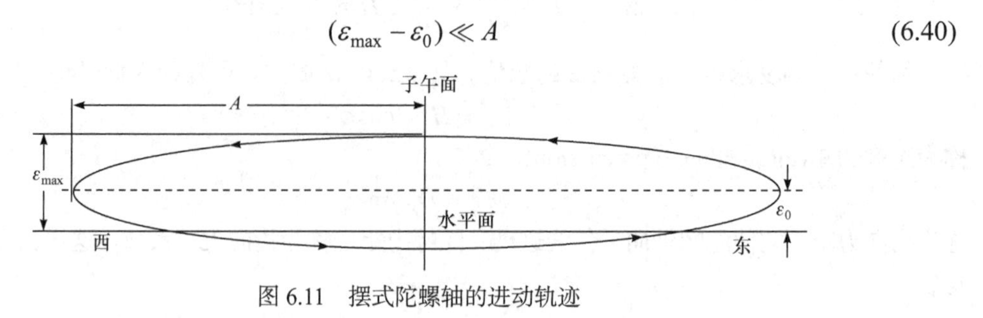

图 6.11　摆式陀螺轴的进动轨迹

最后要指出的是，上面讨论的所有角度(如 α 、ε 等)均以弧度计。

6.2　陀螺经纬仪的结构

一套完整的上架式陀螺经纬仪由经纬仪、陀螺仪、经纬仪与陀螺仪连接装置以及电源箱等四部分构成，如图 6.12 所示。其中，经纬仪(包括三脚架)与普通测量中所使用的完全一样，只是需在其上部安装一个专用的桥形支架，以用于陀螺仪的安置。该桥形支架与陀螺仪底部的螺纹压环等构成连接装置，支架顶部的三个球形顶尖可插入陀螺仪底部的三条向心“V”形槽，形成强制归心，然后旋动螺纹压环即可实现陀螺仪与经纬仪的稳定连接。

本节以徐州光学仪器厂的 JT-15 型陀螺经纬仪为例，介绍陀螺仪的结构组成以及与之相关的几个概念。

图 6.13 为 JT-15 型陀螺经纬仪的结构组成。一般来说，上架式陀螺仪的结构均可划分为灵敏部、光学观测系统、锁紧限幅机构以及机体外壳等四部分。

图 6.12　JT-15 型陀螺经纬仪的外貌

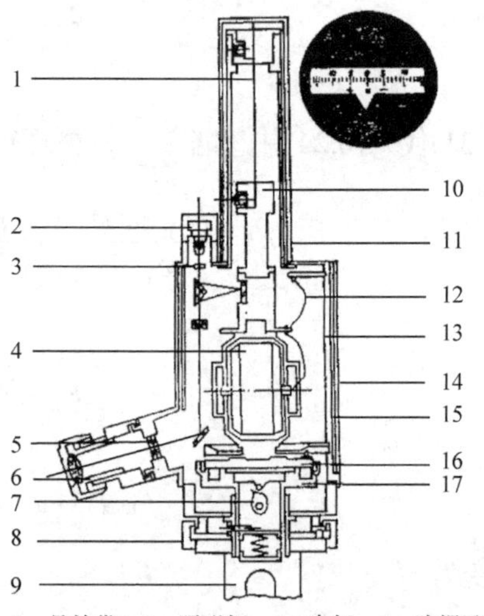

1：悬挂带；2：照明灯；3：光标；4：陀螺马达；
5：分划板；6：目镜；7：凸轮；8：螺纹压环；
9：桥形支架；10：悬挂柱；11：上部外罩；12：导流丝；
13：支架；14：外壳；15：磁屏蔽罩；16：灵敏部底座；
17：锁紧限幅机构

图 6.13　JT-15 型陀螺经纬仪结构示意图

6.2.1　灵敏部

灵敏部为陀螺仪的核心部分，其作用是利用高速旋转的陀螺寻找子午面，它包括悬挂带、导流丝、陀螺马达、陀螺房及反光镜等部件。陀螺马达装在密封且充有氢气的陀螺房中，通过悬挂柱由悬挂带悬挂起来，用两根导流丝和悬挂带及旁路结构对其供电。在悬挂柱上装有反光镜。

陀螺转子应是重心下移的摆式结构(参见图 6.7)，这在工艺上应予保证。

悬挂带是一根截面为 $0.58\times0.03\text{mm}^2$ 的银铜丝。它一方面要求有一定的抗拉强度(一般约为 550g)，另一方面又要求具有较小的扭矩系数。

无论是陀螺转子的进动，还是陀螺转子的自由摆动，实际上是与陀螺房、悬挂柱连成一个整体进行的，所以在悬挂柱上安装一个反光镜，该反光镜的位置变化即可反映陀螺轴的摆动情况。

6.2.2　光学观测系统

将图 6.13 中陀螺经纬仪的光学观测系统单独画出，如图 6.14 所示。在光源照射下，光标线经反射棱镜、反光镜反射后，通过物镜成像在目镜分划板上。

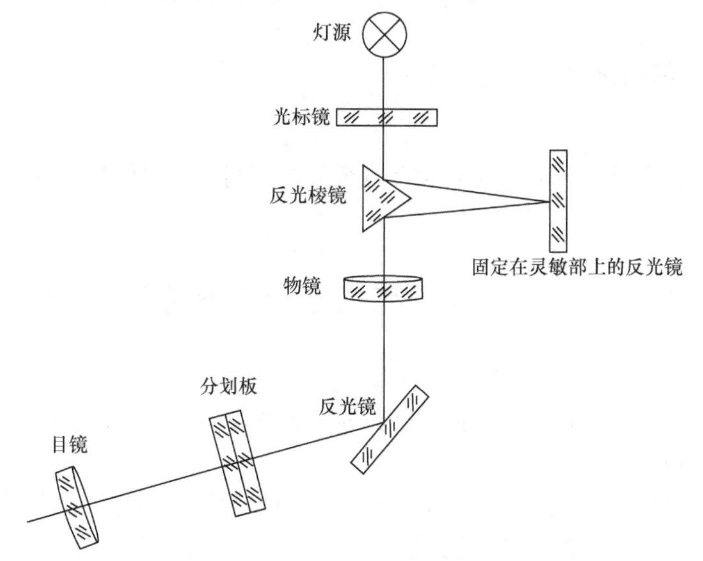

图 6.14　JT-15 型陀螺经纬仪的反射光学系统

在目镜看到的分划板影像如图 6.15 所示，其中的一根长线是光标线的影像。由于光标线的反射光路经过悬挂柱上的一块反光镜，故灵敏部摆动时，光标线的影像在分划板上来回移动，从而它也就反映了陀螺轴的摆动情况。由于光线反射的具体情况，我们在目镜看到的光标线影像的摆动方向与陀螺轴的实际摆动方向正好相反，所以，分划板的刻划为左“+”右“−”。

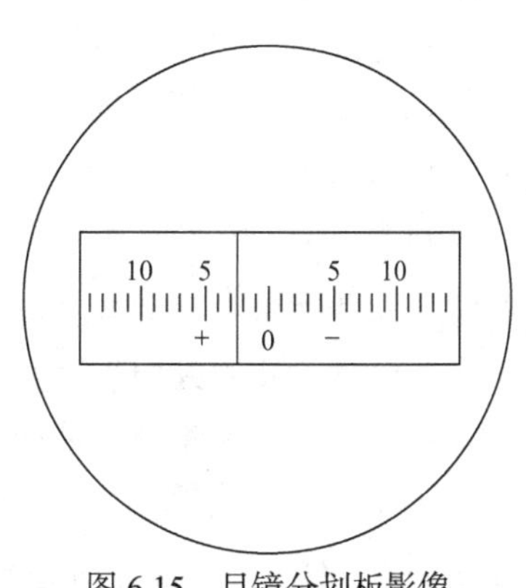

图 6.15　目镜分划板影像

分划板格值的设计值一般为 $\tau=10'$，但实际数值往往与此相差很大，精密定向时需对 τ 值进行实际测定。

分划板的“0”刻划线应与经纬仪望远镜视准轴在同一

铅垂面内，二者的实际水平夹角称为上架式陀螺经纬仪的仪器常数，用C_g表示

$$C_g = \text{视准轴对应的水平度盘读数}-\text{零刻划线所对应的水平度盘读数} \tag{6.41}$$

为计算方便，一般将C_g控制在$10'$以内。校正C_g的方法有多种，例如，JT-15 型陀螺经纬仪是利用桥形支架上部的微调座进行调整的，GAK-1 型陀螺经纬仪可横向移动目镜分划板，或者横向移动望远镜十字板的竖丝。

在陀螺马达未启动状态下，光标线的静止位置或自由摆动中心应与分划板零刻划线重合。二者的实际偏差称为悬挂带零位(suspension tape zero position)，用δ表示，以格数计。一般在每次定向观测时，均需实际测定。当δ较大时，可用陀螺仪顶部悬挂架上面的两个螺丝进行校正。

6.2.3 锁紧限幅机构

转动仪器外部的手轮，通过凸轮带动锁紧限幅机构的升降，可使陀螺灵敏部托起(锁紧)或下放(摆动)。如图 6.13 中的 7 和 17 所示。该机构的作用一是托放，二是限幅。托起灵敏部的目的是保护悬挂带不受折损，因此要求陀螺经纬仪在搬运途中，或者在启动以及制动过程中，灵敏部必须处于托起状态。灵敏部下放的快慢直接影响着陀螺摆幅的大小，从而可实现限幅的功能。

另外，该部分还配有减震、阻尼装置。

6.2.4 机体外壳

机体外壳由陀螺支柱、套筒、防磁层及电缆插头等组成。机体外壳要有一定的隔热、防磁作用。

6.3 陀螺经纬仪定向观测方程

在 6.1 节我们已经从理论上证明了下摆式陀螺仪的进动规律是以真北方向为中心的单摆运动。这里，我们将根据陀螺经纬仪的具体结构和操作过程，给出陀螺轴摆动方程的实用形式，用于实际定向观测。

另外，在 6.2 节中我们已经知道，陀螺经纬仪是以目镜中的光标线来反映陀螺轴的摆动情况的，所以，为了叙述上的方便，我们对“光标线”和“陀螺轴”不加区分，并且把目镜分划板表示成左“–”右“+”的原理形式。

在陀螺经纬仪中，悬挂柱、陀螺房与陀螺轴一起摆动，它们由悬挂带悬吊，因此陀螺轴的摆动又受悬挂带扭力的影响。下面先讨论陀螺未自转时该扭力的影响情况，其结果用于悬带零位的测定。

自本节起，我们将用α_i表示光标线在分划板上的位置读数(scale reading)，以格数计。

6.3.1 陀螺轴的自由摆动方程

当陀螺仪未自转时，陀螺轴也将产生单摆运动，是由悬挂带扭力矩引起的，所以称为扭摆运动，又因为无陀螺的进动参与，也称为自由摆动。

设陀螺轴自由摆动中心在分划板上的位置为δ(即零位)，悬挂带产生指向δ位置的扭力矩$D_B \dfrac{(\alpha-\delta)\tau}{\rho}$，其中$D_B$为悬挂带扭矩系数，与悬挂带截面大小和形状有关，较窄的矩形截

面具有较小的D_B。由于扭力矩的存在，根据刚体的转动定律，可建立如下的微分方程

$$J_Z \cdot \frac{\mathrm{d}^2}{\mathrm{d}t^2}\left\{\frac{(\alpha-\delta)\tau}{\rho}\right\} = -D_B \frac{(\alpha-\delta)\tau}{\rho} \tag{6.42}$$

式中，“-”号表明扭力矩转向与α的正向相反；J_Z为陀螺仪绕z轴的转动惯量；z轴通过陀螺仪重心与自转轴x垂直，与悬挂带轴线重合。

若进一步考虑摩擦力矩的影响，则式(6.42)应修改为

$$J_z \cdot \frac{\mathrm{d}^2}{\mathrm{d}t^2}\left\{\frac{(\alpha-\delta)\tau}{\rho}\right\} = -D_B \frac{(\alpha-\delta)\tau}{\rho} - h\frac{\mathrm{d}}{\mathrm{d}t}\left\{\frac{(\alpha-\delta)\tau}{\rho}\right\} \tag{6.43}$$

该微分方程的普通解式为

$$\alpha = \delta + D\mathrm{e}^{-k_D(t-t_0)} \sin\frac{2\pi}{T_D}(t-t_0) \tag{6.44}$$

式中，

$$k_D = \frac{h}{2J_z} \tag{6.45}$$

$$T_D = \frac{2\pi}{\sqrt{\dfrac{D_B}{J_z} - k_D^2}} \approx 2\pi\sqrt{\frac{J_z}{D_B}} \tag{6.46}$$

初始摆幅D与初相时间t_0为积分常数，由具体的初始状态而定。

式(6.44)表明，在陀螺马达未启动时，陀螺轴的自由摆动为衰减的单摆运动。

在陀螺经纬仪定向实践中，式(6.44)被用于零位δ的测定。

6.3.2　跟踪状态下陀螺轴的摆动方程

跟踪状态是指操作员转动经纬仪照准部的微动螺旋，使陀螺目镜分划板的某一刻划α_A(一般用零刻划线)始终与光标线重合。在此状态下，采集经纬仪水平度盘读数θ及时间观测值t，以完成真北方向的确定。

当用分划板的α_A刻划跟踪陀螺轴时，存在指向δ的扭力矩$D_B\dfrac{(\alpha_A-\delta)\tau}{\rho}$和摩擦力矩$h\dfrac{\mathrm{d}}{\mathrm{d}t}\left(\dfrac{\theta^A-N}{\rho}\right)$，二者方向相同，均与图 6.10 中的$z$轴方向相反，以

$$M_z = -D_B\frac{(\alpha_A-\delta)\tau}{\rho} - h\frac{\mathrm{d}}{\mathrm{d}t}\left(\frac{\theta^A-N}{\rho}\right) \tag{6.47}$$

代入式(6.30)得

$$\left(J_z+\frac{H^2}{M_G}\right)\frac{\mathrm{d}^2}{\mathrm{d}t^2}\left(\frac{\theta^A-N}{\rho}\right) + D_k\left(\frac{\theta^A-N}{\rho}\right) = -D_B\frac{(\alpha_A-\delta)\tau}{\rho} - h\frac{\mathrm{d}}{\mathrm{d}t}\left(\frac{\theta^A-N}{\rho}\right) \tag{6.48}$$

整理成

$$\begin{aligned}&\left(J_z+\frac{H^2}{M_G}\right)\frac{\mathrm{d}^2}{\mathrm{d}t^2}\left\{\theta^A-N+\lambda(\alpha_A-\delta)\tau\right\} + h\frac{\mathrm{d}}{\mathrm{d}t}\left\{\theta^A-N+\lambda(\alpha_A-\delta)\tau\right\}\\&+D_k\left\{\theta^A-N+\lambda(\alpha_A-\delta)\tau\right\}=0\end{aligned} \tag{6.49}$$

其解式为

$$\theta^A = N + A\mathrm{e}^{-k(t-t_0)}\sin\frac{2\pi}{T_A}(t-t_0) - \lambda(\alpha_A - \delta)\tau \tag{6.50}$$

式中，

$$\lambda = \frac{D_B}{D_k} = \frac{D_B}{H\omega_E\cos\varphi} \tag{6.51}$$

称为零位改正系数，或写成

$$\lambda = \frac{\lambda^0}{\cos\varphi} \tag{6.52}$$

式中，

$$\lambda^0 = \frac{D_B}{H\omega_E} \tag{6.53}$$

初始摆幅 A 与初相时间 t_0 为积分常数，由具体的初始状态而定。

摆幅的衰减系数

$$k = \frac{h}{2\left(J_z + \dfrac{H^2}{M_G}\right)} \approx \frac{hM_G}{2H^2} \tag{6.54}$$

一般很小，介于10^{-5}～10^{-6}。

陀螺轴的摆动周期

$$T_A = \frac{2\pi}{\sqrt{\dfrac{D_k}{J_z + \dfrac{H^2}{M_G}} - k^2}} \tag{6.55}$$

简称陀螺跟踪周期，忽略 k 与 J_z 即成为式(6.32)～式(6.34)。

在式(6.47)～式(6.50)中，θ^A 为 α_A 对应的水平度盘读数，但实际能观测到的只能是 θ，如图 6.16 所示，将

$$\theta^A = \theta - C_g + \alpha_A\tau \tag{6.56}$$

代入式(6.50)，整理得

$$\theta = N + C_g + \lambda\delta\tau + A\mathrm{e}^{-k(t-t_0)}\sin\frac{2\pi}{T_A}(t-t_0) - (1+\lambda)\alpha_A\tau \tag{6.57}$$

实践中一般总是用零刻划线跟踪，即 $\alpha_A = 0$，并且将式(6.57)分写如下

$$N = M - \Delta_\delta - C_g \tag{6.58}$$

$$\Delta_\delta = \lambda\delta\tau \tag{6.59}$$

$$\theta = M + A\mathrm{e}^{-k(t-t_0)}\sin\frac{2\pi}{T_A}(t-t_0) \tag{6.60}$$

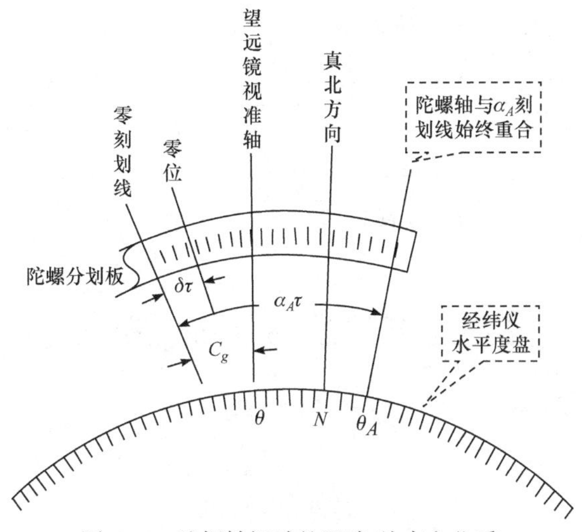

图 6.16　陀螺轴摆动的跟踪(从南向北看)

6.3.3　不跟踪状态下陀螺轴的摆动方程

当经纬仪照准部在近似北方向 N' 固定时，则陀螺轴的摆动完全反映在陀螺分划板上，陀螺轴摆动时，悬挂带的扭力矩也在改变。这时，陀螺仪处于不跟踪状态。设陀螺轴某时刻的位置对应于分划板上的 α，对应经纬仪水平度盘于 θ^{α}，则扭力矩和摩擦力矩形成陀螺仪的外加力矩为

$$M_z = -D_B \frac{(\alpha-\delta)\tau}{\rho} - h\frac{\mathrm{d}}{\mathrm{d}t}\left(\frac{\theta^{\alpha}-N}{\rho}\right) \tag{6.61}$$

代入式(6.30)，得

$$(J_z + \frac{H^2}{M_G})\frac{\mathrm{d}^2}{\mathrm{d}t^2}\left(\frac{\theta^{\alpha}-N}{\rho}\right) + D_k\left(\frac{\theta^{\alpha}-N}{\rho}\right) = -D_B\frac{(\alpha-\delta)\tau}{\rho} - h\frac{\mathrm{d}}{\mathrm{d}t}\left(\frac{\theta^{\alpha}-N}{\rho}\right) \tag{6.62}$$

再由图 6.17 知 α 与 θ^{α} 的关系

$$\theta^{\alpha} = N' - C_g + \alpha\tau \tag{6.63}$$

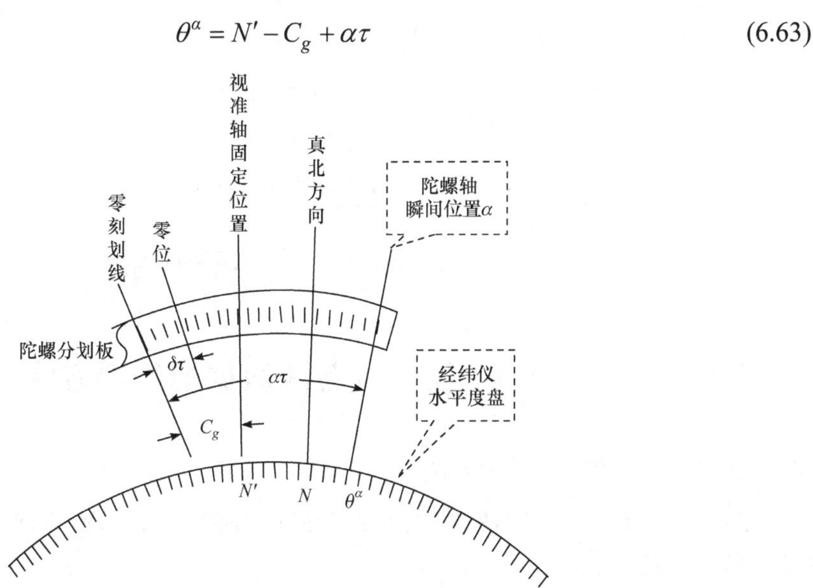

图 6.17　经纬仪照准部固定状态下陀螺目镜分划板刻划与水平度盘刻划的关系(从南向北看)

将式(6.63)代入式(6.62)，并进行整理得

$$\left(J_z+\frac{H^2}{M_G}\right)\frac{\mathrm{d}^2}{\mathrm{d}t^2}\left\{\alpha-\frac{N+C_g+\lambda\delta\tau-N'}{(1+\lambda)\tau}\right\}+h\frac{\mathrm{d}}{\mathrm{d}t}\left\{\alpha-\frac{N+C_g+\lambda\delta\tau-N'}{(1+\lambda)\tau}\right\}$$
$$+(D_B+D_K)\left\{\alpha-\frac{N+C_g+\lambda\delta\tau-N'}{(1+\lambda)\tau}\right\}=0 \tag{6.64}$$

其解式为

$$\alpha=\frac{N+C_g+\lambda\delta\tau-N'}{(1+\lambda)\tau}+B\mathrm{e}^{-k(t-t_0)}\sin\frac{2\pi}{T_B}(t-t_0) \tag{6.65}$$

式中，陀螺轴的摆动周期

$$T_B=\frac{2\pi}{\sqrt{\dfrac{D_K+D_B}{J_z+\dfrac{H^2}{M_G}}-k^2}} \tag{6.66}$$

简称不跟踪周期；积分常数 B 和 t_0 的意义为初始摆幅和初相时间，由陀螺轴摆动的具体初始状态而定；摆幅衰减 k 同式(6.54)；零位改正系数 λ 同式(6.51)～式(6.53)。

忽略 k 与 J_z，则式(6.66)可简化为

$$T_B=2\pi\sqrt{\frac{H^2}{M_G(D_K+D_B)}} \tag{6.67}$$

或将式(6.35)～式(6.37)及式(6.51)～式(6.53)代入，成为

$$T_B=\frac{T_A}{\sqrt{1+\lambda}}=\frac{T_A^0}{\sqrt{\cos\varphi+\lambda^0}} \tag{6.68}$$

或

$$\lambda=\frac{T_A^2}{T_B^2}-1 \tag{6.69}$$

实践中，一般将式(6.65)分写如下

$$N=M-\Delta_\delta-C_g \tag{6.70}$$

$$\Delta_\delta=\lambda\delta\tau \tag{6.71}$$

$$M=N'+(1+\lambda)\beta\tau \tag{6.72}$$

$$\alpha=\beta+B\mathrm{e}^{-k(t-t_0)}\sin\frac{2\pi}{T_B}(t-t_0) \tag{6.73}$$

6.4 逆转点观测数据的处理方法

6.4.1 逆转点观测数据的处理方法

在陀螺轴摆动中，陀螺轴摆动方向改变处称为逆转点，如图 6.18 所示，逆转点处的观测数据简称为逆转点数据。

以式(6.60)为例，逆转点的数学特征是

$$\frac{\partial\theta}{\partial t}=-kAe^{-k(t-t_0)}\sin\frac{2\pi}{T_A}(t-t_0)+\frac{2\pi}{T_A}Ae^{-k(t-t_0)}\cos\frac{2\pi}{T_A}(t-t_0)=0 \tag{6.74}$$

或整理成

$$\cot\frac{2\pi}{T_A}(t-t_0)=\frac{kT_A}{2\pi}\overset{\text{取}k=0}{=\!=\!=}0$$

其解为

$$t_i=t_0+\frac{2i-1}{4}T_A\quad (i\text{ 为整数}) \tag{6.75}$$

把逆转点数据记为 r_i，并以式(6.75)代入式(6.59)得逆转点方程

$$r_i=M\pm(-1)^i e^{-\frac{2i-1}{4}kT_A}A\quad (i\text{ 为整数}) \tag{6.76}$$

将式(6.76)右边的正负号合并到 A 中(即 A 可正可负)，则简化为

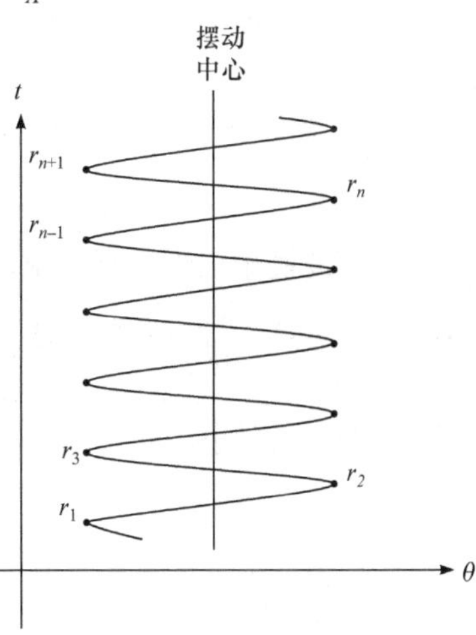

图 6.18　逆转点

$$r_i=M+(-1)^i e^{-\frac{2i-1}{4}kT_A}A\quad (i\text{ 为整数}) \tag{6.77}$$

在不跟踪式观测中，格值 τ 较大，导致逆转点数据的误差较大，由此求得的 β 的精度也较低，所以逆转点法一般不用于不跟踪式观测。后来有人在目镜分划板加测了测微装置，提高了逆转点数据的读取精度，使逆转点法在不跟踪式观测中也开始得到了应用。

通常认为零位 δ 的测取精度要求不高，所以零位测定基本上用逆转点法。

在跟踪式观测中，操作员很少有机会在光学读数窗中读取经纬仪水平度盘读数，唯一的可能机会是在逆转点处。因此，逆转点法基本上成为跟踪式观测的唯一方法和专用方法，本节的讨论也不例外地以跟踪式观测为背景，尽管其中的大部分内容也同样适用于不跟踪式观测和零位观测。

逆转点法操作简便、反映原理直观(多数文献用逆转点法来图示陀螺仪的寻北过程)，数据处理也很简单，而且在跟踪状态下能保证相当好的定向精度，所以它一直被认为是陀螺经纬仪定向的最经典方法。但逆转点法效率太低，一个周期最多得三个数据，不符合快速定向的要求，因此该观测方案不可能用于快速定向。

当仅观测两个相邻的逆转点时，令 $k=0$，可得

$$M=\frac{1}{2}(r_1+r_2) \tag{6.78}$$

当仅观测三个连续的逆转点时，由式(6.77)可得

$$M=\frac{r_1r_3-r_2^2}{r_1+r_3-2r_2} \tag{6.79}$$

本节讨论逆转点数据处理的一般方法。

6.4.2　逆转点方程的最小二乘解

用一组逆转点数据对式(6.77)进行等权拟合，也就是通常的逆转点数据处理。式(6.77)中有三个待定参数，其中 kT_A 视为一个，将其表示成 $M=M^{[0]}+\delta_M$、$A=A^{[0]}+\delta_A$、$kT_A=\left(kT_A\right)^{[0]}+\delta_{kT_A}$，其中 $M^{[0]}$、$A^{[0]}$、$\left(kT_A\right)^{[0]}$ 为近似值。将它们代入式(6.77)，并对 r_i 施加

改正数 v_i 得误差方程式：

$$v_i = \delta_M + (-1)^i \mathrm{e}^{-\frac{2i-1}{4}(kT_A)^{[0]}} \delta_A + (-1)^{i+1} \frac{2i-1}{4} \mathrm{e}^{-\frac{2i-1}{4}(kT_A)^{[0]}} A^{[0]} \delta_{kT_A} - r_i' \text{ 权 } 1 \tag{6.80}$$

式中，

$$r_i' = r_i - M^{[0]} - (-1)^i \mathrm{e}^{-\frac{2i-1}{4}(kT_A)^{[0]}} A^{[0]} \tag{6.81}$$

由此按最小二乘法即可求出各参数的估值及精度。

6.4.3 逆转点线性方程的最小二乘解

由于 k 值很小，如果取 $\mathrm{e}^{-\frac{2i-1}{4}kT_A} = 1 - \frac{2i-1}{4}kT_A$，代入式(6.77)，则式(6.77)成为

$$r_i = M + (-1)^i A + (-1)^{i+1}(2i-1)\frac{kT_A A}{4} \tag{6.82}$$

对应式(6.80)即

$$v_i = M + (-1)^i A + (-1)^{i+1}(2i-1)\frac{kT_A A}{4} - r_i \text{ 权 } 1 \tag{6.83}$$

设观测值的个数为 n，即 $i = 1, 2, \cdots, n$，对式(6.83)进行最小二乘法解算，结果如下。

(1) 当 n 为奇数时

$$\begin{pmatrix} \hat{M} \\ \hat{A} \\ \dfrac{k\widehat{T_A A}}{4} \end{pmatrix} = \begin{pmatrix} n & -1 & n \\ -1 & n & -n^2 \\ n & -n^2 & \dfrac{1}{3}n(4n^2-1) \end{pmatrix}^{-1} \begin{pmatrix} \sum\limits_{i=1}^{n} r_i \\ \sum\limits_{i=1}^{n}(-1)^i r_i \\ \sum\limits_{i=1}^{n}(-1)^{i+1}(2i-1)r_i \end{pmatrix}$$

$$= \frac{1}{n^2-1}\begin{pmatrix} n & 1 & 0 \\ 1 & 4n & 3 \\ 0 & 3 & \dfrac{3}{n} \end{pmatrix} \begin{pmatrix} \sum\limits_{i=1}^{n} r_i \\ \sum\limits_{i=1}^{n}(-1)^i r_i \\ \sum\limits_{i=1}^{n}(-1)^{i+1}(2i-1)r_i \end{pmatrix} = \begin{pmatrix} \dfrac{1}{n^2-1}\sum\limits_{i=1}^{n}\left\{n+(-1)^i\right\}r_i \\ \dfrac{1}{n^2-1}\sum\limits_{i=1}^{n}\left\{1+(-1)^i(4n-6i+3)\right\}r_i \\ \dfrac{1}{n^2-1}\sum\limits_{i=1}^{n}3(-1)^i\left(1-\dfrac{2i-1}{n}\right)r_i \end{pmatrix} \tag{6.84}$$

$$\hat{\sigma}_M = \hat{\sigma}_0\sqrt{\frac{n}{n^2-1}} \approx \frac{\hat{\sigma}_0}{\sqrt{n}} \tag{6.85}$$

(2) 当 n 为偶数时

$$\begin{pmatrix} \hat{M} \\ \hat{A} \\ \dfrac{k\hat{T}_A A}{4} \end{pmatrix} = \begin{pmatrix} n & 0 & -n \\ 0 & n & -n^2 \\ -n & -n^2 & \dfrac{1}{3}n(4n^2-1) \end{pmatrix}^{-1} \begin{pmatrix} \sum\limits_{i=1}^{n} r_i \\ \sum\limits_{i=1}^{n}(-1)^i r_i \\ \sum\limits_{i=1}^{n}(-1)^{i+1}(2i-1)r_i \end{pmatrix}$$

$$
=\frac{1}{n^2-4}\begin{pmatrix} \dfrac{n^2-1}{n} & 3 & \dfrac{3}{n} \\ 3 & \dfrac{4(n^2-1)}{n} & 3 \\ \dfrac{3}{n} & 3 & \dfrac{3}{n} \end{pmatrix}\begin{pmatrix} \sum\limits_{i=1}^{n} r_i \\ \sum\limits_{i=1}^{n}(-1)^i r_i \\ \sum\limits_{i=1}^{n}(-1)^{i+1}(2i-1)r_i \end{pmatrix}
$$

$$
=\begin{pmatrix} \dfrac{2}{n(n^2-4)}\sum\limits_{i=1}^{n}\left\{\dfrac{n^2-1}{2}+3(-1)^{i+1}\left(i-\dfrac{n+1}{2}\right)\right\}r_i \\ \dfrac{1}{n^2-4}\sum\limits_{i=1}^{n}\left\{3+(-1)^i\dfrac{4(n^2-1)}{n}-(-1)^i 3(2i-1)\right\}r_i \\ \dfrac{3}{n(n^2-1)}\sum\limits_{i=1}^{n}\left\{1+(-1)^i(n-2i+1)\right\}r_i \end{pmatrix} \tag{6.86}
$$

$$
\hat{\sigma}_M=\hat{\sigma}_0\sqrt{\frac{n^2-1}{n(n^2-4)}}\approx\frac{\hat{\sigma}_0}{\sqrt{n}} \tag{6.87}
$$

若仅取必要观测，即令 $n=3$，则由式(6.84)可得

$$
M=\frac{1}{4}(r_1+2r_2+r_3) \tag{6.88}
$$

此即著名的舒勒平均值。

另外，由式(6.85)、式(6.87)可以看出，$\hat{\sigma}_M$ 随着 n 的增大而减小，但减小的速度越来越慢。现在讨论最佳的 n 值。使

$$
\frac{\Delta\hat{\sigma}_M}{\hat{\sigma}_M}=\frac{\dfrac{\hat{\sigma}_0}{\sqrt{n}}-\dfrac{\hat{\sigma}_0}{\sqrt{n+1}}}{\dfrac{\hat{\sigma}_0}{\sqrt{n}}}=1-\sqrt{\frac{n}{n+1}}\approx\frac{1}{2n}\leqslant\frac{1}{10} \tag{6.89}
$$

可得 $n\geqslant5$。即当 $n\geqslant5$ 时，增加一个逆转点观测值使 $\hat{\sigma}_M$ 减小不到 $\dfrac{1}{10}$，所以常将 5 作为 n 的最佳值，这时由式(6.84)可得

$$
M=\frac{1}{12}(2r_1+3r_2+2r_3+3r_4+2r_5) \tag{6.90}
$$

6.5 不跟踪式观测的几种简易方案

不跟踪式观测是将陀螺经纬仪照准部固定在近似北方向 N' 的情况下，观测陀螺轴在目镜分划板上的摆动情况，进而确定真北方向值 N。不跟踪式观测的首要优点是操作方便，这不仅很大程度上减轻了操作员的劳动，而且对陀螺轴的进动规律也减少了一个手动的不良影响因素。不跟踪式观测的另一个优点是获取数据容易，只需用秒表读取光标线经过分划板刻划线 α_i 的时刻 t_i 即可，而且获取较多的 (α_i,t_i) 也是容易做到的。图 6.19 是为本节内容准备的一次观测数据。数据处理的数学模型为式(6.70)～式(6.73)。

在这里，根据一组观测数据(α_i,t_i)，由式(6.72)解算β，成为最主要的计算工作。

不跟踪式观测在很大程度上减轻了操作员的劳动，而且在较短的时间可以很容易地获得较多的数据量(这是快速定向的有效途径之一)，因此，不跟踪式观测已成为人们关注的重点，相继提出了中天法、时差法、计时摆幅法、三点法、直接解算法等多种观测方案，这些方案虽然有数据量较少的明显不足，但这一缺点也换来了计算上的简便，因此，这些简便方案在生产中得到了广泛的应用。

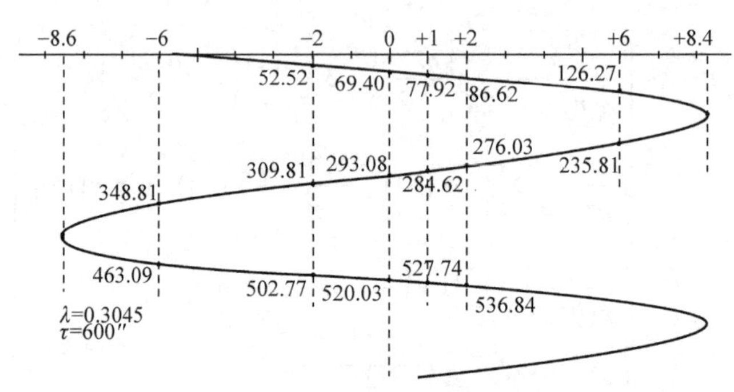

图 6.19　不跟踪式观测数据

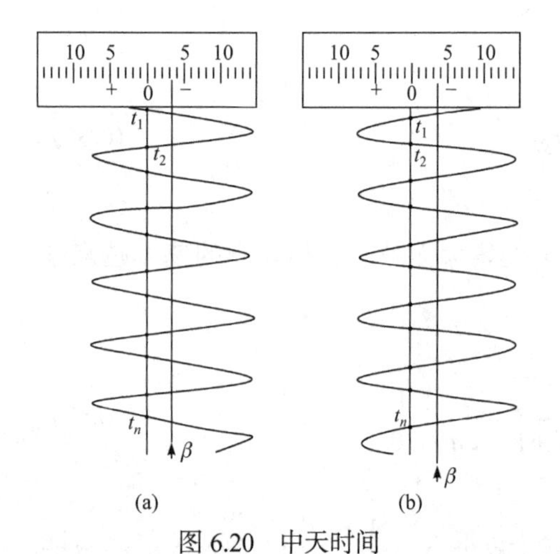

图 6.20　中天时间

在上述简易方案的数据处理中，一般总是忽略摩擦力矩的影响，将式(6.73)简化为

$$\alpha=\beta+B\sin\frac{2\pi}{T_B}(t-t_0) \tag{6.91}$$

另外，在式(6.73)或式(6.91)的解算中，β与t_0的关系最为密切，所以，一个常用的计算是用一系列中天时间t_1、t_2、…、t_n来解求t_0。

“中天”一词是从天文学中借过来的，原意指子午线位置。在这里，中天时间是指光标线穿越分划板零刻划线的时刻，如图 6.20 中所标的$t_i(i=1,2,\cdots,n)$。

以图 6.20(a)为例，将中天时间依次代入式(6.91)，有

$$0=\beta+B\sin\frac{2\pi}{T_B}(t_1-t_0)$$

$$0=\beta+B\sin\frac{2\pi}{T_B}(t_2-t_0)=\beta-B\sin\frac{2\pi}{T_B}\left(t_2-t_0-\frac{T_B}{2}\right)$$

$$\vdots$$

$$0=\beta+B\sin\frac{2\pi}{T_B}(t_n-t_0)=\beta-(-1)^{n-1}B\sin\frac{2\pi}{T_B}\left(t_n-t_0-\frac{(n-1)T_B}{2}\right)$$

如果认定β与零刻划线很接近，也就是说，在上列各式中成立：

$$\sin\frac{2\pi}{T_B}\left(t_i-t_0-\frac{(i-1)T_B}{2}\right)=\frac{2\pi}{T_B}\left(t_i-t_0-\frac{(i-1)T_B}{2}\right)\quad(i=1,2,\cdots,n)$$

可得

$$t_0 - \frac{T_B\beta}{2\pi B} = t_1$$

$$t_0 + \frac{T_B\beta}{2\pi B} = t_2 - \frac{T_B}{2}$$

$$\vdots$$

$$t_0 + (-1)^n \frac{T_B\beta}{2\pi B} = t_n - \frac{(n-1)T_B}{2}$$

以 t_0、$\frac{T_B\beta}{2\pi B}$ 为参数，进行最小二乘法求解得

$$\hat{t}_0 = \begin{cases} \dfrac{1}{n^2-1}\sum_{i=1}^{n}\left\{n+(-1)^i\right\}t_i - \dfrac{n-1}{4}T_B, & \text{当}n\text{为奇数时} \\ \dfrac{1}{n}\sum_{i=1}^{n}t_i - \dfrac{n-1}{4}T_B, & \text{当}n\text{为偶数时} \end{cases} \tag{6.92}$$

和

$$\hat{\beta} = \begin{cases} \dfrac{2\pi B}{T_B}\cdot\dfrac{\sum_{i=1}^{n}\left\{1+(-1)^i n\right\}t_i}{n^2-1}, & \text{当}n\text{为奇数时} \\ \dfrac{2\pi B}{T_B}\left\{\dfrac{\sum_{i=1}^{n}(-1)^i t_i}{n} - \dfrac{T_B}{4}\right\}, & \text{当}n\text{为偶数时} \end{cases} \tag{6.93}$$

对式(6.92)和式(6.93)的使用，补充以下几点。

(1) 式(6.92)对应的是图 6.20(a)，即观测开始于陀螺轴正向摆动时。当观测开始于陀螺轴负向摆动时，如图 6.20(b)所示，则由式(6.92)计算出的结果需再加 $\frac{T_B}{2}$，式(6.93)计算出的结果反号。

(2) t_0 实际上是多值的，对 $\hat{t}_0$ 加减任意倍的 T_B 均不影响最后的 $\hat{\beta}$。

(3) 如果 $t_1, t_2, \cdots, t_n$ 对应的不是零刻划线，而是 α_i 刻划，只要认定 α_i 与 β 接近，式(6.92)同样可以使用。式(6.93)计算出的结果需加该刻划值。

当然，由穿过同一刻划线的一系列观测时间 $t_1, t_2, \cdots, t_n$，也可以求得摆动周期 T_B 为

$$T_B = t_{i+2} - t_i \quad (i = 1, 2, \cdots, n-2) \tag{6.94}$$

式(6.94)也应按最小二乘法求解。

不跟踪式观测的简易方案有很多，下面仅对比较常用的几种做出介绍。

6.5.1 中天法

该方案的必要观测数据是两个相邻的逆转点 a_1、a_2 和两个连续的中天时间 t_1、t_2，

如图 6.21 所示。

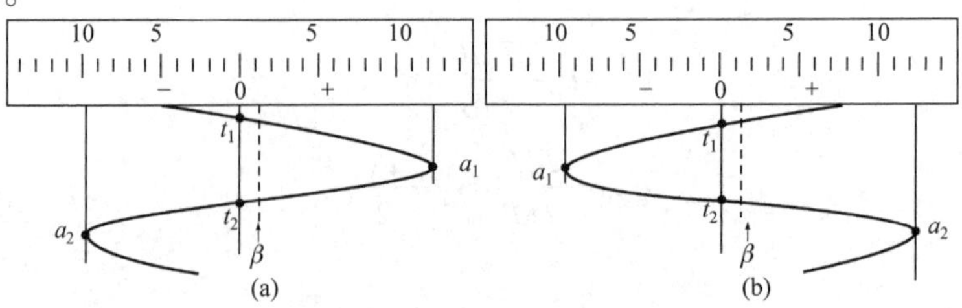

图 6.21　中天法观测方案

将两个逆转点代入式(6.91)可得：图 6.21(a)结果为 $B=\frac{1}{2}(a_1-a_2)$；图 6.21(b)结果为 $B=\frac{1}{2}(a_2-a_1)$。

将两个中天时间 t_1、t_2 代入式(6.93)可得：图 6.21(a)结果为 $\beta=\frac{2\pi B}{T_B}\left(\frac{t_2-t_1}{2}-\frac{T_B}{4}\right)$；图 6.21(b)结果为 $\beta=-\frac{2\pi B}{T_B}\left(\frac{t_2-t_1}{2}-\frac{T_B}{4}\right)$。

实践中经常测取五个中天时间，这时：图 6.21(a)结果为 $\beta=\frac{\pi B}{2T_B}\Delta t$；图 6.21(b)结果为 $\beta=-\frac{\pi B}{2T_B}\Delta t$。

式中，$\Delta t=\frac{1}{3}(-2t_1+3t_2-2t_3+3t_4-2t_5)$。

将以上结果代入式(6.94)，并令

$$\Delta N=(1+\lambda)\beta\tau=(1+\lambda)\frac{\pi B}{2T_B}\Delta t\tau=c_{中}B\Delta t$$

式中，$c_{中}=(1+\lambda)\frac{\pi\tau}{2T_B}$ 为中天法比例常数。

若取三个中天时间，则由式(6.92)及上述推导可得

$$\Delta t=-t_1+2t_2-t_3=(t_2-t_1)-(t_3-t_2)$$

由此可以看出，陀螺轴经过正半周的时间为正，经过负半周的时间为负，其结果为时间差。当测取五个连续的中天时间时，则有两个正半周时间和两个负半周时间，依次取相邻两个正、负半周时间的代数和，得三个时间差，三者的平均值作为最后的 Δt。这是生产实践中的算法，容易记忆，但显然比较近似。

图 6.19 所示数据计算结果：

$$B=\frac{1}{2}(a_1-a_2)=\frac{1}{2}\times(8.4+8.6)=8.5\text{ 格}$$

$$c_{中}=(1+\lambda)\frac{\pi\tau}{2T_B}=(1+0.3045)\times\frac{\pi\times600''}{2(520.03-69.40)}=2.728''/\text{格}\cdot\text{s}$$

$$\Delta t=-t_1+2t_2-t_3=-69.40+2\times293.08-520.03=-3^{s}.27$$

$$\Delta N = c_{中} B\Delta t = 2.728\times 8.5\times(-3.27)\approx -76''\quad (\beta=-0.10格)$$

中天法比例系数可由陀螺摆动周期计算：

$$c_{中}=(1+\lambda)\frac{\pi\tau}{2T_B}=\frac{\pi\tau T_A^2}{2T_B^3}$$

因此 $c_{中}$ 也是纬度 φ 的函数：

$$c_{中}=\frac{\pi\tau(\lambda^0+\cos\varphi)^{\frac{3}{2}}}{2T_A^0\cos\varphi}$$

实践中，$c_{中}$ 一般在实地测出。测定时，将陀螺经纬仪先后置于子午线以东和以西的两个近似北位置，偏离 10′～15′为宜。摆幅约 10 格，用中天法各观测一次。这样有

$$\begin{cases} N = N_1' + c_{中}B_1\Delta t_1 - \lambda\delta_1\tau - C_g \\ N = N_2' + c_{中}B_2\Delta t_2 - \lambda\delta_2\tau - C_g \end{cases}$$

解之得

$$c_{中}=-\frac{(N_2'-N_1')+\lambda(\delta_2-\delta_1)\tau}{B_2\Delta t_2 - B_1\Delta t_1}$$

或当 $\delta_1\approx\delta_2$ 时，变为

$$c_{中}=-\frac{(N_2'-N_1')}{B_2\Delta t_2 - B_1\Delta t_1}$$

6.5.2　时差法

设 α_i、α_j 分别为对称于中天位置的两个分划值，在一个周期内观测穿过 α_i、α_j 的时刻 t_{i1}、t_{i2}、t_{i3}、t_{j1}、t_{j2}、t_{j3}，如图 6.22 所示。

将穿过两刻划线的时刻值代入式(6.93)，则有

$$\beta-\alpha_i=\pm\frac{\pi B}{2T_B}\Delta t_i,\quad \beta-\alpha_j=\pm\frac{\pi B}{2T_B}\Delta t_j$$

其中，“±”号分别对应图 6.22 中的两种情况。

将以上两式等号两边分别相比，得

$$\frac{\beta-\alpha_i}{\beta-\alpha_j}=\frac{\Delta t_i}{\Delta t_j}$$

求解此式，并以 $\alpha_i=-\dfrac{\Delta\alpha}{2}$、$\alpha_j=\dfrac{\Delta\alpha}{2}$ 代入得时差法计算公式：

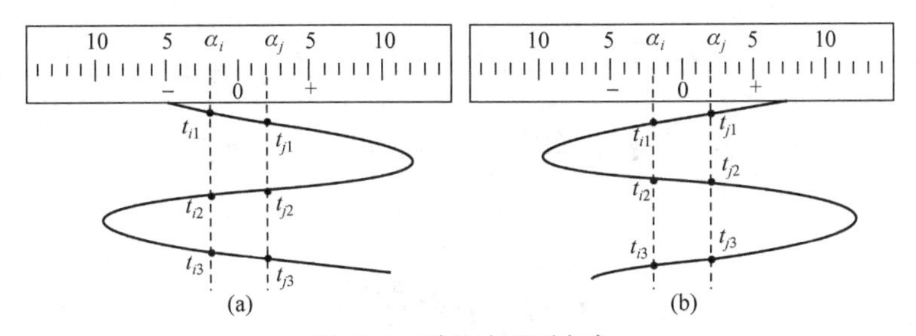

图 6.22　时差法观测方案

$$\beta = \frac{\Delta\alpha}{2}\frac{\Delta t_i + \Delta t_j}{\Delta t_i - \Delta t_j}$$

或写成

$$\Delta N = c_{时}\frac{2(\Delta t_i + \Delta t_j)}{\Delta t_i - \Delta t_j}$$

式中，$\Delta t_i = -t_{i1} + 2t_{i2} - t_{i3}$；$\Delta t_j = -t_{j1} + 2t_{j2} - t_{j3}$；$c_{时} = (1+\lambda)\frac{\Delta\alpha}{4}\tau$ 为时差法比例系数。

在图 6.19 中，选取 $\alpha_i = -2$ 格、$\alpha_j = +2$ 格，即 $\Delta\alpha = 4$，则有

$$c_{时} = (1+0.3045)\times\frac{4}{4}\times 600 = 783''$$

$$\Delta t_i = -52.52 + 2\times 309.81 - 502.77 = 64^{s}.33$$

$$\Delta t_j = -86.62 + 2\times 276.03 - 536.84 = -71^{s}.40$$

$$\Delta N = 783\times\frac{2\times(64.33-71.40)}{64.33-(-71.40)} = -82''(\beta = -0.10格)$$

6.5.3　直接解算法

该法是时差法的扩展，如图 6.22 所示，这时并不要求 $\alpha_j = -\alpha_i$。

先考虑 t_{i1}、t_{i2}、t_{i3}。根据它们可求出初相时间

$$t_0 = \frac{1}{4}(t_{i1} + 2t_{i2} + t_{i3}) - \frac{T_B}{2}\ [图\ 6.22(a)]或\ t_0 = \frac{1}{4}(t_{i1} + 2t_{i2} + t_{i3})\ [图\ 6.22(b)]$$

从而有

$$\begin{aligned}\alpha_i &= \beta + B\sin\frac{2\pi}{T_B}\left\{t_{i1} - \frac{1}{4}(t_{i1} + 2t_{i2} + t_{i3}) + \frac{T_B}{2}\right\}\\ &= \beta + B\sin\frac{2\pi}{T_B}\left\{t_{i1} - \frac{1}{4}(t_{i1} + 2t_{i2} + t_{i3}) + \frac{t_{i3} - t_{i1}}{2}\right\}\\ &= \beta - B\sin\frac{\pi\Delta t_i}{2T_B}[对应图6.20(a)，其中\Delta t_i = -t_{i1} + 2t_{i2} - t_{i3}]\end{aligned}$$

或

$$\begin{aligned}\alpha_i &= \beta + B\sin\frac{2\pi}{T_B}\left\{t_{i1} - \frac{1}{4}(t_{i1} + 2t_{i2} + t_{i3})\right\}\\ &= \beta - B\sin\frac{2\pi}{T_B}\left\{t_{i1} - \frac{1}{4}(t_{i1} + 2t_{i2} + t_{i3}) + \frac{T_B}{2}\right\}\\ &= \beta + B\sin\frac{\pi\Delta t_i}{2T_B}[对应图6.20(b)]\end{aligned}$$

或统一写成

$$\alpha_i = \beta \mp B\sin\frac{\pi\Delta t_i}{2T_B}$$

同理有

$$\alpha_j = \beta \mp B\sin\frac{\pi\Delta t_j}{2T_B}$$

此两式联立求解消去 B 即得

$$\beta = \frac{\alpha_j \sin\dfrac{\pi\Delta t_i}{2T_B} - \alpha_i \sin\dfrac{\pi\Delta t_j}{2T_B}}{\sin\dfrac{\pi\Delta t_i}{2T_B} - \sin\dfrac{\pi\Delta t_j}{2T_B}}$$

在图 6.19 所示的数据中，我们选取 $\alpha_i = -2$格、$\alpha_j = +1$格，另外已知 $T_B = 450^s$。则

$$\Delta t_i = -52.52 + 2\times 309.81 - 502.77 = 64^s.33$$

$$\Delta t_j = -77.92 + 2\times 284.62 - 527.74 = -36^s.42$$

$$\beta = \frac{1\times\sin\dfrac{\pi\times 64.33}{2\times 450} - (-2)\times\sin\dfrac{\pi\times(-36.42)}{2\times 450}}{\sin\dfrac{\pi\times 64.33}{2\times 450} - \sin\dfrac{\pi\times(-36.42)}{2\times 450}} = -0.09\text{格}$$

或

$$\Delta N = -56''$$

6.5.4　计时摆幅法 I

该观测方案如图 6.23 所示，该法脱胎于中天法，目的是改善观测的图形结构。

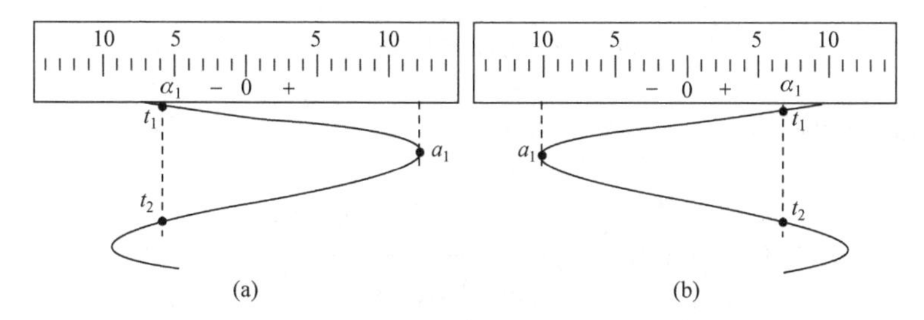

图 6.23　计时摆幅法 I 观测方案

将 α_1、t_1、t_2 代入式(6.91)，得

$$\alpha_1 = \beta + B\sin\frac{2\pi}{T_B}(t_1 - t_0)$$

$$\alpha_1 = \beta + B\sin\frac{2\pi}{T_B}(t_2 - t_0)$$

消去 t_0 得

$$\alpha_1 = \beta \pm B\cos\frac{\pi}{T_B}(t_2 - t_1)$$

其中，“±”对应图 6.23 中(a)、(b)两种情况。

将逆转点 a_1 也代入式(6.91)，有 $a_1 = \beta \pm B$，以上两式联立消去 B 得

$$\beta = \frac{\alpha_1 - a_1 \cos\frac{\pi}{T_B}(t_2 - t_1)}{1 - \cos\frac{\pi}{T_B}(t_2 - t_1)}$$

在图 6.19 中取数据 $a_1 = -8.6$ 格，$\alpha_1 = +2$ 格，$t_1 = 276^s.03$，$t_2 = 536^s.84$，计算得 $\beta = -0.10$ 格。

6.5.5　计时摆幅法Ⅱ

该观测方案如图 6.24 所示，其思路是用 t_2 代替计时摆幅法Ⅰ中不易测准的 a_1，以提高定向精度。

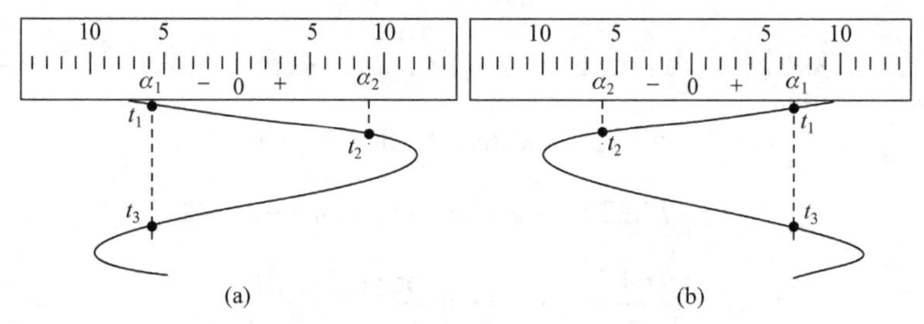

图 6.24　计时摆幅法Ⅱ观测方案

将观测值代入式(6.91)，得

$$\alpha_1 = \beta + B\sin\frac{2\pi}{T_B}(t_1 - t_0)$$

$$\alpha_2 = \beta + B\sin\frac{2\pi}{T_B}(t_2 - t_0)$$

$$\alpha_1 = \beta + B\sin\frac{2\pi}{T_B}(t_3 - t_0)$$

以上三式联立求解得

$$\beta = \alpha_1 - (\alpha_2 - \alpha_1)\frac{\cos\frac{\pi}{T_B}(t_3 - t_1)}{2\sin\frac{\pi}{T_B}(t_3 - t_2)\sin\frac{\pi}{T_B}(t_2 - t_1)}$$

在图 6.19 中取数据 $\alpha_1 = +2$ 格，$t_1 = 276^s.03$，$t_3 = 536^s.84$；$\alpha_2 = -6$ 格，$t_2 = 348^s.81$，计算得 $\beta = -0.10$ 格。

6.5.6　改化振幅法

用逆转点(即所谓振幅)来定 β 无疑最为简捷，无奈分划板上的逆转点读数精度很低。本观测方案的设计目的是用时间观测值来改进分划板上的逆转点读数。

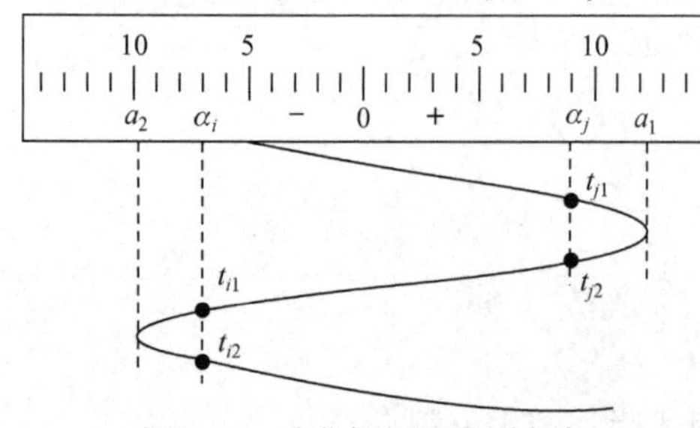

图 6.25　改化振幅法观测方案

如图 6.25 所示，由

$$\alpha_j = \beta + B\sin\frac{2\pi}{T_B}(t_{j1} - t_0)$$

$$\alpha_j = \beta + B\sin\frac{2\pi}{T_B}(t_{j2} - t_0)$$

联立，消去t_0，可得

$$\beta = \alpha_j - B\cos\frac{\pi}{T_B}(t_{j2} - t_{j1})$$

即陀螺观测方程为

$$\alpha = \alpha_j - B\cos\frac{\pi}{T_B}(t_{j2} - t_{j1}) + B\sin\frac{2\pi}{T_B}(t - t_0)$$

因此，逆转点a_1的改化值为

$$\overline{a}_1 = \alpha_j - B\cos\frac{\pi}{T_B}(t_{j2} - t_{j1}) + B = \alpha_j + B\left\{1 - \cos\frac{\pi}{T_B}(t_{j2} - t_{j1})\right\}$$

同理可得

$$\overline{a}_2 = \alpha_i - B\left\{1 - \cos\frac{\pi}{T_B}(t_{i2} - t_{i1})\right\}$$

$$\cdots\cdots$$

式中，$B = \frac{1}{n}\sum_{i=1}^{n}|a_i|$。

对于多组观测数据，同样可使用舒勒平均值公式进行计算：

$$\beta = \frac{1}{4}(\overline{a}_1 + 2\overline{a}_2 + \overline{a}_3)$$

$$\beta = \frac{1}{8}(\overline{a}_1 + 3\overline{a}_2 + 3\overline{a}_3 + \overline{a}_4)$$

$$\beta = \frac{1}{12}(2\overline{a}_1 + 3\overline{a}_2 + 2\overline{a}_3 + 3\overline{a}_4 + 2\overline{a}_5)$$

$$\cdots\cdots$$

从图 6.19 取观测数据：$\alpha_j = +6$ 格，$t_{j1} = 126^{\mathrm{s}}.27$，$t_{j2} = 235^{\mathrm{s}}.81$；$a_1 = 8.4$ 格；$\alpha_i = -6$ 格，$t_{i1} = 348^{\mathrm{s}}.81$，$t_{i2} = 463^{\mathrm{s}}.09$；$a_2 = -8.6$ 格；另外取$T_B = 450^{\mathrm{s}}$。则

$$B = \frac{1}{n}\sum_{i=1}^{n}|a_i| = \frac{1}{2}\times(|8.4| + |-8.6|) = 8.5$$

$$\overline{a}_1 = 6 + 8.5\times\left\{1 - \cos\frac{\pi}{450}(235.81 - 126.27)\right\} = 8.3667$$

$$\overline{a}_2 = -6 - 8.5\times\left\{1 - \cos\frac{\pi}{450}(463.09 - 348.81)\right\} = -8.5647$$

$$\beta = \frac{1}{2}(\overline{a}_1 + \overline{a}_2) = \frac{1}{2}\times(8.3667 - 8.5647) = -0.10\text{ 格}$$

6.5.7　三点快速法

式(6.91)中有三个待定参数β、B、t_0(可认为T_B为已知)，因此只要取三个观测值(α_1,t_1)、(α_2,t_2)和(α_3,t_3)代入式(6.91)中即可求得

$$\beta = \frac{\alpha_3 \sin\frac{2\pi}{T_B}(t_1 - t_2) + \alpha_1 \sin\frac{2\pi}{T_B}(t_2 - t_3) + \alpha_2 \sin\frac{2\pi}{T_B}(t_3 - t_1)}{\sin\frac{2\pi}{T_B}(t_1 - t_2) + \sin\frac{2\pi}{T_B}(t_2 - t_3) + \sin\frac{2\pi}{T_B}(t_3 - t_1)}$$

这里，三个数据点的位置也应适当照顾图形结构，如计时摆幅法Ⅱ中对三点的选择。三点快速法提出时，观测网形选择如图 6.26 所示。

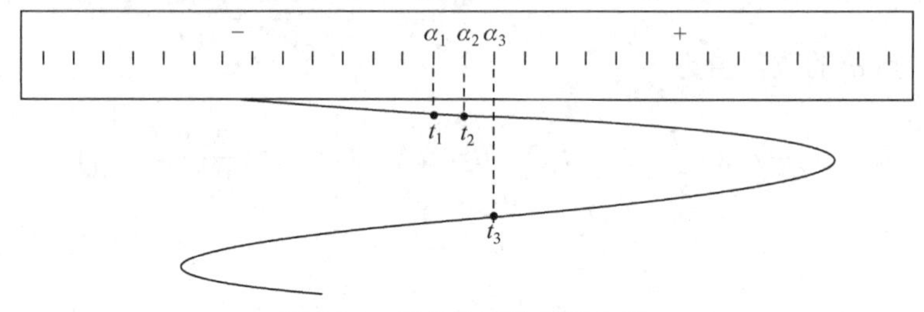

图 6.26　三点快速法观测方案

从图 6.19 取观测数据(−2 格，$52^s.52$)、(0 格，$69^s.40$)、(2 格，$276^s.03$)，代入上式(其中取 $T_B = 450^s$)求得 $\beta = -0.09$ 格。

6.6　陀螺经纬仪定向作业过程

应用陀螺经纬仪进行定向的操作过程可概括为以下几个步骤。

(1) 在已知方位的边上测定仪器常数。

(2) 在待定边上测定陀螺方位角：①观测测前测线方向值；②观测测前零位；③粗略定向，即使望远镜视准轴位于近似北方向；④精密定向，即测定陀螺摆动的平衡位置(即陀螺北方向)；⑤观测测后零位；⑥观测测后测线方向值。

(3) 在已知边上重新测定仪器常数。

(4) 计算测线的坐标方位角。

这里，首先明确几个在生产中使用的名词。①陀螺北(gyro north)指陀螺轴在跟踪状态下进动的平衡位置，对应的水平度盘读数 M 称为陀螺北方向值，显然 M 的确定是陀螺经纬仪定向的主要工作；②陀螺方位角(gyro azimuth) $\alpha_{陀}$ =测线方向值$-M+\lambda\delta\tau$；③地理方位角 $\alpha=\alpha_{陀}+$ 仪器常数 C_g；④坐标方位角 $T=\alpha$ −子午线收敛角 γ。下面对定向过程中若干问题进行讨论。

6.6.1　零位观测

前文已指出，零位是陀螺马达未启动时灵敏部自由摆动的平衡位置。灵敏部自由摆动的规律也是衰减的单摆运动，其运动方程见式(6.44)。零位观测即对灵敏部自由摆动过程的观测，其目的是将观测值代入式(6.44)求出零位 δ，从而求出零位对真北方向的影响，即零位改正 $\Delta_\delta = \lambda\delta\tau$。

零位观测的过程是在陀螺转子不转动的状态下，首先松开锁紧装置，缓慢放下灵敏部，然后观察目镜视场中光标线相对于分划板的摆动情况，可利用限幅机构使光标线的运动在目镜视场范围内。灵敏部(或称陀螺轴)的摆动完全由光标线的摆动来反映，因此我们可以对光标线的摆动进行观测。

6.4 节、6.5 节所述均是(衰减)单摆运动方程的解算方法，因此也都可以用于零位的观测与求解。在我国生产实践中，一般测取 3～5 个逆转点(也有人称为摆幅值)，使用舒勒平均值

法求出零位 δ，如表 6.1、表 6.2 中所示。

表 6.1　陀螺经纬仪定向观测记录(逆转点法)

测线：04-01 仪器：JT15，306201(T2) 观测者：×××记录者：××× 日期：××××.××.××

<table>
<tr><th></th><th>左方读数</th><th>摆动中值</th><th>右方读数</th><th>周期</th><th>其他情况</th><th>计算项目</th><th colspan="2">计算值</th></tr>
<tr><td rowspan="4">测前零位</td><td></td><td>(格)</td><td></td><td rowspan="4">44ˢ.73</td><td rowspan="10">天气：晴
气温：
+12℃
风力：
3～4 级
启动：
21ʰ25ᵐ
观测：
21ʰ39ᵐ
制动：
21ʰ59ᵐ</td><td>测线方向值</td><td colspan="2">179°59′30″.8</td></tr>
<tr><td></td><td></td><td>−7.0</td><td>陀螺北方向值</td><td colspan="2">359°56′52.″7</td></tr>
<tr><td>+7.3</td><td>+0.175</td><td>−6.95</td><td>零位改正</td><td colspan="2">55″.2</td></tr>
<tr><td></td><td></td><td>−6.9</td><td>陀螺方位角</td><td colspan="2">180°03′33″.3</td></tr>
<tr><td rowspan="6">跟踪逆转点读数</td><td>1°33′50″</td><td></td><td></td><td rowspan="6">513ˢ.79</td><td>仪器常数</td><td colspan="2">−4′07″.2</td></tr>
<tr><td>31′45.″5</td><td>359°56′46.″8</td><td>358°21′48″</td><td>地理方位角</td><td colspan="2">179°59′26″.1</td></tr>
<tr><td>1°29′41″</td><td>359°56′53.″0</td><td>24′05.″0</td><td>子午线收敛角</td><td colspan="2">33″</td></tr>
<tr><td>27′34.″5</td><td>359°56′58.″2</td><td>358°26′22″</td><td>坐标方位角</td><td colspan="2">179°58′53″.1</td></tr>
<tr><td>1°25′28″</td><td></td><td></td><td colspan="3" rowspan="2">零位改正计算
$\lambda = 0.380$；$\tau = 612''$
$\Delta_\delta = \lambda\delta\tau = 55''.2$</td></tr>
<tr><td colspan="3">平均值：359°56′52.″7</td></tr>
<tr><td rowspan="5">测后零位</td><td></td><td>(格)</td><td></td><td rowspan="5">44ˢ.65</td><td colspan="4">测线方向值</td></tr>
<tr><td>+10.5</td><td></td><td></td><td></td><td>盘左</td><td>盘右</td><td>中值</td></tr>
<tr><td>+10.40</td><td>+0.30</td><td>−9.8</td><td>测前</td><td>179°59′22″</td><td>359°59′39″</td><td>179°59′30″.5</td></tr>
<tr><td>+10.3</td><td></td><td></td><td>测后</td><td>179°59′25″</td><td>359°59′37″</td><td>179°59′31″.0</td></tr>
<tr><td colspan="3">测前测后平均值：+0.2375</td><td>平均</td><td>179°59′23″.5</td><td>359°59′38″.0</td><td>179°59′30″.8</td></tr>
</table>

注：①陀螺北方向值 M 由逆转点观测值根据舒勒平均值求出；②陀螺方位角 $\alpha_{陀}$ = 测线方向值 $-M+\lambda\delta\tau$；③地理方位角 $\alpha = \alpha_{陀}$ +仪器常数 C_g；④坐标方位角 $T = \alpha-$子午线收敛角 γ。

表 6.2　陀螺经纬仪定向观测记录(中天法)

测线：04–01 仪器：JT15，306201(T2)观测者：××× 记录者：×××日期：××××.××.××

<table>
<tr><th></th><th>左方读数</th><th>摆动中值</th><th>右方读数</th><th>周期</th><th>其他情况</th><th>计算项目</th><th>计算值</th></tr>
<tr><td rowspan="4">测前零位</td><td></td><td>(格)</td><td></td><td rowspan="4">45ˢ.46</td><td rowspan="18">天气：晴
气温：
+12℃
风力：
3～4 级
启动：
21ʰ25ᵐ
观测：
21ʰ39ᵐ
制动：
21ʰ59ᵐ</td><td>测线方向值</td><td>180°00′00″</td></tr>
<tr><td></td><td></td><td>−5.5</td><td>陀螺北方向值</td><td>359°56′33″</td></tr>
<tr><td>+5.4</td><td>−0.05</td><td>−5.5</td><td>零位改正</td><td>−12″</td></tr>
<tr><td></td><td></td><td>−5.5</td><td>陀螺方位角</td><td>180°03′15″</td></tr>
<tr><td rowspan="3">N'度盘读数
$\Delta N = c_{中}\cdot a\cdot\Delta t$
$M = N' + \Delta N$</td><td rowspan="3">中天时间
t_i</td><td rowspan="3">摆动时间
左+右−</td><td rowspan="3">时间差
Δt</td><td rowspan="3">摆幅
(格)</td><td>仪器常数</td><td>−4′07″</td></tr>
<tr><td>地理方位角</td><td>179°59′08″</td></tr>
<tr><td>子午线收敛角</td><td>33″</td></tr>
<tr><td rowspan="2">359°57′30″</td><td rowspan="2">0ᵐ00ˢ.00</td><td rowspan="3">+3ᵐ37ˢ.57</td><td rowspan="2"></td><td rowspan="4">+8.8</td><td>坐标方位角</td><td>179°58′35″</td></tr>
<tr><td colspan="2" rowspan="10">零位改正计算
$\lambda = 0.380$；$\tau = 612''$
$\Delta_\delta = \lambda\delta\tau = -12''$
$c_{中} = 2.967''$/格·s</td></tr>
<tr><td rowspan="2">−57″</td><td rowspan="2">3ᵐ37ˢ.57</td><td rowspan="2">−2ˢ.26</td></tr>
<tr><td rowspan="2">−3ᵐ39ˢ.83</td></tr>
<tr><td rowspan="2">359°56′33″</td><td rowspan="2">7ᵐ17ˢ.40</td><td rowspan="2">−2ˢ.22</td><td rowspan="4">−8.9</td></tr>
<tr><td rowspan="2">+3ᵐ37ˢ.61</td></tr>
<tr><td rowspan="2"></td><td rowspan="2">10ᵐ55ˢ.01</td><td rowspan="2">−2ˢ.05</td></tr>
<tr><td rowspan="2">−3ᵐ39ˢ.66</td></tr>
<tr><td rowspan="2"></td><td rowspan="2">14ᵐ34ˢ.67</td><td rowspan="2"></td><td rowspan="3">+8.85</td></tr>
<tr><td rowspan="2">平均：</td></tr>
<tr><td></td><td></td><td>−2ˢ.18</td></tr>
</table>

续表

	左方读数	摆动中值	右方读数	周期	其他情况	计算项目		计算值
		(格)			测线方向值			
测后零位	+2.9			$43^{s}.35$		盘左	盘右	中值
	+2.9	−0.05	−3.0		测前	179°59′50″	0°00′10″	180°00′00″
	+2.9				测后	179°59′53″	0°00′08″	180°00′00″
	测前测后平均值：−0.05				平均	179°59′52″	0°00′09″	180°00′00″

注：①陀螺北方向值 $M = N' + \Delta N = N' + c_{中} a\Delta t$；②陀螺方位角 $\alpha_{陀}$ = 测线方向值$-M + \lambda\delta\tau$；③地理方位角 $\alpha = \alpha_{陀}$+仪器常数 C_g；④坐标方位角 $T = \alpha -$子午线收敛角γ。

6.6.2　精密定向

精密定向的目的是得到真北方向 N，或陀螺北方向 M

$$N = M - \Delta_{\delta} - C_g$$

这是陀螺经纬仪定向观测的主要工作。

精密定向前需进行粗略定向，也就是使望远镜近似指北。

在灵敏部拖起状态下，启动陀螺马达，当其达到额定转速后，缓慢而均匀地下放灵敏部。光标线开始晃动表明灵敏部处于半脱状态，稍停几秒，待光标线稳定，再慢慢下放，直至灵敏部全脱。若发现光标线晃动或摆动很快，则需使灵敏部返回半脱，重新慢慢下放，直至满足要求。此时，就可以通过对光标线的观测来研究陀螺轴的摆动规律。

如 6.5 节所述，这时的观测可分为两种方式，跟踪式与不跟踪式。在这两种方式下，陀螺轴的摆动均为衰减的单摆运动，但运动方程不完全一样，数据处理时需要区别对待。

逆转点法(跟踪式)和中天法(不跟踪式)是精密定向的两种经典方法，表 6.1、表 6.2 是两个观测实例。

6.6.3　粗略定向

进行陀螺经纬仪精密定向的前提条件之一是望远镜近似指北，即粗略定向。粗略定向可利用罗盘仪，一般用陀螺经纬仪。使用陀螺经纬仪进行粗略定向的原理同精密定向，只是方法简单一些。

1) *两逆转点法*

用跟踪式观测测取两个相邻逆转点读数 r_1、r_2，则使用式(6.78)有

$$N' = \frac{1}{2}(r_1 + r_2)$$

即近似北方向在经纬仪水平度盘上的读数。

2) *四分之一周期法*

启动陀螺马达，达额定转速后，慢而匀地下放灵敏部，并进行限幅。松开经纬仪水平制动螺旋，用手轻轻转动照准部跟踪光标线，当光标线运动速度减慢、到达逆转点时，使分化板零刻划线超前光标线一段距离，将照准部固定，当光标线穿过零刻划线时启动秒表；光标线继续前进，到达逆转点，又反向回走，当光标线再次回到零刻划线时，在秒表上读取时间 t；松开制动螺旋，用手轻轻转动照准部跟踪光标线，当时间到达 $\frac{t}{2} + \frac{T_A}{4}$ 时固定照准部，此时望远镜所指即近似北方向，如图 6.27 所示。

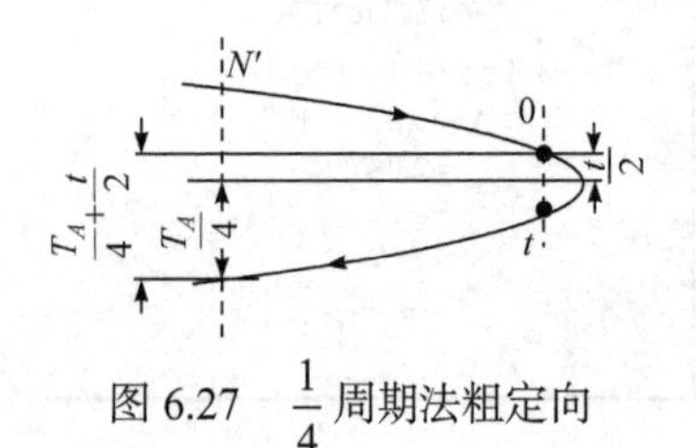

图 6.27　$\frac{1}{4}$ 周期法粗定向

粗略定向较多采用两逆转点法。

6.6.4　仪器常数测定

在已知方位角的边上进行陀螺经纬仪定向观测，即可反求出仪器常数 C_g 。

6.7　自动陀螺经纬仪定向原理简介

为了提高陀螺经纬仪定向的精度与速度，有效措施之一是增强陀螺仪的稳定性和缩短陀螺仪的进动周期(通过减小陀螺仪动量矩、增加悬挂带扭力矩、使用单自由度陀螺仪等)。另一个措施是用电子技术对陀螺轴摆动过程进行数据自动采集和自动处理，这不仅避免了人工观测之苦、提高了定向精度与速度，同时也是测量作业数字化与自动化的要求。这与电子经纬仪和电子水准仪的技术路线是相似的。

实现观测数据自动采集、记录、处理、显示与传输的陀螺经纬仪称为自动陀螺经纬仪，也称为数字式陀螺经纬仪。本节概要介绍这种陀螺经纬仪的光电观测方法及步进概略寻北原理等有关技术问题。

6.7.1　光电观测方法

光电观测方法主要有两种。

第一种称为光电时差法。如图 6.28 所示，在摆式陀螺灵敏部上安装一块反光镜，投射光束经反射后扫过一列狭缝；透过狭缝的光束由光电管接收并转换成电脉冲；计时器精确记录光束经过狭缝中心位置的时刻；若各狭缝之间对应的角距已经测定，则其作用相当于陀螺目镜分划板。因此，可获取相当数量的 (α_i, t_i) $(i=1,2,\cdots,n)$，由此便可根据式(6.44)确定悬带零位 δ 或根据式(6.73)确定陀螺轴进动中心 β，并进一步确定真北方向值和测线方位角(当然计算过程也应由计算机程序自动完成)。

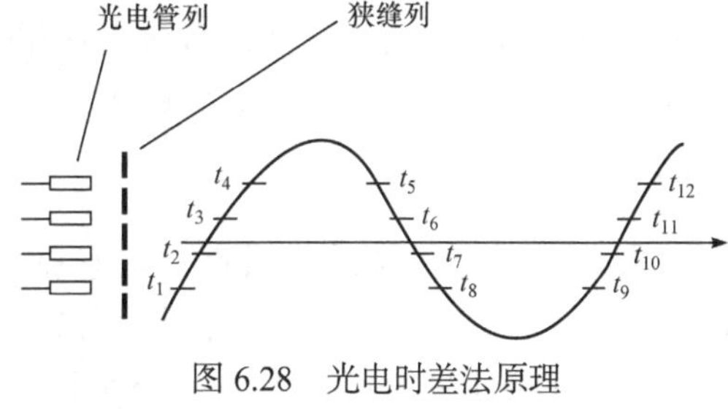

图 6.28　光电时差法原理

第二种称为光电积分法。在灵敏部上安装一块反映陀螺运动状况的测量镜，在仪器基体上安装一参考基准镜；照明光束投向两块镜子，反射光供位置敏感探测器检测，陀螺主轴绕测站子午面运动的角位移量由该探测器转换为电量；此量经处理变为脉冲频率，并以确定的周期积分计数；依次对基准位置、悬挂带零位和陀螺进动平衡位置进行检测积分后，由计算机程序算出真北方向值和测线方位角。

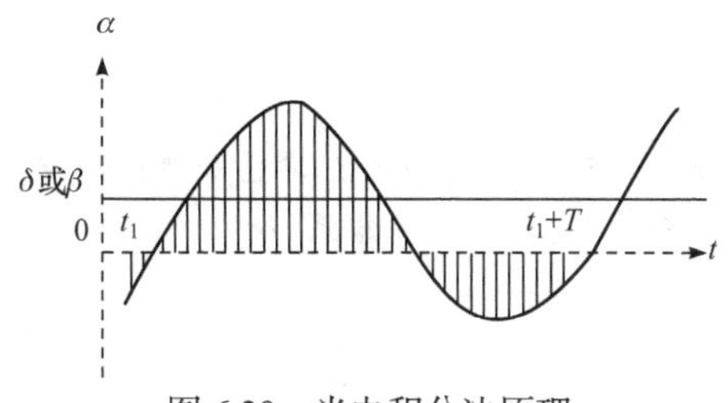

图 6.29　光电积分法原理

6.7.2　积分测量原理

如图 6.29 所示，假如采用等时间间隔采样，时间间隔为 δt ，即 $t_2=t_1+\delta t$ 、$t_3=t_1+2\delta t$ 、…、$t_i=t_1+(i-1)\delta t$ 、…、$t_n=t_1+T$ ，相应的陀螺轴位置记为 α_i ，根据式(6.44)和式(6.73)，积分测量原理可表示为

$$\lim_{\substack{\delta t \to 0 \\ 或 n \to \infty}} \sum_{i=1}^{n} \alpha_i \delta t = \int_{t_1}^{t_1+T_D} \delta \mathrm{d}t + \int_{t_1}^{t_1+T_D} D \sin \frac{2\pi}{T_D}(t-t_0)\mathrm{d}t = \delta T_D + 0 = \delta T_D$$

$$\lim_{\substack{\delta t \to 0 \\ 或 n \to \infty}} \sum_{i=1}^{n} \alpha_i \delta t = \int_{t_1}^{t_1+T_B} \beta \mathrm{d}t + \int_{t_1}^{t_1+T_B} B \sin \frac{2\pi}{T_B}(t-t_0)\mathrm{d}t = \beta T_B + 0 = \beta T_B$$

因此可求得

$$\delta = \frac{\lim\limits_{\substack{\delta t \to 0 \\ 或 n \to \infty}} \sum\limits_{i=1}^{n} \alpha_i \delta t}{T_D}, \quad \beta = \frac{\lim\limits_{\substack{\delta t \to 0 \\ 或 n \to \infty}} \sum\limits_{i=1}^{n} \alpha_i \delta t}{T_B}$$

实际上，假如积分条件不满足，如采样间隔不够小、采样长度不是正好一个周期等，这时应将观测数据看成$(\alpha_i, t_i)(i=1,2,\cdots,n)$，将其代入式(6.44)或式(6.73)进行最小二乘法解算。

6.7.3　步进概略寻北原理

步进测量的目的是使陀螺在静态摆动下的摆幅减小，使摆动的信号处于光电检测元件的敏感区内，同时在陀螺启动状态下也使摆动平衡位置最终接近于北。它是利用悬挂带的反作用力矩，在某一时刻，悬带扭力零位与摆动的逆转点重合，这时悬挂带不受扭，弹性位能为零，如果扭力零位偏北，陀螺受指北力矩作用，具有指向位能，当陀螺摆动半周期时，即达到另一逆转点，由于扭力零位还在前一逆转点位置，悬带受扭，弹性位能最大而动能最小，此时快速一步步进，使悬带零位步进到这一逆转点上，则弹性位能又变为零，而这一新位置的指北位能的绝对值小于前一位置。经几次步进后，陀螺的摆幅减小，使扭力零位最终逼近于北，此时就可以进行自动积分测量了。

6.7.4　自动陀螺经纬仪的产品

自动陀螺经纬仪的代表性产品包括：美国利尔西勒公司研制的主方位基准校准系统(MARCS)，其陀螺马达的轴承采用滚轴式，角动量约 1900g · cm²/s，灵敏部采用悬挂摆式结构，一次定向精度为±5″，时间约 30min；匈牙利 MOM 厂生产的 GI-B$_{21}$ 和 GI-B$_1$A，基于光电时差法，采用光敏二极管接收陀螺灵敏部发射的光信号，将其变为电信号加到石英稳频计数器上，并以±0.001s 的精度自动记录穿过点的时间，最后以数字显示和打印，一次定向精度为±3″；德国威斯特发伦采矿公司矿山测量研究所在 MW77 型陀螺经纬仪的基础上研制的 Gyromat 由计算机控制操作过程，采用积分测法并以数字显示，一次定向精度为±3.6″，时间约 10min；我国西安 1001 工厂研制的 Y/JTG-1 采用直流陀螺马达、步进概略寻北、光电积分和数字显示等技术，一次定向精度为±7″，时间约 10min。

思考与练习

一、名词解释

1. 陀螺经纬仪；2. 陀螺方位角；3. 陀螺定向测量；4. 动量矩定理；5. 悬带零位；6. 零位观测；7. 零位改正；8. 仪器常数；9. 跟踪状态；10. 跟踪式观测；11. 不跟踪状态；12. 不跟踪式观测；13. (跟踪式)逆转点法；14. 中天法。

二、叙述题

1. 试叙述陀螺仪的两个特性。

2. 试叙述摆式陀螺仪的寻北原理。
3. 摆式陀螺仪能否寻南？
4. 试叙述陀螺经纬仪定向观测的作业过程。
5. 试推导舒勒平均值公式。

三、计算题

1. 对陀螺经纬仪进行跟踪式观测，测得五个连续的逆转点值依次为：1°33′55″、358°21′48″、1°29′41″、358°26′22″、1°25′28″；又测得悬带零位 $\delta = +0.24$ 格，零位改正系数 $\lambda = 0.380$。已知：陀螺目镜分化板格值 $\tau = 630''$，仪器常数 $C_g = -4'07''$。求真北方向值。
2. 用中天法进行陀螺经纬仪定向观测，在近似北 $N' = 359°57'30''$ 处测得五个连续的中天时间依次为：$0^m00^s.00$、$3^m37^s.57$、$7^m17^s.40$、$10^m55^s.01$、$14^m34^s.67$，观测第一个中天时间时，陀螺轴由负向正摆动；又测得平均摆幅为 8.85 格，悬带零位 $\delta = +0.24$ 格，零位改正系数 $\lambda = 0.380$。已知：陀螺目镜分化板格值 $\tau = 630''$，中天法系数 $c_{中} = 3.033''/(格 \cdot s)$，仪器常数 $C_g = -4'07''$。求真北方向值。

第 7 章　特种测量技术

本章叙述特种测量技术，它们是工程测量特有的，在普通测量中较少使用。

7.1　精密测量标志

在测量实践中，高程标志应具有明显的顶部，平面标志应具有明显的中心。除此外，工程测量因其范围小、点的绝对误差小而要求标志有较高的复位精度和稳定性，还要求加工简单、便于埋设、使用和保存，有时还有外形美观的要求。

7.1.1　高程标志

高程标志的顶部必须用不锈钢或铜等耐腐蚀金属加工而成，有光滑的半球形顶部。

1. 水准基点

水准基点应埋设在稳定的地方。

(1) 基岩标。在有基岩露头的地方，清除掉风化层，清洗基岩槽，用符合要求的混凝土浇捣，使标志与基槽合成整体。混凝土的养护时间不少于 24h。基岩标结构如图 7.1 所示。

注意不能把孤石当成基岩，否则以后孤石有所移动，水准点的标高也会跟着变动。

(2) 山峒标。有条件的话可把特别重要的水准基点通过平峒埋设在山体内。如图 7.2 所示，标志埋设在峒内地面上。平峒口设两道门，在两门之间埋设一个副标。引测高程时首先打开内门，关上外门，测量主标与副标之间的高差；然后关上内门，打开外门，把高程从副标传到外面的水准路线上。这样做可以减少因峒内外温差引起的折光差的影响。

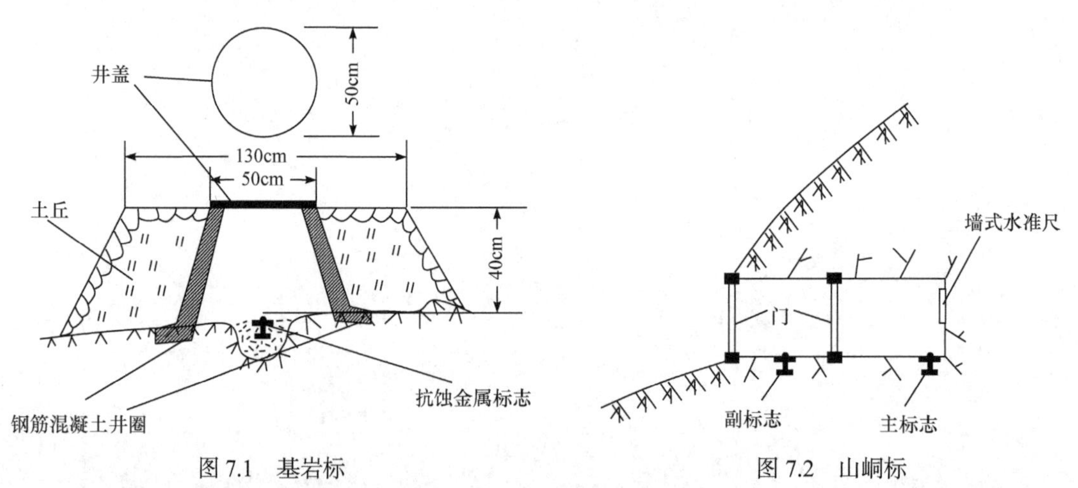

图 7.1　基岩标　　图 7.2　山峒标

(3) 深埋钢管标。在松散覆盖层较厚、基岩或硬土层埋得较深的地区，可采用深埋钢管水准标志。深埋钢管标由水准标志头、芯管、芯管尾部、套管及水准点护井等组成，如图 7.3 所示。

先在地面上把芯管与套管组装成整体。为防止芯管弯曲或倾斜，在芯管与套管之间装上一些横隔。在下端两管之间塞以麻丝机油组成的防水塞。在上端两管之间装硬橡皮圈。一般芯管外径为 50mm，套管ϕ为 110～135mm。

在埋设地点先钻孔至硬土层(比管长 0.5～0.8m)，清好钻孔后放下混凝土，再把两管组合后放入。让套管提高一些，只把芯管下端埋于混凝土中。

水准点护井的作用除保护标志不受外力损害外，还可防止地表水浸入。

深埋水准点的芯管一般用钢材制成，随着土层温度的变化，芯管长度也会变化。虽然深部土的温度变化很小，但近地表土层的年温差可能较大，由此会引起深管水准点顶部标高周期性地升降。如果精度要求不高，可以忽略温度变化对深管水准点高程的影响，但精度要求较高时必须顾及这种影响。

对于温度变化的影响有两种处理方法，一种方法是埋设时在芯管上绑一些热电偶测温头，用导线引到管外，这样可以随时用电表测量芯管不同部位的温度。从而计算相应的高程改正数。另一种方法是埋设双金属管水准标志。

(4) 深埋双金属管标志。双金属水准点的套管中有两根芯管，其膨胀系数不同。例如，一根主要芯管是钢质的，设其温度线膨胀系数$\alpha_{钢}$为 0.000012/℃；另一根辅助芯管是铝质的，设其温度线膨胀系数$\alpha_{铝}$为 0.000024/℃。随着温度的变化，两管会有不同程度的伸长或缩短。利用两管伸缩的差值可以推求两根芯管相对于其初始状态的伸缩量。其结构如图 7.4 所示。

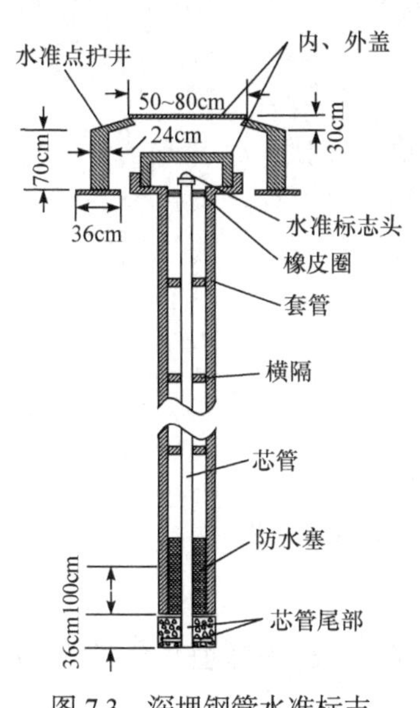

图 7.3　深埋钢管水准标志

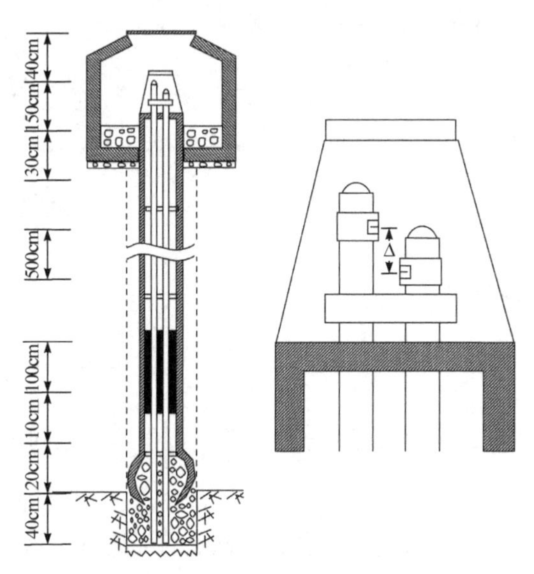

图 7.4　深埋双金属管水准标志

设两芯管长为l_0，温度在套管内的分布随高度H的变化而变化，记为

$$T = f(H) \tag{7.1}$$

设初始状态温度分布函数为

$$T_1 = f_1(H) \tag{7.2}$$

则这时钢管和铝管的长分别为

$$\begin{cases} l_{1钢} = l_0 + \alpha_{钢}\int_0^{l_0} f_1(H)\mathrm{d}H \\ l_{1铝} = l_0 + \alpha_{铝}\int_0^{l_0} f_1(H)\mathrm{d}H \end{cases} \tag{7.3}$$

设在另一时刻，孔内温度分布函数改变为

$$T_2 = f_2(H) \tag{7.4}$$

则两管实长分别为

$$\begin{cases} l_{2钢} = l_0 + \alpha_{钢}\int_0^{l_0} f_2(H)\mathrm{d}H \\ l_{2铝} = l_0 + \alpha_{铝}\int_0^{l_0} f_2(H)\mathrm{d}H \end{cases} \tag{7.5}$$

从而可得

$$\begin{cases} \Delta l_{钢} = l_{2钢} - l_{1钢} = \alpha_{钢}\int_0^{l_0}\left[f_2(H) - f_1(H)\right]\mathrm{d}H \\ \Delta l_{铝} = l_{2铝} - l_{1铝} = \alpha_{铝}\int_0^{l_0}\left[f_2(H) - f_1(H)\right]\mathrm{d}H \end{cases} \tag{7.6}$$

因此

$$\frac{\Delta l_{钢}}{\Delta l_{铝}} = \frac{\alpha_{钢}}{\alpha_{铝}} \tag{7.7}$$

记

$$\delta = \Delta l_{铝} - \Delta l_{钢} \tag{7.8}$$

则

$$\frac{\Delta l_{钢}}{\delta + \Delta l_{钢}} = \frac{\alpha_{钢}}{\alpha_{铝}} \tag{7.9}$$

可解得

$$\Delta l_{钢} = \frac{\alpha_{钢}}{\alpha_{铝} - \alpha_{钢}}\delta \tag{7.10}$$

式中，δ 为两管伸缩量之差，可由两管上固定刻线间距之差求得，即

$$\delta = \Delta_2 - \Delta_1 \tag{7.11}$$

深埋双金属管水准标志中的金属管也可以用金属丝代替，称为深埋双金属丝水准标志，其原理同上。

(5) 桩标。一些为测量建筑物沉降用的工作水准点，常常只要求它们相对于建筑物来说是稳定的。当建筑物下面是桩基础时，可以在离建筑物两倍桩深的距离之外设置同样的桩，在桩顶上埋设水准头。用这种水准点可以有效地观测由建筑物自重引起的沉降量。

(6) 其他。有人曾在古树根上面打入一铁钉作为水准基点，事实证明其高程非常稳定。

也可以利用年代较久的、坚固的建筑物，在其基础上或墙上设置水准标志，构成墙上水准点，这种水准点也比较稳定。

2. 埋设在建筑物上的高程点

埋设在建筑物上的水准标志结构可以多种多样，其实质都在于要使水准标志与建筑物牢固连接，并且要便于水准测量。

图 7.5(a)、图 7.5(b)是两种最简单的墙上沉降观测点。图 7.5(c)的标体由槽钢或角钢制成，上面镶嵌或焊接水准头，还可以用螺盖保护水准头。图 7.5(d)是地面水准标志，常用在室内地坪或建筑物的基础上。图 7.5(e)、图 7.5(f)、图 7.5(g)是隐蔽式墙上水准标志，图 7.5(f)是可以装卸的水准标志，用时将水准头装上，不用时可卸下，图 7.5(g)所示的水准头平时藏在墙体内，进行水准测量时把水准头翻装到外面。图 7.5(h)是墙上水准尺，其一方面代替通常的三米水准尺，另一方面因为它是固定在墙上的，所以又起到水准点的作用。由于进行水准测量时不必再携带长水准尺，所以适用于地下工程、建筑物的廊道等场所。水准尺可采用条码标尺。图 7.5(i)表示简易的墙上水准点配合带磁块的小水准尺工作的情况。简易水准点实际上是带球形尾部的大铁钉，用铆钉枪安置这种大铁钉非常方便。小水准尺和磁块固联在一起，进行水准测量时，磁块吸附在水准头下面，小水准尺靠自重居于竖直位置。测量时可以方便地使尺面转向水准仪。

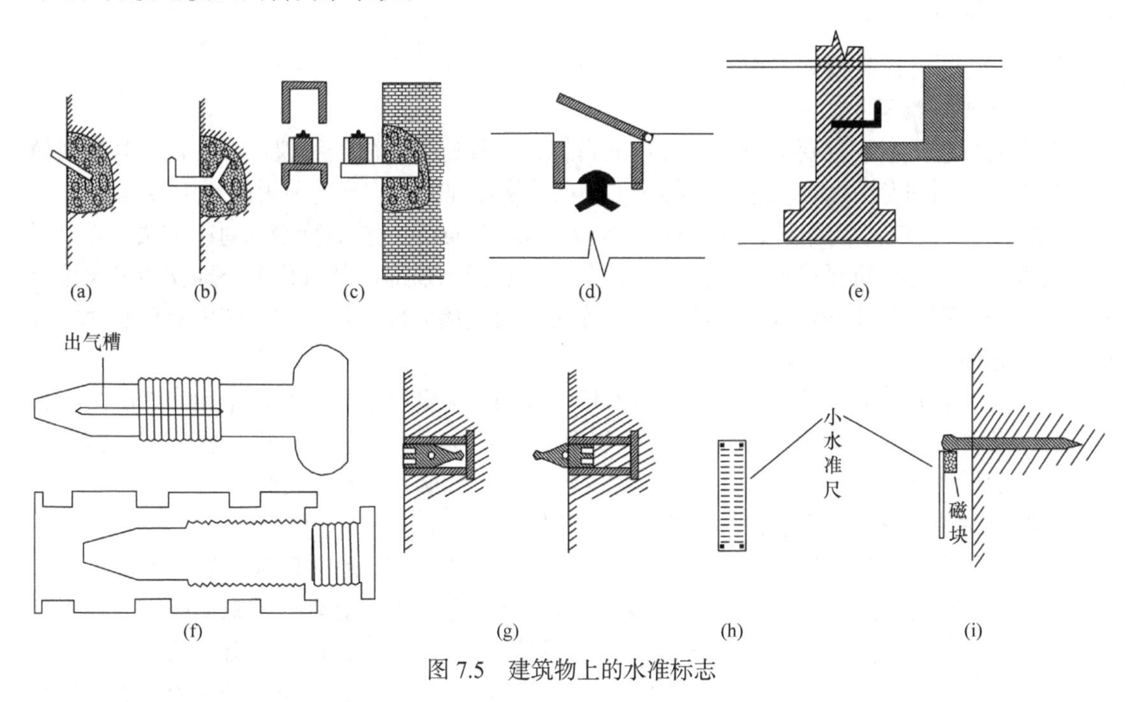

图 7.5　建筑物上的水准标志

3. 其他高程标志

(1) 水下标志。如果需要测量水下某点(如水池底板)的高程，这时可以在地板上预先埋设带环的水准标志尺，如图 7.6 所示。水准测量时，用一专门装置代替水准尺，该装置由钢尺(或钢丝)、钩子、浮筒和铝管标尺等组成，浮筒可产生 10～20kg 浮力，将钢尺拉直并托住上面的铝管标尺。加工时，浮筒下端的钩子和浮筒的中心应位于铝管中心线的延长线上，这样浮力可使铝管中心线居铅垂位置。

(2) 回弹观测标。在软土地区挖掘深基础时，常常需要进行基坑回弹观测。基坑回弹观测水准标志如图 7.7 所示，取长约 20cm 的圆钢一段，一端中心加工成半球状($15mm < r < 20mm$)，另一端加工成楔形；钻孔可用小口径工程地质钻机，孔深应达孔底设计平面以下数厘米，孔口与孔底中心偏差不大于 3‰，并将孔底清洗干净；将回弹标套在保护管下端孔口，放入孔底，并用辅助杆压入。

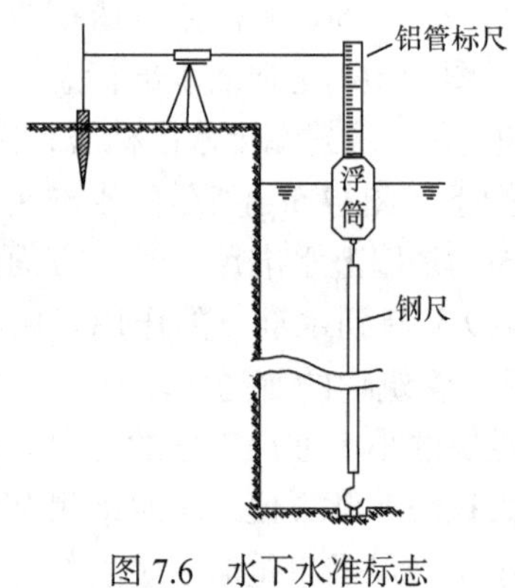

图 7.6　水下水准标志

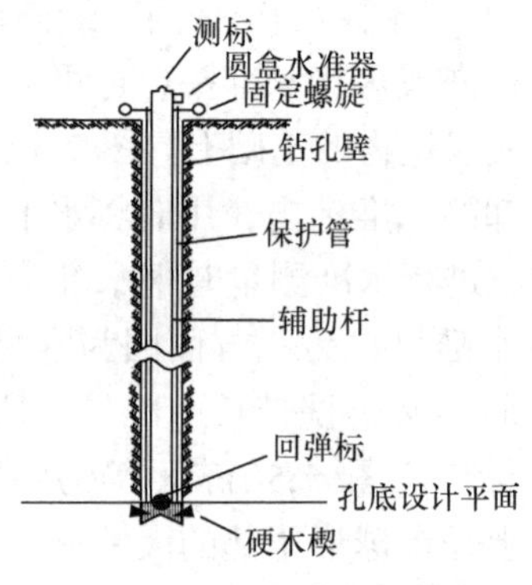

图 7.7　基坑回弹水准标志

7.1.2　平面标志

平面标志设计比高程标志难度大。

1. 强制对中装置

在平面标志上，不仅要安放供瞄准用的目标，而且还要安放经纬仪、测距仪及其反射棱镜或精密测距用的专用标志。这些仪器和工具在互换过程中不应产生显著的对中误差。

除垂球对中、光学对中外，强制对中(forced centering)是一种更精密的对中方法。强制对中装置实际上是一些机械接插件，其中一部分固定在标志顶部，其对称中心即作为平面标志的中心，另一部分与经纬仪或其他测量仪具连接，通过接插件使仪器的旋转中心精确地安置在平面标志的中心上。

当标志上有强制对中装置时，就不再使用三脚架，因此标志体要高出地面 1.2m 左右，使仪器高度便于观测员操作。标志体一般用混凝土或砖石砌成墩子形状，也可以用钢材制成。这时的标志体常称为观测墩。对中装置安置在观测墩顶上，其上表面应概略水平。

强制对中装置形式有很多，常用的有以下几种。

(1) 点、线、面式对中装置。点、线、面式对中装置实际上是一只对中盘，如图 7.8 所示，盘上有三个小金属块，分别是点、线、面。“点”是金属块上有个圆锥形凹穴，脚螺旋尖端放上去后不可移动；“线”是金属块上有一线形凹槽，脚螺旋尖端在凹槽内可以沿槽线移动；“面”是一个平面，脚螺旋尖端在上面可以有二维自由度。当脚螺旋间距与这三个金属块间距大致相当时，仪器可以在对中盘上精确就位。

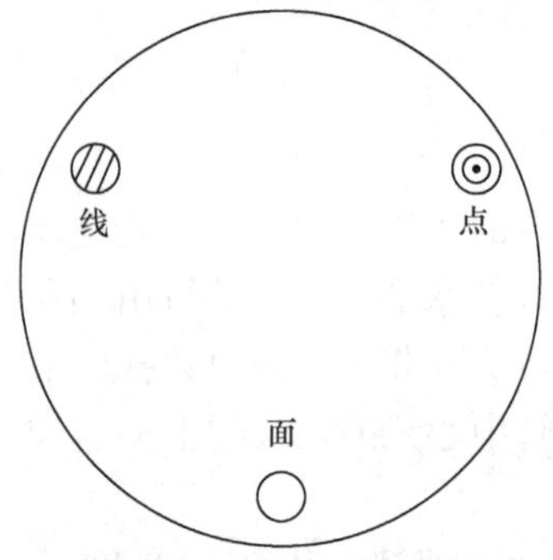

图 7.8　点、线、面式对中装置

这种对中盘的突出缺点是经纬仪必须先卸掉基座的底板才能使用，这不仅麻烦，而且影响观测质量和速度。另外，脚螺旋间距误差直接影响对中精度，脚螺旋间距不同的仪器不能使用同一块对中盘。

(2) 三叉式对中装置。如图 7.9 所示，三叉式对中装置也是一只对中盘，盘上铣出三条辐射形凹槽，三条凹槽之间的夹角为 120°。使用时，将基座底板卸掉，三只脚螺旋尖端在三条凹槽中安放好后，对中工作就完成了。

这种对中装置要求基座三个脚螺旋尖顶点连线呈正三角形，且仪器旋转轴通过该正三角形的重心。为消除基座的加工误差，实际作业中可采取变换脚螺旋位置的办法，即脚螺旋在一个位置只测总测回数的三分之一。

(3) 球、孔式对中装置。如图 7.10 所示，固定在观测墩上的对中盘有一个圆柱形对中孔，还有一个对中球(或圆柱)通过螺纹可以旋在基座的底板下，对中球外径与对中孔的内径匹配。旋上对中球的测量仪器通过球、孔接口，可以精确地就位在对中盘上。对中精度可优于±0.05mm。

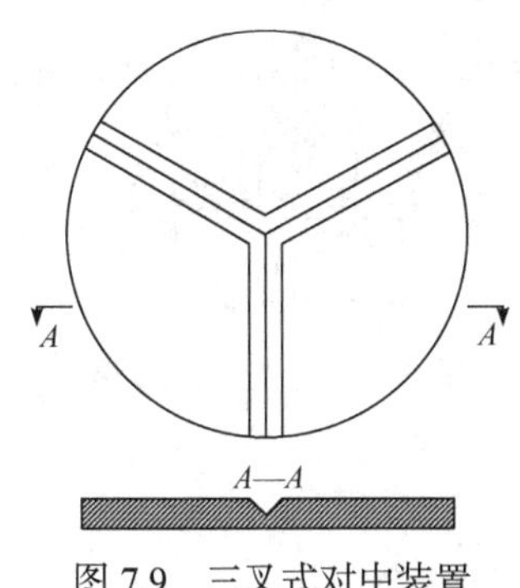

图 7.9　三叉式对中装置

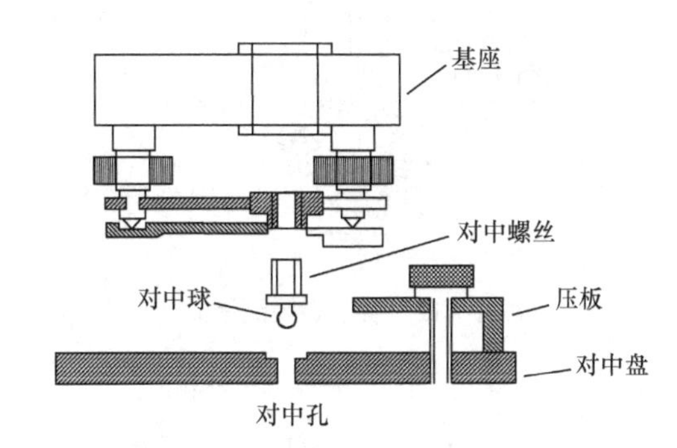

图 7.10　球、孔式对中装置

为消除仪器旋转中心与对中球中心的偏差，测回之间也应变换对中球的位置。使用该装置不需卸掉基座地板，而且压板也保证了仪器的稳定。

(4) 可微调的球孔对中装置。该对中盘主要用于精密归化法放样，由内盘、外盘及底板三部分组成，如图 7.11 所示。底板固定在观测墩上。外盘上有三个螺孔，旋入螺丝可把外盘顶离底板，用它可把上表面调成水平。然后通过另外三个螺丝，把外盘与底板紧固起来。内盘中心是对中孔，旋转外盘侧面四个水平螺杆可以使内盘在水平面内微调到所需位置。内盘上的螺丝将内盘顶起紧贴外盘，从而保证其对中孔轴呈铅垂状态。

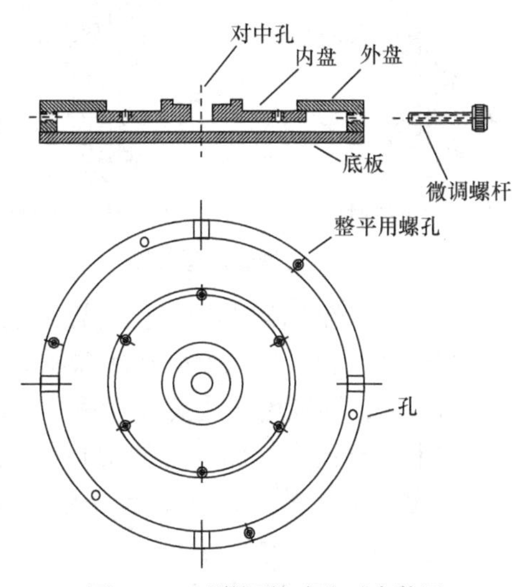

图 7.11　可微调的球孔对中装置

2. 平面标志体

(1) 观测墩。在基岩较浅或土体稳定的地方，常用钢筋混凝土建造的观测墩作为平面控制点标志，如图 7.12 和图 7.13 所示。

(2) 倒锤。倒锤是一种埋设较深、稳定性很好的平面标志。图 7.14(a)是倒锤原理图，当钻孔内充满液体时，对中中心与标志中心的相对位置不变，也就是说，如果标志中心是稳定的，则对中中心也是稳定的，其平面位置不会受侧向干扰力的影响。图 7.14(b)是倒锤的一种实用结构。

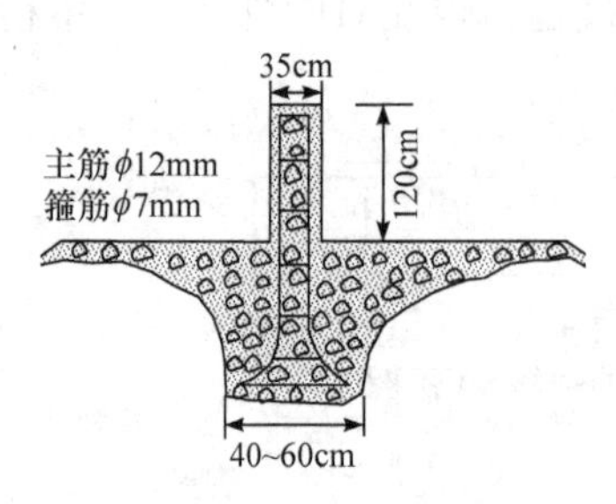

图 7.12　岩层点观测墩

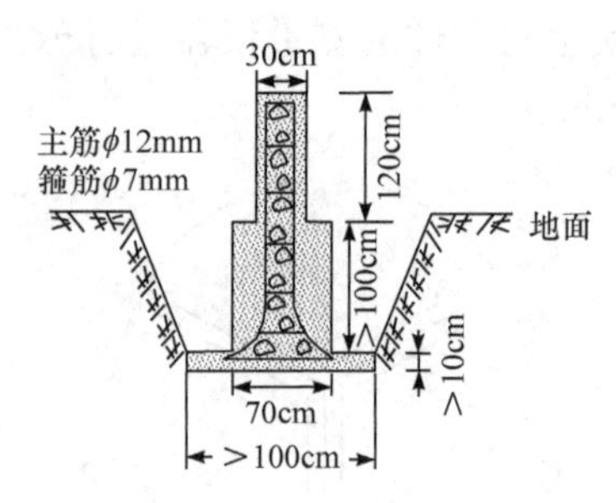

图 7.13　土层点观测墩

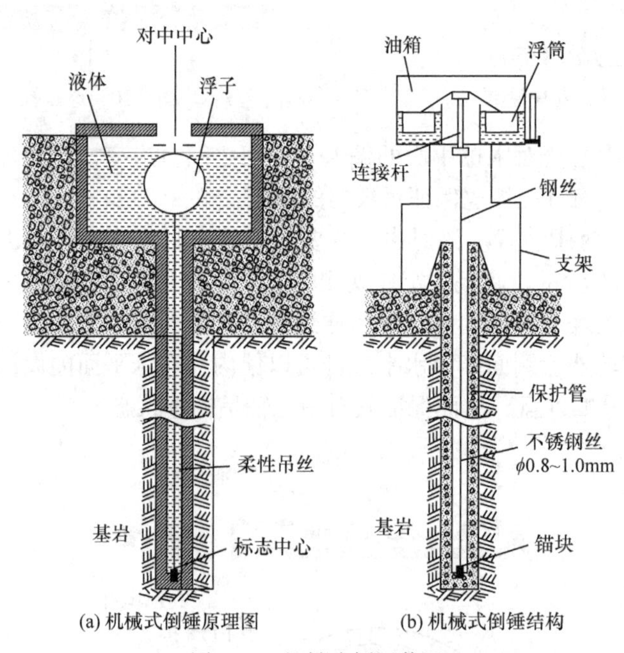

图 7.14　机械式倒锤装置

(3) 光线传递式标志。光线传递式标志是将固定在底层的中心点利用光线投射到标志顶面上来，即利用光线代替倒锤线，如图 7.15 所示。玻璃片上的十字丝代表平面标志的中心，与混凝土结合在一起埋在温度变化不大的岩层中，十字丝下安置一个灯泡，为更换灯泡，在标志旁设有进入孔。

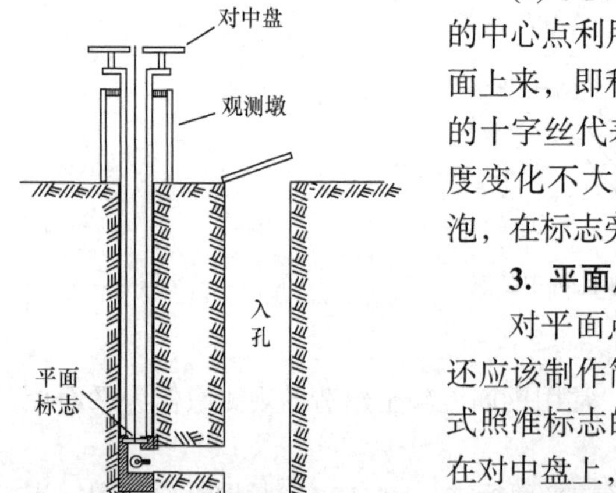

图 7.15　光线传递式标志

3. 平面点照准标志

对平面点照准标志的基本要求是易于对中和瞄准，另外还应该制作简单、使用方便。当然，对中要求是针对可装卸式照准标志的，如觇牌等，目前这类标志大多通过基座安装在对中盘上，故与前述相同。

实验表明，当目标像与望远镜十字丝同宽、同样明亮，且具有同样反差时，瞄准精度最高。J_2、J_1 经纬仪读数窗内，度盘对径分划影像即具备该条件。当然这也成为照准标志制作的要求。

条形目标比圆形目标容易瞄准，故较多使用，且为保证效果，要求其长宽比大于3。下面分析一下条形目标应具有的宽度。刻在玻璃上十字丝线条宽约为 6μm，望远镜物镜的焦距约为 300mm，故十字丝的角宽约为 $\frac{6}{300\times10^3}\times206265''=4''$，这也应是条形目标在望远镜中的成像宽。另外，不少观测员习惯用双丝去夹目标，用目标两侧空隙是否对称来判断是否瞄准，如图 7.16 所示，设十字丝双丝间距为 τ (一般 τ 为 30″～40″)，目标像两侧间隙宽为 b，则目标像宽 $d=\tau-2b$。若 $b_{最小}\approx5''$，则 $d_{最大}\approx20''\sim30''$；若使 $b\approx d$，则 $d\approx10''\sim13''$。一般认为 d 不宜小于 b，否则要用单丝瞄准。因此，目标像宽应在 4″～30″之间。

关于目标的颜色，淡色一般选白或淡黄，深色一般选黑或红。

在工程测量中，觇牌是常用的照准目标。图 7.17 是觇牌上的各种图案，供瞄准用。如前所述，图 7.17(a)所示的圆形图案已很少使用；图 7.17(b)是最简单的条形图案；图 7.17(c)有两种不同宽度的线条，适用于不同长度的视线；图 7.17(d)和图 7.17(e)是图 7.17(c)的发展，淡色背景上的深色楔形便于双丝观测，而深色背景上的淡色楔形便于单丝瞄准；图 7.17(f)是楔形图案的变形，并且加上两个用于垂直角观测的横楔；图 7.17(g)以楔形为基础，是一种混合图案，细丝用于近距离瞄准，中间的圆孔可以在背面打灯光照明供夜间观测用；图 7.17(h)中有几个目标，使用该觇牌时十字丝可以分别瞄准各线条并读数，以诸读数的平均值为最后的观测结果，可以提高瞄准和读数的精度。

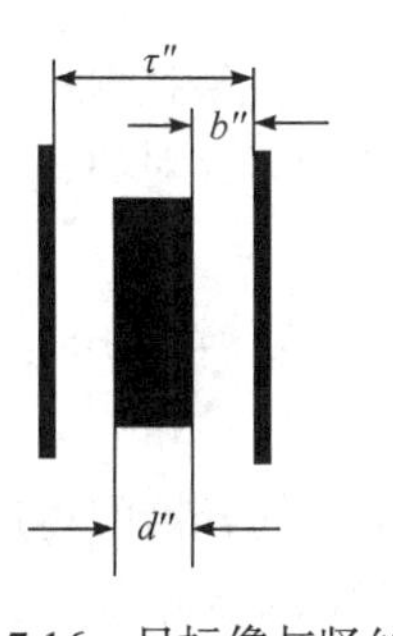

图 7.16　目标像与竖丝

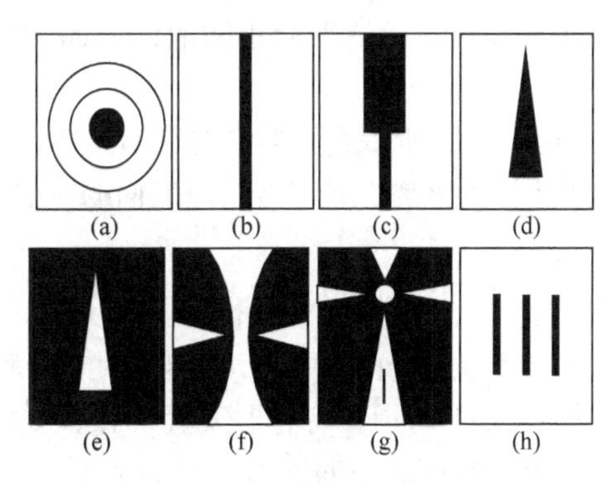

图 7.17　各种觇牌图案

用平面觇牌作照准目标不会产生相位差，但需面向经纬仪。立体目标可以供任意方向的测站进行瞄准，其各种形式如图 7.18 所示。图 7.18(a)和图 7.18(b)是旋入式杆标照准标志，底部有螺纹，可直接拧在对中装置中心螺旋上。图 7.18(c)、图 7.18(d)、图 7.18(e)和图 7.18(f)为埋入式照准标志，图 7.18(c)和图 7.18(d)为顶部墙面标志，图 7.18(c)用于一般建筑，以直径约 12mm 的钢筋做成弯钩尖形标志，埋入墙体内。图 7.18(d)用于高级建筑，可采用壁灯式标志(有机玻璃或铝合金等材料制成)，在外粉刷时埋入墙体内。图 7.18(e)和图 7.18(f)为顶部上面标志，用钢筋焊接成三角形架式嵌入屋顶或用混凝土墩将钢筋标志浇灌在屋顶上。

立体照准目标在阳光照射下会产生部分明亮、部分阴暗而造成瞄准的相位差，克服的办法是设置遮光板，图 7.19 是实例之一，其中套环可因视线长度的改变而更换。

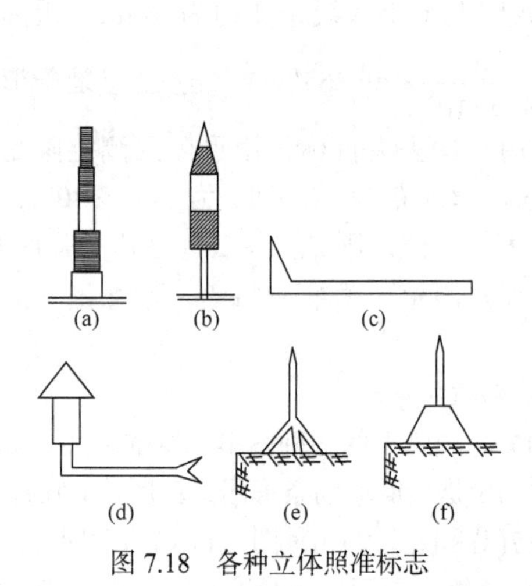

图 7.18　各种立体照准标志

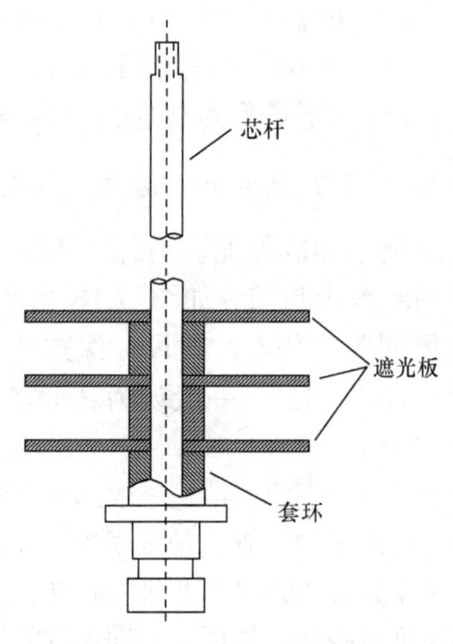

图 7.19　无相位差立体照准标志

7.2　液体静力水准测量

我们知道，几何水准测量是依据水平视线来测定两点间高差的，而水平视线靠调平水准管来实现。若直接依据静止的液体表面来测定两点(或多点)之间的高差，则称为液体静力水准测量。

如图 7.20 所示连通器中的平衡流体，其中 A 处为一与容器壁光滑接触的薄片，分隔着两种密度不同的液体，且二者自由表面的压强也不同。以 A 处薄片为研究对象，列平衡方程可得

$$p_{01} + \rho_1 g h_1 = p_{02} + \rho_2 g h_2 \tag{7.12}$$

式中，p_{01}、p_{02} 为作用在液体表面上的大气压强；ρ_1、ρ_2 为液体的密度；g 为重力加速度；h_1、h_2 为液面高度，二者具有相同的起算基准。

如图 7.21 所示，将容器安置于 A、B 两点之上。在水管连通的容器间再用气管连接，当各容器处于封闭状态时，p 不变；若采用同一种液体，各容器中的 ρ 相等。当各容器液面处于平衡状态时，有

$$\rho g a = \rho g \left(b + h\right) \tag{7.13}$$

式中，a、b 为两容器中的液面读数；h 为两容器零点间的高差。显然有

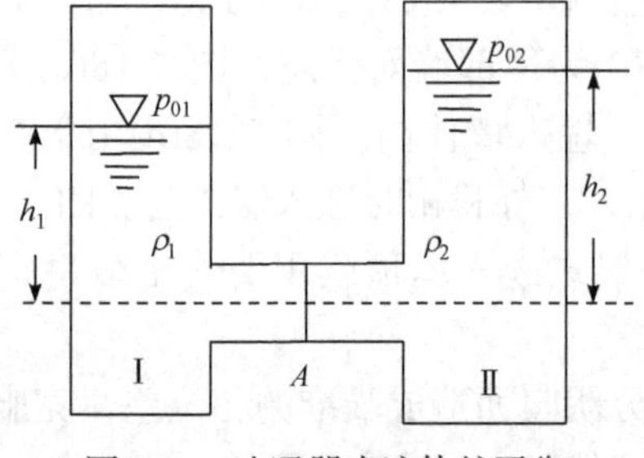

图 7.20　连通器内液体的平衡

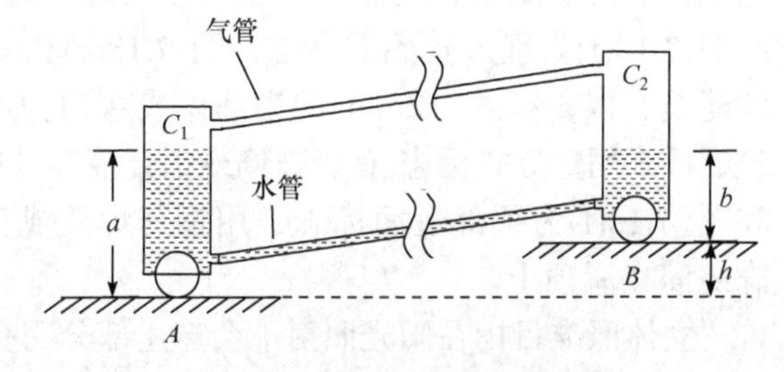

图 7.21　液体静力水准测量原理

$$h = a - b \tag{7.14}$$

此即液体静力水准测量原理。

在液体静力水准测量中，首要问题是液体表面到标志高度的测定。测定液体表面高度的方法有以下几类：①目视法。如图 7.22 所示，此法基本淘汰。②目视接触法。如图 7.23 所示，利用转动的测微圆环带动水中的触针上下运动，根据光学折射原理，在观测窗口可以观测到触针尖端的实像和虚像，当两像尖端接触时，在测微圆环上可读出触针接触液体表面时的高度。此法也被淘汰。③电子传感器法。通过位移传感器(电感式、光电式或电容式等)不仅可以提高静力水准的读数精度，而且可实现测量的自动化。图 7.24 为电感式液体静力水准仪。

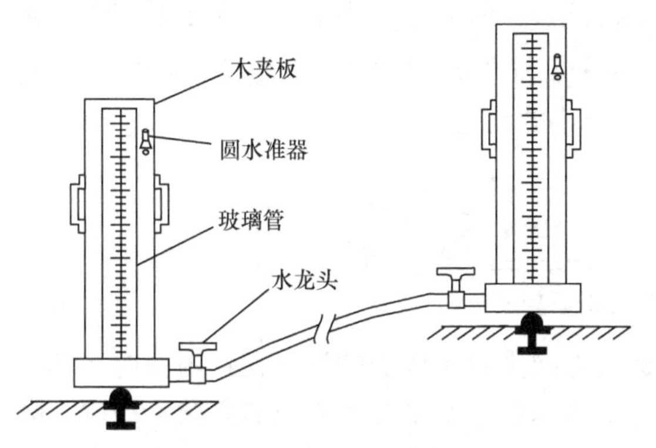

图 7.22　目视法读数静力水准仪

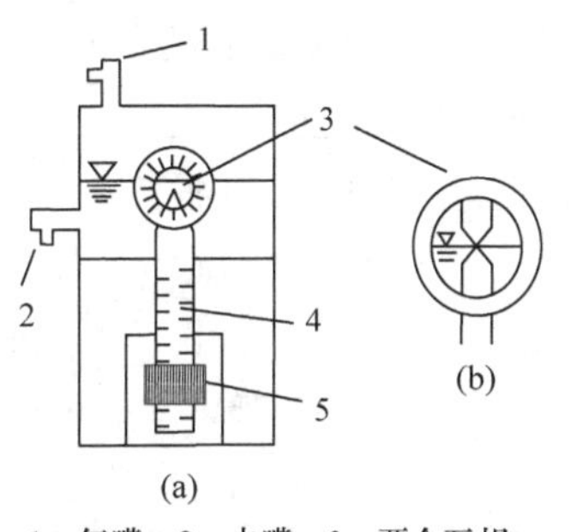

图 7.23　目视接触法读数静力水准仪

利用静止液体表面传递高程是一种古老的测量方法。据沈括《梦溪笔谈》记载，公元 1072 年从汴京(今河南开封)上善门到泗州(今江苏盱眙)淮河口相距 840 里 130 步，用该法测得的高差为 19 丈 4 尺 8 寸 6 分；1629 年，罗马的布兰克制造了液体静力水准仪；1890 年俄国人制作了软管长 20m 的液体静力水准仪，测站高差中误差为±3mm。此后，液体静力水准仪在高程测量中得到推广与应用，许多型号的仪器用于建筑物的沉降测量、地震和大型机械安装测量。例如，耶那蔡司的全自动液体静力水准仪 ASW101，量测范围±25cm，一次高差测定的精度为±0.02mm；而该厂的弗赖贝克液体静力水准仪，当软管为 30～40m，而且测量条件较好时，测量精度可达±0.01mm。中国地震局地震研究所的 DGIA 型仪器，两测头之间的高差测量中误差优于±0.07mm。中国地震局香山台使用的液体静力水准仪的精度为±(2～3)μm。

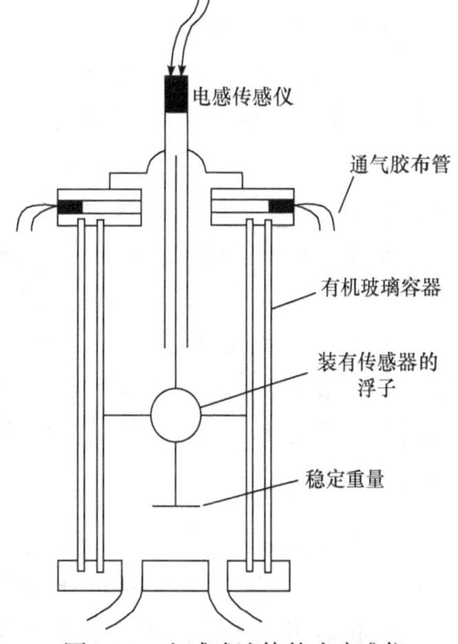

图 7.24　电感式液体静力水准仪

虽然液体静力水准仪在使用上不如几何水准仪方便，但由于它具有结构简单、精度高、观测迅速、可连续性和自动观测及遥测等优点，在建筑物沉降观测、精密安装测量、地震预报等领域得到了很好的应用。

有多种因素影响液体静力水准测量的精度：连通管中液体不能残存气泡，否则测量结果将有粗差；与几何水准测量一样，液体静力水准仪也存在零点差，交换两台液体静力水准仪的位置可以消除其影响；温度差影响；气压差影响；液面到标志高度量测误差；液体蒸发影响；液体弄脏影响；仪器搁置误差；仪器倾斜误差影响；仪器结构变化影响等。

7.3 激光在测量中的应用

激光器的种类有很多，在测量实践中用得较多的是氦氖激光器。图 7.25 是氦氖激光器的原理图。在此激光器中工作的物质是氖原子。电极通上直流电后管子内有高能电子运动。通过碰撞，电子与氦原子交换部分能量，使氦原子激发至高能态，即 $He+e_1 = He^*+e_2$。处于亚稳态的受激氦原子与处于基态的氖原子碰撞交换能量，氦原子失去能量而回到低能态，氖原子进入受激态，即 $He^*+Ne = He+Ne^*$。氖原子不同能态间的跃迁产生不同的辐射，其中 3s 向 2p 能态跃迁时产生波长为 6328Å(1Å = 10^{-10}m)的红光。

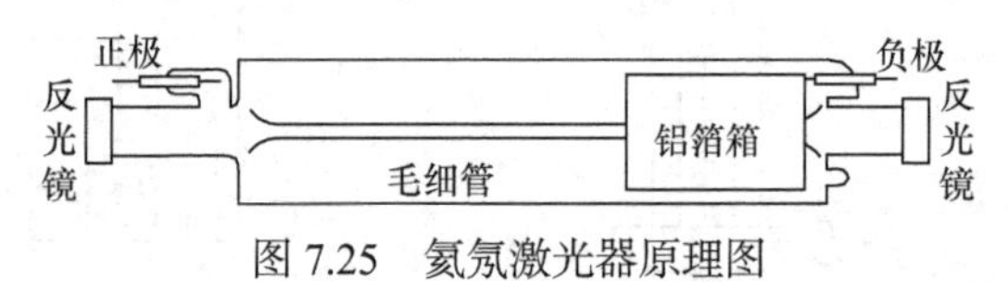

图 7.25 氦氖激光器原理图

激光管两端的反光镜构成谐振腔，它们使运动方向垂直于镜面的光子在管内往返运动，在运动过程中，它们使处于高能态的氖原子产生受激辐射，受激辐射光子的方向、相位、频率均与碰撞光子相同，结果使这个方向运动的光子、相位和频率都相同的光子越来越多，即在此特定方向上光量得以放大。相比之下其他方向的光子通过管壁逸散而得不到放大。光在谐振腔内振荡放大的过程中通过一块反光镜透射出一束强光，即我们所需的激光。

理论上激光器两端的反光镜可以是平面镜，这两平面镜应严格平行，否则会影响光的振荡放大。但是即使制造时对准了，在使用过程中受振动和热变形的影响也会使不平行度超过允许的界限。为避免发生这种情况，实际上激光器两端的反光镜都略具凹弧形。这时激光束将不是严格的平行光束，而是具有一定的发散角，对于长约 250mm、外径约 40mm、毛细管内径约 2mm 的商品激光管，发散角约为 250″。

氦氖激光管的有效功率较小，具有上述参数的激光管工作电压约 2000V，最佳工作电流约为 5μA。输入功率约为 10W，输出功率约为 1～2mW，即效率约为 0.01%～0.02%。

为了提供合适的电源，必须有专用的电源箱。若用市电作能源，则电源箱的作用在于先整流，再倍压。先提供较高的触发电压(4000～6000V)，之后提供能维持氦氖激光管连续输出激光的工作电压。也可以用蓄电池作能源。

7.3.1 激光指向仪

因为氦氖激光器能提供一条连续输出的、发散角很小的可见光斑，所以可用于指向，例如在地下隧道掘进中用来指示隧道的设计方向和坡度。

激光器可以单独使用，但更多是与其他光学器件配合使用。如图 7.26 所示，在激光管前面放一个望远镜，激光束通过望远镜后再发射出去，如果目镜把激光束聚焦在物镜的焦点

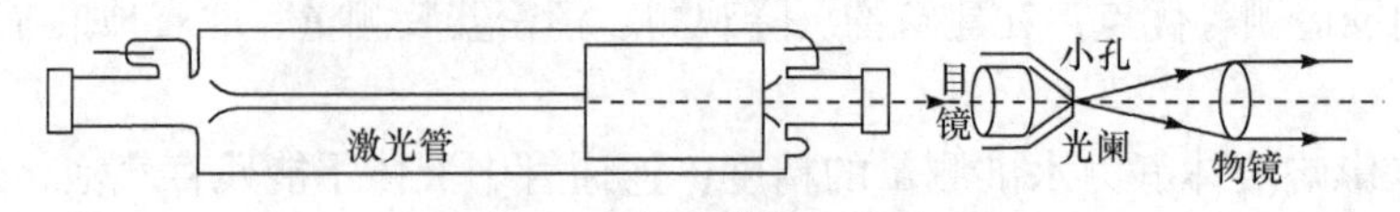

图 7.26 激光器指向仪原理

上，则经物镜发射出去的光束实际上是平行光，光斑的大小将不随距离而改变，它等于物镜处光束的大小。

如果激光管前面放的是一个可调焦的望远镜，则按几何光学成像原理，必须仔细调焦才可得到小而明亮的光斑。光斑的直径与激光管的发散角 θ 、望远镜的角放大率 V 以及光斑到望远镜的距离 L 有关。

设光斑直径至望远镜物镜光心处所成的张角为 α ，则由望远镜放大倍率的定义为

$$V=\frac{\theta}{\alpha} \tag{7.15}$$

所以

$$\alpha=\frac{\theta}{V} \tag{7.16}$$

光斑直径为

$$d=L\frac{\alpha}{\rho}=L\frac{\theta}{\rho V} \tag{7.17}$$

7.3.2　激光垂线仪

激光垂线仪是能把激光束沿铅垂线方向发射的指向仪。如图 7.27 所示，把发射激光束的望远镜垂直安放，激光束的垂直度靠水准管指示，由脚螺旋调节。

7.3.3　激光经纬仪和激光水准仪

视准轴可由激光束体现出来的经纬仪称为激光经纬仪。图 7.28 是某仪器厂生产的激光经纬仪望远镜部分的原理图。在望远镜上“背驮”一支激光管，激光束经直角棱镜和聚光镜后进入望远镜筒。在立方棱镜分光膜处全反射后沿视准轴经物镜发射出去，分光膜只发射 6328Å 波长的光，黄绿色的光线透过率很高，因此当用折光板挡住激光不让它进入望远镜时，观测员可以通过目镜瞄准目标，目标像具有黄绿颜色。

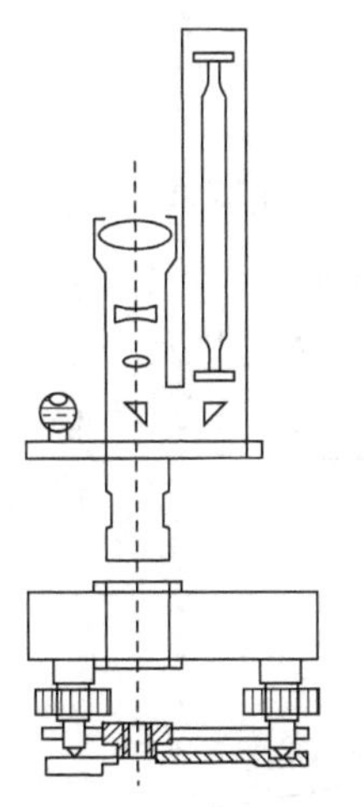

图 7.27　激光垂线仪

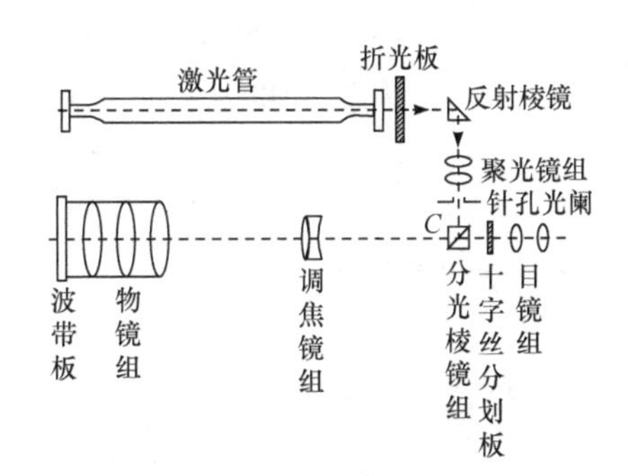

图 7.28　激光经纬仪原理

为了使激光束能沿视准轴发射，首先要求激光束与分光膜的交点 C 位于视准轴上。调节装置常安装在望远镜的外面，通过调节激光管的位置及直角棱镜的角度逐步趋近来使上述条

件满足。

激光经纬仪主要用于放样。由于视准轴由可见光显现出来，因而便于测量人员与施工人员之间的配合。在光线差的条件下(如夜间、地下、车间里等)尤显其优势。

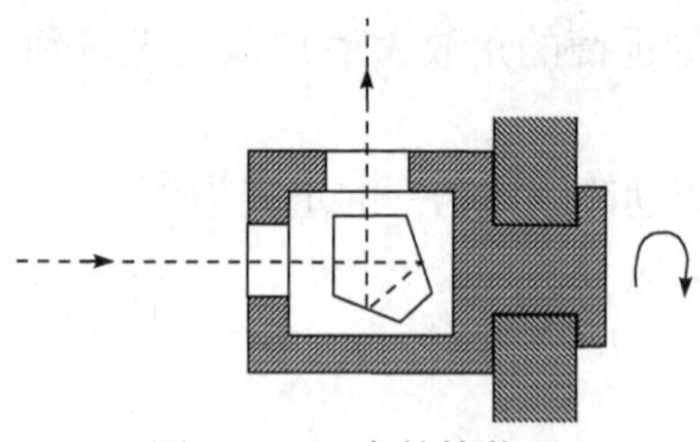

图 7.29 五角棱镜装置

用激光经纬仪可以放样直线、倾斜线、水平角、垂直面等，还可以让望远镜视准轴指向天顶，作为激光垂线仪使用。如果配上五角棱镜(图 7.29)，则激光束经五角棱镜折射 90°以后发射，用它来按直角坐标法放样点位比较方便。如果五角棱镜可以旋转，则激光束将扫出一个与经纬仪视准轴正交的平面，当视准轴水平时，该平面是竖直面，当视准轴倾斜时，该平面是倾斜面。

激光管与水准仪结合，使水准仪的视准轴由可见光显示出来，这种水准仪称为激光水准仪，可用于高程放样。

7.3.4 波带板激光准直

1. 光的相干性

因为光具有波动性，所以如机械波那样，当两列光波频率相同、方向相同、相位相同或相位差恒定时，这两列光波将产生干涉现象。

设一对相干光源为

$$\begin{cases} e_1 = a\cos(\omega t - \varphi_1) \\ e_2 = a\cos(\omega t - \varphi_2) \end{cases} \tag{7.18}$$

两波合成后

$$e = A\cos(\omega t - \theta) \tag{7.19}$$

式中，

$$\theta = \arctan\frac{\sin\varphi_1 + \sin\varphi_2}{\cos\varphi_1 + \cos\varphi_2}$$

$$A = a\sqrt{2 + 2\cos(\varphi_2 - \varphi_1)} \tag{7.20}$$

光强 $I \propto A$。

如图 7.30 所示，设在光源 S 和接受点 K 之间有一光屏，SK 直线与光屏交于 O 点。在 O 处开个小孔，在距 O 点 r 的 A 处也开一个小孔。自 S 点发出的光线可以经过 O 点而到达 K 点，同时，由于衍射，光也有一部分经 A 点到达 K 点。二者的光程差为

$$\Delta = \sqrt{p^2 + r^2} + \sqrt{q^2 + r^2} - p - q \overset{\text{因为}r \ll p(\text{或}q)}{=\!=\!=} \frac{r^2}{2}\left(\frac{1}{p} + \frac{1}{q}\right) \overset{\text{记为}}{=\!=} \frac{r^2}{2}\frac{1}{f} \tag{7.21}$$

式中，f 称为“焦距”。

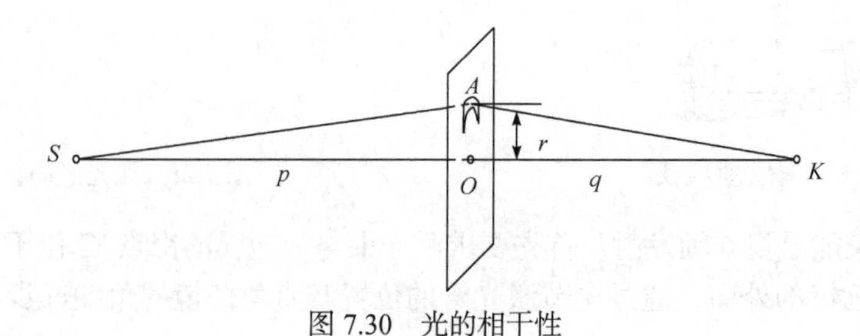

图 7.30 光的相干性

光程差 Δ 导致两列光在 K 点的相位差

$$\varphi_2-\varphi_1=\frac{2\pi\Delta}{\lambda} \tag{7.22}$$

其中 λ 为波长，对氦氖激光来说 $\lambda=6328\text{Å}$。所以在 K 点，两列光合成后的振幅为

$$A=a\sqrt{2\left(1+\cos\frac{2\pi\Delta}{\lambda}\right)} \tag{7.23}$$

由此式可以看出，不同的 Δ 将导致 $A>\alpha$ 或 $A\leqslant\alpha$，我们希望得到 $A>\alpha$，如 $A>\sqrt{2}a$；使 Δ 变化的因素有 p、q、r，现在我们认定 p、q 固定，r 变化。

由

$$A=a\sqrt{2\left(1+\cos\frac{2\pi\Delta}{\lambda}\right)}>\sqrt{2}a \tag{7.24}$$

得

$$\cos\frac{2\pi\Delta}{\lambda}>0 \tag{7.25}$$

或

$$i\lambda-\frac{\lambda}{4}<\frac{r_i^2}{2f}<i\lambda+\frac{\lambda}{4}(i=1,2,\cdots) \tag{7.26}$$

或

$$\sqrt{2if\lambda-\frac{f\lambda}{2}}<r_i<\sqrt{2if\lambda+\frac{f\lambda}{2}}(i=1,2,\cdots) \tag{7.27}$$

记

$$r_i'=\sqrt{2if\lambda-\frac{f\lambda}{2}}$$

$$r_i''=\sqrt{2if\lambda+\frac{f\lambda}{2}} \tag{7.28}$$

则

$$r_i'<r_i<r_i''(i=1,2,\cdots) \tag{7.29}$$

此即 A 处缝的尺寸，且上式代表多个缝。

2. 波带板准直测量的设备

设备包括：①氦氖激光器。②波带板。根据上述原理制成，有圆形和方形两种，如图 7.31 所示，圆形波带板聚焦呈一亮点，方形波带板聚焦呈一个明亮的十字线。③激光探测器。

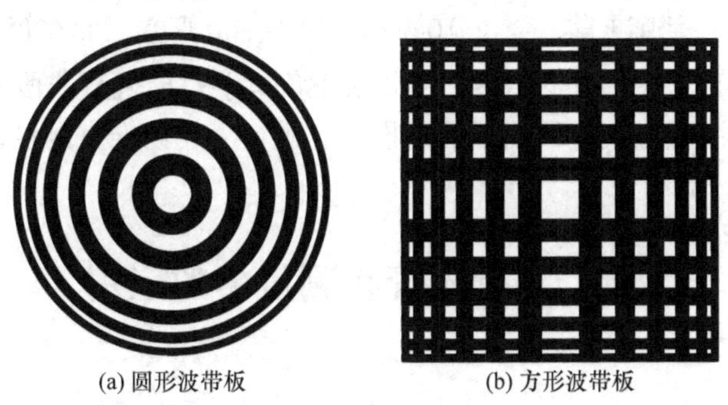

(a) 圆形波带板　　(b) 方形波带板

图 7.31　激光波带板

3. 测量原理

(1) 在基准点 A 安置激光器。

(2) 在基准点 B 安置探测器。

(3) 在待测点 i 安置一个特定的波带板。

当激光照满波带板时，如图 7.32 所示，在 B 点探测器上测得 Δ_i，从而有

$$\delta_i = \frac{s_{Ai}}{s_{AB}} \Delta_i \tag{7.30}$$

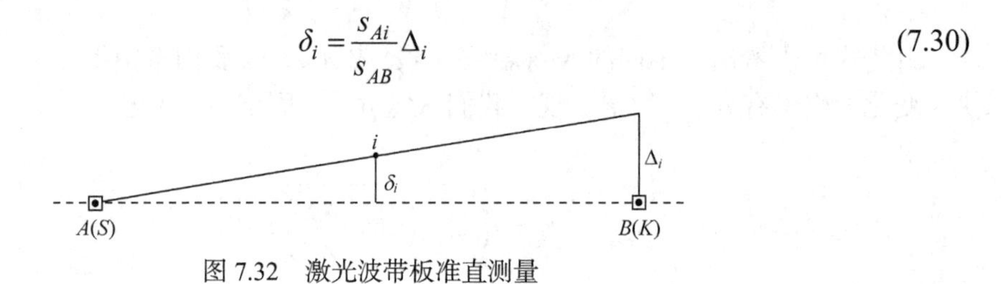

图 7.32　激光波带板准直测量

当 S、K 与 A、B 不重合时，如图 7.33 所示，仿前可测得 A、i、B 相对于 SK 的偏离值 δ'_A、δ'_i、δ'_B，由此可求得

$$\delta_i = \delta'_i - \frac{s_{Bi}\delta'_A + s_{Ai}\delta'_B}{s_{AB}} \tag{7.31}$$

这可消除激光器和探测器的对中误差影响。

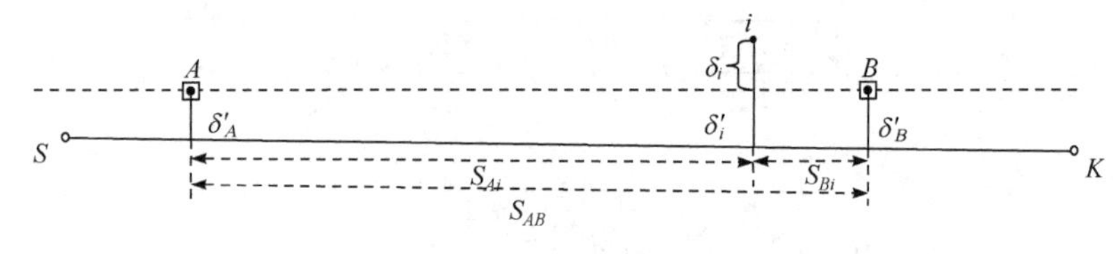

图 7.33　偏离值的改化

4. 精度

利用波带板可以把几百米以外的点光源经聚焦后形成直径约一毫米的点，因此即使在接受屏上用肉眼判断其中心位置，精度也很高。实验表明用这种装置准直，测定偏离值的精度可达测线长的 10^{-6}。如果将高精度激光准直系统安装在真空管道内，准直精度可达 10^{-7}。

5. 应用

美国利用波带板激光准直系统安装了 3km 长的斯坦福直线对撞机，准直在抽空的口径 600mm 的铝管中进行，准直精度达 10^{-7} 以上。在美国霍洛曼空军基地导弹发射中心的高速火箭橇试验滑轨也采用了管道准直，全长 10.6km，但不抽成真空，而在管子中布设许多温度断面，准直精度达 10^{-6} 以上。潘正风(1991)在北京正负电子对撞机直线段安装测量中，采用在大气条件下激光准直测量方案，研制了测量设备，进行了现场准直测量，使加速管支架的安装精度中误差小于±0.2mm。

7.4　平行光管在测量中的应用

7.4.1　平行光管原理

简单的平行光管是十字丝固定在物镜焦面上的镜管。如图 7.34 所示，若焦面上有一发光

点，则它经物镜后以一束平行光向外发射。

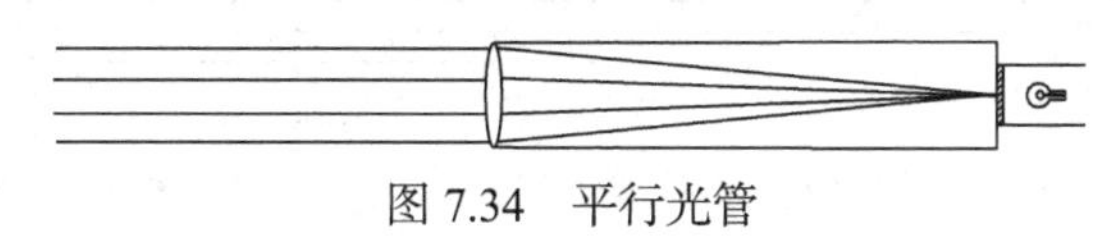

图 7.34　平行光管

如果这时有一测量望远镜面向平行光管的物镜，则只有调焦至无穷远，才可看到该光点。将测量望远镜的视准轴瞄准这个光点，即把十字丝中心与此发光点的像重合，则这时视准轴就平行于上述平行光束。

在平行光管焦面上放一个十字丝，后面用灯光照明。这时十字丝中心就可作为一个发光点。我们称十字丝中心与物镜光心的连线为平行光管的视准轴。当测量望远镜十字丝中心照准平行光管十字丝中心时，两个视准轴必定相互平行。

根据平行光管原理可以得到：①即使平行光管的物镜离测量望远镜很近，在盲区之内，因为测量望远镜接收平行光后能成像于焦面上，所以仍能清晰地看到平行光管里光点的虚像，仍可以精确地瞄准。换句话说，把平行光管作为目标瞄准时，没有盲区的限制。②如果把测量望远镜物镜进光瞳的一部分遮盖，仍可以瞄准，而且瞄准后两个视准轴仍平行。该特点告诉我们，照准平行光管的十字丝只能实现两个视准轴相互平行，而不能保证它们相互重合。

如果焦面上有 F_1、F_2 两个点，则由此两点经物镜发出的两束平行光互相不平行，将有一个夹角 θ，此 θ 角等于这两个点在物镜光心处的张角，即

$$\theta = \frac{\overline{F_1F_2}}{f}\rho \tag{7.32}$$

式中，f 为平行光管物镜的焦距。

7.4.2　经纬仪望远镜作为平行光管的条件

当十字丝调到物镜的焦面位置时，经纬仪的望远镜也可作为平行光管用。因此，实际应用时，需将望远镜的焦距调到无穷远处，例如，晚上用一颗星作目标，白天用一个尽量远的物体作目标进行调焦。

实际应用时，即使十字丝不在物镜的焦面上，两台经纬仪的望远镜也可能实现互相瞄准对方的十字丝，但这时望远镜不具有平行光管的性质，即两个望远镜的视准轴不一定相互平行。如图 7.35 所示，其中 O 代表物镜组合光心，F 为其焦点；C 代表十字丝中心，C' 为其像(实像或虚像)。图 7.35(a)表示两个望远镜的十字丝均位于物镜焦点处；图 7.35(b)表示两个望远镜的十字丝均在 F、O 之外，但仍有可能瞄准对方的十字丝(的像)；图 7.35(c)表示一个望远镜的十字丝在 F、O 之间，另一个望远镜的十字丝在 F、O 之外，但两个望远镜仍有可能实现十字丝对瞄。

7.4.3　应用举例

1. 短边方位角传递

如图 7.36 所示，设需要把室外 AB 边的方位角用导线测量的方法经走廊传递到室内 CD 边上。中间有两条边 QR、SC 很短，使用三联脚架法可削弱对中误差，但照准误差的影响无法克服。

这时，可采用经纬仪对瞄法完成在短边上的方位传递。以 QR 边为例，在点 Q 和点 R 上同时架设经纬仪，在点 P 和点 S 上安放觇牌。两经纬仪分别照准两觇牌读数，之后将望远镜

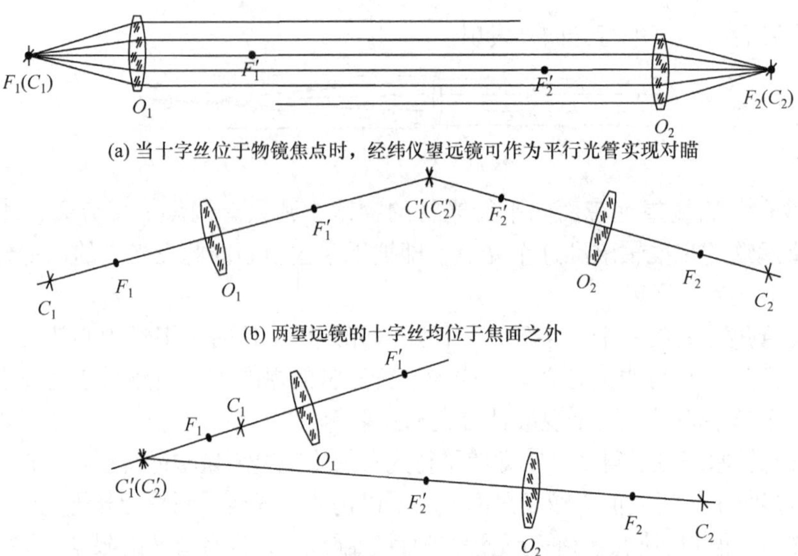

(a) 当十字丝位于物镜焦点时，经纬仪望远镜可作为平行光管实现对瞄

(b) 两望远镜的十字丝均位于焦面之外

(c) 一望远镜的十字丝位于焦面之外，另一望远镜的十字丝位于物镜及其焦面之间

图 7.35　经纬仪望远镜作为平行光管的条件

对无穷远调焦，并用灯在目镜处照亮十字丝，两望远镜对瞄，精确瞄准对方的十字丝后读数，即可将 PQ 的方位角传递到 RS 上去。

在上述过程中，因为只能实现两视准轴的相互平行，而不能保证它们相互重合，所以只能测出 $\angle RQP + \angle QRS$，而测不出其中之一。

2. 一种快速精确测定水准仪 *i* 角的方法

如图 7.37 所示，把水准仪和一台经纬仪面对面地架设在一起，并使二者望远镜大致同高。将水准仪的望远镜对无穷远调焦，转向经纬仪并使视线放到水平状态，在其目镜后放灯光照亮十字丝。用经纬仪瞄准水准仪的十字丝，则两视准轴相互平行。读取经纬仪的垂直角，即水准仪的 i 角。可观测多测回取平均，以提高精度。

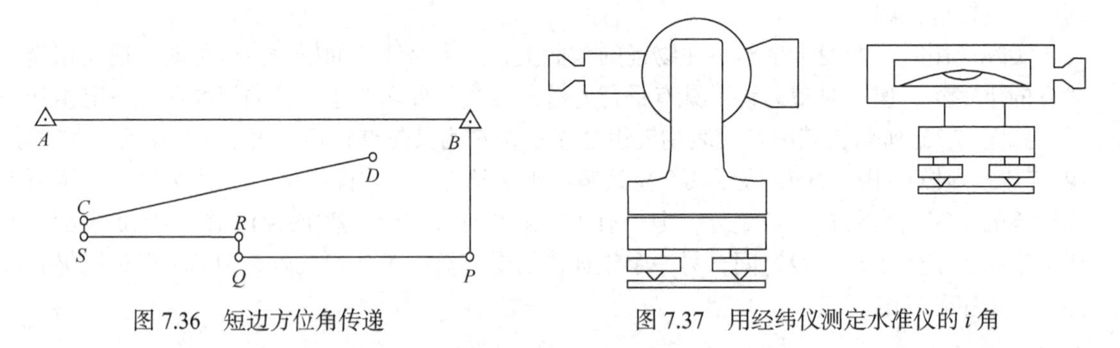

图 7.36　短边方位角传递　　图 7.37　用经纬仪测定水准仪的 i 角

7.5　自准直平行光管在测量中的应用

7.5.1　自准直平行光管

在平行光管十字丝后面加上自准直目镜(也称为高斯目镜)即成为自准直平行光管，如图 7.38 所示。自准直目镜由目镜、立方镜及照明灯组成。其中立方镜由两块直角棱镜组

成，在直角棱镜的斜面上镀上半透膜，它一方面可以把来自照明灯的光线反射而照亮十字丝；另一方面又允许来自物镜的成像光线通过它抵达目镜，因此观测员可以看到从物镜来的像。

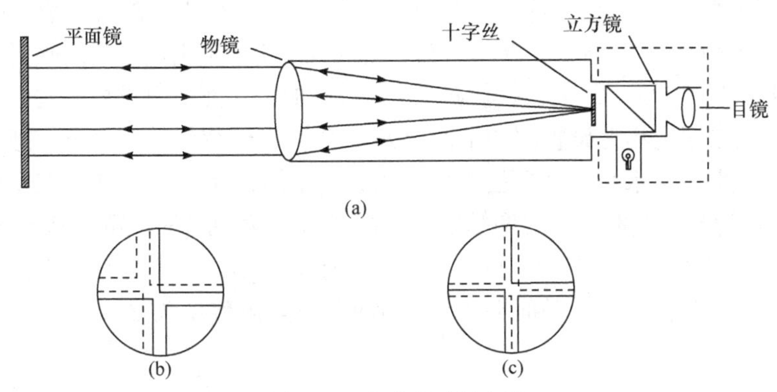

图 7.38　自准直平行光管

自准直平行光管总是与平面反射镜一起工作，工作的目的是使平面反射镜的法线与平行光管的视准轴平行。在平行光管物镜前安放一块平面镜，平行光管的十字丝经物镜成像，该像被平面镜反射后进入物镜，又成像于十字丝处。所以，通过目镜既可以看到十字丝本身，又可以看到十字丝的像，如图 7.38(b)、图 7.38(c)实、虚线所表示。

在平面反射镜平直、光洁、镀层优良的前提下，若平面镜与视准轴垂直，则十字丝的像与其本身重合，如图 7.38(c)所示，像是倒立的。若平面镜与视准轴不垂直，则十字丝的像与其本身不重合，如图 7.38(b)所示。因此，利用自准直平行光管可以使平面反射镜的法线与平行光管的视准轴严格平行。根据成像原理可知，若十字丝与其像的重合误差为 m，则平面镜与视准轴的垂直误差为 $\frac{m}{2}$。

7.5.2　应用举例

例一：自准直平行光管可以用于准直，例如，在机床厂可以用它来检验或校正机床导轨的直线性。如图 7.39 所示，平面镜装在一个支架上，支架可以卡在导轨上，其下部有触点与导轨接触。首先使导轨与平行光管的视准轴基本平行，将支架放在导轨上，在自准直平行光管的监视下，校正导轨，一直到平面镜的法线平行于视准轴为止。然后移动支架，继续校正导轨，直到全部完成为止。

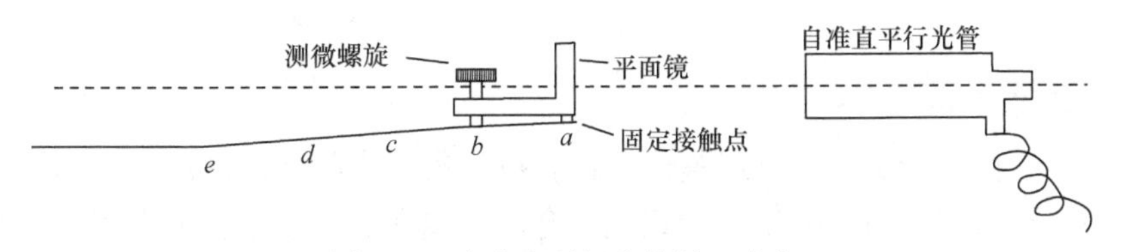

图 7.39　自准直平行光管用于准直

例二：如图 7.40(a)所示，设在一混凝土坑内四壁上装埋着一些平面钢板，现需要精确测量钢板之间的夹角，以检查它们的相对位置是否符合设计要求。现在用自准直平行光管解决这一问题。

将经纬仪望远镜的普通目镜卸下，换上自准直目镜，将望远镜对无穷远调焦，并用胶纸将调焦螺旋固定。在平面镜的背面安装三只底脚和一块强磁铁，如图 7.40(b)、图 7.40(c)所示，强磁铁表面比三底脚略低一些。将该平面镜附在待测的钢板上，并使一底脚在上、另两底脚在下，经纬仪盘左对准平面镜实现自准直，在水平度盘和垂直度盘上读数；将平面镜旋转180°(即原来在下的两底脚在上，原来在上的一底脚在下)，经纬仪盘右对准平面镜实现自准直，在水平度盘和垂直度盘上读数。盘左、盘右读数取平均即钢板面法线的倾斜角和方向值。

例三：如图 7.41 所示，设一构件有 A、B 两个精加工平面，要求检验它们是否平行。为此在合适的地点先在固定物上设置两块平面镜 P_1、P_2。在经纬仪的配合下，把这两块平面镜调节到其法线相互平行且水平。然后把构件放在它们中间，在 A、B 两面上安放两块平面镜 P_a、P_b。用经纬仪分别测量 P_1 与 P_a 两镜法线间的竖直夹角和水平夹角、P_2 与 P_b 两镜法线间的竖直夹角和水平夹角，分别记为 $\Delta\gamma_{1a}$、β_{1a} 及 $\Delta\gamma_{2b}$、β_{2b}，显然如果 $\beta_{1a}+\beta_{2b}=360°$、$\Delta\gamma_{1a}+\Delta\gamma_{2b}=0°$，则表示 A、B 两面平行，否则可根据实测数据调整。

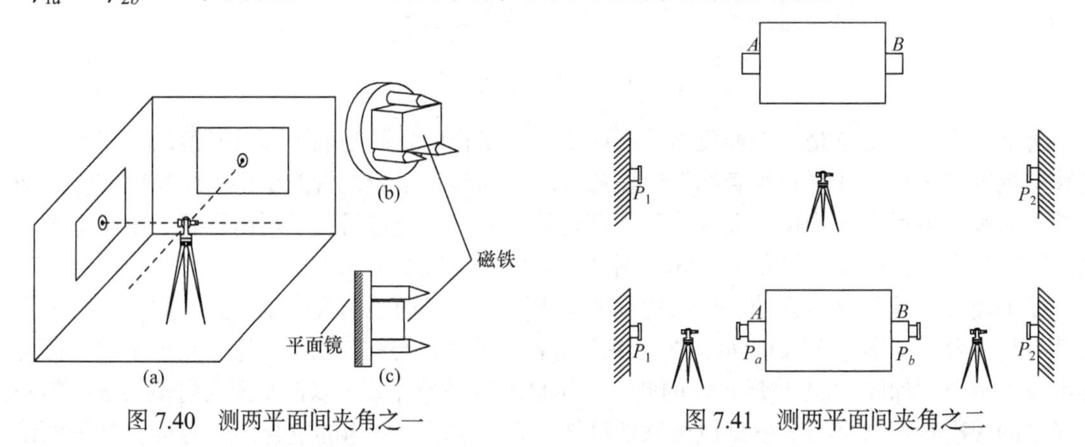

图 7.40　测两平面间夹角之一　　　图 7.41　测两平面间夹角之二

例四：在飞机装配车间里，有一种专门用于投影竖直面的仪器，称为工具经纬仪，它的结构像经纬仪，但没有水平度量和垂直度量，只是在望远镜的横轴上固定着一块平面镜，工作时用一架自准直平行光管监测平面镜的法线有没有晃动，从而保证望远镜横轴一直处于水平位置。

例五：如果把静止的水银面当作平面镜的反射面，则利用自准直平行光管可以高精度地引出铅垂线。

7.6　垂线和引张线

7.6.1　垂线与垂线坐标观测仪

在没有外界干扰的情况下，垂线是最简单，也是最可靠的竖向基准线。例如，吊丝吊在钻孔或静水中，则吊丝与当地的铅垂线完全重合。垂线在竖井联系测量中用于传递方位与坐标，在高耸建筑物中用于测定其倾斜度和挠度，等等。

将垂线用于竖向准直测量时，主要工作是量取垂线相对于观测点的坐标差，使用的工具是垂线坐标观测仪。图 7.42 是一种垂线坐标观测仪的结构图，它有两个进光口，一个在正面，另一个在侧面，来自侧面垂线的像因为施密特-别汉棱镜的作用而在十字丝面上呈水平状态。仪器的上部可以相对于基座作二维平移。如果十字丝的竖双丝“夹”住了垂线正面的像，横双丝“夹”住了垂线侧面的像，则表明仪器从两个方向“瞄准”了垂线。照准部相对于仪器中心的平移量可以在基座上的两根标尺上读取，也就是垂线相对于仪器中心的坐标差。

在实际工作中，如图 7.43 所示，如果 A 为吊点，B、C、…、P 为观测点，则需多架垂线坐标观测仪，或者需把一架观测仪分别架设在 B、C、…、P 点上进行观测，该方案称为多观测点法；也可以只在 P 点架设一台垂线坐标观测仪，而在 B、C、… 点安装能够夹住吊丝的活动式定位板，吊丝依次从 B、C、… 等点定位板的缺口往下挂，用 P 点的仪器观测诸点相对于 P 点的坐标差。测量某一点时，其余各点上的定位板撤去。该方案称为多吊点法。

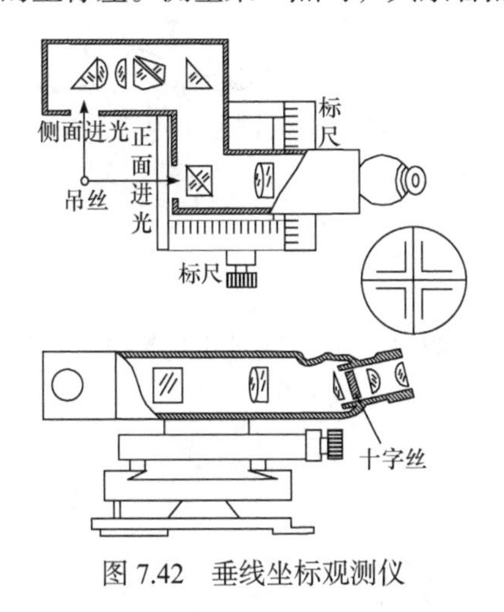

图 7.42　垂线坐标观测仪

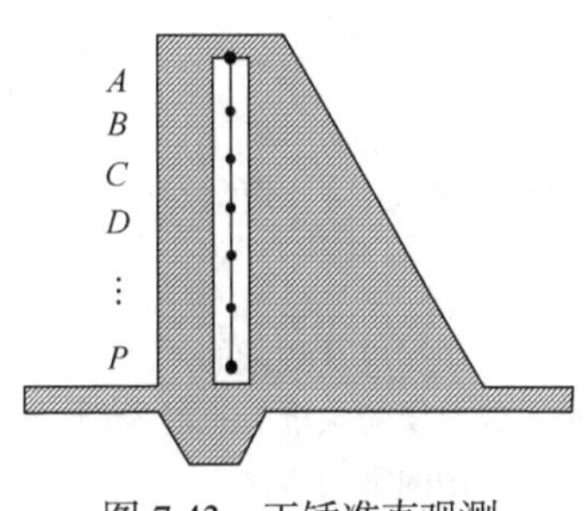

图 7.43　正锤准直观测

垂线坐标观测仪也可用于倒锤准直。

7.6.2　引张线

柔性弦线两端加以水平拉力引张后自由悬挂，则它在竖直面内呈悬链线形状，它在水平面上的投影应是一条直线，这条直线可以作为准直测量的基准线。

下面叙述测点相对于引张线之偏离值的测取方法以及引张线的稳定方法。

1. 反向光学对点器

测定测点相对于引张线的偏离值，主要工具为反向光学对点器，一般需专门设计制造。也可以利用一个望远镜和五角棱镜改造而成，如图 7.44 所示。为了测量光学对中器中心轴偏离引张线的距离，把望远镜及五角棱镜装在滑块上，滑块可以相对于仪器的轨道前后移动，其移动量用一只百分表测量。当然仪器上还必须有两个水准器。

2. 浮托

当弦线很长时，用引张线测定直线的精度主要取决于引张线的平面投影是否严格是一条直线，以及引张线是否稳定。另外也需要减少引张线的下垂矢量以便于观测。在引张线中部设置一些浮托可以起到上述作用。如图 7.45 所示，浮托主要由水箱及浮子组成，浮子上有两个 V 形支架，弦线搁在此支架上，浮子可在水箱中自由浮动。浮托减少了引张线的下垂，但它不会给引张线施加任何横向力。引张线摆动时会带动浮子在水中左右浮动，水的阻尼力能使这种摆动很快消失。每一只浮子相当于引张线的一个阻尼器，它们可消除引张线在一些偶然性外力作用下产生的摆动，使引张线平稳地处于平衡位置上。一系列水箱安装在近似与端点同高的地方，再通过调节液面高度，可使诸浮子同高。

浮托可以消除偶然性力对引张线的影响，但不能消除系统性外力的影响。侧向风是最主要的系统性外力，需设法减小其影响。

实践证明，引张线准直测量的精度可达10^{-7}。

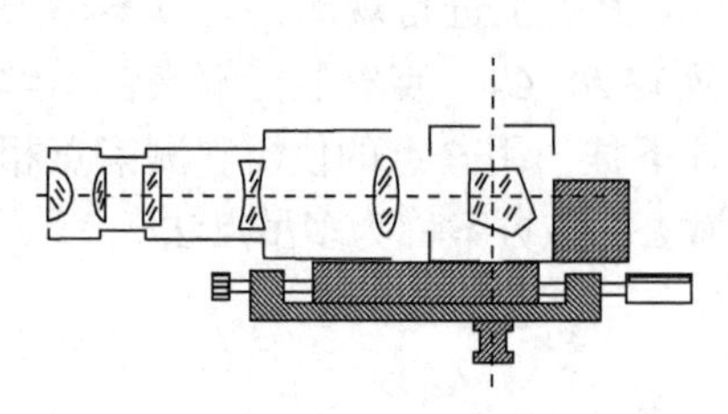

图 7.44　反向光学对中器

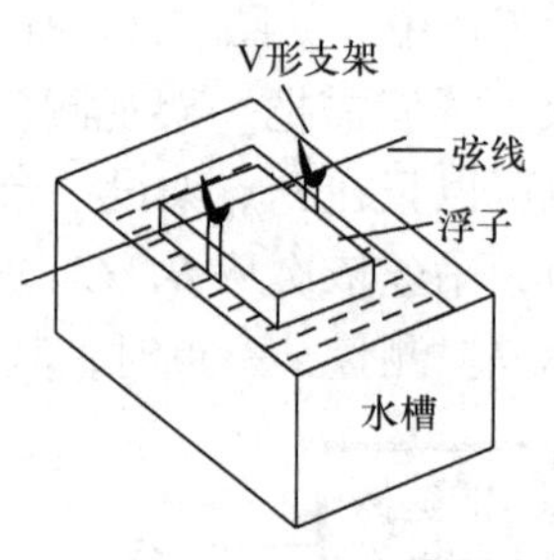

图 7.45　引张线的浮托

思考与练习

一、名词解释

1. 液体静力水准测量；2. 强制对中；3. 激光准直法；4. 深埋钢管标；5. 深埋双金属管标。

二、叙述题

1. 试叙述波带板激光准直测量的原理。
2. 试叙述深埋双金属管水准标志的原理。
3. 试列举强制对中的常用方法。

第 8 章　工业测量系统

随着现代工业的迅猛发展，工业设备的尺寸越发宏大、结构更趋复杂，其工艺制造水平和自动化程度也极大提高，故对测量精度和效率的提高也越发迫切。精密工程测量技术在现代工业生产中得以广泛应用，遂产生了工业测量。

工业测量应用于工业设备的定位、安装、校正和质量检验。在工业设备定位安装时，根据设计和工艺的要求，将设备构件按规定的精度和工艺流程安置到设计位置；在工业设备检修时，对设备构件的位置进行检测，使设备构件能够调整到正确位置；在工业生产过程中，对生产部件进行外形检测，以校核部件实际外形与设计外形的差别。

工业测量的方法有多种，常用的有经纬仪前方交会法、全站仪球坐标法、摄影测量法、激光跟踪仪法和 indoor GPS(以下简称 iGPS)，此外还有关节臂式坐标测量法、激光准直测量法、激光扫描仪法等。这些方法和相关计算机软硬件结合起来，便形成了相应的工业测量系统(industrial measuring system，IMS)。

本章主要介绍 4 类典型的工业测量系统，包括经纬仪工业测量系统，工业摄影测量系统、激光跟踪仪测量系统和 iGPS；最后介绍工业测量数据处理软件的功能，主要包括坐标系生成与转换、几何形状拟合、空间关系分析以及模型比对。

8.1　经纬仪工业测量系统

经纬仪工业测量系统由两台及以上高精度电子经纬仪与计算机及测量附件构成，根据角度空间前方交会测量原理来获取空间点的三维坐标，可实现高精度、无接触测量。

8.1.1　系统构成

1. 电子经纬仪

从原理上讲，所有电子经纬仪都可以组成经纬仪工业测量系统，常见的包括徕卡 T2000、T3000A、TM5005、TM5100A 和 TM6100A 等(图 8.1)。

(a) T3000A 电子经纬仪

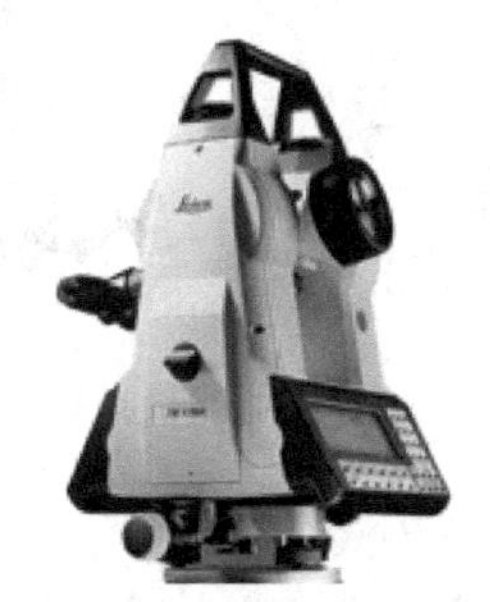

(b) TM5100A 电子经纬仪

(c) TM6100A 电子经纬仪

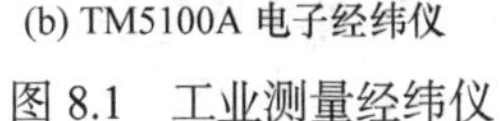

图 8.1　工业测量经纬仪

2. 经纬仪工业测量系统附件

(1) 经纬仪多路接口控制器。控制器是计算机控制电子经纬仪的中介(图 8.2)，其作用包括：为电子经纬仪与计算机通信提供连接；为电子经纬仪供电；提供接口转换驱动；具有不间断电源(uninterruptible power system，UPS)功能，能为计算机供电；可屏蔽电磁干扰信号。

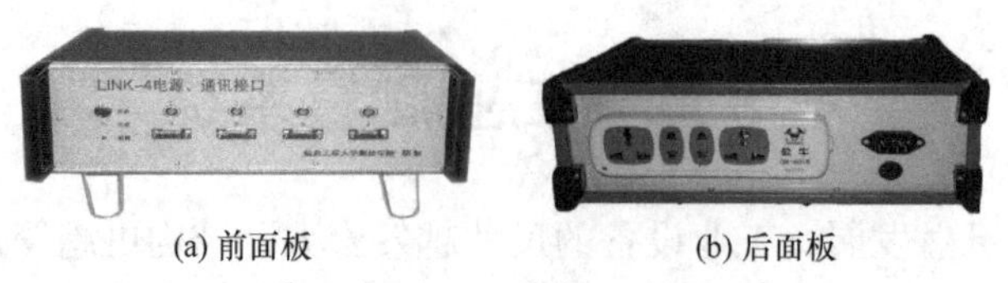

(a) 前面板　　(b) 后面板

图 8.2　LINK-4 四路接口控制器

(2) 照准标志。如图 8.3 所示，照准标志可采用不干胶纸质标志或磁性球标志，对工件的定位孔进行测量时，应加工与孔的尺寸规格相对应的工装。

图 8.3　不干胶标志及磁性球标志

(3) 基准尺。基准尺(图 8.4)采用已知长度的碳纤维尺或因瓦尺等。基准尺在使用前应对其长度进行计量检定，其长度检定精度一般要优于±10μm。

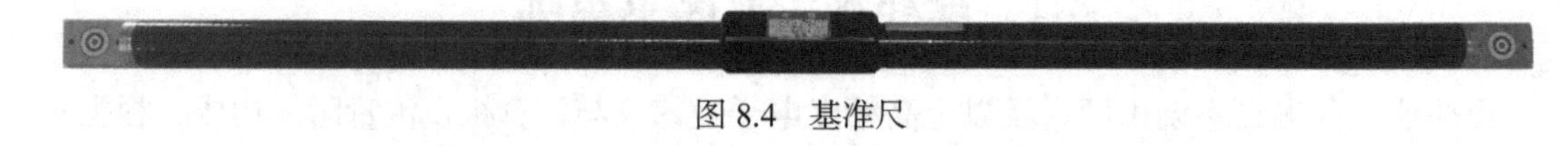

图 8.4　基准尺

(4) 工业测量脚架。脚架可采用铝合金、木质或其他材质，建议采用稳定性好、可升降的金属脚架，如图 8.5 所示。

图 8.5　工业测量脚架

8.1.2　测量原理

经纬仪工业测量系统的测量原理为空间前方交会，以两台经纬仪构成的系统为例予以说明。如图 8.6 所示，两台经纬仪为 A 和 B，以经纬仪 A 中心(三轴交点)为坐标原点，A、B 连线在水平面的投影为 X 轴，以过经纬仪 A 中心的垂线反方向为 Z 轴，以右手坐标系定义确定 Y 轴，由此构成测量坐标系。

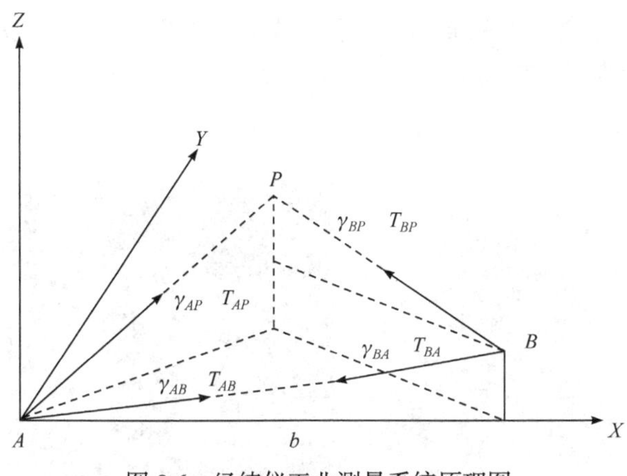

图 8.6　经纬仪工业测量系统原理图

A、B互瞄及分别观测目标P的观测值(水平方向值、天顶距)分别为：$\gamma_{AB},T_{AB},\gamma_{BA},T_{BA}$，$\gamma_{AP},T_{AP},\gamma_{BP},T_{BP}$。设水平角$\alpha$、$\beta$为

$$\begin{cases}\alpha=\gamma_{AB}-\gamma_{AP}\\ \beta=\gamma_{BP}-\gamma_{BA}\end{cases} \tag{8.1}$$

则P点的三维坐标为

$$\begin{cases}x=\dfrac{\sin\beta\cos\alpha}{\sin(\alpha+\beta)}b\\ y=\dfrac{\sin\beta\sin\alpha}{\sin(\alpha+\beta)}b\\ z=\dfrac{1}{2}\left[\dfrac{\sin\beta\cot T_{AP}+\sin\alpha\cot T_{BP}}{\sin(\alpha+\beta)}b+h\right]\end{cases} \tag{8.2}$$

式中，b为基线长，即经纬仪A和B的水平间距，可用两台经纬仪对某一基准进行测量来反算求得；h为两台经纬仪的高差，且

$$h=\frac{1}{2}(\cot T_{AB}-\cot T_{BA})b \tag{8.3}$$

从经纬仪工业测量系统的原理可以看出，要想获取空间点的三维坐标值，必须首先建立测量坐标系，即要得到A、B测站的坐标值，具体来说，就是要确定AB方向和距离基准，这就需要进行经纬仪系统定向，主要包括相对定向和绝对定向。

1. 相对定向

相对定向即确定两仪器的中心连线，并作为观测的基线方向。

将两望远镜均调至无穷远处，互相照准对方的十字丝，由前述平行光管原理可知，此时两望远镜的视准轴已相互平行，但并不重合，如图 8.7 所示。

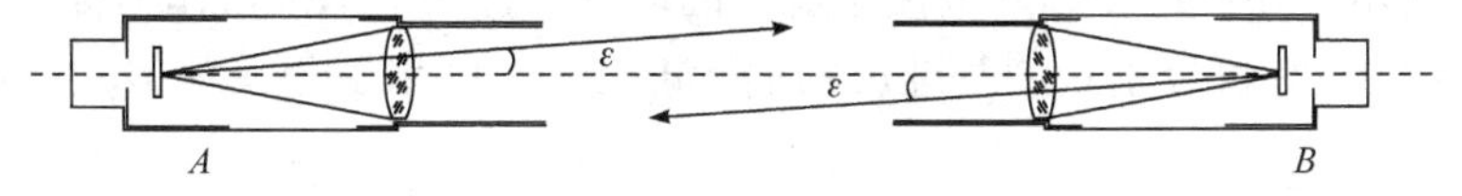

图 8.7　经纬仪互瞄十字丝

若经纬仪望远镜视准轴上装有内觇标，如图 8.8(a)所示，则互瞄时，互相瞄准对方的内

觇标即可。若内觇标不完全位于视准轴上，存在偏差，则需要盘左、盘右各相互照准一次取中数，就可实现相互照准对方中心。

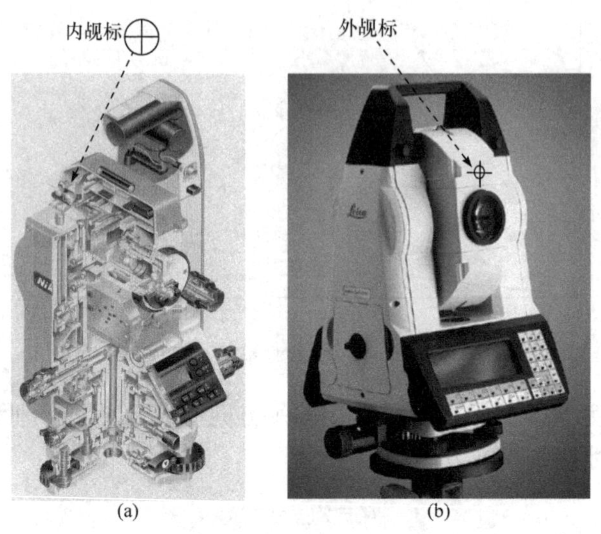

图 8.8 经纬仪内、外觇标

若经纬仪望远镜无法或没有安装内觇标，则可用外觇标代替，如图 8.8(b)所示，外觇标无须位于望远镜视准轴上，但应在镜头附近，以利于瞄准。外觇标也需要盘左、盘右各相互照准一次取中数，以实现相互照准对方中心，如图 8.9 所示。

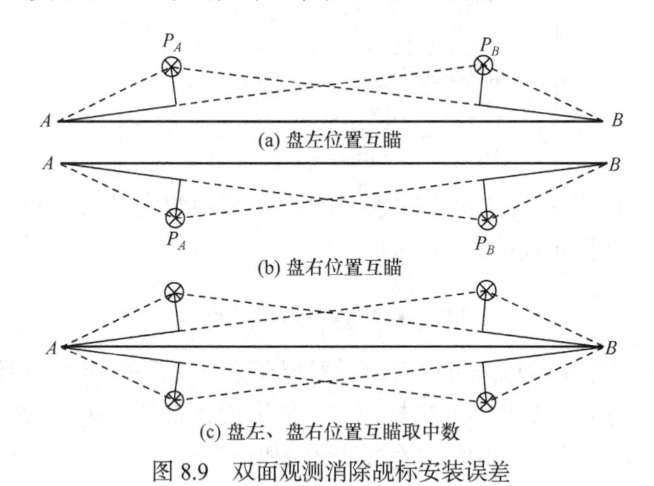

图 8.9 双面观测消除觇标安装误差

2. 绝对定向

绝对定向就是测定两仪器间的基线长 b 和两仪器横轴的高差 h 。由于两仪器之间的距离很短，直接测量有较大的难度，通常采用间接测量方法。

如图 8.10 所示，在靠近测站附近便于观测的地方安置一根基准尺作为标准长度 d ，然后由 A 、B 两站上的经纬仪分别观测基准尺两端标志 1、2 的水平角 α_1 、α_2 、β_1 、β_2 和天顶距 T_{A1} 、T_{A2} 、T_{B1} 、T_{B2} 。

为确定基线长 b ，先假定一近似基线长度 b_0 ，即可按式(8.2)解算出 1、2 两点的近似坐标 (x_1^0, y_1^0, z_1^0)和(x_2^0, y_2^0, z_2^0)，由此可计算出 1、2 两点的近似距离 d_0 ，即

$$d_0=\sqrt{\left(x_1^0-x_2^0\right)^2+\left(y_1^0-y_2^0\right)^2+\left(z_1^0-z_2^0\right)^2}$$

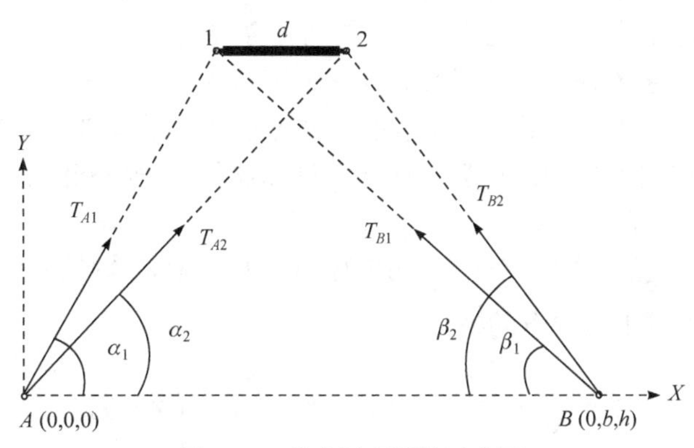

图 8.10　基准尺观测值示意图

按相似原理，即可求出假定基线长与实际基线长的比例 K，即

$$K=\frac{d}{d_0}=\frac{b}{b_0}$$

由此可得基线的实际长度 b 为

$$b=\frac{d}{d_0}b_0=K\cdot b_0 \tag{8.4}$$

计算两台仪器中心的高差 h，可根据两台仪器对点 1、2 的观测值，各计算出高差，然后取平均值，即

$$h'=S_{A1}\cdot\cot T_{A1}-S_{B1}\cdot\cot T_{B1}$$

$$h''=S_{A2}\cdot\cot T_{A2}-S_{B2}\cdot\cot T_{B2}$$

$$h=\frac{1}{2}(h'+h'')=\frac{b}{2}\left(\frac{\sin\beta_1\cdot\cot T_{A1}-\sin\alpha_1\cdot\cot T_{B1}}{\sin\left(\alpha_1+\beta_1\right)}+\frac{\sin\beta_2\cdot\cot T_{A2}-\sin\alpha_2\cdot\cot T_{B2}}{\sin\left(\alpha_2+\beta_2\right)}\right) \tag{8.5}$$

8.1.3　精度分析

由前述式(8.2)可以看出，空间前方交会点的点位精度主要受两种误差的影响：一种是起算数据 b、h 以及两测站仪器的相对定向的精度影响；另一种是交会时方向观测误差的影响。前者对交会点位的影响具有系统误差特性，尽管采用了前述间接测定方法测定 b 和 h，但由于多余观测少，仍使 b 和 h 存在着剩余误差 Δ_b 和 Δ_h，它们对交会点位的影响呈比例关系，即

$$\Delta_x=\frac{\Delta_b}{b}x$$

$$\Delta_y=\frac{\Delta_b}{b}y$$

$$\Delta_z=\frac{\Delta_b}{b}z+\frac{1}{2}\Delta_h$$

相对定向误差对交会点位的影响可以用定向方向作为未知数，即由 A 点照准 B 点的方向值和由 B 点照准 A 点的方向值以及 AB 的天顶距方向作为三个定向未知参数。把相对定向过程中的剩余误差作为定向未知数的改正数。每观测一个目标点 i，有四个观测值

$\left(\gamma_{Ai},\gamma_{Bi},T_{Ai},T_{Bi}\right)$，就有一个多余观测，即产生一个条件：

$$z_{iA}-z_{iB}-h=0$$

式中，z_{iA}、z_{iB}分别为A站和B站观测的天顶距所计算的目标点i的z坐标值。

将上式用观测值的函数表示，并对其线性化，即可建立带有未知参数的条件方程式，若观测n个目标点，就有n个带三个未知参数的条件方程式，根据带有未知数的条件观测平差理论可以解求出三个定向参数的改正数，在计算目标点的三维坐标时，就可以消除相对定向误差的影响，提高目标点的精度。

方向观测误差(包括水平方向误差m_β和天顶距方向误差m_T)对交会点位的影响具有偶然误差特性，由式(8.2)不难求得交点的坐标误差为

$$m_x^2=\frac{m_\beta^2}{\rho^2}x^2\left(\tan^2\alpha+\cot^2\beta+2\cdot\cot^2\left(\alpha+\beta\right)\right)$$

$$m_y^2=\frac{m_\beta^2}{\rho^2}y^2\left(\cot^2\alpha+\cot^2\beta+2\cdot\cot^2\left(\alpha+\beta\right)\right)$$

$$m_z^2=\frac{m_T^2}{\rho^2}b^2\left(\frac{\sin^2\beta\cdot\csc^4T_A+\sin^2\alpha\cdot\csc^4T_B}{\sin^2\left(\alpha+\beta\right)}\right)$$

由以上分析可以看出：空间前方交会点的精度除了与基线长b，测角精度m_β、m_T有关之外，还与交会点的位置、交会图形$\left(\alpha,\beta,T\right)$有关。随着天顶距$T$的减小，$m_z$的精度迅速下降。因此，在作业中，应适当地选择测站位置，确定合适的交会图形，特别注意交会点与测站点之间的高差不能太大。

8.1.4　应用

经纬仪工业测量系统在航天、航空、通信等工业部门应用很广，图 8.11 列举了几个应用实例。

(a) 大型天线的安装测量　(b) 减速机的同轴检测

(c) 神舟飞船外形检测　(d) 火箭箭体外形检测

图 8.11　经纬仪工业测量系统应用

8.2　工业摄影测量系统

摄影测量是利用相机摄影得到的相片，研究和确定被摄物体的形状、大小、位置、性质和相互关系的一门科学和技术。按照被测目标远近不同，摄影测量可分为航天摄影测量、航空摄影测量、地面摄影测量、近景摄影测量和显微摄影测量等。

工业摄影测量属于近景摄影测量范畴，它利用数码相机对被测目标拍摄相片，通过数字图像处理和摄影测量处理，获取工业目标的几何形状和运动状态等信息。换言之，即利用摄影测量技术解决工业测量问题。

按照测量方式的不同，工业摄影测量可分为采用单相机的脱机测量模式和采用多相机的联机测量模式。前者主要测量静态目标，采用单台数码相机在至少两个位置对被测物进行拍摄，然后将相片导入计算机即可进行处理；后者主要测量动态目标，采用多台相机同时对被测物进行拍摄，并通过连接线将相片传输至计算机进行实时处理。本节主要介绍脱机测量模式的工业摄影测量系统。

8.2.1　系统构成

工业摄影测量系统主要由高精度相机、人工测量标志及编码标志、定向靶、基准尺等附件以及数据处理软件组成，如图 8.12 所示。

(a) 高精度相机　(b) 人工测量标志　(c) 编码标志　(d) 定向靶

(e) 基准尺

(f) 数据处理软件

图 8.12　工业摄影测量系统构成

8.2.2　测量原理

与其他类型的摄影测量系统一样，工业摄影测量系统的基本原理是空间角度交会测量，其基本数学模型是共线条件方程(构像方程)，即摄影时物点 P 、镜头中心 S 、像点 p 这三点

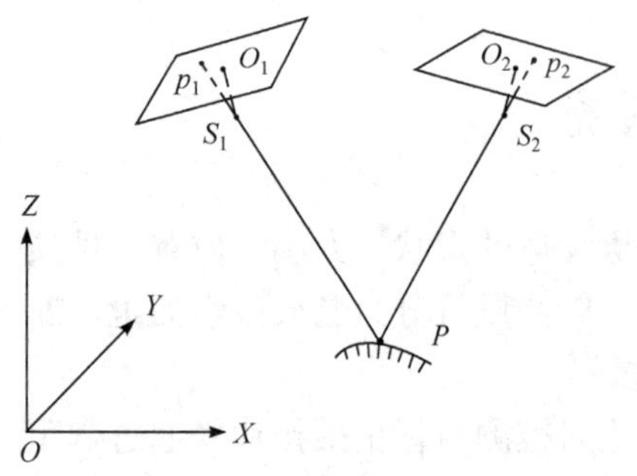

图 8.13　工业摄影测量原理示意图

位于同一直线上，如图 8.13 所示。

共线条件方程可表示为

$$\begin{cases} x - x_0 = -f\dfrac{a_1(X - X_S) + b_1(Y - Y_S) + c_1(Z - Z_S)}{a_3(X - X_S) + b_3(Y - Y_S) + c_3(Z - Z_S)} \\ y - y_0 = -f\dfrac{a_2(X - X_S) + b_2(Y - Y_S) + c_2(Z - Z_S)}{a_3(X - X_S) + b_3(Y - Y_S) + c_3(Z - Z_S)} \end{cases} \tag{8.6}$$

式中，(x, y) 为像点在像平面坐标系中的坐标，(x_0, y_0) 为像主点在像平面坐标系中的坐标，f 为相机主距，(X, Y, Z) 为物点在物方空间坐标系中的坐标，(X_S, Y_S, Z_S) 为镜头中心在物方空间坐标系中的坐标。

设 $\boldsymbol{M} = \begin{bmatrix} a_1 & a_2 & a_3 \\ b_1 & b_2 & b_3 \\ c_1 & c_2 & c_3 \end{bmatrix}$ 为像空间坐标系相对物方空间坐标的旋转矩阵，若采用 R_x、R_y、R_z 转角顺序，其表达式如下

$$\boldsymbol{M} = \begin{bmatrix} \cos R_y \cos R_z & -\cos R_y \sin R_z & \sin R_y \\ \sin R_x \sin R_y \cos R_z + \cos R_x \sin R_z & -\sin R_x \sin R_y \sin R_z + \cos R_x \cos R_z & -\sin R_x \cos R_y \\ -\cos R_x \sin R_y \cos R_z + \sin R_x \sin R_z & \cos R_x \sin R_y \sin R_z + \sin R_x \cos R_z & \cos R_x \cos R_y \end{bmatrix} \tag{8.7}$$

(x_0, y_0, f) 称为相机的内方位元素，用来确定投影中心在像空间坐标系中对相片的相对位置；$(X_S, Y_S, Z_S, R_x, R_y, R_z)$ 称为相片的外方位元素，又称为摄站参数，用来确定相片和投影中心在物方坐标系中的位置。

确定相机内方位元素和畸变参数的过程称为相机检校或相机标定；确定相片外方位元素的过程称为相片定向。经过相机检校和相片定向后，测量点成像直线 PS 的方程即可由像点 p 的像平面坐标计算得到。在空间不同位置拍摄两张或多张相片后，测量点坐标即可由两条或多条成像直线交会得到。

8.2.3　关键技术

1. 相机检校

根据透视投影成像原理，物方点、镜头中心和像点三点在理论上是共线的。但在实际成像过程中，由于相机畸变的存在，像点在焦平面上相对其理论位置存在偏差 $(\Delta x, \Delta y)$，如图 8.14 所示。此时，共线条件方程要成立必须顾及像点的实际偏差值，式(8.8)为顾及实际像点偏差的共线条件方程。

$$\begin{cases} x - x_0 + \Delta x = -f\dfrac{a_1(X - X_S) + b_1(Y - Y_S) + c_1(Z - Z_S)}{a_3(X - X_S) + b_3(Y - Y_S) + c_3(Z - Z_S)} = -f\dfrac{\overline{X}}{\overline{Z}} \\ y - y_0 + \Delta y = -f\dfrac{a_2(X - X_S) + b_2(Y - Y_S) + c_2(Z - Z_S)}{a_3(X - X_S) + b_3(Y - Y_S) + c_3(Z - Z_S)} = -f\dfrac{\overline{Y}}{\overline{Z}} \end{cases} \tag{8.8}$$

任何相机都存在几何畸变，引起畸变的原因是相机零部件的制造和装配误差，如影像传

感器表面不平整或像素排列不规则、镜头各透镜组不同轴以及主光轴与影像传感器表面不垂直等。相机畸变差属于系统误差，在实施摄影测量前必须对相机进行检校，以减小其对测量精度的影响。

摄影测量最常用的相机畸变模型是 10 参数模型，该模型是一种物理模型，依据相机成像过程中各种物理因素的影响而设计。除主距 f 、主点坐标 (x_0,y_0) 等相机内参数以外，10 参数模型还包括镜头径向畸变、偏心畸变和像平面畸变共 3 类畸变参数。

(1) 径向畸变。径向畸变由镜头形状不规则引起，它使像点沿径向产生偏差。径向畸变是对称的，对称中心(自准直主点)与像主点并不完全重合，但通常将像主点视为对称中心。径向畸变有正负之分，相对主点向外偏移为正，称为枕形畸变；向内偏移为负，称为桶形畸变，如图 8.15 所示。

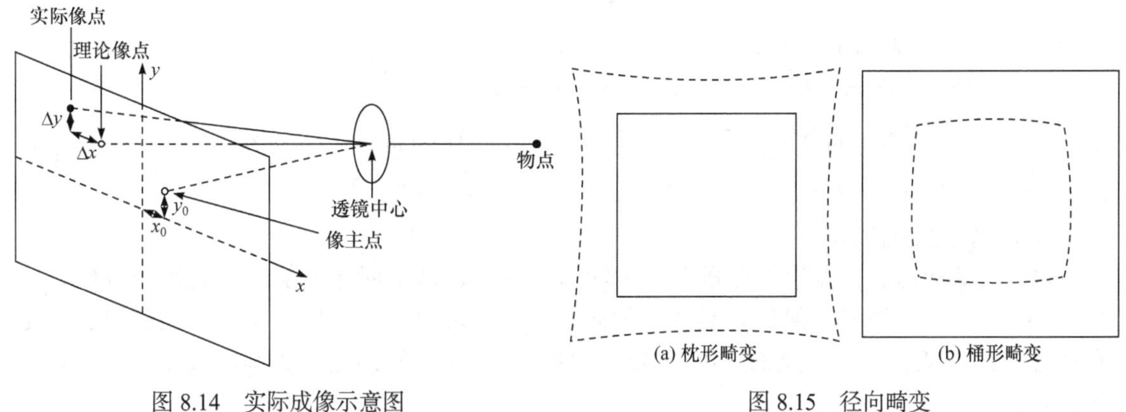

图 8.14　实际成像示意图　　图 8.15　径向畸变

径向畸变可用如下多项式表示：

$$\Delta r = k_1 r^3 + k_2 r^5 + k_3 r^7 + \cdots \tag{8.9}$$

将其分解到 x 轴和 y 轴上，则有

$$\begin{cases} \Delta x_r = k_1\overline{x}r^2 + k_2\overline{x}r^4 + k_3\overline{x}r^6 + \cdots \\ \Delta y_r = k_1\overline{y}r^2 + k_2\overline{y}r^4 + k_3\overline{y}r^6 + \cdots \end{cases} \tag{8.10}$$

式中，$\overline{x} = x - x_0$ ；$\overline{y} = y - y_0$ ；$r^2 = \overline{x}^2 + \overline{y}^2$ ；k_1、k_2、k_3 为径向畸变系数。

(2) 偏心畸变。偏心畸变主要由光学系统光心与几何中心不一致造成，即镜头器件的光学中心和(或)主轴不能严格共线，如图 8.16 所示。偏心畸变在数值上比径向畸变小得多。

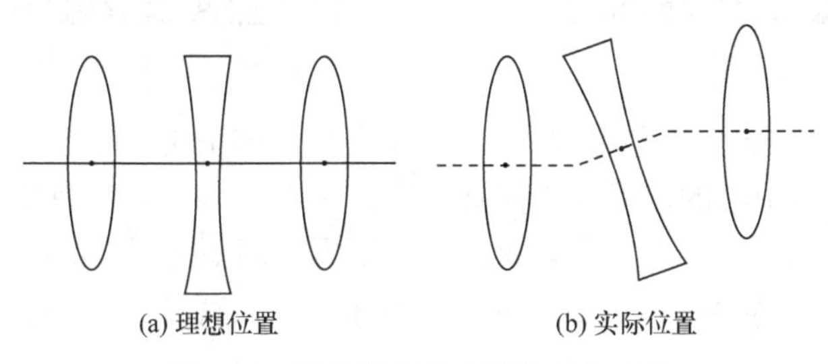

图 8.16　镜头装配误差引起偏心畸变

偏心畸变表达式为

$$\begin{cases}\Delta x_d = P_1(r^2 + 2\overline{x}^2) + 2P_2\overline{x}\cdot\overline{y}\\ \Delta y_d = P_2(r^2 + 2\overline{y}^2) + 2P_1\overline{x}\cdot\overline{y}\end{cases} \tag{8.11}$$

式中，P_1、P_2 为偏心畸变系数。

(3) 像平面畸变。像平面畸变可以分为两类：像平面不平引起的非平面畸变和像平面内的畸变。

胶片式相机的像平面畸变即为胶片平面不平引起的畸变，可用多项式加以补偿。而数码相机的影像传感器由于采用离散的像敏单元成像，其非平面畸变很难用模型描述。

像平面内的畸变可表示为仿射和剪切变形

$$\begin{cases}\Delta x_m = b_1\overline{x} + b_2\overline{y}\\ \Delta y_m = 0\end{cases} \tag{8.12}$$

式中，b_1、b_2 为像平面内畸变系数。

综合上述 3 类畸变，10 参数相机畸变模型可表示为

$$\begin{cases}\Delta x = k_1\overline{x}r^2 + k_2\overline{x}r^4 + k_3\overline{x}r^6 + P_1(r^2 + 2\overline{x}^2) + 2P_2\overline{x}\cdot\overline{y} + b_1\overline{x} + b_2\overline{y}\\ \Delta y = k_1\overline{y}r^2 + k_2\overline{y}r^4 + k_3\overline{y}r^6 + P_2(r^2 + 2\overline{y}^2) + 2P_1\overline{x}\cdot\overline{y}\end{cases} \tag{8.13}$$

2. 测量标志及附件

(1) 测量标志。工业摄影测量系统一般采用玻璃微珠型回光反射材料制作测量标志，如图 8.17 所示。回光反射标志能将入射光线按原路反射回光源处，在近轴光源照射下能在相片上形成灰度反差明显的“准二值”图像(图 8.18)，特别适合用作摄影测量中的高精度特征点。

(2) 定向靶。航空摄影测量通常采用地面控制点确定测量坐标系，通过相对定向和绝对定向获取各相片的外方位元素。而在工业测量现场一般难以提供合适的控制点，因此，工业摄影测量系统多采用辅助定向装置(定向靶)替代控制点，确定测量坐标系。

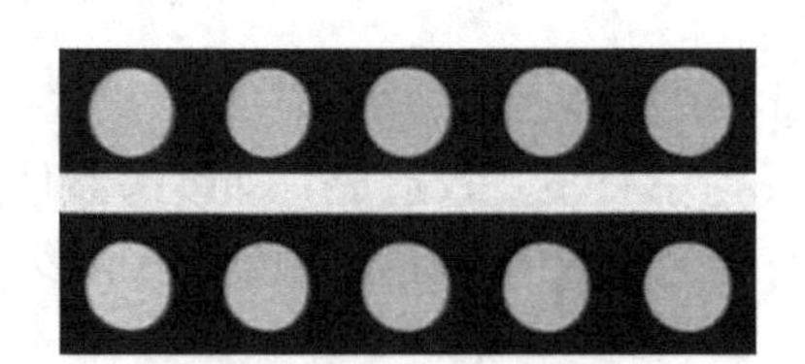

图 8.17　回光反射标志

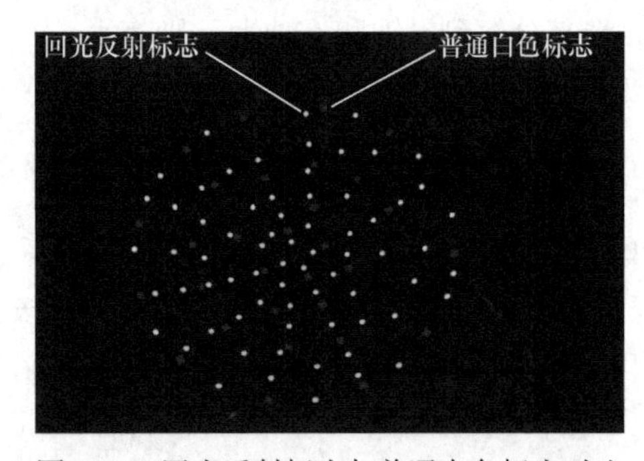

图 8.18　回光反射标志与普通白色标志对比

图 8.19 是一种工业摄影测量用定向靶。该定向靶主体采用碳纤维材料制成，标志均为回光反射标志，主要包括中心的环形标志点和周围 5 个圆形标志点。其中，点 1、2、4、5、6 共面，点 1、5、6 共线。定向靶上各点确定一个物方空间坐标系，x 轴为点 4、点 2 连线方向，y 轴为点 6、点 1 连线方向，z 轴按右手坐标系定义确定。在数据处理软件中可以自动识别该定向靶。

(3) 编码标志。编码标志是一种特殊的人工标志，每个编码标志都对应一个唯一的编码(识别码)，能够通过数字图像处理自动识别，其作用主要是与定向靶配合使用，完成相片的

概略定向。

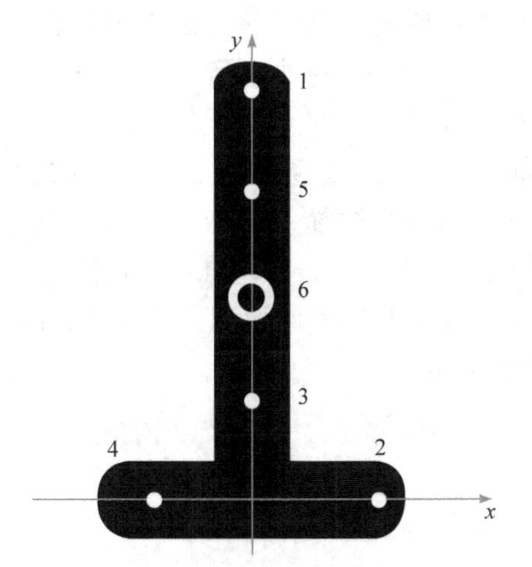

图 8.19　定向靶及坐标系定义

图 8.20 是一种编码标志的设计图。该编码标志由 8 个大小相同的圆形标志点组成，各标志点均采用回光反射材料制作。其中，点 1～点 5 为模板点，定义编码标志的坐标系，点 3 为定位点；另外 3 个点为编码点，分布在 20 个设计位置上，分别对应 A～T 不同的字母。

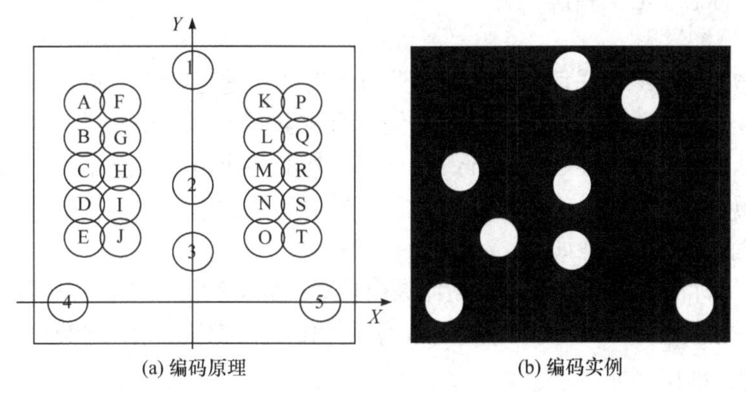

(a) 编码原理　　(b) 编码实例

图 8.20　点分布型编码标志设计原理

该编码标志采用字符串编码，将 3 个编码点对应字母按顺序排列所得字符串即可作为该编码标志的编码值(名称)，如图 8.20(b)所示，编码标志编码值即为 CODE_CJK。也可将所有可能的编码字符串按指定顺序排列，形成一个索引表，以其序号作为每个编码标志的编码值，如表 8.1 所示。

表 8.1　编码字符串索引表示例

序号	字符串	序号	字符串
1	ACE	2	ACG
3	ACI	4	ACJ
5	ACK	6	ACL
…	…	…	…

在数据处理软件中可以自动识别该编码标志，为便于识别，3 个编码点需满足互不相邻的条件。按此设计，该编码标志的编码容量(不重复的编码值数量)为 496，能够满足工业摄影测量的一般需求。若需要进一步扩展编码标志容量，可适当增加编码点设计位置或编码点个数，如将编码点由 3 个增加至 4 个及以上。

(4) 基准尺。与其他空间角度交会测量系统一样，工业摄影测量系统需要单独确定测量坐标系的长度基准，通常是在测量现场放置一个(或多个)较长的且长度精确已知的基准尺。

图 8.21 是一种工业摄影测量用基准尺，该基准尺采用因瓦材料制成，具有极低的热膨胀系数，不易产生热变形。基准尺两端粘贴有圆形测量标志点，两标志中心间的距离(基准尺长度)可使用双频激光干涉仪精确测定。

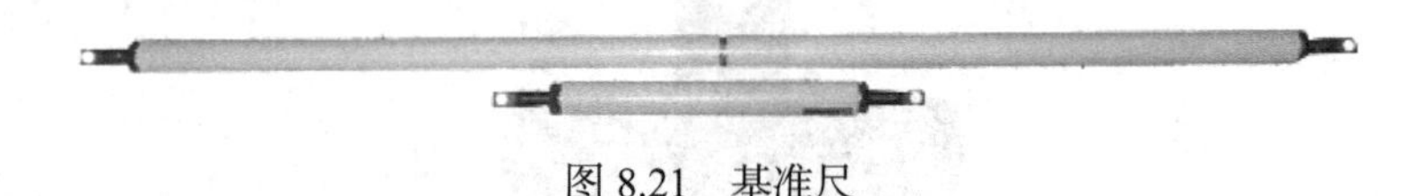

图 8.21　基准尺

3. 人工标志图像识别定位

圆形人工标志中心的图像坐标是工业摄影测量的观测值，其自动化、高精度提取是后续数据处理的基础。对圆形标志中心进行定位时，首先需要精确提取标志图像的边缘，即将标志图像从背景图像中准确地分离出来；然后对边缘点进行椭圆拟合或计算标志内像素的质心，从而确定标志中心的精确位置。

1) 标志边缘检测

提取标志图像边缘常采用各种边缘检测算子对相片进行运算，如 Robert 算子、Soble 算子、Canny 算子等，此处以 Canny 算子为例介绍标志边缘检测方法。

Canny 算子由澳大利亚学者 John Canny 于 1983 年提出，是一种多尺度空间边缘检测算法。由于 Canny 算子产生单像素边缘，且对噪声不太敏感，适合提取圆形人工标志边缘。Canny 算子检测边缘的步骤如下。

(1) 首先用标准差为 σ 的二维高斯滤波模板对图像进行滤波以消除图像噪声。

(2) 用导数算子(如 Prewitt 算子、Soble 算子等)找到图像灰度沿两个方向的偏导数 G_x、G_y，并求出梯度的大小和方向

$$\begin{cases} |G| = \sqrt{G_x^2 + G_y^2} \\ \theta = \arctan\left(\dfrac{G_x}{G_y}\right) \end{cases} \tag{8.14}$$

(3) 把边缘的梯度方向大致分为 4 种(水平、竖直、45°方向、135°方向)，各方向用不同的邻近像素进行比较，以决定局部极大值。若某个像素的灰度值与其梯度方向上前后两个像素的灰度值相比不是最大的，则像素值置为 0，即不是边缘。这一过程称为“非极大抑制”。

(4) 使用累计直方图计算两个阈值 h_1 和 h_2，$h_1 > h_2$。凡是大于高阈值 h_1 的一定是边缘；凡是小于低阈值 h_2 的一定不是边缘；如果检测结果介于 h_1 和 h_2 之间，则判断该像素的邻接像素中有没有超过高阈值的边缘像素：若有，则该像素是边缘，否则不是边缘。

2) 像点中心定位

在边缘检测完成后，便可以利用标志的边缘像素或边缘内部的像素计算标志点的中心坐标，常用的方法有质心法和椭圆拟合法。

质心法是对图像中圆、椭圆和矩形等中心对称目标进行亚像素高精度定位的常用算法。其原理是以像素的灰度值或灰度值的平方为权，计算标志边缘内部的所有像素坐标的加权平均值，按选权方式的不同可分为灰度加权质心法、灰度平方加权质心法等。质心法的计算公式为

$$\begin{cases} x_0 = \dfrac{\sum\limits_{(i,j)\in S} iW(i,j)}{\sum\limits_{(i,j)\in S} W(i,j)} \\ y_0 = \dfrac{\sum\limits_{(i,j)\in S} jW(i,j)}{\sum\limits_{(i,j)\in S} W(i,j)} \end{cases} \tag{8.15}$$

式中，(x_0, y_0)为标志点中心坐标；(i,j)为标志内像素坐标；$W(i,j)$为权值。若$W(i,j)=I(i,j)$，即为灰度加权质心；若$W(i,j)=I^2(i,j)$，则为灰度平方加权质心。灰度平方加权质心法使得目标灰度分布的权重得以进一步突出，在理想情况下，可以得到比灰度质心法更好的定位准确度。

圆形标志经透镜成像后为椭圆或圆锥体的一部分，如图 8.22 所示。当得到标志的边缘图像后，可以利用边缘像素通过椭圆拟合的方式得到标志图像的中心坐标。

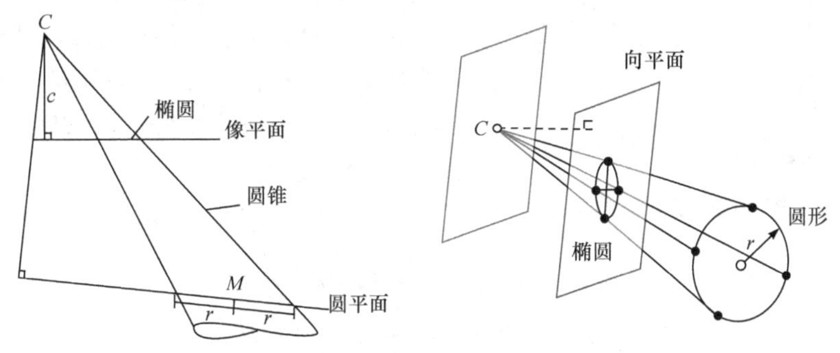

图 8.22　圆形标志成像为椭圆

椭圆在平面内的一般方程为

$$ax^2 + 2bxy + cy^2 + 2dx + 2ey + f = 0 \tag{8.16}$$

式中，(x, y)为椭圆的边缘点坐标；a、b、c、d、e和f 为椭圆方程的 6 个参数。

通过椭圆拟合可求得椭圆方程的 6 个参数，则椭圆中心坐标(x_0, y_0)为

$$\begin{cases} x_0 = \dfrac{be - cd}{ac - b^2} \\ y_0 = \dfrac{ae - bd}{ac - b^2} \end{cases} \tag{8.17}$$

4. 相片概略定向

相片定向是指确定各相片在物方空间坐标系中的位置和姿态，即外方位元素(又称为摄站参数)。在航空摄影测量中，相片定向多采用先相对定向、后绝对定向的方式进行，也可以整体解算。而在工业摄影测量中，由于摄影方式灵活多变，且通常不布设大范围的控制点，故

难以采用此方法，而是采用基于定向靶和编码标志的定向方式。由于相片外方位元素将在后续的光束法平差中作为未知参数进行进一步解算，故定向的作用只是提供相片外方位元素的初值，因此称为概略定向。

(1) 单张相片定向。在航空摄影测量中，单张相片概略定向的方法主要有基于共线条件方程的平差解法、角锥法和基于直接线性变换的解法。前两种方法都需要给定摄站参数初值，而在工业摄影测量中，摄站位置和摄影角度灵活多变，难以获取摄站参数初值，因此一般不宜使用。工业摄影测量中常用的单张相片定向方法有直接线性变换法和基于 4 个控制点的定向方法两种，这两种方法都是直接解法，不需要摄站参数初值。此处以基于 4 个控制点的定向方法为例说明单张相片定向方法。

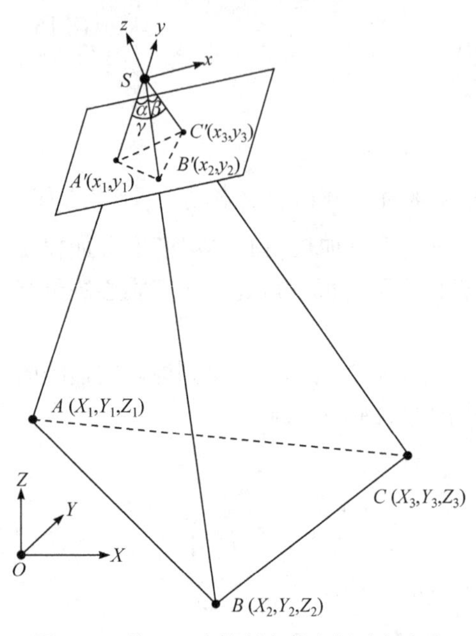

图 8.23　基于 3 个控制点的空间后方交会

基于 4 个控制点的定向方法基本过程为：首先，通过求解一元四次方程求得其中 3 个控制点到摄站的距离，并利用第 4 个控制点消除歧义解；然后，计算 3 个控制点在像空间坐标系中的坐标；最后，通过分解旋转矩阵线性计算摄站外方位元素。具体计算过程如下。

如图 8.23 所示，$A(X_1,Y_1,Z_1)$、$B(X_2,Y_2,Z_2)$、$C(X_3,Y_3,Z_3)$ 为 3 个控制点，其相应像点为 $A'(x_1,y_1)$、$B'(x_2,y_2)$、$C'(x_3,y_3)$，到摄站 S 的距离分别为 d_{AS}、d_{BS}、d_{CS}；$\triangle ABC$ 的边长分别为 d_{AB}、d_{BC}、d_{AC}；$\angle ASB$、$\angle BSC$、$\angle ASC$ 分别为 α、β、γ。

在$\triangle ASB$、$\triangle BSC$、$\triangle ASC$中，由余弦定理可得

$$\begin{cases} d_{AB}^2 = d_{AS}^2 + d_{BS}^2 - 2d_{AS}d_{BS}\cos\alpha \\ d_{BC}^2 = d_{BS}^2 + d_{CS}^2 - 2d_{BS}d_{CS}\cos\beta \\ d_{AC}^2 = d_{AS}^2 + d_{CS}^2 - 2d_{AS}d_{CS}\cos\gamma \end{cases} \tag{8.18}$$

式中，α、β、γ 可在$\triangle A'SB'$、$\triangle B'SC'$、$\triangle A'SC'$中由余弦定理获得。

设距离 d_{AS}、d_{BS}、d_{CS} 的比为 $1:n:m$，即

$$\begin{cases} d_{BS} = nd_{AS} \\ d_{CS} = md_{AS} \end{cases} \tag{8.19}$$

将式(8.19)代入式(8.18)，可得

$$\begin{cases} d_{AB}^2 = d_{AS}^2 + (nd_{AS})^2 - 2d_{AS}^2 n\cos\alpha \\ d_{BC}^2 = (nd_{AS})^2 + (md_{AS})^2 - 2d_{AS}^2 nm\cos\beta \\ d_{AC}^2 = d_{AS}^2 + (md_{AS})^2 - 2d_{AS}^2 m\cos\gamma \end{cases} \tag{8.20}$$

消去 d_{AS}、m 可得

$$w_1n^4 + w_2n^3 + w_3n^2 + w_4n + w_5 = 0 \tag{8.21}$$

式(8.21)为关于n的一元四次方程，w_1～w_5为系数，求解该式可得至多 4 个n值。为消除多余解，可再加入一个控制点D，利用A、B、D三点求得另一组n值，选取两组中相同的一个即为实际距离比值。将其代入式(8.20)可得距离d_{AS}、d_{BS}、d_{CS}为

$$\begin{cases} d_{AS} = \sqrt{\dfrac{{d_{AB}}^2}{1+n^2-2n\cos\alpha}} \\ d_{BS} = nd_{AS} \\ d_{CS} = md_{AS} = \dfrac{d_{BC}^2 - d_{AC}^2 + d_{AS}^2 - d_{BS}^2}{2(d_{AS}\cos\gamma - d_{BS}\cos\beta)} \end{cases} \tag{8.22}$$

在像空间坐标系$S\text{-}xyz$中，像点A'、B'、C'的坐标分别为：$A'(x_1,y_1,-f)$、$B'(x_2,y_2,-f)$、$C'(x_3,y_3,-f)$。由比值$d_{A'S}/d_{AS}$、$d_{B'S}/d_{BS}$、$d_{C'S}/d_{CS}$可得点A、B、C在像空间坐标系中的坐标(X_{is},Y_{is},Z_{is}) $(i=1,2,3)$分别为

$$\begin{cases} X_{1s} = \dfrac{d_{AS}x_1}{\sqrt{x_1^2+y_1^2+f^2}} \\ Y_{1s} = \dfrac{d_{AS}y_1}{\sqrt{x_1^2+y_1^2+f^2}} \\ Z_{1s} = \dfrac{-d_{AS}f}{\sqrt{x_1^2+y_1^2+f^2}} \end{cases} \quad \begin{cases} X_{2s} = \dfrac{d_{BS}x_2}{\sqrt{x_2^2+y_2^2+f^2}} \\ Y_{2s} = \dfrac{d_{BS}y_2}{\sqrt{x_2^2+y_2^2+f^2}} \\ Z_{2s} = \dfrac{-d_{BS}f}{\sqrt{x_2^2+y_2^2+f^2}} \end{cases} \quad \begin{cases} X_{3s} = \dfrac{d_{CS}x_3}{\sqrt{x_3^2+y_3^2+f^2}} \\ Y_{3s} = \dfrac{d_{CS}y_3}{\sqrt{x_3^2+y_3^2+f^2}} \\ Z_{3s} = \dfrac{-d_{CS}f}{\sqrt{x_3^2+y_3^2+f^2}} \end{cases} \tag{8.23}$$

至此，便得到了 3 个控制点A、B、C在像空间坐标系和物方空间坐标系中的坐标(X_{is},Y_{is},Z_{is})、$(X_i,Y_i,Z_i)(i=1,2,3)$。以下通过分解旋转矩阵线性求解摄站参数。

设旋转矩阵为$\boldsymbol{R}$，摄站坐标为$\boldsymbol{T}=(X_S,Y_S,Z_S)^{\mathrm{T}}$，则

$$\begin{pmatrix} X_i \\ Y_i \\ Z_i \end{pmatrix} = \boldsymbol{R}\begin{pmatrix} X_{is} \\ Y_{is} \\ Z_{is} \end{pmatrix} + \boldsymbol{T} \qquad (i=1,2,3) \tag{8.24}$$

令旋转矩阵

$$\boldsymbol{R} = (\boldsymbol{I}-\boldsymbol{S})^{-1}(\boldsymbol{I}+\boldsymbol{S}) \tag{8.25}$$

式中，矩阵$\boldsymbol{S}$可表示为

$$\boldsymbol{S} = \begin{bmatrix} 0 & -c & b \\ c & 0 & -a \\ -b & a & 0 \end{bmatrix} \tag{8.26}$$

则旋转矩阵为

$$\boldsymbol{R} = \frac{1}{1+a^2+b^2+c^2}\begin{bmatrix} 1+a^2-b^2-c^2 & 2(ab-c) & 2(ac+b) \\ 2(ab+c) & 1-a^2+b^2-c^2 & 2(bc-a) \\ 2(ac-b) & 2(bc+a) & 1-a^2-b^2+c^2 \end{bmatrix} \tag{8.27}$$

将式(8.25)代入式(8.24)可得

$$-\boldsymbol{S}\begin{pmatrix} X_i+X_{is} \\ Y_i+Y_{is} \\ Z_i+Y_{is} \end{pmatrix} + \boldsymbol{U} = \begin{pmatrix} X_{is}-X_i \\ Y_{is}-Y_i \\ Z_{is}-Z_i \end{pmatrix} \qquad (i=1,2,3) \tag{8.28}$$

式中，

$$U=-(I-S)T=(u,v,w)^{\mathrm{T}} \tag{8.29}$$

将式(8.29)代入式(8.28)，经变换后可得

$$\begin{pmatrix} 0 & -Z_i-Z_{is} & Y_i+Y_{is} & 1 & 0 & 0 \\ Z_i+Z_{is} & 0 & -X_i-X_{is} & 0 & 1 & 0 \\ -Y_i-Y_{is} & X_i+X_{is} & 0 & 0 & 0 & 1 \end{pmatrix} D=\begin{pmatrix} X_{is}-X_i \\ Y_{is}-Y_i \\ Z_{is}-Z_i \end{pmatrix} \tag{8.30}$$

式中，$D=(a,b,c,u,v,w)^{\mathrm{T}}$。

由式(8.30)可知，3 个控制点共对应 9 个方程，其矩阵形式如下

$$MD=L \tag{8.31}$$

则

$$D=(M^{\mathrm{T}}M)^{-1}(M^{\mathrm{T}}L) \tag{8.32}$$

将(a,b,c)代入式(8.27)，便可得到旋转矩阵R，进而求得旋转角。将(u,v,w)代入式(8.29)，便可得到摄站坐标T。由此，便可求得摄站参数值$(X_S,Y_S,Z_S,R_x,R_y,R_z)$。

(2) 多张相片定向。多张相片定向主要利用定向靶和编码标志完成，主要操作流程为：首先，利用定向靶确定物方空间坐标系和部分相片外方位元素；然后，利用编码标志作为连接点，通过空间后方交会、前方交会迭代答解实现相片的自动概略定向；最后，利用光束法平差提高外方位元素的精度。

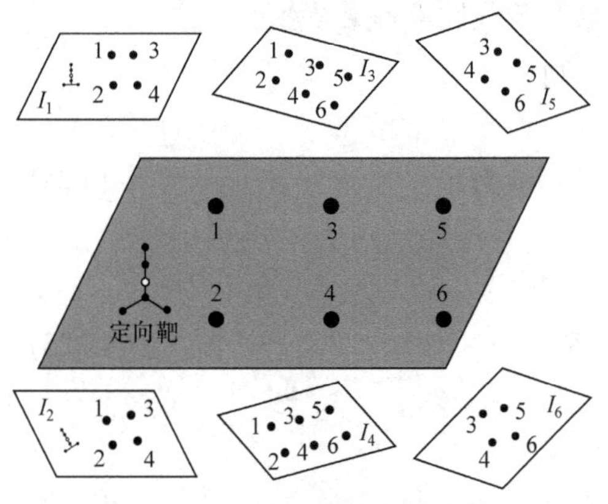

图 8.24　多张相片概略定向示意图

根据定向靶是否成像可将相片分为两类：含有定向靶的相片和不含定向靶的相片。对于前者，由于定向靶点坐标已知，故可通过单像空间后方交会确定相片外方位元素。而对不含定向靶的相片，则需要利用编码标志点作为控制点进行定向。所有相片定向完成后，运行光束法平差以提高相片外方位元素精度。如图 8.24 所示，1～6 号点为编码标志点，相片I_1、I_2均含有定向靶，故首先对其进行定向；然后，利用相片I_1、I_2进行空间前方交会，确定 1～4 号点坐标，并以其作为控制点对相片I_3、I_4进行定向；最后，利用相片I_3、I_4通过空间前方交会确定 5、6 号点坐标，并以 3～6 号点作为控制点完成相片I_5、I_6的定向。

5. 像点匹配

像点匹配，即在两张或多张相片之间识别同名标志点的过程，是实现工业摄影测量自动化的核心技术之一。常用的像点匹配方法是核线匹配，其基本原理是核线约束，通过计算一张相片上的像点在其他相片上对应的核线实现同名像点匹配。

核线是摄影测量中的一个重要概念。如图 8.25 所示，物方点P在相片 1 和相片 2 上的成像分别为p_1和p_2，p_1和p_2称为同名像点；物方点P、投影中心S_1和S_2三点共面，该平面称为物方点P的核面；核面与像平面的交线(l_1和l_2)称为核线。显然，相应像点p_1和p_2一定

在相应的核线 l_1 和 l_2 上，称为核线约束条件。当像点定位和相片概略定向完成后，就可以得到像点在其他相片上的相应核线，像点匹配范围就由二维匹配转化为一维匹配，匹配的速度和准确率就会大大提高。

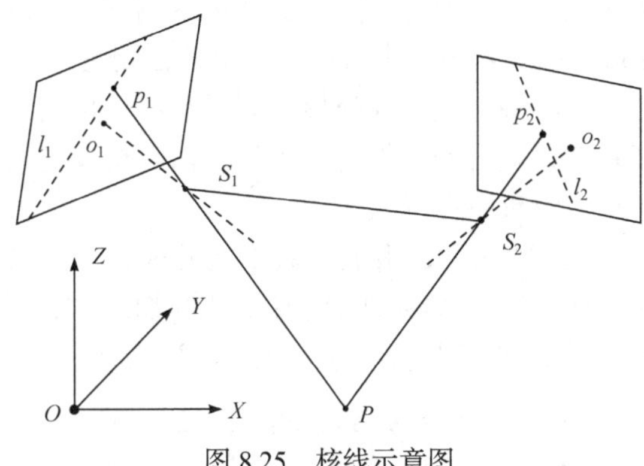

图 8.25　核线示意图

核线匹配分两步进行，第一步初始匹配，确定同名点的范围；第二步精确匹配，确定唯一的同名点。

(1) 初始匹配。如图 8.26 所示，理论上相片 I_2、I_3 上的同名点应该在相应核线上。但是因为相机参数、摄站参数以及像点坐标都存在一定的误差，所以在实际测量当中同名点通常偏离核线一定的距离。因此给定一个阈值 ε（ε 与初始参数的精度有关），将到核线的垂线距离小于 ε 的所有像点都初步作为同名点处理，即

$$\frac{|k_1x-k_2y-cf|}{\sqrt{k_1^2+k_2^2}}<\varepsilon \tag{8.33}$$

如图 8.26 所示，图中 p''、p_{21}、p_{22}、p_{23} 和 p'''、p_{31}、p_{32}、p_{33} 即为初步找到的同名点。

(2) 精确匹配。为减少匹配的歧义性，确定 p' 在相片 I_2 和 I_3 上唯一的同名点，将相片 I_2 上的所有初步同名点 p''、p_{21}、p_{22}、p_{23} 按上述方法在相片 I_3 上求出相应的核线 $l_{p''3}$、l_{213}、l_{223}、l_{233}，设分别与 l_{13} 相交于点 p_3''、p_{213}、p_{223}、p_{233}（图 8.27）。然后，找出 p'''、p_{31}、p_{32}、p_{33} 和 p_3''、p_{213}、p_{223}、p_{233} 两组点间距离最小的两点，则这两个点在相片 I_2 和 I_3 上对应的点就是 I_1 上的 p' 点的同名点。在图 8.27 中，最近的两点为 p_3'' 和 p'''，其对应的像点是 I_2 上的 p'' 点和 I_3 上的 p''' 点，即 p' 的同名像点为 p'' 和 p'''。

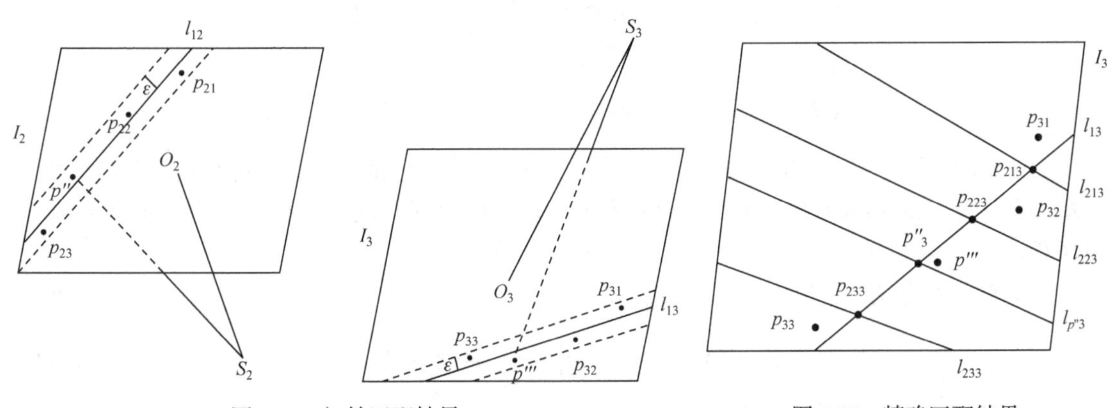

图 8.26　初始匹配结果　　图 8.27　精确匹配结果

以上是基于三张相片进行核线匹配的过程，如果相片多于 3 张，可以按每相邻 3 张相片为一组的方式将相片进行分组匹配，最后将每组的匹配结果进行综合即可得到最终结果。

6. 自检校光束法平差

工业摄影测量光束法平差，是一种把像点坐标视为观测值，整体求解相片外方位元素和测量点空间坐标的摄影测量过程。这里，求解最或然值的原则是最小二乘原则。

自检校光束法平差是在求解待定点空间坐标的同时，将相机内参数和畸变参数作为附加参数，实现像点坐标残余系统误差自动补偿的一种算法。自检校光束法平差以无需额外的附加观测来实现残余系统误差的自动补偿为特点。

(1) 一般误差方程式。一般情况下，附加参数不能处理成自由未知数，而是把它处理成带权的观测值，以减小附加参数与摄站参数间相关带来的影响。如果不考虑控制点的误差(即认为控制点没有误差)，则自检校光束法平差的一般误差方程式为

$$\begin{cases} \boldsymbol{V}_1 = \boldsymbol{A}_1\boldsymbol{X}_1 + \boldsymbol{A}_2\boldsymbol{X}_2 + \boldsymbol{A}_3\boldsymbol{X}_3 - \boldsymbol{L}_1, & \boldsymbol{P}_1 \\ \boldsymbol{V}_3 = \boldsymbol{X}_3 - \boldsymbol{L}_3, & \boldsymbol{P}_3 \end{cases} \tag{8.34}$$

式中，$\boldsymbol{X}_1$、$\boldsymbol{X}_2$ 和 $\boldsymbol{X}_3$ 分别为外部参数、物方点坐标和附加参数的改正数向量；$\boldsymbol{A}_1$、$\boldsymbol{A}_2$ 和 $\boldsymbol{A}_3$ 分别为相应的系数矩阵；$\boldsymbol{L}_1$ 为像点坐标的观测值向量；$\boldsymbol{P}_1$ 为像点坐标的权矩阵；$\boldsymbol{L}_3$ 为附加参数虚拟的观测值向量，一般为零向量；$\boldsymbol{P}_3$ 为附加参数虚拟观测值的权矩阵。

令

$$\boldsymbol{V} = \begin{bmatrix} \boldsymbol{V}_1 \\ \boldsymbol{V}_3 \end{bmatrix}, \quad \boldsymbol{X} = \begin{bmatrix} \boldsymbol{X}_1 \\ \boldsymbol{X}_2 \\ \boldsymbol{X}_3 \end{bmatrix}, \quad \boldsymbol{L} = \begin{bmatrix} \boldsymbol{L}_1 \\ \boldsymbol{L}_3 \end{bmatrix}, \quad \boldsymbol{A} = \begin{bmatrix} \boldsymbol{A}_1 & \boldsymbol{A}_2 & \boldsymbol{A}_3 \\ \boldsymbol{0} & \boldsymbol{0} & \boldsymbol{I} \end{bmatrix}, \quad \boldsymbol{P} = \begin{bmatrix} \boldsymbol{P}_1 & \\ & \boldsymbol{P}_3 \end{bmatrix}$$

式(8.34)可简写为

$$\boldsymbol{V} = \boldsymbol{AX} - \boldsymbol{L}, \quad \boldsymbol{P} \tag{8.35}$$

相应的法方程式为

$$\boldsymbol{NX} = \boldsymbol{U} \tag{8.36}$$

式中，$\boldsymbol{N} = \boldsymbol{A}^{\mathrm{T}}\boldsymbol{PA}$；$\boldsymbol{U} = \boldsymbol{A}^{\mathrm{T}}\boldsymbol{PL}$。

即

$$\begin{bmatrix} \boldsymbol{A}_1^{\mathrm{T}}\boldsymbol{P}_1\boldsymbol{A}_1 & \boldsymbol{A}_1^{\mathrm{T}}\boldsymbol{P}_1\boldsymbol{A}_2 & \boldsymbol{A}_1^{\mathrm{T}}\boldsymbol{P}_1\boldsymbol{A}_3 \\ \boldsymbol{A}_2^{\mathrm{T}}\boldsymbol{P}_1\boldsymbol{A}_1 & \boldsymbol{A}_2^{\mathrm{T}}\boldsymbol{P}_1\boldsymbol{A}_2 & \boldsymbol{A}_2^{\mathrm{T}}\boldsymbol{P}_1\boldsymbol{A}_3 \\ \boldsymbol{A}_3^{\mathrm{T}}\boldsymbol{P}_1\boldsymbol{A}_1 & \boldsymbol{A}_3^{\mathrm{T}}\boldsymbol{P}_1\boldsymbol{A}_2 & \boldsymbol{A}_3^{\mathrm{T}}\boldsymbol{P}_1\boldsymbol{A}_3 + \boldsymbol{P}_3 \end{bmatrix} \begin{bmatrix} \boldsymbol{X}_1 \\ \boldsymbol{X}_2 \\ \boldsymbol{X}_3 \end{bmatrix} = \begin{bmatrix} \boldsymbol{A}_1^{\mathrm{T}}\boldsymbol{P}_1\boldsymbol{L}_1 \\ \boldsymbol{A}_2^{\mathrm{T}}\boldsymbol{P}_1\boldsymbol{L}_1 \\ \boldsymbol{A}_3^{\mathrm{T}}\boldsymbol{P}_1\boldsymbol{L}_1 + \boldsymbol{P}_3\boldsymbol{L}_3 \end{bmatrix} \tag{8.37}$$

(2) 相对控制条件的应用。在实际测量时，常常在物方空间布设一些相对控制(如基准尺两端点间距离、某些物点位于同一平面内等)，其中基准尺两端点间距离是最为常用的相对控制条件。

如果已知两物方点 i 和 j 间的距离为 S_{ij}，则有

$$S_{ij}^2 = (X_i - X_j)^2 + (Y_i - Y_j)^2 + (Z_i - Z_j)^2 \tag{8.38}$$

其相应的误差方程式可写为

$$V_4 = \boldsymbol{B X}_4 - L_4, \quad P_4 \tag{8.39}$$

式中，$\boldsymbol{X}_4$ 为两物方点坐标的改正数向量；$\boldsymbol{B}$ 为系数矩阵；L_4 为常数项；P_4 为相应权值。

将式(8.39)与式(8.34)共同组建误差方程组，即可引入相对控制条件。

8.2.4　应用

工业摄影测量技术经过数十年的发展，在理论研究和产品化等方面都日臻完善。国外测量系统在现有基础上不断推陈出新，国内相关机构也在理论研究不断深入的基础上，逐步迈向实用化、产品化，在航空、航天、电子、汽车、船舶、能源、重工等众多行业得到了广泛应用。

例如，我国主导研制的国际大科学工程平方千米阵(square kilometer array，SKA)射电望远镜(图 8.28)，该望远镜包含主副两个反射面，主反射面是一个 15m×20m 的长六边形，面积达 235m^2，超过半个篮球场大。

图 8.28　SKA 射电望远镜

在望远镜安装过程中，采用工业摄影测量系统对主副反射面面型精度、副面位姿以及馈源位姿等参数进行测量以指导调整。在其俯仰工作范围内，主反射面的精度达到 0.3mm；副反射面面型和位置精度达到 0.2mm，姿态精度优于 30″；馈源位置精度达到 0.2mm，姿态精度优于 2′。

8.3　激光跟踪仪测量系统

激光跟踪仪是近三十年来发展起来的新型测量仪器，它集激光干涉测距技术、光电检测技术、精密机械技术、计算机及控制技术、现代数值计算理论于一体，可对空间运动目标进行跟踪并实时测量其空间三维坐标，具有安装快捷、操作简便、实时扫描测量、测量精度及效率高等优点，被誉为“便携式三坐标测量机”。

8.3.1　系统构成

激光跟踪仪测量系统基本上由激光跟踪头、控制器、用户计算机、反射器及测量附件等组成。以 Leica AT901-B 跟踪仪为例，图 8.29(a)为激光跟踪头，图 8.29(b)为激光跟踪仪控制器，图 8.29(c)为测量目标的反射器附件。

激光跟踪仪的结构原理如图 8.30 所示，激光跟踪仪主要由以下 5 部分组成：角度测量部分、距离测量部分、跟踪控制部分、控制器部分和支撑部分。

8.3.2　测量原理

激光跟踪仪是一个典型的球坐标测量系统，如图 8.31 所示，对于空间运动目标 P，激光跟踪仪可同时测量出水平角 α、天顶距 β 和斜距 s。

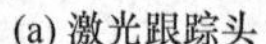

(a) 激光跟踪头

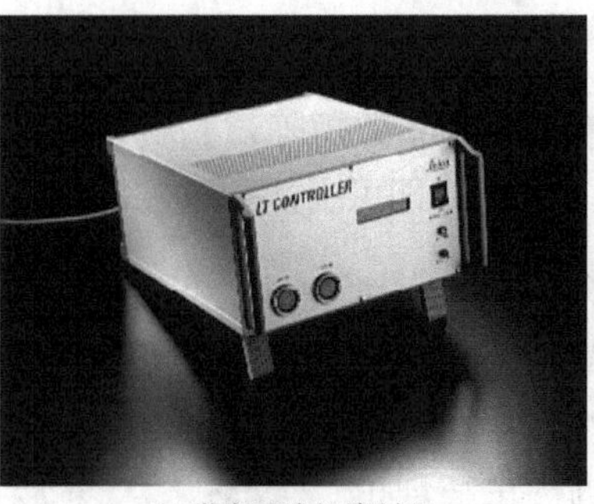

(b) 激光跟踪仪控制器

(c) CCR球型反射器

图 8.29　激光跟踪仪构成

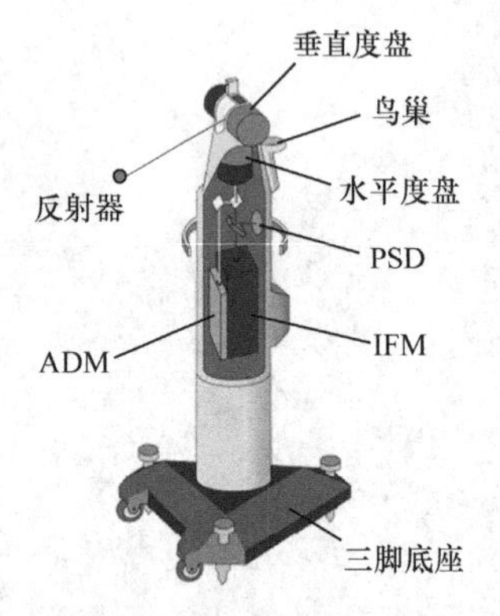

图 8.30　激光跟踪仪结构原理图

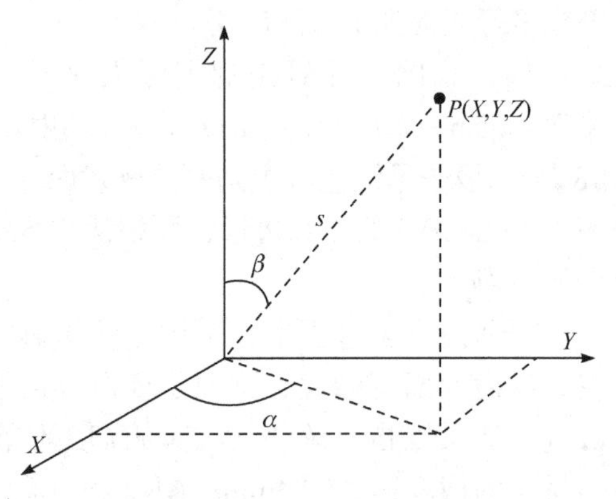

图 8.31　激光跟踪仪坐标测量原理

按照球坐标测量原理，测量点 P 的三维坐标值为

$$\begin{cases} X = s \cdot \sin\beta \cdot \cos\alpha \\ Y = s \cdot \sin\beta \cdot \sin\alpha \\ Z = s \cdot \cos\beta \end{cases} \tag{8.40}$$

1. 测角原理

激光跟踪仪采用光栅度盘，根据增量式光栅原理进行角度测量。详见 2.1.4 节相关内容。

2. IFM 测距技术

光电测距从原理上主要分为三种方式：脉冲式、相位式、干涉法(interferometry，IFM)。其中，干涉法是精度最高的测距方法，激光跟踪仪最早采用的测距方式就是 IFM 测距。

IFM 的原理是通过光学干涉法计算干涉条纹数量的变化来计算目标的移动距离，其实质是测量相对距离。对于激光跟踪仪而言，则需要定义一个 IFM 测量的起始点 O' (也称为基准点)，O' 到仪器中心点 O (坐标系原点)的距离提前标定为已知值，称为基准距离。那么，由 IFM 干涉测量的相对距离 d_2，加上基准距离 d_1 就得到测量点的斜距观测值 s。激光跟踪仪上的基准点位于一个称为“鸟巢”的位置，如图 8.32 所示，基准距离值由仪器装配时标定。激光束一般是波长为 633～795nm 的可见光，光斑随距离的增加而变大，反射器入射角就会产生偏离，测角精度随之受到影响。目前，激光跟踪仪干涉测距精度最高可达到 ±0.5μm/m。IFM 干涉测距模式的优点在于精度高，不足之处是在测量过程中激光束不允许被打断。否则，反射器需要回到基准点重新获取基准距离。

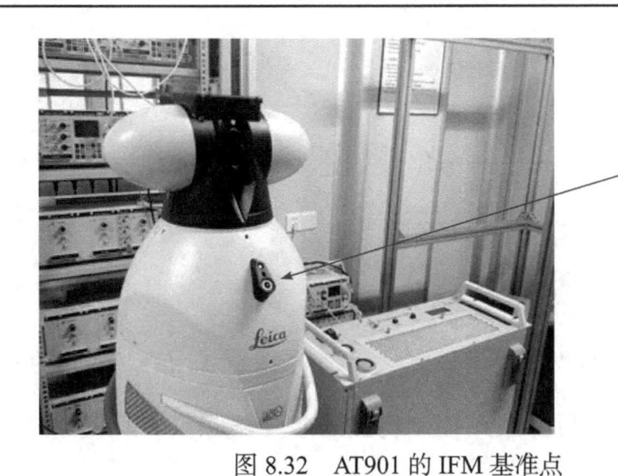

图 8.32　AT901 的 IFM 基准点

3. ADM 测距技术

在实际工程应用中，IFM 断光后需要回基准点初始化的要求给工程实践带来了很多困扰，测量效率低下。为解决该问题，在激光跟踪仪上增加了 ADM 绝对测距模块。当激光束被打断后，反射器可在光束线路上任意位置续接，通过变频法测距原理计算跟踪头中心至反射器中心的距离作为新的基准距离，然后移动反射器可继续采用 IFM 测量相对距离。ADM 方式的集成，解决了反射器断光后回“鸟巢”初始化的问题，给测量工作带来了极大便捷。

采用 ADM 测量模式时，利用相位法重新获取反射器位置会需要一个较短的时间 Δt ，大概 0.2s。这个获取位置的时间类似于相机的快门时间，相机的曝光时间越长就越难以捕获运动物体的清晰图片。同理，Δt 越大，则获取目标位置的误差就越大。因此，ADM 测距精度较低，一般比 IFM 低一个数量级。同时，ADM 获取目标位置的速度较慢，不能对运动物体进行快速实时跟踪，所以该测距方式一般用于点位静态测量。

4. AIFM 测距技术

为了将高精度 IFM 干涉测距技术和 ADM 技术更好地结合，AIFM 技术应运而生。AIFM 是在 ADM 基础上，将调制频率增大到 2.4GHz，带宽 300MHz，这样既可以保证在测量范围内任意点的测距精度能达到 IFM 干涉测距精度，克服 ADM 测距精度不足的缺陷，又结合了 ADM 包含的 PowerLock 断光快速续接技术，实现目标的快速捕捉。

5. 目标跟踪及控制技术

激光跟踪仪能够对目标实时跟踪并快速测量，主要依靠相敏检测器(phase sensitive detector，PSD)和自动目标识别(automatic target recognization，ATR)两种跟踪控制技术。

(1) PSD 跟踪控制技术。PSD 是位置检测器。目前，大多数激光跟踪仪均采用该技术作为跟踪及控制测量。PSD 技术的内部光路如图 8.33 所示，当目标靶镜处于静止状态时，由激光发生器发出的激光束经过复杂内部光路反射到靶镜中心。反射光由靶镜中心按原路径返回，经分光镜后将光斑投射到 PSD 中心。此时，PSD 探测到没有位置偏移，输出零电压信号，控制电路维持当前稳定状态。

当目标靶镜发生移动时，激光束不再从中心位置入射。这样就导致反射光束以一定的偏移量与入射光束平行返回，并投射到 PSD，如图 8.34 所示。PSD 测出位置偏移量，转换为相应大小的电压信号，通过控制电路驱动跟踪头马达旋转对应的角度值，使得激光束调整偏移值，再次从靶镜中心入射，从而实现跟踪测量。

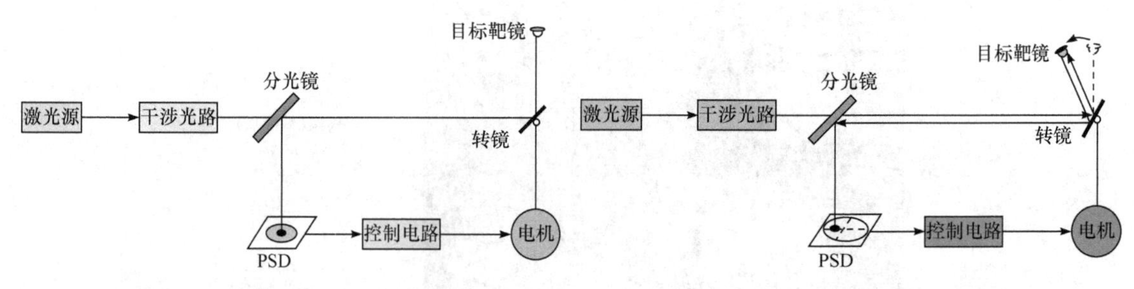

图 8.33　目标静止时的 PSD 光路　　　图 8.34　目标移动时的 PSD 光路

目前，通过 PSD 技术实现目标跟踪控制功能的激光跟踪仪，其横向跟踪速度可以达到 4m/s，径向跟踪速度可以达到 6m/s。

(2) ATR 跟踪控制技术。ATR 来源于徕卡全站仪，用于徕卡 AT400 系列激光跟踪仪。ATR 原理如图 8.35 所示，在激光跟踪仪内安装有红外光源和 CCD 阵列，红外光源发射的信号沿激光跟踪仪的测距轴发射到反射棱镜上，红外光源沿着发射路线被反射棱镜反射回激光跟踪仪，并由内置 CCD 相机接收，其位置以 CCD 相机中心作为参考点来精确地计算反射棱镜的水平角度和垂直角度偏差，控制系统按照角度偏差值驱动马达系统在水平和垂直方向旋转，直至照准反射棱镜，实现激光跟踪仪的跟踪控制。

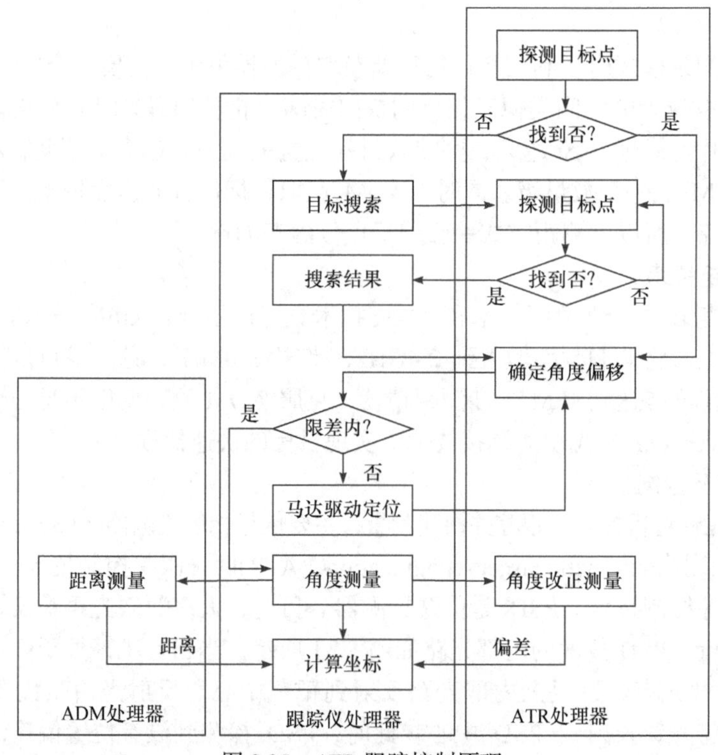

图 8.35　ATR 跟踪控制原理

ATR 技术的跟踪性能较 PSD 技术要弱一些，例如，徕卡 AT400 系列激光跟踪仪的横向跟踪速度和径向跟踪速度均为 3m/s。

8.3.3　用激光跟踪仪建立三维控制网

常规控制网一般将平面和高程分开，通过测距、测角等方式建立平面控制，利用水准测量等方式建立高程控制，该方法割裂了平面和高程的联系，难以满足类似粒子加速器工程等复杂设备的安装要求。激光跟踪仪三维坐标测量技术出现后，通过单站测量即可获得目标点的三维坐标，极大提高了测量效率，并迅速应用于加速器隧道控制网的建网中，衍生出以激光跟踪仪为基础的单站多点法(自由设站法)观测方案。

我国于 20 世纪 90 年代中期开始引进激光跟踪仪系统，航天器、飞机、船舶、水轮发电机等大型构件，大都利用激光跟踪仪建立三维控制网来提供高精度的坐标框架，以解决精密、复杂的元件按照设计位置在大尺寸空间中精确定位的问题。近些年来，在加速器工程测量领域也引进了激光跟踪仪测量系统，并将其作为加速器设备准直测量的主要仪器。

1. 控制网网型

加速器设备在几何上呈环形或直线形分布，沿隧道向前延伸。建立隧道控制网时要紧密结合设备结构特点以及安装调整的需求，其网型由加速器设备的形状而定，当前的加速器形状一般为环形和直线形，所以控制网的形状也布设为环形和直线形。常见的环形隧道控制网形式有大地四边形、三角形等，如图 8.36 所示。大地四边形图形条件较好，网型坚固，通过测距测角获得边角观测量，利用精密水准测量网点高程，是采用较多的一种形式，日本大型同步辐射设施等加速器采用了该网型；直伸重叠三角网测量方案由测量其三边长及转角，发展为测量三边长及弦高，通过高精度弦高值实现较高的转角精度，实质是一条间接法测量转角的闭合导线，北京正负电子对撞机储存环控制网就采用了此方案。

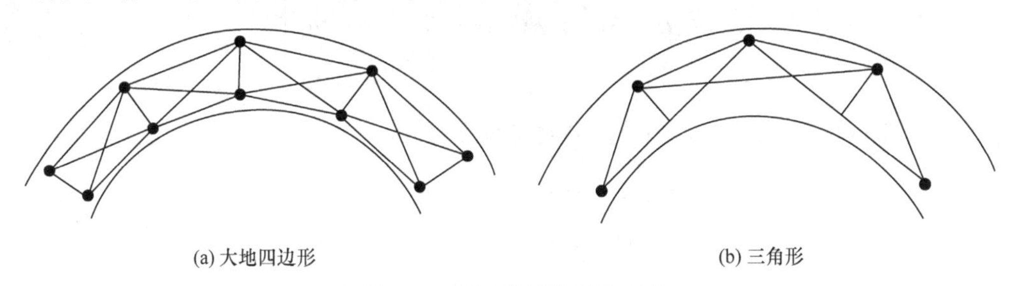

(a) 大地四边形　　(b) 三角形

图 8.36　环形隧道控制网网型

环形网与直伸形网在网型的选取方面没有区别，以大地四边形、三角形为单元的网型同样适用于直伸形网。传统的边角网建网方式，使环形控制网有缺陷。环形隧道的曲率问题导致观测时的通视性较差。由于控制网点的环形分布结构，角度观测对点位精度影响变大，但环形控制网有闭合的条件，可以消除一些矛盾，且便于粗差的探测。直线控制网的通视性较好，有条件对较远距离的点进行测量，能够发挥仪器测距精度高的优势，但控制网没有闭合条件，必须采取措施控制误差的累积。自由设站法可避免前两种方案设站次数多、工作量大的缺点，通过在设站处提供较多的多余观测减少了设站次数，且相邻站之间有大量的公共点，该方案已成为目前建立隧道控制网的主要方法。

2. 自由设站与搬站测量

利用跟踪仪对整个隧道控制网测量时必须进行搬站，然后再将所有测站拼接起来，构成完整的三维控制网。激光跟踪仪在建站时，需要选择合理的位置，尽量能够通视并测量附近尽可能多的目标点，使点的空间图形结构较好，如图 8.37 所示。相

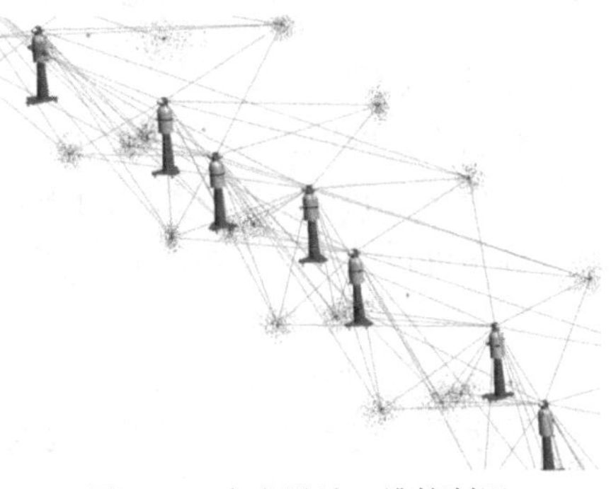

图 8.37　自由设站三维控制网

邻测站间的拼接是通过公共点转换实现的，相邻测站间公共点不得少于 3 个，以此来求解坐标转换参数。

假设整个隧道控制网由n个控制点组成，共建立了m个测站。在第i测站对第j个控制点进行了测量，获得该点在第i测站坐标系下角度和距离观测值$({}^i\alpha_j,{}^i\beta_j,{}^is_j)$，对应的坐标值为$({}^ix_j,{}^iy_j,{}^iz_j)$ $(i=1,2,\cdots,m)$，该点在整体坐标系下的坐标值为(X_j,Y_j,Z_j) $(j=1,2,\cdots,n)$。设整体坐标系分别绕Z轴、Y轴、X轴逆时针旋转γ_i、β_i、α_i角度，对应的旋转矩阵分别为$\boldsymbol{R}(\gamma_i)$、$\boldsymbol{R}(\beta_i)$、$\boldsymbol{R}(\alpha_i)$，然后沿X轴、Y轴、Z轴平移Δx_i、Δy_i、Δz_i后与第 i 测站所在坐标系重合，则第j个目标点在测站坐标系下的坐标$({}^ix_j,{}^iy_j,{}^iz_j)$与整体坐标系下坐标$(X_j,Y_j,Z_j)$的转换关系为

$$\begin{pmatrix} {}^ix_j \\ {}^iy_j \\ {}^iz_j \end{pmatrix} = \boldsymbol{R}_i \cdot \begin{pmatrix} X_j - \Delta x_i \\ Y_j - \Delta y_i \\ Z_j - \Delta z_i \end{pmatrix} \tag{8.41}$$

式中，$\boldsymbol{R}_i$为测站坐标系与整体坐标系间旋转矩阵，有

$$\boldsymbol{R}_i = \boldsymbol{R}(\alpha_i)\cdot\boldsymbol{R}(\beta_i)\cdot\boldsymbol{R}(\gamma_i) = \begin{pmatrix} {}^ia_1 & {}^ia_2 & {}^ia_3 \\ {}^ib_1 & {}^ib_2 & {}^ib_3 \\ {}^ic_1 & {}^ic_2 & {}^ic_3 \end{pmatrix} \tag{8.42}$$

根据坐标系旋转顺序，式(8.42)中各参数表达式为

$$\begin{cases} {}^ia_1 = \cos\beta_i \cdot \cos\gamma_i \\ {}^ia_2 = \cos\beta_i \cdot \sin\gamma_i \\ {}^ia_3 = -\sin\beta_i \\ {}^ib_1 = -\cos\alpha_i \cdot \sin\gamma_i + \sin\alpha_i \cdot \sin\beta_i \cdot \cos\gamma_i \\ {}^ib_2 = \cos\alpha_i \cdot \cos\gamma_i + \sin\alpha_i \cdot \sin\beta_i \cdot \sin\gamma_i \\ {}^ib_3 = \sin\alpha_i \cdot \cos\beta_i \\ {}^ic_1 = \sin\alpha_i \cdot \sin\gamma_i + \cos\alpha_i \cdot \sin\beta_i \cdot \cos\gamma_i \\ {}^ic_2 = -\sin\alpha_i \cdot \cos\gamma_i + \cos\alpha_i \cdot \sin\beta_i \cdot \sin\gamma_i \\ {}^ic_3 = \cos\alpha_i \cdot \cos\beta_i \end{cases} \tag{8.43}$$

3. 平差模型

利用激光跟踪仪并采用自由设站与搬站测量相结合的方式对隧道控制网点进行测量，获取各个测站下目标点的三维坐标及观测值(包括水平方向、天顶距及斜距)，最终要将各个测站坐标系进行统一，求解所有点在整体坐标系下的三维坐标，因此要构建隧道三维控制网平差模型。

如图 8.38 所示，水平方向测量范围为$(-\pi,\pi)$，天顶距测量范围为$(0,\pi)$。在第i测站对第j个目标点P进行测量，其角度观测值可由坐标值表示为

$$
{}^{i}\alpha_{j}=\begin{cases}\arctan\dfrac{{}^{i}y_{j}}{{}^{i}x_{j}} & ({}^{i}x_{j}>0,{}^{i}y_{j}>0)\\ \pi+\arctan\dfrac{{}^{i}y_{j}}{{}^{i}x_{j}} & ({}^{i}x_{j}<0,{}^{i}y_{j}>0)\\ \arctan\dfrac{{}^{i}y_{j}}{{}^{i}x_{j}} & ({}^{i}x_{j}>0,{}^{i}y_{j}<0)\\ -\pi+\arctan\dfrac{{}^{i}y_{j}}{{}^{i}x_{j}} & ({}^{i}x_{j}<0,{}^{i}y_{j}<0)\end{cases}
\tag{8.44}
$$

$$
{}^{i}\beta_{j}=\frac{\pi}{2}-\arctan\frac{{}^{i}z_{j}}{\sqrt{{}^{i}x_{j}^{2}+{}^{i}y_{j}^{2}}}
$$

结合式(8.41)和式(8.44)，可将 P 点由测站坐标系转换至整体坐标系下，假设 P 点为测站坐标系下第一象限的点，用该点平差值$\left(X_j,Y_j,Z_j\right)$来表示角度和距离观测值，即

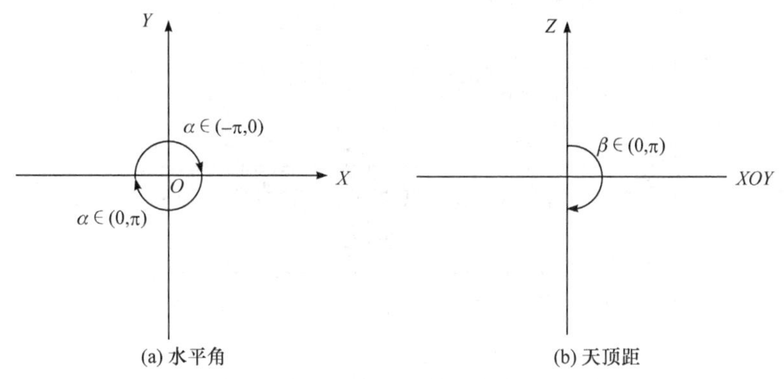

(a) 水平角　(b) 天顶距

图 8.38　角度测量范围

$$
\begin{cases}{}^{i}\alpha_{j}=\arctan\dfrac{{}^{i}b_1\cdot(X_j-\Delta x_i)+{}^{i}b_2\cdot(Y_j-\Delta y_i)+{}^{i}b_3\cdot(Z_j-\Delta z_i)}{{}^{i}a_1\cdot(X_j-\Delta x_i)+{}^{i}a_2\cdot(Y_j-\Delta y_i)+{}^{i}a_3\cdot(Z_j-\Delta z_i)}\\ {}^{i}\beta_{j}=\dfrac{\pi}{2}-\arctan\dfrac{{}^{i}c_1\cdot(X_j-\Delta x_i)+{}^{i}c_2\cdot(Y_j-\Delta y_i)+{}^{i}c_3\cdot(Z_j-\Delta z_i)}{\sqrt{(a_1\cdot(X_j-\Delta x_i)+{}^{i}a_2\cdot(Y_j-\Delta y_i)+{}^{i}a_3\cdot(Z_j-\Delta z_i))^2+({}^{i}b_1\cdot(X_j-\Delta x_i)+{}^{i}b_2\cdot(Y_j-\Delta y_i)+{}^{i}b_3\cdot(Z_j-\Delta z_i))^2}}\\ {}^{i}s_{j}=\sqrt{(X_j-\Delta x_i)^2+(Y_j-\Delta y_i)^2+(Z_j-\Delta z_i)^2}\end{cases}
\tag{8.45}
$$

将式(8.45)线性化，按泰勒级数展开并保留一次项，得观测值误差方程：

$$
\begin{cases}{}^{i}V_{j}^{\alpha}=d_1\cdot\delta\Delta x_i+d_2\cdot\delta\Delta y_i+d_3\cdot\delta\Delta z_i+d_4\cdot\delta\alpha_i+d_5\cdot\delta\beta_i+d_6\cdot\delta\gamma_i+d_7\cdot\delta X_j+d_8\cdot\delta Y_j+d_9\cdot\delta Z_j-{}^{i}l_{j}^{\alpha}\\ {}^{i}V_{j}^{\beta}=e_1\cdot\delta\Delta x_i+e_2\cdot\delta\Delta y_i+e_3\cdot\delta\Delta z_i+e_4\cdot\delta\alpha_i+e_5\cdot\delta\beta_i+e_6\cdot\delta\gamma_i+e_7\cdot\delta X_j+e_8\cdot\delta Y_j+e_9\cdot\delta Z_j-{}^{i}l_{j}^{\beta}\\ {}^{i}V_{j}^{s}=f_1\cdot\delta\Delta x_i+f_2\cdot\delta\Delta y_i+f_3\cdot\delta\Delta z_i+f_4\cdot\delta\alpha_i+f_5\cdot\delta\beta_i+f_6\cdot\delta\gamma_i+f_7\cdot\delta X_j+f_8\cdot\delta Y_j+f_9\cdot\delta Z_j-{}^{i}l_{j}^{s}\end{cases}
\tag{8.46}
$$

式中，$d_1,\cdots,d_9,e_1,\cdots,e_9,f_1,\cdots,f_9$ 为观测值对各参数的一阶偏导；${}^i l_j^{\alpha},{}^i l_j^{\beta},{}^i l_j^{s}$ 为常数项。设未知参数近似值为 $(\Delta x_i^0,\Delta y_i^0,\Delta z_i^0,\alpha_i^0,\beta_i^0,\gamma_i^0,X_j^0,Y_j^0,Z_j^0)$，为表达更加简练，令

$$\begin{cases}\Delta X = X_j^0 - \Delta x_i^0\\ \Delta Y = Y_j^0 - \Delta y_i^0\\ \Delta Z = Z_j^0 - \Delta z_i^0\\ {}^i x_j^0 = {}^i a_1 \cdot \Delta X + {}^i a_2 \cdot \Delta Y + {}^i a_3 \cdot \Delta Z\\ {}^i y_j^0 = {}^i b_1 \cdot \Delta X + {}^i b_2 \cdot \Delta Y + {}^i b_3 \cdot \Delta Z\\ {}^i z_j^0 = {}^i c_1 \cdot \Delta X + {}^i c_2 \cdot \Delta Y + {}^i c_3 \cdot \Delta Z\\ {}^i s_j^0 = \sqrt{\Delta X^2 + \Delta Y^2 + \Delta Z^2}\end{cases}$$

$$\begin{cases}G_1 = \dfrac{{}^i x_j^0}{({}^i x_j^0)^2 + ({}^i y_j^0)^2}\\ G_2 = \dfrac{{}^i y_j^0}{({}^i x_j^0)^2 + ({}^i y_j^0)^2}\\ G_3 = \dfrac{{}^i x_j^0 \cdot {}^i z_j^0}{(({}^i x_j^0)^2 + ({}^i y_j^0)^2 + ({}^i z_j^0)^2) \cdot \sqrt{({}^i x_j^0)^2 + ({}^i y_j^0)^2}}\\ G_4 = \dfrac{{}^i y_j^0 \cdot {}^i z_j^0}{(({}^i x_j^0)^2 + ({}^i y_j^0)^2 + ({}^i z_j^0)^2) \cdot \sqrt{({}^i x_j^0)^2 + ({}^i y_j^0)^2}}\\ G_5 = \dfrac{({}^i x_j^0)^2 + ({}^i y_j^0)^2}{(({}^i x_j^0)^2 + ({}^i y_j^0)^2 + ({}^i z_j^0)^2) \cdot \sqrt{({}^i x_j^0)^2 + ({}^i y_j^0)^2}}\end{cases}$$

则各系数表达式为

$$d_1 = -{}^i b_1 \cdot G_1 + {}^i a_1 \cdot G_2 = -d_7$$

$$d_2 = -{}^i b_2 \cdot G_1 + {}^i a_2 \cdot G_2 = -d_8$$

$$d_3 = -{}^i b_3 \cdot G_1 + {}^i a_3 \cdot G_2 = -d_9$$

$$\begin{aligned}d_4 = {} & G_1 \cdot ((\sin\alpha_i^0 \cdot \sin\gamma_i^0 + \cos\alpha_i^0 \cdot \sin\beta_i^0 \cdot \cos\gamma_i^0) \cdot \Delta X\\ & + (-\sin\alpha_i^0 \cdot \cos\gamma_i^0 + \cos\alpha_i^0 \cdot \sin\beta_i^0 \cdot \sin\gamma_i^0) \cdot \Delta Y + \cos\alpha_i^0 \cdot \cos\beta_i^0 \cdot \Delta Z)\end{aligned}$$

$$\begin{aligned}d_5 = {} & G_1 \cdot (\sin\alpha_i^0 \cdot \cos\beta_i^0 \cdot \cos\gamma_i^0 \cdot \Delta X + \sin\alpha_i^0 \cdot \cos\beta_i^0 \cdot \sin\gamma_i^0 \cdot \Delta Y - \sin\alpha_i^0 \cdot \sin\beta_i^0 \cdot \Delta Z)\\ & - G_2 \cdot (-\sin\beta_i^0 \cdot \cos\gamma_i^0 \cdot \Delta X - \sin\beta_i^0 \cdot \sin\gamma_i^0 \cdot \Delta Y - \cos\beta_i^0 \cdot \Delta Z)\end{aligned}$$

$$\begin{aligned}d_6 = {} & G_1 \cdot ((-\cos\alpha_i^0 \cdot \cos\gamma_i^0 - \sin\alpha_i^0 \cdot \sin\beta_i^0 \cdot \sin\gamma_i^0) \cdot \Delta X\\ & + (-\cos\alpha_i^0 \cdot \sin\gamma_i^0 + \sin\alpha_i^0 \cdot \sin\beta_i^0 \cdot \cos\gamma_i^0) \cdot \Delta Y) - G_2 \cdot\\ & (-\cos\beta_i^0 \cdot \sin\gamma_i^0 \cdot \Delta X + \cos\beta_i^0 \cdot \cos\gamma_i^0 \cdot \Delta Y)\end{aligned}$$

$$
\begin{aligned}
e_1 &= {}^i c_1 \cdot G_5 - {}^i a_1 \cdot G_3 - {}^i b_1 \cdot G_4 = -e_7 \\
e_2 &= {}^i c_2 \cdot G_5 - {}^i a_2 \cdot G_3 - {}^i b_2 \cdot G_4 = -e_8 \\
e_3 &= {}^i c_3 \cdot G_5 - {}^i a_3 \cdot G_3 - {}^i b_3 \cdot G_4 = -e_9 \\
e_4 &= -G_5 \cdot ((\cos\alpha_i^0 \cdot \sin\gamma_i^0 - \sin\alpha_i^0 \cdot \sin\beta_i^0 \cdot \cos\gamma_i^0) \cdot \Delta X \\
&\quad + (-\cos\alpha_i^0 \cdot \cos\gamma_i^0 - \sin\alpha_i^0 \cdot \sin\beta_i^0 \cdot \sin\gamma_i^0) \cdot \Delta Y \\
&\quad - \sin\alpha_i^0 \cdot \cos\beta_i^0 \cdot \Delta Z) + G_4 \cdot ((\sin\alpha_i^0 \cdot \sin\gamma_i^0 + \cos\alpha_i^0 \cdot \sin\beta_i^0 \cdot \cos\gamma_i^0) \cdot \Delta X \\
&\quad + (-\sin\alpha_i^0 \cdot \cos\gamma_i^0 + \cos\alpha_i^0 \cdot \sin\beta_i^0 \cdot \sin\gamma_i^0) \cdot \Delta Y + \cos\alpha_i^0 \cdot \cos\beta_i^0 \cdot \Delta Z) \\
e_5 &= -G_5 \cdot (\cos\alpha_i^0 \cdot \cos\beta_i^0 \cdot \cos\gamma_i^0 \cdot \Delta X + \cos\alpha_i^0 \cdot \cos\beta_i^0 \cdot \sin\gamma_i^0 \cdot \Delta Y - \cos\alpha_i^0 \cdot \sin\beta_i^0 \cdot \Delta Z) \\
&\quad + G_3 \cdot (-\sin\beta_i^0 \cdot \cos\gamma_i^0 \cdot \Delta X - \sin\beta_i^0 \cdot \sin\gamma_i^0 \cdot \Delta Y - \cos\beta_i^0 \cdot \Delta Z) \\
&\quad + G_4 \cdot (\sin\alpha_i^0 \cdot \cos\beta_i^0 \cdot \cos\gamma_i^0 \cdot \Delta X + \sin\alpha_i^0 \cdot \cos\beta_i^0 \cdot \sin\gamma_i^0 \cdot \Delta Y - \sin\alpha_i^0 \cdot \sin\beta_i^0 \cdot \Delta Z) \\
e_6 &= -G_5 \cdot ((\sin\alpha_i^0 \cdot \cos\gamma_i^0 - \cos\alpha_i^0 \cdot \sin\beta_i^0 \cdot \sin\gamma_i^0) \cdot \Delta X \\
&\quad + (\sin\alpha_i^0 \cdot \sin\gamma_i^0 + \cos\alpha_i^0 \cdot \sin\beta_i^0 \cdot \cos\gamma_i^0) \cdot \Delta Y) \\
&\quad + G_3 \cdot (-\cos\beta_i^0 \cdot \sin\gamma_i^0 \cdot \Delta X + \cos\beta_i^0 \cdot \cos\gamma_i^0 \cdot \Delta Y) \\
&\quad + G_4 \cdot ((-\cos\alpha_i^0 \cdot \cos\gamma_i^0 - \sin\alpha_i^0 \cdot \sin\beta_i^0 \cdot \sin\gamma_i^0) \cdot \Delta X \\
&\quad + (-\cos\alpha_i^0 \cdot \sin\gamma_i^0 + \sin\alpha_i^0 \cdot \sin\beta_i^0 \cdot \cos\gamma_i^0) \cdot \Delta Y)
\end{aligned}
$$

$$
f_1 = -\frac{\Delta X}{{}^i D_j^0} = -f_7,\ f_2 = -\frac{\Delta Y}{{}^i D_j^0} = -f_8,\ f_3 = -\frac{\Delta Z}{{}^i D_j^0} = -f_9,\ f_4 = f_5 = f_6 = 0
$$

$$
{}^i l_j^\alpha = {}^i \alpha_j - \arctan\frac{{}^i y_j^0}{{}^i x_j^0},\ {}^i l_j^\beta = {}^i \beta_j + \arctan\frac{{}^i z_j^0}{\sqrt{({}^i x_j^0)^2 + ({}^i y_j^0)^2}} - \frac{\pi}{2},\ {}^i l_j^s = {}^i s_j - {}^i s_j^0
$$

因此，得到 P 点观测值对应的误差方程。同理，每观测一个点获得的观测值均对应三个误差方程，各系数可由以上公式计算得出。将所有点观测值对应误差方程表示成矩阵形式：

$$
\boldsymbol{V} = \boldsymbol{B} \cdot \boldsymbol{\delta X} - \boldsymbol{l} \tag{8.47}
$$

式中，$\boldsymbol{V}$ 为所有测量点观测值的残差向量；$\boldsymbol{B}$ 为线性化后的系数矩阵；$\delta\boldsymbol{X}$ 为各参数向量；$\boldsymbol{l}$ 为观测值向量，各向量表示为

$$
\begin{cases}
\boldsymbol{V} = \left({}^1V_1^\alpha, {}^1V_1^\beta, {}^1V_1^s, \cdots, {}^iV_j^\alpha, {}^iV_j^\beta, {}^iV_j^s, \cdots, {}^mV_n^\alpha, {}^mV_n^\beta, {}^mV_n^s\right)^{\mathrm{T}} \\
\boldsymbol{\delta X} = \left(\delta\Delta x_1, \delta\Delta y_1, \delta\Delta z_1, \delta\alpha_1, \delta\beta_1, \delta\gamma_1, \delta X_1, \delta Y_1, \delta Z_1, \cdots\right)^{\mathrm{T}} \\
\boldsymbol{l} = \left({}^1l_1^\alpha, {}^1l_1^\beta, {}^1l_1^s, \cdots, {}^il_j^\alpha, {}^il_j^\beta, {}^il_j^s, \cdots, {}^ml_n^\alpha, {}^ml_n^\beta, {}^ml_n^s\right)^{\mathrm{T}}
\end{cases}
$$

平差时采用 GM 模型，即

$$
\begin{cases}
\text{函数模型：} \mathrm{E}(\underset{n\times 1}{\boldsymbol{l}}) = \underset{n\times t}{\boldsymbol{B}}\ \underset{t\times 1}{\bar{\boldsymbol{X}}} \\
\text{随机模型：} \underset{n\times n}{\boldsymbol{D}} = \sigma_0^2 \underset{n\times n}{\boldsymbol{Q}} = \sigma_0^2 \underset{n\times n}{\boldsymbol{P}}^{-1}
\end{cases} \tag{8.48}
$$

式中，$\boldsymbol{l}$ 为观测值向量；$\boldsymbol{B}$ 为系数矩阵；$\bar{\boldsymbol{X}}$ 为参数向量；$\boldsymbol{D}$ 为协方差阵；σ_0^2 为单位权方差；$\boldsymbol{Q}$ 为观测值协因数矩阵；$\boldsymbol{P}$ 为观测值权阵；n 为观测值个数；t 为未知参数个数。

采用参数平差法对未知参数向量进行求解，根据最小二乘平差原理$\boldsymbol{V}^{\mathrm{T}}\boldsymbol{P}\boldsymbol{V}=\min$，结合式(8.47)得

$$\boldsymbol{N}\cdot\delta\boldsymbol{X}=\boldsymbol{W} \tag{8.49}$$

式中，$\boldsymbol{N}=\boldsymbol{B}^{\mathrm{T}}\boldsymbol{P}\boldsymbol{B}$；$\boldsymbol{W}=\boldsymbol{B}^{\mathrm{T}}\boldsymbol{P}\boldsymbol{l}$；$\mathrm{rank}(\boldsymbol{N})=\mathrm{rank}(\boldsymbol{B})=t$。参数解为

$$\delta\boldsymbol{X}=\boldsymbol{N}^{-1}\cdot\boldsymbol{W}=(\boldsymbol{B}^{\mathrm{T}}\boldsymbol{P}\boldsymbol{B})^{-1}\cdot(\boldsymbol{B}^{\mathrm{T}}\boldsymbol{P}\boldsymbol{l}) \tag{8.50}$$

参数协因数矩阵为

$$\boldsymbol{Q}_X=\boldsymbol{N}^{-1}=(\boldsymbol{B}^{\mathrm{T}}\boldsymbol{P}\boldsymbol{B})^{-1} \tag{8.51}$$

参数平差值为

$$\hat{\boldsymbol{X}}=\boldsymbol{X}_0+\delta\boldsymbol{X} \tag{8.52}$$

结合式(8.47)，观测值平差值为

$$\hat{\boldsymbol{l}}=\boldsymbol{l}+\boldsymbol{V} \tag{8.53}$$

单位权中误差估值为

$$\hat{\sigma}_0=\sqrt{\frac{\boldsymbol{V}^{\mathrm{T}}\boldsymbol{P}\boldsymbol{V}}{n-t}} \tag{8.54}$$

4. 定权及误差方程数讨论

(1) 经验定权法。基于激光跟踪仪所建立的三维控制网中，涉及角度和距离两类观测值，定权时参考仪器标称测量精度，采用经验定权方法对观测值赋权，即

$$P^{\alpha}=\frac{\sigma_0^2}{m_\alpha^2},\ P^{\beta}=\frac{\sigma_0^2}{m_\beta^2},\ P^{s}=\frac{\sigma_0^2}{m_s^2} \tag{8.55}$$

式中，m_α、m_β、m_s分别为水平角中误差、天顶距中误差、斜距中误差；σ_0^2为验前单位权方差。

(2) 误差方程数讨论。假设测量整个隧道控制网共包含m个测站和n个控制点，在第一测站进行测量时将仪器整平并作为整体坐标系，每一测站相对于整体坐标系包含 6 个参数(3 个平移参数，3 个旋转参数，尺度比为 1)，每一个控制点包含 3 个坐标参数，此时未知参数个数为

$$t=6(m-1)+3n \tag{8.56}$$

隧道内空间狭窄，设备分布复杂，对目标点进行观测时的通视条件受限，导致每测站的观测目标点个数不等，假设每测站平均观测目标点个数为r，观测每个点可获得 3 个观测值，那么最终可得到$3m\cdot r$个观测值，即可列立$3m\cdot r$个方程。对于式(8.47)，要满足最小二乘平差条件，方程的个数不能少于未知参数的个数，则

$$3m\cdot r\geqslant 6(m-1)+3n \tag{8.57}$$

(3) 初值概算。进行三维控制网平差之前，需要计算未知参数的近似值，包括各测站相对于整体坐标系的平移参数$(\Delta x_i^0,\Delta y_i^0,\Delta z_i^0)$和旋转参数$(\alpha_i^0,\beta_i^0,\gamma_i^0)$，以及目标点坐标初值$(X_j^0,Y_j^0,Z_j^0)$。将第一测站作为整体坐标系，第二测站的旋转和平移参数由式(8.41)求得，即通过公共点转换得到。此时，求出第二测站下所有目标点在整体坐标系下的坐标初值，同理，第三测站也可以通过公共点转换求解该测站所有目标点在整体坐标下的坐标初值，以此

类推，求出所有测站相对于整体坐标系的平移、旋转参数近似值以及所有测量点在整体坐标系下的坐标近似值。

8.3.4　应用

激光跟踪仪与传统测量仪器相比，具有精度高、速度快、动态跟踪、环境条件要求低等优势，适用于多种测量环境。激光跟踪仪应用领域较广，主要有零部件加工与制造、大尺寸设备的安装与调试、动态目标的跟踪测量、逆向工程数据的采集等领域。

1. 零部件加工与制造

在零部件生产中，如图 8.39 所示，激光跟踪仪测量系统可以快速而精确地检验每一个成品零部件的尺寸是否与设计尺寸一致，并能够迅速地将一个零部件或物理模型转化为数字文件。通过 AutoCAD 等软件对数字化文件进行处理，并与理论模型文件进行比较，可得到该零部件的制造偏差值。

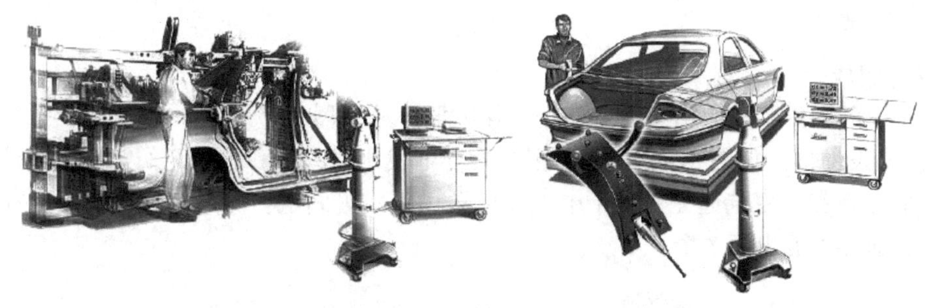

图 8.39　零部件制造

2. 大尺寸设备的安装与调试

大型构件测量曾经采用经纬仪交会系统，这种测量方式易受操作人员技术水平的限制，并且费时费力。三坐标测量机存在测量范围小、不能现场测量、对环境要求高等缺点，导致其应用领域受到限制。全站仪测量系统的便携性好、自动化程度高，但测量速度及精度方面仍难以满足某些大型特殊高精度测量任务。激光跟踪仪填补了三坐标测量系统和传统的大尺寸测量的不足，借助一些附件还能进行隐藏点测量、面型结构扫描、关节臂测量等任务，因此逐渐广泛应用于加速器准直(图 8.40)、航空航天器总装等大型特殊工程测量领域。瑞士光源隧道控制网采用 LTD500 激光跟踪仪自由设站法测量控制点，共设 53 站，测量完成后通过光束法平差计算所有控制点在第一设站坐标系下的坐标。我国北京正负电子对撞机储存环准直引入了 Faro X 激光跟踪仪，通过自由设站测量方法，共设 57 站完成所有点的测量，相邻站间有大量公共点作为定向点。上海光源储存环控制网测量采用激光跟踪仪和全站仪测量系统，将两种系统的优势进行互补，采用多种方案进行测量。

图 8.40　加速器工程

3. 跟踪测量及逆向工程

高速跟踪是完成机器人调整、机械导向和测量辅助装配等工作最迫切的要求之一。激光跟踪仪当前最高采点数能达到 3000 点/秒，适用于跟踪运动目标。将反射器安置于运动目标上，跟踪仪可实时测量目标运动轨迹并记录空间点坐标。若配上六维传感器，还可以确定目标的姿态。这方面的应用有大型曲面型面测量、机器人调整、自动扫描等。

逆向工程指用测量工具获取目标表面的离散点三维坐标，建模、拟合建立 CAD 模型，达到实物虚拟化的目的。数据采集是逆向工程的关键环节，激光跟踪仪可以实现接触式测量并获取离散点的精确位置，从而完成高质量数据采集工作。

8.4 iGPS

iGPS 是 20 世纪 90 年代美国 ARCSECOND 公司开发的产品，它以红外激光发射器代替卫星，光电接收器根据发射器投射光线的时间特征参数计算接收器相对于发射器的方位和俯仰角，并将模拟信号转换成数字信号，通过无线网络发送给中心控制服务器，最后通过软件处理数据获得坐标位置信息。

8.4.1 系统构成

1. 硬件组成

整个系统的硬件组成包括激光发射器、接收器、放大器、处理器。

(1) 激光发射器。如图 8.41 所示，激光发射器发出对人体和眼睛无伤害的激光信号，包括两束扇形光束和一束选通光束；干电池或电源供电；可固定在测量空间，或安置在三脚架上。激光发射器不能少于 3 个。

(a) 第一代主机

(b) 第二代主机

图 8.41 iGPS 主机

(2) 接收器。无线接收来自激光发射器发出的激光模拟信号，并将其有线传送给放大器。接收器的数量和形式可按需而定。如图 8.42 所示，其中手持式测量探头由两个接收器组合而成，可以测量隐蔽点。

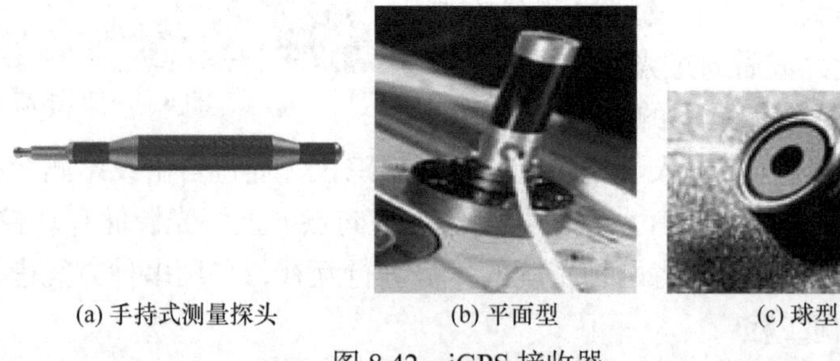

(a) 手持式测量探头 (b) 平面型 (c) 球型

图 8.42 iGPS 接收器

(3) 放大器。接收来自接收器的模拟信号，转换为数字信号，然后有线传输给处理器。

(4) 处理器。接收来自放大器的数字信号，将其转换为角度数据信息，然后传输至中心控制服务器。

(5) 基准尺。带接收器的基准尺，用来定义测量系统的尺度。

2. 软件组成

(1) 坐标解算软件。将处理器传送来的角度信息处理成坐标信息。

(2) 移动客户端。与坐标解算软件联合使用，工作于 Pocket PC 平台，用于基本的数据采集和分析。

8.4.2　测角原理

iGPS 的核心是红外激光发射器，发射器发出两束扇形光束(图 8.43)，两扇光束在水平面内夹角 $\theta = 90°$，分别与旋转轴成 $\varphi = 30°$ 夹角。发射器在水平方向±145°、垂直方向±30°的范围内旋转，不同的发射器具有不同的转速(发射器以其转速进行识别)，光束的有效距离为 50m。第三束光为选通脉冲，作为每一圈旋转的起始标志。

以选通脉冲作为计时零位，发射器发出的第一束扇形光束到达接收器的时刻为 t_{L_1}，第二束扇形光束到达接收器的时刻为 t_{L_2}，设发射器的旋转角速度为 ω。如图 8.44 所示，设 O 为旋转中心，圆为与旋转轴垂直的方位面。

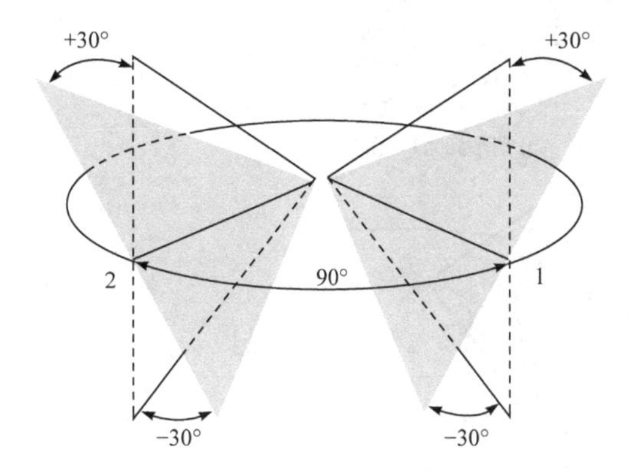

图 8.43　iGPS 发射器扇形光束结构

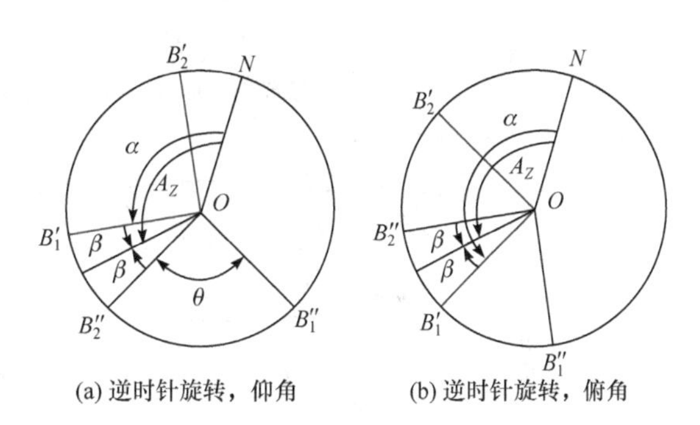

(a) 逆时针旋转，仰角　(b) 逆时针旋转，俯角

图 8.44　iGPS 方位角测量示意图

假设触发选通脉冲时扇形光束 L_1 与方位面的交线为 ON，在 t_{L_1} 时刻，扇形光束 L_1 到达接收器，则扇形光束 L_1 的中心在方位面上的投影为 OB_1'，接收器在方位面上的投影为 OP。在 t_{L_2} 时刻，扇形光束 L_2 到达接收器，接收器在方位面上的投影仍为 OP，但由于光束的结构形状，扇形光束 L_2 的中心在方位面上的投影则为 OB_2''。从 t_{L_1} 到 t_{L_2}，扇形光束 L_1 从 OB_1' 转到 OB_1''，因此有关系

$$\theta \pm 2\beta = (t_{L_2} - t_{L_1})\omega$$

式中，“±”代表仰、俯角两种情况，如图 8.44(a)、图 8.44(b)所示。所以得

$$\beta = \pm \frac{(t_{L_2} - t_{L_1})\omega - \theta}{2} \tag{8.58}$$

又

$$\alpha = t_{L_1}\omega \tag{8.59}$$

所以得方位角

$$Az = \alpha \pm \beta \tag{8.60}$$

同样，在图 8.45 中，设方位面圆半径为 R，则有关系

$$B_1P = 2R\sin\frac{\beta}{2} \tag{8.61}$$

$$QP = \frac{B_1P}{\tan\varphi} \tag{8.62}$$

所以，接收器 Q 的俯仰角为

$$El = \arctan\frac{QP}{R} = \arctan\frac{2\sin\dfrac{(t_{L_2} - t_{L_1})\omega - \theta}{4}}{\tan\varphi} \tag{8.63}$$

若计算结果为正，表示仰角；若计算结果为负，表示俯角。

若发射器可以整平，则方位角即为水平角，俯仰角即为垂直角。

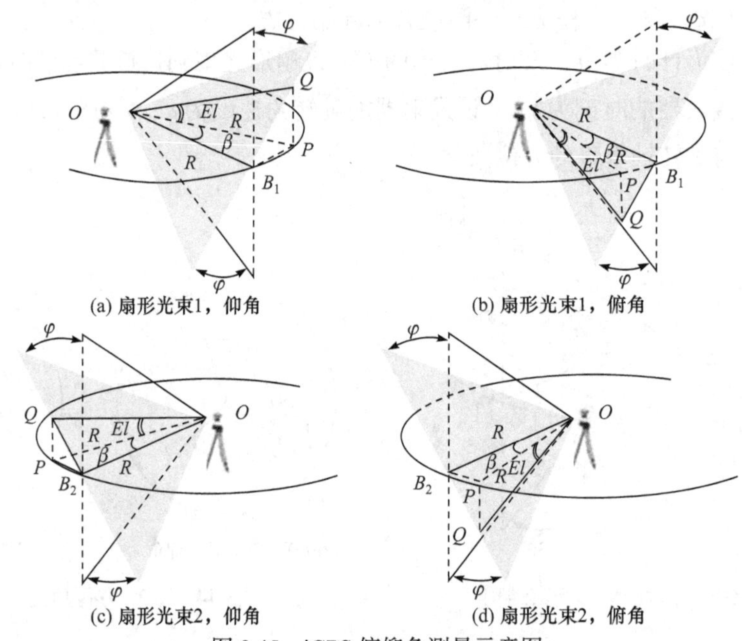

(a) 扇形光束1，仰角　　(b) 扇形光束1，俯角

(c) 扇形光束2，仰角　　(d) 扇形光束2，俯角

图 8.45　iGPS 俯仰角测量示意图

8.4.3　应用

iGPS 具有强大的室内测量优势。图 8.46 是 iGPS 用于飞机制造的示意图。

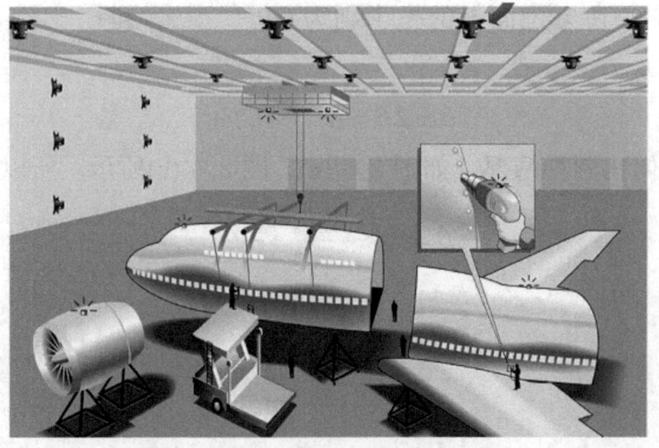

图 8.46　iGPS 用于飞机制造示意图

8.5　工业测量数据处理软件

工业测量系统的初级成果是一批在测量坐标系下的三维点坐标，而人们更关心的是利用点坐标分析工业产品的几何信息，如尺寸、角度、形位公差等，为此需要专门的工业测量数据处理软件。

工业测量数据处理软件的功能包括坐标系生成与转换、几何形状拟合、空间关系分析以及三维模型比对等。本节以 Spatial View 软件(图 8.47)为例，介绍工业测量数据处理软件的基本功能。

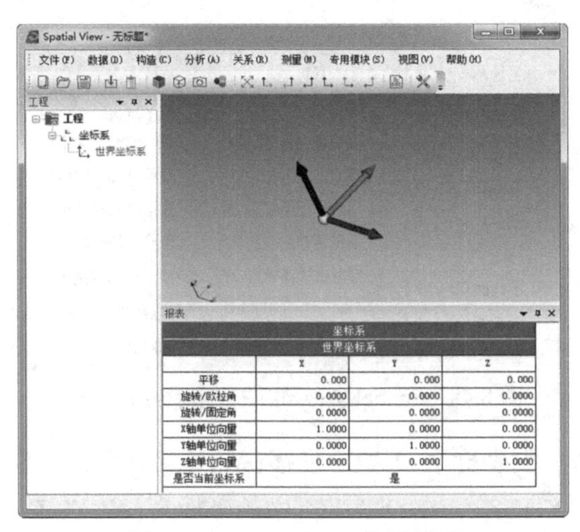

图 8.47　Spatial View 软件界面

8.5.1　坐标系转换与生成

工业测量系统直接测量得到的点坐标是在测量坐标系下，但在测量坐标系下不易做分析计算，实际使用时一般需要将其转换到其他坐标系(如工件的设计坐标系)中。

每一个坐标系都可以用坐标系原点(X_0,Y_0,Z_0)、三个旋转角$(\varepsilon_x,\varepsilon_y,\varepsilon_z)$和一个尺度因子$k$这七个参数表示，这七个参数可以唯一确定一个坐标系。

以下主要介绍七参数坐标系换算关系和通过平移、旋转、公共点转换等方法生成坐标系。

1. 七参数坐标系换算关系

通常是由轴向平移、绕轴旋转及尺度变换三种方式组合而成。设某一坐标系$O\text{-}XYZ$先平移(X_0,Y_0,Z_0)，再旋转$(\varepsilon_x,\varepsilon_y,\varepsilon_z)$，最后缩放$k$倍后，转换到另一坐标系$O'\text{-}X'Y'Z'$。点$P$在$O\text{-}XYZ$中的坐标为$(X,Y,Z)$，在$O'\text{-}X'Y'Z'$中的坐标为$(X',Y',Z')$，则有

$$\begin{pmatrix} X' \\ Y' \\ Z' \end{pmatrix} = k\boldsymbol{M}^{\mathrm{T}} \begin{pmatrix} X-X_0 \\ Y-Y_0 \\ Z-Z_0 \end{pmatrix} \tag{8.64}$$

式中，$\boldsymbol{M}$为旋转矩阵

$$\boldsymbol{M} = \begin{pmatrix} a_1 & a_2 & a_3 \\ b_1 & b_2 & b_3 \\ c_1 & c_2 & c_3 \end{pmatrix}$$

随旋转顺序的不同，旋转矩阵有不同的表达式，如有 Kardan 旋转和 Euler 旋转等。Kardan 旋转中各系数的计算公式为

$$
\begin{cases}
a_1 = \cos\varepsilon_y \cos\varepsilon_z, & b_1 = \cos\varepsilon_x \sin\varepsilon_z + \sin\varepsilon_x \sin\varepsilon_y \cos\varepsilon_z, & c_1 = \sin\varepsilon_x \sin\varepsilon_z - \cos\varepsilon_x \sin\varepsilon_z \cos\varepsilon_z \\
a_2 = -\cos\varepsilon_y \sin\varepsilon_z, & b_2 = \cos\varepsilon_x \cos\varepsilon_z - \sin\varepsilon_x \sin\varepsilon_y \sin\varepsilon_z, & c_2 = \sin\varepsilon_x \cos\varepsilon_z + \cos\varepsilon_x \sin\varepsilon_z \sin\varepsilon_z \\
a_3 = \sin\varepsilon_y, & b_3 = -\sin\varepsilon_x \cos\varepsilon_y, & c_3 = \cos\varepsilon_x \cos\varepsilon_y
\end{cases}
$$

2. 坐标系生成

坐标系生成的方式有很多(图 8.48)，包括平移、旋转、公共点最小二乘转换等。

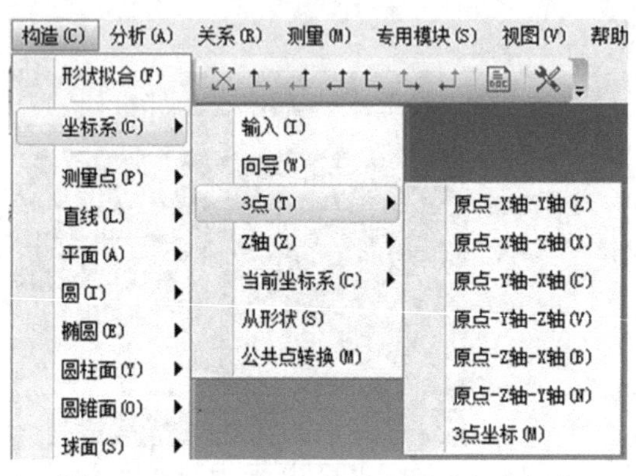

图 8.48　Spatial View 软件坐标系生成方式

(1) 平移生成坐标系。设坐标系 $O\text{-}XYZ$ 平移 (X_0,Y_0,Z_0) 后，生成新坐标系 $O'\text{-}X'Y'Z'$。点 P 在 $O\text{-}XYZ$ 中的坐标为 (X,Y,Z)，在 $O'\text{-}X'Y'Z'$ 中的坐标为 (X',Y',Z')，则有

$$
\begin{pmatrix} X' \\ Y' \\ Z' \end{pmatrix} = \begin{pmatrix} X - X_0 \\ Y - Y_0 \\ Z - Z_0 \end{pmatrix} \tag{8.65}
$$

(2) 旋转生成坐标系。设坐标系 $O\text{-}XYZ$ 绕 Z 旋转 ε_z 后，生成新坐标系 $O'\text{-}X'Y'Z'$。两坐标系有如下关系：

$$
\begin{pmatrix} X \\ Y \\ Z \end{pmatrix} = R_Z(\varepsilon_z)\begin{pmatrix} X' \\ Y' \\ Z' \end{pmatrix} = \begin{pmatrix} \cos\varepsilon_z & -\sin\varepsilon_z & 0 \\ \sin\varepsilon_z & \cos\varepsilon_z & 0 \\ 0 & 0 & 1 \end{pmatrix}\begin{pmatrix} X' \\ Y' \\ Z' \end{pmatrix} \tag{8.66}
$$

同理，分别绕 X 轴旋转 ε_x 和绕 Y 轴旋转 ε_y 后两坐标系的关系分别为

$$
\begin{pmatrix} X \\ Y \\ Z \end{pmatrix} = R_X(\varepsilon_x)\begin{pmatrix} X' \\ Y' \\ Z' \end{pmatrix} = \begin{pmatrix} 1 & 0 & 0 \\ 0 & \cos\varepsilon_x & -\sin\varepsilon_x \\ 0 & \sin\varepsilon_x & \cos\varepsilon_x \end{pmatrix}\begin{pmatrix} X' \\ Y' \\ Z' \end{pmatrix} \tag{8.67}
$$

$$
\begin{pmatrix} X \\ Y \\ Z \end{pmatrix} = R_Y(\varepsilon_y)\begin{pmatrix} X' \\ Y' \\ Z' \end{pmatrix} = \begin{pmatrix} \cos\varepsilon_y & 0 & \sin\varepsilon_y \\ 0 & 1 & 0 \\ -\sin\varepsilon_y & 0 & \cos\varepsilon_y \end{pmatrix}\begin{pmatrix} X' \\ Y' \\ Z' \end{pmatrix} \tag{8.68}
$$

一般而言，绕旋转轴的顺序不同，旋转矩阵会随之变化。设依次绕 X 轴、Y 轴和 Z 轴旋转，则两坐标系的关系为

$$\begin{pmatrix} X \\ Y \\ Z \end{pmatrix} = R_X(\varepsilon_x) R_Y(\varepsilon_y) R_Z(\varepsilon_z) \begin{pmatrix} X' \\ Y' \\ Z' \end{pmatrix} \tag{8.69}$$

(3) 公共点最小二乘转换法生成坐标系。如果在实际场景中有公共点存在，则可用公共点最小二乘转换法生成坐标系，也即求出坐标转换参数 $\boldsymbol{t} = \left(X_0, Y_0, Z_0, \varepsilon_x, \varepsilon_y, \varepsilon_z, k\right)^{\mathrm{T}}$ 。

微分式(8.64)有

$$\begin{cases} \mathrm{d}X' = (-a_1 \,\mathrm{d}X_0 - b_1 \,\mathrm{d}Y_0 - c_1 \,\mathrm{d}Z_0 + d_1 \,\mathrm{d}\varepsilon_x + e_1 \,\mathrm{d}\varepsilon_y + f_1 \,\mathrm{d}\varepsilon_z)k + g_1 \,\mathrm{d}k \\ \mathrm{d}Y' = (-a_2 \,\mathrm{d}X_0 - b_2 \,\mathrm{d}Y_0 - c_2 \,\mathrm{d}Z_0 + d_2 \,\mathrm{d}\varepsilon_x + e_2 \,\mathrm{d}\varepsilon_y + f_2 \,\mathrm{d}\varepsilon_z)k + g_2 \,\mathrm{d}k \\ \mathrm{d}Z' = (-a_3 \,\mathrm{d}X_0 - b_3 \,\mathrm{d}Y_0 - c_3 \,\mathrm{d}Z_0 + d_3 \,\mathrm{d}\varepsilon_x + e_3 \,\mathrm{d}\varepsilon_y + f_3 \,\mathrm{d}\varepsilon_z)k + g_3 \,\mathrm{d}k \end{cases} \tag{8.70}$$

式中，

$$\begin{cases} d_1 = -c_1(Y - Y_0) + b_1(Z - Z_0) \\ d_2 = -c_2(Y - Y_0) + b_2(Z - Z_0) \\ d_3 = -c_3(Y - Y_0) + b_3(Z - Z_0) \\ e_1 = -Z' \cos\varepsilon_z / k \\ e_2 = Z' \sin\varepsilon_z / k \\ e_3 = \cos\varepsilon_y (X - X_0) + \sin\varepsilon_x \sin\varepsilon_y (Y - Y_0) - \cos\varepsilon_x \sin\varepsilon_y (Z - Z_0) \\ f_1 = Y'/k \\ f_2 = -X'/k \\ f_3 = 0 \\ g_1 = X'/k \\ g_2 = Y'/k \\ g_3 = Z'/k \end{cases} \tag{8.71}$$

则构造如下函数

$$\boldsymbol{F} = \begin{pmatrix} X' \\ Y' \\ Z' \end{pmatrix} - k \begin{pmatrix} a_1 & b_1 & c_1 \\ a_2 & b_2 & c_2 \\ a_3 & b_3 & c_3 \end{pmatrix} \begin{pmatrix} X - X_0 \\ Y - Y_0 \\ Z - Z_0 \end{pmatrix} = \boldsymbol{0} \tag{8.72}$$

因此对第 i 个公共点，可列出如下拟合方程

$$\boldsymbol{v}_i = \boldsymbol{\alpha}_i^{\mathrm{T}} \mathrm{d}\boldsymbol{t} + \boldsymbol{F}_i \tag{8.73}$$

式中，

$$\boldsymbol{\alpha}_i = \left. \frac{\partial \boldsymbol{F}}{\partial \boldsymbol{t}} \right|_{X = X_i', Y' = Y_i', Z' = Z_i'} \tag{8.74}$$

$$\boldsymbol{F}_i = \begin{pmatrix} X_i' \\ Y_i' \\ Z_i' \end{pmatrix} - k \begin{pmatrix} a_1 & b_1 & c_1 \\ a_2 & b_2 & c_2 \\ a_3 & b_3 & c_3 \end{pmatrix} \begin{pmatrix} X_i - X_0 \\ Y_i - Y_0 \\ Z_i - Z_0 \end{pmatrix} \tag{8.75}$$

式(8.73)写成矩阵形式为

$$\boldsymbol{V} = \boldsymbol{A} \mathrm{d}\boldsymbol{t} + \boldsymbol{F} \tag{8.76}$$

给定 $\boldsymbol{t}$ 的近似值 $(X_0^0, Y_0^0, Z_0^0, \varepsilon_x^0, \varepsilon_y^0, \varepsilon_z^0, k^0)^{\mathrm{T}}$ ，利用最小二乘法迭代计算，最后可求出转换

参数$\boldsymbol{t}$。未知数个数为 7，每点可列三个误差方程，所以至少需 3 个点即可求解。由于误差方程是线性化后得到的，故需要迭代求解。

8.5.2　几何形状拟合

由解析几何可知，两点确定一条直线；不在一条直线上的 3 点确定一个平面或一个圆；不在同一个平面上的 4 点可以确定一个椭球或球……。当测量的特征点数多于必要被测要素拟合点数时，可采用最小二乘法进行数据处理，确定被测要素。其原理是：假定有一理想要素使得被测要素的各点到该理想要素的距离平方和为最小，那么该理想要素的特征参数即为所要求的被测要素之特征参数。

图 8.49　Spatial View 软件形状拟合功能

Spatial View 软件支持直线、平面、圆、椭圆、圆柱面、圆锥面、球面、抛物面等多种常用几何形状的拟合(图 8.49)。拟合时可以指定几何形状的任意参数为固定值，例如，固定任一平移量、旋转量、圆的半径值、抛物面的焦距值等。拟合后自动显示每个测量点到拟合形状的法向偏差值及总体统计量。

以下所讨论的形状拟合模型仅为一般情况，特殊情况不再一一列出。

1. 直线拟合

过某点(x_0, y_0, z_0)且方向向量为$\boldsymbol{v} = (l, m, n)$的空间直线的参数方程为

$$\begin{cases} x = x_0 + lt \\ y = y_0 + mt \\ z = z_0 + nt \end{cases} \tag{8.77}$$

式中，(x, y, z)为测量坐标系下的坐标。

取$n = 1$，故有

$$\begin{cases} x = x_0 + l(z - z_0) \\ y = y_0 + m(z - z_0) \end{cases} \tag{8.78}$$

线性化后的误差方程为

$$\begin{cases} v_{xi} = \mathrm{d}x_0 - l\mathrm{d}z_0 + (z_i - z_0^0)\mathrm{d}l - l_{xi} \\ v_{yi} = \mathrm{d}y_0 - m\mathrm{d}z_0 + (z_i - z_0^0)\mathrm{d}m - l_{yi} \end{cases} \tag{8.79}$$

式中，

$$\begin{cases} l_{xi} = x_i - [x_0^0 + (z_i - z_0^0)l^0] \\ l_{yi} = y_i - [y_0^0 + (z_i - z_0^0)m^0] \end{cases} \tag{8.80}$$

由于(x_0, y_0, z_0)是直线上的点，故需固定某一坐标方能保证法方程为满秩阵，如令$\mathrm{d}z_0 = 0$，根据最小二乘法则可组成如下法方程

$$\begin{pmatrix} k & 0 & \sum_{i=1}^{k}\left(z_i - z_0^0\right) & 0 \\ 0 & k & 0 & \sum_{i=1}^{k}\left(z_i - z_0^0\right) \\ \sum_{i=1}^{k}\left(z_i - z_0^0\right) & 0 & \sum_{i=1}^{k}\left(z_i - z_0^0\right)^2 & 0 \\ 0 & \sum_{i=1}^{k}\left(z_i - z_0^0\right) & 0 & \sum_{i=1}^{k}\left(z_i - z_0^0\right)^2 \end{pmatrix} \cdot \begin{pmatrix} \mathrm{d}x_0 \\ \mathrm{d}y_0 \\ \mathrm{d}l \\ \mathrm{d}m \end{pmatrix} = \begin{pmatrix} \sum_{i=1}^{k} l_{xi} \\ \sum_{i=1}^{k} l_{yi} \\ \sum_{i=1}^{k} l_{xi}\left(z_i - z_0^0\right) \\ \sum_{i=1}^{k} l_{yi}\left(z_i - z_0^0\right) \end{pmatrix} \tag{8.81}$$

式中，k 为观测点个数，可以拟合出(x_0, y_0, l, m)。同理也可固定x_0或y_0，而拟合出(y_0, z_0, l, m)或(x_0, z_0, l, m)。

近似参数的确定：有空间两点(x_1, y_1, z_1)、(x_2, y_2, z_2)，可令$\left(x_0^0, y_0^0, z_0^0\right) = (x_1, y_1, z_1)$，$\left(l_0^0, m_0^0, n_0^0\right) = (x_2 - x_1, y_2 - y_1, z_2 - z_1)$。

2. 平面拟合

平面的一般方程为

$$Ax + By + Cz + D = 0 \tag{8.82}$$

令

$$a = -\frac{A}{C}, b = -\frac{B}{C}, c = -\frac{D}{C}$$

化为

$$z = ax + by + c \tag{8.83}$$

因此第 i 个观测点的误差方程为

$$v_i = ax_i + by_i + c - z_i \tag{8.84}$$

根据最小二乘法则可组成如下法方程

$$\begin{pmatrix} \sum_{i=1}^{n} x_i^2 & \sum_{i=1}^{n} x_i y_i & \sum_{i=1}^{n} x_i \\ \sum_{i=1}^{n} x_i y_i & \sum_{i=1}^{n} y_i^2 & \sum_{i=1}^{n} y_i \\ \sum_{i=1}^{n} x_i & \sum_{i=1}^{n} y_i & n \end{pmatrix} \cdot \begin{pmatrix} a \\ b \\ c \end{pmatrix} = \begin{pmatrix} \sum_{i=1}^{n} x_i z_i \\ \sum_{i=1}^{n} y_i z_i \\ \sum_{i=1}^{n} z_i \end{pmatrix} \tag{8.85}$$

式中，n 为观测点个数。

可解出平面参数(a, b, c)。

3. 圆拟合

设空间圆的圆心坐标为(x_0, y_0, z_0)，半径为R，那么空间圆的方程为

$$\begin{cases} (x - x_0)^2 + (y - y_0)^2 + (z - z_0)^2 - R^2 = 0 \\ A(x - x_0) + B(y - y_0) + C(z - z_0) = 0 \end{cases} \tag{8.86}$$

将式(8.86)第二个方程化为

$$z = a(x - x_0) + b(y - y_0) + z_0 \tag{8.87}$$

线性化后的误差方程为

$$\begin{cases} v_i = \dfrac{x_0^0 - x_i}{R_i^0}\mathrm{d}x_0 + \dfrac{y_0^0 - y_i}{R_i^0}\mathrm{d}y_0 + \dfrac{z_0^0 - z_i}{R_i^0}\mathrm{d}z_0 - \mathrm{d}R - R^0 + R_i^0 \\ v_{z_i} = -a^0\mathrm{d}x_0 - b^0\mathrm{d}y_0 + \mathrm{d}z_0 + (x_i - x_0^0)\mathrm{d}a + (y_i - y_0^0)\mathrm{d}b + z_i^0 - z_i \end{cases} \tag{8.88}$$

式中，$z_i^0 = a^0\left(x_i - x_0^0\right) + b^0\left(y_i - y_0^0\right) + z_0^0$。

共有 $2n$ 个误差方程，按最小二乘法则组成法方程，最后拟合求出参数 $\left(x_0, y_0, z_0, R, a, b\right)$。

4. 球面拟合

在任意坐标系下的球面方程为

$$\left(X - X_0\right)^2 + \left(Y - Y_0\right)^2 + \left(Z - Z_0\right)^2 - R^2 = 0 \tag{8.89}$$

设 $\left(X, Y, Z\right)$ 为测量坐标系下的坐标，按半径 R 拟合，可列出如下误差方程

$$v_i = \frac{X_0^0 - X_i}{R_i^0}\mathrm{d}X_0 + \frac{Y_0^0 - Y_i}{R_i^0}\mathrm{d}Y_0 + \frac{Z_0^0 - Z_i}{R_i^0}\mathrm{d}Z_0 - \mathrm{d}R - R^0 + R_i^0 \tag{8.90}$$

按最小二乘法则组成法方程，给出参数的近似值 $\left(x_0^0, y_0^0, z_0^0, R^0\right)$，最后拟合求出参数 $\left(x_0, y_0, z_0, R\right)$。

5. 圆柱面拟合

在圆柱坐标系下的圆柱方程为

$$x^2 + y^2 + z^2 = R^2 + z^2 \tag{8.91}$$

转换为测量坐标系下，其方程为

$$F = \left(X - X_0\right)^2 + \left(Y - Y_0\right)^2 + \left(Z - Z_0\right)^2 - R^2 - z^2 = 0 \tag{8.92}$$

对于旋转曲面来说，测量坐标系 XOY 与设计坐标系 xoy 的转换参数为 5 个，它们是三个平移参数和两个旋转参数，为 $\left(X_0, Y_0, Z_0, \varepsilon_x, \varepsilon_y\right)$，即固定 $\varepsilon_z = 0$，此时旋转矩阵系数的计算公式为

$$a_1 = \cos\varepsilon_y, b_1 = \sin\varepsilon_x \sin\varepsilon_y, c_1 = -\cos\varepsilon_x \sin\varepsilon_y$$
$$a_2 = 0, b_2 = \cos\varepsilon_x, c_2 = \sin\varepsilon_x$$
$$a_3 = \sin\varepsilon_y, b_3 = -\sin\varepsilon_x \cos\varepsilon_y, c_3 = \cos\varepsilon_x \cos\varepsilon_y$$

由于 $\left(X_0, Y_0, Z_0\right)$ 必须位于 Z 轴上，实际平移参数只有 2 个。一般情况下固定 Z_0 解算 $\left(X_0, Y_0\right)$。此时线性化作为误差方程系数的偏导数为

$$\begin{cases} \dfrac{\partial F}{\partial X_0} = 2\left(X_0^0 - X\right) + 2za_3 \\ \dfrac{\partial F}{\partial Y_0} = 2\left(Y_0^0 - Y\right) + 2zb_3 \\ \dfrac{\partial F}{\partial \varepsilon_x} = -c_3\left(Y - Y_0\right) + b_3\left(Z - Z_0\right) \\ \dfrac{\partial F}{\partial \varepsilon_y} = x \\ \dfrac{\partial F}{\partial R} = -2R^0 \end{cases} \tag{8.93}$$

然后组成误差方程，给定参数近似值$\left(X_0^0, Y_0^0, Z_0^0, \varepsilon_x^0, \varepsilon_y^0, R^0\right)$并按最小二乘法则进行平差解算，最后求出坐标转换参数。

6. 标准抛物面拟合

在抛物面坐标系$o-xyz$下的标准抛物面方程为

$$x^2+y^2+z^2=4f\cdot z+z^2 \tag{8.94}$$

转换为测量坐标系下，其方程为

$$F=\left(X-X_0\right)^2+\left(Y-Y_0\right)^2+\left(Z-Z_0\right)^2-\left(4f+z\right)z=0 \tag{8.95}$$

对于旋转抛物面来说，测量坐标系 XOY 与设计坐标系 xoy 的转换参数仍为 5 个，它们是三个平移参数和两个旋转参数，为$\left(X_0, Y_0, Z_0, \varepsilon_x, \varepsilon_y\right)$，即固定$\varepsilon_z=0$。

设

$$\boldsymbol{t}=\left(X_0, Y_0, Z_0, \varepsilon_x, \varepsilon_y, f\right)^{\mathrm{T}} \tag{8.96}$$

因此对第 i 个观测点，可列出误差方程：

$$v_i=\alpha_i^{\mathrm{T}}\mathrm{d}t-F_i \tag{8.97}$$

式中，

$$\begin{cases}\alpha_i=\dfrac{\partial F}{\partial t}\ \Big|_{x=x_i,y=y_i,z=z_i}\\ \dfrac{\partial F}{\partial X_0}=2\left(X_0^0-X\right)+\left(4f^0+2z\right)a_3\\ \dfrac{\partial F}{\partial Y_0}=2\left(Y_0^0-Y\right)+\left(4f^0+2z\right)b\\ \dfrac{\partial F}{\partial Z_0}=2\left(Z_0^0-Z\right)+\left(4f^0+2z\right)c_3\\ \dfrac{\partial F}{\partial \varepsilon_x}=y\left(4f^0+2z\right)a\\ \dfrac{\partial F}{\partial \varepsilon_y}=-x\left(4f^0+2z\right)\\ \dfrac{\partial F}{\partial f}=-4z\end{cases} \tag{8.98}$$

$$F_i=\left(X-X_0\right)^2+\left(Y-Y_0\right)^2+\left(Z-Z_0\right)^2-4fz-z^2$$

写成矩阵形式为

$$\boldsymbol{V}=\boldsymbol{A}\mathrm{d}\boldsymbol{t}-\boldsymbol{F} \tag{8.99}$$

给定$\boldsymbol{t}$的近似值$\left(X_0^0, Y_0^0, Z_0^0, \varepsilon_x^0, \varepsilon_y^0, f^0\right)^{\mathrm{T}}$，利用迭代最小二乘法，最后可求出转换参数$\boldsymbol{t}$。

8.5.3　空间关系分析

空间关系分析即计算几何元素之间的角度、距离、相交、平行、垂直等空间关系(图 8.50)。

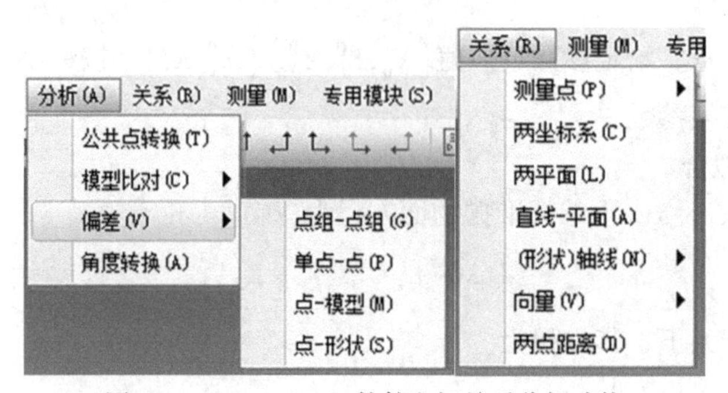

图 8.50　Spatial View 软件空间关系分析功能

1. 空间角度计算

空间角度计算主要是计算两直线或两向量之间的夹角，直线可以是拟合出的直线或者由两点生成的直线；向量一般为平面或圆平面的法向量以及圆柱、圆锥、抛物面的旋转轴。只要已知两直线或向量的方向余弦，即可计算其空间夹角。

设空间两向量的方向余弦分别为

$$L_1 : \cos\alpha_1, \cos\beta_1, \cos\gamma_1$$
$$L_2 : \cos\alpha_2, \cos\beta_2, \cos\gamma_2$$

则其空间夹角 θ 的计算公式为

$$\cos\theta = \cos\alpha_1 \cos\alpha_2 + \cos\beta_1 \cos\beta_2 + \cos\gamma_1 \cos\gamma_2 \tag{8.100}$$

2. 空间距离计算

空间距离计算分为 6 种基本情况：

(1) 点到点的距离。设存在两点 $P_1(x_1, y_1, z_1)$ 和 $P_2(x_2, y_2, z_2)$，则其距离为

$$d = \sqrt{(x_2 - x_1)^2 + (y_2 - y_1)^2 + (z_2 - z_1)^2} \tag{8.101}$$

(2) 点到直线的距离。设存在点 $P_1(x_1, y_1, z_1)$ 和过 $P_0(x_0, y_0, z_0)$ 的直线 $\dfrac{x - x_0}{l} = \dfrac{y - y_0}{m} = \dfrac{z - z_0}{n}$，其距离为

$$d = \sqrt{\frac{\left(\begin{vmatrix} y_1 - y_0 & z_1 - z_0 \\ m & n \end{vmatrix}^2 + \begin{vmatrix} z_1 - z_0 & x_1 - x_0 \\ n & l \end{vmatrix}^2 + \begin{vmatrix} x_1 - x_0 & y_1 - y_0 \\ l & m \end{vmatrix}^2\right)}{\left(l^2 + m^2 + n^2\right)}} \tag{8.102}$$

(3) 点到面的距离。点 $P_1(x_1, y_1, z_1)$ 到平面 $Ax + By + Cz + D = 0$ 的距离为

$$d = \frac{|Ax_1 + By_1 + Cz_1 + D|}{\sqrt{A^2 + B^2 + C^2}} \tag{8.103}$$

点到曲面的距离是指空间点 $P_1(x_1, y_1, z_1)$ 沿曲面上某点的法线方向到曲面的距离。设 $P_1(x_1, y_1, z_1)$ 沿法线在曲面 $F(x, y, z) = 0$ 上的投影点为 $P_1'(x_1', y_1', z_1')$，则过该点的法线方程为

$$\begin{cases} x = x_1' + f_x \cdot t \\ y = y_1' + f_y \cdot t \\ z = z_1' + f_z \cdot t \end{cases} \tag{8.104}$$

式中，

$$\begin{cases} f_x = \dfrac{\partial F}{\partial x}\Big|(x_1', y_1', z_1') \\ f_y = \dfrac{\partial F}{\partial y}\Big|(x_1', y_1', z_1') \\ f_z = \dfrac{\partial F}{\partial z}\Big|(x_1', y_1', z_1') \end{cases} \tag{8.105}$$

由于 $P_1(x_1, y_1, z_1)$ 在法线上，$P_1'(x_1', y_1', z_1')$ 在曲面上，可联立解如下 4 个方程

$$\begin{cases} x = x_1' + f_x \cdot t \\ y = y_1' + f_y \cdot t \\ z = z_1' + f_z \cdot t \\ F(x_1', y_1', z_1') = 0 \end{cases} \tag{8.106}$$

可解出 $P_1'(x_1', y_1', z_1')$，进而计算点到曲面的距离

$$d = \sqrt{(x_1' - x_1)^2 + (y_1' - y_1)^2 + (z_1' - z_1)^2} \tag{8.107}$$

(4) 线到线的距离。设过 $P_0(x_0, y_0, z_0)$ 和 $P_1(x_1, y_1, z_1)$ 的两平行直线 $\dfrac{x - x_0}{l} = \dfrac{y - y_0}{m} = \dfrac{z - z_0}{n}$ 和 $\dfrac{x - x_1}{l} = \dfrac{y - y_1}{m} = \dfrac{z - z_1}{n}$，两直线间的距离为

$$d = \sqrt{\frac{\begin{vmatrix} y_1 - y_0 & z_1 - z_0 \\ m & n \end{vmatrix}^2 + \begin{vmatrix} z_1 - z_0 & x_1 - x_0 \\ n & l \end{vmatrix}^2 + \begin{vmatrix} x_1 - x_0 & y_1 - y_0 \\ l & m \end{vmatrix}^2}{l^2 + m^2 + n^2}} \tag{8.108}$$

设点 $P_1(x_1, y_1, z_1)$ 和 $P_2(x_2, y_2, z_2)$ 分别是异面直线 $\dfrac{x - x_0}{l_1} = \dfrac{y - y_0}{m_1} = \dfrac{z - z_0}{n_1}$、$\dfrac{x - x_0'}{l_2} = \dfrac{y - y_0'}{m_2} = \dfrac{z - z_0'}{n_2}$ 上任意一点，两直线间的距离为

$$d = \left| \frac{\begin{vmatrix} x_2 - x_1 & y_2 - y_1 & z_2 - z_1 \\ l_1 & m_1 & n_1 \\ l_2 & m_2 & n_2 \end{vmatrix}}{\sqrt{\begin{vmatrix} m_1 & n_1 \\ m_2 & n_2 \end{vmatrix}^2 + \begin{vmatrix} n_1 & l_1 \\ n_2 & l_2 \end{vmatrix}^2 + \begin{vmatrix} l_1 & m_1 \\ l_2 & m_2 \end{vmatrix}^2}} \right| \tag{8.109}$$

(5) 线到平面的距离。线到平面有距离的条件是线与平面平行，只要取直线上任意一点，计算该点到平面的距离即可。

设存在直线 $\dfrac{x - x_0}{l} = \dfrac{y - y_0}{m} = \dfrac{z - z_0}{n}$ 上一点 $P_1(x_1, y_1, z_1)$ 和平面 $Ax + By + Cz = 0$，其距离为

$$d = \frac{|Ax_1 + By_1 + Cz_1 + D|}{\sqrt{A^2 + B^2 + C^2}} \tag{8.110}$$

(6) 平面到平面的距离。两平行平面的距离计算，只需取某平面上任意一点，计算该点到另一平面的距离。

设两平面分别为 $Ax+By+Cz+D_1=0$ 和 $Ax+By+Cz+D_2=0$，点 $P_1(x_1,y_1,z_1)$ 满足 $Ax_1+By_1+Cz_1+D_1=0$，则两平面间的距离为

$$d=\frac{|Ax_1+By_1+Cz_1+D_2|}{\sqrt{A^2+B^2+C^2}}=\frac{|D_2-D_1|}{\sqrt{A^2+B^2+C^2}} \tag{8.111}$$

3. 点集比较

同一坐标系下的两套坐标进行差值计算。P 点的测量值为 (X,Y,Z)，设计值为 (x,y,z)，二者差值为

$$\delta x=X-x,\quad \delta y=Y-y,\quad \delta z=Z-z \tag{8.112}$$

4. 两点分析

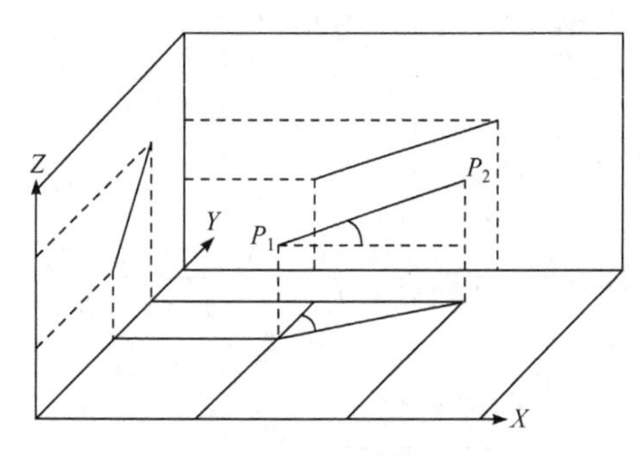

图 8.51　两点分析示意图

如图 8.51 所示，设有两点 $P_1(x_1,y_1,z_1)$ 和 $P_2(x_2,y_2,z_2)$，两点分析的主要项目如下。

两点间距离：

$$d=\sqrt{(x_2-x_1)^2+(y_2-y_1)^2+(z_2-z_1)^2} \tag{8.113}$$

P_1P_2 在 X 轴上的投影：

$$i_x=x_2-x_1 \tag{8.114}$$

P_1P_2 在 Y 轴上的投影：

$$j_y=y_2-y_1 \tag{8.115}$$

P_1P_2 在 Z 轴上的投影：

$$k_z=z_2-z_1 \tag{8.116}$$

P_1P_2 在 XOY 面上的投影：

$$d_{XOY}=\sqrt{(x_2-x_1)^2+(y_2-y_1)^2} \tag{8.117}$$

P_1P_2 在 YOZ 面上的投影：

$$d_{YOZ}=\sqrt{(y_2-y_1)^2+(z_2-z_1)^2} \tag{8.118}$$

P_1P_2 在 XOZ 面上的投影：

$$d_{XOZ}=\sqrt{(x_2-x_1)^2+(z_2-z_1)^2} \tag{8.119}$$

P_1P_2 与 XOY 面的夹角：

$$\alpha_{XOY}=\arctan\left(\frac{z_2-z_1}{d_{XOY}}\right) \tag{8.120}$$

P_1P_2 与 YOZ 面的夹角：

$$\alpha_{YOZ}=\arctan\left(\frac{x_2-x_1}{d_{YOZ}}\right) \tag{8.121}$$

P_1P_2 与 XOZ 面的夹角：

$$\alpha_{XOZ}=\arctan\left(\frac{y_2-y_1}{d_{XOZ}}\right) \tag{8.122}$$

P_1P_2 在 XOY 面上的投影与 Y 轴的夹角：

$$\alpha_{Y-XOY}=\arccos\left(\frac{y_2-y_1}{d_{XOY}}\right) \tag{8.123}$$

P_1P_2 在 YOZ 面上的投影与 Z 轴的夹角：

$$\alpha_{Z-YOZ}=\arccos\left(\frac{z_2-z_1}{d_{YOZ}}\right) \tag{8.124}$$

P_1P_2 在 XOZ 面上的投影与 X 轴的夹角：

$$\alpha_{X-XOZ}=\arccos\left(\frac{x_2-x_1}{d_{XOZ}}\right) \tag{8.125}$$

5. 弧距计算

如图 8.52 所示，设有两点 $P_1(x_1,y_1,z_1)$ 和 $P_2(x_2,y_2,z_2)$，给定过两点的圆的半径 $R(2R>d)$，即可进行如下计算。

弦长：

$$d=\sqrt{(x_2-x_1)^2+(y_2-y_1)^2+(z_2-z_1)^2} \tag{8.126}$$

圆心角：

$$\alpha=2\arcsin\frac{d}{2R} \tag{8.127}$$

弧长：

$$L=\frac{\pi\alpha R}{180°} \tag{8.128}$$

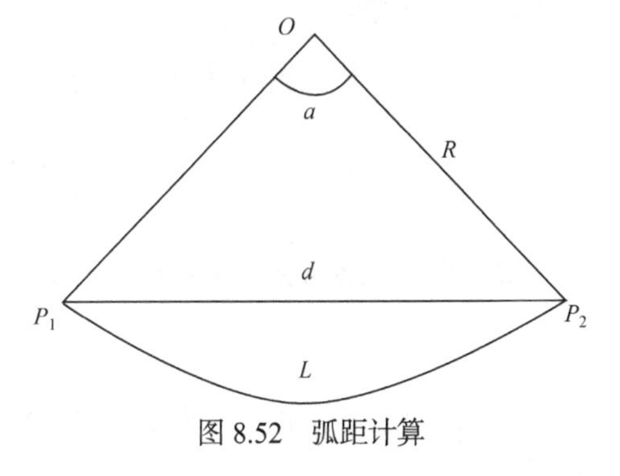

图 8.52　弧距计算

6. 相交计算

(1) 线与线相交。设存在两直线 $\frac{x-x_1}{l_1}=\frac{y-y_1}{m_1}=\frac{z-z_1}{n_1}$ 和 $\frac{x-x_2}{l_2}=\frac{y-y_2}{m_2}=\frac{z-z_2}{n_2}$，有交点的充要条件是两直线共面且不平行，即 $\begin{vmatrix} x_2-x_1 & y_2-y_1 & z_2-z_1 \\ l_1 & m_1 & n_1 \\ l_2 & m_2 & n_2 \end{vmatrix}=0$ 且 $\frac{l_1}{l_2}\neq\frac{m_1}{m_2}\neq\frac{n_1}{n_2}$，令

$$\begin{aligned} x_1+l_1\cdot t_1&=x_2+l_2\cdot t_2 \\ y_1+m_1\cdot t_1&=y_2+m_2\cdot t_2 \end{aligned} \tag{8.129}$$

求出 t_1 和 t_2，代入上述任一直线方程即可求出交点坐标。

(2) 线与平面相交。设存在直线 $\frac{x-x_1}{l_1}=\frac{y-y_1}{m_1}=\frac{z-z_1}{n_1}$ 和平面 $Ax+By+Cz+D=0$，其交点计算方法为将直线方程改为参数式

$$\begin{cases} x = x_1 + l_1 \cdot t \\ y = y_1 + m_1 \cdot t \\ z = z_1 + n_1 \cdot t \end{cases} \tag{8.130}$$

然后代入平面方程中，求参数t，从而计算出交点坐标。如果t无解，说明直线与平面平行，也即$Al_1 + Bm_1 + Cn_1 = 0$，这也是直线与平面平行的重要条件。

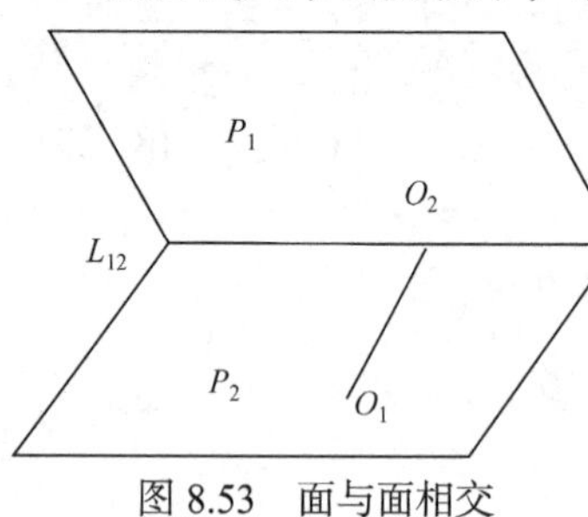

图 8.53　面与面相交

(3) 面与面相交。如图 8.53 所示，设有面$P_1: A_1x + B_1y + C_1z + D_1 = 0$和面$P_2: A_2x + B_2y + C_2z + D_2 = 0$，两面的交线为$L_{12}$，方程为

$$\begin{cases} A_1x + B_1y + C_1z + D_1 = 0 \\ A_2x + B_2y + C_2z + D_2 = 0 \end{cases} \tag{8.131}$$

其方向矢量为

$$(A_1, B_1, C_1) \times (A_2, B_2, C_2) = \left(\begin{vmatrix} B_1 & C_1 \\ B_2 & C_2 \end{vmatrix}, \begin{vmatrix} C_1 & A_1 \\ C_2 & A_2 \end{vmatrix}, \begin{vmatrix} A_1 & B_1 \\ A_2 & B_2 \end{vmatrix} \right) \tag{8.132}$$

然后过某平面上一点(P_2上的O_1点)作交线的垂线O_1O_2，垂足O_2即为直线上的一点，如此可求出交线的参数方程。

7. 平行计算

(1) 过点作某直线的平行线。过$P_1(x_1, y_1, z_1)$作直线$\frac{x - x_0}{l} = \frac{y - y_0}{m} = \frac{z - z_0}{n}$的平行线为

$$\frac{x - x_1}{l} = \frac{y - y_1}{m} = \frac{z - z_1}{n} \tag{8.133}$$

(2) 过点作某向量的平行线。过$P_1(x_1, y_1, z_1)$作向量$\boldsymbol{V} = (l, m, n)$的平行线为

$$\frac{x - x_1}{l} = \frac{y - y_1}{m} = \frac{z - z_1}{n} \tag{8.134}$$

(3) 过点作某平面的平行面。过$P_1(x_1, y_1, z_1)$作平面$A(x - x_0) + B(y - y_0) + C(z - z_0) = 0$的平行面为

$$A(x - x_1) + B(y - y_1) + C(z - z_1) = 0 \tag{8.135}$$

8. 垂直计算

(1) 过一点作某直线的垂线。过点$P_1(x_1, y_1, z_1)$作直线$L_2: \frac{x - x_0}{l_2} = \frac{y - y_0}{m_2} = \frac{z - z_0}{n_2}$的垂线$L_1$，如图 8.54 所示。

设$P_2(x_2, y_2, z_2)$是垂足，直线L_1的方程写作$L_1: \frac{x - x_1}{l_1} = \frac{y - y_1}{m_1} = \frac{z - z_1}{1}$，可解如下方程

$$\begin{cases} l_1 l_2 + m_1 m_2 + n_2 = 0 \\ \dfrac{x_2 - x_0}{l_2} = \dfrac{y_2 - y_0}{m_2} = \dfrac{z_2 - z_0}{n_2} \\ \dfrac{x_2 - x_1}{l_1} = \dfrac{y_2 - y_1}{m_1} = \dfrac{z_2 - z_1}{1} \end{cases} \tag{8.136}$$

求出(x_2,y_2,z_2,l_1,m_1)，进而求出垂线方程。

(2) 过一点作某平面的垂线。过$P_1(x_1,y_1,z_1)$作平面$P:A(x-x_0)+B(y-y_0)+C(z-z_0)=0$的垂线$L_1$，如图 8.55 所示。

垂线L_1的方程为

$$L_1:\frac{x-x_1}{A}=\frac{y-y_1}{B}=\frac{z-z_1}{C} \tag{8.137}$$

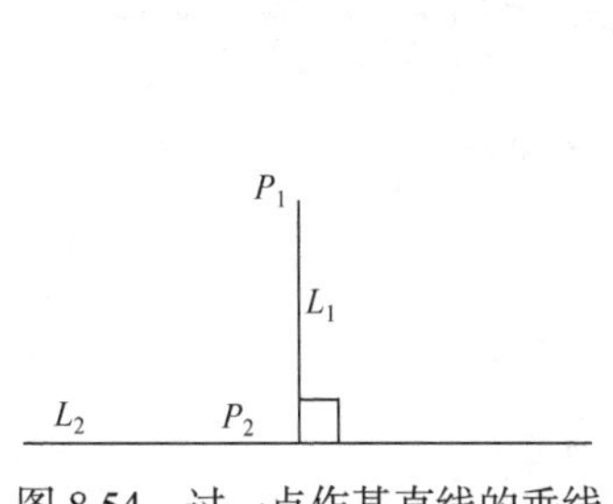

图 8.54　过一点作某直线的垂线

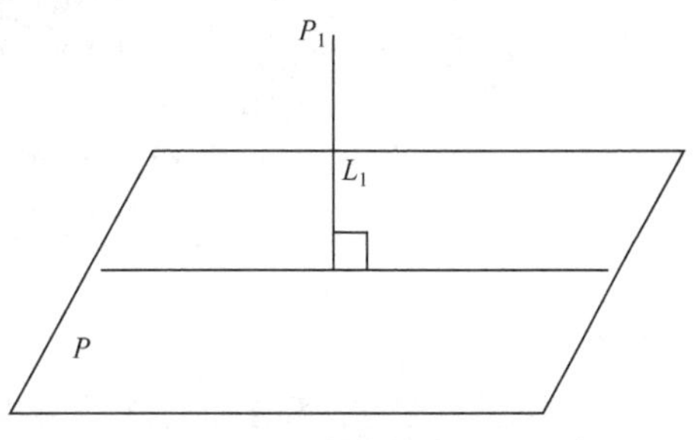

图 8.55　过一点作某平面的垂线

8.5.4　模型比对

模型比对是将一组测量点通过坐标转换，使其最大限度地贴合相应被测工件的 CAD 设计曲面模型，即点到 CAD 模型的法向偏差平方和最小。

在 Spatial View 软件中，模型比对分两步进行(图 8.56)。第一步，通过手动选定测量点及其在模型上概略位置，实现测量点与模型的粗对准。第二步，通过迭代最近点(iterative closest point，ICP)匹配算法，计算测量点坐标转换参数的精确值，即精确比对。

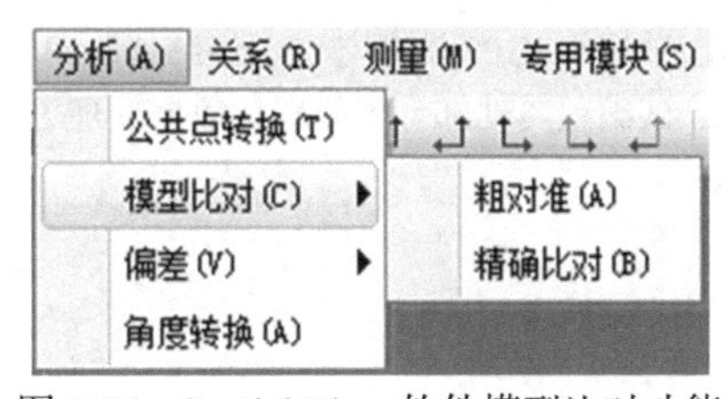

图 8.56　Spatial View 软件模型比对功能

ICP 算法采取“求最近点-计算变换-应用变换”的循环过程，以最小距离为目标函数，逐步迭代求解转换参数。由粗对准的结果可得到测量数据与模型数据在同一坐标系下的位置，同时得到了初始对应关系，在进行精细配准时，以粗对准结果为初始条件，采用最近点距离方法来选取下一步精确配准对应点群。

设粗对准后的测量点$p_i'^{1}$到设计点群P_2的最小距离为$d_{\min}(p_i',Q)$，其中，d为距离函数。于是，点群P_1'与设计点群P_2的最小距离目标函数为

$$S=\frac{1}{N}\sum_{i=1}^{N}d_{\min}(p_i',Q) \tag{8.138}$$

粗对准中得到了测量点群$P_1'=\left\{p_i'^{1}\mid p_i'^{1}\in \mathrm{R}^3,i=1,2,\cdots,N\right\}$的初始配准点群为$P_z=\left\{p_i^z\mid p_i^z\in \mathrm{R}^3,i=1,2,\cdots,N\right\}$，以最小距离为目标函数，运用最小二乘迭代计算进行二次匹配。

经精确比对后，可得到测量点坐标转换参数、每个测量点到模型的法向偏差以及总体偏差统计量等信息，如图 8.57 所示。

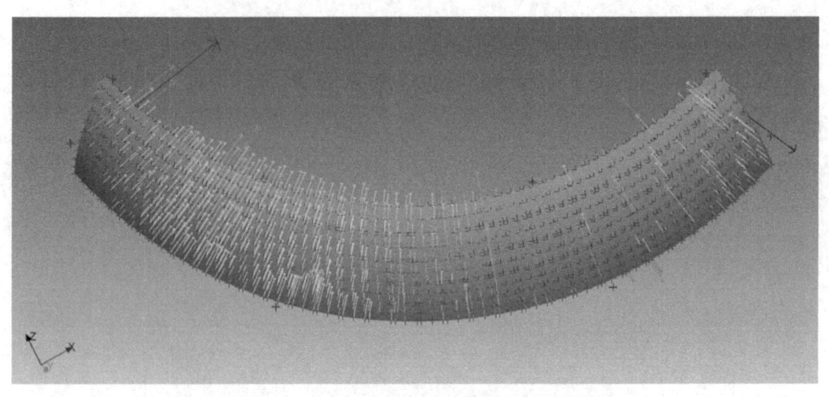

图 8.57　Spatial View 软件模型比对效果

思考与练习

一、名词解释

1. 工业测量系统；2. 经纬仪系统定向；3. 工业摄影测量；4. 编码标志。

二、叙述题

1. 工业测量的方法有哪些？
2. 阐述经纬仪测量系统定向的基本概念及方法。
3. 简要叙述工业摄影测量系统涉及的关键技术。
4. 激光跟踪测量系统的特点。
5. iGPS 测角原理。
6. 试比较 iGPS 测角与电子经纬仪测角的异同点。
7. 试编程实现部分工业测量数据处理方法。

第9章　变 形 测 量

9.1　变形测量概述

在测量实践中，变形观测、变形监测、变形测量代表着同一概念，现在趋向使用变形测量(deformation measurement 或 deformation survey)。它是为获取物体变形信息而进行的测量工作。

世间万物无时无处不受力的作用，力的作用效果可以使物体产生机械运动，也可以使物体产生变形。变形测量不仅研究物体的变形(伸缩、弯曲、剪切、扭转等)，同时也研究物体的运动(平移和旋转等)，我们把物体的变形和运动统称为变形。其中，把物体的平移称为物体的绝对变形，把物体的旋转、伸缩、弯曲、剪切、扭转等称为物体的相对变形。

变形测量的具体对象称为变形体。变形体大到整个地球，小到一个工程建(构)筑物的块体。变形在一定范围内被认为是允许的，如果超出允许值，则可能引发事故和灾难。变形测量是用测量的方式研究变形体的变形。

9.1.1　变形测量的任务

变形测量要回答的问题是：变形体是否有变形？若有变形，变形多大？变形产生的原因是什么？下一步发展的趋势如何？

因此，变形测量的任务是：应用各种测量手段测定变形体的形状、位置在时空域中的变化特征，解释其发生的原因并进行预报。

也就是说，变形测量不仅要研究变形体的变形(绝对变形和相对变形)，而且还要研究变形与空间位置、时间和力的关系。变形与空间、时间的关系分析称为变形几何分析，变形与影响因素之间的关系分析称为变形物理解释，二者统称为变形分析。实践中，可将水平与高程、空间变形特征和时间变形特征、几何分析和物理解释分开考虑；理论上，应将变形分析进行综合分析，透过现象看本质，从看似杂乱无章中抽丝剥茧找出内在规律。

9.1.2　变形测量的意义

假如人们对物体产生变形的各种原因和变形规律了如指掌，则变形测量将失去存在的意义。问题在于，实际上人们对物体变形规律有所知，但知之不够，不能满足人们生产和生活的需要。这带来两方面的问题：一是现实中建造的建筑物不是百分之百的安全(因其设计基础是不完善的理论)，因而需对其变形情况及时掌握，以便在问题出现时，能及时采取应对措施；二是对变形规律需要继续进行深入研究。前者构成变形测量的工程意义，后者构成变形测量的科学意义。后者往往要求最高的测量精度，所以变形测量研究主要集中在前者。

变形测量的工程意义是安全监测。在工程领域，主要是分析评估各种工程建筑物、地质构造、工业构件等的安全性，以便及时发现问题并采取应对措施。

拦河大坝是一类重要的工程构筑物，大坝失事将在极短的时间内造成巨大的损失。例如，1959 年，法国 66m 高的 Malpasset 拱坝，水库蓄水 $3 \times 10^7 m^3$，在坝崩溃时形成的巨大洪水以 36km/h 的速度向下游倾泻，造成 400 人死亡，损失 6800 万美元。

采矿引起地面变形也会造成很大的损失，尤其是“三下开采”(在城市、工业设施和交通干线、水体下面开采)，造成地面建筑物毁坏、铁路、公路不能正常使用、水库失事的例子很多。例如，1875 年，德国的约翰 · 载梅尔矿，由于地表塌陷使铁路的钢轨悬空、影响列车运行。

地震对于人类的生存构成最大的威胁。1923 年 9 月 1 日，日本东京发生 8.2 级地震，强震引起的次生灾害——大火几乎焚毁了半个东京，伤亡约 10 万人。1976 年 7 月 28 日，我国唐山 7.8 级大地震，死亡 24 万余人，重伤 16 万余人，整个唐山市夷为平地。

坚持长期的、严密的变形测量可以避免或减少损失。例如，瑞士的 Zeuzier 拱坝，高 156m，在竣工后 20 多年中，大坝运行正常，但 1978 年突然发现异常，坝顶下沉 10cm，拱座间距离缩短 5cm，拱冠顶向上游移动 9cm，超出预计变形值一倍以上。发现异常后，泄放了库中 90%的水，发现坝体已产生裂缝。仔细检查和分析原因，得知这是离坝体不远处(距大坝 1400m、比坝低 300m)正在开挖一条穿过阿尔卑斯山的公路隧道所造成的，当隧道工程停止后，坝体变形明显减小。隔河岩大坝外观变形 GPS 自动化监测系统在 1998 年长江流域抗洪错峰中发挥了巨大作用，确保了安全度汛，避免了荆江大堤灾难性的分洪。

地壳形变监测是预报地震的一种重要手段，许多国家都在地壳活动地带布设各种形式的监测网，测量地应变积累过程，这对中期和中短期地震预报起着极为重要的作用。

变形测量的科学意义包括更好地理解变形的机理，验证有关工程设计的理论，以及建立正确的预报变形的理论和方法。例如，地壳板块位移的监测，用以验证板块的边界、板块的相对位移和嵌入，地壳抬高和降低的理论；断层相对位移的监测，验证断层活动与地震的关系；工程建筑物的变形、扭转和摆动，验证工程设计理论的正确性；对病害地质的滑坡、崩塌的监测，验证岩土力学理论的正确性；等等。有的变形测量是在科学实验场或实验室进行的，这些变形测量多是专门为了验证工程结构、工程材料强度、物理性质等理论问题，或从实验中通过分析、探索而启发理论思路，或从中取得经验公式的参数。

变形测量按其研究的范围可分为三类：全球性的、区域性的和局部性的。全球性的变形监测主要是研究地极移动、地球旋转速度的变化以及地壳板块的运动。区域性的变形监测，用以研究地壳板块范围内变形状态和板块交界处地壳相对运动。前者一般从定期复测国家控制网的资料获得，后者要建立专用监测网，监测板块相对运动在其交界处造成地壳变形。随着 GNSS 技术的发展，近年来很多国家和地区建立了 GNSS 连续监测网，用于研究区域性变形。局部性的变形监测主要是研究工程建筑物的沉降、水平位移、挠度和倾斜，滑坡体的滑动以及采矿、采油和抽地下水等人为因素造成的局部地面变形，这是本章主要研究的内容。

9.1.3 点的状态划分

既然变形测量是用测量技术来获取物体的变形信息，那么问题仍归结为点的位置及其变化(并对其进一步分析)。在变形体上设置的点称为目标点(也称变形观测点，或变形点，或监测点)，目标点的集合构成目标点场。下面我们分析目标点场的几种情况。

静态点场(static points field)。绝对静态的点是不存在的，只要目标点相对于周围的地表与建筑物是静态的，则我们将其视为静态点场。静态点场就是通常测量所假定的情况。几乎所有的工程规划、设计、施工放样、竣工测量，都只有在这“静态”的观点下才得以实施，否则，认为一切位置都在变动之中，是无法设计，也无法施工的。在静态点场假定下，点位与时间无关，点位误差由观测值误差引起。

似静态点场(quasi-static points field)是这样一种假定，在每一期观测过程(如一期观测时间需要一个月)中，目标点是静态的，而在各期之间(即观测周期，如一年)，目标点的位置发生了变化。

运动态点场(kinematic points field)认为在整个变形测量期间(包括各期之间及每期观测过程)，目标点的位置都在发生变化，而且具有明显的运动速度和加速度。

动态点场(dynamic points field)不仅考虑目标点的运动，而且还考虑引起运动的作用力与作用机理。

9.1.4 变形测量原理

变形测量的原理是：在变形体的变形特征处设置一些目标点，重复测算目标点的坐标，从目标点的坐标变化中获取变形信息。

图 9.1 为沉降测量的简单示例，由两期观测 $h^{[1]}$、$h^{[2]}$ 得相应高程

$$H_1^{[1]} = H_A + h^{[1]} \text{、} H_1^{[2]} = H_A + h^{[2]}$$

从而可得高程变化量

$$s_1 = H_1^{[1]} - H_1^{[2]} = h^{[1]} - h^{[2]} \tag{9.1}$$

及其精度

$$m_{s_1} = \pm\sqrt{m_{h^{[1]}}^2 + m_{h^{[2]}}^2} = \sqrt{2}m_h$$

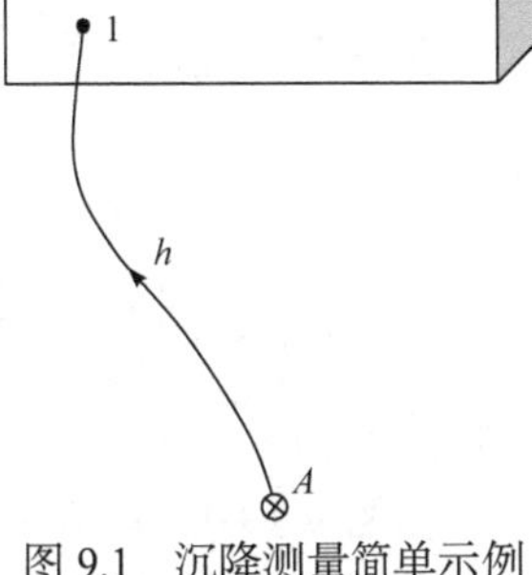

图 9.1 沉降测量简单示例

设 s_1 的极限误差使用 $\Delta_{s_1极限} = 2m_{s_1} = 2\sqrt{2}m_h$，则 $s_1 \leqslant \Delta_{s_1极限}$，则是正常的。若 $s_1 \geqslant \Delta_{s_1极限}$，则可能发生的情况有：①观测值中含粗差；②$A$ 点发生沉降或上升；③1 点发生沉降或上升。

现在，假定排除了①和②两种情况，并且将 $s_1 \geqslant \Delta_{s_1极限}$ 的判别一般化。假设观测量 $h \sim N\left(\tilde{h}, \sigma_h\right)$，($\tilde{h}$ 是 h 的数学期望)，则 $s_1 \sim N\left(0, \sigma_{s_1}\right)$，或

$$T = \frac{s_1}{\sigma_{s_1}} \sim N(0,1) \tag{9.2}$$

因此，可以对 T 进行假设检验

原假设： $E(T) = 0$

备选假设： $E(T) \neq 0$

在原假设成立时，应有 $T \leqslant u_\alpha$ (为 u 检验的分位值，置信水平 $1-\alpha$)，这时称未发现 1 点的显著沉降或上升；否则，称 1 点发生了显著沉降或上升。将 $T \leqslant u_\alpha$ 展开写成

$$s_1 \leqslant u_\alpha \sigma_{s_1} = u_\alpha \sqrt{2} m_h \tag{9.3}$$

其中，

$$s_{10} = u_\alpha \sqrt{2} m_h \tag{9.4}$$

是在置信水平($1-\alpha$)下可发现沉降的最小值，称为沉降灵敏度。进一步，考虑检验功效 γ，则式(9.4)变为

$$s_{10} = \delta_0 \sqrt{2} m_h \tag{9.5}$$

是在置信水平$1-\alpha$和检验功效γ下可发现沉降的最小值，当然也是沉降灵敏度。例如，当$\alpha=0.1\%$、$\gamma=80\%$时，$\delta_0=4.13$。作为一般情况，我们定义，在一定置信水平和检验功效下，变形测量系统能够发现的最小变形值，称为变形灵敏度，可分为位移灵敏度、沉降灵敏度、倾斜灵敏度、挠度灵敏度等。下面再举两个简单的例子。

图 9.2 为倾斜测量的最简单示例。由两期观测$h^{[1]}$、$h^{[2]}$可得倾斜变化量

$$\alpha_{12}=\frac{s_1-s_2}{L}=\frac{h^{[1]}-h^{[2]}}{L} \tag{9.6}$$

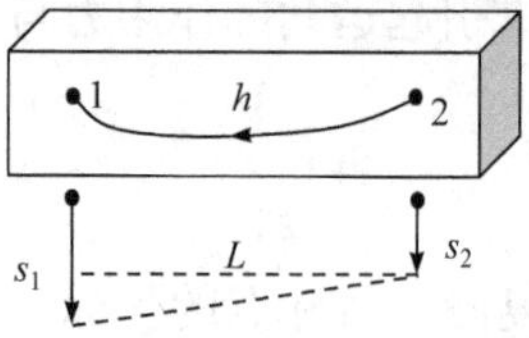

及其精度

$$m_{\alpha_{12}}=\frac{\sqrt{2}m_h}{L}$$

图 9.2　倾斜测量简单示例

在没有粗差的情况下，当

$$|\alpha_{12}|\geqslant\delta_0 m_{\alpha_{12}}=\frac{\sqrt{2}\delta_0 m_h}{L} \tag{9.7}$$

时，说明 1、2 两点间的倾斜发生了显著变化；否则，称“未发现显著变化”。其中，$\frac{\sqrt{2}\delta_0 m_h}{L}$称为倾斜灵敏度。

在图 9.3 中，记$L=L_1+L_2$，则挠度定义为

$$f=\frac{s_2-\frac{L_2 s_1+L_1 s_3}{L}}{L} \tag{9.8}$$

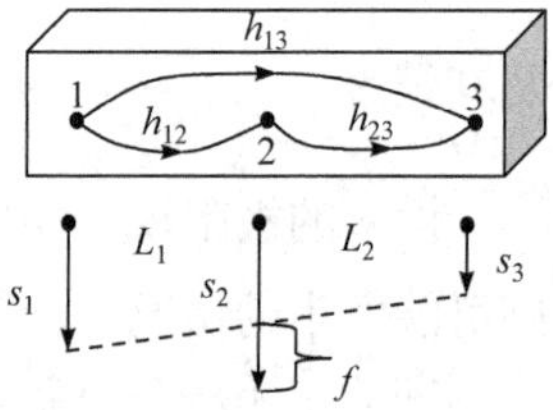

或写成

$$f=\frac{L_2(s_2-s_1)+L_1(s_2-s_3)}{L^2}=\frac{L_2 h_{12}-L_1 h_{23}}{L^2} \tag{9.9}$$

图 9.3　挠度测量简单示例

或当$L_1=L_2$时写成

$$f=\frac{h_{12}-h_{23}}{2L} \tag{9.10}$$

其精度为

$$m_f=\frac{m_h}{\sqrt{2}L}$$

在没有粗差的情况下，当

$$|f|\geqslant\delta_0 m_f=\frac{\delta_0 m_h}{\sqrt{2}L} \tag{9.11}$$

时，说明物体发生了显著弯曲；否则，称“未发现显著变形”。其中，$\frac{\delta_0 m_h}{\sqrt{2}L}$称为挠度灵敏度。

目标点形成的测量网称为相对网，如图 9.3 中 1、2、3 所形成的沉降网。

9.1.5　参考点与参考网

如图 9.1 所示，为了得到目标点的位置变化，需要一个稳定的点作参考，称为参考点。参考点必须稳固，对平面来说，参考点不能水平移动；对高程来说，参考点不能升降。设立参考点的要求是不受变形体的变形影响，在稳定的基岩上设置参考点是理想的，否则就需要

远离变形体，离开变形体一定的平面距离，或埋深到地下的稳定土层，前者容易产生较大的传递误差，后者则需要将点引到地面，如深埋双金属管高程标志和倒锤标志。

但措施不是结论，参考点是否稳定需靠数据证实。为此，参考点需设多个，并形成网，称为参考网，对参考网也进行重复观测，目的是检查参考网点的稳定性，检查的方法如平均间隙法，详见9.4节。

参考点对绝对变形信息至关重要(图9.1)，但对相对变形信息(图9.2和图9.3)的求取却影响不大。在多数工程变形问题中，人们较多关心工程建筑物的相对变形，而对绝对变形信息仅作为了解性的参考资料。但对大坝等工程建筑物，绝对变形与相对变形具有同等重要的地位。一般来说，相对变形值的精度容易得到保证。

参考点也称基准点，参考网也称基准网。

另外，生产中还存在工作基点的概念，介于目标点和参考点之间。一般在工作基点上设站观测目标点，工作基点的变形由联测参考点获得。

9.1.6 工程变形测量的内容

变形观测的内容应根据建筑物的性质与地基情况来定。要求有明确的针对性，既要有重点，又要作全面考虑，以便能正确反映出建筑物的变化情况，达到监视建筑物的安全运营、了解其变形规律的目的。举例如下。

(1) 工业与民用建筑物。对于基础而言，主要观测内容是均匀沉降与不均匀沉降，从而计算绝对沉降值、平均沉降值、相对弯曲、相对倾斜、平均沉降速度以及绘制沉降分布图。对于建筑物本身来说，则主要是倾斜与裂缝观测。对于工业企业、科学试验设施与军事设施中的各种工艺设备、导轨等，其主要观测内容是水平位移和垂直位移。对于高大的塔式建筑物和高层房屋，还应观测其瞬时变形、可逆变形和扭转(即动态变形)。

(2) 水工建筑物。对于土坝，其观测项目主要为水平位移、垂直位移、渗透(浸润线)以及裂缝观测。对于混凝土重力坝，其主要观测项目为垂直位移(可以求得基础与坝体的转动)、水平位移(可以求得坝体的挠曲)以及伸缩缝的观测。以上内容通常称为外部变形观测，也就是用测量的方法求出建筑物外形在空间位置方面的变化。此外，由于混凝土坝是一种大型水工建筑物，其安危影响很大，设计理论也比较复杂，除了观测其外形的变化外，还要了解其结构内部的情况，如混凝土应力、钢筋应力、温度等，这些内容通常称为内部观测。它一般是将电学仪器(或其他仪器)埋没在坝体内部，以电缆(管道)连至廊道内，定期进行观测。外部观测与内部观测之间有着密切的联系，应该同时进行，以便在资料分析时可以互相补充，互相验证。本章所讨论的内容主要是外部变形观测。

(3) 地表沉降。对于建立在江河下游冲积层上的城市，由于工业用水需要大量抽取地下水，从而影响地下土层的结构，使地面发生沉降现象。例如，我国某城市地表沉降观测的成果表明地表有时沉降，有时回升，这与季节性地抽取地下水有关。对于地下采矿地区，在地下大量的采掘也会使地表发生沉降现象。这种沉降现象严重的城市或地区，暴雨过后将发生大面积的积水，影响居民的生活；有时甚至造成地下管线的破坏，危及建筑物的安全。因此，必须定期进行观测，掌握其沉降与回升的规律，以便采取防护措施。

(4) 桥隧建筑物。以隧道为例，监测内容有水平位移、沉降、收敛等。

为了更全面地了解影响工程建筑物变形的原因及其规律，以及有些特种工程建筑物的要求，有时在其勘测阶段就要进行地表形变观测，以研究地层的稳定性。

9.1.7 变形测量技术

1. 常规大地测量方法

常规大地测量方法是指通过测角、量边、水准等技术来测定变形的方法，它具有以下优点：①能够提供变形体整体的变形状态；②观测量通过组成网的形式进行测量结果校核和精度评定；③灵活性大，能够适应不同的精度要求、不同形式的变形体和不同的外界条件。它包括以下典型测量技术。

1) 精密高程测量

高程测量一般通过几何水准测量或者三角高程测量的方法获得。在变形测量中，多采用重复精密水准或者精密三角高程精确测定目标点之间的高差及其变化。

2) 精密距离测量

重复精密测距可测定目标点在某个方向上的相对位移。因瓦基线尺是有效的精密测距工具，但它不适用于距离远、地表起伏不平或跨越深沟的区域。20 世纪 70 年代以来，各种型号的精密光电测距仪或全站仪广泛应用于变形测量，使得变形测量中的精密距离测量变得非常便利，测距精度由毫米提高到亚毫米。20 世纪 90 年代以后，随着 GNSS 的发展，GNSS 广泛应用于精密距离测量。

3) 角度测量

角度测量又分为水平角测量和垂直角测量，主要工具是经纬仪，包括光学经纬仪、电子经纬仪、全站仪等。全站仪已成为地面测量的主要工具。由伺服马达带动的全站仪可以实现自动测角、测距，也称为测量机器人。

4) 重力测量

地面高程的变化也可以间接地用重力测量测定。目前重力测量的精度约为 10 μGal，相当于高程变化 30mm。这样的精度虽然不够高，但是因为重力测量的成本比较低，所以可以在较大范围的地面变形监测中作为水准测量的补充。重力测量一般可以用于：①在地震预报时，测定和解释地面的垂直运动，监测和解释地震后地壳的垂直运动。②在火山地区结合水准测量和重力测量可以发现地下岩浆的运动。③研究用于采油、抽取地下水和利用地热蒸汽等造成的地表变形。④研究地壳的板块运动和变形。

2. 专门测量手段和技术

1) 液体静力水准测量

它是利用连通管原理测量各点处容器内液面高差的变化以测定垂直位移的观测方法，可以测出两点或多点间的高差。适用于混凝土坝基础廊道和土石坝表面垂直位移观测。一般将其中一个观测头安置在参考点，其他各观测头放置在目标点上，通过它们之间的差值就可以得出目标点相对可参考点的高差。该方法无须点之间的通视，能克服障碍物之间的阻挡，另外还可以将液面的高程变化转换成电信号输出，有利于实现监测自动化。

2) 准直测量

准直测量就是测量目标点偏离基准线的垂直距离的过程，它以观测某一方向上点位相对于基准线的变化为目的，包括准直法和铅直法两种。准直法为偏离水平基准线的微距离测量，该水平基准线一般平行于被监测的物体。基准线一般可用光学法、光电法和机械法产生。铅直法为偏离垂直基准线的微距离测量，过基准点的铅垂线作为垂直基准线，该基准线同样可以用光学法、光电法或机械法产生。

3) 应变测量

应变是相对距离的变化。设两点之间的距离为l，相对距离的变化为Δl，那么$\Delta l/l$为应变。应变可通过材料的物理参数与应力建立关系，因此它是变形观测中重要的观测量。

应变计有机械式和电子式两种。前者是两点间安装一根金属杆或金属丝，测量两点间距离的变化。后者有多种形式，常用的是电阻应变片。电阻应变片的基本原理是基于导体的"应变效应"，也就是利用导体的电阻随机械变形而变化的物理现象。这种测量方式成本比较高，对环境要求也比较高，而且误差比较大。

由于传统的应变测量方法具有诸多缺点，因而近年来发展了一些先进的方法，如光纤光栅法。基本原理是利用光纤中的自然布里渊散射光的频移变化量(用布里渊散射光时域反射测量计测得)与光纤所受的轴向应变之间的线性关系，得到光纤的轴向应变。当激光脉冲光从光纤一端输入后，光纤中就会产生沿着光纤背向传播到入射端的散射光，被探测器监测到。在这些背向散射光中，根据其频率和强度，可分为瑞利散射光、拉曼散射光和布里渊散射光等。布里渊散射光是由于入射的单频光与介质中产生的声波发生相互作用，介质的固有频率使光的频率产生漂移时而产生的。当光纤在某一点受力而产生形变，甚至断开时，光纤介质中背向传播的布里渊散射光频率就会发生变化，由于应变量和频率漂移量间存在着良好的线性关系，通过比较光源脉冲与后向散射光的强度可以判断光纤的通断情况以及位置。光纤传感器具有测量精度高、动态范围大、频带宽并可实现绝对测量以及抗电磁干扰、耐腐蚀等优点，而且光纤体积小、柔软并可弯曲，能以任意形式附合于被测材料结构中而不影响材料的性能。因此，可将光纤传感器埋入混凝土结构中，用于各种建筑物的测量，如高大的楼房、桥梁以及大坝等。

4) 倾斜测量

倾斜测量有相对于水平面和相对于垂直面两类。前者主要用于监测地面倾斜和建筑物基础倾斜，而后者主要用于监测高层建筑物倾斜。相对于水平面倾斜可以通过测定两点间相对沉降的方法来确定，也可以用倾斜仪测定。常用的倾斜仪有水准管式倾斜仪、气泡式倾斜仪和电子倾斜仪。相对于垂直面倾斜测量的关键是测定建筑物顶部中心相对于底部中心，或者各层上层中心相对于下层中心的水平位移矢量。建筑物倾斜观测的基本原理大都是测出建筑物顶部中心相对于底部中心的水平偏差来推算倾斜角，常用倾斜度(上下标志中心点间的水平距离与上下标志点高差的比值)来表示。

根据建筑物高低和精度要求不同，倾斜观测可采用悬挂垂球法和激光铅垂仪法等多种观测方法。悬挂垂球测定偏差的方法比较简单，但是要求在建筑物顶端能够悬挂垂球线。激光铅垂仪法是在顶部适当位置安置接收靶，在其垂线下的地面或地板上安置激光铅垂仪，在接收靶上直接读取或量出顶部的水平位移量和位移方向。

3. 空间测量技术

1) GNSS 测量

GNSS 的出现给导航定位带来了革命性的变革，相比于传统的测绘作业及方法有着显著的特点和优越性：它不受天气的干扰，定位精度高，点位间不需通视，容易实施长距离的精确三维定位，可以进行实时测量，具备良好的自动化和集成性能。GNSS 测量以其精度高、速度快和全天候等优点成为当今先进的变形观测手段。GNSS 用于变形观测有两种基本模式，一种是按一定频率重复测量变形网，得出各目标点的位移；另一种是 GNSS 接收机固定安置在测点上，实现连续观测。

当然，GNSS 定位技术也有不足的方面，主要是目标点所处的天空应具备良好的开阔度，以确保能接收到 4 颗以上、图形强度较好的卫星信号。另外，目前大地测量型的接收机价格相对偏高，限制了很多工程部门将其用于连续变形监测。为了解决以上两个障碍，目前有以下两个方面的发展。

(1) GNSS 一机多天线技术。精密的测量型 GNSS 接收机价格很高，若采用常规的 GNSS 测量方案，每个测点需有一套 GNSS 测量设备(天线和接收机)，成本会随着测点的增加呈几何级数增长。因此，建立起一个较大型的 GNSS 测量系统往往就需要很大的经费预算，从经济角度来看是不合适的。针对这一问题，GNSS 一机多天线系统应运而生，它使得一台 GNSS 接收机通过一个电子转换开关同时连接多个天线并保证 GNSS 信号完整可靠。8 个乃至 20 多个目标点共享一台 GNSS 接收机，整个监测系统的成本将大幅度下降。GNSS 一机多天线系统已成功地应用于国内外多项变形观测工程中，如小湾电站边坡稳定监测。

(2) 伪卫星定位技术。伪卫星，又称“地面卫星”，是从地面某特定地点发射类似于 GNSS 的导航信号，采用的导航电文格式与 GNSS 基本一致。因为伪卫星发射的是类似于 GNSS 的信号，并工作在 GNSS 的频率上，所以用户的 GNSS 接收机可以同时接收 GNSS 信号和伪卫星信号，而不必增设另一套伪卫星接收设备。地面建立的伪卫星站不仅可以增强区域性 GNSS 系统，而且可以提高卫星定位系统的可靠性和抗干扰能力。

GNSS 定位的精度和可靠性主要取决于跟踪的可见卫星数量和几何图形分布这两个重要因素。对于城市高楼密集区的“城市峡谷”和位于深山峡谷中的水库大坝，GNSS 信号受遮挡，使得接收到的 GNSS 卫星数较少、卫星几何图形分布不佳，导致 GNSS 定位精度大大降低，不能满足定位的要求。此外，应用 GNSS 技术进行精密测量，目前在水平方向的定位精度可达到毫米级，但在垂直方向，GNSS 定位精度较差，通常是水平方向定位误差的 2～3 倍，有时难以满足要求。因此，提高 GNSS 定位精度，特别是提高其垂直方向的精度，是目前亟须解决的一个关键问题。此外，目前在隧道、室内、地下还无法直接使用 GNSS 卫星信号。伪卫星定位技术是解决上述 GNSS 导航和定位现存问题的有效途径之一。

伪卫星定位技术用于变形观测，常采用的模式是和 GNSS 构成组合系统，即在合适的地方安装伪卫星以增强定位的几何强度。近年来伪卫星增强 GNSS 定位技术用于精密测量受到广泛重视，如桥梁变形测量、大坝变形测量以及矿山安全监测。

2) 合成孔径雷达干涉测量技术

20 世纪 50 年代，合成孔径雷达(synthetic aperture radar，SAR)系统开始在美国军队中使用。后来，美国航空航天局喷气推进实验室和密执安环境研究所将 SAR 转为民用。20 世纪 90 年代，SAR 系统进入了高速发展阶段，SAR 卫星也日渐增多。合成孔径雷达干涉测量(SAR interferometry，InSAR)是近年来迅速发展起来的一种微波遥感技术，它是利用合成孔径雷达的相位信息提取地表的三维信息和高程变化信息的一项技术，目前已成为国际遥感界的一个研究热点。

InSAR 可以测量地面点的高程变化，是目前空间遥感技术中获取高程信息精度最高的一项技术。由于它可以全天时、全天候获得全球高精度、高可靠性的地表变化信息，因而能够有效地监测由自然和人为因素引起的地表形变。具体来说，InSAR 的基本原理是通过雷达卫星在相邻重复轨道上对同一地区进行两次成像，利用其所记录的相对相位进行干涉处理，通过计算可获取地形高程数据。

InSAR 的数据处理技术近年来得到了较大发展，主要有：差分干涉测量(differential-InSAR,

D-InSAR)技术、永久散射体干涉测量(permanent scatterers interferometry，PSI)技术、相干目标分析(coherent target analysis，CTA)、短基线集(small baseline subset，SBAS)技术等，这些理论和技术的发展，大大提高了 InSAR 监测成果的精度。对不同地区地面形变的最新研究结果表明，合成孔径雷达干涉及其差分技术在地震形变、冰川运移、活动构造、地面沉降及滑坡等研究与监测中有广阔的应用前景，具有不可替代的优势。与其他方法相比，用 InSAR 进行地面形变监测的主要优点在于：①覆盖范围大，方便迅速；②成本低，不需要建立监测网；③空间分辨率高，可以获得某一地区连续的地表形变信息；④可以监测或识别出潜在或未知的地面形变信息；⑤全天候，不受云层及昼夜变化影响。

由于 D-InSAR 能获得毫米级的高精度三维形变信息，因而该技术可用于地球表面形变场(包括地震、火山活动、冰川漂移、地面沉降及山体滑坡等引起的地表位移)的监测。早期 D-InSAR 主要用于探测形变比较明显的地震和火山活动，随着该技术的不断成熟和研究的不断深入，其应用重点已逐渐转移到地面沉降和山体滑坡等微小地形变化领域。

4. 摄影测量和激光扫描技术

1) 摄影测量技术

摄影测量技术具有以下优点：①不需要接触被监测的变形体；②观测时间短，因而外业工作量小，可以大量减少野外测量工作量，快速获取变形过程；③信息量大、利用率高。摄影测量方法可以同时测定变形体上任意点的变形信息，对变形前后的信息做各种处理后可以获得变形体的任一位置的状态等优点。

因为摄影测量具有以上优点，所以摄影测量也常应用于某些变形测量中。用摄影测量方法测定各种工程建筑物、滑坡体等的变形，其方法就是在这些变形体的周围选择稳定的点，在这些目标点上安置摄像机，对变形的物体进行拍摄，然后通过内业处理得到变形体上目标点的二维或者三维坐标，通过对不同时期相同目标点的坐标变化进行分析得到它们的变化情况，从而得到建筑物的变化。

2) 激光扫描技术

通过 2.5 节的学习，我们知道激光扫描技术也是非接触测量的重要手段，利用激光扫描获得的数据真实可靠，最直接地反映了客观事物实时的、变化的、真实的形态特性，所以人们将激光扫描技术作为快速获取空间数据的一种有效手段。

与传统的测量手段相比，激光扫描技术有其独特的优势：①能全天候工作；②数据量大、精度较高；③获取数据速度快，实时性强；④全数字特征，信息传输、加工和表达容易，其数据处理技术详见第 10 章。激光扫描测量可以应用于建筑物特征的提取、滑坡监测、岩石裂缝的度量，还可以记录和监测古建筑物。

9.1.8 变形测量数据处理

变形测量数据处理包括粗差检验、方差估计、平差、变形分析、数据管理等。变形测量中的粗差必须有效剔除，否则，将粗差的影响当作变形值，会产生很严重的后果。观测量的方差估计是为了精确定权，这对于精确求取变形参数是有利的。平差计算是必要的，单期数据的平差与普通测量差别不大，多期观测数据应进行联合平差。

变形分析包括几何分析和物理解释，前者是分析变形的时空特性

$$d = f_T(t); \quad d = f_S(x, y, z) \tag{9.12}$$

后者是分析变形与影响因素之间的关系

$$d = f_E(e_1, e_2, e_3, e_4, e_5, e_6, \cdots) \tag{9.13}$$

也可将以上模型综合表示成

$$d = f(t; x, y, z; e_1, e_2, e_3, e_4, e_5, e_6, \cdots) \tag{9.14}$$

线性化后，上述各模型一般表示为

$$\mathrm{E}(\boldsymbol{d}) = \boldsymbol{Bc} \tag{9.15}$$

式中，系数矩阵 $\boldsymbol{B}$ 可能由变形点位置、时间或因素形成；$\boldsymbol{c}$ 为变形参数向量。

变形分析还用于变形预报。变形分析过程可分为三步：①将变形观测结果汇总成表、展点成图，如变形分布图、变形过程图等；②基于对变形观测结果表、图的观察和对变形规律已有的认识，为变形分析选配一个或多个模型；③函数式的求解、筛选与检验。

变形监测资料可能是由不同的方法在不同的时间采集的，因此需要综合利用。另外，变形观测是重复进行的，多年观测积累了大量的资料，必须有效地管理和利用这些资料。

9.1.9　变形测量的特点

变形测量与普通测量的最明显区别是重复观测，根据重复观测结果的差别分析出所需要的变形信息。重复观测的间隔即观测周期，一般根据变形体的管理要求和变形发展情况来确定。有些变形需做连续观测。

不同的变形体有不同的变形精度要求，之间甚至相差很大，这与其他应用测量项目一样。但变形测量精度要求较高，观测误差往往要求在变形允许值的 $\frac{1}{20} \sim \frac{1}{10}$，甚至要求最高的测量精度。

任何一种测量技术都有可能用于变形测量，尤其对于大型工程建筑物，如大坝变形测量，需要多种测量技术的综合运用：它的外部观测，可采用常规大地测量技术或 GNSS 技术，它的内部观测则要采用多种准直测量技术和正、倒锤测量技术等。

变形测量的目的是获取变形分析中的参数，而不是点的坐标。点的坐标只是变形测量中非常重要的中间结果。

变形测量的前提不是对变形体的变形规律一无所知，而是了解不够。因此，充分利用人们对变形规律已有的研究成果，对变形测量方案的设计、变形模型的选择非常必要。

变形体的变形一般很小，所以变形测量数据处理的首要任务是将变形值与测量误差区分开，然后对变形值进行几何分析与物理解释。在对变形体进行长期观测过程中，多期观测数据的处理与管理是一件重要与复杂的工作。

变形分析模型的建立需要相关学科知识，相关学科包括力学、地球物理学等。

9.1.10　变形测量的发展趋势

在测量技术方面：

(1) 多种传感器、数字近景摄影测量、测量机器人和 GNSS 的应用，将极大促进实时、连续、高效、自动化、动态监测系统的建立。

(2) 变形测量自动化将极大提高时空采样率，这将为变形分析提供极丰富的数据信息。

(3) 高度可靠、实用、先进的测量仪器和自动化系统，将在恶劣环境下长期、稳定、可靠地运行。

(4) 远程在线监控或网络监控将在重大工程安全监控管理中发挥巨大作用。

在变形分析方面：

(1) 数据处理与分析将向自动化、智能化、系统化、网络化方向发展，时空模型和时频分析(尤其是动态分析)将得到重点研究，数字信号处理技术、数据挖掘技术将发挥重要作用。

(2) 对各种方法和模型的实用性研究将得到加强，变形测量系统软件的开发不会局限于某一固定模式，变形分析新方法仍将不断出现。

(3) 由系统论、控制论、信息论、耗散结构论、协同学、突变论、分形与混沌动力学等所构成的系统科学和非线性科学将得到进一步应用。

(4) 变形几何分析和物理解释的综合、变形非线性系统问题的研究将逐步展开，以知识库、方法库、数据库和多媒体为主题的安全监测专家系统的建立是未来发展的方向。

9.2　变形测量的精度要求与观测周期

9.2.1　变形测量精度要求的确定

不同类型的建筑物，其变形测量的精度要求差别较大；同一建筑，不同部位、不同时间对变形测量的精度要求也不相同。一方面，确定合理的变形测量精度非常重要，过高的精度要求使测量工作复杂、费用和时间增加，而精度定得太低又会增加变形分析的困难，使所估计的变形参数误差大，甚至会得出不正确的结论。另一方面，变形测量精度要求的合理确定又是一个非常困难的课题，总体来说它与变形的大小、速率、测量所使用的仪器与方法，以及变形测量的目的有关，同时它又与具体的工程结构、地基地质情况密切联系。

为科学研究而进行的变形测量往往要求以测量所能达到的最高精度来实施，因此，下面以安全监测为主进行讨论。

由变形灵敏度，如式(9.5)，可直接得到

$$m_h = \frac{s_{10}}{\sqrt{2}\delta_0} \tag{9.16}$$

但是，按变形灵敏度确定观测精度是危险的。在工程建设中，对建筑物有变形允许值 $\Delta_{允}$ 的规定，为了起到安全监测的目的，变形灵敏度应比 $\Delta_{允}$ 小

$$s_{10} = \frac{\Delta_{允}}{n_u} \tag{9.17}$$

所以，变形观测的必要精度应为

$$m_h = \frac{\Delta_{允}}{\sqrt{2}\delta_0 n_u} \tag{9.18}$$

在 FIG 1971 年第 13 次大会上，变形测量小组提出：“如果变形测量是为了确保建筑物的安全，使变形值不超过某一允许的数值，则其观测值的误差应小于变形允许值的 $\frac{1}{20}$～$\frac{1}{10}$；如果是为了研究变形的过程，则其误差应比上面这个数值小得多(小于变形允许值的 $\frac{1}{100}$～$\frac{1}{20}$)，甚至应采用目前测量手段和仪器所能达到的最高精度”。这成为世界各国在制定变形测量精度时广泛采用的观点。根据这一观点，变形测量的精度要求取决于变形允许值的

大小，如果变形允许值大，则测量精度要求低，否则要求高。各种建筑物的变形允许值可参考有关的技术标准，表 9.1 为《建筑地基基础设计规范》(GB 50007—2011)的部分内容。

表 9.1　建筑的地基变形允许值(部分)

<table>
<tr><th colspan="2" rowspan="2">变形特征</th><th colspan="2">允许变形值</th></tr>
<tr><th>中、低压缩性土</th><th>高压缩性土</th></tr>
<tr><td rowspan="3">工业与民用建筑相邻柱基的沉降差</td><td>框架结构</td><td>0.002 l</td><td>0.003 l</td></tr>
<tr><td>砌体墙填充的边排柱</td><td>0.0007 l</td><td>0.001 l</td></tr>
<tr><td>当基础不均匀沉降时不产生附加应力的结构</td><td>0.005 l</td><td>0.005 l</td></tr>
<tr><td colspan="2">砌体承重结构基础的局部倾斜</td><td>0.002</td><td>0.003</td></tr>
<tr><td rowspan="4">多层和高层建筑物的整体倾斜</td><td>$H_g \leqslant$ 24m</td><td colspan="2">0.004</td></tr>
<tr><td>24m< $H_g \leqslant$ 60m</td><td colspan="2">0.003</td></tr>
<tr><td>60m< $H_g \leqslant$ 100m</td><td colspan="2">0.0025</td></tr>
<tr><td>H_g >100m</td><td colspan="2">0.002</td></tr>
<tr><td rowspan="2">桥式吊车轨面的倾斜(按不调整轨道考虑)</td><td>纵向</td><td colspan="2">0.004</td></tr>
<tr><td>横向</td><td colspan="2">0.003</td></tr>
<tr><td rowspan="6">高耸结构基础的倾斜</td><td>$H_g \leqslant$ 20m</td><td colspan="2">0.008</td></tr>
<tr><td>20m< $H_g \leqslant$ 50m</td><td colspan="2">0.006</td></tr>
<tr><td>50m< $H_g \leqslant$ 100m</td><td colspan="2">0.005</td></tr>
<tr><td>100m< $H_g \leqslant$ 150m</td><td colspan="2">0.004</td></tr>
<tr><td>150m< $H_g \leqslant$ 200m</td><td colspan="2">0.003</td></tr>
<tr><td>200m< $H_g \leqslant$ 250m</td><td colspan="2">0.002</td></tr>
</table>

注：① 本表数值为建筑物地基实际最终变形允许值；
② l 为相邻柱基的中心距离(mm)，H_g 为自室外地面起算的建筑物高度(m)。

为了规范生产，我国《建筑变形测量规范》(JGJ 8—2016)将建筑变形测量划分为五个等级，如表 9.2 所列。

表 9.2　建筑变形测量的等级、精度指标及其适用范围

等级	沉降监测点测站高差中误差/mm	位移监测点坐标中误差/mm	主要适用范围
特等	0.05	0.3	特高精度要求的变形测量
一等	0.15	1.0	地基基础设计为甲级的建筑的变形测量；重要的古建筑、历史建筑的变形测量；重要的城市基础设施的变形测量等
二等	0.5	3.0	地基基础设计为甲、乙级的建筑的变形测量；重要场地的边坡监测；重要的基坑监测；重要管线的变形测量；地下工程施工及运营中的变形测量；重要的城市基础设施的变形测量等

续表

等级	沉降监测点 测站高差中误差/mm	位移监测点 坐标中误差/mm	主要适用范围
三等	1.5	10.0	地基基础设计为乙、丙级的建筑的变形测量；一般场地的边坡监测；一般的基坑监测；地表、道路及一般管线的变形测量；一般的城市基础设施的变形测量；日照变形测量；风振变形测量等
四等	3.0	20.0	精度要求低的变形测量

注：① 沉降监测点测站高差中误差：对水准测量，为其测站高差中误差；对静力水准测量、三角离程测量，为相邻沉降监测点间等价的高差中误差；

② 位移监测点坐标中误差：指的是监测点相对于基准点或工作基点的坐标中误差、监测点相对于基准线的偏差中误差、建筑上某点相对于其底部对应点的水平位移分量中误差等。坐标中误差为其点位中误差的 $\frac{1}{\sqrt{2}}$ 倍。

几种典型重要工程的变形测量一直受到人们的高度重视，它们的精度要求最初制定时的依据可能是“当时测量技术所能达到的最高精度”，但经过多年的生产实践，这些精度指标行之有效且已被广泛认同，因此仍将用于同类工程变形测量的指导。这些典型工程如下。

(1) 特种精密工程变形测量，如高能粒子加速器、大型抛物面天线等，其平面位移的测量中误差要求为±(0.1～0.5)mm，沉降测量的精度要求为±(0.05～0.2)mm。

(2) 大型工程建筑物变形测量，例如，对于有连续生产线的大型车间(钢结构、钢筋混凝土结构的建筑物)通常要求观测工作能反映出 1mm 的沉降量，对于一般厂房，要求能反映出 2mm 的沉降量，厂房的平面位移观测精度要求为±(1～3)mm。

(3) 大坝变形测量。混凝土坝沉降测量和平面位移测量的精度均为±(1～2)mm，土坝为±(5～10)mm。

(4) 滑坡变形测量精度一般为±(10～50)mm。

9.2.2 变形测量观测周期的确定

为了获得变形体的变形和变形时间特征，变形测量采用重复观测的方法，理想的情况是不间断地连续进行，否则，重复观测的时刻应在变形时间特征点处。例如，对于周期性的摆动，重复观测的时刻应选在逆转点处，而不应在摆动中心处。

变形测量的一次观测称为一期，相邻两期的时间间隔称为观测周期。我们可以根据对变形体变形规律已有的了解来确定重复观测的合适时刻。例如，建筑基础沉降测量(图 9.4)，在施工期间，一般几天观测一次，在竣工后可几个月甚至一年观测一次。大坝变形测量周期列在表 9.3 中。

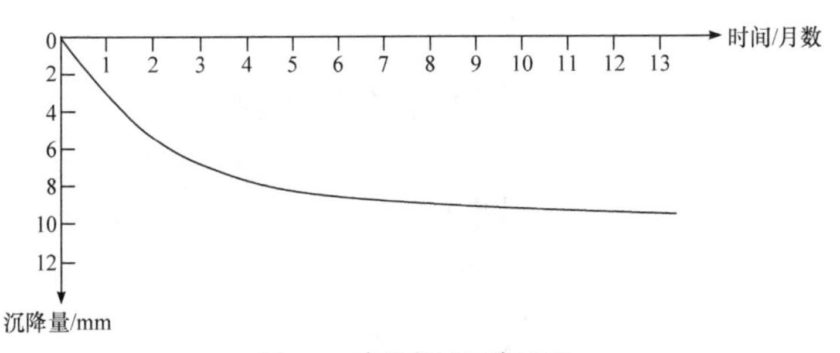

图 9.4　建筑基础沉降过程

表 9.3　大坝变形测量观测周期

变形种类		水库蓄水前	水库蓄水	水库蓄水后(2～3 年)	正常运营
混凝土坝	沉降	1 个月	1 个月	3～6 个月	半年
	相对水平位移	0.5 个月	1 周	半个月	1 个月
	绝对水平位移	0.5～1 个月	1 季度	1 季度	6～12 个月
土石坝	沉降、水平位移	1 季度	1 个月	1 季度	半年

我们也可以从“可发现的最小变形值”出发来考虑变形观测周期。设于时刻 t_1 测得的观测点坐标为 $x^{[1]}$(它可以是 x、y、H 中的某一个或几个量)，观测精度为 m_x。在变形观测周期 $\Delta t = t_{i+1} - t_i$ 的变形量为 $\Delta x = x^{[i+1]} - x^{[i]}$，相应的误差可认为是 $m_{\Delta x} = \sqrt{2} m_x$，变形发展的速率为 $v = \dfrac{\Delta x}{\Delta t}$。设 k 为由误差分布类型和置信水平所决定的系数，则只有当 $\Delta x \geqslant k m_{\Delta x}$ 时可以认为 Δx 是建筑物的变形。反之，如果 $\Delta x < k m_{\Delta x}$，则 Δx 很可能仅仅是测量误差的反映，不能确认它就是建筑物的变形，即“建筑物尚未发生明显的变形”。所以，变形观测精度、周期与变形速率之间的关系应为

$$\Delta t \geqslant \frac{k\sqrt{2}m}{v} \tag{9.19}$$

变形观测周期的确定也是一个非常重要而困难的问题，条件许可的情况下，观测周期应尽可能地短，尤其在环境条件发生变化的特殊条件下，应尽量增加观测的次数。并且，变形测量应坚持长期进行，不要随意间断和停止。只有这样，才能从观测数据的积累和分析中发现变形体的变形特征并进行科学预报。

9.3　变形网的可区分度与灵敏度指标

9.3.1　模型的可区分度

在变形网方案设计时，针对变形体性质和变形机理的先验知识，考虑几种可能的变形模型，为讨论方便，设有两种可能的变形模型 $\boldsymbol{B}_1\boldsymbol{c}_1$ 和 $\boldsymbol{B}_2\boldsymbol{c}_2$，把它们设为原假设和备选假设。若原假设成立，则解算的数学模型为

$$\hat{\boldsymbol{d}} + \boldsymbol{v}_{\hat{d}} = \boldsymbol{B}_1\hat{\boldsymbol{c}}_1 \text{ 权：} \boldsymbol{P}_{\hat{d}\hat{d}} \tag{9.20}$$

在 $\boldsymbol{v}_{\hat{d}}^{\mathrm{T}}\boldsymbol{P}_{\hat{d}\hat{d}}\boldsymbol{v}_{\hat{d}} = \min$ 下，可求得

$$\boldsymbol{v}_{\hat{d}} = \left(\mathbf{I} - \boldsymbol{B}_1(\boldsymbol{B}_1^{\mathrm{T}}\boldsymbol{P}_{\hat{d}\hat{d}}\boldsymbol{B})^{-1}\boldsymbol{B}_1^{\mathrm{T}}\boldsymbol{P}_{\hat{d}\hat{d}}\right)\hat{\boldsymbol{d}} \tag{9.21}$$

构造统计量为

$$T = \frac{\boldsymbol{v}_{\hat{d}}^{\mathrm{T}}\boldsymbol{P}_{\hat{d}\hat{d}}\boldsymbol{v}_{\hat{d}}}{\sigma_0^2 \mathrm{d}f} \sim F(\mathrm{d}f, \infty) \tag{9.22}$$

或

$$T = \frac{\boldsymbol{v}_{\hat{d}}^{\mathrm{T}}\boldsymbol{P}_{\hat{d}\hat{d}}\boldsymbol{v}_{\hat{d}}}{\hat{\sigma}_0^2 \mathrm{d}f} \sim F(\mathrm{d}f, \infty) \tag{9.23}$$

式中，$df = \mathrm{rank}\boldsymbol{P}_{\hat{d}\hat{d}} - \mathrm{rank}\boldsymbol{B}_1$；$r$ 为计算 $\hat{\sigma}_0^2$ 的自由度。因为

$$\boldsymbol{v}_{\hat{d}}^{\mathrm{T}} \boldsymbol{P}_{\hat{d}\hat{d}} \boldsymbol{v}_{\hat{d}} = \hat{\boldsymbol{d}}^{\mathrm{T}} \left(\boldsymbol{P}_{\hat{d}\hat{d}} - \boldsymbol{P}_{\hat{d}\hat{d}} \boldsymbol{B}_1 (\boldsymbol{B}_1^{\mathrm{T}} \boldsymbol{P}_{\hat{d}\hat{d}} \boldsymbol{B})^{-1} \boldsymbol{B}_1^{\mathrm{T}} \boldsymbol{P}_{\hat{d}\hat{d}} \right) \hat{\boldsymbol{d}} \tag{9.24}$$

故得备选假设成立时 F 分布的非中心化参数

$$\omega^2 = \frac{\boldsymbol{c}_2^{\mathrm{T}} \boldsymbol{M}_{12} \boldsymbol{c}_2}{\sigma_0^2} \text{ 或 } \omega^2 = \frac{\boldsymbol{c}_2^{\mathrm{T}} \boldsymbol{M}_{12} \boldsymbol{c}_2}{\hat{\sigma}_0^2} \tag{9.25}$$

式中，

$$\boldsymbol{M}_{12} = \boldsymbol{B}_2^{\mathrm{T}} \boldsymbol{P}_{\hat{d}\hat{d}} \boldsymbol{B}_2 - \boldsymbol{B}_2^{\mathrm{T}} \boldsymbol{P}_{\hat{d}\hat{d}} \boldsymbol{B}_1 (\boldsymbol{B}_1^{\mathrm{T}} \boldsymbol{P}_{\hat{d}\hat{d}} \boldsymbol{B})^{-1} \boldsymbol{B}_1^{\mathrm{T}} \boldsymbol{P}_{\hat{d}\hat{d}} \boldsymbol{B}_2 \tag{9.26}$$

为了有效地区分模型 $\boldsymbol{B}_1\boldsymbol{c}_1$ 和 $\boldsymbol{B}_2\boldsymbol{c}_2$，非中心化参数须大于一边界值 ω_0^2 (与置信水平 $1-\alpha$、检验功效 $1-\beta$、自由度有关)。设 $\boldsymbol{c}_2 = a\boldsymbol{g}$，$a$ 为标量，$\|\boldsymbol{g}\| = 1$，$\boldsymbol{g}$ 为单位向量，则

$$a = \frac{\sigma_0 \omega_0}{\sqrt{\boldsymbol{g}^{\mathrm{T}} \boldsymbol{M}_{12} \boldsymbol{g}}} \tag{9.27}$$

式中，a 为在方向 $\boldsymbol{g}$ 上，变形模型 $\boldsymbol{B}_1\boldsymbol{c}_1$ 和 $\boldsymbol{B}_2\boldsymbol{c}_2$ 的可区分数值。

在变形网设计时，$\boldsymbol{c}_2$ 未知。现在考虑最不利的情形。根据数学知识，二次型 $\boldsymbol{g}^{\mathrm{T}} \boldsymbol{M}_{12} \boldsymbol{g}$ ($\|\boldsymbol{g}\| = 1$)的极值是 $\boldsymbol{M}_{12}$ 的特征值，取 $\boldsymbol{g}^{\mathrm{T}} \boldsymbol{M}_{12} \boldsymbol{g}$ 的最小值 $\lambda_{\min}(\boldsymbol{M}_{12})$，此时 a 为

$$a_c = \frac{\sigma_0 \omega_0}{\sqrt{\lambda_{\min}(\boldsymbol{M}_{12})}} \tag{9.28}$$

式中，a_c 为模型 $\boldsymbol{B}_1\boldsymbol{c}_1$ 相对于 $\boldsymbol{B}_2\boldsymbol{c}_2$ 的可区分下界值——可区分度。

9.3.2　变形灵敏度

将原假设换为 $\mathrm{E}(\boldsymbol{d}) = \boldsymbol{0}$，即

$$\mathrm{H}_0:\ \mathrm{E}(\boldsymbol{d}) = \boldsymbol{0}$$

$$\mathrm{H}_1:\ \mathrm{E}(\boldsymbol{d}) = \boldsymbol{B}_2\boldsymbol{c}_2$$

H_1 代表任一有位移的情况，则可导出灵敏度 a_s，它表示发现变形的最小值，即

$$a_s = \frac{\sigma_0 \omega_0}{\sqrt{\lambda_{\min}(\boldsymbol{M}_s)}} \tag{9.29}$$

当 $\boldsymbol{B}_1 = \boldsymbol{0}$ 时，$\boldsymbol{M}_{12}$ 变为 $\boldsymbol{M}_s$，即

$$\boldsymbol{M}_s = \boldsymbol{B}_2^{\mathrm{T}} \boldsymbol{P}_{\hat{d}\hat{d}} \boldsymbol{B}_2 = \boldsymbol{P}_{\hat{c}_2\hat{c}_2} \tag{9.30}$$

因 $\boldsymbol{M}_s - \boldsymbol{M}_{12} = \boldsymbol{B}_2^{\mathrm{T}} \boldsymbol{P}_{\hat{d}\hat{d}} \boldsymbol{B}_1 (\boldsymbol{B}_1^{\mathrm{T}} \boldsymbol{P}_{\hat{d}\hat{d}} \boldsymbol{B})^{-1} \boldsymbol{B}_1^{\mathrm{T}} \boldsymbol{P}_{\hat{d}\hat{d}} \boldsymbol{B}_2$ 为非负定矩阵，故 $a_c \geqslant a_s$。

现在考虑

$$\boldsymbol{B}_2 = \underset{u\times u}{\mathbf{I}}$$

即 $\underset{u\times 1}{\boldsymbol{c}_2}$ 代表各坐标分量的变化。这时

$$\boldsymbol{M}_s = \boldsymbol{P}_{\hat{d}\hat{d}} = \frac{1}{2}\boldsymbol{N} = \frac{1}{2}\boldsymbol{A}^{\mathrm{T}} \boldsymbol{P} \boldsymbol{A}$$

设与ω_0对应的$\boldsymbol{d}$记为$\boldsymbol{d}_D$，则有

$$\omega_0^2 = \frac{\boldsymbol{d}_D^{\mathrm{T}} \boldsymbol{P}_{\hat{d}\hat{d}} \boldsymbol{d}_D}{\sigma_0^2} \tag{9.31}$$

或写成

$$\boldsymbol{d}_D^{\mathrm{T}} \boldsymbol{P}_{\hat{d}\hat{d}} \boldsymbol{d}_D = \sigma_0^2 \omega_0^2 \tag{9.32}$$

这是一个t维超椭球，称为t维灵敏度椭球。

令

$$\boldsymbol{d}_0 = a_D \boldsymbol{g} \tag{9.33}$$

$\|\boldsymbol{g}\| = 1$，代入式(9.33)可得

$$a_D = \frac{\sigma_0 \omega_0}{\sqrt{\boldsymbol{g}^{\mathrm{T}} \boldsymbol{P}_{\hat{d}\hat{d}} \boldsymbol{g}}} \tag{9.34}$$

即在$\boldsymbol{g}$方向可发现的最小变形值。

1. 整体灵敏度指标

a_D的最小值、最大值分别为

$$a_{D\min} = \frac{\sigma_0 \omega_0}{\sqrt{\lambda_{\max}(\boldsymbol{P}_{\hat{d}\hat{d}})}} \tag{9.35}$$

$$a_{D\max} = \frac{\sigma_0 \omega_0}{\sqrt{\lambda_{\min}(\boldsymbol{P}_{\hat{d}\hat{d}})}} \tag{9.36}$$

因为

$$\boldsymbol{P}_{\hat{d}\hat{d}} = \frac{1}{2} \boldsymbol{Q}_{\hat{x}\hat{x}}^{-1} = \frac{1}{2} \boldsymbol{N}$$

所以

$$\lambda \boldsymbol{P}_{\hat{d}\hat{d}} = \frac{1}{2\lambda \boldsymbol{Q}_{\hat{x}\hat{x}}} = \frac{\lambda(\boldsymbol{N})}{2} \tag{9.37}$$

式(9.35)和式(9.36)还可写成

$$a_{D\min} = \frac{\sqrt{2}\sigma_0 \omega_0}{\sqrt{\lambda_{\max}(\boldsymbol{N})}} = \sqrt{2}\sigma_0 \omega_0 \sqrt{\lambda_{\min}(\boldsymbol{Q}_{\hat{x}\hat{x}})} \tag{9.38}$$

$$a_{D\max} \frac{\sqrt{2}\sigma_0 \omega_0}{\sqrt{\lambda_{\min}(\boldsymbol{N})}} = \sqrt{2}\sigma_0 \omega_0 \sqrt{\lambda_{\max}(\boldsymbol{Q}_{\hat{x}\hat{x}})} \tag{9.39}$$

记$a_{D\min}$、$a_{D\max}$所对应的单位特征向量分别为$\boldsymbol{g}_1$、$\boldsymbol{g}_t$，则有

$$\boldsymbol{d}_{0\max} = a_{D\max} \boldsymbol{g}_t \tag{9.40}$$

$$\boldsymbol{d}_{0\min} = a_{D\min} \boldsymbol{g}_1 \tag{9.41}$$

分别称为变形网的主元和幺元，也就是变形网的整体灵敏度指标。

由矩阵特征向量的性质，知

$$\boldsymbol{d}_{0\max}^{\mathrm{T}} \boldsymbol{d}_{0\min} = \boldsymbol{0} \tag{9.42}$$

2. 局部灵敏度指标

在沉降网中，令

$$g=(0 \quad \cdots \quad 0 \quad 1 \quad 0 \quad \cdots \quad 0)^{\mathrm{T}}$$

↑

第 i个元素

则

$$d_{H_{0i}}=\frac{\sqrt{2}\sigma_0\omega_0}{\sqrt{n_{ii}}} \tag{9.43}$$

在水平变形网中，令

$$g=(0 \quad \cdots \quad 0 \quad 1 \quad 0 \quad \cdots \quad 0)^{\mathrm{T}}$$

↑

第$(2i-1)$个元素

则

$$d_{x_{0i}}=\frac{\sqrt{2}\sigma_0\omega_0}{\sqrt{n_{2i-1,2i-1}}} \tag{9.44}$$

同理

$$d_{y_{0i}}=\frac{\sqrt{2}\sigma_0\omega_0}{\sqrt{n_{2i,2i}}} \tag{9.45}$$

令

第$(2i-1)$个元素

↓

$$g=(0 \quad \cdots \quad 0 \quad \cos\varphi \quad \sin\varphi \quad 0 \quad \cdots \quad 0)^{\mathrm{T}}$$

↑

第$(2i)$个元素

则

$$d_{i\varphi}=\frac{\sqrt{2}\sigma_0\omega_0}{\sqrt{n_{2i-1,2i-1}\cos^2\varphi+n_{2i,2i}\sin^2\varphi+n_{2i-1,2i}\sin 2\varphi}} \tag{9.46}$$

该函数的图像为椭圆，称为第 i 点的灵敏度椭圆。其极值求法可参考误差曲线(或误差椭圆)：

$$\begin{aligned}E&=\frac{2\sigma_0\omega_0}{\sqrt{n_{2i-1,2i-1}+n_{2i,2i}-\sqrt{\left(n_{2i-1,2i-1}-n_{2i,2i}\right)^2+4n_{2i-1,2i}^2}}}\\F&=\frac{2\sigma_0\omega_0}{\sqrt{n_{2i-1,2i-1}+n_{2i,2i}+\sqrt{\left(n_{2i-1,2i-1}-n_{2i,2i}\right)^2+4n_{2i-1,2i}^2}}}\end{aligned} \tag{9.47}$$

极值方向由

$$\varphi_0 = \tan_\alpha^{-1} \frac{2n_{2i-1,2i}}{n_{2i-1,2i-1} - n_{2i,2i}} \tag{9.48}$$

确定，若 $n_{2i-1,2i} \tan\varphi_0 > 0$ ，则 φ_0 为 F 的方向；否则， φ_0 为 E 的方向。

$d_{i\varphi}$ 有以下两个特例。

(1) 当 $n_{2i-1,2i-1} = n_{2i,2i}$ 且 $n_{2i-1,2i} = 0$ 时：

$$d_{i\varphi} = d_{x_{0i}} = d_{y_{0i}}$$

其图像为圆。

(2) 当 $n_{2i-1,2i} = \pm\sqrt{n_{2i-1,2i-1} n_{2i,2i}}$ 时：

$$d_{i\varphi} = \frac{\sqrt{2}\sigma_0 \omega_0}{\sqrt{n_{2i-1,2i-1} + n_{2i,2i}} \left|\cos(\varphi \mp \varphi_e)\right|}$$

$$\varphi_e = \pm\tan_\alpha^{-1} \sqrt{\frac{n_{2i,2i}}{n_{2i-1,2i-1}}}$$

其图像为二平行线所夹区域。

3. 算例

例 9.3.1：如图 9.5 所示的测边网，A 、B 为已知点，C 、D 为未知点，已知点的坐标和未知点的近似坐标为 $x_A = 0$ 、 $y_A = 0$ 、 $x_B = 0$ 、 $y_B = 4000$ 、 $x_C^{[0]} = 3000$ 、 $y_C^{[0]} = 0$ 、 $x_D^{[0]} = 3000$ 、 $y_D^{[0]} = 4000$ ，边长观测值的权为 $\boldsymbol{P} = \mathrm{diag}\{1.67 \quad 1 \quad 1 \quad 1.67 \quad 1.25\}$ 。试评定网的灵敏度指标(取 $\sigma_0 = 1\mathrm{mm}$ 、 $\omega_0 = 4.13$)。

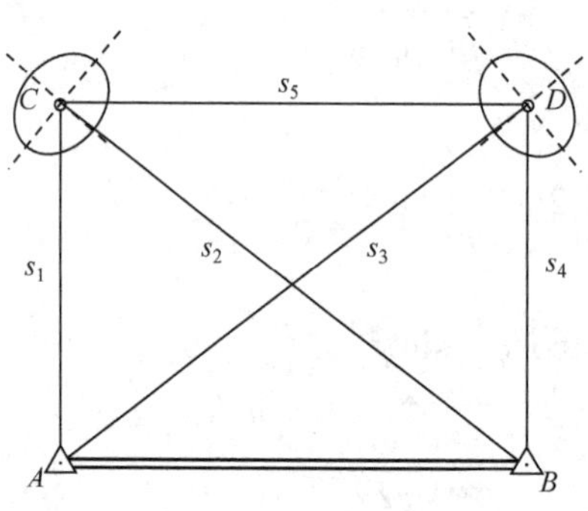

图 9.5　例 9.3.1 图

解：列出误差方程和法方程的系数矩阵为

$$\boldsymbol{A} = \begin{pmatrix} 1 & 0 & 0 & 0 \\ 0 & 0 & 0.6 & 0.8 \\ 0.6 & -0.8 & 0 & 0 \\ 0 & 0 & 1 & 0 \\ 0 & -1 & 0 & 1 \end{pmatrix}$$

$$\boldsymbol{N} = \boldsymbol{A}^{\mathrm{T}} \boldsymbol{P} \boldsymbol{A} = \begin{pmatrix} 2.03 & -0.48 & 0 & 0 \\ -0.48 & 1.89 & 0 & -1.25 \\ 0 & 0 & 2.03 & 0.48 \\ 0 & -1.25 & 0.48 & 1.89 \end{pmatrix}$$

计算 $\boldsymbol{Q}_{\hat{d}\hat{d}}$ 和 $\boldsymbol{Q}_{\hat{d}\hat{d}}^{-1}$。这里假定两期观测方案完全相同，因此可得

$$\boldsymbol{Q}_{\hat{d}\hat{d}}=2\boldsymbol{Q}_{\hat{x}\hat{x}}=2\boldsymbol{N}^{-1}=\begin{pmatrix}+1.110 & +0.528 & -0.088 & +0.370\\ +0.528 & +2.230 & -0.370 & +1.568\\ -0.088 & -0.370 & +1.110 & -0.528\\ +0.370 & +1.568 & -0.528 & +2.230\end{pmatrix}$$

$$\boldsymbol{P}_{\hat{d}\hat{d}}=\boldsymbol{Q}_{\hat{d}\hat{d}}^{-1}=\frac{1}{2}\boldsymbol{N}=\begin{pmatrix}+1.015 & -0.240 & 0 & 0\\ -0.240 & +0.945 & 0 & -0.625\\ 0 & 0 & +1.015 & +0.240\\ 0 & -0.625 & +0.240 & +0.945\end{pmatrix}$$

下面计算一些灵敏度指标。

1) 计算点 D 在方位角 45°方向上的变形灵敏度

由预计变形方向，可得单位向量

$$\boldsymbol{g}=\begin{pmatrix}0 & 0 & \cos45° & \sin45°\end{pmatrix}^{\mathrm{T}}=\begin{pmatrix}0 & 0 & 0.707 & 0.707\end{pmatrix}^{\mathrm{T}},\quad \|\boldsymbol{g}\|=1$$

由式(9.34)得该变形的灵敏度为

$$a_D=\frac{\sigma_0\omega_0}{\sqrt{\boldsymbol{g}^{\mathrm{T}}\boldsymbol{P}_{\hat{d}\hat{d}}\boldsymbol{g}}}=3.7(\mathrm{mm})$$

即点 D 在方位角 45°方向上超过 3.7mm 的变形能够被发现。

2) 计算主元和幺元

求 $\boldsymbol{Q}_{\hat{d}\hat{d}}$ 的最大特征值和特征向量，得

$$\lambda_{\max}(\boldsymbol{Q}_{\hat{d}\hat{d}})=4.078$$

$$\boldsymbol{g}_{\max}=\begin{pmatrix}+0.211 & +0.675 & -0.211 & +0.675\end{pmatrix}^{\mathrm{T}},\quad \|\boldsymbol{g}_{\max}\|=1$$

网的主元为

$$\boldsymbol{d}_{0\max}=\sqrt{2}\sigma_0\omega_0\sqrt{\lambda_{\max}(\boldsymbol{Q}_{\hat{x}\hat{x}})}\cdot\boldsymbol{g}_{\max}=\begin{pmatrix}+1.760 & +0.630 & -1.760 & +5.630\end{pmatrix}^{\mathrm{T}}$$

此即为变形网最难发现的变形，其方向为 $\boldsymbol{g}_{\max}$。

求 $\boldsymbol{Q}_{\hat{d}\hat{d}}$ 的最小特征值和特征向量，得

$$\lambda_{\min}(\boldsymbol{Q}_{\hat{d}\hat{d}})=0.602$$

$$\boldsymbol{g}_{\min}=\begin{pmatrix}+0.249 & -0.662 & +0.249 & +0.662\end{pmatrix}^{\mathrm{T}},\quad \|\boldsymbol{g}_{\min}\|=1$$

网的幺元为

$$\boldsymbol{d}_{0\min}=\sqrt{2}\sigma_0\omega_0\sqrt{\lambda_{\min}(\boldsymbol{Q}_{\hat{x}\hat{x}})}\cdot\boldsymbol{g}_{\min}=\begin{pmatrix}+0.798 & -2.121 & 0.798 & +2.121\end{pmatrix}^{\mathrm{T}}$$

此即为变形网最易发现的变形，其方向为 $\boldsymbol{g}_{\min}$。

主元和幺元满足

$$\boldsymbol{g}_{\max}^{\mathrm{T}}\boldsymbol{g}_{\min}=0$$

说明计算无误。

3) 计算主元分量和幺元分量

C 、D 两点的主元分量为

$$(\boldsymbol{d}_{\max})_C = (+1.760 \quad +5.630)^{\mathrm{T}}$$

$$(\boldsymbol{d}_{\max})_D = (-1.760 \quad +5.630)^{\mathrm{T}}$$

C 、D 两点的幺元分量为

$$(\boldsymbol{d}_{\min})_C = (+0.798 \quad -2.121)^{\mathrm{T}}$$

$$(\boldsymbol{d}_{\min})_D = (+0.798 \quad +2.121)^{\mathrm{T}}$$

分别表示 C 、D 两点上最难和最易发现的变形。

值得注意的是，主元和幺元是正交的，但其相应分量一般不正交。

4) 计算 C 、D 两点的灵敏度椭圆参数

C 点的灵敏度椭圆参数为

$$E_C=4.8\text{mm}，\ F_C=3.7\text{mm}，\ \varphi_{C0}=40°.85$$

D 点的灵敏度椭圆参数为

$$E_D=4.8\text{mm}，\ F_D=3.7\text{mm}，\ \varphi_{D0}=130°.85$$

将以上计算的各局部灵敏度指标绘制在图 9.5 中。

在变形网的设计中，一方面应使所设计方案的主元或主元分量与所预计的变形方向正交，这样将有利于预计变形的发现；另一方面，对于预计方向的变形，其可发现的变形量应小于设计提出的限值。

9.4 参考网稳定性检验

参考网经过多期重复观测，如经过两期观测后，数据处理需要考虑的问题有：

(1) 参考网是否稳定？

(2) 若参考网不稳定，其中何者为稳定点？何者为不稳定点？

(3) 不稳定点发生了多大位移？

9.4.1 参考网的整体检验

设参考网的两期观测经重心基准平差后，得网点坐标差向量 $\hat{\boldsymbol{d}}$ 及其权阵 $\boldsymbol{P}_{\hat{d}\hat{d}}$ ：

$$\hat{\boldsymbol{d}} = \hat{\boldsymbol{x}}^{[2]} - \hat{\boldsymbol{x}}^{[1]}$$

$$\boldsymbol{P}_{\hat{d}\hat{d}} = \left(\boldsymbol{Q}_{\hat{x}^{[1]}\hat{x}^{[1]}} + \boldsymbol{Q}_{\hat{x}^{[2]}\hat{x}^{[2]}}\right)^{+} \xlongequal{\text{不变设计时}} \frac{1}{2}\boldsymbol{N}$$

在网点未发生移动，即 $\mathrm{E}\left(\hat{\boldsymbol{d}}\right)=\boldsymbol{0}$ 时，构造如下统计量

$$T_1 = \frac{\Delta R}{\sigma_0^2} = \frac{\hat{\boldsymbol{d}}^{\mathrm{T}} \boldsymbol{P}_{\hat{d}\hat{d}} \hat{\boldsymbol{d}}}{\sigma_0^2} \sim \chi_{f_d}^2 \tag{9.49}$$

式中，σ_0^2 为两期观测值单位权方差(事先须做两期观测值单位权方差的检验)，f_d 为独立的 $\hat{\boldsymbol{d}}$

的元素个数(对高程网，f_d=网点数−1；对平面网，f_d=网点数×2−3)。

继续构造统计量

$$T_2=\frac{R}{\sigma_0^2}=\frac{\left(\boldsymbol{v}^{\mathrm{T}}\boldsymbol{P}\boldsymbol{v}\right)^{[1]}+\left(\boldsymbol{v}^{\mathrm{T}}\boldsymbol{P}\boldsymbol{v}\right)^{[2]}}{\sigma_0^2}\sim\chi_f^2 \tag{9.50}$$

式中，f 为两期多余观测数之和。

因此，构造新统计量

$$T=\frac{\dfrac{T_1}{f_d}}{\dfrac{T_2}{f}}=\frac{\dfrac{\Delta R}{f_d}}{\dfrac{R}{f}}\sim F_{f_d,f} \tag{9.51}$$

当$T\leqslant F\left(\alpha;f_d,f\right)$时，认为参考网在两期观测之间是稳定的；否则，说明某些网点产生了位移。上述检验法称为图形一致性检验。

9.4.2　平均间隙法

该法在 FIG 也称为 Hannover 法，主要由 Hannover 大学的 Pelzer 和 Nemeier 研究。其思路是：当参考网的整体检验不能通过时，依次怀疑每一个点，求各点在ΔR中占的分量ω_i $(i=1,2,\cdots,m)$，例如，对于第 1 点，将$\hat{\boldsymbol{d}}$和$\boldsymbol{P}_{\hat{d}\hat{d}}$写成

$$\hat{\boldsymbol{d}}=\begin{pmatrix}\hat{\boldsymbol{d}}_M\\ \hat{\boldsymbol{d}}_F\end{pmatrix},\quad \boldsymbol{P}_{\hat{d}\hat{d}}=\begin{pmatrix}\boldsymbol{P}_{\hat{d}_M\hat{d}_M} & \boldsymbol{P}_{\hat{d}_M\hat{d}_F}\\ \boldsymbol{P}_{\hat{d}_F\hat{d}_M} & \boldsymbol{P}_{\hat{d}_F\hat{d}_F}\end{pmatrix} \tag{9.52}$$

则二次型

$$\begin{aligned}\Delta R&=\hat{\boldsymbol{d}}^{\mathrm{T}}\boldsymbol{P}_{\hat{d}\hat{d}}\hat{\boldsymbol{d}}=\left(\hat{\boldsymbol{d}}_M^{\mathrm{T}}\quad \hat{\boldsymbol{d}}_F^{\mathrm{T}}\right)\begin{pmatrix}\boldsymbol{P}_{\hat{d}_M\hat{d}_M} & \boldsymbol{P}_{\hat{d}_M\hat{d}_F}\\ \boldsymbol{P}_{\hat{d}_F\hat{d}_M} & \boldsymbol{P}_{\hat{d}_F\hat{d}_F}\end{pmatrix}\begin{pmatrix}\hat{\boldsymbol{d}}_M\\ \hat{\boldsymbol{d}}_F\end{pmatrix}\\&=\hat{\boldsymbol{d}}_M^{\mathrm{T}}\boldsymbol{P}_{\hat{d}_M\hat{d}_M}\hat{\boldsymbol{d}}_M+2\hat{\boldsymbol{d}}_M^{\mathrm{T}}\boldsymbol{P}_{\hat{d}_M\hat{d}_F}\hat{\boldsymbol{d}}_F+\hat{\boldsymbol{d}}_F^{\mathrm{T}}\boldsymbol{P}_{\hat{d}_F\hat{d}_F}\hat{\boldsymbol{d}}_F\\&=\hat{\boldsymbol{d}}_M^{\mathrm{T}}\boldsymbol{P}_{\hat{d}_M\hat{d}_M}\hat{\boldsymbol{d}}_M+2\hat{\boldsymbol{d}}_M^{\mathrm{T}}\boldsymbol{P}_{\hat{d}_M\hat{d}_F}\hat{\boldsymbol{d}}_F+\hat{\boldsymbol{d}}_F^{\mathrm{T}}\boldsymbol{P}_{\hat{d}_F\hat{d}_M}\boldsymbol{P}_{\hat{d}_M\hat{d}_M}^{-1}\boldsymbol{P}_{\hat{d}_M\hat{d}_F}\hat{\boldsymbol{d}}_F+\hat{\boldsymbol{d}}_F^{\mathrm{T}}(\boldsymbol{P}_{\hat{d}_F\hat{d}_F}-\boldsymbol{P}_{\hat{d}_F\hat{d}_M}\boldsymbol{P}_{\hat{d}_M\hat{d}_M}^{-1}\boldsymbol{P}_{\hat{d}_M\hat{d}_F})\hat{\boldsymbol{d}}_F\\&=(\hat{\boldsymbol{d}}_M+\boldsymbol{P}_{\hat{d}_M\hat{d}_M}^{-1}\boldsymbol{P}_{\hat{d}_M\hat{d}_F}\hat{\boldsymbol{d}}_F)^{\mathrm{T}}\boldsymbol{P}_{\hat{d}_M\hat{d}_M}(\hat{\boldsymbol{d}}_M+\boldsymbol{P}_{\hat{d}_M\hat{d}_M}^{-1}\boldsymbol{P}_{\hat{d}_M\hat{d}_F}\hat{\boldsymbol{d}}_F)+\hat{\boldsymbol{d}}_F^{\mathrm{T}}(\boldsymbol{P}_{\hat{d}_F\hat{d}_F}-\boldsymbol{P}_{\hat{d}_F\hat{d}_M}\boldsymbol{P}_{\hat{d}_M\hat{d}_M}^{-1}\boldsymbol{P}_{\hat{d}_M\hat{d}_F})\hat{\boldsymbol{d}}_F\\&\overset{\text{记为}}{=}\omega_1+\Delta R_1\end{aligned}$$

其中

$$\omega_1=(\hat{\boldsymbol{d}}_M+\boldsymbol{P}_{\hat{d}_M\hat{d}_M}^{-1}\boldsymbol{P}_{\hat{d}_M\hat{d}_F}\hat{\boldsymbol{d}}_F)^{\mathrm{T}}\boldsymbol{P}_{\hat{d}_M\hat{d}_M}(\hat{\boldsymbol{d}}_M+\boldsymbol{P}_{\hat{d}_M\hat{d}_M}^{-1}\boldsymbol{P}_{\hat{d}_M\hat{d}_F}\hat{\boldsymbol{d}}_F) \tag{9.53}$$

$$\Delta R_1=\hat{\boldsymbol{d}}_F^{\mathrm{T}}(\boldsymbol{P}_{\hat{d}_F\hat{d}_F}-\boldsymbol{P}_{\hat{d}_F\hat{d}_M}\boldsymbol{P}_{\hat{d}_M\hat{d}_M}^{-1}\boldsymbol{P}_{\hat{d}_M\hat{d}_F})\hat{\boldsymbol{d}}_F \tag{9.54}$$

同样

$$\frac{\Delta R_1}{\sigma_0^2}\sim\chi_{(f_d-1)}^2 \tag{9.55}$$

平均间隙法的检验步骤是：对每个网点，计算其对应的ω_i和$\Delta R_i(i=1,2,\cdots,m)$。首先剔除第$j$点

$$\omega_j=\max\{\omega_i,\ i=1,2,\cdots,m\}$$

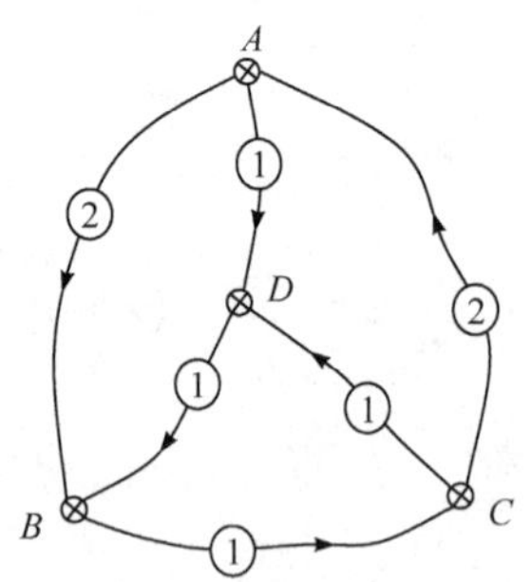

图 9.6　水准参考网例子

检验

$$\frac{\dfrac{\Delta R_j}{f_d - 1}}{\dfrac{R}{f}} \leqslant F_{f_d-1,f} \tag{9.56}$$

若不通过，重复上述过程；否则，检验结束，剩下网点即为稳定点。

例 9.4.1：图 9.6 是一个用于监视工程建筑物沉降的水准参考网，线路中圆圈内的数字为该条线路的测站数。对该水准网进行了两个周期的观测，测得的高差列于表 9.4 中。线路的权 $p_{ij} = n_0 / n_{ik}$，式中，n_{ik} 为 i、j 两点间线路的测站数，取 $n_0 = 2$，并将算得的各条线路的权列于表 9.4 的最后一列。

表 9.4　例 9.4.1 水准网观测成果

高差	观测高差值/mm		p_{ij}
	第一期	第二期	
h_{AB}	+45.2	+46.9	1
h_{BC}	+265.8	+265.6	2
h_{CA}	−310.3	−312.2	1
h_{AD}	−26.2	−24.0	2
h_{DB}	+70.8	+70.6	2
h_{CD}	−336.5	−336.0	2

解：取各水准点高程近似值

$$\hat{\boldsymbol{H}}^{[0]} = \left(35.5000 \quad 35.5448 \quad 35.8105 \quad 35.4739\right)^{\mathrm{T}} \ (\mathrm{m})$$

对两期观测值做重心基准平差，结果分别为

$$\hat{\boldsymbol{H}}^{[1]} = \left(35.5000 \quad 35.5448 \quad 35.8105 \quad 35.4739\right)^{\mathrm{T}} \ (\mathrm{m});$$

$$\left(\boldsymbol{v}^{\mathrm{T}}\boldsymbol{P}\boldsymbol{v}\right)^{[1]} = 0.269\,(\mathrm{mm}^2);\quad \hat{\sigma}_0^{[1]} = 0.3 \ (\mathrm{mm})$$

$$\hat{\boldsymbol{H}}^{[2]} = \left(35.4986 \quad 35.5453 \quad 35.8107 \quad 35.4746\right)^{\mathrm{T}} \ (\mathrm{m});$$

$$\left(\boldsymbol{v}^{\mathrm{T}}\boldsymbol{P}\boldsymbol{v}\right)^{[2]} = 0.100\,(\mathrm{mm}^2);\quad \hat{\sigma}_0^{[2]} = 0.2 \ (\mathrm{mm})$$

$$\boldsymbol{Q}_{\hat{H}\hat{H}} = \begin{pmatrix} +0.1437 & -0.0562 & -0.0562 & -0.0313 \\ -0.0562 & +0.1152 & -0.0277 & -0.0313 \\ -0.0562 & -0.0277 & +0.1152 & -0.0313 \\ -0.0313 & -0.0313 & -0.0313 & +0.0938 \end{pmatrix}$$

首先检查验后方差因子

原假设 $\mathrm{H}_0 : \left(\hat{\sigma}_0^2\right)^{[1]} = \left(\hat{\sigma}_0^2\right)^{[2]}$

因为

$$\frac{\left(\hat{\sigma}_0^2\right)^{[1]}}{\left(\hat{\sigma}_0^2\right)^{[2]}}=\frac{0.3^2}{0.2^2}=2.25<F_{(0.05;3,3)}=9.3$$

所以原假设成立。联合后验方差因子为

$$\hat{\sigma}_0^2=\frac{\left(\boldsymbol{v}^{\mathrm{T}}\boldsymbol{P}\boldsymbol{v}\right)^{[1]}+\left(\boldsymbol{v}^{\mathrm{T}}\boldsymbol{P}\boldsymbol{v}\right)^{[2]}}{2\times(6-4+1)}=\frac{0.269+0.100}{6}\approx 0.2^2\ (\mathrm{mm}^2)$$

计算：

$$\hat{\boldsymbol{d}}=\hat{\boldsymbol{H}}^{[2]}-\hat{\boldsymbol{H}}^{[1]}=\begin{pmatrix}-1.4 & +0.5 & +0.2 & +0.7\end{pmatrix}^{\mathrm{T}}\quad(\mathrm{mm})$$

$$\boldsymbol{P}_{\hat{d}\hat{d}}=\boldsymbol{Q}_{\hat{d}\hat{d}}^{+}=\left(2\boldsymbol{Q}_{\hat{H}\hat{H}}\right)^{+}$$

$$=\left(2\times\begin{pmatrix}+0.1437 & -0.0562 & -0.0562 & -0.0313\\ -0.0562 & +0.1152 & -0.0277 & -0.0313\\ -0.0562 & -0.0277 & +0.1152 & -0.0313\\ -0.0313 & -0.0313 & -0.0313 & +0.0938\end{pmatrix}\right)^{+}$$

$$=\begin{pmatrix}+2.0 & -0.5 & -0.5 & -1.0\\ -0.5 & +2.5 & -1.0 & -1.0\\ -0.5 & -1.0 & +2.5 & -1.0\\ -1.0 & -1.0 & -1.0 & +3.0\end{pmatrix}$$

$$\Delta R=\hat{\boldsymbol{d}}^{\mathrm{T}}\boldsymbol{P}_{\hat{d}\hat{d}}\hat{\boldsymbol{d}}$$

$$=\begin{pmatrix}-1.4\\ +0.5\\ +0.2\\ +0.7\end{pmatrix}^{\mathrm{T}}\begin{pmatrix}+2.0 & -0.5 & -0.5 & -1.0\\ -0.5 & +2.5 & -1.0 & -1.0\\ -0.5 & -1.0 & +2.5 & -1.0\\ -1.0 & -1.0 & -1.0 & +3.0\end{pmatrix}\begin{pmatrix}-1.4\\ +0.5\\ +0.2\\ +0.7\end{pmatrix}=7.4\ (\mathrm{mm}^2)$$

$$R=\left(\boldsymbol{v}^{\mathrm{T}}\boldsymbol{P}\boldsymbol{v}\right)^{[1]}+\left(\boldsymbol{v}^{\mathrm{T}}\boldsymbol{P}\boldsymbol{v}\right)^{[2]}=0.269+0.100=0.369\quad(\mathrm{mm}^2)$$

进行图形一致性检验：

$$T=\frac{\dfrac{\Delta R}{f_d}}{\dfrac{R}{f}}=\frac{\dfrac{7.4}{3}}{\dfrac{0.369}{6}}=40.1>F_{(0.05;3,6)}=4.8$$

说明网中有不稳定的参考点存在。

计算：

$$\omega_A=\left(-1.4+2.0^{-1}\begin{pmatrix}-0.5 & -0.5 & -1.0\end{pmatrix}\begin{pmatrix}+0.5\\ +0.2\\ +0.7\end{pmatrix}\right)^{\mathrm{T}}(+2.0)$$

$$\times\left(-1.4+2.0^{-1}\begin{pmatrix}-0.5 & -0.5 & -1.0\end{pmatrix}\begin{pmatrix}+0.5\\ +0.2\\ +0.7\end{pmatrix}\right)=7.1\ (\mathrm{mm}^2)$$

$$\omega_B = \left(0.5 + 2.5^{-1}\begin{pmatrix}-0.5 & -1.0 & -1.0\end{pmatrix}\begin{pmatrix}-1.4 \\ +0.2 \\ +0.7\end{pmatrix}\right)^{\mathrm{T}}(+2.5)$$

$$\times\left(0.5 + 2.5^{-1}\begin{pmatrix}-0.5 & -1.0 & -1.0\end{pmatrix}\begin{pmatrix}-1.4 \\ +0.2 \\ +0.7\end{pmatrix}\right) = 0.4\ (\mathrm{mm}^2)$$

$$\omega_C = \left(0.2 + 2.5^{-1}\begin{pmatrix}-0.5 & -1.0 & -1.0\end{pmatrix}\begin{pmatrix}-1.4 \\ +0.5 \\ +0.7\end{pmatrix}\right)^{\mathrm{T}}(+2.5)$$

$$\times\left(0.2 + 2.5^{-1}\begin{pmatrix}-0.5 & -1.0 & -1.0\end{pmatrix}\begin{pmatrix}-1.4 \\ +0.5 \\ +0.7\end{pmatrix}\right) = 0.0\ (\mathrm{mm}^2)$$

$$\omega_D = \left(0.7 + 3.0^{-1}\begin{pmatrix}-1.0 & -1.0 & -1.0\end{pmatrix}\begin{pmatrix}-1.4 \\ +0.5 \\ +0.2\end{pmatrix}\right)^{\mathrm{T}}(+3.0)$$

$$\times\left(0.7 + 3.0^{-1}\begin{pmatrix}-1.0 & -1.0 & -1.0\end{pmatrix}\begin{pmatrix}-1.4 \\ +0.5 \\ +0.2\end{pmatrix}\right) = 2.6\ (\mathrm{mm}^2)$$

ω_A最大(7.1mm^2)，其对应的点A为不稳定点。将其剔除，对剩下的点做图形一致性检验：

$$T = \frac{\dfrac{\Delta R - \omega_A}{f_d - 1}}{\dfrac{R}{f}} = \frac{\dfrac{7.4 - 7.1}{3 - 1}}{\dfrac{0.369}{6}} = 2.4 < F_{(0.05;2,6)} = 5.1$$

结果表示：除点A外，其余三点B、C、D是稳定的。

9.4.3　稳定性矩阵分析法

根据参考网的两期观测数据，实际上我们只能得出相对(而不是绝对)稳定点群的判别。例如，参考网由三个水准点组成，根据两期观测数据，我们可以分析出三个点相对是稳定的，或其中某两点是相对稳定的，但不能得出其中某一点是稳定的结论。假如得出其中某两点是相对稳定的、另一点相对于这两点是变动的，该结论并不能排除两个相对稳定点同时发生了相同的变动而另一点却是稳定的情况(尽管可能性比较小)。对变形测量的大多数情况，相对稳定点群是能够满足要求的。

根据相对稳定的概念，很容易得到以下命题。

“点A、B稳定，点C变动”的充分必要条件是：点A相对于点B是稳定的、相对于点C是变动的；点B相对于点A是稳定的、相对于点C是变动的；点C相对于点A是变动的、相对于点B是变动的。

如记“稳定”为0，“变动”为1，并对各点取和可得，点A、B为1，点C为2，显然和最大者为动点。

由此，稳定点群筛选的稳定性矩阵分析法如下。

(1) 稳定性矩阵的构造。设参考网由 m 个点组成，先设置一个 $m \times m$ 的矩阵 $\boldsymbol{S}$，初始值赋 0。比较 i、j 点是否相对稳定。若相对稳定，则矩阵元素 $S(i,j)=S(j,i)$ 赋 0；否则赋 1。

i、j 点是否相对稳定，判别方法如下。

对沉降参考网：

$$\Delta\hat{h}_{ij}=\left|\hat{h}_{ij}^{[2]}-\hat{h}_{ij}^{[1]}\right|=\left|(\hat{H}_j^{[2]}-\hat{H}_i^{[2]})-(\hat{H}_j^{[1]}-\hat{H}_i^{[1]})\right|\leqslant km_{\Delta\hat{h}_{ij}} \tag{9.57}$$

对平面位移参考网：

$$\Delta\hat{S}_{ij}=\left|\hat{S}_{ij}^{[2]}-\hat{S}_{ij}^{[1]}\right|=\left|\sqrt{\left(\hat{x}_j^{[2]}-\hat{x}_i^{[2]}\right)^2+\left(\hat{y}_j^{[2]}-\hat{y}_i^{[2]}\right)^2}-\sqrt{\left(\hat{x}_j^{[1]}-\hat{x}_i^{[1]}\right)^2+\left(\hat{y}_j^{[1]}-\hat{y}_i^{[1]}\right)^2}\right|\leqslant km_{\Delta\hat{s}_{ij}} \tag{9.58}$$

(2) 稳定性矩阵的处理。对 $\boldsymbol{S}$ 阵的每一行进行求和；和最大者首先怀疑为不稳定点，剔除后，将其在 $\boldsymbol{S}$ 阵中对应的列和行全置 0，再重复上述操作。

(3) 稳定点群的判别。

当 $\boldsymbol{S}$ 阵中元素全为 0 时，剩下的点即为稳定点群。

例 9.4.2：问题同例 9.4.1，并利用其平差结果(注意：稳定性矩阵分析法对平差方法没有要求)。高差中误差计算式为

$$\begin{aligned}m_{\Delta\hat{h}_{ij}}&=\pm\sqrt{m_{\hat{h}_{ij}^{[1]}}^2+m_{\hat{h}_{ij}^{[2]}}^2}\\&=\pm\sqrt{(\hat{\sigma}_0^{[1]})^2(q_{\hat{H}_i^{[1]}\hat{H}_i^{[1]}}+q_{\hat{H}_j^{[1]}\hat{H}_j^{[1]}}-2q_{\hat{H}_i^{[1]}\hat{H}_j^{[1]}})+(\hat{\sigma}_0^{[2]})^2(q_{\hat{H}_i^{[2]}\hat{H}_i^{[2]}}+q_{\hat{H}_j^{[2]}\hat{H}_j^{[2]}}-2q_{\hat{H}_i^{[2]}\hat{H}_j^{[2]}})}\end{aligned}$$

当两期方案相同时，如本例，则

$$m_{\Delta\hat{h}_{ij}}=\pm\sqrt{((\hat{\sigma}_0^{[1]})^2+(\hat{\sigma}_0^{[2]})^2)(q_{ii}+q_{jj}-2q_{ij})}$$

取 $k=3.29$，计算如下：

$$\begin{aligned}\Delta\hat{h}_{AB}&=\left(\hat{H}_B^{[2]}-\hat{H}_A^{[2]}\right)-\left(\hat{H}_B^{[1]}-\hat{H}_A^{[1]}\right)\\&=(35.5453-35.4986)-(35.5448-35.5000)=+0.0019\text{m}=+1.9(\text{mm})\end{aligned}$$

$$\begin{aligned}m_{\Delta\hat{h}_{AB}}&=\pm\sqrt{((\hat{\sigma}_0^{[1]})^2+(\hat{\sigma}_0^{[2]})^2)(q_{AA}+q_{BB}-2q_{AB})}\\&=\pm\sqrt{(0.3^2+0.2^2)(0.1437+0.1152-2(-0.0562))}=\pm0.2(\text{mm})\end{aligned}$$

即 $\Delta\hat{h}_{AB}=1.9\text{mm}>km_{\Delta\hat{h}_{AB}}=0.6\text{mm}$，故有 $S(1,2)=S(2,1)=1$；

$$\Delta\hat{h}_{AC}=(35.8107-35.4986)-(35.8105-35.5000)=+1.6(\text{mm})$$

$$m_{\Delta\hat{h}_{AC}}=\pm\sqrt{(0.3^2+0.2^2)(0.1437+0.1152-2(-0.0562))}=\pm0.2(\text{mm})$$

即 $\Delta\hat{h}_{AC}=1.6\text{mm}>km_{\Delta\hat{h}_{AC}}=0.6\text{mm}$，故有 $S(1,3)=S(3,1)=1$；

$$\Delta\hat{h}_{AD}=(35.4746-35.4986)-(35.4739-35.5000)=+2.1(\text{mm})$$

$$m_{\Delta\hat{h}_{AD}}=\pm\sqrt{(0.3^2+0.2^2)(0.1437+0.0938-2(-0.0313))}=\pm0.2(\text{mm})$$

即 $\Delta\hat{h}_{AD}=2.1\text{mm}>km_{\Delta\hat{h}_{AD}}=0.6\text{mm}$，故有 $S(1,4)=S(4,1)=1$；

$$\Delta\hat{h}_{BC}=(35.8107-35.5453)-(35.8105-35.5448)=+0.3(\text{mm})$$

$$m_{\Delta\hat{h}_{BC}}=\pm\sqrt{(0.3^2+0.2^2)(0.1152+0.1152-2(-0.0313))}=\pm0.2(\text{mm})$$

即 $\Delta\hat{h}_{BC}=0.3\text{mm}<km_{\Delta\hat{h}_{BC}}=0.6\text{mm}$，故有 $S(2,3)=S(3,2)=0$；

$$\Delta\hat{h}_{BD}=(35.4746-35.5453)-(35.4739-35.5448)=+0.2(\text{mm})$$

$$m_{\Delta\hat{h}_{BD}}=\pm\sqrt{(0.3^2+0.2^2)(0.1152+0.0938-2(-0.0313))}=\pm0.2(\text{mm})$$

即 $\Delta\hat{h}_{BD}=0.2\text{mm}<km_{\Delta\hat{h}_{BD}}=0.6\text{mm}$，故有 $S(2,4)=S(4,2)=0$；

$$\Delta\hat{h}_{CD}=(35.4746-35.8107)-(35.4739-35.8105)=+0.5(\text{mm})$$

$$m_{\Delta\hat{h}_{CD}}=\pm\sqrt{(0.3^2+0.2^2)\times(0.1152+0.0938-2\times(-0.0313))}=\pm0.2(\text{mm})$$

即 $\Delta\hat{h}_{CD}=0.5\text{mm}<km_{\Delta\hat{h}_{CD}}=0.6\text{mm}$，故有 $S(3,4)=S(4,3)=0$。

因此得稳定性矩阵

$$\boldsymbol{S}=\begin{pmatrix}0&1&1&1\\1&0&0&0\\1&0&0&0\\1&0&0&0\end{pmatrix}$$

对 $\boldsymbol{S}$ 的各行取和，显然最大者为第 1 行，即点 A 为动点；剔除点 A，并将点 A 所对应的行与列置零后，显然 $\boldsymbol{S}$ 的全部元素均为零。即剩下的 B、C、D 点即为所求的相对稳定点群。

9.4.4 变形误差椭圆法

误差椭圆可以较为直观、精确、形象地反映控制点在各个方向的误差分布情况。以二维平面网为例，假设网中有 s 个待定点，则按照参数平差方法计算后得到未知参数的协因数矩阵为

$$\boldsymbol{Q}_{\hat{X}\hat{X}}=\left(\boldsymbol{B}^{\mathrm{T}}\boldsymbol{PB}\right)^{-1}=\begin{pmatrix}Q_{x_1x_1}&Q_{x_1y_1}&\cdots&Q_{x_1x_i}&Q_{x_1y_i}&\cdots&Q_{x_1x_s}&Q_{x_1y_s}\\Q_{y_1x_1}&Q_{y_1y_1}&\cdots&Q_{y_1x_i}&Q_{y_1y_i}&\cdots&Q_{y_1x_s}&Q_{y_1y_s}\\\vdots&\vdots&\ddots&\vdots&\vdots&\ddots&\vdots&\vdots\\Q_{x_sx_1}&Q_{x_sy_1}&\cdots&Q_{x_sx_i}&Q_{x_sy_i}&\cdots&Q_{x_sx_s}&Q_{x_sy_s}\\Q_{y_sx_1}&Q_{y_sy_1}&\cdots&Q_{y_sx_i}&Q_{y_sy_i}&\cdots&Q_{y_sx_s}&Q_{y_sy_s}\end{pmatrix}\tag{9.59}$$

式中，主对角线元素为待定点坐标 x 和 y 的权倒数。

设待定点某方向与 X 轴夹角为 φ，则该点在此方向的点位方差为

$$\sigma_\varphi^2=\sigma_0^2Q_{\varphi\varphi}=\sigma_0^2\left(Q_{xx}\cos^2\varphi+Q_{yy}\sin^2\varphi+Q_{xy}\sin2\varphi\right)\tag{9.60}$$

式中，σ_0^2 为单位权中误差。

变形误差椭圆是指同一点在两期之间坐标差的误差椭圆，可用于变形监测网的点位稳定

性分析。假设控制网第一期和第二期平差后的协因数矩阵分别为$\boldsymbol{Q}_1$、$\boldsymbol{Q}_2$，则两期之间坐标差协因数矩阵为

$$\boldsymbol{Q}_{\Delta\hat{X}\hat{X}} = \boldsymbol{Q}_1 + \boldsymbol{Q}_2 \tag{9.61}$$

令

$$\begin{cases} K = \sqrt{\left(Q_{\Delta xx} - Q_{\Delta yy}\right)^2 + 4Q_{\Delta xy}^2} \\ E^2 = \dfrac{1}{2}\sigma_0^2\left[\left(Q_{\Delta xx} + Q_{\Delta yy}\right) + K\right] \\ F^2 = \dfrac{1}{2}\sigma_0^2\left[\left(Q_{\Delta xx} + Q_{\Delta yy}\right) - K\right] \\ \tan 2\varphi_0 = \dfrac{2Q_{\Delta xy}}{Q_{\Delta xx} - Q_{\Delta yy}} \end{cases} \tag{9.62}$$

式中，E、F、φ_0分别为变形误差椭圆的长半轴半径、短半轴半径及主轴方向；σ_0^2为两期观测综合单位权方差，表示为

$$\sigma_0^2 = \frac{f_1\sigma_1^2 + f_2\sigma_2^2}{f_1 + f_2} \tag{9.63}$$

式中，f_1、f_2分别为两期观测自由度。

利用E、F表示以主轴为起始轴的任意方向φ上方差的计算公式可表示为

$$\sigma_\varphi^2 = E\cos^2\varphi + F\sin^2\varphi \tag{9.64}$$

求出待定点变形误差椭圆后，主轴方向不变，取k倍长短半轴半径大小构造极限变形误差椭圆，根据各点位移量是否超出椭圆范围来判断其位移是否显著。

9.4.5 相似变换法

在测量领域，对某一控制网(如一维水准网、二维平面网或三维网)而言，相似变换是指由原有基准转换到另一个基准，且在变换过程中保持网型不变、大小和位置可变的过程。相似变换法多用于变形监测网基准的统一、不同坐标系之间的转换参数求解以及无稳定基准参考网的变形分析问题。数学模型即为坐标转换模型，应用时需要一定数量的已知点坐标。传统相似变换(traditional similarity transformation，TST)法假设公共点信息准确，在计算过程中等权处理所有点，根据最小二乘原理直接求解转换参数，适用于点位基础稳固、位置稳定的情形。当某些公共点发生移动时，若仍采用TST方法进行处理，转换参数必然受到影响，为避免该情况的发生，需要采取措施抑制或降低异常点对结果的干扰，由此出现了迭代加权相似变换(iterative weighted similarity transformation，IWST)法和基于随机抽样一致算法(random sample consensus，RANSAC)的相似变换方法。二者均以TST为基础，只是在对异常点的处理策略上有所不同。IWST法在随机模型中，通过对异常点观测值进行降权处理来减免其影响，进而提高转换参数结果的可靠性；而RANSAC算法则通过剔除异常点，利用剩余相对位置关系稳定的点来解算转换参数，提高结果的正确性，适用于公共点数量较多的情形。以七参数坐标转换模型为例，简要介绍三种方法的计算过程。

1. 传统相似变换法

变形监测网可能存在基准点发生变动的情况，导致前后两期平差的基准不尽相同，若仍采用同一基准进行平差，则计算出的位移量将与实际变形情况不符。监测网稳定性分析建立在两期或多期观测基础之上，通过对两期观测数据平差后的坐标进行处理来判断控制点是否发生了变形。因外界环境或人为因素的影响，控制点可能发生方向、大小不定的位移，其变形信息具有不确定性。平差后的两期坐标之间存在一定的平移、旋转、尺度信息，可利用 TST 法计算两期控制网之间的变换参数，进而求出变形点的位移信息。

两期控制网之间可通过公共点求解转换参数，七参数坐标转换模型可表示为

$$\begin{bmatrix} X \\ Y \\ Z \end{bmatrix} = \lambda \begin{bmatrix} u_{11} & u_{21} & u_{31} \\ u_{12} & u_{22} & u_{32} \\ u_{13} & u_{23} & u_{33} \end{bmatrix} \begin{bmatrix} x \\ y \\ z \end{bmatrix} + \begin{bmatrix} \Delta x \\ \Delta y \\ \Delta z \end{bmatrix} \tag{9.65}$$

式中，(X,Y,Z)与(x,y,z)为同一点在两期观测下的坐标；两期观测之间绕X轴、Y轴、Z轴的旋转角分别为ω、φ、κ；$\Delta x,\Delta y,\Delta z$为平移量；$\lambda$为尺度。两期观测间旋转矩阵$\boldsymbol{R}$为

$$\boldsymbol{R} = \begin{bmatrix} \cos\kappa & \sin\kappa & 0 \\ -\sin\kappa & \cos\kappa & 0 \\ 0 & 0 & 1 \end{bmatrix} \begin{bmatrix} \cos\varphi & 0 & -\sin\varphi \\ 0 & 1 & 0 \\ \sin\varphi & 0 & \cos\varphi \end{bmatrix} \begin{bmatrix} 1 & 0 & 0 \\ 0 & \cos\omega & \sin\omega \\ 0 & -\sin\omega & \cos\omega \end{bmatrix} \tag{9.66}$$

将式(9.65)线性化，得

$$\begin{bmatrix} v_X \\ v_Y \\ v_Z \end{bmatrix} = \begin{bmatrix} \dfrac{\partial X}{\partial \lambda} & \dfrac{\partial X}{\partial \omega} & \dfrac{\partial X}{\partial \varphi} & \dfrac{\partial X}{\partial \kappa} & \dfrac{\partial X}{\partial \Delta x} & \dfrac{\partial X}{\partial \Delta y} & \dfrac{\partial X}{\partial \Delta z} \\ \dfrac{\partial Y}{\partial \lambda} & \dfrac{\partial Y}{\partial \omega} & \dfrac{\partial Y}{\partial \varphi} & \dfrac{\partial Y}{\partial \kappa} & \dfrac{\partial Y}{\partial \Delta x} & \dfrac{\partial Y}{\partial \Delta y} & \dfrac{\partial Y}{\partial \Delta z} \\ \dfrac{\partial Z}{\partial \lambda} & \dfrac{\partial Z}{\partial \omega} & \dfrac{\partial Z}{\partial \varphi} & \dfrac{\partial Z}{\partial \kappa} & \dfrac{\partial Z}{\partial \Delta x} & \dfrac{\partial Z}{\partial \Delta y} & \dfrac{\partial Z}{\partial \Delta z} \end{bmatrix} \begin{bmatrix} \mathrm{d}\lambda \\ \mathrm{d}\omega \\ \mathrm{d}\varphi \\ \mathrm{d}\kappa \\ \mathrm{d}\Delta x \\ \mathrm{d}\Delta y \\ \mathrm{d}\Delta z \end{bmatrix} - \begin{bmatrix} X - X^0 \\ Y - Y^0 \\ Z - Z^0 \end{bmatrix} \tag{9.67}$$

或记为

$$\begin{bmatrix} v_X \\ v_Y \\ v_Z \end{bmatrix} = \begin{bmatrix} r_{11} & r_{12} & r_{13} & r_{14} & r_{15} & r_{16} & r_{17} \\ r_{21} & r_{22} & r_{23} & r_{24} & r_{25} & r_{26} & r_{27} \\ r_{31} & r_{32} & r_{33} & r_{34} & r_{35} & r_{36} & r_{37} \end{bmatrix} \begin{bmatrix} \mathrm{d}\lambda \\ \mathrm{d}\omega \\ \mathrm{d}\varphi \\ \mathrm{d}\kappa \\ \mathrm{d}\Delta x \\ \mathrm{d}\Delta y \\ \mathrm{d}\Delta z \end{bmatrix} - \begin{bmatrix} X - X^0 \\ Y - Y^0 \\ Z - Z^0 \end{bmatrix} \tag{9.68}$$

式中，(v_X,v_Y,v_Z)为残差；(X^0,Y^0,Z^0)为第二期坐标(x,y,z)根据两期之间转换参数初值转换至第一期坐标系下的坐标，系数矩阵中各元素为

$$
\begin{cases}
r_{11} = u_{11}x + u_{21}y + u_{31}z \\
r_{13} = \lambda\left[-\sin\varphi\cos\kappa(x) + \sin\varphi\sin\kappa(y) + \cos\varphi(z)\right] \\
r_{14} = \lambda(u_{21}x - u_{11}y) \\
r_{15} = r_{26} = r_{37} = 1 \\
r_{12} = r_{16} = r_{17} = r_{25} = r_{27} = r_{35} = r_{36} = 0 \\
r_{21} = u_{12}x + u_{22}y + u_{32}z \\
r_{22} = \lambda(-u_{13}x - u_{23}y - u_{33}z) \\
r_{23} = \lambda\left[\sin\omega\cos\varphi\cos\kappa(x) - \sin\omega\cos\varphi\sin\kappa(y) + \sin\omega\sin\varphi(z)\right] \\
r_{24} = \lambda(u_{22}x - u_{12}y) \\
r_{31} = u_{13}x + u_{23}y + u_{33}z \\
r_{32} = \lambda(u_{12}x + u_{22}y + u_{32}z) \\
r_{33} = \lambda\left[-\cos\omega\cos\varphi\cos\kappa(x) + \cos\omega\cos\varphi\sin\kappa(y) - \cos\omega\sin\varphi(z)\right] \\
r_{34} = \lambda(u_{23}x - u_{13}y)
\end{cases}
\tag{9.69}
$$

TST 模型可表示为

$$
\begin{bmatrix} X \\ Y \\ Z \end{bmatrix} = \begin{bmatrix} x \\ y \\ z \end{bmatrix} + \boldsymbol{M} \cdot \boldsymbol{\xi} + \boldsymbol{d} \tag{9.70}
$$

式中，$\boldsymbol{M}$ 表示系数矩阵；$\boldsymbol{\xi} = (\mathrm{d}\lambda \quad \mathrm{d}\omega \quad \mathrm{d}\varphi \quad \mathrm{d}\kappa \quad \mathrm{d}\Delta x \quad \mathrm{d}\Delta y \quad \mathrm{d}\Delta z)^{\mathrm{T}}$；$\boldsymbol{d}$ 为位移向量。

该方法计算时易受到位移较大点的影响，导致计算的模型参数不准确，进而造成错误的分析结果。

2. 稳健迭代加权相似变换法

最小二乘估计是一种无偏估计，在无系统误差和(或)粗差的情况下，可得到最优参数估计结果，且计算过程简便。然而，该方法对粗差非常敏感，当观测数据中存在较大变形点时，变形量极易发生偏移，转移或分配到其他点的坐标信息中，对结果造成影响。为了得到准确的相似变换参数，必须将控制网中的变形点予以剔除或降权处理，降低其对变换参数的影响。

1983 年，陈永奇提出了 IWST 方法，基于传统相似变换，在求解变换参数时，以网点位移向量 $\boldsymbol{d}$ 的一次范数最小为准则，根据位移的大小不断调整权值，通过迭代求解最终的位移。该方法通过变权迭代过程，将位移较大的点进行降权处理，降低其对参数结果的干扰。假设控制网包含 n 个待定点，则目标函数可表示为

$$
\sum_{i=1}^{3n} \left| d_i \right| = \min \tag{9.71}
$$

初始计算时，取权阵 $\boldsymbol{P}^{[1]} = \mathbf{I}$，通过 TST 模型计算出位移向量 $\boldsymbol{d}^{[1]}$。在下一次迭代时，根据上一次计算得到的位移向量 $\boldsymbol{d}$ 来定权，第 i 个观测值的权即为

$$
P_i^{[2]} = 1 / (d_i^{[1]} + \varepsilon) \tag{9.72}
$$

对于第 j 次迭代，第 i 个观测值的权为

$$
P_i^{[j]} = 1 / (d_i^{[j-1]} + \varepsilon) \tag{9.73}
$$

式中，为了避免权值无限大，分母上加了一个微小量 ε。此外，也可以选择丹麦法或 Huber 法等其他定权方法来定义权函数。

自由网不同基准下最小二乘解之间可以相互转换，现将两期观测平差后最小二乘解转换到同一基准，对应约束条件可表示为

$$\boldsymbol{G}^{\mathrm{T}}\boldsymbol{P}_{\bar{x}}\bar{\boldsymbol{x}}=\boldsymbol{0} \tag{9.74}$$

则在此基准下，有

$$\begin{cases}\bar{\boldsymbol{x}}_1=(\mathbf{I}-\boldsymbol{G}(\boldsymbol{G}^{\mathrm{T}}\boldsymbol{P}_{\bar{x}}\boldsymbol{G})^{-1}\boldsymbol{G}^{\mathrm{T}}\boldsymbol{P}_{\bar{x}})\hat{\boldsymbol{x}}_1\\ \bar{\boldsymbol{x}}_2=(\mathbf{I}-\boldsymbol{G}(\boldsymbol{G}^{\mathrm{T}}\boldsymbol{P}_{\bar{x}}\boldsymbol{G})^{-1}\boldsymbol{G}^{\mathrm{T}}\boldsymbol{P}_{\bar{x}})\hat{\boldsymbol{x}}_2\end{cases} \tag{9.75}$$

式中，$\bar{\boldsymbol{x}}_1$ 和 $\bar{\boldsymbol{x}}_2$ 为同一基准下两期观测的最小二乘解。

令 $\boldsymbol{S}=(\mathbf{I}-\boldsymbol{G}(\boldsymbol{G}^{\mathrm{T}}\boldsymbol{P}_{\bar{x}}\boldsymbol{G})^{-1}\boldsymbol{G}^{\mathrm{T}}\boldsymbol{P}_{\bar{x}})$，两式作差得

$$\boldsymbol{d}=\boldsymbol{S}\Delta\hat{\boldsymbol{x}} \tag{9.76}$$

按照如下形式进行迭代：

$$\begin{cases}\boldsymbol{d}^{[j]}=\boldsymbol{S}_j\Delta\hat{\boldsymbol{x}}\\ \boldsymbol{Q}_{\boldsymbol{d}^{[j]}}=\boldsymbol{S}_j(\boldsymbol{Q}_{11}+\boldsymbol{Q}_{22})\boldsymbol{S}_j^{\mathrm{T}}\\ \boldsymbol{P}^{[j+1]}=\mathrm{diag}(1/(d_1^{[j]}+\varepsilon),\cdots,1/(d_i^{[j]}+\varepsilon),\cdots,1/(d_{3n}^{[j]}+\varepsilon))\end{cases} \tag{9.77}$$

式中，$\boldsymbol{Q}_{11}$、$\boldsymbol{Q}_{22}$ 分别为第一期和第二期平差后的协因数矩阵。

当前后两次迭代后的位移量之差小于某一阈值 μ 时，停止迭代，即

$$\left|\boldsymbol{d}^{[j]}-\boldsymbol{d}^{[j-1]}\right|<\mu \tag{9.78}$$

最后，根据得到的最终位移量，利用 F 检验法对每一个点进行稳定性判断，作统计量：

$$F_i=\frac{\boldsymbol{d}_i^{\mathrm{T}}\boldsymbol{Q}_{d_i}^{-1}\boldsymbol{d}_i}{w_i\sigma_0^2} \tag{9.79}$$

式中，$\boldsymbol{d}_i$ 为第 i 点的两期坐标差；$\boldsymbol{Q}_{d_i}$ 为坐标差对应的协因数矩阵；$w_i=\mathrm{rank}(\boldsymbol{Q}_{d_i})$；$\sigma_0^2$ 为两期观测综合单位权方差。选择一定显著性水平 α，对网点稳定性进行判断

$$F_i\leqslant F_{(\alpha;w_i,f_1+f_2)} \tag{9.80}$$

满足该式的点即为稳定点；反之，则为不稳定点。

3. 基于 RANSAC 算法的相似变换法

RANSAC 算法可用于数据的提纯，减少或避免粗差对模型的干扰，在异常数据所占样本比例超过 50%的情况下，仍可有效抵抗粗差的影响。因此，将 RANSAC 算法引入 TST 模型计算过程中，通过迭代的方式筛选控制网中相对稳定的点，并利用这些点计算可靠的坐标转换参数，以此提高所得网点位移的可靠性与准确性。

RANSAC 算法是一种通过迭代计算来寻求样本中满足某一正确模型对应的最大内点集，并利用其集合中样本重新估算模型，基本思想如下：首先给定一个待求解模型的数据集，根据具体模型，随机抽取 t 个样本并计算模型参数的初值。然后利用参数初值判断数据集中样本模型误差是否小于阈值 ε，满足条件的样本归为内点，否则归为外点。统计内点数量，并再次随机抽取 t 个样本，重复上述过程。最后在执行一定迭代次数 r 后，停止计算，选取迭

代过程中得到的最大内点集，若其样本数量大于表征正确模型对应样本的最少数量 k，则利用该内点集重新计算模型参数并再次从总样本中筛选内点，计算最终的模型参数；否则，表示算法失败。

算法涉及 4 个参数：①随机抽样数 t，即解算模型所需最少的样本数量；②模型误差阈值 ε，该值可根据实际问题设定，其大小决定了一致集样本数量；③表征正确模型对应一致集的最少样本数 k，为保证模型的可靠性，要求一致集样本数量充足，确保重新估计的模型更加准确；④迭代次数 r，该参数与外点所占样本集比例有关，且决定着模型的可靠程度。

利用相似变换方法结合 RANSAC 算法求解转换参数，通过迭代的方式初步筛选网中相对稳定点，利用这些点计算坐标转换参数，并判断样本的模型误差是否满足条件，一定次数的迭代后，若一致集样本数量仍未达到 k 值，可适当增加迭代次数重新计算，得到初始内点集后再迭代筛选相对稳定的公共点。具体过程如下。

(1) 针对坐标转换模型，给出最小抽样点数 t 和一个数据集 P (两期网点坐标)，该集合网点数量 $N(P) \gg t$，从 P 中随机抽取 t 个点构成子集 P'，并计算坐标转换参数初值 $\boldsymbol{M}_0$。

(2) 将 P 余集中的点代入 $\boldsymbol{M}_0$ 进行验算，其模型误差 d 小于 ε 的点归为内点，同随机抽取的 t 个点构成 $\boldsymbol{M}_0$ 的内点集 S，即 P' 的一致集，d 大于 ε 的归为外点。

(3) 若内点集网点数量 $N(S) \geqslant k$，则认为得到了正确的坐标转换参数，利用 S 中样本重新计算新的转换参数 $\boldsymbol{M}^*$；否则，执行下一步。

(4) 重新从 P 中随机抽取 t 个点，重复步骤(1)～(3)。

(5) 在 r 次迭代计算后，若仍未获取一致集，代表算法失败，可考虑增加迭代次数，再次进行迭代计算；否则，选取上述迭代过程中得到的数量最多的一致集解算 $\boldsymbol{M}$，再次判断 P 中所有点模型误差是否满足 ε，重新构成 S^*，即初始内点集。

三维坐标转换包含 7 个独立参数，确定参数所需最少公共点数量为 3，故随机抽样数 t=3；以坐标转换后两期网在同一坐标系下对应点之间的空间距离偏差 d_i 作为模型误差，表示为

$$d_i = \sqrt{(X_i - x_i^*)^2 + (Y_i - y_i^*)^2 + (Z_i - z_i^*)^2} \tag{9.81}$$

式中，(x_i^*, y_i^*, z_i^*) 为第二期第 i 点坐标 (x_i, y_i, z_i) 转换到第一期坐标系下的坐标。

迭代次数 r 可表示为

$$r = \frac{\ln(1-p)}{\ln[1-(1-\eta)^t]} \tag{9.82}$$

式中，p 为抽取的样本均为内点的概率；η 为污染率，即异常数据在样本集中所占比例。

通过上述初步迭代过程，得到初始内点集 S^*，该集合包含的点只是部分相对稳定点，为了得到网中所有相对稳定点，需进一步筛选。将网中所有公共点带入模型 $\boldsymbol{M}^*$，模型误差阈值不变，重新构造 S^*，计算新的模型 $\boldsymbol{M}^*$ 并重复上述过程。迭代计算，直到两次得到的 S^* 相一致，即数据集所含样本相同，则认为控制网中相对稳定点筛选完毕。

利用筛选出的公共点求解变换参数，将所有点代入该参数模型，计算网点的位移量，利用 F 检验法对每一个点进行稳定性判断，构造统计量

$$F_i = \frac{\boldsymbol{d}_i^{\mathrm{T}} \boldsymbol{Q}_{d_i}^{-1} \boldsymbol{d}_i}{w_i \sigma_0^2} \tag{9.83}$$

选择一定显著性水平 α，对网点稳定性进行判断

$$F_i \leqslant F_{(\alpha;w_i,f_1+f_2)} \tag{9.84}$$

满足该式的点即为稳定点；否则，视为不稳定点。

9.4.6 不稳定点位移的计算和检验

在所有可能不稳定的点找出之后，还要估计它的位移，并做统计检验。

$$\hat{\boldsymbol{d}}+\boldsymbol{v}_{\hat{d}}=\boldsymbol{B}\cdot\hat{\boldsymbol{c}} \tag{9.85}$$

式中，向量 $\hat{\boldsymbol{c}}$ 包含了不稳定点位移，$\boldsymbol{B}$ 为相应的模型矩阵。例如，一个有 m 个点的平面参考网，利用上面的方法鉴别了 i 点和 j 点可能不稳定，那么 $\hat{\boldsymbol{c}}$ 和 $\boldsymbol{B}$ 分别为

$$\hat{\boldsymbol{c}}=\begin{pmatrix}u_i\\v_i\\u_j\\v_j\end{pmatrix};\quad \boldsymbol{B}^{\mathrm{T}}=\begin{pmatrix}0&0&\cdots&0&1&0&0&\cdots&0&0&0&0&\cdots&0\\0&0&\cdots&0&0&1&0&\cdots&0&0&0&0&\cdots&0\\0&0&\cdots&0&0&0&0&\cdots&0&1&0&0&\cdots&0\\0&0&\cdots&0&0&0&0&\cdots&0&0&1&0&\cdots&0\end{pmatrix}_{4\times 2m}$$

在 $\boldsymbol{v}_{\hat{d}}^{\mathrm{T}}\boldsymbol{P}_{\hat{d}\hat{d}}\boldsymbol{v}_{\hat{d}}=\min$ 的条件下，可求得

$$\hat{\boldsymbol{c}}=(\boldsymbol{B}^{\mathrm{T}}\boldsymbol{P}_{\hat{d}\hat{d}}\boldsymbol{B})^{-1}\boldsymbol{B}^{\mathrm{T}}\boldsymbol{P}_{\hat{d}\hat{d}}\hat{\boldsymbol{d}} \tag{9.86}$$

$$\boldsymbol{Q}_{\hat{c}\hat{c}}=(\boldsymbol{B}^{\mathrm{T}}\boldsymbol{P}_{\hat{d}\hat{d}}\boldsymbol{B})^{-1} \tag{9.87}$$

参数显著性检验

$$\frac{\hat{\boldsymbol{c}}^{\mathrm{T}}\boldsymbol{Q}_{\hat{c}\hat{c}}^{-1}\hat{\boldsymbol{c}}}{\hat{\sigma}_0^2 u}\overset{?}{\geqslant}F_{(\alpha;u,f)} \tag{9.88}$$

式中，u 为 $\hat{\boldsymbol{c}}$ 的维数。

例 9.4.3：问题同例 9.4.2 和例 9.4.1。现在我们计算不稳定点 A 的垂直位移，列方程式

$$\begin{pmatrix}-1.4\\+0.5\\+0.2\\+0.7\end{pmatrix}+\boldsymbol{v}_{\hat{d}}=\begin{pmatrix}1\\0\\0\\0\end{pmatrix}\hat{\boldsymbol{c}}_A$$

其最小二乘解为

$$q_{\hat{c}_A}=(\boldsymbol{B}^{\mathrm{T}}\boldsymbol{P}_{\hat{d}\hat{d}}\boldsymbol{B})^{-1}=\left[\begin{pmatrix}1\\0\\0\\0\end{pmatrix}^{\mathrm{T}}\begin{pmatrix}+2.0&-0.5&-0.5&-1.0\\-0.5&+2.5&-1.0&-1.0\\-0.5&-1.0&+2.5&-1.0\\-1.0&-1.0&-1.0&+3.0\end{pmatrix}\begin{pmatrix}1\\0\\0\\0\end{pmatrix}\right]^{-1}=0.5$$

$$\hat{c}_A=q_{\hat{c}_A}\boldsymbol{B}^{\mathrm{T}}\boldsymbol{P}_{\hat{d}\hat{d}}\hat{\boldsymbol{d}}=0.5\begin{pmatrix}1\\0\\0\\0\end{pmatrix}^{\mathrm{T}}\begin{pmatrix}+2.0&-0.5&-0.5&-1.0\\-0.5&+2.5&-1.0&-1.0\\-0.5&-1.0&+2.5&-1.0\\-1.0&-1.0&-1.0&+3.0\end{pmatrix}\begin{pmatrix}-1.4\\+0.5\\+0.2\\+0.7\end{pmatrix}=-1.9(\mathrm{mm})$$

其显著性检验

$$\frac{\hat{\boldsymbol{c}}^{\mathrm{T}}\boldsymbol{Q}_{\hat{c}\hat{c}}^{-1}\hat{\boldsymbol{c}}}{\hat{\sigma}_0^2 u}=\frac{1.9\times 0.5^{-1}\times 1.9}{0.2^2\times 1}=180>F(0.005;\quad 1,6)=6$$

说明所求参数显著。进一步计算

$$\boldsymbol{v}_{\hat{d}}=\begin{pmatrix}-0.5 & -0.5 & -0.2 & -0.7\end{pmatrix}^{\mathrm{T}}$$

$$\boldsymbol{v}_{\hat{d}}^{\mathrm{T}}\boldsymbol{P}_{\hat{d}\hat{d}}\boldsymbol{v}_{\hat{d}}=\begin{pmatrix}-0.5\\-0.5\\-0.2\\-0.7\end{pmatrix}^{\mathrm{T}}\begin{pmatrix}+2.0 & -0.5 & -0.5 & -1.0\\-0.5 & +2.5 & -1.0 & -1.0\\-0.5 & -1.0 & +2.5 & -1.0\\-1.0 & -1.0 & -1.0 & +3.0\end{pmatrix}\begin{pmatrix}-0.5\\-0.5\\-0.2\\-0.7\end{pmatrix}=0.44$$

$$\sigma_{0\hat{d}}=\sqrt{\frac{\boldsymbol{v}_{\hat{d}}^{\mathrm{T}}\boldsymbol{P}_{\hat{d}\hat{d}}\boldsymbol{v}_{\hat{d}}}{4-1}}=\sqrt{\frac{0.44}{3}}=0.4(\mathrm{mm})$$

$$\sigma_{\hat{c}_{\mathrm{A}}}=\sqrt{q_{\hat{c}_{\mathrm{A}}}}\sigma_{0\hat{d}}=\sqrt{0.5}\times 0.4=0.3(\mathrm{mm})$$

或者，将原误差方程改写为

$$\boldsymbol{v}_1=\boldsymbol{A}_1\hat{\boldsymbol{x}}-\boldsymbol{l}_1\ \text{权：}\ \boldsymbol{P}_1$$

$$\boldsymbol{v}_2=\boldsymbol{A}_2\left(\hat{\boldsymbol{x}}+\boldsymbol{B}\hat{\boldsymbol{c}}\right)-\boldsymbol{l}_2\ \text{权：}\ \boldsymbol{P}_2$$

在 $\boldsymbol{v}_1^{\mathrm{T}}\boldsymbol{P}_1\boldsymbol{v}_1+\boldsymbol{v}_2^{\mathrm{T}}\boldsymbol{P}_2\boldsymbol{v}_2=\min$ 下，可解得

$$\begin{pmatrix}\boldsymbol{A}_1^{\mathrm{T}}\boldsymbol{P}_1\boldsymbol{A}_1+\boldsymbol{A}_2^{\mathrm{T}}\boldsymbol{P}_2\boldsymbol{A}_2 & \boldsymbol{A}_2^{\mathrm{T}}\boldsymbol{P}_2\boldsymbol{B}\\ \boldsymbol{B}^{\mathrm{T}}\boldsymbol{P}_2\boldsymbol{A}_2 & \boldsymbol{B}^{\mathrm{T}}\boldsymbol{P}_2\boldsymbol{B}\end{pmatrix}\begin{pmatrix}\hat{\boldsymbol{x}}\\ \hat{\boldsymbol{c}}\end{pmatrix}=\begin{pmatrix}\boldsymbol{A}_1^{\mathrm{T}}\boldsymbol{P}_1\boldsymbol{l}_1+\boldsymbol{A}_2^{\mathrm{T}}\boldsymbol{P}_2\boldsymbol{l}_2\\ \boldsymbol{B}^{\mathrm{T}}\boldsymbol{P}_2\boldsymbol{l}_2\end{pmatrix}$$

自然解算结果与上面也会有差异，因为平差原则不完全一样。

9.5 沉降测量

沉降测量又称沉陷测量，或垂直位移测量。

与普通测量中的情况类似，在变形测量中，沉降测量的内业和外业都比较简单，且精度易于保证。

9.5.1 沉降测量的精度要求

按 9.2 节所述的原则和方法，结合生产实践经验，最终沉降量的精度确定方法如下。

(1) 绝对沉降(如沉降量、平均沉降量等)的观测中误差，对于特高精度要求的工程可按地基条件结合经验与分析具体确定；对于其他精度要求的工程，可按低、中、高压缩性地基土的类别，分别选±0.5mm、±1.0mm、±2.5mm。

(2) 相对沉降(如沉降差、基础倾斜、局部倾斜等)、局部地基沉降(如基坑回弹、地基土分层沉降等)以及膨胀土地基变形等的观测中误差，均不应超过变形允许值的 $\frac{1}{20}$。

(3) 建筑物整体性变形(如工程设施的整体垂直挠曲等)的观测中误差，不应超过允许垂直偏差的 $\frac{1}{10}$。

(4) 结构段变形(如平置构件挠度等)的观测中误差，不应超过变形允许值的 $\frac{1}{6}$。

(5) 对于科研项目变形量的观测中误差，可视所需提高观测精度的程度，将上述各项观测中误差乘以系数 $\frac{1}{5}$～$\frac{1}{2}$ 后采用。

最终沉降量确定之后，便可按具体的观测网形确定各观测量的精度，并对照表 9.2 确定沉降测量的等级。沉降测量可采用几何水准测量、液体静力水准测量或三角高程测量等方法。

9.5.2　建筑物沉降测量

建筑物沉降测量包括测定建筑物地基的沉降量、沉降差及沉降速度并计算基础倾斜、局部倾斜、相对弯曲及构件倾斜等。

1. 沉降观测点的布设

沉降观测点的布置应以能反映建筑物地基变形特征为原则，同时要结合地质情况和建筑结构特点。建筑物沉降观测点一般选设在下列位置。

(1) 建筑物的四角、大转角处及沿外墙每 10～15m 处或每隔 2～3 根柱基上。

(2) 高低层建筑物、新旧建筑物、纵横墙等交接处的两侧。

(3) 建筑物裂缝和沉降缝两侧、基础埋深相差悬殊处、人工地基与天然地基接壤处、不同结构的分界处及填挖方分界处。

(4) 宽度大于等于 15m 或小于 15m 而地质情况复杂以及膨胀土地区的建筑物，在承重内隔墙中部设内墙点，在室内地面中心及四周设地面点。

(5) 邻近堆置重物处、受震动有显著影响的部位及基础下的暗浜(沟)处。

(6) 框架结构建筑物的每个或部分柱基上或沿纵横轴线设点。

(7) 片筏基础、箱形基础底板或接近基础的结构部分之四角处及其中部位置。

(8) 重型设备基础和动力设备基础的四角、基础型式或埋深改变处以及地质条件变化处两侧。

(9) 电视塔、烟囱、水塔、油罐、炼油塔、高炉等高耸建筑物，沿周边在与基础轴线相交的对称位置上布点，点数不少于 4 个。

沉降观测点的标志，可根据不同的建筑结构类型和建筑材料，采用墙(柱)标志、基础标志和隐蔽式标志(用于宾馆等高级建筑物)等型式。各类标志的立尺部位需加工成半球形或有明显的突出点，并涂上防腐剂。标志的埋设位置要避开如雨水管、窗台线、暖气片、暖水管、电气开关等有碍设标与观测的障碍物，并要根据立尺需要离开墙(柱)面和地面一定距离。关于沉降参考点、沉降观测点标志的型式可参见 7.1 节之相关内容。

2. 沉降观测周期与观测时间

建筑物施工阶段的观测，应随施工进度及时进行。一般建筑可在基础完工后或地下室砌完后开始观测，大型、高层建筑可在基础垫层或基础底部完成后开始观测。观测次数与间隔时间视地基与加荷情况而定，民用建筑可每加高 1～5 层观测一次；工业建筑可按不同施工阶段(如回填基坑、安装柱子和屋架、砌筑墙体、设备安装等)分别进行观测。如建筑物均匀增高，应至少在增加荷载的 25%、50%、75%和 100%时各测一次。施工过程中如暂时停工，在停工时及重新开工时应各观测一次。停工期间，可每隔 2～3 个月观测一次。

建筑物使用阶段的观测次数，视地基土类型和沉降速度大小而定。除有特殊要求者外，一般情况下，可在第一年观测 3～4 次，第二年观测 2～3 次，第三年及以后每年观测 1 次，直至稳定为止。砂土地基观测期限一般不少于 2 年，膨胀土地基观测期限一般不少于 3 年，黏土地基观测期限一般不少于 5 年，软土地基观测期限一般不少于 10 年。

在观测过程中，如有基础附近地面荷载突然增减、基础四周大量积水、长时间连续降水等情况，均需及时增加观测次数。当建筑物突然发生大量沉降、不均匀沉降和严重裂缝时，需立即进行逐日或几天一次的连续观测。

沉降是否进入稳定阶段，需由沉降量与时间的关系曲线判定。对重点观测和科研观测工程，若最后三个周期观测中每周期沉降量不大于 $2\sqrt{2}$ 倍测量中误差，可认为已进入稳定阶段。一般观测工程，若沉降速度小于 0.01～0.04mm/d，可认为已进入稳定阶段，具体取值可根据各地区地基土的压缩性来确定。

9.5.3　基坑回弹测量

在软土地区挖掘深基础时，随着基坑的开挖，其底部会逐渐隆起，称为基坑回弹。当建筑物荷载加上去以后，回弹量会逐渐消失。如果我们不知道回弹量有多大，则可能把坑底“超挖”，其后果要消耗大量的建筑材料来抵偿这部分超挖量，或者建筑物将低于原设计标高。因此在软土上挖深基础时应该进行基坑回弹测量。

基坑回弹测量的要点在于在基坑开挖之前先测得坑底土层的高程，待基坑挖到设计深度以后复测该土层的高程。两高程之差即基坑回弹量。

基坑回弹测量通常采用几何水准法，观测次数不少于三次，第一次在基坑开挖之前，第二次在基坑挖好之后，第三次在浇灌基础混凝土之前。

回弹观测点的布置，按基坑形状及地质条件以最少的点数能测出所需各纵横断面回弹量为原则进行。利用回弹变形的近似对称特性，回弹观测点布置的一般要求为：

(1) 在基坑的中央和距坑底边缘约 $\frac{1}{4}$ 坑底宽度处以及其他变形特征位置，设置观测点。对方形、圆形基坑，可按单向对称布点；对矩形基坑，可按纵横向布点；复合矩形基坑，可多向布点；地质情况复杂时，应适当增加点数。

(2) 基坑外的观测点，应在所选坑内方向线的延长线上距基坑深度 1.5～2 倍距离内布置。

(3) 所选点位遇到旧地下管道或其他构筑物时，可将观测点移至与之对应方向线的空位上。

(4) 在基坑外相对稳定且不受施工影响的地点，选设参考点及为寻找标志用的定位点。

(5) 观测路线应组成起讫于参考点的闭合或附合路线，使之具有检核条件。

回弹标志应埋入基坑底面以下 20～30cm，以防开挖基坑时被铲坏。根据开挖深度和地层土质情况，标志埋设方法可分为直埋式、辅助杆压入式和钻杆送入式三种。

辅助杆压入式回弹标志的埋设及回弹观测方法如图 9.7 所示。取长约 20cm 的一段圆钢，一端中心加工成半球状(r = 15～20mm)，另一端加工成楔形；钻孔可用小口径(如 127mm)工程地质钻机，孔深应达孔底设计平面以下数厘米，孔口与孔底中心的偏差不大于 3‰，并将孔底清洗干净。图 9.7(a)是回弹标落底示意图，先把回弹标套在保护管下端，然后把保护管(带回弹标)顺井口放入井底。图 9.7(b)是利用辅助杆把回弹标压入孔底设计平面以下，一般孔底平面以上只露出标头，其余部分均压入土中，要特别注意钻孔两壁掉土或从地面掉入杂物而把标头埋没，必须保证在观测时辅助杆与标头严密接触。图 9.7(c)是把回弹标压入孔底后，先把保护管提起约 10cm，并在地面上临时固定，然后把辅助测杆竖立在回弹标上，水准尺直接立于辅助杆的测头上。进行水准测量的同时，还要测定孔内温度。观测结束后，将测杆、保护管拔出地面。回填钻孔时要小心缓慢进行，避免因回填猛、快而把标志撞动。为了开挖时便于寻找标志，先用白灰回填，其厚度约 50cm，然后用一般素土回填，直至整个钻孔全部填满。

钻杆送入式回弹标志如图 9.8 所示。钻孔要求同辅助杆压入式。当钻孔深度达到设计基坑标高以下 20cm 时，再提出钻杆卸下钻头，换上回弹标志并打入土中。当回弹标志埋入一定深度后，即可拧动钻杆与回弹标志自然脱开(因回弹标志与钻杆是相反的丝扣)，提出钻杆后，即可进行高程测量工作，测量完毕后才能拔出套管进行下一个回弹标志的埋设工作。

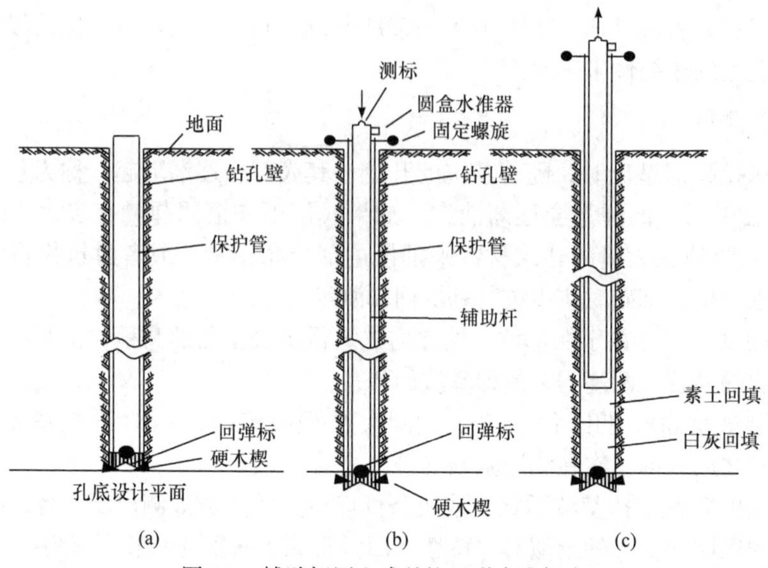

图 9.7　辅助杆压入式基坑回弹水准标志

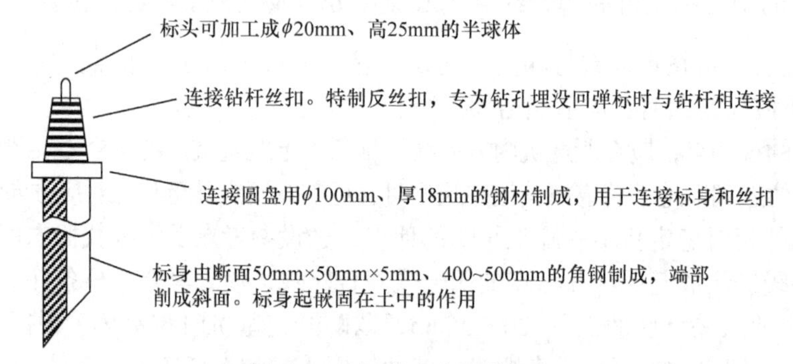

图 9.8　钻杆送入式回弹标志

当基坑较深时，基坑开挖前的高程测量可用悬挂钢尺方法，如图 9.9 所示。把钢尺通过滑轮导入孔中，钢尺下端有一平底的重锤，让它与回弹标顶接触，另一端有一平衡锤使钢尺引张。待重锤底碰到标志后，用水准仪测量水准点与回弹标之间的高差。这时钢尺相当于一把长水准尺，只是要注意尺子的零点值。

基坑开挖后的回弹测量，可先在坑底一角埋设一个临时工作点，使用与基坑开挖前相同的观测设备和方法，将高程传递到坑底的临时工作点上。然后细心挖出各回弹观测点，用几何水准测量方法测出各观测点的标高。

回弹测量精度可按预估的最大回弹量为变形允许值进行估算后确定，但最弱观测点相对于参考点的高差中误差，不应大于±1.0mm。回弹观测工作结束后，一般需提交回弹观测点位平面布置图、回弹量纵横断面图(图 9.10)和回弹观测成果表。

9.5.4　地基土分层沉降测量

为改进地基基础设计积累资料的需要，对高层、大型建(构)筑物，有时需要测定地基内各成层土的沉降量和沉降速度以及有效压缩层的厚度，即地基土分层沉降测量。

进行地基土分层沉降测量时，需在地基中心钻一孔，在孔内不同土层处设置标志，定期测定各标志的高程变化。但这需要专门的观测仪器，如磁性探测仪，一般精度较低。高精度的测量需要几何水准测量的方法，这需要不同土层各设一孔，每孔设一标志，定期进行观测。所有钻孔应布置在较小的范围内(一般2m见方或各点间距不大于50cm)，如图9.11所示。

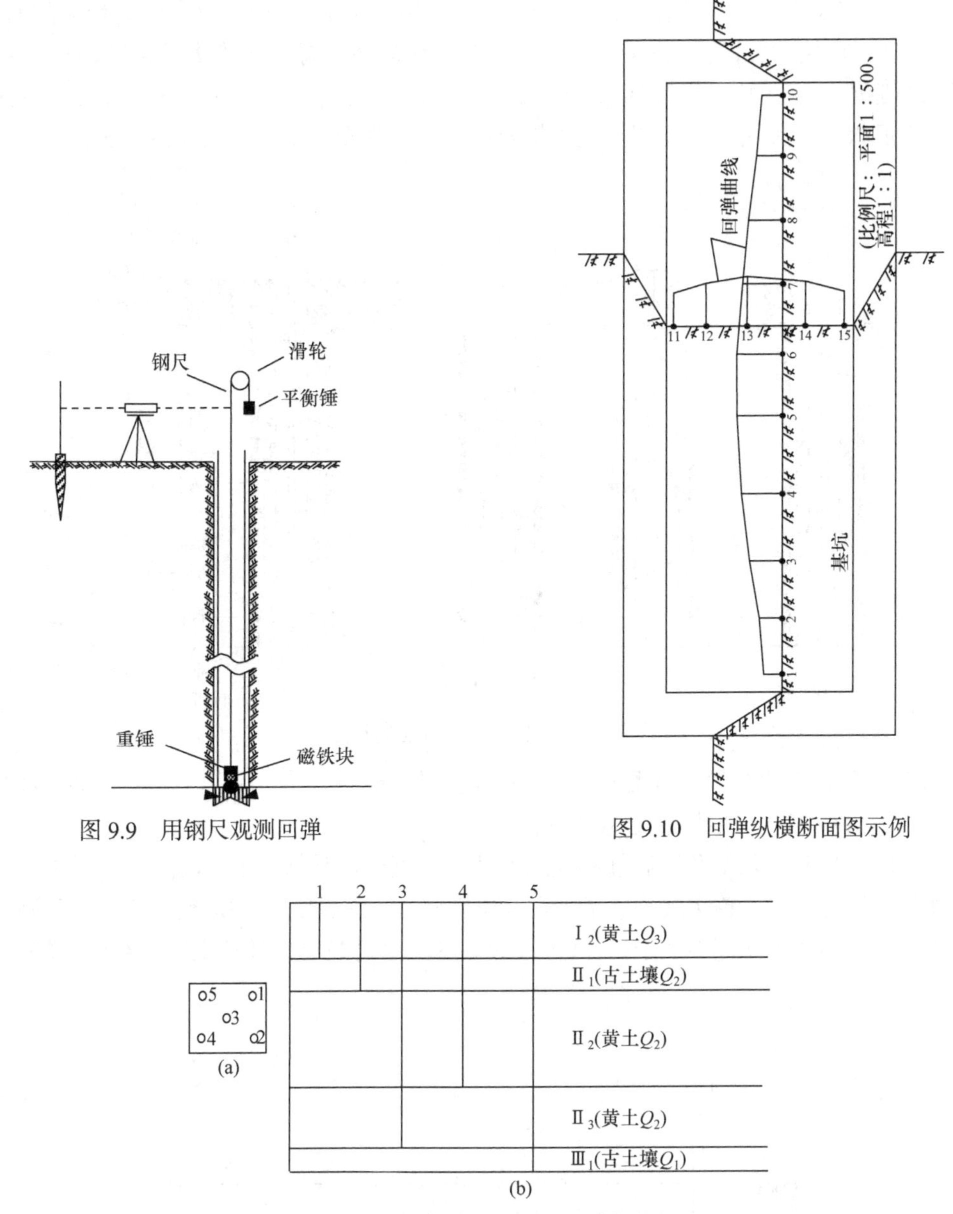

图9.9 用钢尺观测回弹

图9.10 回弹纵横断面图示例

图9.11 分层标布置图(平面和剖面图)

分层沉降观测标志如图9.12所示。测标长度应与点位深度相适应，顶端加工成半球形并露出地面，下端为焊接的标脚。钻孔时，孔径大小应符合设计要求，并保持孔壁铅垂。图9.12(a)是钻孔下标示意图，标脚和测杆连接成一个整体，利用活塞将套管(长约50cm)和保护管挤紧。在保护管一侧的上端加工成一凸头形，作为保护管的测头，在观测时可随时检查保护管提起后有无脱落。图9.12(b)为分层标落底示意图。将整个标志(包括测标、保护管和套管)徐徐放入孔底。如果钻孔较深(即测杆较长)，为了避免测杆在保护管内的摆动，应在测标与保护管之间适当加入固定滑轮，使测杆在保护管内不致有较大的摆动，还能自由升降不受阻挡。图 9.12(c)把标志放入孔底后，压保护管使标脚入土(如底部土质坚硬，则用钻机钻一小孔再压入标脚)，压入深度以把整个标脚压入孔底地面以下为好。图 9.12(d)为保护管的提升、定位示意图。标志埋好后，用钻机卡住保护管提起 30～50cm，并即在提起部分和保护管与孔壁之间的空隙内灌沙，目的是使保护管、套管与井壁减少摩擦，不致因地面建筑施工后各土层的下沉而造成影响，从而提高标志随所在土层活动的灵敏度。最后，用定位套箍将保护管固定在基础底板上，并用保护管测头随时检查保护管在观测过程中有无脱落情况。

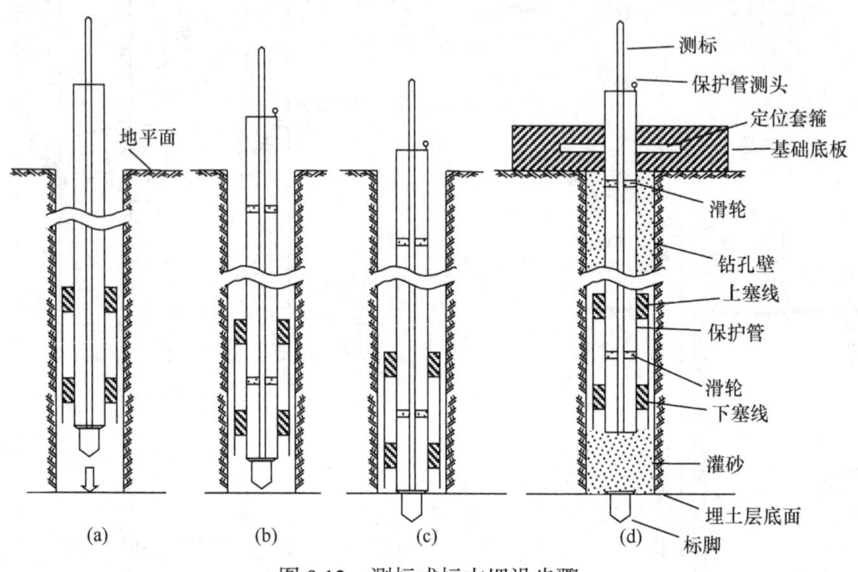

图 9.12　测标式标志埋设步骤

在每次观测时，除几何水准测量的一些常规操作外，还应加测孔内温度，如孔内上下温差较大，则应分段测温取中数进行温度改正。

分层沉降测量应从基坑开挖后基础施工前开始，直至建筑物竣工后沉降稳定时为止。观测周期同建筑物沉降测量，首次观测应至少在标志埋好 5 天后进行。测量精度应保证观测点相对于邻近参考点的高程中误差不大于±1.0mm。图 9.13 为某建筑物地基各土层 *p-s-z* 曲线示例。

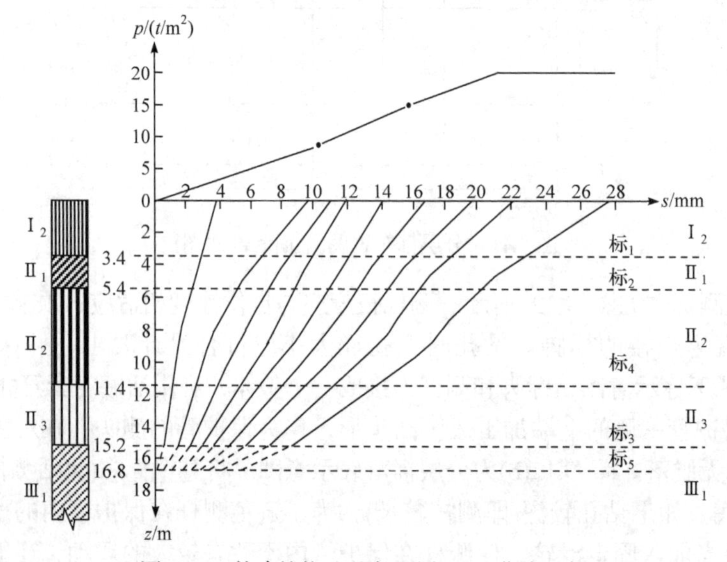

图 9.13　某建筑物地基各土层 *p-s-z* 曲线示例

9.6 平面位移测量

9.6.1 建(构)筑物主体倾斜测量

建(构)筑物主体倾斜测量的任务是测定建筑物顶部相对于底部或各层间上层相对于下层的水平位移与高差，分别计算整体或分层的倾斜度、倾斜方向以及倾斜速度。对具有刚性建筑物的整体倾斜，也可通过测量顶面或基础的相对沉降间接确定。

图 9.14 是建(构)筑物倾斜测量的一组测点布置示意图，每栋建筑物应布设两组以上。沉降法测倾斜时的测点布置如沉降测量。当在建筑物内部进行倾斜观测时，测点布置视具体情况而定。

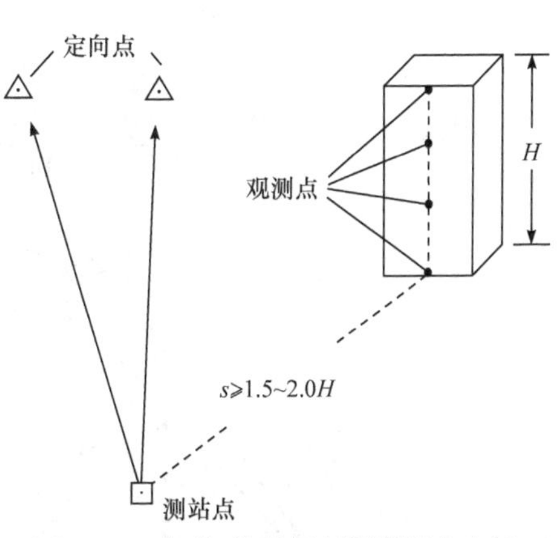

图 9.14 建(构)筑物倾斜测量测点布置

建筑物顶部和墙体上的观测点标志，可采用埋入式照准标志类型。有特殊要求时，应专门设计。对于不便埋设标志的塔形、圆形建筑物及竖向构件，可以照准视线所切同高边缘认定的位置或用高度角控制的位置作为观测点位。位于地面的测站点和定向点，可根据不同的观测要求，采用带有强制对中设备的观测墩或混凝土标石。对于一次性倾斜测量项目，观测点标志可采用标记形式或直接利用符合位置与照准要求的建筑物特征部位；测站点可采用小标石或临时性标志。

1. 经纬仪观测法

当从建筑物或构件的外部进行倾斜观测时，使用经纬仪可获得较高的测量精度。其原理是用经纬仪测量建筑物顶部点与底部点在水平面上的偏移，将该偏移值除以顶部点与底部点的高差即得建筑物的倾斜。

如图 9.15 所示，通过水平角观测，可得顶部点 C 相对于底部点 D 的水平偏移分量

$$\delta_A = \frac{\Delta\alpha}{\rho} s_{AD} \tag{9.89}$$

$$\delta_B = \frac{\Delta\beta}{\rho} s_{BD} \tag{9.90}$$

设顶部点 C 相对于底部点 D 总的水平偏移分量为 δ，则由图 9.15(c)可得关系

$$\delta_B = \delta\cos\theta$$
$$\delta_A = \delta\cos(\gamma-\theta)$$

联立求解得

$$\delta = \frac{\sqrt{\delta_A^2+\delta_B^2-2\delta_A\delta_B\cos\gamma}}{\sin\gamma} \tag{9.91}$$

$$m_\delta = \frac{\pm\sqrt{\sin^2\theta m_{\delta_A}^2+\sin^2(\gamma-\theta)m_{\delta_B}^2}}{\sin\gamma} \tag{9.92}$$

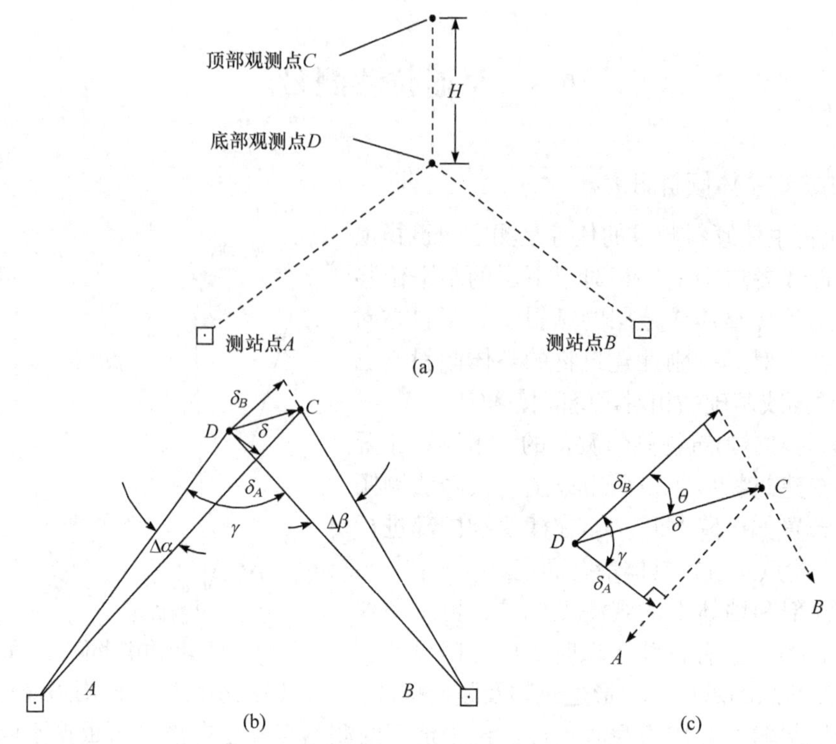

图 9.15　经纬仪观测法测量建筑物倾斜

$$\theta = \tan_{\alpha}^{-1} \frac{\delta_A - \delta_B \cos\gamma}{\delta_B \sin\gamma} \tag{9.93}$$

$$m_{\theta} = \frac{\pm\sqrt{\cos^2 \theta m_{\delta_A}^2 + \cos^2(\gamma-\theta) m_{\delta_B}^2}}{\delta_A \sin\theta + \delta_B \sin(\gamma-\theta)} \tag{9.94}$$

因此得倾斜值

$$i = \frac{\delta}{H}$$

倾斜方向由 θ 确定。

由式(9.91)和式(9.93)可以看出，当交会角 $\gamma = 90°$ 时，有

$$\delta = \sqrt{\delta_A^2 + \delta_B^2} \tag{9.95}$$

$$\theta = \tan_{\alpha}^{-1} \frac{\delta_A}{\delta_B} \tag{9.96}$$

现在分析 m_{δ}，为此先分析 m_{δ_A} 和 m_{δ_B}。由式(9.89)可得

$$m_{\delta_A} = \pm\sqrt{\left(\frac{m_{\Delta\alpha}}{\rho}\right)^2 s_{AD}^2 + \left(\frac{\Delta\alpha}{\rho}\right)^2 m_{s_{AD}}^2} \tag{9.97}$$

在一般测距精度下，式(9.97)中的 $\left(\frac{\Delta\alpha}{\rho}\right)^2 m_{s_{AD}}^2$ 可忽略，即

$$m_{\delta_A} = \frac{m_{\Delta\alpha}}{\rho} s_{AD} \tag{9.98}$$

同理，有

$$m_{\delta_B}=\frac{m_{\Delta\beta}}{\rho}s_{BD} \tag{9.99}$$

令测角精度相同，即 $m_\alpha=m_\beta$、$m_{\Delta\alpha}=\sqrt{2}m_\beta$、$m_{\Delta\beta}=\sqrt{2}m_\beta$，将其代入式(9.98)和式(9.99)并进一步代入式(9.95)，可得

$$m_\delta=\sqrt{2}\frac{m_\beta}{\rho}\sqrt{s_{AD}^2\sin^2\theta+s_{BD}^2\cos^2\theta} \tag{9.100}$$

用经纬仪进行实际倾斜测量时，在测站可能照准的不是 C、D 点本身，而是它们的替代，甚至是建筑物边缘切线的平均。该法在实际应用时，视具体条件有很多变化。

2. 垂准法

当建筑物或构件的顶部与底部之间可竖向通视时，可用垂准法进行倾斜测量。

(1) 吊垂球法。在建筑物顶部或需要的高度处观测点位置上，直接或支出一点悬挂适当重量的垂球，在垂线下的底部固定读数设备(如毫米格网读数板)，直接读取或量出上部观测点相对于底部观测点的水平位移量和位移方向。

(2) 激光铅直仪观测法。在建筑物顶部适当位置安置接收靶，在其垂线下的地面或地板上安置激光铅直仪或激光经纬仪，按一定周期观测，在接收靶上直接读取或量出顶部的水平位移量和位移方向。

(3) 激光位移计自动测记法。位移计安置在建筑物底层或地下室地板上，接收装置设在顶层或需要观测的楼层，激光通道可利用楼梯间梯井，测试室设在靠近顶部的楼层内。当位移计发射激光时，从测试室的光线示波器上可直接获取位移图像及有关参数，并自动记录成果。

(4) 正锤线法。在建筑物内有供挂锤线的上下通道和专用设备等条件时，可在通道的顶部或需要观测的高度设一支点，锚固直径 0.6～1.2mm 的不锈钢丝，钢丝下端连接一个与锤线相适应的锤球，在通道底层地板上固定一油桶，内装黏性小、不冰冻的液体，将锤球放入油桶内使钢丝拉紧、稳定成为垂线。观测时，由底部观测墩上安置的量测设备(如坐标仪、光学垂线仪、电感式垂线仪)，按一定周期测出各测点的水平位移量。

3. 相对沉降法

对刚性较好的建筑物，其整体倾斜也可按相对沉降法测算。

(1) 倾斜仪测记法。有多种类型的倾斜仪可供使用，如水管式倾斜仪、水平摆倾斜仪、气泡倾斜仪、电子倾斜仪等，现在一般具有连续读数、自动记录和数字传输的功能。监测建筑物上部层面倾斜时，仪器可安置在建筑物顶层或需要观测楼层的楼板上；监测基础倾斜时，仪器可安置在基础面上，以所测楼层或基础面的水平角变化值反映和分析建筑物倾斜的变化程度。

(2) 测定基础沉降差法。在建筑物基础上选设观测点，采用水准测量方法，以所测各周期的沉降差换算求得建筑物整体倾斜度及倾斜方向。

4. 摄影测量法

当建筑物立面上观测点数量较多时，也可采用近景摄影测量方法。

建筑物主体倾斜测量的精度可根据给定的倾斜允许值确定。其观测周期可视倾斜速度每 1～3 个月观测一次，当遇基础附近因大量堆载或卸载、场地降雨长期积水等而导致倾斜速度加快时，需及时增加观测次数。倾斜测量应避开日照和风荷载影响大的时间段。

9.6.2　建筑物水平位移测量

本节要讨论的建筑物水平位移测量包括位于特殊性土地区的建筑物地基基础水平位移测量、受高层建筑基础施工影响的建筑物及工程设施水平位移测量等。

1. 特定方向水平位移测量方法

(1) 视准线法。包括小角法和活动觇牌法。

(2) 激光准直法。包括激光经纬仪直接准直法和波带板激光准直系统。

(3) 测边角法。

2. 一般情况下水平位移测量方法

在一般情况下，建筑物的水平位移测量可使用常规测量技术获取变形观测点在不同周期的水平坐标，从而根据坐标差求出观测点的水平移动值。例如，当观测点数目较少时，可使用交会的方法；当观测点数目较多时，可采用三角、三边、边角测量等方法。

9.6.3　裂缝测量

建筑物由于差异沉降和其他外界因素的影响，墙体会产生裂缝。裂缝测量的任务是，在垂直于裂缝两侧附近布设观测点，定期测量其宽度、长度、走向及发展速度，以监视建筑物的安全。

当建筑物多处产生裂缝时，应对裂缝进行编号，并绘制裂缝位置图，也可用照片表示。要选择主要的或变化大的裂缝进行观测，每条裂缝至少布设两组(两侧各一个标志为一组)观测标志，一组在最宽处，另一组在其末端，观测时要注明日期。

裂缝观测标志应具有可供量测的明晰端面或中心。观测期较长时，可采用镶嵌或埋入墙面的金属标志、金属杆式标志(图 9.16)或楔形板式标志(图 9.17)；观测期较短或要求不高时可采用油漆平行线标志或用建筑胶粘贴的金属片标志。要求较高、需要测出裂缝纵横向变化值时，可采用坐标方格网板标志(图 9.18)。

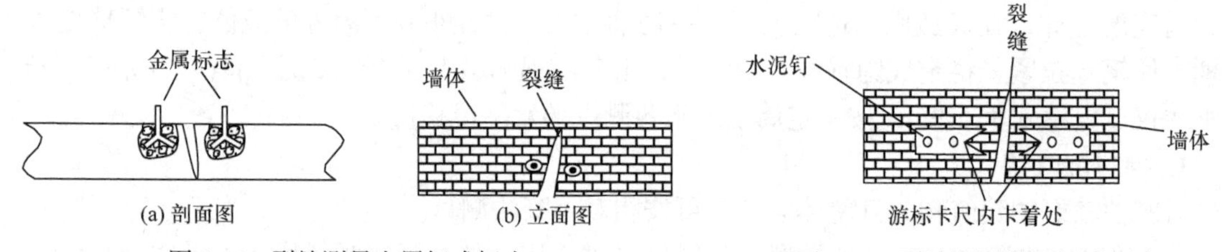

图 9.16　裂缝测量金属杆式标志　　图 9.17　裂缝测量楔形板式标志

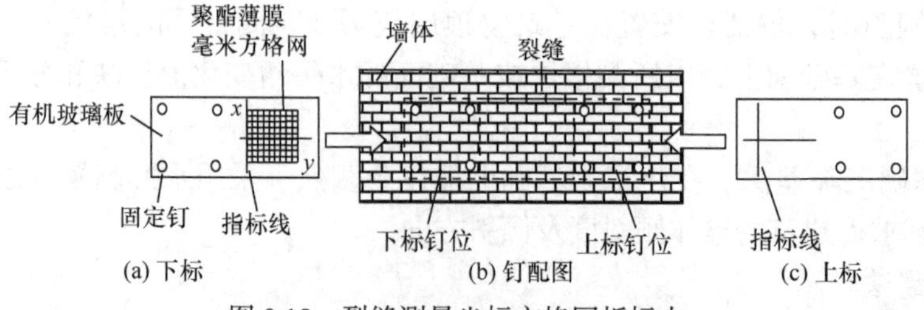

图 9.18　裂缝测量坐标方格网板标志

对于数量不多、易于测量的裂缝，可视标志型式不同，用小钢尺或游标卡尺等工具定期量出标志间距离求得裂缝变化值，或用方格网板定期读取“坐标差”计算裂缝变化值。对于较大面积且不便于人工量测的众多裂缝可采用近景摄影测量方法或激光扫描测量法。

裂缝测量的周期应视其裂缝变化速度而定。通常开始可半月测一次，以后一月左右测一次。当发现裂缝加大时，应增加观测次数，直至几天或逐日一次的连续观测。

9.6.4　挠度测量

挠度测量的对象包括建筑物基础和建筑物主体以及独立构筑物(如独立墙、柱等)。建筑物基础的挠度测算可参见图 9.3。建筑物主体、独立构筑物的挠度测量可按其倾斜测量的方法实施，独立构筑物的挠度测量也可用挠度计、位移传感器等设备直接测定。

9.6.5　日照变形测量

日照变形测量需在高耸建筑物或单柱(独立高柱)受强阳光照射或辐射的过程中进行，其任务是测定建筑物或单柱上部由于向阳面与背阳面温差引起的偏移及其变化规律。

日照变形测量的观测时间一般选在夏季的高温天。对一般项目，可在白天时间段观测，从日出前开始，日落后停止，每隔约一小时观测一次。重要情况下，可在全天 24h 内每隔约 1h 观测一次。在每次观测的同时，还要测出建筑物向阳面与背阳面的温度，并测定风速与风向。日照变形测量的方法可参照建筑物主体倾斜测量，观测点设在建筑物受热面的底部、顶部和不同高度处。图 9.19 是某电视塔顶部日照变形曲线。

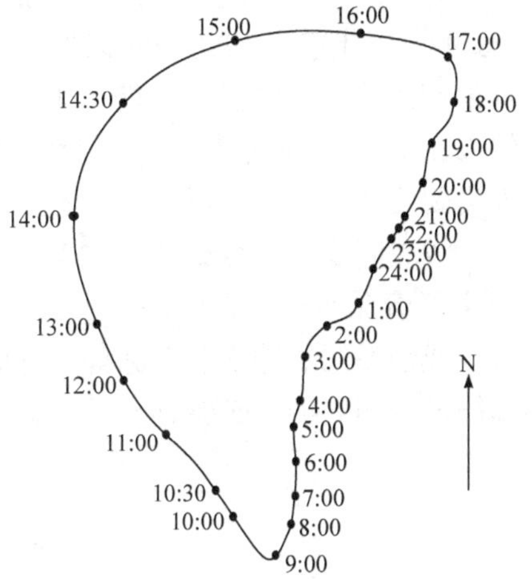

图 9.19　某电视塔顶部日照变形曲线

9.6.6　风振测量

风振测量的任务是，在高层、超高层建筑物受强风作用的时间段内同步测定建筑物的顶部风速、风向、墙面风压以及顶部水平位移，以获取风压分布、体型系数及风振系数。

建筑物顶部的风速和风向由风速仪进行观测。在建筑物顶部天面的专设桅杆上安置两台风速仪(如电动风速仪、文氏管风速仪)，分别记录脉动风速、平均风速及风向，并在距建筑物约 100～300m 距离的一定高度(如 10～20m)处安置风速仪记录平均风速，以与建筑物顶部风速比较观测风力沿高度的变化。

在建筑物不同高度的迎风面与背风面外墙上对应设置适当数量的风压盒作传感器，或采用激光光纤压力计与自动记录系统，以测定风压分布和风压系数。

顶部水平位移观测可根据要求和现场情况采用下列方法。

(1) 激光位移计自动测记法。

(2) 长周期拾振器测记法。将拾振器设在建筑物顶部天面中间，由测试室内的光线示波器记录观测结果。

(3) 双轴自动电子测斜仪(电子水枪)测记法。测试位置设在振动敏感的位置，仪器的 x 轴和 y 轴(水枪方向)与建筑物的纵横轴线一致，并用罗盘定向，根据观测数据计算出建筑物的振动周期和顶部水平位移值。

(4) 加速度计法。将加速度传感器安装在建筑物顶部，测定建筑物在振动时的加速度，通过加速度积分求解位移值。

(5) GNSS 动态差分载波相位法。将一台 GNSS 接收机安置在距待测建筑物一段距离且相对稳定的基准站上，另一台接收机的天线安装在待测建筑物楼顶。接收机周围 5°以上应无建筑物遮挡或反射物。每台接收机应至少同时接收 6 颗以上卫星的信号，数据采集频率不应低于 10Hz。两台接收机同步记录 15～20min 数据作为一测段。通过专门软件对接收机的数据进行动态差分后处理，根据获得的大地坐标即可以求得相应的位移值。

9.6.7 建筑场地滑坡测量

建筑场地滑坡测量的任务是，测定滑坡的周界、面积、滑动量、滑动方向、主滑线以及滑动速度，并视需要进行滑坡预报。

土体上的观测点，可埋设预制混凝土标石。根据观测精度要求，顶部的标志可采用具有强制对中装置的活动标志或嵌入加工成半球形状的钢筋标志。标志埋深不应小于 1m，在冻土地区，应埋至标准冻土线以下 0.5m。标石顶部需露出地面 20～30cm。岩体上的观测点，可采用砂浆现场浇固的钢筋标志。凿孔深度不少于 10cm，埋好后，标志顶部须露出岩体面约 5cm。必要的临时性或过渡性观测点以及观测周期不长、次数不多的小型滑坡观测点，可埋设硬质大木桩，但顶部需安置照准标志，底部需埋至标准冻土线以下。

滑坡测量方法可结合具体现场条件选择。滑坡观测的周期，应视滑坡的活跃程度及季节变化等情况而定。在雨季每半月或一月测一次，干旱季节可每季度测一次。如发现滑速增大，或遇暴雨、地震、解冻等情况时，应及时增加观测次数。在发现有大滑动可能时，应立即缩短观测周期，必要时，每天观测一次或多次。

9.7 变形数据预处理

9.7.1 变形数据整理

变形测量工作结束以后，应及时对测量数据进行处理，并定期对监测成果进行整理分析。为了利用这些测量成果对其变形过程进行分析，通常将变形测量值绘制成各种图表。以沉降观测为例有：①沉降观测成果表(表 9.5)；②建筑物等沉降曲线图(图 9.20)；③沉降观测点位分布图及各周期沉降展开图(图 9.21 和图 9.22)；④*v-t-s*(沉降速度、时间、沉降量)曲线图(图 9.23)；⑤*p-t-s*(荷载、时间、沉降量)曲线图(图 9.24)等。对于变形测量的最大值、最小值、平均值、变幅等做简要的统计分析，确定监测对象的基本工作性态，判断可能存在的隐患，为进一步变形分析做准备。

表 9.5 建筑物沉降测量成果表

工程名称：×××办公楼

工程编号：仪器：N3 编号：117932

点号	首次成果 观测日期 1984 年 8 月 27 日	第二次成果 观测日期 1985 年 4 月 3 日			第三次成果 观测日期 1985 年 11 月 12 日		
	高程/m	高程/m	沉降/mm	累计沉降/mm	高程/m	沉降/mm	累计沉降/mm
1	17.595	17.590	5	5	17.588	2	7
2	17.555	17.549	6	6	17.546	3	9
3	17.571	17.565	6	6	17.563	2	8
4	17.582	17.577	5	5	17.576	1	6

续表

点号	首次成果 观测日期 1984 年 8 月 27 日	第二次成果 观测日期 1985 年 4 月 3 日			第三次成果 观测日期 1985 年 11 月 12 日		
	高程/m	高程/m	沉降/mm	累计沉降/mm	高程/m	沉降/mm	累计沉降/mm
5	17.597	17.593	4	4	17.590	3	7
6	17.592	17.587	5	5	17.585	2	7
7	17.604	17.601	3	3	17.600	1	4
8	17.597	17.591	6	6	17.587	4	10
9	17.575	17.568	7	7	17.566	2	9
10	17.588	17.582	6	6	17.579	3	9
建筑物状况	粗胚建筑	完工					
静荷载	8.4t/m²	8.5t/m²					
平均沉降量		5.3			2.3		
平均沉降速度		0.025mm/d			0.01mm/d		

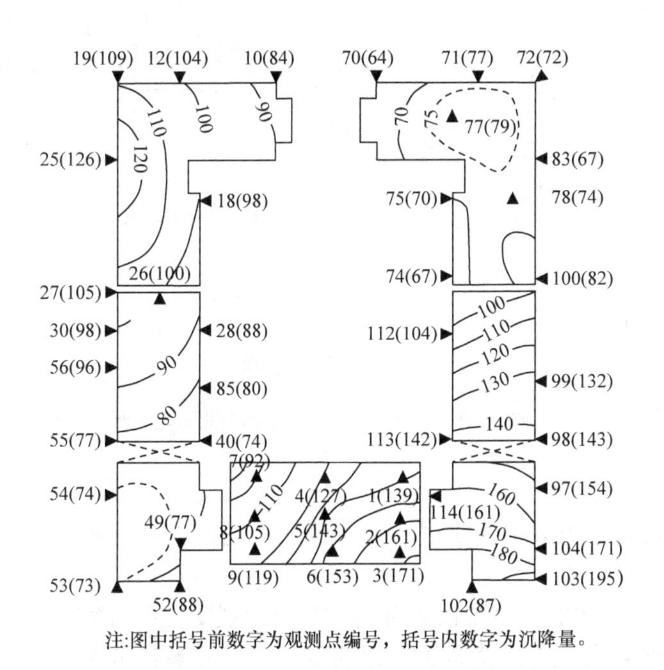

图 9.20 某院大楼等沉降曲线示例(单位：mm)

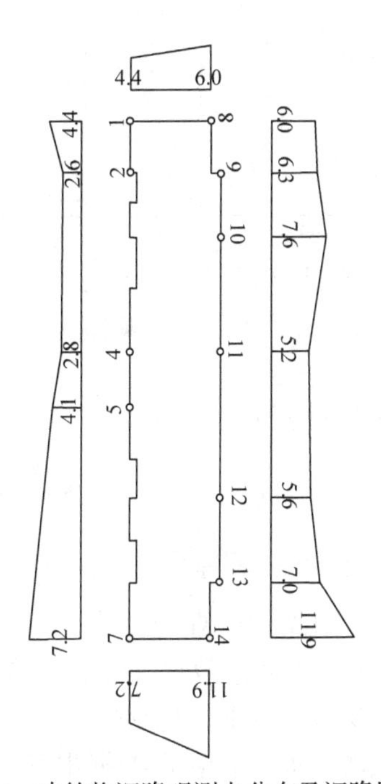

图 9.21 建筑物沉降观测点分布及沉降展开图示例之一(单位：mm)

变形测量项目往往测点多、周期数多、测量种类多，因而数据多而复杂，手工处理非常烦琐低效，甚至越来越变得不可能。采用变形测量信息系统数据库进行管理，一般要求数据库具备以下特点。

(1) 有效管理变形测量中所产生的各种图件、数字、文本、视频等各类资料。

(2) 快速方便地处理和提取各类信息，多源数据的统一和标准化。

(3) 可扩充性、健壮性和移植性好。

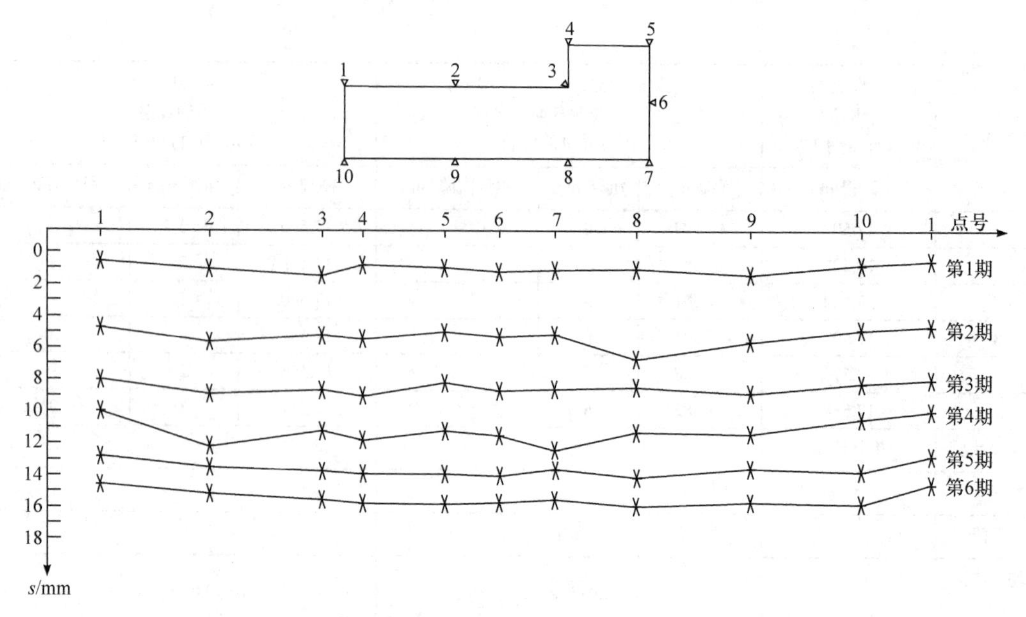

图 9.22　建筑物沉降观测点分布及沉降展开图示例之二

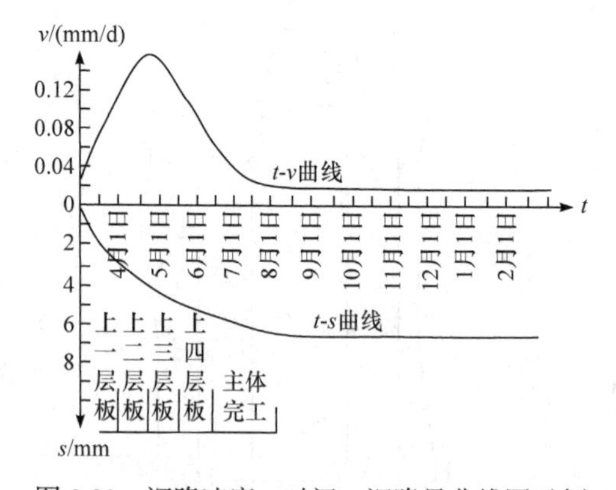

图 9.23　沉降速度、时间、沉降量曲线图示例

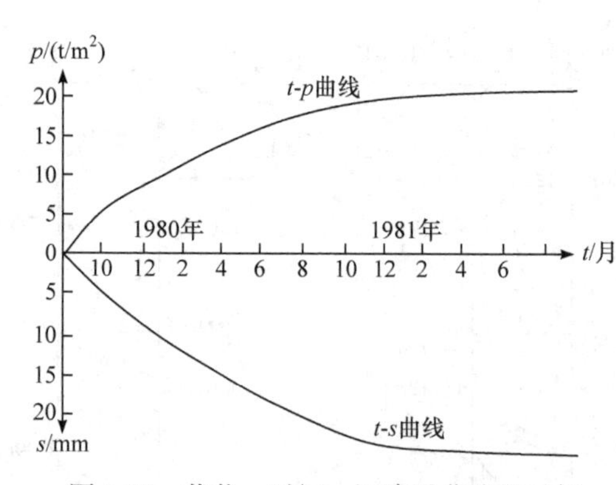

图 9.24　荷载、时间、沉降量曲线图示例

9.7.2　变形数据粗差剔除与插补

变形数据预处理的主要内容有：①剔除观测值中的错误、消除较大误差，提高测量精度；②对变形测量数据进行必要的插补。

在变形测量中，观测中的错误是不允许存在的，系统误差可通过一定的观测程序得到消除或减弱。如果在变形数据中存在错误或系统误差，就会给后续的变形分析和解释带来困难，甚至得出错误的结论。同时，在变形测量中，由于变形量本身较小，临近于测量误差的边缘，为了区分变形与误差，正确提取变形特征，数据处理前必须设法消除较大误差(超限误差)，提高测量精度，从而尽可能地减少测量误差对变形分析的影响。

变形测量外业数据采集过程中应严格按测量规范限差要求进行。内业数据处理时首先检查外业记录手簿，对原始数据进行对算，以期消除变形数据中可能带有的错误。其次对变形数据进行统计分析，如利用 3σ 准则剔除粗差。最后对变形数据进行逻辑分析，根据监测点的内在物理意义来分析原始测量值的可靠性。一般进行以下两种分析。

(1) 一致性分析。从时间的关联性来分析连续积累的资料，从变化趋势上推测它是否具有一致性，即分析任一测点本期变形值与前一期或前几期变形值之间的变化关系。另外还要分析该变形值与某相应原因量之间的关系和其与前期的情况是否一致。

(2) 相关性分析。从空间关联性出发来检查一些有内在物理联系的测量值之间的相关性，即将某点本期的某变形值与邻近部位(条件基本一致)各测点的本期同类变形值进行比较，检查它们之间是否符合应有的力学关系。

逻辑分析可以采用绘制单点或临近点的时间-变形量的过程线图和原因-变形量的相关图进行分析，也可以采用回归分析(9.8.1 节介绍)进行建模分析。

在逻辑分析中，若本期测量值一致性或相关性偏差较大，则有两种可能性，即本期测量值存在较大误差，或者变形体该部位出现了较大变形，这两种可能性都必须引起高度的警惕。再次检查观测、记录、仪器设备等是否正常，如无问题，则接纳本期数据，但应做特别关注。

由于各种主、客观条件的限制，当实测资料出现了漏测时，或在数据处理时需要利用等间隔观测值时，可以利用已有的相邻周期或相邻测点的可靠资料进行插补。

可以用数学方法进行插补，如简单地由两个实测值内插此两值之间的观测值时，可采用线性内插法：

$$y_i = y_{i-1} + \frac{t_i - t_{i-1}}{t_{i+1} - t_{i-1}}\left(y_{i+1} - y_{i-1}\right) \tag{9.101}$$

式中，y 为效应量；t 为时间。

对变化情况复杂的效应量可用拉格朗日内插计算：

$$y = \sum_{i=1}^{n} y_i \sum_{\substack{i=1 \\ j\neq i}}^{n} \left(\frac{x - x_j}{x_i - x_j}\right) \tag{9.102}$$

式中，y 为效应量；x 为自变量。

用多项式拟合曲线后插值计算，应按具体情况选择多项式的阶次：

$$y = a_0 + a_1 x + a_2 x^2 + \cdots + a_n x^n \tag{9.103}$$

用周期函数拟合曲线后插值计算：

$$y = a_0 + a_1 \cos\omega t + b_1 \sin\omega t + a_2 \cos 2\omega t + b_2 \sin 2\omega t + \cdots + a_n \cos n\omega t + b_n \sin n\omega t \tag{9.104}$$

式中，y 为效应量；t 为时间；ω 为频率，$\omega=2\pi/M$，M 为在一个季节性周期中所包含的时段数，如以一年为周期，每月观测一次，则 $M=12$。

还可用样条函数拟合后插值计算。

9.7.3　小波变换信噪分离

小波分析(wavelet analysis)是傅里叶分析(Fourier analysis)的继承和发展。法国地球物理学家 Morlet 于 1984 年正式提出小波的概念，他应用傅里叶变换来分析地震波时，发现这种变换很难达到适用信号的局部性要求，于是在信号分析中引入一个新的概念对信号进行分解。1986 年，Meyer 和 Lemarie 提出了多尺度分析的思想，后来信号分析专家 Mallat 构建了著名的快速小波算法——Mallat 算法。至此，小波理论获得突破性进展，从理论研究走向应用研究。

变形体的变形可描述为随时间或空间变化的信号，获取的变形观测数据同时包含了变形信息和误差噪声。观测数据序列中的变形信息和误差噪声的时频特性通常是不一样的。变形信息在时域和频域上是局部化的，表现为低频特性；而噪声在时频空间中的分布是全局性的，它在整个观测的时域内处处存在，在频域上表现为高频特性。利用 Mallat 算法可以实现变形监测数据的多分辨率提取，最终可以达到保留变形信息滤除高频噪声的目的。

多分辨分析能将信号在不同分辨级上进行分解，分解得到的低一级上的信号称为平滑信号，它反映信号的概貌；在高一级上存在而在低一级上消失的信号称为细节信号，它刻画信号的细节。这种信号分解的能力能将各种交织在一起的不同频率组成的混合信号分解成不同频带的子信号，因而能有效地应用于信号的分析与重构、信号和噪声分离技术、特征提取等问题。

如图 9.25 所示，设信号 $f(t)$ 的离散采样数据序列为 $f(k)(k=0,1,2,\cdots,n-1)$，由小波分解算法可得

$$\begin{cases} c_{j,k}=\sum\limits_{n\in \boldsymbol{Z}} c_{j-1,n}h(n-2k) \\ d_{j,k}=\sum\limits_{n\in \boldsymbol{Z}} c_{j-1,n}g(n-2k) \end{cases} \tag{9.105}$$

式中，j 为小波分解的层数，也称为尺度空间；$c_{j,k}$、$d_{j,k}$ 分别表示 j 尺度空间的尺度系数和小波系数；$h(n)$ 和 $g(n)$ 为一对共轭镜像滤波器的脉冲响应，分别是低通滤波器 H 和高通滤波器 G 的滤波器系数，且 $g(n)=(-1)^{1-n}h(1-n)$。

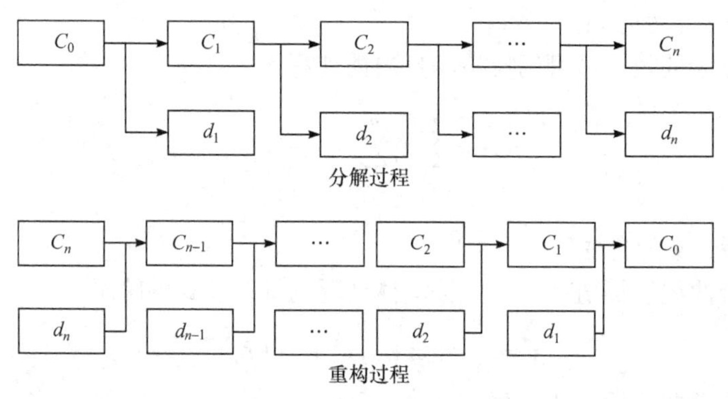

图 9.25　小波的分解与重构

相应的信号重构算法为

$$c_{j-1,n}=\sum_{k\in \boldsymbol{Z}}(c_{j,k}h(n-2k)+d_{j,k}g(n-2k)) \tag{9.106}$$

在信号重构时，将与噪声相应的高频细节信号有关部分 d_j 置零，重构后得到的信号就达到了去噪的目的。

数据去噪中小波分解重构的级数过低会导致数据中仍存在较大噪声，级数过高则会把变形信息当作噪声剔除，要使数据去噪效果达到最佳，定量地确定小波分解与重构的级数十分重要。

假如可以得到变形体的先验信息，如高层建筑结构的固有频率(其基本自振周期通常在 [0.05～0.1]N 间变化，N 是建筑物地平面以上的总层数，自振周期的单位为 s)。将先验信息与分解与重构后的数据作分析就可以确定采取几级分解更合理，提取出监测信息。

若无变形体的先验信息，可以采用综合比较信号均方差变化量、互相关系数、信噪比及

平滑度的方法来确定小波分解的级数。

小波 M 级分解与重构的信号均方差为

$$\mathrm{RMS}(M)=\sqrt{\left[\sum_{i=1}^{n}(x(i)-\hat{x}_M(i))^2\right]\Big/n} \tag{9.107}$$

式中，$\hat{x}_M(i)$ 为 M 级分解重构信号；$x(i)$ 为原始信号；n 为信号长度。

信号均方差变化量为

$$v(M)=\mathrm{RMS}(M+1)-\mathrm{RMS}(M) \tag{9.108}$$

互相关系数为

$$\rho(M)=\mathrm{Cov}[\hat{x}_M(t),x(i)]\big/(\sigma_x\cdot\sigma_{\hat{x}_M}) \tag{9.109}$$

式中，σ_x、$\sigma_{\hat{x}_M}$ 分别为原始信号和 M 级分解重构信号的方差。

信噪比为

$$\mathrm{SNR}(M)=10\log_{10}\left\{\sum_{i=1}^{N}[x(i)]^2\Big/\sum_{i=1}^{N}[x(i)-\hat{x}_M(i)]^2\right\} \tag{9.110}$$

式中，N 为信号个数。信噪比越大则去噪效果越好。

平滑度的定义为去噪后信号的差分数的方差根与原始信号的差分数的方差根之比。该项指标可以反映去噪后信号的平滑程度，因为原始信号的相关性比较好，所以平滑度是判断去噪效果的一个重要指标。平滑度越小，去噪效果越好，在实际工程中应该寻找一个平滑度趋向平稳前的突变。

$$r(M)=\sum_{i=1}^{N-1}[\hat{x}_M(i+1)-\hat{x}_M(i)]^2\Big/\sum_{i=1}^{N-1}[x(i+1)-x(i)]^2 \tag{9.111}$$

在小波分解重构时，随着层数的增加，相邻两级的分解重构信号都接近于真实信号，其差很小；若层数进一步增加，则会偏离真实信号，差值变大。因此均方根变化量具有极小值，要求均方根变化量越小越好，要求平滑度越小越好。一般的信号具有长期稳定性，变化平缓，平滑度好；引入噪声后，平滑度降低。去噪后的信号应具有比原始信号更好的平滑度。互相关系数和信噪比则要求越大越好，符合去噪前后信号的相似性和噪声能量较小的特点。应综合考虑信号均方差变化量、互相关系数、信噪比及平滑度确定最佳分解重构级数。

当然，去噪时还应考虑选择小波种类、阈值形式以及小波消失矩等具体问题。

9.8　变形分析预报

变形分析主要是在对变形体的形状、大小变化进行分析的基础上，对工程结构本身(内因)及作用于其上的各种荷载(外因)以及变形测量本身进行分析和研究，确定发生变形的原因及其规律性，进而对变形体的安全状态作出判断并对其未来的变形值范围作出预报。通常变形体的变形与产生变形的各因素之间的关系极为复杂，往往是由多方面的因素引起的。例如，混凝土大坝的变形是由水库中水压力的作用、坝体内温度的变化、建筑材料的徐变、基础地质的裂隙及软弱构造在水重量作用下发生压缩和塑性变形所造成的。

确定变形体的变形和变形原因之间关系的基本方法包括统计分析法、确定函数法和混合模型法。统计分析法是通过数学分析所测量的变形和外因之间的相关性，来建立外因与变形之间关系的数学模型。统计分析法不需要知道变形的物理特性，但需利用大量的已有变形测量数据建立模型，因此具有“后验”的性质，主要方法包括回归分析、时间序列分析、灰色系统、人工神经网络等。确定函数法利用变形体的物理性质、材料的力学性质以及应力应变间的关系，来建立变形的预报模型。它不需要用到过去的观测资料，具有“先验”的性质，主要方法是有限元分析。混合模型法是前两种方法的结合，克服了变形测量初期由于测量资料少无法进行统计分析和某些变形体变形原因复杂难以用确定函数模拟的难题。

变形分析预报的一般流程：①考察变形量的序列特征；②选择适当的拟合模型；③根据已知数据按一定的数学方法确定模型参数；④检验模型、优化模型；⑤利用模型进行变形预报。

9.8.1　回归分析预报

回归分析法是利用数据统计原理，对大量变形测量数据进行数学处理，并确定因变量与某些自变量的相关关系，建立一个相关性较好的回归方程(函数表达式)，并加以外推，用于预测因变量变化的分析方法。回归分析法广泛应用于变形测量数据处理中，其优点是可以把对复杂对象的预测转化成对相对简单因素的预测，且可考虑多方面影响因素，使模型具有较为灵活的适应能力、更符合现实状况；而且还可通过自变量系数的大小确定该影响因素对系统整体的影响作用程度，有利于指导优化系统的实践。其不足之处是要收集较多的观测值，预测准确度与样本的含量有关。回归分析法可分为多元线性回归分析和逐步回归分析，当遇到非线性回归分析时，可以借助数学方法将其转化为线性回归。

1. 多元线性回归分析

(1) 建立多元线性回归方程。多元线性回归分析是研究一个变量(因变量)与多个因子(自变量)之间相关关系的最基本方法。通过分析所观测的变形量和外因之间的相关性，来建立外因与变形之间关系的数学模型。其数学模型是

$$\boldsymbol{y}=\boldsymbol{\beta}\boldsymbol{x}+\boldsymbol{\varepsilon} \tag{9.112}$$

式中，$\boldsymbol{y}$ 为 n 维变形量(因变量)观测向量；$\boldsymbol{x}$ 为因子(自变量)矩阵，其形式为

$$\boldsymbol{x}=\begin{bmatrix}1 & x_{11} & x_{12} & \cdots & x_{1k}\\ 1 & x_{21} & x_{22} & \cdots & x_{2k}\\ \vdots & \vdots & \vdots & & \vdots\\ 1 & x_{n1} & x_{n2} & \cdots & x_{nk}\end{bmatrix}$$

共有 n 组观测数据，k 为因子个数。

$\boldsymbol{\beta}$ 为待估计参数向量(回归系数向量)

$$\boldsymbol{\beta}=\begin{pmatrix}\beta_0 & \beta_1 & \cdots & \beta_k\end{pmatrix}^{\mathrm{T}}$$

$\boldsymbol{\varepsilon}$ 为服从正态分布 $N\left(0,\delta^2\right)$ 的 n 维随机向量

$$\boldsymbol{\varepsilon}=\begin{pmatrix}\varepsilon_1 & \varepsilon_2 & \cdots & \varepsilon_n\end{pmatrix}^{\mathrm{T}}$$

由最小二乘原理可求得 $\boldsymbol{\beta}$ 的估值 $\hat{\boldsymbol{\beta}}$ 为

$$\hat{\boldsymbol{\beta}}=\left(\boldsymbol{x}^{\mathrm{T}}\boldsymbol{x}\right)^{-1}\boldsymbol{x}^{\mathrm{T}}\boldsymbol{y} \tag{9.113}$$

(2) 回归方程显著性检验。实际问题中，事先并不能断定因变量 $\boldsymbol{y}$ 与自变量 $x_1,x_2,\cdots,x_k$ 之间是否确有线性关系。线性回归模型只是一种假设，尽管这种假设常常是有根据的。因此

求得线性回归方程后，还是需要对回归方程进行统计检验，以便给出肯定或者否定的结论。

如果因变量 $\boldsymbol{y}$ 与自变量 $x_1,x_2,\cdots,x_k$ 之间不存在线性关系，则式(9.112)中的 $\boldsymbol{\beta}$ 为零向量，即有原假设和备选假设如下。

$H_0:\beta_1=0,\beta_2=0,\cdots,\beta_k=0$，即线性关系不显著；

$H_1:\beta_1,\beta_2,\cdots,\beta_k$ 至少有一个不为0。

构造统计量

$$F=\frac{S_{回}/k}{S_{残}/(n-k-1)} \tag{9.114}$$

式中，$S_{回}=\sum_{i=1}^{n}\left(\hat{y}_i-\overline{y}\right)^2$ 为回归平方和；$S_{残}=\sum_{i=1}^{n}\left(y_i-\hat{y}_i\right)^2$ 为残差平方和；$\overline{y}=\frac{1}{n}\sum_{i=1}^{n}y_i$。

统计量 F 服从 $F_{k,n-k-1}$ 分布，在选择显著水平 α 后，可用式(9.115)检验

$$p\left\{\left|F\geqslant F_{1-\alpha,k,n-k-1}\right|H_0\right\}=\alpha \tag{9.115}$$

若式(9.115)成立，即认为在显著水平 α 下，$\boldsymbol{y}$ 对 $x_1,x_2,\cdots,x_k$ 有显著的线性关系，回归方程是显著的。

(3) 回归系数显著性检验。回归方程显著，并不意味着每个自变量 $x_1,x_2,\cdots,x_k$ 对因变量 $\boldsymbol{y}$ 的影响都显著。如果某个变量 x_j 对 $\boldsymbol{y}$ 的作用不显著，则式(9.112)中该变量前面的系数 β_j 就应该取为零。检验因子 x_j 是否显著的原假设为 $H_0:\beta_j=0$，由式(9.112)可估算求得

$$E\left(\hat{\beta}_j\right)=\beta_j,\quad D\left(\hat{\beta}_j\right)=c_{jj}\sigma^2$$

式中，c_{jj} 为矩阵 $\left(\boldsymbol{x}^{\mathrm{T}}\boldsymbol{x}\right)^{-1}$ 中主对角线上的第 j 个元素。

构造统计量

$$F=\frac{\hat{\beta}_j^2/c_{jj}}{S_{残}/\left(n-k-1\right)}\sim F_{1,n-k-1} \tag{9.116}$$

式中，$\hat{\beta}_j^2/c_{jj}$ 为因子 x_j 的偏回归平方和。选择相应的显著水平 α，若统计量 $|F|>F_{1-\alpha,n-k-1}$，则认为回归系数 $\hat{\beta}_j$ 在置信度 $1-\alpha$ 下是显著的，否则是不显著的。

在进行回归因子显著性检验时，因为各因子之间的相关性，当从原回归方程中剔除一个变量时，其他变量的回归系数将会发生变化，有时甚至会引起符号的变化。所以，对回归系数进行一次检验后，只能剔除其中的一个因子，然后重新建立新的回归方程，再对新的回归系数进行检验。重复以上过程，直到余下的回归系数都显著为止。

2. 逐步回归分析

在实际问题中，人们总是希望从对因变量有影响的诸多因子中选择一些变量作为自变量，应用多元回归分析的方法建立“最优”回归方程，以便对因变量进行预报。“最优”主要是指希望在回归方程中包含所有对因变量影响显著的自变量而不包含对因变量影响不显著的自变量。逐步回归分析正是根据这种原则提出来的一种回归分析方法。逐步回归计算建立在回归系数显著性检验的基础上，逐个接纳显著因子进入回归方程。计算过程如下。

(1) 由定性分析得到对因变量 y 的影响因子有 t 个，分别由每一因子建立 t 个一元线性回归方程，求得相应的残差平方和 $S_{残}$，选与最小的 $S_{残}$ 对应的因子作为第一个因子入选回归方程，对该因子进行 F 检验，当其影响显著时，接纳该因子进入回归方程。

(2) 再分别依次选取余下的 $t-1$ 个因子中的一个，与已经选取的因子建立二元线性方程，计算它们的残差平方和及各因子的偏回归平方和，选择与 $\max\left(\hat{\beta}_j^2 / c_{jj}\right)$ 对应的因子为预选因子，作 F 检验，若影响显著，则接纳此因子进入回归方程。

(3) 选第三个因子，方法同(2)，则共可建立 $t-2$ 个三元线性回归方程，计算它们的残差平方和及各因子的偏回归平方和，同样选择与 $\max\left(\hat{\beta}_j^2 / c_{jj}\right)$ 对应的因子为预选因子，作 F 检验，若影响显著，则接纳此因子进入回归方程。在选入第三个因子后，对原来已入选的回归方程的因子应重新进行显著性检验，在检验出不显著因子后，应将它剔除出回归方程，然后继续检验已入选的回归方程因子的显著性。

(4) 在确认选入回归方程的因子均为显著因子后，则继续开始从未选入方程的因子中挑选显著因子进入回归方程，其方法与步骤(3)相同。反复运用 F 检验进行因子的剔除与接纳，直至得到所需的回归方程。

9.8.2　时间序列分析预报

时间序列分析是研究某一现象或若干现象在不同时刻上的状态所形成的动态数据，揭示现象以及现象之间关系发展变化规律性的统计分析方法。通俗理解，时间序列就是按照时间顺序记录的一组有序数据，对时间序列进行分析研究，寻找其变化发展的规律，预测将来的走势。变形体变形的发展一般具有一定的惯性，因而相应的时间序列中各时刻的测量值之间就体现为一定的相关性。时间序列分析不是根据某一变量与其他变量之间的静态相关关系来预测该变量的未来变化，而是根据预测变量本身或其他相关变量过去的变化规律来预测未来的变化。

随机过程是以时间为标号的一组随机变量 $X(t,\omega)$，其中 $\omega \in \Omega$ 为样本空间，而 $t \in T$ 表示时间指标集合。显然对于固定的 t，$X(t,\omega)$ 就是一个随机变量，对于固定的 ω，$X(t,\omega)$ 是时间 t 的函数，称为样本的函数或实现，所有可能的实现构成了时间序列。实际上，由于时间的不可逆性，在实践中一般只能得到一个样本，我们就是在适当的假设下利用这个样本进行分析，也就是进行时间序列分析。

时间序列分析与回归分析的主要区别表现为：回归分析的样本值是对变形体进行 n 次独立重复测量的结果，时间序列分析是对变形体随时间变形过程的采样；回归模型描述的是变形量与其他自变量之间的统计静态关系，而时间序列分析中的自回归模型描述的是变形量自身变化的统计规律，是变形体现在的状态与其历史状态之间的统计动态关系。

随机过程可以按照是离散还是连续进行分类，如果时间 t 是连续的，则称为连续型随机过程；如果 t 取整数集合，则随机过程为离散型。如果 ω 的取值是连续的，则随机过程是连续型；若 ω 的取值是离散的，则随机过程是离散型。变形测量中主要讨论 t 为离散型的随机过程，同时把随机过程简记为 X_t。

平稳性是时间序列分析的基础，假设某个随机过程 X_t 的均值函数、方差函数和协方差函数满足下列条件

$$\begin{cases} \mathrm{E}\left(X_t\right)=u \\ \mathrm{Var}\left(X_t\right)=\sigma^2 \\ \mathrm{Cov}\left(X_t, X_{t-\tau}\right)=\gamma_\tau \end{cases} \tag{9.117}$$

即期望和方差是与时间无关的常数，而协方差只与时间间隔有关而与时间无关，则称该随机过程是平稳随机过程。

若随机过程 X_t 满足

$$\mathrm{E}(X_t)=0\text{，}\ \mathrm{Var}(X_t)=\sigma^2\text{，}\ \gamma_\tau=\mathrm{Cov}\left(X_{t_1},X_{t_1+\tau}\right)=0,\tau\neq 0$$

则该过程称为白噪声过程，显然白噪声过程是平稳随机过程。

若随机过程 X_t 满足

$$X_t=X_{t-1}+\varepsilon_t$$

式中，ε_t 为白噪声过程，将此随机过程称为随机游走过程。则有

$$X_t=X_0+\sum_{j=1}^{t}\varepsilon_j$$

$$\mathrm{E}(X_t)=X_0\text{，}\ \mathrm{Var}(X_t)=t\sigma^2\text{，}\ \gamma_{t_1,t_2}=\mathrm{Cov}\left(X_{t_1},X_{t_2}\right)=t_1\sigma^2,t_2>t_1$$

显然，随机游走过程不是平稳随机过程。但对随机游走过程进行一阶差分，可以得到白噪声过程，从而转化为平稳随机过程。

时间序列分析的基本思想是：对于平稳、正态、零均值的随机过程 X_t，若 X_t 的取值不仅与其前 n 步的各取值 $X_{t-1},X_{t-2},\cdots,X_{t-n}$ 有关，还与前 m 步的各干扰 $\varepsilon_{t-1},\varepsilon_{t-2},\cdots,\varepsilon_{t-m}$ 有关，按照多元线性回归思想，可以得到一般的自回归滑动平均模型(auto-regressive moving average model，ARMA)

$$X_t=\varphi_1X_{t-1}+\varphi_2X_{t-2}+\cdots+\varphi_nX_{t-n}+\varepsilon_t+\theta_1\varepsilon_{t-1}+\theta_2\varepsilon_{t-2}+\cdots+\theta_m\varepsilon_{t-m} \tag{9.118}$$

式中，$\varphi_i(i=1,2,\cdots,n)$ 为自回归参数；$\theta_i(i=1,2,\cdots,m)$ 为滑动平均参数；ε_t 为白噪声序列，记为 ARMA(n, m)模型。

当 $\theta_i=0$ 时，式(9.118)变为

$$X_t=\varphi_1X_{t-1}+\varphi_2X_{t-2}+\cdots+\varphi_nX_{t-n}+\varepsilon_t \tag{9.119}$$

称为 n 阶自回归模型，记为 AR(n)。

当 $\varphi_i=0$ 时，式(9.118)变为

$$X_t=\varepsilon_t+\theta_1\varepsilon_{t-1}+\theta_2\varepsilon_{t-2}+\cdots+\theta_m\varepsilon_{t-m} \tag{9.120}$$

称为 m 阶滑动平均模型，记为 MA(m)。

美国统计学家 Box 和英国统计学家 Jenkins 提出了 B-J 法(Box-Jenkins 法)构建 ARMA 模型。

1. 自相关分析与 ARMA 模型识别

该法以自相关分析为基础来识别模型并确定模型阶数。自相关分析就是对时间序列求其本期与不同滞后期的一系列自相关函数和偏自相关函数，以此来识别时间序列的特性。

对于一个平稳过程来说，其协方差满足条件

$$\gamma_\tau=\mathrm{Cov}(X_t,X_{t-\tau}) \tag{9.121}$$

γ_τ 是随机变量 X_t 与其自身滞后期 $X_{t-\tau}$ 的协方差，因此也称为自协方差。同时该自协方差是时间间隔 τ 的函数，因此也称为自协方差函数。

定义自相关函数为

$$\rho_\tau = \frac{\gamma_\tau}{\gamma_0} \tag{9.122}$$

显然有 $\gamma_\tau = \mathrm{Cov}(X_t, X_{t-\tau}) = \mathrm{Cov}(X_{t-\tau}, X_t) = \gamma_{-\tau}$，从而有 $\rho_\tau = \rho_{-\tau}$，$\rho_0 = 1$。因此通常只给出 $\tau \geqslant 0$ 对应的自协方差函数和自相关函数即可。

ρ_τ 是度量随机变量 X_t 与 $X_{t+\tau}$ 之间的相关程度，这种相关度量可能不是“纯净的”，因为它可能受到随机变量 $X_{t+1}, X_{t+2}, \cdots, X_{t+\tau-1}$ 的影响。需要消除这些随机变量的影响，由此计算的相关系数称为随机变量 $X_t, X_{t+\tau}$ 之间的偏自相关函数，记为 $\phi_{\tau\tau}$。

不失一般性，假设平稳过程 X_t 的期望为 0，可以证明，$\phi_{\tau\tau}$ 即为回归模型

$$X_{t+\tau} = \phi_{\tau 1} X_{t+\tau-1} + \phi_{\tau 2} X_{t+\tau-2} + \cdots + \phi_{\tau\tau} X_t + \varepsilon_{t+\tau}$$

中 X_t 的回归系数。为了得到该回归系数，两边同乘以 $X_{t+\tau-j}\,(j = 1, 2, \cdots, \tau)$ 并取期望，然后再除以 γ_0 得到

$$\begin{aligned} \rho_1 &= \phi_{\tau 1}\rho_0 + \phi_{\tau 2}\rho_1 + \cdots + \phi_{\tau\tau}\rho_{\tau-1} \\ \rho_2 &= \phi_{\tau 1}\rho_1 + \phi_{\tau 2}\rho_0 + \cdots + \phi_{\tau\tau}\rho_{\tau-2} \\ &\vdots \\ \rho_\tau &= \phi_{\tau 1}\rho_{\tau-1} + \phi_{\tau 2}\rho_{\tau-2} + \cdots + \phi_{\tau\tau}\rho_0 \end{aligned} \tag{9.123}$$

称此方程组为 Yule-Walker 方程，利用克莱姆法则有

$$\phi_{11} = \rho_1，\quad \phi_{22} = \frac{\begin{vmatrix} 1 & \rho_1 \\ \rho_1 & \rho_2 \end{vmatrix}}{\begin{vmatrix} 1 & \rho_1 \\ \rho_1 & \rho_1 \end{vmatrix}}，\cdots$$

$$\phi_{\tau\tau} = \frac{\begin{vmatrix} 1 & \rho_1 & \rho_2 & \cdots & \rho_{\tau-2} & \rho_1 \\ \rho_1 & 1 & \rho_1 & \cdots & \rho_{\tau-3} & \rho_2 \\ \vdots & \vdots & \vdots & \ddots & \vdots & \vdots \\ \rho_{\tau-1} & \rho_{\tau-2} & \rho_{\tau-3} & \cdots & \rho_1 & \rho_\tau \end{vmatrix}}{\begin{vmatrix} 1 & \rho_1 & \rho_2 & \cdots & \rho_{\tau-2} & \rho_{\tau-1} \\ \rho_1 & 1 & \rho_1 & \cdots & \rho_{\tau-3} & \rho_{\tau-2} \\ \vdots & \vdots & \vdots & \ddots & \vdots & \vdots \\ \rho_{\tau-1} & \rho_{\tau-2} & \rho_{\tau-3} & \cdots & \rho_1 & 1 \end{vmatrix}} \tag{9.124}$$

上述自协方差、自相关函数以及偏自相关函数一般是未知的，需要通过样本来估计，假设有一个样本为 $(X_1, X_2, X_3, \cdots, X_T)$，为此定义如下几个估计量：

样本均值为

$$\overline{X} = \frac{1}{T}\sum_{i=1}^{T} X_i \tag{9.125}$$

样本自协方差函数为

$$\hat{\gamma}_\tau = \frac{1}{T}\sum_{i=1}^{T-\tau}\left(X_i - \overline{X}\right)\left(X_{i+\tau} - \overline{X}\right) \tag{9.126}$$

或者

$$\hat{\gamma}_\tau = \frac{1}{T-\tau}\sum_{i=1}^{T-\tau}\left(X_i - \bar{X}\right)\left(X_{i+\tau} - \bar{X}\right) \quad (\tau = 1,2,\cdots) \tag{9.127}$$

样本自相关函数为

$$\hat{\rho}_\tau = \frac{\sum_{i=1}^{T-\tau}\left(X_i - \bar{X}\right)\left(X_{i+\tau} - \bar{X}\right)}{\sum_{i=1}^{T}\left(X_i - \bar{X}\right)^2} \quad (\tau = 1,2,\cdots) \tag{9.128}$$

获得样本自相关函数 $\hat{\rho}_\tau$ 以后，根据式(9.124)可以得到样本偏自相关函数 $\hat{\phi}_{\tau\tau}$。

可以证明：对于 n 阶自回归模型 AR(n)，自相关函数具有拖尾性，而其偏自相关函数 n 步后具有截尾性；对于 m 阶滑动平均模型 MA(m)，自相关函数 m 步后具有截尾性，而其偏自相关函数具有拖尾性；而对自回归滑动平均模型 ARMA(n，m)，其自相关函数是拖尾的，偏自相关函数也是拖尾的。其阶数 n、m 却难以确定，一般采用由低阶向高阶逐个试探的方式，如取(n, m)为(1, 1)，(1, 2)，(2, 1)等，直到经验认为模型合适为止；也可采用迭代回归方法，并使用扩展样本自相关函数(extended sample auto-correlation function，ESACF)来估计模型的阶数。

2. ARMA 模型参数估计

在经过模型识别并确定模型阶数的前提下，可以利用时间序列的自相关系数对模型参数进行估计。对于 AR(n)模型 $X_t = \varphi_1 X_{t-1} + \varphi_2 X_{t-2} + \cdots + \varphi_n X_{t-n} + \varepsilon_t$，在方程两边同乘以 $X_{t-j}, 0 \leqslant j \leqslant p$，有

$$\begin{aligned}
\gamma_0 &= \varphi_1\gamma_1 + \varphi_2\gamma_2 + \cdots + \varphi_n\gamma_n + \sigma^2 \\
\rho_1 &= \varphi_1\rho_0 + \varphi_2\rho_1 + \cdots + \varphi_n\rho_{n-1} \\
\rho_2 &= \varphi_1\rho_1 + \varphi_2\rho_0 + \cdots + \varphi_n\rho_{n-2} \\
&\vdots \\
\rho_n &= \varphi_1\rho_{n-1} + \varphi_2\rho_{n-2} + \cdots + \varphi_n\rho_0
\end{aligned} \tag{9.129}$$

在方程两边利用样本数据得到样本自相关函数 $\hat{r}_j, \hat{\rho}_i, 0 \leqslant i \leqslant n$，根据克莱姆法则，可得

$$\begin{pmatrix} \hat{\varphi}_1 \\ \hat{\varphi}_2 \\ \vdots \\ \hat{\varphi}_n \end{pmatrix} = \begin{pmatrix} \hat{\rho}_0 & \hat{\rho}_1 & \cdots & \hat{\rho}_{n-1} \\ \hat{\rho}_1 & \hat{\rho}_0 & \cdots & \hat{\rho}_{n-2} \\ \vdots & \vdots & & \vdots \\ \hat{\rho}_{n-1} & \hat{\rho}_{n-2} & \cdots & \hat{\rho}_0 \end{pmatrix}^{-1} \begin{pmatrix} \hat{\rho}_1 \\ \hat{\rho}_2 \\ \vdots \\ \hat{\rho}_n \end{pmatrix} \tag{9.130}$$

另外还有 $\hat{\sigma}^2 = \hat{r}_0 - \sum_{j=1}^{n}\hat{\varphi}_j\hat{r}_j$。例如 AR(1)模型中的参数估计为 $\hat{\varphi}_1 = \hat{\rho}_1$，$\hat{\sigma}^2 = \hat{r}_0(1 - \hat{\varphi}_1\hat{\rho}_1)$。

同样已经得到了 MA(q)模型的样本自协方差函数，利用样本资料得到其估计，从而有

$$\hat{\gamma}_k = \begin{cases} \left(1 + \theta_1^2 + \theta_2^2 + \cdots + \theta_m^2\right)\sigma^2, & k = 0 \\ \left(\theta_k + \theta_{k+1}\theta_1 + \theta_{k+2}\theta_2 + \cdots + \theta_m\theta_{m-k}\right)\sigma^2, & 1 \leqslant k \leqslant m \end{cases} \tag{9.131}$$

由 m+1 个等式可以解出 m+1 个未知参数 $\hat{\theta}_i (1 \leqslant i \leqslant m)$ 以及 $\hat{\sigma}^2$，由于为非线性方程组，故一般可用迭代法求解。但对于低阶的模型可以直接求解，如 MA(1)模型参数的矩估计为

$$\hat{\theta}=\frac{-1\pm\sqrt{1-4\hat{\rho}_1^2}}{2\hat{\rho}_1},\hat{\sigma}^2=\frac{\hat{\gamma}_0}{1+\hat{\theta}^2} \tag{9.132}$$

由于$\hat{\theta}$有两个估计值，一般取满足可逆性的估计结果。

在 ARMA(n, m)模型中共有 $n + m + 1$ 个待估参数$\varphi_1,\varphi_2,\cdots,\varphi_n$，$\theta_1,\theta_2,\cdots,\theta_m$，$\sigma^2$，各估计量计算步骤及公式如下。

(1) 估计$\varphi_1,\varphi_2,\cdots,\varphi_n$，计算公式为

$$\begin{pmatrix}\hat{\varphi}_1\\ \hat{\varphi}_2\\ \vdots\\ \hat{\varphi}_n\end{pmatrix}=\begin{bmatrix}\hat{\rho}_m & \hat{\rho}_{m-1} & \cdots & \hat{\rho}_{m-n+1}\\ \hat{\rho}_{m+1} & \hat{\rho}_m & \cdots & \hat{\rho}_{m-n}\\ & \vdots & & \\ \hat{\rho}_{m+n-1} & \hat{\rho}_{m+n-2} & \cdots & \hat{\rho}_m\end{bmatrix}^{-1}\begin{pmatrix}\hat{\rho}_{m+1}\\ \hat{\rho}_{m+2}\\ \vdots\\ \hat{\rho}_{m+n}\end{pmatrix} \tag{9.133}$$

式中，$\hat{\rho}_i$, $i=m-n+1,m-n+2,\cdots,m+n$为由样本观测数据所计算出的自相关函数估计值，即样本自相关系数。

(2) 改写模型，求$\theta_1,\theta_2,\cdots,\theta_m$，$\sigma^2$的估计值；将模型

$$X_t=\hat{\varphi}_1X_{t-1}+\hat{\varphi}_2X_{t-2}+\cdots+\hat{\varphi}_nX_{t-n}+\varepsilon_t+\theta_1\varepsilon_{t-1}+\theta_2\varepsilon_{t-2}+\cdots+\theta_m\varepsilon_{t-m}$$

改写为

$$X_t-\hat{\varphi}_1X_{t-1}-\hat{\varphi}_2X_{t-2}-\cdots-\hat{\varphi}_nX_{t-n}=\varepsilon_t+\theta_1\varepsilon_{t-1}+\theta_2\varepsilon_{t-2}+\cdots+\theta_m\varepsilon_{t-m}$$

令

$$Z_t=X_t-\hat{\varphi}_1X_{t-1}-\hat{\varphi}_2X_{t-2}-\cdots-\hat{\varphi}_nX_{t-n}$$

则上式转化为

$$Z_t=\varepsilon_t+\theta_1\varepsilon_{t-1}+\theta_2\varepsilon_{t-2}+\cdots+\theta_m\varepsilon_{t-m} \tag{9.134}$$

构成一个 MA(m)模型，参数$\theta_1,\theta_2,\cdots,\theta_m$，$\sigma^2$为待估参数。则可按照上述 MA($m$)模型的参数估计方法进行估计。

例如，对于ARMA(1, 1)模型，参数的矩估计公式为

$$\hat{\varphi}=\hat{\rho}_2/\hat{\rho}_1,\quad \hat{\theta}=\begin{cases}\dfrac{c+\sqrt{c^2-4}}{2},c\leqslant-2\\ \dfrac{c-\sqrt{c^2-4}}{2},c\geqslant-2\end{cases},\quad c=\frac{1-\varphi^2-2\hat{\rho}_2}{\varphi-\hat{\rho}_1} \tag{9.135}$$

3. ARMA 模型检验

所建 ARMA 模型优劣与否，可通过对原始时间序列与所建的 ARMA 模型之间的误差序列$\boldsymbol{a}_t$来进行检验。若误差序列$\boldsymbol{a}_t$具有随机性，这就意味着所建模型已包含了原始时间序列的所有趋势(包括周期性变动)，应用于预测是合适的；若误差序列$\boldsymbol{a}_t$不具有随机性，说明所建模型还有改进的余地。

博克斯和皮尔斯于 1970 年提出了一种简单且精度较高的模型检验法，这种方法称为博克斯-皮尔斯 Q 统计量法。Q统计量计算方法为

$$Q=n\sum_{k=1}^{m}\rho_k^2 \tag{9.136}$$

式中，m 为 ARMA 模型中所含最大的时滞；n 为时间序列的观测值的个数。

置信度为 $1-\alpha$时，χ^2 分布中自由度为 m 的临界值为 $\chi_\alpha^2(m)$，则有：若 $Q \leqslant \chi_\alpha^2(m)$，ARMA 模型可用于预测；若 $Q > \chi_\alpha^2(m)$，ARMA 模型不适合预测，应予改进。

4. ARMA 模型预测

通过前面的分析建立了合适的模型，然而建立模型的最终目标是为了进行预测。

假设建立的 AR(n)模型为 $X_t = \varphi_1 X_{t-1} + \varphi_2 X_{t-2} + \cdots + \varphi_n X_{t-n} + \varepsilon_t$，预测 l 步,则有

$$\hat{X}_t(l) = E\left(X_{t+l} \middle| I_t\right) = c + \varphi_1 \hat{X}_t(l-1) + \varphi_2 \hat{X}_t(l-2) + \cdots + \varphi_n \hat{X}_t(l-n) \tag{9.137}$$

式中，

$$\hat{X}_t(k) = \begin{cases} \hat{X}_t(k), k > 0 \\ X_{t+k}, k \leqslant 0 \end{cases} \tag{9.138}$$

假设建立的 MA(m)模型为 $X_t = \mu + \varepsilon_t + \theta_1 \varepsilon_{t-1} + \theta_2 \varepsilon_{t-2} + \cdots + \theta_q \varepsilon_{t-m}$，则有

$$\begin{cases} \hat{X}_t(l) = E\left(X_{t+l} \middle| I_t\right) = \mu + \theta_l \varepsilon_t + \theta_{l+1} \varepsilon_{t-1} + \cdots + \theta_m \varepsilon_{t+l-m}, l \leqslant m \\ \hat{X}_t(l) = E\left(X_{t+l} \middle| I_t\right) = \mu, l > m \end{cases} \tag{9.139}$$

假设建立的 ARMA(p, q)模型为

$$X_t = \varphi_1 X_{t-1} + \varphi_2 X_{t-2} + \cdots + \varphi_n X_{t-n} + \varepsilon_t + \theta_1 \varepsilon_{t-1} + \theta_2 \varepsilon_{t-2} + \cdots + \theta_m \varepsilon_{t-m} \tag{9.140}$$

则该模型由两个部分构成，预测公式为

$$\begin{cases} \hat{X}_t(l) = E\left(X_{t+l} \middle| I_t\right) = +\varphi_1 \hat{X}_t(l-1) + \cdots + \varphi_n \hat{X}_t(l-n) + \theta_l \varepsilon_t + \ldots + \theta_m \varepsilon_{t+l-m}, \quad l \leqslant m \\ \hat{X}_t(l) = E\left(X_{t+l} \middle| I_t\right) = c + \varphi_1 \hat{X}_t(l-1) + \cdots + \varphi_n \hat{X}_t(l-n), \quad l > m \end{cases} \tag{9.141}$$

式中，

$$\hat{X}_t(k) = \begin{cases} \hat{X}_t(k), k > 0 \\ X_{t+k}, k \leqslant 0 \end{cases}$$

9.8.3 灰色系统预报

灰色系统理论(grey system theory)是由我国华中科技大学邓聚龙教授在 20 世纪 80 年代提出的。灰色系统一词由自动控制理论中的黑箱引申而来。黑箱表示人们对系统的内部结构特征全然不知，只能通过外部的表象对其研究。与之相反，人们把内部结构、特征了解得清清楚楚的系统称为白色系统。然而在现实世界中我们遇到的绝大多数系统，都是部分信息已知的，介于黑色系统和白色系统之间，故称为灰色系统。

灰色系统理论把控制论的观点和方法延伸到复杂的大系统中，将自动控制与运筹学的数学方法相结合，以“部分信息已知，部分信息未知”的“小数据”“贫信息”不确定性系统为研究对象，主要通过对“部分”已知信息的挖掘，提取有价值的信息，实现对系统运行行为、演化规律的正确描述和有效监控。它的应用已渗透到自然科学和社会经济等许多领域，显示出强大生命力，具有广阔的发展前景。

尽管在数理统计学中有方差分析、回归分析等分析方法，但是统计方法中要求大样本及其样本具有典型的概率分布，这限制了某些统计方法的应用，正是从这个角度来说，灰色预

测具有一定的优越性。

由于历史数据的不全面和不充分，或某些变量尚不清楚和不确定，预测处于一种半明半暗的状态。灰色系统预报，用数据生成的方法，将杂乱无章的原始数据整理成规律性较强的生成数列后再作研究，从原始数据中寻找内在规律，从而预测事物未来的发展趋势和状态。

1. 灰色系统理论的基本概念

1) 灰色系统

信息不完全的系统称为灰色系统。信息不完全一般指：①系统因素不完全明确；②因素关系不完全清楚；③系统结构不完全知道；④系统的作用原理不完全明了。

2) 灰数、灰元、灰关系

灰数、灰元、灰关系是灰色现象的特征，是灰色系统的标志。灰数是指信息不完全的数，即只知大概范围而不知其确切值的数，灰数是一个数集，记为⊗；灰元是指信息不完全的元素；灰关系是指信息不完全的关系。

3) 灰数的白化值

灰数的白化值的定义为：令 a 为区间，a_i 为 a 中的数，若⊗在 a 中取值，则称 a_i 为⊗的一个可能的白化值。

4) 累加生成与累减生成

累加生成(accumulated generating operation，AGO)与累减生成(inverse accumulated generating operation，IAGO)是灰色系统理论与方法中占据特殊地位的两种数据生成方法。

累加生成，即对原始数据序列中各时刻的数据依次累加，从而形成新的序列。

设原始数列为 $x^{(0)}=\left\{x^{(0)}(k)\middle|k=1,2,\cdots,n\right\}$，对 $x^{(0)}$ 作一次累加生成(1-AGO)：$x^{(1)}(k)=\sum_{i=1}^{k}x^{(0)}(i)$，即得到一次累加生成序列 $x^{(1)}=\left\{x^{(1)}(k)\middle|k=1,2,\cdots,n\right\}$。

对 $x^{(0)}$ 作 m 次累加生成(m-AGO)，则有 $x^{(m)}(k)=\sum_{i=1}^{k}x^{(m-1)}(i)$。

累减生成是 AGO 的逆运算，即对生成序列的前后两数据进行差值运算

$$x^{(m-1)}(k)=x^{(m)}(k)-x^{(m)}(k-1)$$
$$\vdots$$
$$x^{(0)}(k)=x^{(1)}(k)-x^{(1)}(k-1)$$

m-AGO 和 m-IAGO 的关系是：$x^{(0)}\xleftrightarrow[m\text{-IAGO}]{m\text{-AGO}}x^{(m)}$。

2. GM(1, 1)

灰色系统预报是通过建立灰色模型(grey model，GM)来进行的。建立 GM 模型就是将原始数列经过累加生成后，建立具有微分、差分近似指数规律兼容的方程。如 GM(m, n)称为 m 阶 n 个变量的灰色模型，其中 GM(1, 1)模型是 GM(1, n)模型的特例，是灰色系统最基本的模型，也是常用的预测模型，因此本节重点介绍 GM(1，1)的建模预报过程和检验方法。

1) GM(1, 1)的建模预报

设时间序列 $\boldsymbol{X}^{(0)}=\left\{x^{(0)}(1),x^{(0)}(2),\cdots,x^{(0)}(n)\right\}$，$n$ 为序列长度，为了使其成为有规律的时间序列数据，对其作一次累加生成运算，即令

$$x^{(1)}(t)=\sum_{n=1}^{t}x^{(0)}(n)$$

从而得到新的生成数列 $\boldsymbol{X}^{(1)}$， $\boldsymbol{X}^{(1)}=\left\{x^{(1)}(1),x^{(1)}(2),\cdots,x^{(1)}(n)\right\}$ ，称

$$x^{(0)}(k)+ax^{(1)}(k)=b \tag{9.142}$$

为 GM(1, 1)模型的原始形式。

新的生成数列 $\boldsymbol{X}^{(1)}$ 一般近似服从指数规律，则生成的离散形式的微分方程的形式为

$$\frac{\mathrm{d}x}{\mathrm{d}t}+ax=u \tag{9.143}$$

即表示变量对于时间的一阶微分方程是连续的，求解上述微分方程，得

$$x(t)=ce^{-a(t-1)}+\frac{u}{a} \tag{9.144}$$

当 $t=1$ 时， $x(t)=x(1)$ ，即 $c=x(1)-\dfrac{u}{a}$ ，则可根据式(9.144)得到离散形式微分方程的形式为

$$x(t)=\left(x(1)-\frac{u}{a}\right)e^{-a(t-1)}+\frac{u}{a} \tag{9.145}$$

式中， x 为 $\dfrac{\mathrm{d}x}{\mathrm{d}t}$ 的背景值，也称初始值； a ， u 为待识别的灰色参数， a 为发展系数，反映 x 的发展趋势， u 为灰色作用量，反映数据间的变化关系。

按白化导数定义有

$$\frac{\mathrm{d}x}{\mathrm{d}t}=\lim_{\Delta t\to 0}\frac{x(t+\Delta t)-x(t)}{\Delta t} \tag{9.146}$$

显然，当 $\Delta t\to 1$ 时，则式(9.146)可记为

$$\frac{\mathrm{d}x}{\mathrm{d}t}=\lim_{\Delta t\to 1}\big(x(t+\Delta t)-x(t)\big) \tag{9.147}$$

这表明 $\dfrac{\mathrm{d}x}{\mathrm{d}t}$ 是一次累减生成的，因此式(9.147)可以改写为

$$\frac{\mathrm{d}x}{\mathrm{d}t}=x^{(1)}(t+1)-x^{(1)}(t)=x^{(0)}(t+1) \tag{9.148}$$

当 Δt 足够小时，变量 x 从 $x(t)$ 到 $x(t+\Delta t)$ 是不会出现突变的，所以取 $x(t)$ 与 $x(t+\Delta t)$ 的平均值作为当 Δt 足够小时的背景值，即 $x^{(1)}=\dfrac{1}{2}\left[x^{(1)}(t)+x^{(1)}(t+1)\right]$ ，将其代入 $\dfrac{\mathrm{d}x^{(1)}}{\mathrm{d}t}+ax^{(1)}=u$ ，整理得 GM(1, 1)模型的均值形式

$$x^{(0)}(t+1)=-\frac{1}{2}a\left[x^{(1)}(t)+x^{(1)}(t+1)\right]+u \tag{9.149}$$

由其离散形式可得到如下矩阵

$$\begin{pmatrix} x^{(0)}(2) \\ x^{(0)}(3) \\ \vdots \\ x^{(0)}(n) \end{pmatrix} = a \begin{pmatrix} -\frac{1}{2}\left[x^{(1)}(1)+x^{(1)}(2)\right] \\ -\frac{1}{2}\left[x^{(1)}(2)+x^{(1)}(3)\right] \\ \vdots \\ -\frac{1}{2}\left[x^{(1)}(n-1)+x^{(1)}(n)\right] \end{pmatrix} + \begin{pmatrix} u \\ u \\ \vdots \\ u \end{pmatrix}$$

令 $\boldsymbol{Y}=\left[x^{(0)}(2),x^{(0)}(3),\cdots,x^{(0)}(n)\right]^{\mathrm{T}}$，$\boldsymbol{B}=\begin{pmatrix} -\frac{1}{2}\left[x^{(1)}(1)+x^{(1)}(2)\right] & 1 \\ -\frac{1}{2}\left[x^{(1)}(2)+x^{(1)}(3)\right] & 1 \\ \vdots & \vdots \\ -\frac{1}{2}\left[x^{(1)}(n-1)+x^{(1)}(n)\right] & 1 \end{pmatrix}$，$\boldsymbol{\alpha}=(a \quad u)^{\mathrm{T}}$

称 $\boldsymbol{Y}$ 为数据向量；$\boldsymbol{B}$ 为数据矩阵；$\boldsymbol{\alpha}$ 为参数向量。则式(9.149)可简化为线性模型

$$\boldsymbol{Y}=\boldsymbol{B}\boldsymbol{\alpha} \tag{9.150}$$

由最小二乘法得 GM(1, 1)参数 a、u 的计算式

$$\boldsymbol{\alpha}=\begin{pmatrix} a \\ u \end{pmatrix}=\left(\boldsymbol{B}^{\mathrm{T}}\boldsymbol{B}\right)^{-1}\boldsymbol{B}^{\mathrm{T}}\boldsymbol{Y} \tag{9.151}$$

将求得的 a、u 值代入微分方程的解式，则

$$\hat{x}^{(1)}(t)=\left[x^{(1)}(1)-\frac{u}{a}\right]e^{-a(t-1)}+\frac{u}{a} \tag{9.152}$$

式(9.152)是 GM(1, 1)模型的时间响应函数形式，对序列 $\hat{x}^{(1)}(t)$ 再作累减生成可进行预测，即

$$\begin{aligned} \hat{x}^{(0)}(t) &= \hat{x}^{(1)}(t)-\hat{x}^{(1)}(t-1) \\ &= \left[x^{(0)}(1)-\frac{u}{a}\right]\left(1-e^{a}\right)e^{-a(t-1)} \end{aligned} \tag{9.153}$$

2) GM(1, 1)检验

GM(1, 1)模型构建的优劣需要进行检验，包括残差检验、关联度检验、后验差检验三种形式。

每种检验对应不同功能：残差检验属于算术检验，对模型值和实际值的误差进行逐点检验；关联度检验属于几何检验范围，通过考察模型曲线与建模序列曲线的几何相似程度进行检验，关联度越大模型越好；后验差检验属于统计检验，对残差分布的统计特性进行检验，衡量灰色模型的精度。

(1) 残差检验，即对模型值和实际值的残差进行逐点检验。

设模拟值的残差序列为 $\boldsymbol{e}^{(0)}(t)$，则

$$\boldsymbol{e}^{(0)}(t)=\boldsymbol{x}^{(0)}(t)-\hat{\boldsymbol{x}}^{(0)}(t) \tag{9.154}$$

令 $\boldsymbol{\varepsilon}(t)$ 为残差相对值，即残差百分比为

$$\boldsymbol{\varepsilon}(t)=\left[\frac{x^{(0)}(t)-\hat{x}^{(0)}(t)}{x^{(0)}(t)}\right]\% \tag{9.155}$$

令 $\overline{\Delta}$ 为平均残差

$$\overline{\Delta}=\frac{1}{n}\sum_{t=1}^{n}\left|\boldsymbol{\varepsilon}(t)\right| \tag{9.156}$$

一般要求 $\overline{\Delta}<20\%$，$\overline{\Delta}<10\%$ 则更佳。

(2) 关联度检验。关联度用来定量描述各变化过程之间的差别。关联系数越大，说明预测值和实际值越接近。

设

$$\hat{\boldsymbol{X}}^{(0)}(t)=\left\{\hat{x}^{(0)}(1),\hat{x}^{(0)}(2),\cdots,\hat{x}^{(0)}(n)\right\}$$

$$\boldsymbol{X}^{(0)}(t)=\left\{x^{(0)}(1),x^{(0)}(2),\cdots,x^{(0)}(n)\right\}$$

序列关联系数定义为

$$\xi(t)=\begin{cases}\dfrac{\min\left\{\left|\hat{x}^{(0)}(t)-x^{(0)}(t)\right|\right\}+\rho\max\left\{\left|\hat{x}^{(0)}(t)-x^{(0)}(t)\right|\right\}}{\left|\hat{x}^{(0)}(t)-x^{(0)}(t)\right|+\rho\max\left\{\left|\hat{x}^{(0)}(t)-x^{(0)}(t)\right|\right\}}, & t\neq 0\\ 1, & t=0\end{cases} \tag{9.157}$$

式中，$\left|\hat{x}^{(0)}(t)-x^{(0)}(t)\right|$ 为第 t 个点 $x^{(0)}$ 和 $\hat{x}^{(0)}$ 的绝对误差；$\xi(t)$ 为第 t 个数据的关联系数；ρ 为分辨率，即取定的最大差百分比，$0<\rho<1$，一般取 $\rho=0.5$。

$x^{(0)}(t)$ 和 $\hat{x}^{(0)}(t)$ 的关联度为

$$r=\frac{1}{n}\sum_{t=1}^{n}\xi(t) \tag{9.158}$$

原始数据与预测数据关联度越大，模型越好，一般关联度应大于60%。

(3) 后验差检验，即对残差分布的统计特性进行检验。计算原始时间数列 $\boldsymbol{X}^{(0)}(t)=\left\{x^{(0)}(1),x^{(0)}(2),\cdots,x^{(0)}(n)\right\}$ 的均值 $\overline{x}^{(0)}$ 和方差 S_1^2：

$$\overline{x}^{(0)}=\frac{1}{n}\sum_{t=1}^{n}x^{(0)}(t),\quad S_1^2=\frac{1}{n}\sum_{t=1}^{n}\left[x^{(0)}(t)-\overline{x}\right]^2$$

计算残差数列 $\boldsymbol{e}^{(0)}(t)=\left\{e^{(0)}(1),e^{(0)}(2),\cdots,e^{(0)}(n)\right\}$ 的均值 $\overline{e}$ 和方差 S_2^2

$$\overline{e}=\frac{1}{n}\sum_{t=1}^{n}e^{(0)}(t),\quad S_2^2=\frac{1}{n}\sum_{t=1}^{n}\left[e^{(0)}(t)-\overline{e}\right]^2$$

式中，$e^{(0)}(t)=x^{(0)}(t)-\hat{x}^{(0)}(t)$，$t=1,2,\cdots,n$ 为残差数列。

计算后验差比值：

$$C=S_2/S_1 \tag{9.159}$$

计算小误差频率：

$$P=P\left\{\left|e^{(0)}(t)-\overline{e}\right|<0.6745S_1\right\} \tag{9.160}$$

表 9.6 列出了根据 C、P 取值的模型精度等级，模型精度等级取 C、P 所在级别高的。

表 9.6　后验差检验判别参照表

P	C	模型精度
$P \geqslant 0.95$	$C \leqslant 0.35$	优
$0.95 > P \geqslant 0.80$	$0.35 < C \leqslant 0.5$	合格
$0.80 > P \geqslant 0.70$	$0.5 < C \leqslant 0.65$	勉强合格
$P < 0.70$	$C > 0.65$	不合格

9.8.4　人工神经网络预报

人工神经网络(artificial neural network，ANN)是由大量简单的高度互联的处理元素(神经元)所组成的复杂网络计算机系统，是模仿人脑神经网络结构和功能而建立的一种信息处理系统。19 世纪末的神经元学说指出，人脑是由 10^{11}～10^{12} 个生物神经元以及处理单元突触构成的系统。神经网络是模仿人脑结构及若干基本特性和功能的信息处理系统，由许多人工神经元按一定的连接方式并由一定的权值连接而构成的物理网络，能模拟人脑的若干基本功能。其最显著的特点是具有自学习能力，可以从积累的工作实例中学习知识；具有容错性，尽可能多地把各种定性定量的影响因素作为变量加以输入，建立各影响因素与结论之间的高非线性映像，采用自适应模式识别方法完成此工作。对处理内部规律不甚了解、不能用一组规则或方程进行描述的较复杂问题或开放的系统显得更优。

人工神经网络的信息处理由神经元之间的相互作用来实现，并以大规模并行分布的方式进行，信息的存储体现在网络中神经元互联分布形式上，网络的学习和识别取决于神经元之间权重的动态变化过程。每个神经元向邻近的其他神经元发送抑制或激励信号，整个网络的信息处理通过全部神经元间的相互作用完成。

人工神经网络运行的过程主要由两个阶段组成：学习阶段和工作阶段。在学习阶段，将通过筛选的学习样本以输入、输出样本的形式依次送入初始权值随机确定的网络中。样本输入通过网络所产生的输出与理想输出会出现偏差，根据某种算法将偏差不断调整到网络权值中，直至网络实际输出与理想输出的偏差足够小，使学习结果尽可能地逼近样本值。学习完成后进入工作阶段。此时连接权已经确定，网络处于稳定状态。网络根据输入向量计算出相应的输出向量。

神经网络系的基本构成单元为神经元(也称节点)，不同的神经元连接方式可以组成不同结构的神经网络系统。

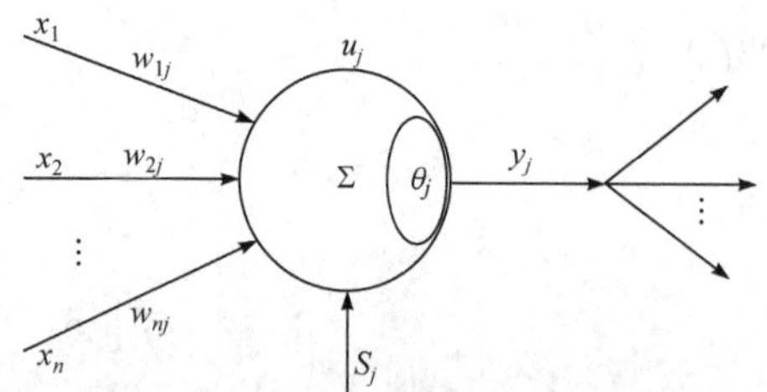

图 9.26　n 维人工神经元结构示意图

人工神经元的基本结构如图 9.26 所示。其中，$x_1, x_2, x_3, \cdots, x_n$ 为神经元的 n 维输入，是一个 n 维列向量；u_j 为神经元 i 的内部状态，有的时候也可用来表示神经元本身；$w_{1j}, w_{2j}, \cdots, w_{nj}$ 为从相应节点连接到节点 j 相应的权值，w_{ij} 为从节点 x_i 到 u_j 连接的权值；θ_j 为神经元的阈值；S_j 为外部输入信号，它有时可使神经元 u_j 处于某一状态；y_j 为神经元输出。模型可表示为

$$\delta_j = \sum_{i=1}^{n} w_{ij} x_i + S_j - \theta_j \tag{9.161}$$

式中，δ_j 为输入信号加权、外部输入信号和神经元阈值的代数和，用于对求和单元的计算结果进行函数运算，得到神经元的输出。激活函数 f 一般利用以下三种函数表达式来表现网络的非线性特征。

阈值型函数

$$f(u_i) = \begin{cases} 1 & u_i \geqslant 0 \\ 0 & u_i < 0 \end{cases} \tag{9.162}$$

分段线性函数

$$f(u_i) = \begin{cases} 1 & u_i \geqslant u_2 \\ au_i + b & u_i \leqslant 0 < u_2 \\ 0 & u_i < u_1 \end{cases} \tag{9.163}$$

S 型函数

$$f(u_i) = \frac{1}{1 + e^{(-u_i/c)^2}} \tag{9.164}$$

输入信号经过神经元的处理后，最终输出为

$$y_j = f(\delta_j) = f\left(\sum_{i=1}^{n} w_{ij} x_i + S_j - \theta_j\right) \tag{9.165}$$

决定神经网络信息处理性能的三大要素是神经元的信息处理特性(变换函数)、神经网络的拓扑结构、神经网络的学习方式。通常，人们对神经元的组合关系和作用方式较为重视，它决定着这个网络的能力。神经网络的拓扑结构规定并制约着神经网络的性质及信息处理能力的大小，因此，拓扑结构在整个神经网络设计过程中有举足轻重的地位。根据网络连接方式的不同，可以将人工神经网络模型分为以下几种类型。

1) 无反馈的前向网络

神经元分层排列，分为输入层、隐含层和输出层三部分，每层神经元只接受来自前一层神经元的输出。感知器网络和反传(back-propagation，BP)神经网络都属于前向网络。如图 9.27 所示。

2) 层内有连接的前向网络

网络基本结构不变，但在同一层内的神经元之间有相互连接。通过如此设计，可以实现同层神经元之间的横向抑制或兴奋机制，如图 9.28 所示。

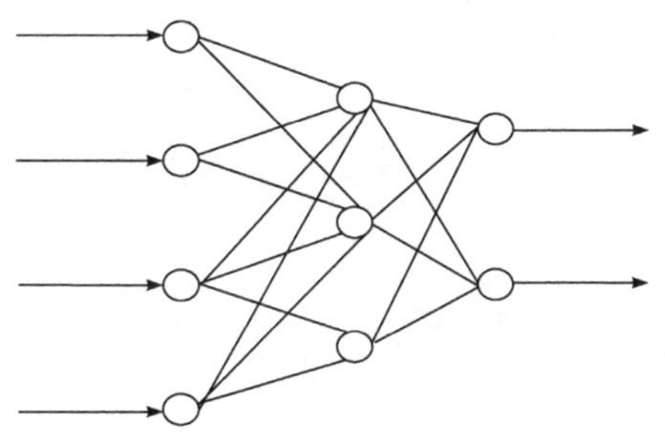

图 9.27 无反馈的前向网络

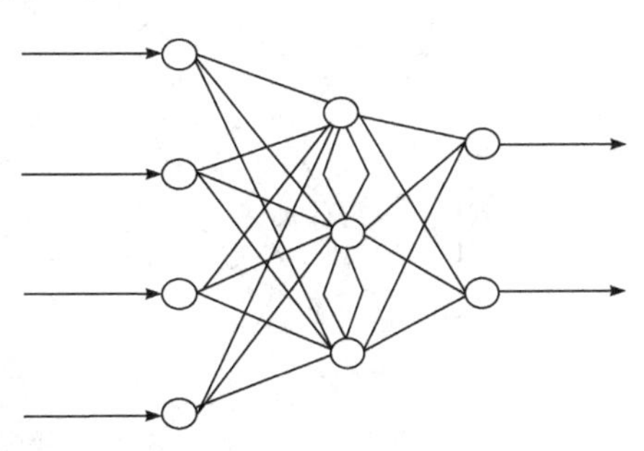

图 9.28 层内有连接的前向网络

3) 有反馈的前向网络

网络仍有输入层、隐含层和输出层三部分组成，但输出层对输入层有信息反馈，这种网络适用于存储某种模式序列，如神经认知机和回归 BP 神经网络都属于这种类型，如图 9.29 所示。

4) 互连网络

这种网络的任意两个神经元之间都可能存在连接，信号在神经元之间反复往返传递，网络始终处于一种不断改变状态的动态过程中，Hopfield 网络和 Boltzmann 机均属于这种类型，如图 9.30 所示。

BP 神经网络是一种采用误差反向传播算法(简称 BP 算法)的多层前向神经网络，它是神经网络中应用最广泛的一类。从网络的拓扑结构看 BP 神经网络是一种多层网络结构，它有输入输出层节点，中间还包含一层或多层隐含层节点。BP 神经网络除了输入层节点以外，其他层节点均为非线性输入或输出关系，所以要求节点的激活函数可微，通常采用 S 型函数，其一般形式为

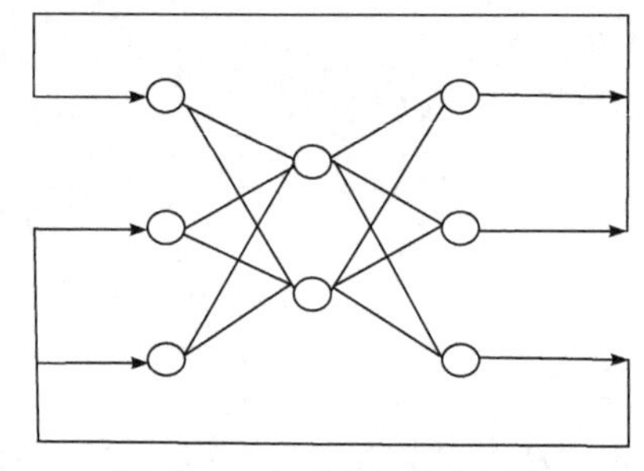

图 9.29　有反馈的前向网络

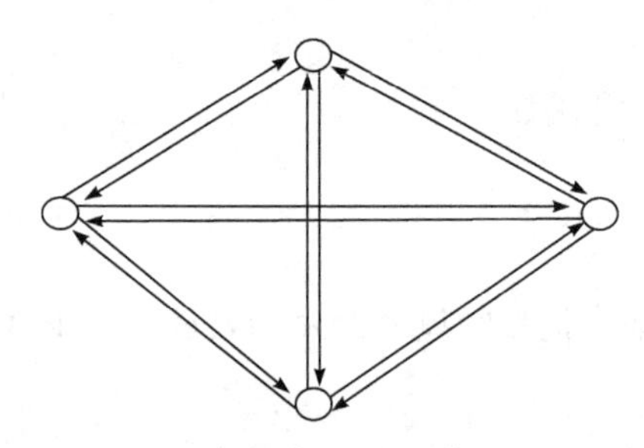

图 9.30　互连网络

$$f(x)=\frac{\beta}{1+e^{-\lambda x}} \tag{9.166}$$

式中，β、λ 为可以调整的参数，一般将其归一化到 $[0,1]$ 区间，则激活函数可化为

$$f(x)=\frac{1}{1+e^{-x}}, \quad x=\sum_{i=0}^{n} w_{ji}x_i \tag{9.167}$$

图 9.31 是 BP 神经网络的模型结构图，BP 神经网络的每一层都处理输入向量(信息)，上一层的处理结果作为下一层的输入向量，经过逐层处理最后得到每个单元的实际输出值。计算实际输出值与期望值的差值，根据差值不断地调整权值，反复上述过程，直到差值达到要求为止。

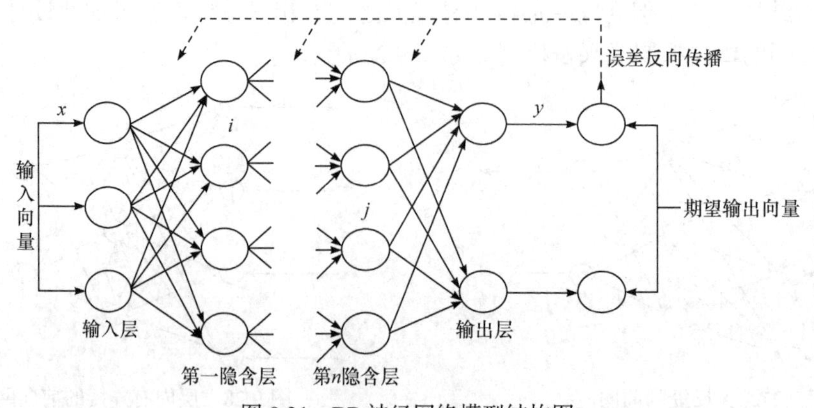

图 9.31　BP 神经网络模型结构图

BP 神经网络学习实际上就是根据实际输出和期望输出的差值进行反复修正权值，直到差值达到所希望的要求为止。图 9.32 为一个四层 BP 神经网络模型结构，除了输入输出节点以外，还有两层隐藏节点。

下面以四层的神经网络为例介绍神经网络的学习训练过程，根据图 9.32 的输入向量可知，这个四层神经网络的输入向量为 $\boldsymbol{X}=\left(x_1,x_2,\cdots,x_n\right)^{\mathrm{T}}$，输出向量为 $\boldsymbol{Y}=\left(y_1,y_2,\cdots,y_q\right)^{\mathrm{T}}$。学习步骤如下。

(1) 计算从输入层输出结果，即第一隐含层输入向量，用 O_{1i} 表示：

$$O_{1i}=f\left(\sum_{m=1}^{n}w_{mi}x_m-\theta_i\right) \tag{9.168}$$

式中，$f(\ )$ 为激活函数；w_{mi} 为从输入层到第一隐含层的权值；x_m 为输入层的第 m 个节点值；θ_i 为阈值。

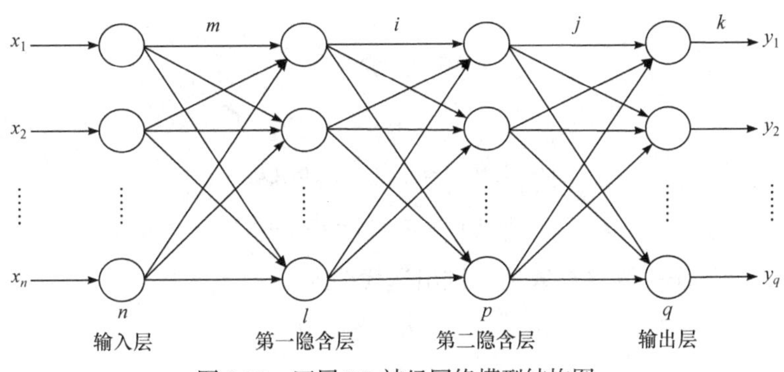

图 9.32 四层 BP 神经网络模型结构图

(2) 计算从第一隐含层输出结果，即第二隐含层输入向量，用 O_{2j} 表示：

$$O_{2j}=f\left(\sum_{i=1}^{l}w_{ij}O_{1i}-\sigma_j\right) \tag{9.169}$$

式中，w_{ij} 为从第一隐含层到第二隐含层的权值；σ_j 为阈值。

(3) 计算从第二隐含层输出结果，即输出层输入向量，用 y_k 表示。

$$y_k=f\left(\sum_{j=1}^{p}w_{jk}O_{2j}-\delta_k\right) \tag{9.170}$$

式中，w_{jk} 为从第二隐含层到输出层的权值；δ_k 为阈值。

(1)、(2)、(3)步称为前馈算法，即求出实际输出值。求出实际输出值以后判断差值大小，差值超限则进行以下反向传播步骤。设定期望输出值为 $\hat{y}_k$，反向传播要求差值满足最小二乘原理，即要求 $\varepsilon=\dfrac{1}{2}\sum_{k=1}^{q}\left(\hat{y}_k-y_k\right)^2$ 最小，ε 为均方误差。

(4) 调整第二隐含层到输出层阈值，推出迭代公式：

$$W_{jk}\left(t+1\right)=W_{jk}\left(t\right)+\Delta W_{jk} \tag{9.171}$$

式中，$\Delta W_{jk}=\dfrac{\partial\varepsilon}{\partial W}\alpha$；$\alpha$ 为学习步长。

则得到阈值调整值为

$$\Delta\delta_k = -\alpha y_k(1-y_k)(\hat{y}_k - y_k) \tag{9.172}$$

令 $b_k = y_k(1-y_k)(\hat{y}_k - y_k)$，则迭代公式为

$$\begin{cases} W_{jk}(t+1) = W_{jk}(t) + \alpha b_k O_{2j} \\ \delta_k(t+1) = \delta(t) - \alpha b_k \end{cases} \tag{9.173}$$

(5) 调整第一隐含层到第二隐含层阈值，推出迭代公式：

$$W_{ij}(t+1) = W_{ij}(t) + \Delta W_{ij} \tag{9.174}$$

式中，$\Delta W_{ij} = -\beta \dfrac{\partial \varepsilon}{\partial W_{ij}} = \sum_{k=1}^{q} \beta W_{jk} b_k O_{2j}(1-O_{2j}) O_{1i}$；$\beta$ 为学习步长。

令 $e_j = \sum_{k=1}^{q} W_{jk} b_k O_{2j}(1-O_{2j})$，则得到阈值调整值为

$$\Delta\sigma_j = -\beta e_j \tag{9.175}$$

则迭代公式为

$$\begin{cases} W_{ij}(t+1) = W_{ij}(t) + \beta e_j O_{1i} \\ \sigma_j(t+1) = \sigma_j(t) - \beta e_j \end{cases} \tag{9.176}$$

(6) 调整输入层到第一隐含层阈值，推出迭代公式：

$$W_{mi}(t+1) = W_{mi}(t) + \Delta W_{mi} \tag{9.177}$$

式中，$\Delta W_{mi} = -\lambda \dfrac{\partial \varepsilon}{\partial W_{mi}} = \lambda \sum_{j=1}^{p} W_{ij} e_j O_{1i}(1-O_{1i}) X_m$；$\lambda$ 为学习步长。

令 $c_i = \sum_{j=1}^{p} W_{ij} e_j O_{1i}(1-O_{1i})$，则得到阈值调整值为

$$\Delta\theta_i = -\lambda \frac{\partial \varepsilon}{\partial \theta_i} = -\lambda c_i \tag{9.178}$$

则迭代公式为

$$\begin{cases} W_{mi}(t+1) = W_{mi}(t) + \lambda c_i X_m \\ \theta_i(t+1) = \theta_i(t) - \lambda c_i \end{cases} \tag{9.179}$$

(7) 重复(4)、(5)、(6)步直至差值满足要求，则 BP 神经网络学习完成。

9.8.5　组合预报

在变形测量预报中，对于受多种荷载作用的变形体，其变形规律较为复杂，如库岸边坡监测曲线中的“阶跃式”形态，地球极移曲线中长趋势与多周期的叠加现象等，此时单一模型存在建模难度大、预报精度低的问题。此外，对同一变形测量数据可用不同模型分析与预报，由于各方法建模机理不同，预报结果也不尽相同。不同变形测量预报方法建立的模型各有优缺点。为提高预报结果的精度和可靠性，变形测量组合预报应运而生。

根据组合方式的不同，变形时序的组合预报模型可分为多尺度组合预报模型与多模型组合预报两类。多尺度组合预报模型首先将变形数据分解为趋势项和周期项(也称为不确定项、

季节项、变化项等)，再对趋势项和周期项分别预报，最后将分项预报值求和作为多尺度组合预报值。多模型组合预报首先选取多个预报模型，然后分别对变形时序进行预报，最后通过权系数综合各模型的预报值作为多模型组合预报值。

1. 多尺度组合预报

多尺度组合预报处理流程可概括为“先分解再组合”，即先利用分解模型提取出变形时序的趋势项与周期项，再选择相应的预报模型对其分别预报，将两时序的预报值求和作为最终预报值。多尺度组合预报将原来的“一次预报”变为“一次分解、两次预报、一次求和”，以此降低预报难度、提高预报精度，并且分解模型提取的周期项，可以为变形体外部影响因素和变形机制的研究提供因变量，是组合预报的重要方式，广泛应用于受外部因素影响显著的变形体的变形预报中。

分解模型是多尺度组合预报的基础，根据周期项提取方法的不同，分解模型主要分为作差法与合并法两类。

作差法首先提取出变形时序的趋势项，然后从变形时序中减去趋势项获得周期项。其中趋势项提取方法主要有移动平均法、分段多项式拟合法、Verhulst 曲线拟合法和 HP 滤波法。

合并法基于小波分解(wavelet decomposition，WD)、经验模态分解(empirical mode decomposition，EMD)和奇异谱分析(singular spectrum analysis，SSA)等时频分析方法，首先将变形时序分解为多个尺度特征的子序列，然后合并部分子序列作为趋势项，合并剩余子序列作为周期项。如何确定子序列间的合并准则，是合并法提取变形时序趋势项与周期项的关键问题，基本处理思路是将最低频的子序列作为趋势项，其他子序列之和作为周期项。

在时序分解模型中，作差法流程简单，且部分时序分解方法兼具预报功能，因此在提取时序趋势项和周期项时应用较多。合并法将变形时序分解为多个子序列，为变形信号的去噪、多个周期项的提取提供了可能，具有更好的应用前景。随着合并法中子序列合并准则的逐步成熟，该类方法在变形时序去噪、趋势项和周期项提取中的应用必然会更加深入。

2. 多模型组合预报

1969 年，Bates 和 Granges 率先在运筹学期刊 *Journal of the Operational Research Society* 上提出组合预报模型(combination forecasting model，CMF)的概念，标志着多模型组合预报的诞生，随后越来越多的学者将多模型组合预报引入变形预报中。根据各模型在组合预报中权系数是否随时间改变，可以将多模型组合预报分成定权组合预报和变权组合预报两类。

定权组合预报模型的核心问题是求解组合预报的加权系数，使组合预报的精度更高。常用方法有算术平均法、方差倒数法、均方差倒数法、简单加权平均法和熵值法。

实际预报中，会出现某预报方法的精度“时好时坏”的情况，随着时间的推移，理论上权系数也应表现为“时大时小”。因此，变权组合预报相比定权组合预报更加符合实际预报的需求，理论上具有更高的预报精度及适用性。本节以双模型变权组合预报为例，简述其理论与方法。

假设对于长度为 j 的变形时序 $S_t\left(0 \leqslant t \leqslant j-1\right)$，$1,2,\cdots,j-1$ 为已测时刻，$j,j+1,\cdots,j+k-1$ 为预报时刻。利用两个预报模型 A 和 B 对其进行 k 步变权组合预报时，根据已测时刻的实测值，模型 A、B 分别求解其拟合值，并对预报时刻进行 k 步预报，然后求解模型 A、B 在已测时刻的权系数，最后由已测时刻权系数推求预报时刻权系数，最终获取其在预报时刻的组合预报值。

对于上述过程，其核心问题有二：①基于两模型在已测时刻的拟合值与实测值，求解其在已测时刻的权系数；②基于两模型在已测时刻的权系数，推求其在预报时刻的权系数。

变权组合预报中，主要利用二次规划法求解已测时刻的权系数，具体求解过程如下。

令 $f_{A,t}$ 和 $f_{B,t}$ 为两模型在已测时刻的拟合值，如式(9.180)所示，可得两模型的权系数在已测时段 t 满足如下关系：

$$S_t = w_{A,t} f_{A,t} + w_{B,t} f_{B,t} \tag{9.180}$$

式中，$w_{A,t}$ 和 $w_{B,t}$ 为两模型在已测时刻 t 的权系数。一般对 $w_{A,t}$ 和 $w_{B,t}$ 做如下限制：

$$\begin{cases} w_{A,t} + w_{B,t} = 1 \\ w_{A,t} \geqslant 0, w_{B,t} \geqslant 0 \end{cases} \tag{9.181}$$

联立式(9.180)和式(9.181)以误差平方和最小为目标求解权系数

$$\min J = \sum_{t=j-m}^{j-1} \left(w_{A,t} e_{A,t} + w_{B,t} e_{B,t} \right)^2 \tag{9.182}$$

式中，m 为由已测时刻权系数推求预报时刻权系数时滑动窗口的长度；$e_{A,t}$、$e_{B,t}$ 分别为两模型在已测时刻的拟合残差

$$\begin{cases} e_{A,t} = S_t - f_{A,t} \\ e_{B,t} = S_t - f_{B,t} \end{cases} \tag{9.183}$$

式(9.182)求解权系数 $w_{A,t}$ 和 $w_{B,t}$ 的过程可转化为数学中的二次规划问题，其数学模型为

$$\min_{w} \frac{1}{2} \boldsymbol{w}^{\mathrm{T}} \boldsymbol{H} \boldsymbol{w}, \quad s.t. \begin{cases} \boldsymbol{A} \cdot \boldsymbol{w} \leqslant \boldsymbol{b} \\ \boldsymbol{Aeq} \cdot \boldsymbol{w} = \boldsymbol{Beq} \\ \boldsymbol{lb} \leqslant \boldsymbol{w} \leqslant \boldsymbol{ub} \end{cases} \tag{9.184}$$

式中，$\boldsymbol{w} = \left(w_{A,1} \quad w_{B,1} \quad \cdots \quad w_{A,j} \quad w_{B,j} \right)^{\mathrm{T}}$ 为两模型在已测时刻的权系数向量；$\boldsymbol{A}$ 为长度为 $2j$ 、元素皆为−1 的列向量；$\boldsymbol{b}$ 、$\boldsymbol{lb}$ 为长度为 $2j$ 、元素皆为 0 的列向量；$\boldsymbol{Beq}$ 和 $\boldsymbol{ub}$ 为长度为 $2j$ 、元素全为 1 的列向量；$\boldsymbol{Aeq}$ 为阶数为 $2j$ 的单位下三角形矩阵；$\boldsymbol{H}$ 如式(9.185)所示。

$$\boldsymbol{H} = \boldsymbol{w}\boldsymbol{w}^{\mathrm{T}} = \begin{bmatrix} e_{A,1}^2 & e_{A,1}e_{B,1} & \cdots & e_{A,1}e_{A,j} & e_{A,1}e_{B,j} \\ e_{A,1}e_{B,1} & e_{B,1}^2 & \cdots & e_{B,1}e_{A,j} & e_{B,1}e_{B,j} \\ \vdots & \vdots & \ddots & \vdots & \vdots \\ e_{A,1}e_{A,j} & e_{B,1}e_{A,j} & \cdots & e_{A,j}^2 & e_{A,j}e_{B,j} \\ e_{A,1}e_{B,j} & e_{B,1}e_{B,j} & \cdots & e_{A,j}e_{B,j} & e_{B,j}^2 \end{bmatrix} \tag{9.185}$$

至此可求得已测时刻的权系数 $\boldsymbol{w}$ 。

由已测时刻权系数推求预报时刻权系数时，可采用等权滑动平均法。

等权滑动平均法求解 j 时刻权系数时，首先在邻近预报时刻 j 的已测时段中选取一个长度为 m 的滑动窗口，一般有 $m \geqslant k$ ，如式(9.186)所示，两模型将滑动窗口内 $j-m$ ，$j-m+1,\cdots,j-1$ 时刻的权系数等权平均，作为 j 时刻的权系数：

$$w_{M,j} = \frac{1}{m} \sum_{\substack{t=j-m \\ M=A,B}}^{j-1} w_{M,t} \tag{9.186}$$

式中，M 为预报模型 A 或 B 。因预报时刻权系数的求解基于等权滑动，故称为等权滑动平

均法。

两模型求出 j 时刻的权系数后，结合其在 j 时刻的预报值 $p_{A,j}$ 和 $p_{B,j}$，代入式(9.187)可得两模型在 j 时刻的组合预报值

$$y_j = w_{A,j}p_{A,j} + w_{B,j}p_{B,j} \tag{9.187}$$

式中，y_j 为两模型在 j 时刻的组合预报值；$w_{A,j}$ 和 $w_{B,j}$ 为两模型在 j 时刻的权系数。

k 步预报中，如式(9.186)所示，舍去滑动窗口内最早的 $j-m$ 时刻的权系数，加入最新的 j 时刻的权系数，可得 $j+1$ 时刻的权系数；根据两模型在 $j+1$ 时刻的预报值 $p_{A,j+1}$ 和 $p_{B,j+1}$，代入式(9.187)，可得 $j+1$ 时刻的组合预报值。依次循环，可得两模型在预报时刻的 k 步组合预报值。

思考与练习

一、名词解释

1. 变形观测；2. 变形测量；3. 变形监测；4. 变形分析；5. 变形几何分析；6. 变形物理解释。

二、叙述题

1. 试叙述变形测量的任务、意义、内容、特点。
2. 试叙述 FIG(1971 年)提出的变形观测的精度要求。
3. 试用公式描述变形观测精度、周期和变形速率之间应有的关系。
4. 试叙述用平均间隙法检验控制网稳定性的计算步骤。
5. 试叙述变形分析步骤。
6. 何谓参考网的整体检验？请叙述检验的方法。
7. 多元线性回归和逐步回归有哪些相同点和不同点？
8. 灰色系统模型如何建立？其特点是什么？
9. 神经网络模型建立的基本步骤有哪些？

三、计算题

1. 某烟囱顶面与底面均为圆形，圆心分别为 O_2 和 O_1，为测定烟囱的倾斜量(即 O_1 和 O_2 在水平面上的投影 O_1O_2')，设计观测方案如图 9.33(a)所示，水平面投影如图 9.33(b)所示。在 A 点设站，测量 A 至烟囱底面的最近距离 S，测量 AA_1、AA_2、AA_2'、AA_1'的方向值 a_1、a_2、a_2'、a_1'；在 B 点设站，测量 BB_1、BB_2、BB_2'、BB_1'的方向值 b_1、b_2、b_2'、b_1'。AA_1、AA_1'、BB_1、BB_1'为圆 O_1 的切线，AA_2、AA_2'、BB_2、BB_2'为圆 O_2 的切线，AO_1 垂直于 BO_1，试解答下列问题。

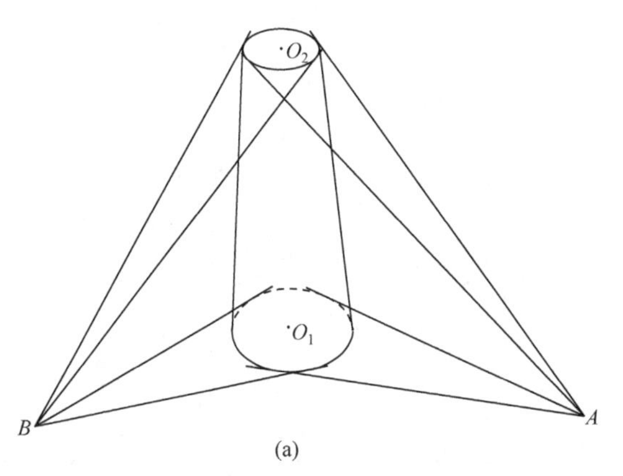

(a)

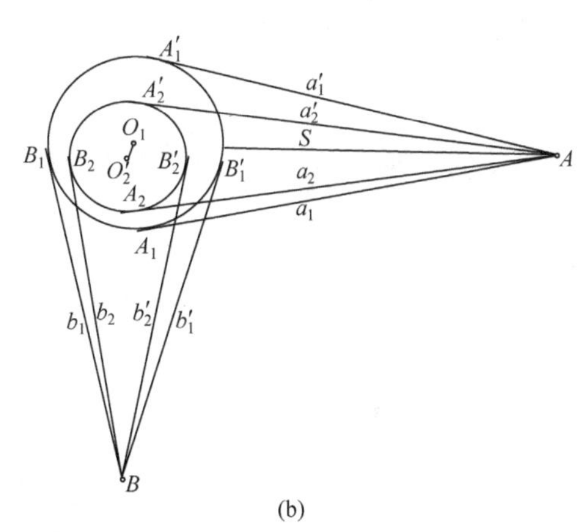

(b)

图 9.33

(1) 推导 $\delta = O_1O_2'$ 的计算公式；

(2) 设方向测量误差均为 m_γ，量距误差为 m_S，$O_1A \approx O_1B$，求 m_δ。

2. 在题 1 中，若 AO_1 与 BO_1 不垂直，如 $\angle AO_1B=\beta$，则结论如何？

3. 为监测某直线形大桥 6 个桥墩相对于 2 个桥台的横向位移，拟分别在 2 个桥台设站用小角法测算各桥墩相对于 2 个桥台连线的偏离值，然后取加权平均。已知相邻墩台间距均为 100m，欲监测的最小变形值为 5mm，试求小角观测的必要精度。

4. 在一长度为 10m 的条形基础的两端设置两个观测点，拟用水准测量的方法监测该基础的倾斜变化。欲发现 1/1000 的倾斜变化量，求两观测点间高差观测的必要精度。

第 10 章　点云数据处理

激光扫描测量技术突破了传统的单点测量方式，能够在短时间内获得被测物体表面大量的点云数据，是一种高效率、高密度的三维空间信息获取技术。然而，海量散乱点云数据只是初步成果，尚不能满足用户的多样化需求。从点云数据到最后的三维模型，其间需要经过复杂的数据处理流程，才能得到用户需要的结果。

本章主要介绍点云数据处理的相关方法，包括点云数据组织及索引方法、点云数据拼接、点云数据去噪、点云数据简化、点云数据分割及点云数据曲面重建。

10.1　点云数据组织及索引方法

扫描仪获取的点云数据通常数量大且缺乏点间拓扑关系，需要高效的数据组织和索引方式以提高点云数据拼接、简化和曲面重建等环节的数据处理效率。本节介绍常用的点云数据组织结构及索引方法。

10.1.1　点云数据组织结构

点云数据组织结构包括二叉树结构、八叉树结构、kd 树结构、CELL 数结构、R 树结构、R+树结构等。本节介绍应用较为广泛的二叉树结构、八叉树结构和 kd 树结构。

1. 二叉树结构

二叉树是 n 个节点的有限集合，每个节点最多由两棵子树组成，分别称为左子树和右子树，如图 10.1 所示。二叉树第 1 层的节点称为根节点，没有子节点的节点称为叶节点，其余节点称为中间节点，节点拥有子节点的数量称为该节点的度。设二叉树深度(又称为层数)为 k，若其节点个数为 2^{k-1}，则该二叉树称为满二叉树。若除第 k 层外，其他各层的节点数都达到最大个数，且第 k 层从左至右连续有若干节点，则该二叉树称为完全二叉树。

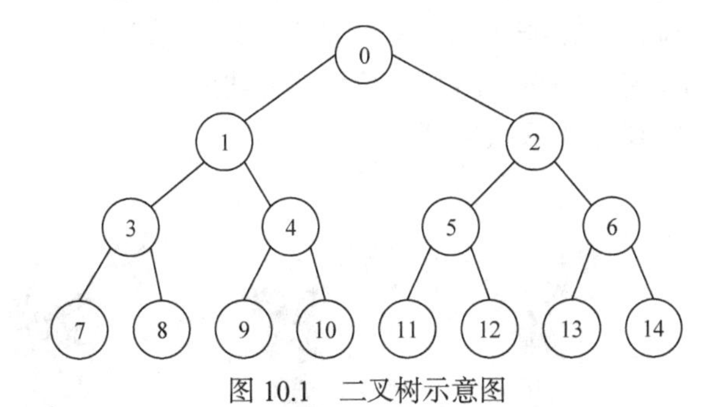

图 10.1　二叉树示意图

二叉树针对一维数据十分有效，其时间复杂度为 $O(\log n)$。有以下 5 条基本性质：

性质 1：在二叉树第 i 层上的节点数不超过 2^{i-1} $(i \geqslant 1)$。

性质 2：若二叉树的深度为 k，则该二叉树的节点数不超过 2^{k-1} $(k \geqslant 1)$。

性质 3：对任何一棵二叉树，若其叶节点个数为 n_0，度为 2 的非叶节点个数为 n_2，则有 $n_0 = n_2 + 1$。

性质 4：若二叉树为完全二叉树且有 n 个节点，则其深度为 $[\log_2 n]+1$。

性质 5：设完全二叉树的节点数为 n，且自顶向下，从左至右依次给各节点标号为 $1,2,\cdots,n-1,n$，然后按标号顺序把所有节点依序存放在一维数组中，并简称标号为 i 的节点为节点 $i(1 \leqslant i \leqslant n)$，若 $i=1$，则节点 i 为二叉树的根，无父节点；若 $i>1$，则 i 的父节点为 $[i/2]$；若 $2i \leqslant n$，则 i 的左子节点为 $2i$；否则，i 无左子节点；若 $2i+1 \leqslant n$，则 i 的右子节点为 $2i+1$；否则，i 无右子节点。

由于二叉树对应一维数据，而点云坐标是三维数据，为了使点云数据能够直接用二叉树结构组织，需要对点云坐标进行降维处理：对任意两点 $p_1(x_1,y_1,z_1)$ 和 $p_2(x_2,y_2,z_2)$，依次对其三个坐标分量进行比较，从而实现降维。具体操作为：首先将坐标点投影到 x 轴上进行比较，如果 x 坐标分量相同，再投影到 y 轴上进行比较，如果 y 坐标分量相同，最后投影到 z 轴上进行比较。即如果 $(x_1<x_2)$ 或者 $(x_1=x_2)$ 且 $(y_1<y_2)$ 或者 $(x_1=x_2)$ 且 $(y_1=y_2)$ 且 $(z_1<z_2)$，则 $p_1<p_2$。通过降维处理保持了三维点云的相互空间位置关系，便于邻域索引，也能够确保点云排序的唯一性和传递性，符合二叉树构建的条件。

2. 八叉树结构

八叉树是 Hunter 博士于 1978 年提出的一种用于描述三维空间数据的数据结构。点云数据的八叉树结构依托于点云的三维空间分布，具备良好的空间直观性，并且整体结构相对独立于点云数据，点的添加与删除简便易行且不会改变其结构。点云的八叉树划分是指采用循环递归的方法对初始立方体进行均匀分割，分割的具体步骤如下。

步骤 1：设置叶节点允许包含的最大点云数阈值 δ_n 和最大递归深度阈值 δ_d。

步骤 2：建立散乱点云的最小立方体包围盒，其边长计算式为

$$w_o = \max\left[(x_{\max}-x_{\min}),(y_{\max}-y_{\min}),(z_{\max}-z_{\min})\right] \tag{10.1}$$

式中，$(x_{\max},y_{\max},z_{\max})$ 和 $(x_{\min},y_{\min},z_{\min})$ 为点云坐标的最大和最小值；

步骤 3：把根节点均匀分割为 8 个小立方体作为叶节点，并仅保留非空节点。

步骤 4：依次统计每个叶节点包含的点云数量 n 和递归深度 m，如果 $n \leqslant \delta_n$ 或 $m \geqslant \delta_d$，则停止分割该叶节点，否则，把该叶节点看成根节点，转到步骤 3。

步骤 5：当所有叶节点都停止分割时，八叉树划分结束。

点云数据八叉树分割的过程如图 10.2 所示。

图 10.2　八叉树分割过程示意图

八叉树分割后每个子节点在其兄弟节点中的编码采用图 10.3 所示方式，设子节点在 x 轴、y 轴和 z 轴方向的编码为 $\left(i_x,i_y,i_z\right),i\in\{0,1\}$，则子节点在当前层的编码为

$$\text{code}_{\text{level-1}} = 2^2 i_z + 2^1 i_y + 2^0 i_x \tag{10.2}$$

式中，$\text{code}_{\text{level-1}} \in \{0,1,2,3,4,5,6,7\}$。

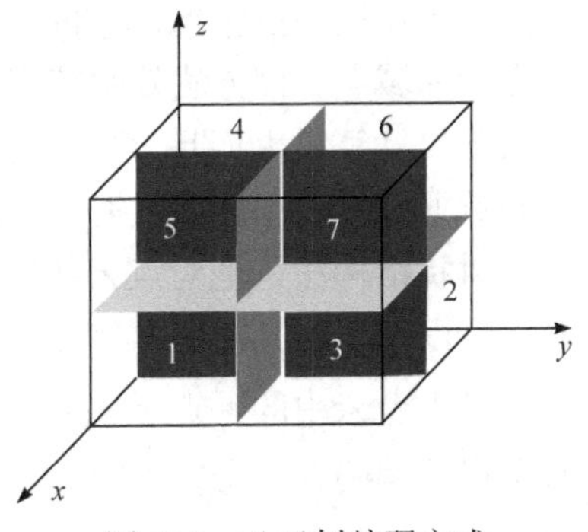

图 10.3 八叉树编码方式

将根节点编号为 0，按照上面的步骤 3 把根节点分割为 8 个子节点，则其编码为在根节点编码后追加当前层编码，即八个子节点编码分别为 00、01、02、03、04、05、06、07。按照上述规则依次对各层级的子节点进行编码，则每个节点都有唯一的八进制编码，编码的位数代表子节点所在层数，编码末尾数值代表节点在其兄弟节点中的编号。

3. kd 树结构

kd 树是 Bentley 于 1975 年把二叉树推广到 k 维空间而构建的一种数据结构。其建立规则为：k 维空间数据在根节点处按照第一个维度被分割成左右两棵子树，然后用未使用的维度依次分割子树为两棵更小的子树，当所有维度使用完毕后再次使用第一个维度作为分割准则，循环上述分割过程，直到全部子树都只剩下 1 个元素。

以平面点集为例说明 kd 树构建方法。如图 10.4 所示，点集 $P=\left\{p_i \middle| i=1,2,\cdots,16\right\}$ 是平面散乱点集，首先把点集按照 x 坐标大小排序并定位中间点(当点集个数为偶数时，取 x 坐标较大的点为中间点)，把该中间点作为根节点。过根节点的垂线把点集分为左右两个半平面，半平面上的点集分别作为根节点的左右子树。在左右子树中分别按照 y 坐标大小排序，并定位中间点，以此作为根节点的子节点。过子节点的水平线把半平面分成上下两个部分，在每部分又按照 x 坐标的大小取中间点，作为第三层叶节点。即 kd 树的奇数层节点按 x 坐标的大小取中间点获取，偶数层节点按 y 坐标的大小取中间点获得，不断循环，直到所有节点不能分割。

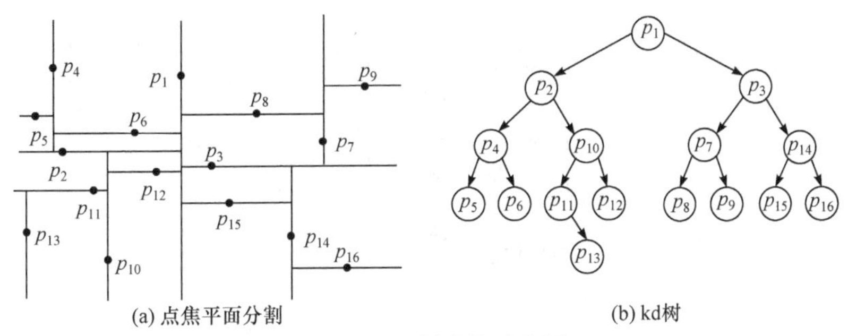

图 10.4 kd 树建构示意图

10.1.2 点云邻域索引方法

散乱点云不具有点间拓扑信息，但是在点云法向计算、去噪和降采样等处理时需要知道点云的邻接关系。点云邻域主要包括 k-邻域和球邻域两种。其中，点集 $P=\left\{p_i \middle| i=1,2,\cdots,n\right\}$ 中距离点 p 最近的 k 个点的集合称为点 p 的 k-邻域。点集 P 中到点 p 的距离小于某空间球半径 r 的点集合称为点 p 的球邻域。

点云索引方法包括蛮力计算法、空间分块策略法、Voronoi 图法和树状结构法。蛮力计算法依次计算当前点到其他点的距离，然后按照距离值筛选出该点的邻域点，这种方法仅适

合点云规模很小的情况。空间分块策略法是把点云空间分成许多小分块，然后在小分块中搜索点的邻域点，该方法效率较高。Voronoi 图法通过点云数据的 Voronoi 图来搜索邻域点，该方法不仅计算量大而且效率不高。树状结构法是指用八叉树或者 kd 树等数据结构管理组织点云数据，然后利用该数据结构搜索邻域点，该方法较为常用。

树状结构法是把对点云的邻域搜索转换为树状结构子单元邻域搜索，进而实现高效邻域索引，以基于八叉树的 k-邻域搜索为例简要说明。

对于点云中的一点 $p(x,y,z)$，其在八叉树结构中的叶节点(LN^p)位置可依据其点坐标及八叉树的编码方式予以确定：设八叉树剖分的最深层数为 N，计算 p 点所在 N 层叶节点的编码 code_p，然后按照此编码进行 LN^p 的按层寻址，如果 LN^p 位于第 $M(M<N)$ 层，则寻址到第 M 层时得到的节点即为 LN^p。推导如下：

(1) 若 N=1，设 LN^p 在兄弟节点中的三轴方向的编号为 i_{0x}、i_{0y}、i_{0z} $\left(i_{0x},i_{0y},i_{0z}\in\{0,1\}\right)$，则利用式(10.2)即可解得其编码。

(2) 若 N=2，设 LN^p 在兄弟节点中的三轴方向的编号为 i_{1x}、i_{1y}、i_{1z} $\left(i_{0x},i_{0y},i_{0z}\in\{0,1\}\right)$，则 LN^p 在三轴方向的总编号为

$$\begin{cases}\text{code}_{p_x}=2^1 i_{0x}+2^0 i_{1x}\\ \text{code}_{p_y}=2^1 i_{0y}+2^0 i_{1y}\\ \text{code}_{p_z}=2^1 i_{0z}+2^0 i_{1z}\end{cases} \tag{10.3}$$

且

$$\text{code}_p=8^1\left(2^2 i_{0z}+2^1 i_{0y}+2^0 i_{0x}\right)+8^0\left(2^2 i_{1z}+2^1 i_{1y}+2^0 i_{1x}\right) \tag{10.4}$$

(3) 若 $N=n$，设 LN^p 在兄弟节点中的三轴方向的编号为 i_{Nx}、i_{Ny}、i_{Nz} $\left(i_{0x},i_{0y},i_{0z}\in\{0,1\}\right)$，则 LN^p 在三轴方向的总编号为

$$\begin{cases}\text{code}_{p_x}=\sum_{j=1}^{N}2^{j-1}i_{(N-j)x}\\ \text{code}_{p_y}=\sum_{j=1}^{N}2^{j-1}i_{(N-j)y}\\ \text{code}_{p_z}=\sum_{j=1}^{N}2^{j-1}i_{(N-j)z}\end{cases} \tag{10.5}$$

且

$$\text{code}_p=\sum_{j=1}^{N}8^{j-1}\left(2^2 i_{(N-j)z}+2^1 i_{(N-j)y}+2^0 i_{(N-j)x}\right) \tag{10.6}$$

(4) 设 N 层叶节点的边长为 w_o，则 LN^p 在三轴方向的总编号与 p 点之间的关系为

$$\begin{cases}\text{code}_{p_x}=\text{floor}\left[x/\left(w_o/2^N\right)\right]\\ \text{code}_{p_y}=\text{floor}\left[y/\left(w_o/2^N\right)\right]\\ \text{code}_{p_z}=\text{floor}\left[z/\left(w_o/2^N\right)\right]\end{cases} \tag{10.7}$$

式中，floor( ) 函数为直接去掉小数位的取整函数。

(5) 根据式(10.5)～式(10.7)可以解得 LN^p 在各层中的编号 $\left(i_{0x},i_{0y},i_{0z}\right)\sim\left(i_{Nx},i_{Ny},i_{Nz}\right)$，此系列编号即为 LN^p 的按层寻址路径。根据路径查找到第 $M\left(M<N\right)$ 位节点时，如果当前节点未被分割或者再向下查找指针为空，说明此处节点并没有进行 N 次分割，而是仅分割了 M 次，该 M 层的节点即为 LN^p。

根据上述索引过程可以找出 p 点所在的叶节点 LN^p，之后可在此数据块中根据欧氏距离确定近邻点。但是由于仅在 LN^p 中求取的近邻点并不是严格意义上的近邻点，应将 LN^p 的邻域节点考虑在内。设式(10.7)计算结果为 p 点所在叶节点 LN^p 在三轴方向的总编号，则其最近邻域(nearest neighbors，NN)节点的三轴方向的总编号为

$$\begin{cases}\mathrm{code}_{\mathrm{NN}x}=\mathrm{code}_{p_x}\pm 1\\ \mathrm{code}_{\mathrm{NN}y}=\mathrm{code}_{p_y}\pm 1\\ \mathrm{code}_{\mathrm{NN}z}=\mathrm{code}_{p_z}\pm 1\end{cases}\tag{10.8}$$

根据上述推导步骤即可实现对邻域叶节点的索引。计算 LN^p 及其邻域叶节点内每个点到 p 点的距离，并按照升序排列，则排在前面的 k 个点就是 p 点的 k-邻域。

事实上，有很多开源程序实现并优化了点云邻域索引，如 FLANN 库中已经封装了众多优化的点云邻域索引算法，且这些算法能满足绝大多数邻域索引需求。

10.2　点云数据拼接

激光扫描仪可以快速获取被测场景或对象表面的点云数据，但由于光沿直线传播，单个视角只能获取物体部分表面数据；在野外测量时，受仪器量程的限制，可能无法在一个测站获取被测区域的全部数据。此时，为获取物体表面的完整数据和被测区域的全部数据，需要从不同的视角和测站进行多次测量。单次扫描得到的点云通常在仪器坐标系下，需要确定各个坐标系间的转换参数，将各个视角和测站得到的点云合并到统一的坐标系下。统一坐标系的过程称为拼接。

不同的被测物体、外部环境、仪器以及精度要求，都制约着点云拼接方法的选择。点云拼接可分为粗拼接和精拼接两大类，其中粗拼接算法又可分为辅助法和特征法两类；精拼接算法主要是迭代最近邻点算法及其改进算法。

10.2.1　辅助法

辅助法通常是与常规的测量手段相结合，将人工标靶、全站仪、GNSS、IMU 等作为辅助手段，完成点云拼接。

采用人工标志进行点云拼接的本质是利用至少 3 组标志的中心点进行坐标转换。人工标志需要进行特殊设计，如平面标志需要考虑材质和形状，便于提取和拟合中心点，球形标志大小设计适中等。同时人工标志和扫描仪进行结合，需要建立相应的中心改正模型，以提高标志中心的解算精度。

在应用人工标靶作为辅助时，人工标靶的提取至关重要。在实际应用中，常用平面标靶或球形标靶，其提取可分为两个步骤，一是标靶点的提取，二是标靶中心的提取。在标靶点

的提取过程中，大多采用回光反射强度信息进行筛选。由于人工标靶的特殊材质，其反射强度和周围地物间的差距较大，比较容易从点云中筛选出来；标靶中心提取常用拟合法，首先提取出标靶的边缘点，然后通过抗差拟合得到标靶中心坐标。以下介绍平面圆形标靶中心点提取的原理和步骤。

1. 平面圆形标靶边缘点提取

1) 凸包算法

凸包是计算几何中的概念，若平面上包含有限个点的点集为Q，则其凸包是包含Q的最小凸多边形。平面标靶的几何形状通常为圆形，其边缘点可以看成标靶点云凸包点的集合。用凸包算法提取标靶边缘点时不受标靶内部点云缺失的影响，且可以自动滤除因标靶边缘数据缺失而产生的非标靶边缘点。凸包算法提取的平面圆形标靶凸包点如图 10.5 所示。

2) 距离标靶重心最远点的边缘点提取算法

对于平面圆形标靶，在某一方向上最外围点应是边缘点。基于这一原理，距离标靶重心点最远点的边缘点提取算法主要步骤如下。

步骤 1：计算点云重心$(\overline{x}_0,\overline{y}_0,\overline{z}_0)$。

步骤 2：按照某一固定角度将坐标等分成若干个扇形区域(例如可按照 1°间隔等分成 360 个扇形区域)。

步骤 3：计算各扇形区域内任一点到重心点间的距离，最大距离值所对应的点即为该扇形区域内的边缘点。

该算法的原理图如图 10.6 所示。

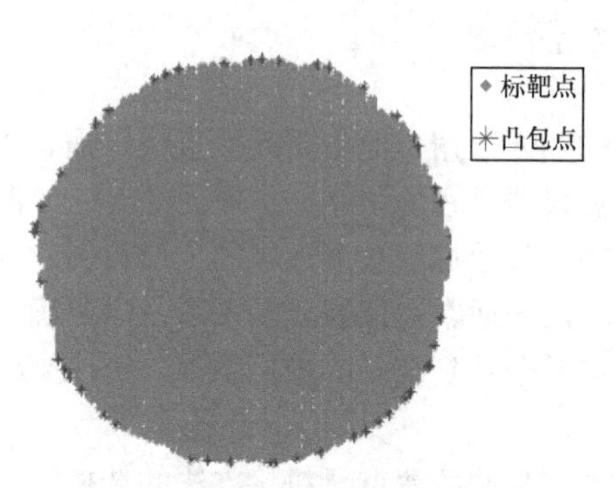

图 10.5 凸包算法下的平面圆形标靶凸包点

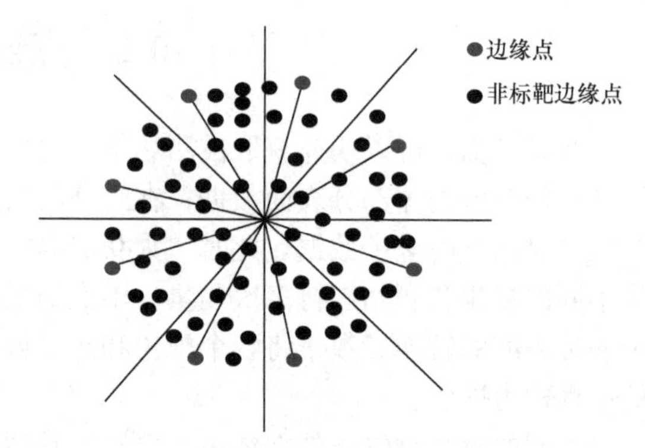

图 10.6 边缘点提取算法原理图

2. 靶心拟合

在提取出平面圆形标靶边缘点之后，计算靶心坐标，此过程即为靶心拟合。由于测量环境的复杂性，测量获取的标靶数据难免存在冗余或者缺失，标靶边缘点可能不均匀或存在一些粗差点，故在靶心拟合过程中可使用抗差最小二乘拟合。

在二维平面上，设圆上的点为$p(x_i,y_i)$，则有

$$(x_i-x_0)^2+(y_i-y_0)^2=r^2 \tag{10.9}$$

式中，r为半径；(x_0,y_0)为圆心。则误差方程为

$$v_i=f(x_0,y_0,r)=\sqrt{(x_i-x_0)^2+(y_i-y_0)^2}-r \tag{10.10}$$

式(10.10)是非线性方程，利用泰勒级数展开，省略二次以上项，可得线性化方程：

$$v_i = f_0 + \left(\frac{\partial f}{\partial x_0}\right)_0 \mathrm{d}x_0 + \left(\frac{\partial f}{\partial y_0}\right)_0 \mathrm{d}y_0 + \left(\frac{\partial f}{\partial r}\right)_0 \mathrm{d}r \tag{10.11}$$

写成矩阵形式为

$$\boldsymbol{v} = \boldsymbol{A}\hat{\boldsymbol{X}} + \boldsymbol{L} \tag{10.12}$$

式中，$\hat{\boldsymbol{X}} = (\mathrm{d}x_0 \quad \mathrm{d}y_0 \quad \mathrm{d}r)^{\mathrm{T}}$。

根据抗差最小二乘原理有

$$\hat{\boldsymbol{X}} = -\left(\boldsymbol{A}^{\mathrm{T}}\bar{\boldsymbol{P}}\boldsymbol{A}\right)^{-1}\left(\boldsymbol{A}^{\mathrm{T}}\bar{\boldsymbol{P}}\boldsymbol{L}\right) \tag{10.13}$$

式中，$\bar{\boldsymbol{P}}$ 为边缘点的等价权矩阵。

当 $\hat{\boldsymbol{X}}$ 中各元素都小于设定阈值时停止迭代。最后得到的 $\hat{\boldsymbol{X}} = \hat{\boldsymbol{X}}_0 + \hat{\boldsymbol{X}}_1 + \cdots + \hat{\boldsymbol{X}}_{n-1}$ 即为平面圆参数估值。

3. 转换矩阵计算

假设从源点云和目标点云中提取到的标靶中心坐标分别为 $\boldsymbol{P} = \{p_1, p_2, \cdots, p_n\}$ 和 $\boldsymbol{Q} = \{q_1, q_2, \cdots, q_n\}$，想要根据这两个点集计算出两组点云间的刚性转换关系，其本质是一个最小二乘求优问题。该问题可以用如下公式描述

$$(\boldsymbol{R}, \boldsymbol{t}) = \operatorname{argmin} \sum_{i=1}^{n} w_i \left\| \boldsymbol{R} \cdot p_i + \boldsymbol{t} - q_i \right\|^2 \tag{10.14}$$

式中，$\boldsymbol{R}$ 和 $\boldsymbol{t}$ 分别为旋转矩阵和平移向量；$w_i > 0$，为点集中点对应的权重，通常设为 1。

对式(10.14)进行奇异值分解，即可以得到最终的旋转矩阵 $\boldsymbol{R}$ 和平移向量 $\boldsymbol{t}$。应用辅助法拼接前后的两组点云数据如图 10.7 所示。

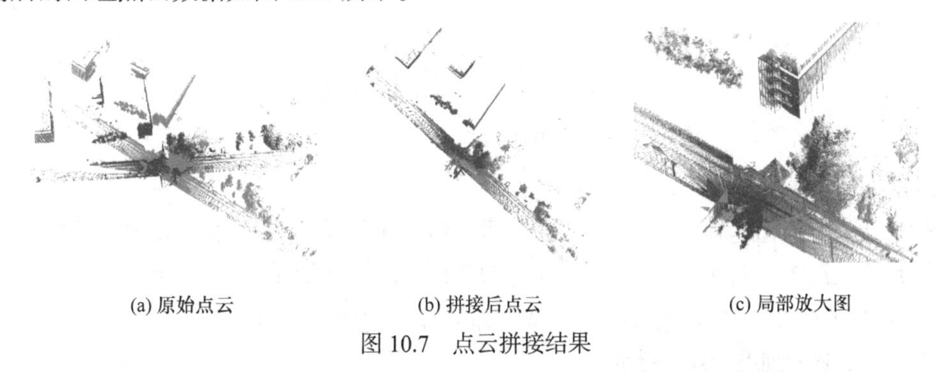

(a) 原始点云　　(b) 拼接后点云　　(c) 局部放大图

图 10.7　点云拼接结果

辅助法一般能得到比较理想的拼接结果，但其对点云数据的获取要求更高，要在相邻测站间架设足够多的反射片或靶球，增加了野外作业难度。

10.2.2　特征法

特征法是通过提取扫描场景或被测物中的特征，然后建立相邻测站对应关系模型，完成点云拼接，可分为两类算法。第一类是人工提取的特征拼接，通过人工识别并提取具有显著特征的点、线、面、球体、圆柱、圆台等，实现多站点云数据拼接工作；第二类是自动识别的特征点拼接，通过定义点的特征描述算子，使每一个点具有独特的描述向量，然后通过对比两组点云中每个点的描述向量，确定匹配点，实现点云拼接。本小节主要介绍第二类算法。

在自动识别的特征点拼接算法中，应用较多的特征描述是点特征直方图(point feature

histograms，PFH)以及由此改进的快速点特征直方图(fast point feature histograms，FPFH)。以下简要介绍两种特征描述算子及其拼接算法。

1. PFH 描述子

PFH 是一个具有位姿不变性的局部特征信息，可以表征某个点附近表面模型的隐式信息。其计算是基于点与其 k-邻域点间的几何关系，结合三维点位坐标(x,y,z)和表面法向信息(n_x,n_y,n_z)，计算得到一个 16 维特征向量来描述该点。其计算步骤如下。

步骤 1：对于每一个点 p，计算得到其 k-邻域点。

步骤 2：对于 k-邻域点中的每一对点 p_i 和 p_j 及其法向 n_i 和 n_j $(i \neq j)$，构建一个局部坐标系 uvw，如图 10.8 所示，其中，p_s是两个点中法向与两点连线夹角较小的点；

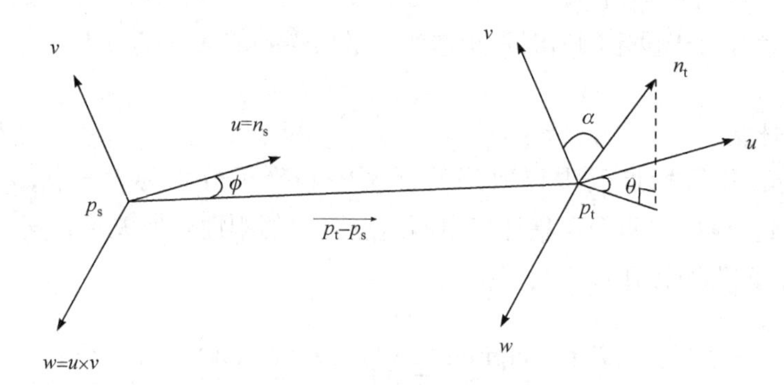

图 10.8　点与其 k-邻域点间的几何关系图

步骤 3：对于每一个点 p，计算其四个特征值

$$\begin{cases} f_1 = \alpha = v \cdot n_t \\ f_2 = d = \|p_t - p_s\| \\ f_3 = \phi = [u \cdot (p_t - p_s)]/\|p_t - p_s\| \\ f_4 = \theta = \arctan(w \cdot n_t, u \cdot n_t) \end{cases} \tag{10.15}$$

步骤 4：构建统计直方图。

首先将每个特征值范围划分为b个子区间，然后统计落在每个子区间的点的数目。一个统计的例子是：把每个特征区间划分成等分的相同数目，为此在一个完全关联的空间内创建有b^4个区间的直方图。在原始算法中$b=2$，即特征描述向量的维度为 16 维。

PFH 的影响区域如图 10.9 所示。

由图 10.9 可知，PFH 的计算复杂度为$O(n \cdot k^2)$，其中 n 为点云总数，k 为每个点的 k-邻域点数。

2. FPFH 描述子

PFH 算法的复杂度较高，为了减少其复杂度、提高计算效率，Rusu 等发明了 FPFH 算法，其复杂度为$O(n \cdot k)$，FPFH 算法的影响区域如图 10.10 所示。

FPFH 的计算步骤如下。

步骤 1：对于当前点 p，计算其 SPFH(simple point feature histogram)值，SPFH 的计算仅考虑 p 与其 k-邻域点间的统计数。

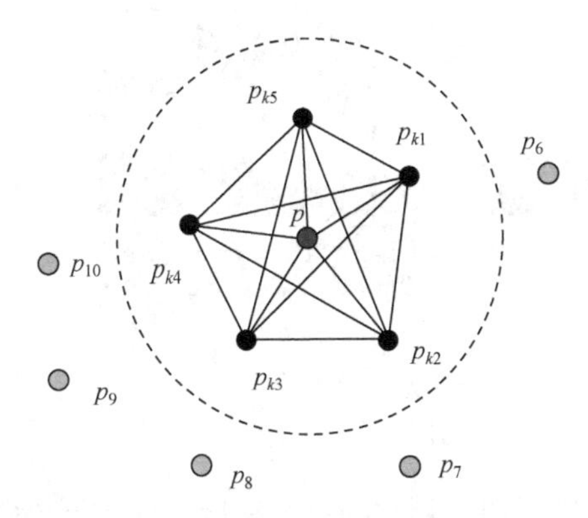

图 10.9　PFH 的影响区域示意图

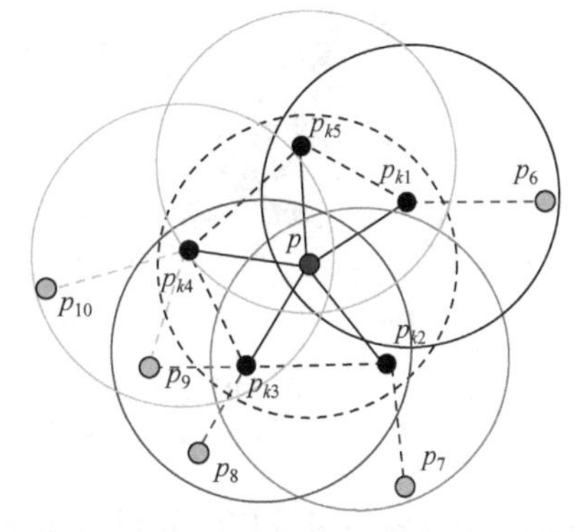

图 10.10　FPFH 算法的影响区域示意图

步骤 2：计算当前点 p 的 k-邻域点中每个点 p_j 的 SPFH 值。

步骤 3：计算当前点 p 的 FPFH 值。

$$\mathrm{FPFH}(p)=\mathrm{SPFH}(p)+\frac{1}{k}\sum_{i=1}^{k}w_i\cdot\mathrm{SPFH}(p_i) \tag{10.16}$$

3. 转换矩阵计算

依据上述过程计算得到的点云 PFH 和 FPFH 值，可应用 SAC-IA(sample consensus initial alignment)算法，通过迭代的方式计算出源点云和目标点云间的转换关系。其计算步骤如下。

步骤 1：从源点云中选取 s 个样本，确保样本中任意两个点间的距离大于一定的阈值。

步骤 2：对于样本 s 中的每一个点，从目标点云中寻找到一系列与其具有相近 PFH 或者 FPFH 值的点，从中随机选取一个作为该样本点的对应点。

步骤 3：依据样本点及其对应点计算两组点云间的转换关系以及该转换关系所对应的误差。

步骤 4：不断重复上述三个步骤，直到误差满足要求时停止迭代，并输出相应的旋转矩阵和平移向量。

应用 PFH 和 SAC-IA 算法拼接的点云数据如图 10.11 所示，应用 FPFH 和 SAC-IA 算法的拼接结果如图 10.12 所示。

(a) 点间对应关系

(b) 拼接后的点云

图 10.11　PFH 和 SAS-IA 算法拼接结果

特征法对点云数据获取过程没有特殊要求，但其仅适用于有显著特征的场景点云数据，当特征较少时，拼接精度难以保证。

10.2.3　精拼接

点云精拼接主要包括 ICP 及其改进算法。该算法最早由 Besl 等于 1992 年提出，首先应

(a) 原始点云

(b) 拼接后的点云

图 10.12　FPFH 和 SAC-IA 算法拼接结果

用于图像匹配，取得了较好的效果。该算法一次只能进行两个测站的点云拼接，算法要求两个测站待拼接的点云数据有足够的重叠，并且能高精度地提取重叠区域；算法还要求重叠的点云数据在三维方向上都有足够多的数据以避免陷入迭代局部极值，保证精度。待拼接的两站重叠的点云数量较少，即没有足够的重叠时，不能保证拼接精度，甚至无法进行拼接；待拼接的两站重叠的点云数量较大时，如达到数十万甚至上百万个点，拼接速度慢、效率低。

ICP 算法通过不断地旋转和平移源点云使之与目标点云重合，从而实现拼接，具体步骤如下。

步骤 1：寻找两组点云中距离最近的点对。

步骤 2：根据找到的距离最近点对，求解两组点云之间的位姿关系，即旋转矩阵 $\boldsymbol{R}$ 和平移向量 $\boldsymbol{t}$。

步骤 3：根据求解的位姿关系对点云进行变换，并计算误差。

步骤 4：若误差满足要求，则计算完毕；若不满足要求，则重复步骤 2 和步骤 3，直到误差满足要求或达到最大迭代次数为止。

图 10.13 为应用 ICP 算法精化前后的点云拼接结果。

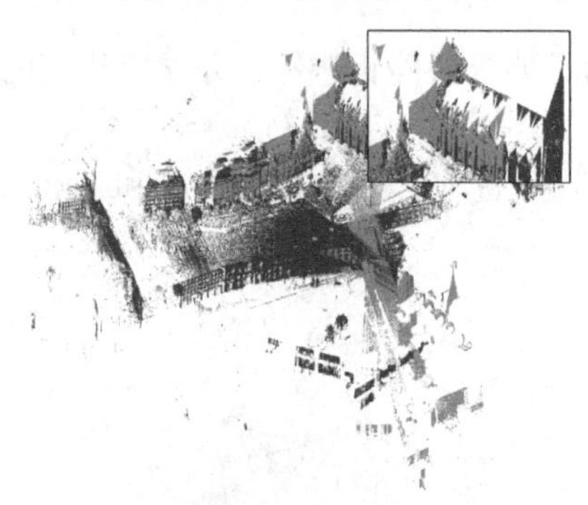

(a) 精化前拼接结果

(b) 精化后的拼接结果

图 10.13　应用 ICP 算法精化时前后拼接结果

精拼接一般在粗拼接的基础上进行，其目的是进一步精化初始拼接结果，最终的拼接结果以及时间消耗与粗拼接结果相关。

10.3　点云数据去噪

三维激光扫描仪采集点云数据时，不可避免地会产生一些与被测目标无关的点云数据，即噪声点。噪声点的存在不仅会增加点云数量，还会对点云拼接、点云分割和三维建模等操作产生影响，因此有必要对点云数据进行去噪处理。点云去噪的目的是在保持被测目标几何特征的同时，有效去除噪声点。

点云噪声点产生的原因较多，主要分为以下三类：①由扫描仪等设备引起的系统噪声，即设备扫描精度的变化、数据采集时仪器旋转引起的抖动等造成的噪声点。②与被测目标相关的噪声，即被测目标表面的粗糙程度、材料性质、纹理特性、形状复杂度以及运动物体的存在等导致的噪声点。③扫描过程中一些不确定因素产生的噪声，即外界环境变化、人为操作失误等产生的噪声点。

10.3.1　点云噪声分类

根据点云数据噪声点的产生原因和空间分布情况，可将噪声点分为以下 4 类：①漂浮噪声点，明显远离被测目标主体点云表面，漂浮在其上方的不属于被测目标主体的点。②孤立噪声点，与被测目标主体点云几乎没有关联性，远离被测目标主体点云区域且少而密集的噪声点。③冗余噪声点，超出采集点云数据时预先设定的扫描区域的多余数据点。④混杂噪声点，与被测目标点云混杂在一起，但非目标点云的噪声点。

以上 4 类噪声点中，前三类噪声点统称为大尺度噪声或离群点，此类噪声往往可以借助点云数据处理软件进行人工剔除，如图 10.14 中的 a 区域所示；第四类噪声点称为小尺度噪声或非离群点，此类噪声处理起来相对复杂，需要借助点云去噪算法，如图 10.14 中的 b 区域所示。

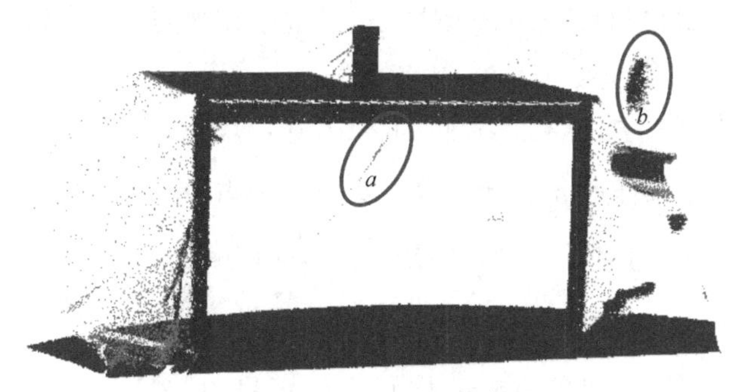

图 10.14　点云噪声示意图

10.3.2　常用点云去噪方法

虽然前面已提及在离群点去除时可采用人工剔除的方式，但由于点云数据量一般较大，手动剔除噪声点的方式成本高且难以得到良好的去噪效果。点云去噪方法主要分为有序点云去噪方法和无序点云去噪方法。针对有序点云去噪，常用方法有高斯滤波、中值滤波和均值滤波；对于无序点云去噪，需在散乱点云中建立相关的拓扑关系，进而使用相关算法进行去噪，常用方法有拉普拉斯算法和双边滤波算法。

1. 有序点云去噪方法

1) 高斯滤波

高斯滤波的主要原理是基于统计学的思想去除噪声点，依据采样点近邻的点云密度来判断是否为噪声点，若某区域的点云数据小于某个密度，则去除该区域的点云，而点云密度是通过对点云数据和邻域点的距离进行统计后进行分析得到的。该法对符合高斯分布的噪声点去除效果较好，且能够保持原始点云数据的形状。

假设原始点云数据 $\boldsymbol{P}=\left\{p_i=\left(x_i,y_i,z_i\right)\middle| i=1,2,\cdots,n\right\}$，具体步骤如下。

步骤 1：对于每一个采样点 p_i，计算得到其 k-邻域点 $\boldsymbol{Q}=\left\{p_{ij}=\left(x_{ij},y_{ij},z_{ij}\right)\middle| j=1,2,\cdots,k\right\}$，并计算采样点到其 k-邻域的平均距离 $\overline{d}_i$，σ 为 d_i 的标准差。

$$d_i=\frac{\sum_{j=1}^{k}\sqrt{(x_{ij}-x_i)^2+(y_{ij}-y_i)^2+(z_{ij}-z_i)^2}}{k} \tag{10.17}$$

$$\overline{d}_i=\frac{\sum_{i=1}^{n}d_i}{n} \tag{10.18}$$

$$\sigma=\sqrt{\frac{\sum_{i=1}^{n}(d_i-\overline{d}_i)^2}{n-1}} \tag{10.19}$$

步骤 2：点云中所有点的距离应构成高斯分布，因此通过给定均值与方差，即可达到去噪效果。

2) 中值滤波

中值滤波是将滤波窗口内所有数据点按某一方向进行排序(升序或降序)，利用排序后的中间值作为该窗口的输出值。该方法对尖锐噪声点去除效果较好，能很好地保持点云模型的边缘特征，但对漂浮在被测目标主体点云之上以及混杂在被测目标主体点云之内的噪声点去除效果不理想。

假设原始点云数据 $\boldsymbol{P}=\left\{p_i=\left(x_i,y_i,z_i\right)\middle| i=1,2,\cdots,n\right\}$，具体步骤如下。

步骤 1：对于每一个采样点 p_i，计算得到其 k-邻域点 $\boldsymbol{Q}=\left\{p_{ij}=\left(x_{ij},y_{ij},z_{ij}\right)\middle| j=1,2,\cdots,k\right\}$，并将邻域内的点按照 x 轴，y 轴，z 轴方向按某一方向排序。

$$\begin{cases} X_i=\text{sorted}\left\{x\middle|\left(x_{ij},y_{ij},z_{ij}\right)\in\boldsymbol{Q}\right\} \\ Y_i=\text{sorted}\left\{y\middle|\left(x_{ij},y_{ij},z_{ij}\right)\in\boldsymbol{Q}\right\} \\ Z_i=\text{sorted}\left\{z\middle|\left(x_{ij},y_{ij},z_{ij}\right)\in\boldsymbol{Q}\right\} \end{cases} \tag{10.20}$$

步骤 2：取各方向的中间值作为采样点处的替代值。

$$(x_i',y_i',z_i')\leftarrow[\text{median}(X_i),\text{median}(Y_i),\text{median}(Z_i)] \tag{10.21}$$

3) 均值滤波

均值滤波是计算滤波窗口内所有数据点的平均值，利用该平均值作为窗口内的输出值。该方法易使点云的位置发生改变，虽能够较好地平滑高斯噪声，但也容易过平滑点云边缘，从而导致点云细节特征失真。

假设原始点云数据 $\boldsymbol{P}=\left\{p_i=\left(x_i,y_i,z_i\right)\middle| i=1,2,\cdots,n\right\}$，具体步骤如下：

步骤 1：基于 K 最近邻(K-nearest neighbors，KNN)方法寻找每个点云数据的 k 个邻域点 $\boldsymbol{P}_{ij}=\left\{p_i=\left(x_{ij},y_{ij},z_{ij}\right)\middle| j=1,2,\cdots,k\right\}$。

步骤 2：取邻域点的平均值作为采样点处的替代值。

$$(x_i',y_i',z_i') \leftarrow \left[\text{mean}\left(\sum_{j=1}^{k}x_{ij},\sum_{j=1}^{k}y_{ij},\sum_{j=1}^{k}z_{ij}\right)\right] \tag{10.22}$$

2. 无序点云去噪方法

1) 拉普拉斯算法

拉普拉斯算法是一种较为常见的基于信号处理的去噪算法，是将高频几何噪声能量扩散到局部邻域中的其他点上来实现，其基本思想是通过拉普拉斯算子的多次运算，进而改变当前采样点的位置，使其达到邻域重心。拉普拉斯算子为

$$\nabla^2 = \frac{\partial^2}{\partial x^2} + \frac{\partial^2}{\partial y^2} + \frac{\partial^2}{\partial z^2} \tag{10.23}$$

设点 $p_i = (x_i, y_i, z_i)$ 为离散的点云数据，其邻域为 N_i，则定义

$$\delta_i = L(p_i) = p_i - \frac{1}{d_i}\sum_{j\in N(i)} p_j \tag{10.24}$$

根据式(10.24)的结果不断移动顶点，可以将该去噪过程看成一个扩散过程

$$\frac{\partial p_i}{\partial t} = \lambda L(p_i) \tag{10.25}$$

总地来说，该算法思想简单，即通过多次迭代将数据点移向局部点云数据的重心处，时间复杂度相对较低，针对分布均匀的数据去噪能够达到很好的效果。但对于分布不均且数据量大的点云数据，邻域重心大多不会与其邻域结构的中心点重合，这容易导致该点向点云密度大的地方偏移而无法保持其原有特征，经过多次迭代可能会使点云模型变形扭曲。

2) 双边滤波算法

双边滤波算法最先应用于数字图像处理，是一种图像滤波方法。图像处理时利用图像的空间邻域值和像素灰度值，既保留了图像的边缘信息也起到了降噪平滑的效果，其核心思想是通过邻域灰度值的加权平均值来代替当前点的灰度值从而达到去噪的目的。后经学者的不断扩展，从中衍生出了用于点云数据的双边滤波算法，其基本思想是利用点云距离信息和法向量信息，计算滤波权重因子，使点云数据点沿着法向方向移动，以此来降低噪声。

经典双边滤波算法的过程是通过构建每个采样点的 k-邻域来计算准确的法线，然后利用该点的邻域拟合出一个二维平面，并近似认为垂直于此二维平面的法向量即为采样点的法向量，通过得到的距离信息和法向量信息建立双边滤波器，进行噪声的处理。

双边滤波更新后的数据点为

$$\hat{p}_i = p_i + \alpha \cdot n_i \tag{10.26}$$

式中，$\hat{p}_i$ 为双边滤波后的点云数据；p_i 为原始点云数据；α 为双边滤波因子；n_i 为 p_i 的法向量。

双边滤波因子 α 的表达式为

$$\alpha = \frac{\sum_{p_j\in N(p_i)} W_C\left(\left\|p_j - p_i\right\|\right) W_S\left(\left|\left\langle n_i, p_j - p_i\right\rangle\right|\right)\left\langle n_i, p_j - p_i\right\rangle}{\sum_{p_j\in N(p_i)} W_C\left(\left\|p_j - p_i\right\|\right) W_S\left(\left|\left\langle n_i, p_j - p_i\right\rangle\right|\right)} \tag{10.27}$$

式中，$N(p_i)$ 为数据点 p_i 的邻域点；W_C、W_S 为两个高斯核函数；$\left\|p_j - p_i\right\|$ 为点 p_j 与点 p_i 之

间的空间距离；$\left|\left\langle n_i, p_j - p_i \right\rangle\right|$为点 p_j 在点 p_i 法向量上的投影；$\left\langle n_i, p_j - p_i \right\rangle$为两者的向量积。

总地来说，双边滤波具有较好的特征保持与平滑性能，可以取得较好的去噪效果，但不能处理大范围噪声，并且该算法比较依赖点云法向计算的质量，且不适合去除噪声大的点云。

为展示两种方法的效果，将 bunny 原始点云数据、带有噪声的点云数据以及经过滤波后的点云数据进行网格化。从图 10.15 可以看出，带有噪声的点云数据重建的网格模型表面粗糙，而使用前文的两种方法进行去噪处理后，模型表面变得较为光顺平滑，两种方法均达到了一定的去噪效果，但都不可避免地损失了一些细微特征，其中双边滤波算法在该数据的特征保留方面技高一筹。

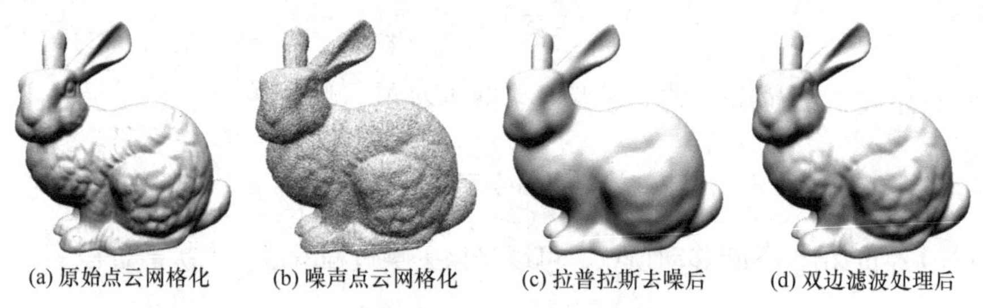

(a) 原始点云网格化　(b) 噪声点云网格化　(c) 拉普拉斯去噪后　(d) 双边滤波处理后

图 10.15　两种典型无序点云去噪方法对比图

10.4　点云数据简化

三维激光扫描设备的扫描速度及精度的不断提高，促进了激光扫描技术在各领域的广泛应用，这些应用采集了目标区域的海量点云数据。海量点云数据不仅冗余信息多，而且占用大量内存，易降低后续处理步骤的效率。因此，实际应用中会在点云模型表达的精细度与处理效率方面寻求平衡，即根据不同的应用需求从原始采样点云中抽取出足够表达模型特征的有用信息，此即为点云数据的简化。

国内外学者根据不同的点云数据特点提出了一系列简化压缩的方法，按照是否保留点云数据中的特征信息，可分为保留特征的点云简化法和规则简化法两类。保留特征的点云简化法大多依据点云曲率、法向、法向夹角、局部特征尺寸(local feature size，LFS)、特征参数和最小曲面距离等相关特征度量因子，筛选出点云数据中的特征点，然后删除一定数量的非特征点，最终得到保留细节信息的简化点云。规则简化法不区分点云数据中的特征点和非特征点，依据统一设定的数学、几何准则，对原始点云数据进行降采样，以达到简化的目的。

10.4.1　点云数据简化准则

理想的点云简化算法要做到以最少的数据量来表达最必要的信息，即在曲率较大的地方尽可能保留足够的数据点，在曲率较小的区域仅保留少量数据点，从而在不损失点云细节特征信息的前提下最大限度地去除冗余数据点。实际应用中多基于以下准则来衡量点云简化算法的优劣：①压缩率高，即在保证失真较小的情形下，最大限度地压缩点云数量；②在限差范围内简化点云数量，即点云的简化结果能满足应用的精度要求；③算法简洁，执行效率高；④不具有特殊性。

10.4.2　规则简化法

规则简化法通常是依据一定的数学、几何准则，对原始点云数据进行降采样，以达到简化的目的。这种方法具有较高的简化率，可快速实现点云简化，且可以保证简化后点云的均匀性，适用于曲率较小和均匀分布的点云数据简化，但是对于复杂表面物体的点云精简效果不理想，会把数据中的很多细节特征信息精简掉。以下简要介绍随机采样法、包围盒法和均匀网格法。

1. 随机采样法

该法的核心思想是按照一定的采样率从点云中随机选取并保留点，每个点被选中的概率相等。点云的采样率越高，保留的点越多，点云就越密集，就能更好地保留点云的特征；采样率越低，点云就越稀疏，则简化后的点云丢失的特征越多，如图 10.16 所示。该方法简单高效，易于实现，但因其随机等概率保留点云中的任意一点，精简结果不稳定且无法顾及到点云中的形状和特征等信息。

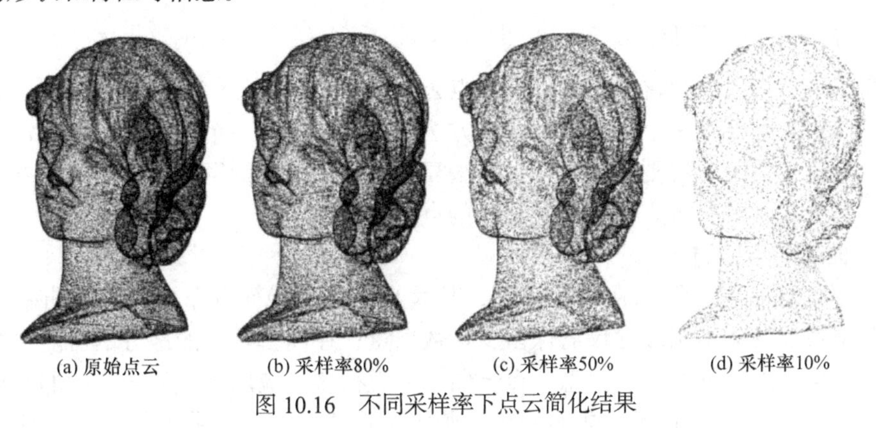
(a) 原始点云　(b) 采样率80%　(c) 采样率50%　(d) 采样率10%

图 10.16　不同采样率下点云简化结果

2. 包围盒法

该法的核心思想是用包围盒中的某个点(包围盒点云重心、包围盒中心或离包围盒中心最近点等)来代替包围盒中全部的点以实现点云数据简化。以包围盒重心法为例，其实现方法为：首先，构造一个最小外包长方体来包围全部点云；然后，将长方体根据一定的数量或大小分割成若干个小立方体包围盒；最后，保留小包围盒中离全部点云重心点最近的点作为简化后的点，删除其余点，若小包围盒中没有点云时不保留点，即每个小包围盒中最多只保留一个数据点。

图 10.17 是原始点云分割成不同数量的小包围盒后的简化点云，可以看出，经包围盒法压缩的点云分布较为均匀，且有明显的格网划分痕迹，包围盒数量越少，则痕迹越明显。在

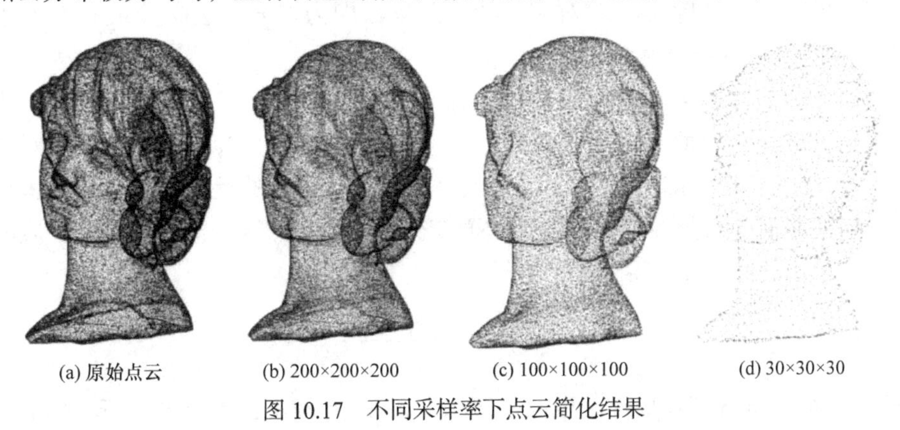
(a) 原始点云　(b) 200×200×200　(c) 100×100×100　(d) 30×30×30

图 10.17　不同采样率下点云简化结果

压缩效果方面，包围盒数量越多，保留的点就越多，特征保留越好，压缩效果越差。反之，包围盒数量越少，压缩效果越好，特征丢失越多，压缩后模型与原模型相差越大。

3. 均匀网格法

均匀网格法由 Martin 于 1996 年提出，是包围盒压缩算法的扩展。首先，构造一个最小外包长方体封装所有点云，长方体两两垂直的三条边分别平行于坐标系的三个坐标轴；然后，根据压缩比确定小立方体边长 d，将长方体包围盒分解成边长为 d 的小立方体栅格，将点云数据逐一分配到相应的栅格中；最后，将各个小立方体栅格内的点建成一个表，选取表中的中值点作为采样点来进行点云数据的简化，其余点则被删除。均匀网格法能够较好地解决样条曲线和均值的约束问题，但在简化空间分布集中或含有大量尖锐特征的点云数据时，容易产生大量空栅格，丢失数据的细节信息。

10.4.3　保留特征的点云简化法

该法在实现点云数据简化的同时，保留点云数据的细节特征信息，在点云数据的简化率和特征信息保留之间寻求一个最佳平衡。该方法首先需要选取一个指标用于衡量每个点的特征显著度，再依据设定的规则进行简化，算法复杂度相较于规则简化法更高。以下简要介绍基于曲率、基于 k-邻域平面拟合和基于 LFS 的点云简化算法。

1. 基于曲率的点云简化

点云曲率信息是点云的内在属性信息，其大小反映了特征分布信息。在曲率较小的区域，点云数据特征变化不明显，仅需保留少量数据点；在曲率较大的地方尽可能保留足够多的数据点，以保留点云细节特征信息。点云曲率种类很多，应用到点云简化中的有法曲率、平均曲率、高斯曲率、主曲率、曲面变分、圆的平均曲率、混合曲率等。虽然这些曲率各异，但是总体方法上大同小异，以基于曲面变分的点云简化为例予以介绍。

点云中的任意一点 p 所在的局部区域可近似为平面，点 p 的法向 $\boldsymbol{n}$ 可以用该点的 k-邻域点 $p_i\left(i=1,2,\cdots,k\right)$ 基于最小二乘法拟合得到的局部平面法向量来逼近。此时，依据点 p 的邻域点构建点 p 的协方差矩阵

$$\boldsymbol{C}=\frac{1}{k}\sum_{i=1}^{k}\left(p_i-\overline{P}\right)\cdot\left(p_i-\overline{P}\right)^{\mathrm{T}} \tag{10.28}$$

式中，k 为邻域点的数量；$\overline{P}$ 为 k 个邻域点的坐标重心。

设矩阵 $\boldsymbol{C}$ 的三个特征根为 λ_0、λ_1、λ_2，且 $\lambda_0\leqslant\lambda_1\leqslant\lambda_2$，对应的特征向量为 $\boldsymbol{e}_0$、$\boldsymbol{e}_1$、$\boldsymbol{e}_2$，则根据几何知识可知，最小特征根 λ_0 对应的特征向量 $\boldsymbol{e}_0$ 即为点 p 的法向量 $\boldsymbol{n}_p$。为便于后续处理，对所有法向予以单位化处理。

点 p 的协方差矩阵 $\boldsymbol{C}$ 的特征向量 $\boldsymbol{e}_0$、$\boldsymbol{e}_1$、$\boldsymbol{e}_2$ 构成一个正交坐标系，其中 $\boldsymbol{e}_1$ 和 $\boldsymbol{e}_2$ 构成了点 p 处的切平面，$\boldsymbol{e}_0$ 近似为曲面在点 p 处的法向。特征根 λ_0、λ_1、λ_2 表征了点 p 沿对应的特征向量 $\boldsymbol{e}_0$、$\boldsymbol{e}_1$、$\boldsymbol{e}_2$ 的偏移量，即 λ_0 定量表示了点 p 偏离其切平面的程度。故类比于微分几何学中用曲率来描述曲面的微分性质，可以把曲面变分作为散乱点云局部曲面微分性质的衡量准则。点 p 局部区域的曲面变分定义为

$$\sigma\left(p\right)=\frac{\lambda_0}{\lambda_0+\lambda_1+\lambda_2} \tag{10.29}$$

式中，$\sigma\left(p\right)$ 表征了点 p 所在局部区域的平缓程度，$\sigma\left(p\right)$ 越小，表示点 p 所在局部区域越平

缓。由于 λ_0 为最小特征根，故 $\sigma(p)$ 的取值范围为 $0 \leqslant \sigma(p) \leqslant 1/3$。当 $\sigma(p)$ 等于 1/3 时，表示点 p 是一个非平缓点，其邻域点所在区域为高曲率区域；当 $\sigma(p)$ 等于 0 时，表示点 p 的邻域点分布在平面上，点 p 是一个平缓点。故可以利用 $\sigma(p)$ 来度量点 p 是否为平缓点，如设置阈值 σ_0，当 $\sigma(p)$ 小于 σ_0 时为平缓点，否则为非平缓点。阈值 σ_0 可以根据设置的规则自动获取，无需依赖个人经验。

曲面变分作为描述曲面局部几何特征的指标，与曲面曲率具有相似性。同时，曲面变分具有几何不变性，其大小和点云模型的尺度无关，与法向距离等几何量相比，用曲面变分来区分平缓点和非平缓点适用性更强。如图 10.18 所示，图中加粗点是依据曲面变分阈值提取保留的特征点，特征点呈窄带状分布。

依据曲面变分虽然能把非平缓区域的特征点提取出来，但是会删除平缓区域的所有点云，造成点云数据的空洞。为了弥补这一缺点，可以在平缓区域采用前述的规则简化法进行简化。把特征点和平缓区域简化点集成起来就得到最终的简化点云，如图 10.19 所示。

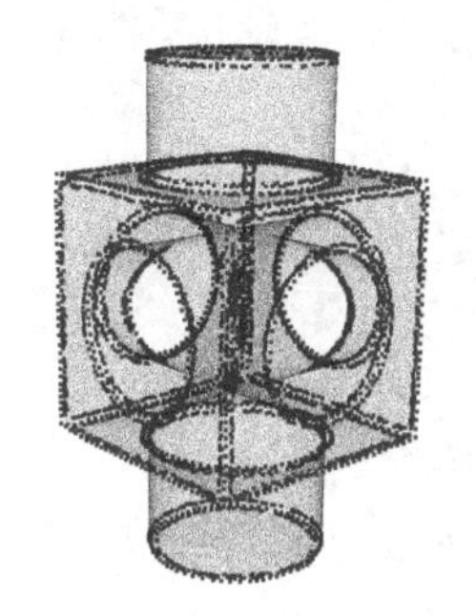

图 10.18　基于曲面变分的特征点提取

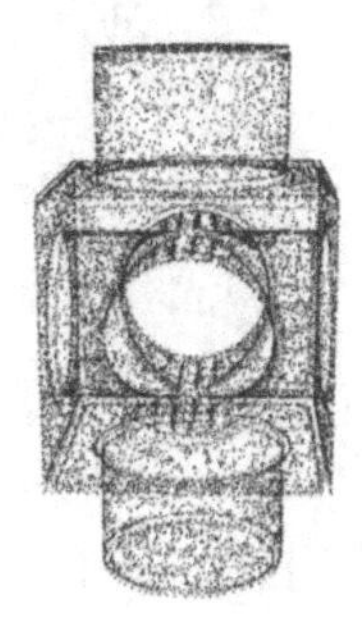

图 10.19　基于曲面变分的简化点云

2. 基于 *k*-邻域平面拟合的点云简化

如图 10.20 所示，点 p 为当前搜索点，点 p_i 为其 k-邻域点($i = 1,2,\cdots,7$)，平面 H 为所有点的最佳拟合平面，$\boldsymbol{n}$ 为平面 H 的法向量。

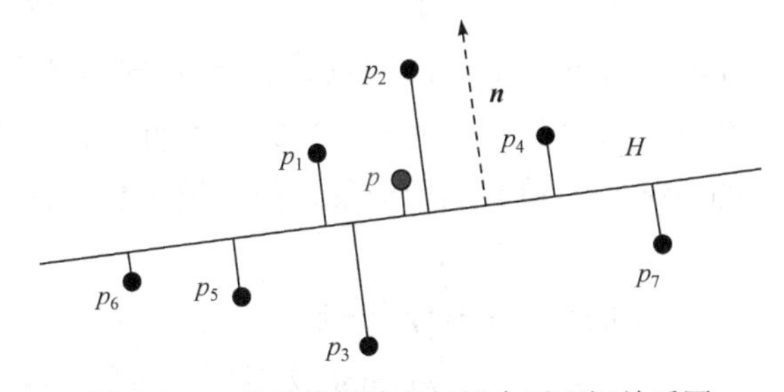

图 10.20　点及其邻域点与拟合平面间关系图

对于尖锐特征点，其 k-邻域点中会有很多点远离最佳拟合平面。基于这个原理，可以很便捷地判定点 p 是否为特征点。定义 $d(p)_{\max}$ 为点 p 的 k-邻域点到最佳拟合平面 H 距离值的最大值，再设置一个阈值 Th，若 $d(p)_{\max} > Th$，则认为点 p 所包含的特征信息较多，将点 p 作为特征点保留；若 $d(p)_{\max} \leqslant Th$，则认为点 p 所包含的特征信息较少，将点 p 作为非特征点。

对于阈值 Th，既可以人为设定，也可以根据点云内在属性信息自适应确定。自适应确定时可以采用下述公式计算

$$Th=\frac{1}{n_0}\sum_{p\in P}d(p)_{\max} \tag{10.30}$$

式中，n_0为点数；p为点集P中的点。

对于非特征点，其k-邻域点应该十分接近最佳拟合平面。基于这个原理，可以实现点云的简化。首先，对点p进行k-邻域搜索，并求得最佳拟合平面；然后，计算每一个k-邻域点到拟合平面的距离$d_i(i=1,2,\cdots,k)$和均值$\overline{d}$；最后，通过比较d_i和$\overline{d}$实现点云简化，若$d_i\leqslant\overline{d}$，则认为距离d_i所对应的点p_i所包含的信息可以被k-邻域内其他点所代替，删除该点；若$d_i>\overline{d}$，则认为点p_i所包含的特征信息不能被k-邻域内其他点所代替，保留该点。

最终的点云简化结果如图 10.21 所示。

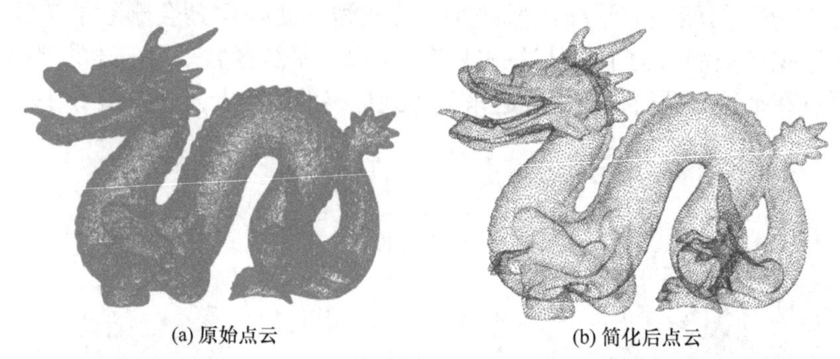

(a) 原始点云　　(b) 简化后点云

图 10.21　基于k-邻域平面拟合的点云简化

从图 10.21 可知，基于k-邻域平面拟合的点云简化算法可以保留原始点云中的尖锐特征，简化效果明显，无论在特征区域还是非特征区域，均能达到简化目的，以较少的、必要的数据点代表原始模型。

3. 基于 LFS 的点云简化

先介绍与算法密切相关的几个基本概念。

Voronoi 图：三维空间中的点集$P=\{p_i|i=1,2,\cdots,n\}$，距离点p_i最近的点集$V_i=\{q\,\|qp_i|\leqslant|qp_j|,j\neq i,p_i,p_j\in P\}$，其中，$|qp|$表示点$q$到点$p$的欧氏距离。称$V_i$为点$p_i$的 Voronoi 单元，点集$P$中的所有点的 Voronoi 单元的并集为$P$的 Voronoi 图。

极点：采样点p对应的 Vonoroi 单元的两个最远的且位于空间曲面S两侧的顶点称为p的极点。

Delaunay 图：对三维空间中的点集$P=\{p_i|i=1,2,\cdots,n\}$，建立它的 Voronoi 图，将每条 Voronoi 边对应的两个点用直线段连接在一起，就得到采样点集 Voronoi 图的对偶图——Delaunay 图，又称 Delaunay 三角剖分。如图 10.22 所示，图中深色图形表示 Delaunay 三角剖分，浅色图形表示 Voronoi 图。

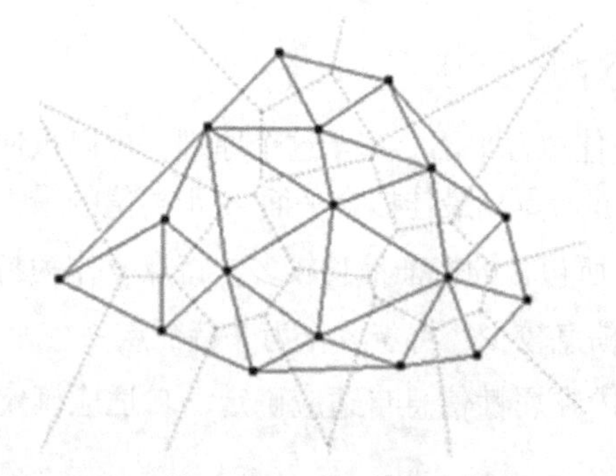

图 10.22　二维 Delaunay 三角剖分和 Voronoi 图

如图 10.23(a)所示，距离曲面S至少有两个最近点的点集称为S的曲面中轴(medial axis，MA)。空间曲面S上的任意点p到曲面中轴的最近距离$f(p)$称为曲面S在采样点p处的局部特征尺寸。

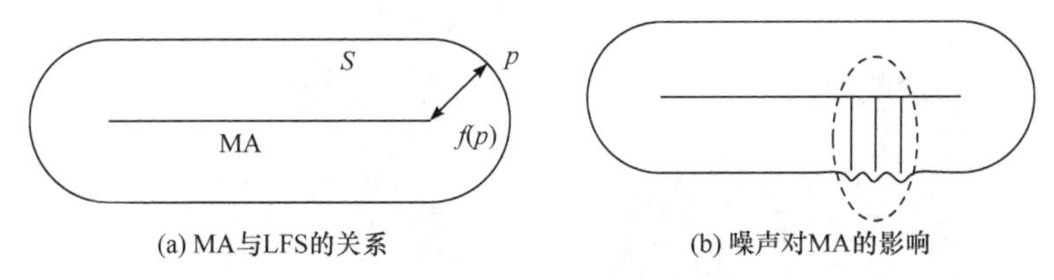

(a) MA与LFS的关系　(b) 噪声对MA的影响

图 10.23　MA 与 LFS 示意图

局部特征尺寸是在曲面中轴基础上定义的，要计算某采样点的 LFS，需要先求出整个采样点集的 MA。但是，在曲面重建过程中，因曲面是未知的，且曲面的微小噪声会极大地改变曲面中轴，如图 10.23(b)所示。故严格意义上的曲面中轴计算十分困难，同样直接计算采样点的局部特征尺寸也非常困难。

通常通过点集的 Voronoi 图中的极点来近似计算曲面中轴。当点云不存在噪声时，利用采样点的极点可以较好地逼近曲面中轴。但是，单点计算的极点容易受点云噪声影响。当点云存在噪声时，部分极点会偏离曲面中轴而靠近曲面，以致无法准确估计曲面中轴，如图 10.24(a)所示。而以 k-邻域点为最小单元能有效削弱噪声对极点产生的影响，故用 k-邻域点为整体得到的公共极点逼近曲面中轴，该方法在点云存在噪声时依然能准确地估计出曲面中轴，如图 10.24(b)所示。

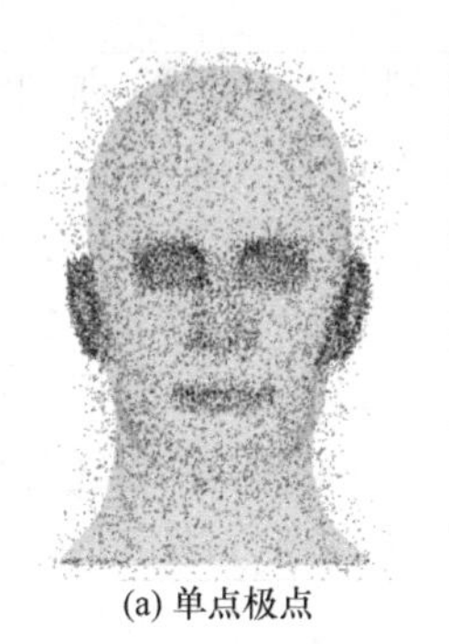

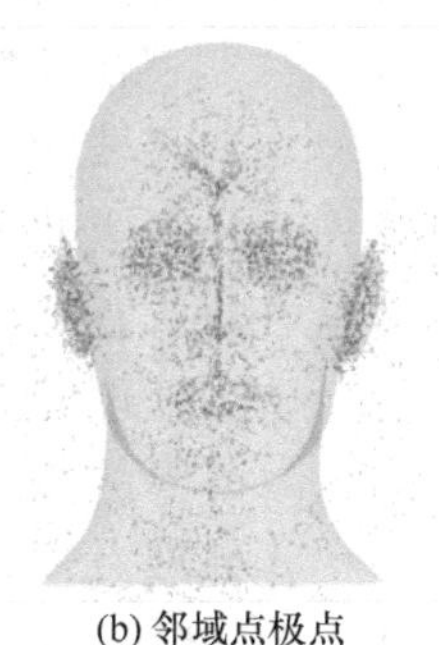

(a) 单点极点　(b) 邻域点极点

图 10.24　极点近似曲面中轴

采样点的局部特征尺寸估计的具体步骤如下。

步骤 1：对点集 P 进行 Delaunay 三角剖分。

步骤 2：对于 P 中任意点 p，搜索其 k-邻域点 N_p。

步骤 3：计算正极点，即 N_p 中各点对应的 Voronoi 单元的最远的且在曲面 S 一侧的顶点。

步骤 4：计算负极点，即 N_p 中各点对应的 Voronoi 单元的最远的且在曲面 S 另一侧的点。

步骤 5：提取出所有的正负极点组成点集 Q。

点集 Q 就是曲面中轴的估计，采样点到 Q 的最近距离为曲面在该点处的局部特征尺寸估计。

采样点 p 的局部特征尺寸 $f(p)$ 反映了曲面在该点处的细节特征变化程度，在特征变化越显著的区域 $f(p)$ 越小，在特征变化不明显的区域 $f(p)$ 越大。同时，曲面上与采样点 p 距离小于 $f(p)$ 的区域的细节特征可通过该点充分地表达，可删除该区域内的其余内部点，即可以根据曲面的局部特征尺寸对点云进行保留细节特征的简化。基于 LFS 的点云简化的结果如图 10.25 所示。

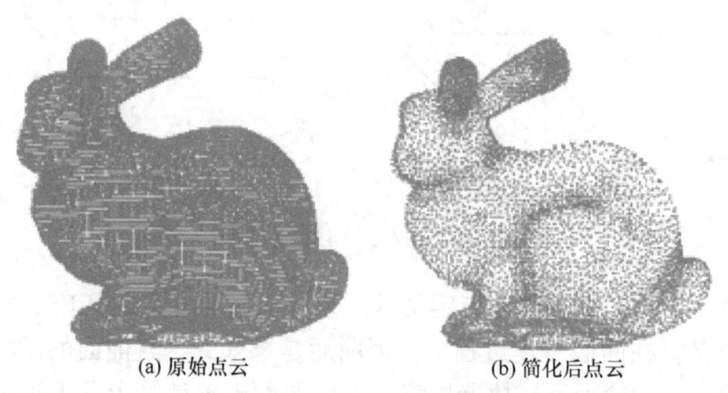

图 10.25　基于 LFS 的点云简化

从图 10.25 可知，点云数据经过基于 LFS 的点云简化算法简化后，在细节特征丰富的部位点云得以大量保留，在细节特征较少的部位，冗余点云数据得以有效地剔除，验证了简化方法的正确性和有效性。例如，兔子的耳朵、脖子和尾巴等位置的点云依旧很密集，细节特征信息损失较少。由于兔子身体部分是比较平缓的区域，简化后的点云密度显著降低，数量也明显减少。

10.5　点云数据分割

点云数据分割是将点云数据划分为具有相似特征的多个区域的逐点标识过程，即将散乱无序、无拓扑关系的点分割成若干个互不相交的子集，其中分割后每一个子集内的所有数据点都具有相似的特征信息。点云分割是点云数据处理的重要环节，是进行目标识别、特征提取和三维建模等的基础，而且分割结果的优劣将直接影响到后续数据处理过程。常用的分割方法包括模型拟合法、特征聚类法和区域生长法。

10.5.1　模型拟合法

大部分人工制造的物体可以被分解为诸如平面、圆柱以及球等基本几何形状。模型拟合法就是在扫描获取的点云中匹配基本几何形状，将属于同一形状的点划归为一类。一些学者提出了从含有噪声点的点云数据中匹配几何形状的稳健参数评估算法，包括两种广泛使用的算法：霍夫变换(hough transform，HT)算法和 RANSAC 算法。模型拟合法在进行点云分割时具有鲁棒性，一定程度上可以抵抗噪声点的影响。以 RANSAC 算法为例介绍模型拟合法分割原理。

1. 算法原理

RANSAC 算法在含有大量噪声点的点云数据中能够稳健地检测出模型的参数，通过随机抽取样本，该方法能够检测出可能的基本几何形状，通过迭代进行比较和排序，最终匹配出最优的分割方案。RANSAC 算法分割原理如图 10.26 所示。

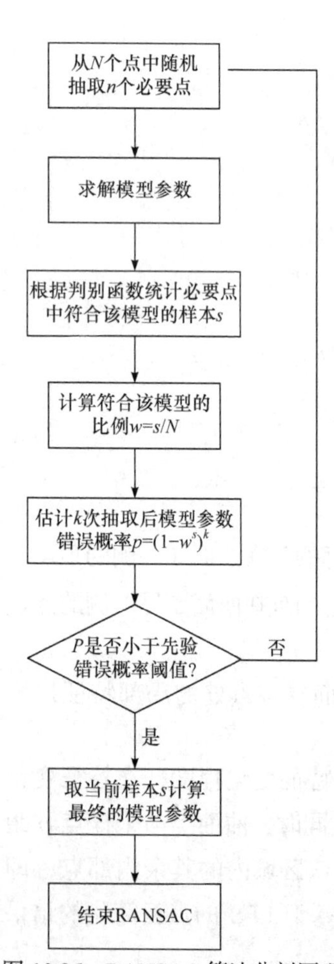

图 10.26　RANSAC 算法分割原理

以平面分割为例，RANSAC 算法提取平面的具体原理如下。

一般来说，处在同一平面上的点满足如下方程：

$$ax+by+cz=d \tag{10.31}$$

式中，(x,y,z) 为平面上点的空间坐标；(a,b,c) 为平面单位法向量且 $a^2+b^2+c^2=1$；d 为坐标原点到平面的距离。

从原始点云中提取出不同的点云面片，实质就是求取不同点云面片的平面参数。将平面参数表示成基本矩阵后，平面提取问题就可以转化为基本矩阵的估计问题。

设点云数据的待选点集为 $\{x_i,y_i,z_i\}(i=1,2,\cdots,m)$，其中 m 为点集总点数，则基本矩阵 $\boldsymbol{F}$ 满足

$$(x_i\ \ y_i\ \ z_i\ \ -1)\boldsymbol{F}=0 \tag{10.32}$$

式中，$\boldsymbol{F}=(a\ b\ c\ d)^{\mathrm{T}}$。

从式(10.32)可知，基本矩阵 $\boldsymbol{F}$ 的求解至少需要 3 个点。利用随机选取的三个点作为内点来确定初始平面 S，并得到初始参数值，然后根据初始参数值寻找点集合的其他内点。在获取模型参数后，还需要设置一定的判断条件来检测其余点是否为内点，常用的方法是计算点 $p(x_i,y_i,z_i)$ 到平面的欧氏距离 d_0：

$$d_0=\left|ax_i+by_i+cz_i-d\right| \tag{10.33}$$

在理想条件下，处于同一平面内点云的欧氏距离应该为零。但在实际情况中，因为扫描点误差的影响，真平面并不存在，所以需要设定阈值 δ_0 来近似拟合平面。

由于点云采集时表示的平面为一个数学模拟平面，该平面具有一定的“厚度”。在数据处理中，如图 10.27 所示，当该点与平面的距离不超过 δ_0，则将该点纳入内点中，否则纳入外点。阈值 δ_0 的选取决定着最后的提取效果，阈值过大和过小皆不利，过大会增大平面的腐蚀作用，过小则会造成平面的过度分割。在实际应用过程中，需结合平面分割的实际情况及具体要求来选择阈值。

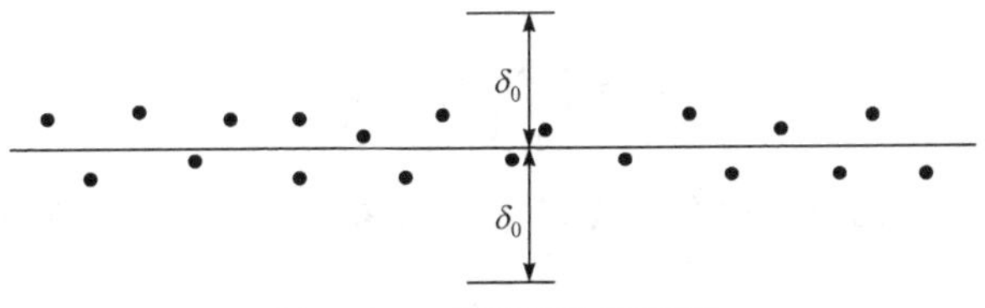

图 10.27　点云面片平视图

综上，RANSAC 算法提取平面的具体流程为：首先从原始点云中提取出含内点最多的平面，然后对原始点云循环使用 RANSAC 算法提取出所有平面。每次运行完一次后，提取平面点集上的点，将剩下的点作为下一次运行的原始数据集，依次循环直到提取出所有的平面点集。

2. 分割实例

点云数据由 Riegl VZ-400 扫描仪采集得到，利用 Cloud Compare 软件对点云数据进行显示，整体点云数据场景见图 10.28，图中点云数据颜色是按高程赋色，场景主要包括建筑、植被、地面等要素。RANSAC 算法采用了 Cloud Compare 软件中的“RANSAC Shape Detection”插件，利用 RANSAC 算法得到的平面分割结果见图 10.29，整体平面点见图 10.30，从中可以看出，建筑平面、地面等分割效果良好。

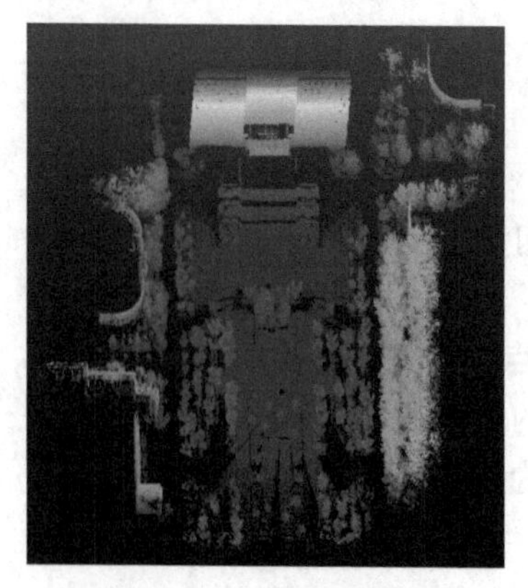

图 10.28　点云数据

图 10.29　RANSAC 算法平面分割结果

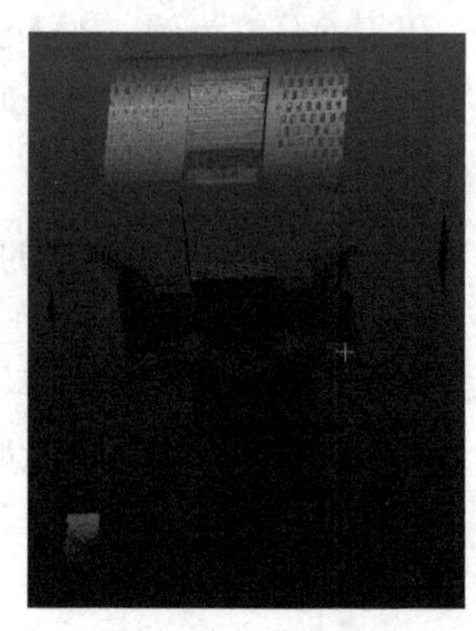
图 10.30　RANSAC 算法整体平面点

10.5.2　特征聚类法

特征聚类法根据计算得到的点云数据相互之间的特征相似度进行聚类，以此实现对点云数据的分割。用于特征聚类的特征向量构建方式灵活多变，其中，均值漂移(mean shift)算法在点云分割、图像分割、目标跟踪等方面得到了广泛应用。下面以 mean shift 算法为例对特征聚类法分割原理进行介绍。

1. 算法原理

mean shift 算法由 Fukunaga 和 Hostetler 于 1975 年提出，由于其应用价值未被挖掘，使得该算法一直处于搁置状态。20 年后，有学者在原来算法的基础上引入核函数，实现了对每个样本点偏移量的加权处理，促进了 mean shift 算法的发展，使 mean shift 算法在点云分割等方面得到了广泛应用。该算法属于无参数核密度估计法，即本身不需要任何的先验知识而完全依靠特征空间中的样本点，进而计算密度函数。

假定 d 维空间中有 n 个数据点集 P，对空间中任意点 p 处的 mean shift 向量的基本形式可表示为

$$M_h = \frac{1}{k}\sum_{p_i \in S_h}(p_i - p) \tag{10.34}$$

式中，S_h 为满足式(10.35)的点的集合，表示的是点集 P 中到点 p 的距离小于球半径 h 的数据点。

$$S_h = \left\{ p_i \middle| (p_i - p)^{\mathrm{T}}(p_i - p) \leqslant h^2 \right\} \tag{10.35}$$

进一步，将点 p 移动到偏移均值位置：

$$\overline{p} = M_h + p \tag{10.36}$$

分析可得，$(p_i - p)$ 表示的是点 p 与其他点 p_i 之间的偏移量，M_h 则为 S_h 内 k 个样本点与点 p 的偏移量的平均值，因此，mean shift 算法的核心思想就是各点往平均偏移量方向移动，再以此为新的起点不断迭代，直到满足一定条件结束，从而使各数据点沿着密度上升的方向寻找同属一个簇的数据点。偏移的大致过程如图 10.31 所示。

在均值漂移中引入核函数的概念，能够使距离中心的点具有更大的权值。改进的均值偏移向量的形式如下：

$$M_h = \frac{\sum_{i=1}^{n} x_i g\left(\left\|\frac{x_i - \boldsymbol{x}}{h}\right\|^2\right)}{\sum_{i=1}^{n} g\left(\left\|\frac{x_i - \boldsymbol{x}}{h}\right\|^2\right)} - x_c \tag{10.37}$$

式中，$g\left(\left\|\frac{x_i - \boldsymbol{x}}{h}\right\|^2\right)$为核函数；$h$ 为带宽，n 为带宽范围内的点个数；x_i 为带宽范围内的第 i 个点；x_c 为中心点。

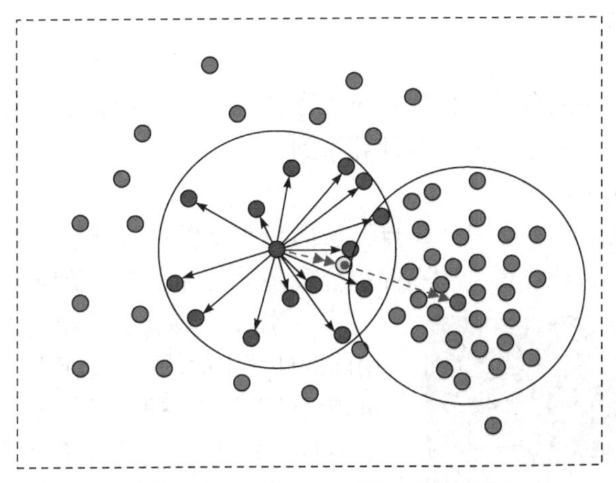

图 10.31　mean shift 算法示意图

综上，利用 mean shift 算法实现点云聚类的步骤如下。

步骤 1：从样本数据中随机选择一个点作为中心点 c_p。

步骤 2：找出距离中心点 c_p 在带宽 h 范围内的所有点，记作 M，认为这些点同属于一个聚类 $\boldsymbol{c}$，同时将该聚类中的数据点出现的次数加 1。

步骤 3：以 c_p 为中心，计算从 c_p 到 M 中每个元素的向量，向量相加之和记为 $\boldsymbol{s}$ 。

步骤 4：将 c_p 沿着 $\boldsymbol{s}$ 方向移动，移动距离为$|\boldsymbol{s}|$。

步骤 5：重复步骤 2～步骤 4，直至$|\boldsymbol{s}| < \xi$ (ξ 为一微小数值)，此时的 c_p 即为最终的聚类中心，如果该聚类中心与已存在的其他聚类中心距离接近，需要将两个聚类进行合并。

步骤 6：重复上述步骤直至所有样本点都得到了访问。

2. 分割实例

采用与图 10.28 相同的点云数据为源数据，其点云分割结果见图 10.32。图中各点云分割块随机赋色，可以看出，点云数据被聚类成了小的分割块，过分割现象较为严重，同时在不同要素的交界处容易产生误分割(部分建筑与植被、地面与植被等被分割到了一起)。

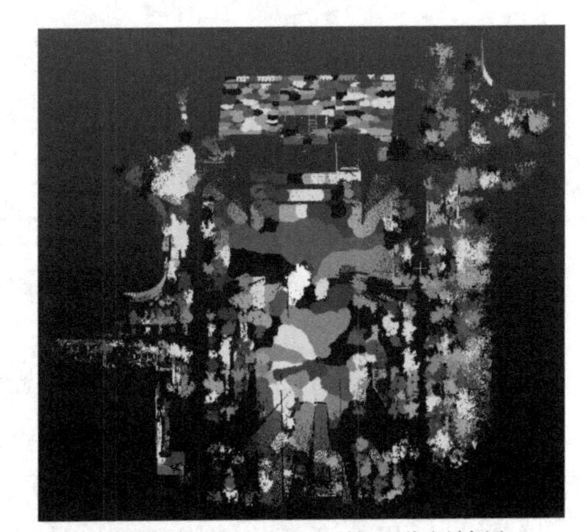

图 10.32　mean shift 算法分割结果

10.5.3　区域生长法

区域生长法(region growing，RG)是由二维图像扩展到三维点云的一种分割算法，已广泛应用于点云数据的分割处理。该方法根据点与点之间的邻接关系、相关属性之间的相似性进行点云分割，其主要思想是将具有相同或相似性质(如几何性质、颜色、曲率等)的点合并成一个集合并组成同一个区域。该方法主要分为两步：首先从海量点云数据识别出种子点，可以随机选取，也可按照一定的规则选择，比如按照几何规则挑选种子点；然后根据一定的规则进行种子点区域生长，区域生长的法则也有很多，比如根据判断点与种子点法向量的关系进行生长，两点法向量在某阈值范围内则生长此点，否则停止生长。区域生长算法分割效果主要取决于两方面：一是种子点选择；二是种子点生长规则。该算法对于平面、光滑曲面的分割效果较好。以经典的 Rabbani 算法为例对区域生长法分割原理进行介绍。

1. 算法原理

Rabbani 算法以平面拟合残差作为种子点条件，以法向量夹角作为生长准则，其中，平面拟合残差和法向量夹角基于点云邻域计算得到。

该方法主要包括两个步骤：

(1) 利用点的邻域拟合平面来计算点云法向量和平面拟合残差，平面拟合残差可以用来近似代表该点的曲率，将计算得到的平面拟合残差进行排序并用于种子点的选取。

(2) 把平面拟合残差小的点作为起始种子点，利用前期计算出的法向量进行区域生长，与种子点法向量相近的邻域点被加入同一生长区域，同时，从中找出平面拟合残差较小的点作为新的种子点继续进行生长，直到所有种子点生长完毕。

图 10.33　区域生长法分割结果

2. 分割实例

采用与图 10.28 相同的点云数据为源数据，其点云分割结果见图 10.33，图中各点云分割块随机赋色，可以看出，建筑、地面等面状点分割效果较好，但由于植被等非面状点相互之间法向量夹角过大，容易产生过分割现象，导致非面状点难以生长。

10.6　点云数据曲面重建

点云数据曲面重建是指通过测量设备获取物体表面大量高密度的离散几何点集，恢复被测物体表面的几何模型。本节从曲面重建技术的研究现状和典型技术等方面进行介绍。

10.6.1　曲面重建技术概况

曲面重建技术发展至今，已经取得了丰硕的研究成果。根据重建曲面的不同表现形式，曲面重建方法可分为 5 类：细分曲面重建，变形曲面重建，参数曲面重建，隐式曲面重建，网格曲面重建。

细分曲面是指按照特定的法则，递归地细分初始网格，以得到不同分辨率的网格模型，细分无穷多次以后，细分曲面将变成一张光滑曲面。细分曲面重建以 Catmull-Clark 细分、Doo-Sabin 细分、Loop 细分、蝶型细分、$\sqrt{3}$ 细分和 4-3 细分等细分模式为理论基础，具有实现简单、适用任意拓扑结构和多分辨率显示等优良性质。为提高算法效率或者保留重建结果中的特征信息，大部分细分曲面重建方法研究重点在于如何修改局部细分规则或者如何改变控制网格的拓扑结构，但对如何构建初始网格语焉不详。事实上，曲面重建关注的焦点是“从点到面”的转换，更关注如何获得初始网格而不是如何细分已有的网格，因此细分曲面重建实质上是在网格剖分基础上进行的再次重建。

变形曲面重建首先定义一个初始曲面，然后使其变形并逐步与数据集吻合。变形方法可分为 4 种：基于空间的变形、基于曲线曲面的变形、基于层次结构的变形、基于物理的变形。其中，适用于点云数据曲面重建的方法是基于物理的变形，该方法赋予曲面点云数据某种物理属性，按照物理定律约束曲面变形。变形曲面重建通过内部能量赋予了曲面力学特性，使变形曲面具有自然光顺的特点。但是，变形曲面重建不适合重建非封闭的或者包含分支结构的点云模型，而且变形过程是一个不断迭代的过程，若点云数据质量不高，迭代速度慢、迭代过程不易收敛。同时，引入物理模型后，使得原本复杂的曲面重建更加难以理解。

参数曲面最早起源于飞机、船舶和汽车的外形放样工艺，随着 Coons 曲面、Bezier 曲面、非均匀有理 B 样条(non-uniform rational b-spline，NURBS)曲面等理论的完善而不断发展，它不仅成为几何设计的重要工具，而且 NURBS 已经被确定为工业产品数据交换的标准。参数曲面重建的关键是如何根据测量的点云数据反求出曲面的控制点，控制点一旦确定，根据公式很容易求得重建曲面。这类方法既可以表示自由曲面，如飞机、船舶的流线型外壳，又可表示规则的二次曲面，如雷达天线的抛物面。但是，参数曲面重建时面片间的拼接很困难，不合适的权因子可能导致曲面重建失败，而且当需要重建特征和实现曲面高阶连续时，算法计算量大、效率低。所以该类方法一般只用于光滑连续的物体表面的重建，其适用范围有限。

隐式曲面重建是指用隐函数拟合数据点，然后提取隐函数的零等值面表示物体表面。隐式曲面重建算法又可细分为三类：局部拟合法、全局拟合法、距离函数法。该类算法可以抵抗点云数据中噪声的影响且重建结果具有良好的光滑效果。但是该类算法的重建效率与点云数据量关系不大，而主要取决于采用何种隐函数，因此算法的复杂度以及重建效率难以控制。同时，如何在重建表面中保留原有的特征信息也是该类算法需要解决的关键问题。

网格曲面重建可划分为 3 类：基于 Delaunay 三角化的方法、基于区域生长的方法、基于体素提取的方法。基于 Delaunay 三角化的方法依据某种特定法则从点云数据的初始 Delaunay 三角剖分中剔除冗余三角面片，保留受限 Delaunay 三角面作为物体表面。基于区域生长的方法是以一个种子三角形为初始网格，根据设定的规则获取邻接三角形，直至遍历所有的点云，得到待重建的物体表面，其主要区别是邻接三角形的获取准则和种子点选取规则不一样。基于体素提取的方法首先将点云区域分割成体素，每个体素包含 8 个顶点，然后计算各顶点的场函数，最后提取出等值面作为对原始曲面的逼近。网格曲面重建可以重建任意拓扑形状的物体，不同面片之间的拼合也比较容易，并且这类算法具有严格的理论证明。但是，网格曲面重建涉及大量的 Delaunay 三角剖分计算，尤其是当点云数量很庞大时，算法效率不高且耗费的内存空间大。同时，网格曲面重建对噪声很敏感，不适合处理含噪点云，并且这类方法重建的曲面只能达到 C^0 连续，不适合光滑曲面重建。

综上所述，各类算法的优缺点如表 10.1 所示。

表 10.1　五类重建算法优缺点

方法	优点	缺点
细分曲面重建	(1) 实现简单 (2) 适应任意拓扑结构 (3) 多分辨率的网格表达	(1) 需要点云的初始剖分网格 (2) 重建结果数据量呈几何倍数增长
变形曲面重建	(1) 曲面光顺性可自动满足 (2) 重建结果是一整张曲面	(1) 不适合有分支结构的点云重建 (2) 对噪声比较敏感 (3) 收敛速度慢，收敛过程不稳定
参数曲面重建	(1) 高效灵活省内存，实现简单 (2) 重建曲面容易控制和修改	(1) 难以重建复杂形体表面 (2) 需要由点云反求曲面控制点 (3) 面片之间的拼接不易处理
隐式曲面重建	(1) 抗噪性能良好，重建曲面光滑 (2) 可以处理海量点云 (3) 可快速判断点的空间位置	(1) 难以保留物体原有的尖锐特征 (2) 算法复杂度难以控制 (3) 需要点云的法向信息
网格曲面重建	(1) 适合计算机绘制和显示 (2) 具有严格的理论证明 (3) 可重建复杂拓扑结构表面	(1) 计算量大，效率低 (2) 自动化程度低 (3) 不适合处理海量点云和噪声点云

10.6.2　典型曲面重建技术

经过几十年的研究，国内外学者提出了多种点云数据三维重建的方法。本节主要介绍α-shape 算法、Crust 算法、Poisson 算法和多层次单元划分(multi-level partition of unity implicits，MPU)算法。

1. α-shape 算法

α-shape 是点集凸包的子集，α为曲面细节特征参数。1994 年，Edelsbrunner 第一次给出了α-shape 的通用概念，并给出点集α-shape 族的一种计算算法。α-shape 算法先对点云数据进行 Delaunay 三角剖分，然后对剖分结果中的每个单纯形(四面体、三角面、边、顶点)分别计算其属于α-shape 的取值区间，选定一个α值，若α值位于该取值区间内则保留该单纯形，若α值不在该取值区间内则删除该单纯形。最后保留的所有单纯形的集合就是点云数据的α-shape。特别地，当$\alpha = 0$时，输出结果为原始点集；当$\alpha\to\infty$时，保留所有单纯形，输出结果为点集凸包。α-shape 算法重建结果如图 10.34 所示。

理论上，当采样密度足够大时，α-shape 算法能输出与曲面同胚的分段线性三角面集合。实际上，很难准确给出合理的α值，通常将四面体、三角面所对应的外接球与外接圆半径从小到大排列形成α族，用户通过动态调整α值直至输出满意结果。当采样密度不均匀时，α-shape 算法的局限性就显而易见，此时很难选取一个合理的α值重建出高质量的表面，若α取值偏大会保留过多的三角形、四面体和边，若α取值偏小会出现孔洞。

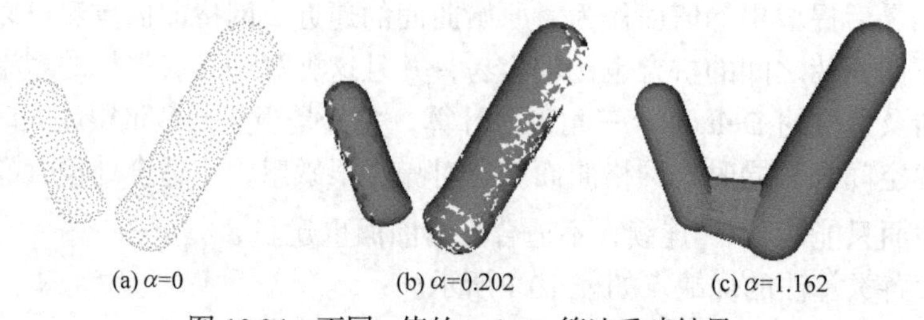

(a) α=0　(b) α=0.202　(c) α=1.162

图 10.34　不同α值的α-shape 算法重建结果

2. Crust 算法

1998 年，Amenta 提出的 Crust 算法是首个被严格证明的网格曲面重建算法。该算法创造性地构建原始点集和 Voronoi 图顶点的并集 Delaunay 三角剖分，再从中提取 Delaunay 边或 Delaunay 三角形。Crust 曲面重建算法的核心是利用曲面中轴过滤掉点集的非 Delaunay 边。由于三维空间的曲面中轴难以准确计算得到，可以将方向大致相反的距离原始点最远的 Voronoi 单元的两个顶点作为中轴的近似。Crust 算法流程图如图 10.35 所示。

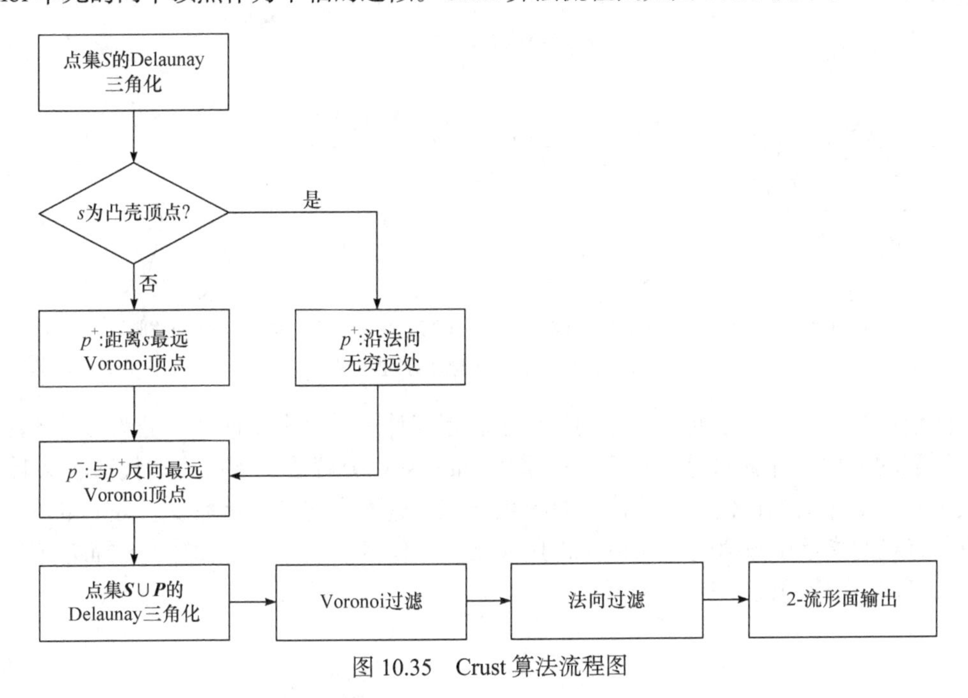

图 10.35　Crust 算法流程图

Crust 算法重建结果如图 10.36 所示。

图 10.36　Crust 算法重建结果

Crust 算法不需要给定模型的初始网格表面信息，能够自动重建出完整的、结构形态正确的三维模型并保留物体表面原有的细节信息，具有较为广泛的适用性。但是该方法需要计算所有点集和 Voronoi 图顶点的并集 Delaunay 三角剖分，存储空间和计算时间开销大，不能处理海量的点云数据，算法的效率有待提高。同时，该方法只能抵抗极少量的孤立噪声点的影响，当点集噪声大小与采样密度相当时，该算法可能失败。

3. Poisson 算法

Poisson 算法是经典的隐式曲面重建算法，该方法以模型的指示函数的梯度和模型表面采样点集的法向一致为约束，把带有法向信息的点云曲面重建转换为泊松方程求解问题。

如图 10.37 所示，当点位于模型内部区域时，指示函数的值为 1，当点位于模型外部区域时，指示函数的值为 0。所以在模型表面处，指示函数的梯度可以用定向后的点云内法向表示，而其他区域的指示函数的梯度都等于零。该问题可表述为对于指定的向量域 $\boldsymbol{V}$，求解指示函数 χ，使指示函数的梯度同该向量域形成最佳逼近，即 $\min\left\|\nabla\chi-\boldsymbol{V}\right\|$。因为向量域 $\boldsymbol{V}$ 通常是不可积的，指示函数的精确解一般不存在。为了找到最佳的最小二乘估计解，再同时计算向量域 $\boldsymbol{V}$ 和指示函数的梯度的散度，转换得到泊松方程：

$$\Delta\chi=\nabla\cdot\nabla\chi=\nabla\boldsymbol{V} \tag{10.38}$$

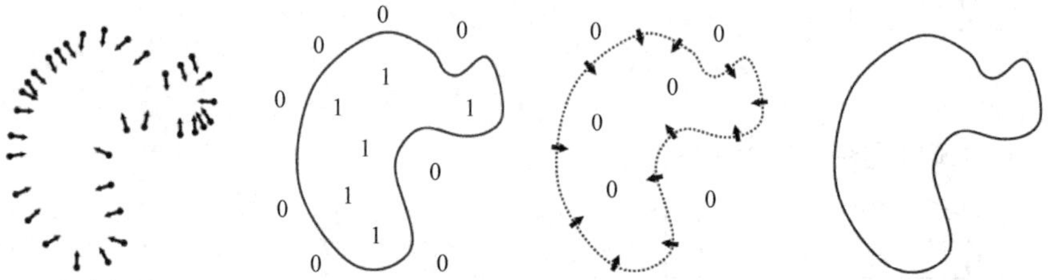

(a) 有向点云　(b) 指示函数　(c) 指示函数梯度　(d) 重建曲面

图 10.37　Poisson 算法原理示例

式中，向量域 $\boldsymbol{V}$ 可以根据小面片积分的线性求和近似计算，每个小面片积分为点的内法向和小面片面积的乘积。计算向量域 $\boldsymbol{V}$ 后，可采用 cholesky 分解法、雅可比迭代法、高斯-塞德尔迭代法和逐次超松弛迭代法等算法解算泊松方程，进而求解指示函数 χ。最后取等值面阈值 r 为所有点的指示函数值的平均值，再用移动立方体算法提取等值面作为曲面重建结果，即 Poisson 算法重建的模型表面 ∂M 为

$$\partial M=\left\{q\in R^3\middle|\chi(q)=r\right\},\quad r=\frac{1}{|S|}\sum_{s\in S}\chi(s.p) \tag{10.39}$$

Poisson 算法重建结果如图 10.38 所示。

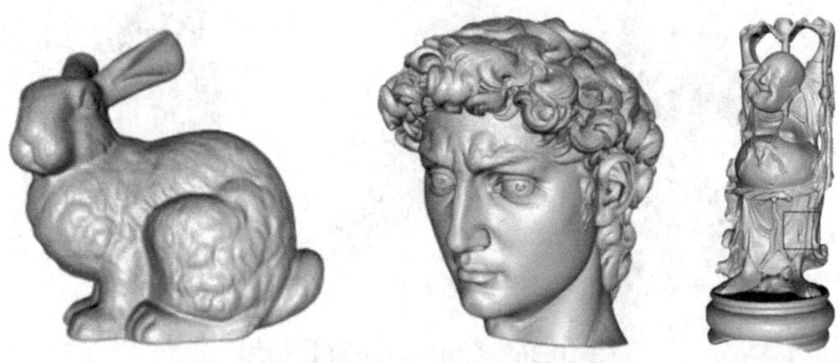

图 10.38　Poisson 重建结果

Poisson 算法不使用启发式的空间分割或者混合，是一种全局性的曲面重建方法。同时，可以消除点云噪声的影响，重建出光顺性良好且细节信息丰富的物体表面。但是该算法要求输入的点云法向已知且方向一致，当法向信息缺乏或不正确时，重建效果不好甚至重建失败。而且算法重建效果和八叉树的深度紧密相关，算法耗时和内存消耗会随着八叉树深度的增加而急剧增大，但是八叉树深度较小时，重建结果过于光滑，物体表面大量的细节信息会被抹去。同时，由于算法没有引进与模型形态有关的信息，重建结果中有可能出现错误的连接信息。

4. MPU 算法

MPU 算法是一种局部的隐式曲面重建方法，该方法使用代数方法重建三维模型，算法效率和内存消耗与点云数量相关性不强，可用于大规模散乱点云数据曲面重建。该算法主要包括八叉树细分点云、局部隐函数拟合和全局隐函数拼接三个步骤。

1) 八叉树细分点云

先构造点云数据的最小外接立方体，然后递归地把每个立方体分成 8 个小立方体，直到每个小立方体的属性值满足设定要求。

2) 局部隐函数拟合

依据包围球内的点云数量及其法向信息，MPU 算法使用三种不同的局部隐函数。如图 10.39 所示，以八叉树单元中心为球心 c_i，以 $R_i = \alpha d$ 为半径，建立一个包围球。其中 α 是步长，d 是每个八叉树单元的对角线。假设包围球中所含点云个数为 N，则有

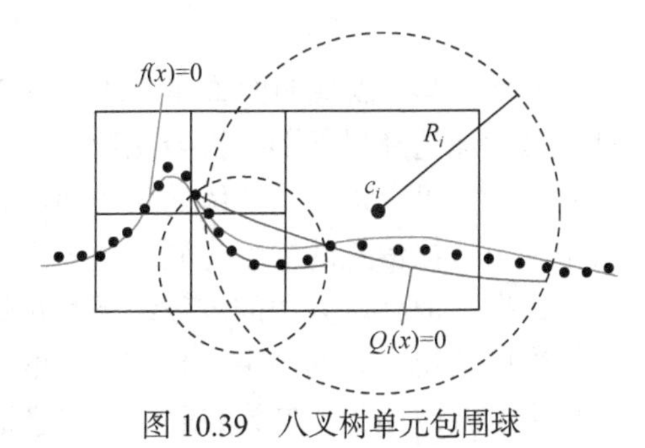

图 10.39 八叉树单元包围球

(1) 当 $N > 2N_{\max}$ 时，计算包围球内点集的平均法向与各点法向的夹角 θ，若存在 $\theta > \pi/2$ 的情况，则局部形状拟合函数为

$$Q(\boldsymbol{x}) = \boldsymbol{x}^{\mathrm{T}}\boldsymbol{A}\boldsymbol{x} + \boldsymbol{b}^{\mathrm{T}}\boldsymbol{x} + c \tag{10.40}$$

式中，$\boldsymbol{A}$ 为 3×3 的系数矩阵；$\boldsymbol{b}$ 为有三个分量的矢量；c 为一个标量。

(2) 当 $N > 2N_{\max}$ 且所有的 θ 均满足 $\theta < \pi/2$ 时，则局部形状拟合函数为

$$Q(x) = w - \left(Au^2 + 2Buv + Cv^2 + Du + Ev + F\right) \tag{10.41}$$

式中，(u,v,w) 为点在局部坐标系(坐标原点为球心 c_i，w 与平均法向指向一致，uov 面与平均法向正交)中的坐标。

(3) 当 $N < 2N_{\max}$ 时，此时判定点为特征点，使用分段函数拟合局部曲面。计算包围球内任意两点法向的点积，把其最小值记为 $\min_{i,j}\left(n_i \cdot n_j\right)$，若 $\min_{i,j}\left(n_i \cdot n_j\right) \geqslant 0.9$，则局部形状拟合函数为式(10.41)。若 $\min_{i,j}\left(n_i \cdot n_j\right) < 0.9$，记点积最小的两个法向为 $\boldsymbol{n}_1$、$\boldsymbol{n}_2$，两向量的叉乘为 $\boldsymbol{n}_3 = \boldsymbol{n}_1 \times \boldsymbol{n}_2$。计算任意点的法向和 $\boldsymbol{n}_3$ 的点积，把其最大值记为 $\max_i\left|\boldsymbol{n}_i \cdot \boldsymbol{n}_3\right|$，若 $\max_i\left|\boldsymbol{n}_i \cdot \boldsymbol{n}_3\right| > 0.7$，则依据点云法向将点集分为 3 部分，然后对每一部分分别构造局部形状拟合函数。若 $\max_i\left|\boldsymbol{n}_i \cdot \boldsymbol{n}_3\right| \leqslant 0.7$，则点云法向与 $\boldsymbol{n}_1, \boldsymbol{n}_2$ 的夹角将点集分为两部分，然后分别构造局部形状拟合函数。

3) 全局隐函数拼接

把局部隐函数用权值总和为 1 的权函数 $\varphi_i(x)$ 拼接起来，即得到全局隐函数 f。

$$f(\boldsymbol{x}) \approx \sum_{i=1}^{n} \varphi_i(\boldsymbol{x}) Q_i(\boldsymbol{x}) \tag{10.42}$$

式中，n 为八叉树单元的个数；$\varphi_i(x) = \dfrac{w_i(x)}{\sum_{j=1}^{n} w_j(x)}$；$w_i(x) = b\left(\dfrac{3\left|x - c_i\right|}{2R_i}\right)$。

MPU 算法的重建结果如图 10.40 所示。

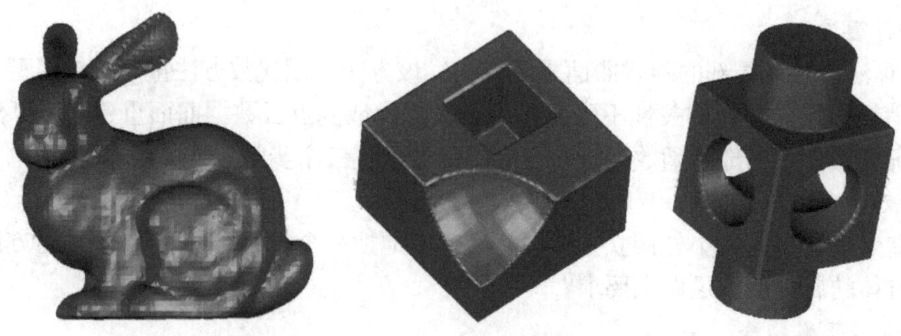

图 10.40 MPU 算法重建结果

相比于其他隐式曲面重建方法，MPU 优势显著。由于该方法根据物体表面不同的特征信息，灵活地选择局部形状拟合函数，尤其是在点云中的拐角点和边界点处使用分段函数拟合表面，所以可以重建出物体的尖锐边界特征和角点特征，克服了隐式曲面重建方法不能保留模型尖锐特征信息的缺陷。同时，该方法占用内存小，运行速度快，可以用来处理大规模的点云数据。但是该方法的重建结果严重依赖于点云的法向信息，当点云法向不正确或未定向时，难以获得准确的结果。且该方法的重建结果不够稳健，包围球半径的比例系数和包围球的最小点云数目两个参数的取值对重建结果有较大影响。

思考与练习

一、名词解释

1. *k*-邻域；2. 球邻域；3. 点云拼接；4. 点云分割；5. 点云曲面重建。

二、叙述题

1. 试叙述点云八叉树划分的具体步骤。
2. 点云邻域索引常用方法有哪几种？请简述之。
3. 试分析采用辅助法和特征法拼接点云的优缺点。
4. 点云噪声的分类有哪些？常见的去噪方法有哪几种？
5. 试叙述基于曲率的点云简化基本流程。
6. 试阐述点云数据分割的几种常见方法。
7. 根据重建曲面的不同表现形式，叙述五类曲面的重建方法。

主要参考文献

勃隆什金 Г C. 1987. 建筑方格网. 戚金城, 译. 北京: 测绘出版社.
测绘词典编辑委员会. 1981. 测绘词典. 上海: 上海辞书出版社.
陈龙飞, 金其坤. 1990. 工程测量. 上海: 同济大学出版社.
陈永奇. 1988. 变形观测数据处理. 北京: 测绘出版社.
陈永奇. 2016. 工程测量学. 北京: 测绘出版社.
陈永奇, 等. 2009. 现代测量数据处理理论与方法. 北京: 测绘出版社.
陈永奇, 李裕忠, 杨仁. 1991. 海洋工程测量. 北京: 测绘出版社.
陈永奇, 吴子安, 吴中如. 1998. 变形监测分析与预报. 北京: 测绘出版社.
陈永奇, 张正禄, 吴子安, 等. 1996. 高等应用测量. 武汉: 武汉测绘科技大学出版社.
程效军, 贾东峰, 程小龙. 2014. 海量点云数据处理理论与技术. 上海: 同济大学出版社.
冯文灏. 2009. 工业测量. 武汉: 武汉大学出版社.
冯兆祥, 钟建驰, 岳建平. 2010. 现代特大型桥梁施工测量技术. 北京: 人民交通出版社.
甘申 B H, 等. 1986. 建筑物垂直位移的观测与水准标石稳定性分析. 高士纯, 任慧龄, 译. 北京: 测绘出版社.
顾孝烈. 1992. 城市与工程控制网设计. 上海: 同济大学出版社.
郭浩. 2019. 点云库 PCL 从入门到精通. 北京: 机械工业出版社.
郭明, 潘登, 赵有山, 等. 2017. 激光雷达技术与结构分析方法. 北京: 测绘出版社.
汉斯 · 佩尔策. 1989. 现代工程测量控制网的理论和应用. 张正禄, 译. 北京: 测绘出版社.
何国伟. 1978. 误差分析方法. 北京: 国防工业出版社.
何秀凤. 2007. 变形监测新方法及其应用. 北京: 科学出版社.
侯国富, 樊炳奎, 洪莉芳. 1987. 建筑工程测量. 北京: 测绘出版社.
侯建国, 王腾军. 2008. 变形监测理论与应用. 北京: 测绘出版社.
黄懋胥. 1980. 工业厂区现状图测量. 北京: 测绘出版社.
黄声享, 尹辉, 蒋征. 2003. 变形监测数据处理. 武汉: 武汉大学出版社.
李广云, 李宗春. 2011. 工业测量系统原理与应用. 北京: 测绘出版社.
李广云, 倪涵, 徐忠阳. 1994. 工业测量系统. 北京: 解放军出版社.
李宗春, 李广云. 2009. 天线几何量测量理论及其应用. 北京: 测绘出版社.
梁振英, 董鸿闻, 姬恒炼. 2004. 精密水准测量的理论和实践. 北京: 测绘出版社.
林文介. 1996. 确定建筑物安全监测必要精度的一种模式. 测绘通报, (4): 28-31.
刘志德, 章书寿, 郑汉球, 等. 1996. EDM 三角高程测量. 北京: 测绘出版社.
迈塞尔 P. 1985. 最小二乘平差近代方法. 同济大学测量系, 译. 北京: 测绘出版社.
聂让. 2001. 高等级公路控制测量. 北京: 人民交通出版社.
潘正风. 1991. 北京正负电子对撞机直线加速器安装的精密测量. 武汉测绘科技大学学报, 16(1): 13-18.
彭先进. 1991. 测量控制网的优化设计. 武汉: 武汉测绘科技大学出版社.
皮斯库诺夫 M E. 1985. 建筑物变形观测的作业方法. 孔祥元,等译. 北京: 测绘出版社.
秦绲, 李裕忠, 李宝桂. 1991. 桥梁工程测量. 北京: 测绘出版社.
秦长利. 2008. 城市轨道交通工程测量. 北京: 中国建筑工业出版社.
宋卫国, 孙现申. 1996. 贯通工程地面控制网若干问题讨论. 测绘技术, (3): 18-21.
宋文. 2000. 公路施工测量. 北京: 人民交通出版社.
苏瑞祥, 聂恒庄, 石千元, 等. 1979. 大地测量仪器. 北京: 测绘出版社.
孙现申. 1992. 陀螺经纬仪定向参数随纬度变化的理论公式. 矿山测量, (2): 3-7, 32.

孙现申. 1993. 陀螺经纬仪定向观测方法综述. 冶金测绘, (3): 36-42.
孙现申. 1994a. 点位的误差曲线、置信椭圆与概率密度等值线. 测绘技术, (4): 1-6.
孙现申. 1994b. 无定向导线准直测量的偏离值及误差公式. 军事测绘, (6): 55.
孙现申. 1995a. 论工测网的层与级. 四川测绘, (1): 23-26.
孙现申. 1995b. 逆转点法观测数据的平差处理. 测绘技术, (4): 2-8.
孙现申, 宋卫国. 1996. 水准网稳定点群筛选的稳定性矩阵分析法. 测绘技术, (1): 25-27.
孙现申, 赵泽平. 2004. 应用测量学. 北京: 解放军出版社.
陶本藻. 1984. 自由网平差与变形分析. 北京: 测绘出版社.
陶本藻. 2001. 自由网平差与变形分析. 武汉: 武汉测绘科技大学出版社.
陶本藻, 汪晓庆, 杜方. 1992. 监测网理论与应变分析方法. 武汉: 武汉测绘科技大学出版社.
王金岭, 陈永奇. 1994. 论观测值的可靠性度量. 测绘学报, 23(4): 252-258.
王兆祥, 傅晓村, 卓健成. 1986. 铁路工程测量. 北京: 测绘出版社.
吴栋材, 谢建纲, 黄声享, 等. 1996. 大型斜拉桥施工测量. 北京: 测绘出版社.
吴翼麟, 孔祥元, 潘正风, 等. 1993. 特种精密工程测量. 北京: 测绘出版社.
吴子安. 1989. 工程建筑物变形观测数据处理. 北京: 测绘出版社.
吴子安, 吴栋材. 1990. 水利工程测量. 北京: 测绘出版社.
肖明耀. 1980. 实验误差估计与数据处理. 北京: 科学出版社.
亚姆巴耶夫 X K. 1981. 精密基准线测量. 蒋夏林, 译. 北京: 测绘出版社.
杨必胜, 董震. 2020. 点云智能处理. 北京: 科学出版社.
姚连璧, 周小平. 1999. 线路与桥隧 GPS 测量. 上海: 上海科学技术文献出版社.
于来法. 1988. 陀螺定向测量. 北京: 解放军出版社.
于来法, 段定乾. 1996. 实时经纬仪工业测量系统. 北京: 测绘出版社.
于来法, 杨志藻. 1994. 军事工程测量学. 北京: 八一出版社.
虞定麒, 黄秋生, 戴永芳. 1993. 大型钢铁联合企业施工测量. 北京: 测绘出版社.
岳建平, 田亚林. 2013. 变形监测技术与应用. 北京: 国防工业出版社.
岳建平, 徐佳. 2020. 现代监测技术与数据分析方法. 武汉: 武汉大学出版社.
张坤宜. 2013. 交通土木工程测量. 北京: 人民交通出版社.
张项铎, 张正禄. 1998. 隧道工程测量. 北京: 测绘出版社.
张正禄. 2013. 工程测量学. 2 版. 武汉: 武汉大学出版社.
张正禄. 2014. 工程测量学发展的历史现状与展望. 测绘地理信息, 39(4): 1-4.
张正禄, 黄全义, 文鸿雁, 等. 2007. 工程的变形监测分析与预报. 北京: 测绘出版社.
张正禄, 李广云, 潘国荣, 等. 2005. 工程测量学. 武汉: 武汉大学出版社.
张正禄, 吴栋材, 杨仁. 1992. 精密工程测量. 北京: 测绘出版社.
赵吉先, 刘荣, 郑加柱, 等. 2010. 精密工程测量. 北京: 科学出版社.
赵吉先, 吴良才, 周世健. 2005. 地下工程测量. 北京: 测绘出版社.
赵吉先, 邹自力,藏德彦. 2008. 电子测绘仪器原理与应用. 北京: 科学出版社.
周江文, 陶本藻, 庄昆元, 等. 1987. 拟稳平差论文集. 北京: 测绘出版社.
周秋生. 1992. 测量控制网优化设计. 北京: 测绘出版社.
朱建军, 贺跃光, 曾卓乔. 2004. 变形测量的理论与方法. 长沙: 中南大学出版社.
朱颖. 2008. 客运专线无砟轨道铁路工程测量技术. 北京: 中国铁道出版社.
卓健成. 1996. 工程控制测量建网理论. 成都: 西南交通大学出版社.
Grafarend E, Heister H, Keln R, et al. 1988. 测量作业最优化. 同济大学测量系, 译. 北京: 测绘出版社.